国家科学技术学术著作出版基金赞助出版

Flora of Hangzhou

杭州植物志

（第1卷）

《杭州植物志》编纂委员会　编著

总主编　余金良　卢毅军　金孝锋　傅承新

卷主编　王　挺　高亚红

ZHEJIANG UNIVERSITY PRESS
浙江大学出版社

Flora of Hangzhou

Volume 1

Editor
Editorial Board of *Flora of Hangzhou*

Editors-in-chief
Yu Jinliang Lu Yijun Jin Xiaofeng Fu Chengxin

Volume Editors-in-chief
Wang Ting Gao Yahong

ZHEJIANG UNIVERSITY PRESS
浙江大学出版社

图书在版编目(CIP)数据

杭州植物志. 第 1 卷 /《杭州植物志》编纂委员会编
著. —杭州：浙江大学出版社，2017.7(2018.5 重印)
ISBN 978-7-308-16984-4

Ⅰ. ①杭… Ⅱ. ①杭… Ⅲ. ①植物志—杭州
Ⅳ. ①Q948.525.51

中国版本图书馆 CIP 数据核字（2017）第 130850 号

杭州植物志(第 1 卷)

《杭州植物志》编纂委员会　编著

责任编辑	季　峥(really@zju.edu.cn)　冯其华
责任校对	潘晶晶　王安安　丁佳雯
装帧设计	续设计
出版发行	浙江大学出版社
	（杭州市天目山路 148 号　邮政编码 310007)
	（网址：http://www.zjupress.com)
排　　版	杭州林智广告有限公司
印　　刷	浙江印刷集团有限公司
开　　本	787mm×1092mm　1/16
印　　张	31.25
插　　页	4
字　　数	820 千
版 印 次	2017 年 7 月第 1 版　2018 年 5 月第 2 次印刷
书　　号	ISBN 978-7-308-16984-4
定　　价	288.00 元

▎内容简介

　　本卷包括概论和各论两部分。概论部分介绍杭州的自然概况、采集简史、植物区系特征、资源植物等；各论部分介绍石松类与蕨类植物门、裸子植物门、被子植物门（三白草科至蔷薇科）的特征和分类检索表。共记载杭州八区（上城区、下城区、江干区、拱墅区、西湖区、滨江区、萧山区、余杭区）的野生蕨类植物22科，58属，114种，6变种；野生和习见栽培的裸子植物8科，18属，30种，5变种；野生和习见栽培的被子植物49科，186属，391种，5亚种，39变种，3变型；其中包括本志作者最近发表的新属1个，杭州新记录5个。每种植物有名称、形态特征、产地、生长环境、分布及用途等的介绍，并附有插图543幅及彩照50幅。

▎SUMMARY

This volume consists of conspectus and respective monographs. The conspectus contains information of Hangzhou area regarding natural geography, specimen collection history, flora characteristics, plant resources etc. The respective monographs contain characteristics and keys of the families of Lycophytes and Ferns, Gymnosperms, Angiosperms (Saururaceae—Rosaceae). This volume describes flora in 8 districts of Hangzhou (Shangcheng, Xiacheng, Jianggan, Gongshu, Xihu, Binjiang, Xiaoshan, Yuhang), specifically: 22 families, 58 genera, 114 species and 6 varieties of wild Lycophytes and Ferns; 8 families, 18 genera, 30 species and 5 varieties of wild or cultivated Gymnosperms; 49 families, 186 genera, 391 species, 5 subspecies, 39 varieties and 3 forms of wild or cultivated Angiosperms. Noticeably the volume includes 1 new genus and 5 new records of species discovered by the authors. Description of each species includes its scientific name, morphological characteristics, place of origin, growing environment, distribution, and use etc. The volume includes 543 illustrations and 50 color photographs.

《杭州植物志》编纂委员会

主编单位：杭州植物园　杭州师范大学　浙江大学

主　　任：吕雄伟

副 主 任：赵可新　章　红　余金良　王　恩　金孝锋　傅承新

委　　员：卢毅军　王　挺　高亚红　胡江琴　陈伟杰　王晓玥
　　　　　李　攀　赵云鹏　邱英雄

主　　编：余金良　卢毅军　金孝锋　傅承新

副 主 编：王　恩　王　挺　高亚红　李　攀　胡江琴　陈晓玲
　　　　　陈伟杰　王晓玥　赵云鹏　邱英雄

编　　委 (按姓氏拼音顺序)：

　　　　　蔡　鑫　曹亚男　陈　川　陈建民　陈露茜　丁华娇
　　　　　高　瞻　耿　新　郭　瑞　黎念林　楼建华　鲁益飞
　　　　　毛云锐　莫亚鹰　钱江波　邵仲达　王　泓　王瑞红
　　　　　王一涵　熊先华　应求是　于　炜　曾新宇　张鹏翀
　　　　　张永华　章银柯　朱春艳

顾　　问：裘宝林

本卷编著者

自然概况、石松类与蕨类植物门概述及分科
检索表、蹄盖蕨科、金星蕨科、铁角蕨科、
鳞毛蕨科、蜡梅科、金缕梅科 　　　　　　　　卢毅军、钱江波 / 杭州植物园

采集简史、植物区系特征 　　　　　　　鲁益飞、岑佳梦、金孝锋 / 杭州师范大学

资源植物、石松科—海金沙科、瘤足蕨科、
乌毛蕨科、桦木科、防己科、虎耳草科 　　　　　　　王　挺 / 杭州植物园

裸子植物门概述及分科检索表、鳞始蕨科、
碗蕨科、凤尾蕨科、苏铁科—红豆杉科、
芍药科、毛茛科 　　　　　　　　　　　　　　　高亚红 / 杭州植物园

被子植物门概述及分科检索表、十字花科 　　　　　　金孝锋 / 杭州师范大学

苹科、槐叶苹科、骨碎补科、水龙骨科 　　　　　　　楼建华 / 杭州植物园

三白草科、胡椒科、金粟兰科 　　　　　　　　　　　丁华娇 / 杭州植物园

杨柳科、杨梅科、胡桃科、樟科 　　　　　　　　　　陈晓玲 / 杭州植物园

壳斗科、木通科 　　　　　　　　　　　　　　　　　章银柯 / 杭州植物园

榆科 　　　　　　　　　　　　　　　　　　　　　　陈　楠 / 浙江大学

荨麻科、白花菜科 　　　　　　　　　　　　毛云锐、邱英雄 / 浙江大学

桑科、大麻科 　　　　　　　　　　　　　　　　　　刘　锦 / 杭州植物园

铁青树科、檀香科、槲寄生科 　　　　　　　　　　　江　燕 / 杭州植物园

马兜铃科、紫茉莉科、商陆科 　　　　　　　　　　　黎念林 / 杭州植物园

蓼科、罂粟科 　　　　　　　　　　　　　　　　　　李　攀 / 浙江大学

藜科、苋科 　　　　　　　　　　　　　　　　　陈伟杰 / 杭州师范大学

番杏科、马齿苋科、落葵科 　　　　　　　　　　岑佳梦 / 杭州师范大学

石竹科 　　　　　　　　　　　　　　　　　　　熊先华 / 杭州师范大学

莲科、睡莲科、莼菜科、金鱼藻科 　　　　　　　　　王雪芬 / 杭州植物园

小檗科 　　　　　　　　　　　　　　　　　　　　　吴　玲 / 杭州植物园

八角科、五味子科、木兰科 　　　　　　　　　　　　莫亚鹰 / 杭州植物园

茅膏菜科 　　　　　　　　　　　　　　　　傅承新、刘世俊 / 浙江大学

景天科、海桐花科 　　　　　　　　　　　　　　　　应求是 / 杭州植物园

杜仲科 　　　　　　　　　　　　　　　　　　　　　张巧玲 / 杭州植物园

蔷薇科 　　　　　　　高亚红、王　挺、胡　中、黎念林 / 杭州植物园

封面绘图 　　　　　　　　　　　　　　　　　　　　陈钰洁 / 杭州植物园

序

　　杭州是历史文化名城、风景名城，亦是世界名城。区内自然条件优越、地形多样，蕴藏着丰富的植物资源，其野生植物区系很有地域代表性。我国近代植物采集家和分类学家钟观光，以及其他著名植物学家钱崇澍、胡先骕、郑万钧、秦仁昌等，对杭州的植物做了大量的调查研究，之后，方云亿、张朝芳、郑朝宗等又做了很多深入的研究工作。这些工作都为《杭州植物志》的编写提供了宝贵的素材。在《杭州植物志》的编写工作中，又涌现了一批有志于从事植物资源调查与分类研究的年轻人，这对浙江乃至我国的植物分类的研究很有裨益。

　　随着时间、经济和社会的发展，一个地区的植物种类、分布、数量等都在不断变化，区域性植物志书的编写是了解和认识当地植物的必备参考书。杭州植物园、浙江大学和杭州师范大学联合在杭州开展了深入的野外调查，及时把握调查区域植物区系格局动态变化，编写《杭州植物志》，共收集维管束植物184科，1797种，新增植物种类百余种，为查清该地区内的植物物种多样性作出了重要贡献。本书的编写出版是对杭州近几十年来的植物考察、采集和研究工作的总结，为该地区的植物学研究提供了基础资料，也为《浙江植物志》（第二版）的编写提供了重要的参考资料。

该书参考并吸收了*Flora of China*中的部分新见解，按APG Ⅲ分类系统（2009），对部分科的次序进行调整，在学术思想上与时俱进，值得肯定。作为记载杭州植物的专著，正式出版的《杭州植物志》将在该地区的植物研究、教学、科学普及，环境保护，园林绿化等多领域发挥重要的作用。

中国植物学会名誉理事长

中国科学院院士

2017年5月

前言

　　杭州市地处长江三角洲南沿和钱塘江流域，中亚热带北缘，全市平均森林覆盖率为62.8％。杭州市辖上城区、下城区、江干区、拱墅区、西湖区、滨江区、萧山区、余杭区、富阳区9个区，建德、临安2个县级市，桐庐、淳安2个县，全市总面积为16596km²。市内最高处在临安清凉峰，最低处在余杭东苕溪平原。市内地形复杂多样，山地、丘陵、平原兼有，江河湖溪，水系密布，地势高低悬殊，局部地区小气候资源丰富。其优越的自然条件和地理环境为植物生长提供了良好的条件，蕴藏的物种资源丰富，其中不乏珍稀、特有且起源古老的植物，以及众多的资源植物。

　　有关杭州植物的调查记载由来已久。20世纪初，日本的Honda首次对杭州的维管束植物进行了较系统的采集，Matsuda著有记录485种植物的名录。从1918年开始，我国近代植物采集家和分类学家钟观光在杭州及周边地区采集标本，并在1927年其任教于浙江大学农学院兼任西湖博物馆自然部主任期间，建立了植物标本室。之后，我国著名植物学家钱崇澍、胡先骕、郑万钧、秦仁昌等也对杭州的植物做了大量的调查研究。

　　从20世纪50年代开始，浙江师范学院、杭州植物园结合学生实习及杭州植物园建设，开展了杭州植物资源调查，采集了大量的植物标本。许多学者开展了分类学研究。其中，杭州植物园1982年编印的《杭州维管束植物名录》系统记载了杭州及近郊地区植物；郑朝宗教授1986年编印的《杭州西湖山区及近郊地区野生和常见栽培种子植物名录》记载了种子植物1469种。1993年，《浙江植物志》正式出版，其中记载了大量分布于杭州的植物。这些研究都为《杭州植物志》的编写提供了宝贵的资料。

　　近年来，随着杭州市经济迅猛发展、城市化进程加剧、旅游业升温、人类生产活动愈加频繁、外来植物被大量引进，这些因素都对当地自然环境产生强烈干扰，植物的种类、数量和动态都发生了改变，上述资料已经不能充分反映现有植物的真实状况。因此，系统地开展杭州市辖区植物资源调查，编写《杭州植物志》，将对杭州地区野生植物资源的研究、保护、开发和可持续性利用发挥重要的作用。鉴于此，从2012年开始，在杭州市科学技术委员会和杭州市西湖风景名胜区管委会（杭州市园林文物局）的资助下，杭州植物园联合杭州师范大学、浙江大学，组织多名有志于从事植物资源调查和分类学研究的人员，启动《杭州植物志》的编纂工作。其间，《杭州植物志》编纂委员会共组织4支调查队伍，开展了30多次不同规模的野外调查，尤其对之前留有空白和力所未及的地方做了重点补充调查，同时邀请了有关专家对部分疑难标本鉴定、书稿编写等工作进行全面指导。

本志在编写和出版过程中，还获得了国家科学技术学术著作出版基金的资助，得到了浙江大学出版社的大力支持。除杭州植物园标本馆外，浙江大学、杭州师范大学、浙江省自然博物馆、浙江农林大学等单位的标本馆在标本的查阅方面给予了巨大的帮助。除编委会所有成员外，参与本书编写工作的还有杭州植物园的胡中、江燕、刘锦、谭远军、王雪芬、吴玲、张巧玲、章丹峰、李晶萍、陈晓云、俞亚芬、魏婷、冯玉、陈钰洁、童军平，杭州师范大学的陈慧、岑佳梦、赵晓超、滕童莹、倪炎栋、杨王伟、何金晶，浙江大学的包慕霞、陈楠、樊宗、方因、姜瑞、李熠婷、刘盛锋、刘世俊、刘燕婧、穆方舟、聂愉、帅世民、宋岳林、孙晨番、王丹丹、王裕舟、谢春香、张乃方、张衔远、郑丽、钟悦陶、周凯悦等，在此一并表示衷心的感谢！

在本志出版之际，还要特别感谢浙江大学出版社的老师们，正是有了他们的不懈努力，才能使本书顺利出版。

由于我们的调查积累和研究水平有限，即使我们做了很大的努力，仍难免会存在遗漏和错误，恳请读者批评指正。

《杭州植物志》编纂委员会

2017年1月

说明

1. 本志主要记录杭州市城区野生及常见栽培维管束植物，由于本志的大部分编纂工作在富阳撤市设区前已完成，所以本志仅对杭州八区（上城区、下城区、江干区、拱墅区、西湖区、滨江区、萧山区、余杭区）的野生及常见栽培的维管束植物进行了系统记录。由杭州植物园、杭州师范大学和浙江大学的相关专家组织成立编纂委员会，具体负责本志的编研工作。

2. 本志中各大类群采用的分类系统分别为：蕨类植物参考 *Flora of China* 采用的分类系统（2013）；裸子植物采用郑万钧分类系统（1978）；被子植物采用恩格勒系统（1964），其中部分科的位置参考了 APG（被子植物系统发育组）Ⅲ 分类系统（2009）。科的编号基本遵循分类系统中的次序，属和种（含种下分类群）的编号依据检索表中的次序编排。

3. 本志共分三卷：第一卷包括概论（含自然概况、采集简史、植物区系特征、资源植物）、各论中的石松类与蕨类植物门、裸子植物门、被子植物门的三白草科至蔷薇科介绍；第二卷包括被子植物门的悬铃木科至茄科介绍；第三卷包括被子植物门的玄参科至兰科介绍，并附有杭州珍稀濒危植物与古树名木、采自杭州的植物模式标本介绍。

4. 本志旨在全面反映和介绍杭州八区区域内的植物，在标本考证和文献记载的基础上尽可能多地收集种类。所记载的科、属、种系以历年所采标本为主要依据，对部分仅有文献记载而未见标本、现在调查时很难见到的也予以保留，并加以说明。所记载的科、属有名称、形态特征、所含属种数目、地理分布的介绍。对含有2个以上属的科和2个以上种的属附有分属、分种检索表。每种植物均有名称、形态特征、产地、生长环境、分布及用途的介绍，除极少数种外，均附有插图。对误定或有争论的种类在最后会加以讨论。

5. 本志中的植物名称一般采用 *Flora of China* 、《中国生物物种名录》（2013年光盘版）、《浙江植物志》《浙江种子植物鉴定检索手册》上的名称。如有不一致的，由作者考证后选用。学名的异名仅列出最常见的或与本地区相关的。在陈述性段落及检索表中，拉丁名用斜体表示；但在单独列项进行详细描述时及拉丁名索引中，拉丁名的正名用黑体正体，异名用斜体表示。

6. 本志中的插图部分主要引自《浙江植物志》《天目山植物志》《天目山药用植物志》（部分种类的线描图经过重新描绘），有极少数参考了其他有关书籍。彩色照片由王挺、高亚红、李攀、卢毅军提供。

▎目录

▌概论

一、自然概况

杭州市是浙江省省会,全省政治、经济、科教和文化中心,是全国重点风景旅游城市、历史文化名城和副省级城市。杭州市地处长江三角洲南翼、杭州湾西端、钱塘江下游、京杭大运河南端,是长江三角洲重要中心城市和我国东南部交通枢纽。杭州市区中心地理坐标为北纬30°16′、东经120°12′。杭州山水相依、湖城合璧,江、河、湖、海、溪五水共导。全市丘陵山地占总面积的65.6%,集中分布于西部、中部和南部;平原占26.4%,主要分布于东北部;江、河、湖、水库占8.0%,钱塘江和世界上最长的人工运河——京杭大运河穿城而过。

杭州市辖上城区、下城区、江干区、拱墅区、西湖区、滨江区、萧山区、余杭区、富阳区9个区,建德、临安2个县级市,桐庐、淳安2个县。全市总面积为16596km²,其中市区面积为4876km²。

杭州在地质上处于扬子地台钱塘拗陷褶皱带。中元古代以后,地层发育齐全,岩浆作用频繁,地质构造复杂,成矿条件较好。岩石类型包括侵入岩、火山岩和变质岩。杭州地势西高东低,大部分地区属浙西中低山陵,小部分地区属浙北平原。市内最高处在临安清凉峰,海拔1787m;最低处在余杭东苕溪平原,海拔2~3m。地貌可以分为山地、丘陵、平原三部分。山地有由泥页岩、碎屑岩、火山岩构成的侵蚀剥蚀中、低山,及由碳酸盐岩构成的喀斯特中、低山两类。杭州市丘陵分布不甚集中,往往介于山地与平原之间,成为一种过渡类型地貌单元。大多数丘陵由砂岩、页岩、石灰岩等沉积构成。平原多位于钱塘江附近及其内侧,由于受海水顶托和涌潮影响,泥沙淤积,地势略有增高。余杭临平以南,地面高度可达4.5~7.5m,而较大河流两岸又有带状的河谷平原分布。

杭州地处中北亚热带过渡区,温暖湿润,四季分明,光照充足,雨量丰沛。气候特征表现为春多雨,夏湿热,秋气爽,冬干冷。由于地貌类型复杂,地势高低悬殊,杭州光、热、水的地域分配不均,局部地区小气候资源丰富。但因季风在进退时间上和持续强度上不稳定,常出现冷、热、干、湿异常,导致灾害性天气。2015年,杭州年日照时数为1316h,平均气温为17.5℃,在地域分布上南部高于北部,平原高于山区;年降水量为2132mm。一年中,冷、热、干、湿情况随季节变化很大,而季风的不稳定性经常能使某一时段的气象要素发生异常,造成多种灾害性天气。其中,影响范围较广、危害较大的有冬季的寒潮(大风雪和冰冻),春季的倒春寒,初夏的梅汛暴雨,夏秋季的干旱、高温和台风(包括大风和暴雨),秋季的低温,以及除冬季外都可能出现的冰雹等。

杭州市区河流纵横,湖荡密布,平原地区水网密度约达每平方千米10km。水资源量和水力资源丰富,市区主要水系有钱塘江、东苕溪、京杭大运河、西湖、市内河道等。其中,钱塘江流经杭州市各城区及淳安、建德、桐庐;东苕溪位于杭州市西北部,由南、中、北苕溪组成,3条溪流在余杭瓶窑附近汇成东苕溪;京杭大运河镇江至杭州段称江南运河,经水网调节后,注入太湖和黄浦江;西湖南北长3.3km,东西宽2.8km,周长为15km,面积为6.32km²,流域面积为27.25km²,年平均径流量为$1.46×10^7m^3$,其中金沙涧、龙泓涧和长桥溪这三条主要溪流的合计集水面积占西湖总集水面积的73.6%。杭州市区河道众多,纵横交错。由于历史久远及人为影响,市区河道变迁甚大,原来的市河、茅山河、里横河等今已荒废,浣纱河、横河等河道在1969—1970年被改建为防空坑道。现存的市区主要河道有中河、东河、贴沙河、古新河、上塘河、余杭塘河、沿山河、备塘河、西塘河、新开河等。

杭州土壤环境复杂多变,土壤性质差异较大,共有红壤、黄壤、石灰(岩)土、粗骨土、潮土、滨海盐土、水稻土7个土类。土壤分布主要受地貌因素的制约,随地貌类型和海拔高度的不同而变化。全市土壤中,红壤分布最广,水稻土次之。红壤主要分布于海拔650～700m以下的低山丘陵区;黄壤分布于海拔650m以上的中、低山地的山(旱)地;石灰(岩)土主要分布于西湖群山,是在各类石灰岩风化的残、坡积体上发育而成的,土壤质地一般较为黏重,杭州石灰(岩)土由于主要母岩岩性不纯,所以土体中混杂较高含量的粉沙、砾石,土壤发育普遍处于较年幼阶段;粗骨土主要分布于低山丘陵的陡坡和顶部,土体厚度一般不超过30cm,土体内砾石含量大多超过50%;潮土广泛分布于地势低平、地下水埋藏较浅的平原地区和山谷的河溪两旁,土层深厚,灌溉便利,多已开发利用,适合种植棉、麻、菜、桑、果、稻、竹等粮食和经济作物,是杭州市一种重要的农业土壤资源;滨海盐土分布于萧山、余杭境内钱塘江边的滩涂上,母质为近期浅海及河口交互相沉积物,土层厚达数米,分为涂泥和咸泥;水稻土分布广泛,尤其集中在平原地区,是经长期的水耕熟化、定向培育而形成的一种特殊的农业土壤类型。

杭州林地植被覆盖良好,城区森林覆盖率达65%左右。植物区系的温带、亚热带东亚区系成分特征显著。植被垂直分布:海拔500m以下的丘陵为常绿阔叶次生林,但多数丘陵为马尾松林,毛竹林,人工杉木林,茶、桑、果园;海拔500～1000m的低山为常绿落叶阔叶混交林;海拔1000m以上山中多落叶阔叶林。主要植被类型包括以下几种。①亚热带针叶林:以马尾松林为主,集中分布于砂岩、火山碎屑岩分布区,除此之外,黑松林、刺柏林和柏木林也有少量分布。②常绿阔叶林:以苦槠林最为典型,常伴有香樟等树种,木荷林、青冈林、米槠林和杜英林也是常见的类型。③常绿落叶阔叶混交林:有以青栲、紫楠、大叶锥栗为主的混交林,以青冈为主的混交林,紫楠、枫香混交林,青冈、苦槠、麻栎、白栎混交林等。④落叶阔叶林:以麻栎、白栎、化香、枫香为乔木层优势树种,伴有茅栗、黄檀、短柄枹、朴树等。⑤针阔叶混交林:含常绿阔叶树种的针阔叶混交林,以马尾松、杉木为主,伴有石栎、木荷等;含落叶阔叶树种的针阔叶混交林,多由马尾松、白栎、朴树、化香、梧桐等组成。⑥竹林:分布极为广泛。⑦栽培植物群落:稻田广泛分布于水网平原、蔬菜基地、桑园、竹园、茶园等;此外,西湖景区的莲(荷花)、睡莲、白睡莲在西湖水域常见栽培,桂花以满觉陇和植物园的最为著名。

二、采集简史

杭州自然条件优越,植物物种丰富,区系成分复杂。杭州是浙江省省会,也是吴越文化的发源地之一,历史文化积淀深厚,交通便利。因此,杭州吸引了许多国内外植物学家前来调查采集。

18世纪初,杭州、宁波等通商口岸相继开放,使得外国人进入浙江沿海一带调查采集成为可能。英国园艺学家 Fortune 可能是最早对杭州植物进行采集的,其在华共进行过 4 次大规模的植物标本采集活动;第 2 次(1848 年)由香港经上海、嘉兴来杭州,除了调查茶叶外,还采集山地植物,收集种子。英国传教士 Moule 于 1874 年在杭州一带采集,从其采集的标本中,Hance 发表了新种 *Quercus moulei* 和 *Castanopsis tibetana*。20 世纪初,日本学者 Honda 在杭州市区和西湖山区进行较大规模的采集。根据他采集的标本,Matsuda 发表了 *A List of Plants Collected in Hang-chou*,该名录记录了采自杭州的维管束植物共 485 种,并发表了 2 个新种、2 个新变种和 2 个新变型,如杭州石荠苧 *Mosla hangchowensis*。Migo 在 1934 年 10 月、1935 年 4—5 月、1935 年 10 月在杭州进行了大规模的采集,在他采集的这些标本中,描述发表了 5 个新种,如中华蓼 *Persicaria sinica*(后被并入戟叶蓼 *Polygonum thunbergii*)、凹叶景天 *Sedum emarginatum* 等。

中华人民共和国成立以前,我国也有多位植物分类学家或采集家在杭州进行了较为深入的采集。我国近代植物采集家和分类学家钟观光自 1918 年开始在杭州及周边地区采集标本,他采得的 *Arundinaria varia* 后被并入苦竹 *Pleioblastus amarus*。1927 年,钟观光任教于浙江大学农学院,兼任西湖博物馆自然部主任,建立了植物标本室和植物园。20 世纪 20—30 年代,我国著名植物学家钱崇澍、胡先骕也曾在杭州进行植物标本采集,其中胡先骕采得浙江山梅花 *Philadelphus zhejiangensis*。著名植物分类学家郑万钧、秦仁昌、耿以礼、唐进等对杭州的植物做了大量调查采集和研究工作,其中郑万钧采得浙江樟 *Cinnamomum chekiangense*,秦仁昌采得浙江铃子香 *Chelonopsis chekiangensis* 和密毛奇蒿 *Artemisia anomala* var. *tomentella*,耿以礼采得苦竹 *Pleioblastus amarus*、戟叶薹草 *Carex hastata* 和反折果薹草 *Carex retrofracta*,唐进与夏玮瑛采得杭州鳞毛蕨 *Dryopteris hangchowensis*。我国著名采集家贺贤育、陈诗和章绍尧等也先后对杭州的植物做过采集。

中华人民共和国成立以后,20 世纪 50 年代是对杭州植物分类、区系和资源较为系统的调查研究的开始,浙江师范学院生物系、杭州植物园分别结合学生实习和植物园建设开展了植物调查采集和研究,建立了植物标本室。在这个时期,采集标本较多的是吴长春、章绍尧等。20 世纪 60—70 年代,上海师范大学生物系裴佩熹在杭州重点采集蕨类植物,其与秦仁昌合作发表了多个新种。其后,杭州大学(后合并入浙江大学)、杭州植物园、浙江自然博物馆、杭州师范学院等单位结合学生实习和标本室建设,在杭州及其邻近地区开展了植物资源的调查,采集了大量的标本,采集标本数量较大的有章绍尧、郑朝宗(种子植物)、张朝芳(蕨类植物)、方云亿(水生维管束植物)、陈启璋(种子植物)等。这些标本成为编写《杭州植物志》的最基本资料。

三、植物区系特征

杭州属东南季风区,气候类型为典型的亚热带气候,气候特点是冬夏季风交替明显、四季分明、年温适中,其光照多、热量较优、雨量丰富、空气湿润。杭州自然条件优越,植物物种丰富,区系成分复杂。区系特征主要体现在以下几个方面。

1. 植物种类丰富

根据《杭州植物志》记载,本区有维管束植物 184 科,845 属,1797 种(含种下类群,下同)。其中,蕨类植物 22 科,58 属,120 种(分别占全省科、属、种的 44.9%、50.0%、22.1%)。裸子植物 8 科,18 属,25 种(分别占全省科、属、种的 88.9%、52.9%、42.4%)。被子植物中,双子叶植物 129 科,596 属,1260 种(分别占全省科、属、种的 86.6%、60.0%、38.7%);单子叶植物 25 科,173 属,392 种(分别占全省科、属、种的 96.2%、54.6%、38.5%)。浙江省植物种数居全国前列,属于我国植物资源丰富的省份之一,杭州则是浙江省内植物资源较为丰富的城市之一。杭州维管束植物与浙江省和全国的比较见表 1-1。

表 1-1　杭州维管束植物与浙江省和全国的比较(按科、属、种统计)*

分类			科			属			种		
			杭州	浙江	全国	杭州	浙江	全国	杭州	浙江	全国
蕨类植物			22	49	63	58	116	231	120	543	2549
种子植物	裸子植物		8	9	11	18	34	41	25	59	237
	被子植物	双子叶植物	129	149	189	596	993	2439	1260	3254	22832
		单子叶植物	25	26	38	173	317	697	392	1017	5524
合计			184	233	301	845	1460	3408	1797	4873	31142

* 注：浙江蕨类植物科、属、种数目统计按照张朝芳《浙江植物志》第一卷记载的数目;种子植物各大类科、属、种数目统计按照郑朝宗《浙江种子植物检索鉴定手册》记载的数目。全国蕨类植物、裸子植物、被子植物科、属、种的数目统计按照《中国植物志》各卷册记载的数目统计而得。由于调查区域范围不同,现统计的本区种子植物数量与郑朝宗和金明龙等对西湖山区区系分析时的不同。

区内的栽培植物不能体现自然植物区系特征,故在统计科、属的大小组成和属的地理成分时,只统计野生植物。如表 1-2 所示,本区共有野生植物 149 科,616 属,1276 种。从科的大小等级而言,含 100 种及以上的科仅有 2 个,占总科数的 1.3%,包括菊科 Compositae、禾本科 Graminae;含 20~99 种的科有 11 科,占总科数的 7.4%,包括莎草科 Cyperaceae、广义豆科 Fabaceae、蔷薇科 Rosaceae、唇形科 Lamiaceae、蓼科 Polygonaceae、鳞毛蕨科 Dryopteridaceae、广义玄参科 Scrophulariaceae、毛茛科 Ranunculaceae、广义百合科 Liliaceae、茜草科 Rubiaceae 和大戟科 Euphorbiaceae;含 10~19 种的科有 21 科,占总科数的 14.1%,包括十字花科 Brassicaceae、石竹科 Caryophyllaceae、伞形科 Apiaceae、报春花科 Primulaceae、樟科 Lauraceae、葡萄科 Vitaceae、壳斗科 Fagaceae、水龙骨科 Polypodiaceae、虎耳草科 Saxifragaceae、金星蕨科 Thelypteridaceae、广义忍冬科 Caprifoliaceae、苋科 Amaranthaceae、兰科 Orchidaceae、旋花科 Convolvulaceae、荨麻科 Urticaceae、蹄盖蕨科 Athyriaceae、鼠李科 Rhamnaceae、天南星科 Araceae、马鞭草科 Verbenaceae、榆科 Ulmaceae 和桑科 Moraceae;含 2~9 种的科有 76 个,占总科数的 51.0%;仅含 1 种的科有 39 科,占总科数的 26.2%。含 2~9 种的科和含 1 种的科共有 115 科,占总科数的 77.2%,但仅占总属数与总种数的 36.8%、29.1%,反映了科级水平组成的多样性。

从属的大小来看,含 20 种及以上的属有 2 个,分别是薹草属 Carex、蓼属 Polynogum;含 10~19 种的属有 8 个,共有 107 种,分别为莎草属 Cyperus、鳞毛蕨属 Dryopteris、悬钩子属

表 1-2　杭州野生维管束植物科的大小统计

分级	科		属		种	
	科数	占比	属数	占比	种数	占比
≥100 种的科	2	1.3%	105	17.0%	204	16.0%
20～99 种的科	11	7.4%	134	21.8%	406	31.8%
10～19 种的科	21	14.1%	150	24.4%	295	23.1%
2～9 种的科	76	51.0%	188	30.5%	332	26.0%
1 种的科	39	26.2%	39	6.3%	39	3.1%
合计	149	100.0%	616	100.0%	1276	100.0%

Rubus、珍珠菜属 *Lysimachia*、飘拂草属 *Fimbristylis*、铁线莲属 *Clematis*、胡枝子属 *Lespedeza*、蒿属 *Artemisia*；含 6～9 种的属有 22 个，共有 154 种，包括山胡椒属 *Lindera*、葡萄属 *Vitis*、堇菜属 *Viola*、苋属 *Amaranthus*、大戟属 *Euphorbia*、毛茛属 *Ranunculus*、紫堇属 *Corydalis*、景天属 *Sedum*、蔷薇属 *Rosa*、母草属 *Lindernia*、刚竹属 *Phyllostachys*、藨草属 *Scirpus*、薯蓣属 *Dioscorea*、酸模属 *Rumex*、碎米荠属 *Cardamine* 等；含 2～5 种的属有 205 个，占总属数的 33.3%，有 570 种，占总种数的 44.7%；含 1 种的属有 379 个。含 2～5 种的属和含 1 种的属共有 584 个，占总属数的 94.8%，共有 949 种，占总种数的 74.4%，也反映了本区植物组成的丰富程度。杭州野生维管束植物属的大小统计见表 1-3。

表 1-3　杭州野生维管束植物属的大小统计

分级	属		种	
	属数	占比	种数	占比
≥20 种的属	2	0.3%	66	5.2%
10～19 种的属	8	1.3%	107	8.4%
6～9 种的属	22	3.6%	154	12.1%
2～5 种的属	205	33.3%	570	44.7%
1 种的属	379	61.5%	379	29.7%
合计	616	100.0%	1276	100.0%

2. 地理成分复杂

杭州植物区系复杂，主要体现在种子植物科、属的地理成分的多样性上。因为蕨类植物科、属的地理成分尚无统一的标准，故仅对种子植物的地理成分进行统计分析。种子植物科、属的分布区类型划分主要按照吴征镒等（1991，2006）的标准，但部分科的范畴仍根据广义的概念。

本区野生种子植物共有 130 科，15 个分布区类型中，有 11 个分布区类型在本区有代表（表 1-4）。

世界分布类型共有 44 科，占总科数的 33.85%，如榆科 Ulmaceae、石竹科 Caryophyllaceae、藜科 Chenopodiaceae、桑科 Moraceae、蓼科 Polygonaceae、鼠李科 Rhamnaceae、伞形科 Apiaceae、柳叶

菜科 Onagraceae、堇菜科 Violaceae、千屈菜科 Lythraceae 等。

表 1-4   杭州野生种子植物科的分布区类型

分布区类型	科数	占比
1. 世界分布	44	33.85%
2. 泛热带分布	38	29.23%
2—1. 热带亚洲,大洋洲和中、南美洲间断分布	1	0.77%
2—2. 热带亚洲,非洲和中、南美洲间断分布	2	1.54%
3. 热带亚洲和热带美洲间断分布	7	5.38%
4. 旧世界热带分布	2	1.54%
5. 热带亚洲至热带大洋洲分布	4	3.08%
6. 热带亚洲至热带非洲分布	0	0.00%
7. 热带亚洲(印度—马来西亚)分布	1	0.77%
8. 北温带分布	5	3.85%
8—4. 全温带分布(北温带和南温带间断分布)	15	11.54%
8—5. 欧亚和南美洲温带间断分布	2	1.54%
9. 东亚和北美洲间断分布	4	3.08%
10. 旧世界温带分布	1	0.77%
11. 温带亚洲分布	0	0.00%
12. 地中海区、西亚至中亚分布	0	0.00%
12—3. 地中海区至温带、热带亚洲、大洋洲和南美洲间断分布	1	0.77%
13. 中亚分布	0	0.00%
14. 东亚分布	3	2.31%
14(SH). 中国—喜马拉雅分布	0	0.00%
14(SJ). 中国—日本分布	0	0.00%
15. 中国特有分布	0	0.00%
合计	130	100.00%

热带分布(类型2～7)的共有55科,占总科数的42.31%。其中,泛热带分布(类型2)的有38科,常见有锦葵科 Malvaceae、葡萄科、卫矛科 Celastraceae、漆树科 Anacardiaceae、大戟科 Euphorbiaceae、苦木科 Simaroubaceae、芸香科 Rutaceae、樟科、防己科 Menispermaceae 等;热带亚洲,大洋洲和中、南美洲间断分布(类型2—1)的仅有山矾科 Symplocaceae;热带亚洲,非洲和中、南美洲间断分布(类型2—2)的有椴树科 Tiliaceae 和鸢尾科 Iridaceae。热带亚洲和热带美洲间断分布(类型3)的共有7科,如木通科 Lardizabalaceae、五加科 Araliaceae、冬青科 Aquifoliaceae、省沽油科 Staphyleaceae 等。旧世界热带分布(类型4)的有2科:海桐花科 Pittosporaceae 和八角枫科 Alangiaceae。热带亚洲至热带大洋洲分布(类型5)的有马钱科 Angiospermae、交让木科 Daphniphyllaceae、百部科 Stemonaceae、姜科 Zingiberaceae 4科。热带亚洲(印度—马来西亚)分布(类型7)的仅有清风藤科 Sabiaceae。

温带分布(类型 8～15)的共有 31 科,占总科数的 23.85%。北温带分布(类型 8)的共有 5 科,如松科 Pinaceae、忍冬科 Caprifoliaceae、百合科 Liliaceae 等;全温带分布(北温带和南温带间断分布)(类型 8—4)的共有 15 科,常见的有杉科 Taxodiaceae、胡桃科 Juglandaceae、桦木科 Betulaceae、壳斗科 Fagaceae、杨柳科 Salicaceae 等;欧亚和南美洲温带间断分布(类型 8—5)的仅有柏科 Cupressaceae 和小檗科 Berberidaceae。东亚和北美洲间断分布(类型 9)的有三白草科 Saururaceae、木兰科 Magnoliaceae、蓝果树科 Nyssaceae 等 4 科。旧世界温带分布(类型 10)的仅有菱科 Trapaceae。杜鹃花科 Ericaceae 间断分布于地中海区至温带、热带亚洲、大洋洲和南美洲(类型 12—3)。东亚分布(类型 14)的有 3 科,分别为旌节花科 Stachyuraceae、三尖杉科 Cephalotaxaceae 和猕猴桃科 Actinidiaceae,均为全东亚分布。无中国特有分布(类型 15)的科。

本区野生种子植物共有 563 属,15 个分布区类型中,除地中海区、西亚至中亚分布(类型 12)和中亚分布(类型 13)外,在本区均有代表(表 1-5)。

表 1-5　杭州野生种子植物属的分布区类型

分布区类型	属数	占比
1. 世界分布	68	12.08%
2. 泛热带分布	99	17.58%
2—1. 热带亚洲,大洋洲和中、南美洲间断分布	3	0.53%
2—2. 热带亚洲,非洲和中、南美洲间断分布	3	0.53%
3. 热带亚洲和热带美洲间断分布	13	2.31%
4. 旧世界热带分布	24	4.26%
4—1. 热带亚洲、非洲和大洋洲间断分布	5	0.89%
5. 热带亚洲至热带大洋洲分布	14	2.49%
6. 热带亚洲至热带非洲分布	14	2.49%
7. 热带亚洲(印度—马来西亚)分布	31	5.51%
7—1. 爪哇(或苏门答腊)、喜马拉雅间断或星散分布到华南、西南分布	2	0.36%
7—2. 热带印度至我国华南分布	1	0.18%
7—4. 越南(或中南半岛)至我国华南(或西南)分布	3	0.53%
8. 北温带分布	85	15.10%
8—1. 北极分布	1	0.18%
8—4. 全温带分布(北温带和南温带间断分布)	20	3.55%
8—5. 欧亚和南美洲温带间断分布	1	0.18%
9. 东亚和北美洲间断分布	38	6.75%
9—1. 东亚和墨西哥间断分布	1	0.18%
10. 旧世界温带分布	24	4.26%
10—1. 地中海区、西亚(或中亚)和东亚间断分布	6	1.07%
10—3. 欧亚和南部非洲(有时在大洋洲)间断分布	5	0.89%

续　表

分布区类型	属数	占比
11. 温带亚洲分布	8	1.42%
12. 地中海区、西亚至中亚分布	0	0.00%
13. 中亚分布	0	0.00%
14. 东亚分布	40	7.10%
14(SH). 中国—喜马拉雅分布	10	1.78%
14(SJ). 中国—日本分布	27	4.80%
15. 中国特有分布	17	3.02%
合计	563	100.00%

世界分布的共有 68 属,有槐属 *Sophora*、悬钩子属 *Rubus*、蓼属 *Polynogum*、马唐属 *Digitaria*、莎草属 *Cyperus*、毛茛属 *Ranunculus*、商陆属 *Phytolacca*、蔊菜属 *Rorippa*、苍耳属 *Xanthium*、拉拉藤属 *Galium*、鼠李属 *Rhamnus*、车前属 *Plantago* 等。

热带分布(类型 2~7)的共有 212 属,占总属数的 37.66%。其中,泛热带分布(类型 2)的有 99 属,常见的有紫珠属 *Callicarpa*、冬青属 *Ilex*、木蓝属 *Indigofera*、山矾属 *Symplocos*、卫矛属 *Euonymus*、冷水花属 *Pilea*、莲子草属 *Alternanthera*、牛膝属 *Achyranthes*、泽兰属 *Eupatorium*、马鞭草属 *Verbena*、金粟兰属 *Chloranthus*、朴属 *Celtis* 等;热带亚洲,大洋洲和中、南美洲间断分布(类型 2—1)的有糙叶树属 *Aphananthe*、石胡荽属 *Centipeda*、蓝花参属 *Wahlenbergia* 共 3 属;热带亚洲,非洲和中、南美洲间断分布(类型 2—2)的有粗叶木属 *Lasianthus*、桂樱属 *Laurocerasus*、湖瓜草属 *Lipocarpha* 共 3 属。热带亚洲和热带美洲间断分布(类型 3)的共有 13 属,如木姜子属 *Litsea*、泡花树属 *Meliosma*、雀梅藤属 *Sageretia* 等。旧世界热带分布(类型 4)的共有 24 属,如野桐属 *Mallotus*、香茶菜属 *Rabdosia*、吴茱萸属 *Euodia*、八角枫属 *Alangium* 等;热带亚洲、非洲和大洋洲间断分布(类型 4—1)的有茜树属 *Aidia*、爵床属 *Rostellularia*、飞蛾藤属 *Dinetus* 等 5 属。热带亚洲至热带大洋洲分布(类型 5)的共有 14 属,常见的有樟属 *Cinnamomum*、猫乳属 *Rhamnus*、百部属 *Stemona*、兰属 *Cymbidium*、通泉草属 *Mazus* 等。热带亚洲至热带非洲分布(类型 6)的共有 14 属,常见的属有大豆属 *Glycine*、常春藤属 *Hedera*、芒属 *Miscanthus* 等。热带亚洲(印度—马来西亚)分布(类型 7)的共有 31 属,山茶属 *Camellia*、毛药藤属 *Sindechites*、赤车属 *Pellionia*、玉兰属 *Yulania*、润楠属 *Machilus* 等均较为常见;木荷属 *Schima* 和石椒草属 *Boenninghausenia* 间断分布于爪哇(或苏门答腊)、喜马拉雅和我国华南、西南(类型 7—1);热带印度至我国华南分布(类型 7—2)的有独蒜兰属 *Pleione*;半蒴苣苔属 *Hemiboea*、赤杨叶属 *Alniphyllum*、娃儿藤属 *Tylophora* 3 属分布于越南(或中南半岛)至我国华南(或西南)(类型 7—4)。

温带分布(类型 8~15)的共有 283 属,占总属数的 50.27%,明显多于热带分布的属。北温带分布(类型 8)的就有 85 属,有盐肤木属 *Rhus*、紫堇属 *Corydalis*、山梅花属 *Philadelphus*、胡颓子属 *Elaeagnus*、风轮菜属 *Clinopodium*、委陵菜属 *Potentilla*、黄精属 *Polygonatum* 等;其变型北极分布(类型 8—1)的仅有越橘属 *Vaccinium*;全温带分布(北温带和南温带间断分布)(类型 8—4)的有景天属 *Sedum*、卷耳属 *Cerastium*、野豌豆属 *Vicia*、慈姑属 *Sagittaria* 等

20 属;欧亚和南美洲温带间断分布(类型 8—5)的仅有香麦娘属 *Alopecurus*。东亚和北美洲间断分布(类型 9)的有金线草属 *Antenoron*、蝙蝠葛属 *Menispermum*、檫木属 *Sassafras*、五味子属 *Schisandra*、榧树属 *Torreya* 等 38 属;糯米条属 *Abelia* 间断分布于东亚和墨西哥(类型 9—1)。旧世界温带分布(类型 10)的共有 24 属,如石竹属 *Dianthus*、稻槎菜属 *Lapsana*、香薷属 *Elsholtzia*、天名精属 *Carpesium* 等;地中海区、西亚(或中亚)和东亚间断分布(类型 10—1)的有榉属 *Zelkova*、女贞属 *Ligustrum*、鸦葱属 *Scorzonera* 等 6 属;欧亚和南部非洲(有时在大洋洲)间断分布(类型 10—3)的有苜蓿属 *Medicago*、蛇床属 *Cnidium*、前胡属 *Peucedanum* 等 5 属。温带亚洲分布(类型 11)的共有 8 属,如孩儿参属 *Pseudostellaria*、白鹃梅属 *Exochorda*、附地菜属 *Trigonotis* 等。东亚分布及其变型在本区域共有 77 属,其中,全东亚分布(类型 14)的共有 40 属,如旌节花属 *Stachyurus*、溲疏属 *Deutzia*、盒子草属 *Actinostemma*、东风菜属 *Doellingeria*、虎刺属 *Damnacanthus*、败酱属 *Patrinia*、花点草属 *Nanocnide*、白芨属 *Bletilla* 等;中国—喜马拉雅分布[类型 14(SH)]的有木犀属 *Osmanthus*、冠盖藤属 *Pileostegia*、双蝴蝶属 *Tripterospermum*、兔儿伞属 *Syneilesis* 等 10 属;中国—日本分布[类型 14(SJ)]的共有 27 属,如化香树属 *Platycarya*、钻地风属 *Schizophragma*、假婆婆纳属 *Stimpsonia*、野鸦椿属 *Euscaphis* 等。中国特有分布(类型 15)的有杉木属 *Cunninghamia*、青檀属 *Pteroceltis*、明党参属 *Changium*、泡果荠属 *Hilliella*、华葱芥属 *Sinalliaria*、盾果草属 *Thyrocarpus*、大血藤属 *Sargentodoxa*、牛鼻栓属 *Fortunearia* 等 17 属,这些特有属大多是单型属,而在本区全为单种属。

从科、属的地理分布可见,泛热带分布成分、北温带分布成分是组成本区植物区系的主要成分。此外,在属的地理分布中,东亚分布成分、东亚和北美洲间断分布成分也有一定的比重。在科级水平,本区的植物区系以热带性分布为主;在属级水平,则是以温带性分布的属为主,热带性分布的属也占有一定比重。这说明杭州处于中亚热带的北缘,是温带和热带分布的过渡区,具有亚热带、地理成分复杂的特征。

3. 孑遗、特有和珍稀植物多

本区的现代植物区系中,仍保留了较多的孑遗植物。例如,有石松类,蕨类植物的紫萁属 *Osmunda*、里白属 *Diplopterygium*、海金沙属 *Lygodium* 等;有裸子植物,如柳杉属 *Cryptomeria*、杉木属、三尖杉属 *Cephalotaxus* 和榧树属 *Torreya* 等;被子植物中,我国特有属有 17 属,其中单型属有 8 属,如刺榆属 *Hemiptelea*、青檀属 *Pteroceltis*、牛鼻栓属 *Fortunearia*、大血藤属 *Sargentodoxa* 等,这些单型属系统位置较孤立,往往也是孑遗成分。

本区有不少特有种,其中仅限于本区分布的有杭州景天 *Sedum hangzhouense*、毛壳花哺鸡竹 *Phyllostachys circumpilis*、垂枝苦竹 *Pleioblastus amarus* var. *pendulifolius* 和杭州苦竹 *Pleioblastus amarus* var. *hangzhouensis*。浙江特有种有杭州鳞毛蕨 *Dryopteris hangchowensis*、三出蘡薁 *Vitis adstricta* var. *ternata*、堇叶报春 *Primula cicutariifolia*、浙江光叶柿 *Diospyros zhejiangensis*、杭州石荠苧 *Mosla hangchowensis*、白哺鸡竹 *Phyllostachys dulcis*、花哺鸡竹 *Phyllostachys glabrata*、雁荡山薹草 *Carex yandangshanica*、反折果薹草 *Carex retrofracta*、粗壮小鸢尾 *Iris proantha* var. *valida* 等。

此外,本区还有较多的珍稀物种。根据《国家重点保护野生植物名录(第一批)》,本区有国家重点保护野生植物 8 种,其中一级保护植物有中华水韭 *Isoëtes sinensis*,二级保护植物有浙江楠 *Phoebe chekiangensis*、榉树 *Zelkova serrata*、榧树 *Torreya grandis*、香果树 *Emmenopterys henryi*、

中华结缕草 *Zoysia sinica* 等。根据《浙江省重点保护野生植物名录(第一批)》,本区中的浙江省重点保护野生植物有孩儿参 *Pseudostellaria heterophylla*、寒竹 *Chimonobambusa marmorea*、曲轴黑三棱 *Sparganium fallax*、三叶崖爬藤 *Tetrastigma hemsleyanum*、蛇足石杉 *Huperzia serrata*、天目木兰 *Magnolia amoena*、薏苡 *Coix lacryma-jobi* 等。被列入浙江省极小种群的有青檀 *Pteroceltis tatarinowii*、东南南蛇藤 *Celastrus punctatus*、三叶崖爬藤 *Tetrastigma hemsleyanum*、脉叶翅棱芹 *Pterygopleurum neurophyllum*、堇叶紫金牛 *Ardisia violacea* 和浙江光叶柿 *Diospyros zhejiangensis*。

4. 归化植物多,入侵风险大

杭州作为浙江省的省会,也是我国著名的旅游城市,对外交流十分频繁,加之园林植物引种力度日益增大,外来归化植物日益增多。本区有归化植物共 70 多种,其中不少成为入侵种,其危害日趋显现,危害较大且时有报道的有喜旱莲子草 *Alternanthera philoxeroides*、水葫芦 *Eichhornia crassipes*、加拿大一枝黄花 *Solidago canadensis*、水盾草 *Cabomba caroliniana*、大狼把草 *Bidens frondosa*、一年蓬 *Erigeron annuus*、小飞蓬 *Conyza canadensis*、钻形紫菀 *Aster sublatus*、北美车前 *Plantago virginica* 等。杭州以其优越的自然地理条件、适宜的气候,为外来物种的生长和繁衍提供良好的环境,因此,本区入侵植物的种类可能持续增多,数量可能不断增大,危害可能不断加剧,对于入侵植物的防除和生物安全防御,也是今后长期值得关注的工作。

四、资源植物

1. 资源植物现状

在杭州分布的 1797 种维管束植物中,蕨类植物 120 种,裸子植物 25 种,被子植物 1652 种,潜藏着巨大的植物资源。据统计,在这些植物资源中,资源植物多达约 1600 种次(一次一计),这些资源涉及的应用领域极为广泛,涵盖了食品、医药等领域。其中,药用植物近 800 种,淀粉和糖类植物 110 多种,纤维植物 190 多种,油脂植物 250 多种,栲胶植物 100 多种,芳香植物 150 多种。在这些资源植物中,部分资源分布范围较大,且数量较多,开发利用潜力较大。而在已知的这些资源植物中,已经开发利用的只是极小的一部分,大部分的资源植物有待合理开发利用。譬如药用植物,杭州近 800 种可药用的资源植物占了维管束植物的近一半,而其中除了传统的中草药外,大多数是未加开发利用的,其余类别的资源植物更是鲜有利用。

2. 资源植物类别

不同的植物有着不同的形态结构和化学性质。根据植物的用途和成分不同,杭州的植物资源可简单地分为药用植物、淀粉和糖类植物、纤维植物、油脂植物、栲胶植物、芳香植物和观赏植物七大类。

(1)药用植物

药用植物在我国有着极为悠久的研究历史。据统计,杭州有药用植物近 800 种,占全部维管束植物的45%左右,由此可见药用植物的丰富程度。药用植物在科水平上的分布是最为广泛的,几乎每个科都存在药用植物。杭州有许多珍贵、稀有的传统中药材植物,如水龙骨、三尖杉、鱼腥草、槲寄生、杜衡、野荞麦、何首乌、孩儿参、大血藤、南五味子、华中五味子、厚朴、杜仲、紫花前胡、北柴胡、蛇床、明党参、吴茱萸、紫金牛、沙参、忍冬、六角莲、半夏、绞股蓝、百合属、浙贝母、多花黄精、麦冬、华重楼、土茯苓、玉竹、石蒜、薯蓣等。它们都有着较高的利用与保护价值。

（2）淀粉和糖类植物

淀粉和糖是植物体贮藏的碳水化合物,不同的植物和同一植物的不同部位中淀粉和糖的含量也有所不同。杭州有这类植物110多种,其中壳斗科、木通科、蔷薇科、百合科植物较多。壳斗科植物种子中的淀粉含量较高,栗属的种子更是可以直接食用,如板栗就是极为典型的代表;木通科、蔷薇科的许多植物的果实可用于酿造,其含有较高的糖分;根状茎部分淀粉和糖含量较高的植物有葛藤、薯蓣类、百合属、石蒜、菝葜类、蕨等植物。

（3）纤维植物

植物纤维是植物体内的一种特别的细胞组织,它的主要成分是纤维素,它存在于植物体的各部分,如根、茎、叶、果和种子。在我们的生活中,植物纤维的应用极为广泛,特别是纺织业和造纸业。杭州有纤维植物194种（隶属于45科）,其中较多的有杨柳科、榆科、桑科、豆科、南蛇藤属、椴树科、锦葵科、瑞香科、禾本科等。垂柳茎皮含纤维,可作造纸原料,其枝条可编制篮筐等工具;朴属与椴树科的许多植物的枝和树皮纤维可代麻用;青檀枝皮为制造我国著名的"宣纸"所必需的原料;构树皮中含高级纤维,可用于制造复写纸、蜡纸、制雨伞用的棉纸等;葛藤茎皮的纤维织布与编制绳索,我国自古以来就有利用;结香的茎皮纤维坚韧,可用于制作高级文化用纸;毛竹的秆可用于造纸,箨可用于纺织麻袋、制作鞋垫与人造棉等。

（4）油脂植物

油脂植物广泛地存在于植物界,植物的果、种子、花粉、根、茎、叶都含有油脂,一般以种子含油量最高。不同的油脂植物所提炼的油脂用途也有所不同,大体上分食用油脂和工业用油脂。杭州有这类植物250多种,其中十字花科、樟科、豆科、蔷薇科、芸香科、漆树科、山茶科、榆科、木兰科、卫矛科、山矾科等种类较多。樟科许多植物所含油脂可供制肥皂和润滑油等,最常见的香樟,其种子含油量高达60%以上,除香樟外,樟科大多数植物种子的含油量均较高,如浙江樟、山胡椒、香叶树、绿叶甘橿、山鸡椒、红楠、紫楠和浙江楠等;山茶科的山茶、油茶和茶等植物的种子可榨油供食用;木通属、南蛇藤属、漆树属、野桐属等属的许多植物均有较高的研究价值。

（5）栲胶植物

栲胶可叫作植物性鞣料或鞣料浸膏,它是从鞣料植物中提取出来的产品,一般从富含单宁的树皮、木材、果实、果壳、根、茎、叶中提取而来,其主要成分是单宁。栲胶是皮革工业和渔网制造业中的重要原料,此外,在纺织印染、石油、化工、医药等工业上也是重要的材料。杭州有这类植物100多种,主要有壳斗科、蔷薇科、蓼科、漆树科、冬青科、卫矛科、山茶科等。壳斗科植物的壳斗中的单宁含量可达30%以上;蔷薇科悬钩子属、蔷薇属的一些植物的根皮中的单宁含量也较高;蓼科皱叶酸模根含单宁16%～39%;化香果实中的单宁含量为11%～31%;浙江柿果蒂含单宁36%;漆树科盐肤木上生长的虫瘿称为"五倍子",其单宁的含量更是高达70%～80%;杨梅的树皮和根皮、松树的树皮、枫香的树皮等均是富含单宁的植物材料。

（6）芳香植物

芳香植物是调味品、药物和天然香料的主要来源,涉及食品、医药和日用化工等与日常生活密切相关的行业。杭州有芳香植物150多种，主要的有松柏类、木兰科、樟科、芸香科、伞形科、木犀科、唇形科、菊科。在植物分类系统中相近科、属的植物，其所含的芳香油气味也相近，如樟科的香樟、山苍子、乌药及其他大多数植物均含有相似气味的芳香油；唇形科的薄荷、紫苏、荠苎属等植物的气味又与樟科植物大不相同；芸香科的吴茱萸、柑橘属、花椒属植物等也具有相似或相近的气味。此外，每年秋季，桂花盛开时，满城飘逸的桂香也是杭城的一大特色。

（7）观赏植物

杭州地区有着丰富的野生观赏植物，形态各异，千姿百态，美不胜收。据初步统计，杭州有较具观赏价值的野生植物510多种，隶属于110科。其中，种类较多的科有蔷薇科、豆科、虎耳草科、毛茛科、百合科、菊科、报春花科、蓼科、马鞭草科、茜草科、玄参科、忍冬科等。观赏植物多分为以下三类。

观花类植物，主要指花色艳丽或较为奇特，具有一定观赏价值的植物，如三白草、丝穗金粟兰、蓼属、青葙、瞿麦、剪秋罗、鹅掌草、毛萼铁线莲、毛茛属、蜡梅、南五味子、玉兰、檫木、山鸡椒、紫堇属、二月兰、溲疏属、绣球属、山梅花属、檵木、石斑木、棣棠花、蔷薇属、绣线菊属、紫云英、云实、木蓝属、鸡血藤属、堇菜属、芫花、毛花连蕊茶、八角枫属、珍珠菜属、马银花、杜鹃、拟赤杨、野茉莉属、醉鱼草、流苏树、梓木草、犹属、牡荆、波斯婆婆纳、通泉草属、苦苣苔科、香果树、大叶白纸扇、马蓝属、忍冬属、锦带花、沙参属、半边莲、兰花参、羊乳、六角莲、泽兰属、紫菀属、蓟属、苦荬菜属、菊属、马兰、狼尾草、芒属、鸭跖草、老鸦瓣、绵枣儿、少花万寿竹、荞麦叶大百合、百合属、黄精属、白穗花、油点草、华重楼、石蒜属、鸢尾属、虾脊兰、金兰、绶草、斑叶兰、台湾独蒜兰等。

观果类植物，指果实或种子色彩较醒目，或形态比较特别的植物，如南方红豆杉、杨梅、构属、柘属、商陆属、木防己、风龙、南五味子、华中五味子、山胡椒属、崖花海桐、石楠属、悬钩子属、冬青属、卫矛属、野鸦椿、勾儿茶属、胡颓子属、赤楠、中华常春藤、紫金牛属、柿属、华山矾、铜钱树、大青属、紫珠属、栝楼属、虎刺属、忍冬属、荚蒾属、粗叶木属、香蒲属、蘘荷等。

观叶类植物，指叶形奇特或叶色绚丽的植物，如卷柏属、节节草、紫萁、海金沙、乌蕨、凤尾蕨属、复叶耳蕨属、盾蕨属、朴属、榆属、细辛属、光萼茅膏菜、檫木、天葵、垂盆草、枫香、乌桕、黄连木、漆属、盐肤木、槭属、肉花卫矛、圆叶节节草、小二仙草、六角莲、蓝果树、鸡仔木、常春藤、眼子菜属、金鱼藻属、姜属、百部、天门冬等。

除了上述的三大类外，还有许多植物具有其他的观赏性，如适合作盆栽观赏的、树皮较特殊的藤本类植物等。这类植物有光皮树、椰榆、梣木、椿叶花椒、珍珠莲、爬藤榕、薜荔、络石、铁线莲属、野木瓜属、葡萄科、钻地枫属、万年青、柞木、老鸦柿、檵木等。

各论

石松类与蕨类植物门 Lycophytes and Ferns

　　蕨类植物又名羊齿植物,是原始的维管束植物的统称,现包括石松类和蕨类植物两大类。现存的蕨类植物多为中小型草本植物,有明显的根状茎分化;根通常为须状不定根;茎多为地下横卧的根状茎,或短而直立,斜生,或细长横走,少数为缠绕藤本,极少数呈灌木状,其顶端通常被毛或鳞片;叶为单叶或一到多回羽状复叶,叶脉分离或网结,除石松类和部分原始类型外,多数蕨类的幼叶为拳卷状;叶背面、边缘或叶腋内可产生孢子囊,为蕨类植物的繁殖器官,在孢子囊内形成孢子。

　　蕨类植物的孢子囊是由叶的表皮细胞发育而来的。在小型叶类型的蕨类植物中,孢子囊单生于孢子叶的近轴面叶腋或叶的基部,通常很多孢子叶紧密地或疏松地集生于枝的顶端呈球状或穗状,称孢子叶球或孢子叶穗。大型叶的蕨类植物不形成孢子叶穗,孢子囊也不单生于叶腋处,而是由许多孢子囊聚集成不同形状的孢子囊群,生于孢子叶的背面或边缘。

　　蕨类植物的孢子成熟后散落在适宜的环境里萌发成 1 片细小的、呈各种形状的绿色叶状体,称为原叶体,即蕨类植物的配子体。大多数蕨类植物的配子体生于潮湿的地方,具背腹性,能独立生活。当配子体成熟时,在同一配子体的腹面大多产生有性生殖器官,即球形的精子器和瓶状的颈卵器。精子器内有生有鞭毛的精子,颈卵器内有一个卵细胞,精卵成熟后,精子由精子器逸出,借助水为媒介进入颈卵器内与卵结合,受精卵发育成胚,在配子体上,胚继续生长发育形成孢子体,即常见的蕨类植物。

　　蕨类植物具有明显的世代交替规律。从单倍体的孢子开始,到配子体上产出精子和卵,这一阶段为单倍体的配子体世代(亦称有性世代);从受精卵开始,到孢子体上产生的孢子囊中孢子母细胞的减数分裂之前,这一阶段为二倍体的孢子体世代(亦称无性世代)。这两个世代有规律地交替完成其生活史。

　　蕨类植物常陆生、附生,少为水生,多直立或少有缠绕攀援的多年生草本,少有高大树形。大多喜生于温暖湿润林下、溪边、岩石上。

　　现存的石松类和蕨类植物有 10900～11100 种。传统上,蕨类植物一般分为四大类,即松叶蕨类、石松类、木贼类和真蕨类。通常把松叶蕨类、石松类和木贼类称为拟蕨类,真蕨类包括厚囊蕨类、原始薄囊蕨类和薄囊蕨类。石松类和蕨类植物广泛分布于世界各地,尤其是热带和亚热带最为丰富。我国有 38 科,177 属,2129 种;杭州有 22 科,58 属,114 种,6 变种。

分 科 检 索 表

1. 孢子囊单生于单一或 2 叉的叶上。
　　2. 植株具匍匐或上升的茎,有时攀援、直立、悬垂或附生;叶小,常重叠;孢子囊叶表面生,下部叶常无孢子囊。
　　　　3. 孢子同型,常较小;营养枝上叶常同型,螺旋状排列,少数侧枝明显扁平,但叶不排成 2 列,有时能育叶收缩状 ·················· 1. 石松科 Lycopodiaceae
　　　　3. 孢子二型,有大孢子和小孢子之分;营养枝上的叶二型,常背腹各 2 列,中间 2 列较小,少为同型,螺旋状排列 ························ 3. 卷柏科 Selaginellaceae

  2. 植株具块状茎;叶线形,着生于块茎上,呈莲座状,能育;孢子囊内嵌于叶基部 ……… **2. 水韭科** Isoëtaceae
1. 孢子囊多数聚集,直接着生于叶表面或叶轴顶端,或生于叶片上特化的孢子柄或生于孢子囊穗,有时生于封闭的孢子球或囊群盖内。

  4. 孢子囊穗顶生;茎中空,有明显的节,节上有轮生分枝,节间表面有纵沟,各节被管状有锯齿的鞘包围………
  ………………………………………………………………………………… **4. 木贼科** Equisetaceae
  4. 孢子囊叶表面生,有时形成封闭的孢子球;茎不中空,无节,分枝不轮生。

   5. 孢子囊包藏在孢子球内;湿生小型蕨类,常漂浮于水面;叶长 1～25mm。

    6. 泥沼生植物;叶具长柄,不育叶为单叶,线形,或为 4 枚小叶 ………… **10. 苹科** Marsileaceae

    6. 漂浮水生植物;叶无柄,常漂浮于水面 ……………………………… **11. 槐叶苹科** Salviniaceae

   5. 孢子囊生于叶表面或孢子囊群托上;大部分生于排水较好的地方,若生于水中,则叶片较大,羽状分裂。

    7. 叶三型,近基部生出顶部可育的孢子囊穗和不育叶(单一、羽状或 3 出);根状茎短而直立,上部
     有鞘包被 ……………………………………………………… **5. 瓶尔小草科** Ophioglossaceae

    7. 茎、叶与上述不同;根状茎上部无鞘包被。

     8. 缠绕藤本 ……………………………………………………… **9. 海金沙科** Lygodiaceae

     8. 不为缠绕藤本,少有攀援状。

      9. 叶膜质,由 1 层细胞组成(少有 2～4 层细胞),无细胞间隙和气孔;孢子囊着生于由叶脉
       外延形成的囊托上,囊群盖管状或二唇形 ……………… **7. 膜蕨科** Hymenophyllaceae

      9. 叶草质或革质,由具细胞间隙和气孔的多层细胞组成;孢子囊不着生于外延的叶脉上。

       10. 叶等位 2 叉分枝,分叉处的腋内有一休眠芽,末级分枝羽状或羽状分裂 …………
       …………………………………………………………… **8. 里白科** Gleicheniaceae

       10. 叶片单一,羽状、掌状或鸟足状,分叉处的腋内无休眠芽。

        11. 孢子囊群直接密集生于羽轴或小羽轴上,无囊群盖。

         12. 单叶,能育叶与不育叶同型 ………………………………………………
         …………………… **22. 水龙骨科**(薄唇蕨属) Polypodiaceae(*Leptochilus*)

         12. 复叶,能育叶的羽片多少狭缩成线形。

          13. 叶柄基部不膨大,叶轴上不具疣状凸起的气囊体 ………………………
          …………………………………………… **6. 紫萁科** Osmundaceae

          13. 叶柄基部膨大,叶轴上具疣状凸起的气囊体,并延伸到羽片基部………
          …………………………………………… **12. 瘤足蕨科** Plagiogyriaceae

        11. 孢子囊群着生于叶背面或叶缘,有时羽片狭窄,内卷,覆盖孢子囊群。

         14. 水生蕨类植物;叶 2～3 回羽状;孢子囊边生,并为反折的叶边缘覆盖 ………
         ……………………… **15. 凤尾蕨科**(水蕨属) Pteridaceae(*Ceratopteris*)

         14. 陆生、附生或石生蕨类植物。

          15. 孢子囊群无盖;叶表面生,有时生于叶边和主脉之间的沟槽内,不被反卷
           的叶缘覆盖。

           16. 叶窄线形,草质;孢子囊群线形,生于叶边和主脉之间的沟槽内,在中
            脉两侧各 1 行 …………………………………………………………
          ………… **15. 凤尾蕨科**(书带蕨属) Pteridaceae(*Haplopteris*)

           16. 叶非草质;孢子囊群不像上述。

            17. 孢子囊群不定生,沿叶脉分布,不与叶轴平行 …………………
           ……………………………………… **15. 凤尾蕨科** Pteridaceae

           17. 孢子囊群定生,或成汇生囊群。

            18. 叶片尤其是叶轴背面有毛或鳞片。

19. 附生或石生蕨类;叶片长 8～25(～60)cm ……………
……………………………… 22. **水龙骨科** Polypodiaceae

19. 土生蕨类;叶片长(15～)50～100cm ………………
………………………… 17. **金星蕨科** Thelypteridaceae

18. 叶片光滑;叶轴和羽轴交接处有 1 条肉质扁刺 …………
……… 18. **蹄盖蕨科(角蕨属)** Athyriaceae (*Cornopteris*)

15. 孢子囊群有盖,或多少被反卷的叶缘覆盖(假囊群盖)。

20. 孢子囊群叶缘生或近叶缘生。

21. 根状茎和叶柄具单细胞或多细胞毛,少有刚毛 …………
…………………………… 14. **碗蕨科** Dennstaedtiaceae

21. 根状茎和叶柄上至少在基部有鳞片,鳞片有时非常狭窄。

22. 叶柄不以关节着生于根状茎上;根状茎鳞片非常狭窄;囊群
盖线形或长圆形 ………… 13. **鳞始蕨科** Lindsaeaceae

22. 叶柄以关节着生于根状茎上;根状茎鳞片宽;囊群盖管状或
杯状 …………………… 21. **骨碎补科** Davalliaceae

20. 孢子囊群着生于叶缘和叶轴之间。

23. 孢子囊群长圆形至线形,通直或弯曲。

24. 孢子囊群与羽轴或小羽轴平行 ……………………………
……………………………… 19. **乌毛蕨科** Blechnaceae

24. 孢子囊群与侧脉平行;叶柄基部有 2 条维管束。

25. 鳞片无光泽,非筛孔状;叶柄基部 2 条维管束向上会合成
"U"字形;孢子囊群弯曲,"J"字形或肾形 ……………
………………………………… 18. **蹄盖蕨科** Athyriaceae

25. 叶柄基部鳞片筛孔状;基部 2 条维管束向上会合成"X"字
形;孢子囊群通直 ………… 16. **铁角蕨科** Aspleniaceae

23. 孢子囊群圆形,少为椭圆形。

26. 孢子囊群具长柄,每末回裂片上 1 个;囊群盖棕色至黑色 …
…… 20. **鳞毛蕨科(鳞毛蕨属)** Dryopteridaceae (*Dryopteris*)

26. 孢子囊群无柄,每末回裂片上超过 1 个;囊群盖颜色浅。

27. 叶轴腹面具沟槽,向上与羽轴腹面的沟槽连通。

28. 叶柄基部有多条维管束 ……………………………………
……………………………… 20. **鳞毛蕨科** Dryopteridaceae

28. 叶柄基部有 2 条维管束 ……………………………………
18. **蹄盖蕨科(安蕨属)** Athyriaceae (*Anisocampium*)

27. 叶轴腹面不具沟,如果有沟,向上与羽轴腹面的沟不连通

29. 叶脉联合,叶 1 回羽状,顶部具 1 枚顶生小叶 ………
…20. **鳞毛蕨科(贯众属)** Dryopteridaceae (*Cyrtomium*)

29. 叶脉分离,叶 1～2 回羽状 …………………………………
…18. **蹄盖蕨科(对囊蕨属)** Athyriaceae (*Deparia*)

1. 石松科 Lycopodiaceae

小型至大型蕨类,陆生、沼生或附生。主茎直立、下垂或伸长,呈匍匐、攀援状,中柱常为原生中柱,枝条1至多回2叉分枝。叶较小,一型或二型,螺旋状排列,钻形、线形、披针形、椭圆形或鳞状,有或无光泽,膜质至厚革质,全缘或有锯齿,具一中脉,无侧脉。孢子囊常为肾形,黄色,生于孢子叶腋,或成孢子囊穗,生于枝顶或侧生,无柄或有柄;孢子叶大小与形状与营养叶相同或相异;孢子球状四面体形,表面常具网状纹饰或孔穴状纹饰。

5属,360~400种,世界广布;我国有5属,66种,广布;浙江有4属,11种;杭州有2属,2种。

本科中的许多种类可供药用。

1. 石杉属 Huperzia Bernh.

小型或中型蕨类,土生或石生。茎常直立或斜生,2叉分枝,上部常有芽胞。叶线形或披针形,螺旋状排列,全缘或具齿。孢子叶与营养叶同型,稍小。孢子囊着生在全枝或枝上部的孢子叶腋,肾形;孢子球状四面体形。

约55种,主要分布于热带和亚热带,温带也有分布;我国有27种,主要分布于西南部,其他地区也有少量分布;浙江有3种;杭州有1种。

蛇足石杉 蛇足草 (图1-1)

Huperzia serrata(Thunb.) Trevis.

多年生土生植物,高10~30cm。茎直立或斜生,单一或数回2叉分枝,枝上部常有芽胞。叶螺旋状排列,平伸,狭椭圆形,长1~3cm,宽1~8mm,先端急尖或渐尖,基部楔形,边缘具不整齐的锯齿,两面光滑无毛,有光泽,中脉凸出明显;孢子叶与不育叶同型、等大,孢子囊生于孢子叶的叶腋,肾形,黄色。

见于西湖景区(云栖),生于林下阴湿之处。分布于我国除西北部分地区和华北地区外的其余地区;不丹、柬埔寨、印度、印度尼西亚、日本、朝鲜半岛、老挝、马来西亚、缅甸、尼泊尔、菲律宾、俄罗斯、斯里兰卡、泰国、越南、澳大利亚、中美洲和太平洋岛屿也有。

全草可供药用。

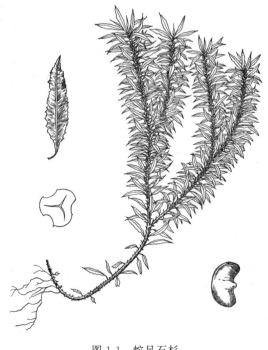

图1-1 蛇足石杉

2. 石松属 Lycopodium L.

小型至大型蕨类,土生。主茎伸长,匍匐于地面或直立,枝条 1 至多回 2 叉分枝。叶螺旋状排列,钻形、披针形或线形,全缘或具齿。孢子叶穗单生或聚生于枝顶;孢子叶不同于营养叶;孢子囊着生于孢子叶腋,球状肾形,黄色;孢子近球形。

40～50 种,分布于热带和温带地区;我国有 14 种,各地均有分布;浙江有 4 种;杭州有1种。

本属植物茎匍匐,孢子囊着生于顶生的孢子叶穗,可与上属植物区别。

石松 （图 1-2）
Lycopodium japonicum Thunb.

多年生土生植物。匍匐茎生于地上,细长而横走,2～3 回分叉,叶稀疏;侧枝直立,高可达 40cm,多回 2 叉分枝,压扁状（幼枝圆柱状）,枝连叶直径为 5～10mm。叶螺旋状排列,密集,披针形或线状披针形,长 4～8mm,宽 0.3～0.6mm,先端具透明长发丝,全缘,中脉不明显,无柄。孢子囊穗 3～8 个集生于总叶柄,总叶柄长可达 30cm,苞片螺旋状着生,形状如叶片;孢子囊穗直立,圆柱形,长 2～8cm,直径为 5～6mm,具1～5cm 长的小柄;孢子叶阔卵形,长 2.5～3mm,宽约 2mm,先端急尖,具芒状长尖头,边缘膜质,啮蚀状;孢子囊略外露,圆肾形,黄色。

见于西湖景区(九溪),生于林下湿地或灌丛中。分布于我国除东北、华北外的其余地区;柬埔寨、日本、老挝、缅甸、越南及南亚诸国也有。

全草可供药用;茎、枝可作插花材料。

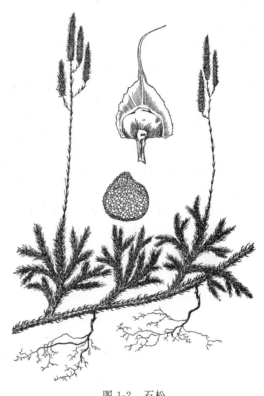

图 1-2 石松

2. 水韭科 Isoëtaceae

小型或中型蕨类,多年生草本,通常多为水生或沼生植物。茎粗短或呈块茎状,下部生根,须根多成 2 叉分枝。叶螺旋状排列成丛生状,线状半圆柱形或钻形,腹面平坦,背面圆形,叶先端尖细,叶基扩大,腹面具膜质叶舌;叶内具 1 条维管束和 4 条纵向具横隔的通气道。孢子囊生于叶基腹面穴内,椭圆形,外有盖膜覆盖;大孢子囊着生于外围叶的基部,小孢子囊多着生于内部叶基;孢子二型,大孢子球状四面体形,小孢子肾状二面形。配子体有雌、雄之分,退化;精子有多数鞭毛。

1 属,250 多种,世界广布;我国有 1 属,5 种,广布;浙江有 1 属,2 种;杭州有 1 属,1 种。

水韭属　Isoëtes L.

属特征同科。

中华水韭 （图 1-3）
Isoëtes sinensis Palmer

多年生沼生或水生草本,植株高 15～30cm。根状茎肉质,块状,略呈 2～3 瓣,根多数 2 叉分枝。叶多数,呈覆瓦状密生茎端,草质,鲜绿色,线形,长 15～30cm,宽 1～2mm,叶先端渐尖,基部扩大成膜质鞘状,黄白色,腹面凹入,具三角状叶舌,凹入处着生孢子囊,叶内具纵向通气道,有横隔膜,分成多数气室。孢子囊椭圆形,长约 9mm,宽约 3mm,具白色膜质盖。大孢子白色,球状四面体形,表面具刺状和鸡冠状凸起;小孢子灰色,两面形,表面有密刺。$2n=44$。

文献记载于西湖景区(九溪)内有分布,生于浅水池塘边、湿地和山沟淤泥上。分布于安徽、广西和江苏。

我国一级重点保护植物。

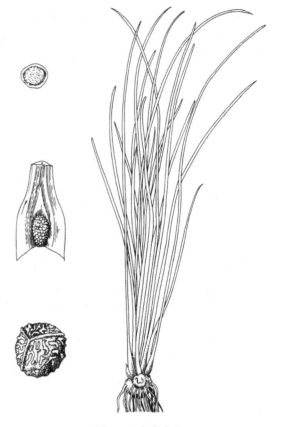

图 1-3　中华水韭

3. 卷柏科　Selaginellaceae

一年生或多年生草本,陆生或石生,稀附生。茎直立、匍匐或向上斜生,基部或同分枝处均具根托。单叶,螺旋状排列或排成 4 行;主茎上的叶常较稀疏,一型或二型;分枝上的叶常排成 4 行,背面 2 行侧叶较大,指向外,腹面 2 行中叶较小,指向前。孢子叶穗常生于茎或枝的先端,呈压扁状或四棱形,稀圆柱状;孢子叶一型或二型,4 行排列;孢子囊二型,大孢子囊内常具 4 个大孢子,小孢子囊内常具多数小孢子;孢子具 3 条槽,表面有各式纹饰。

1 属,约 700 种,世界广布;我国有 1 属,67 种,广布;浙江有 1 属,14 种;杭州有 1 属,5 种。本科许多种类具有药用价值。

卷柏属　Selaginella P. Beauv.

属特征同科。

分 种 检 索 表

1. 孢子叶一型,多为卵形,不同于营养叶。
  2. 主茎细弱,匍匐于地上,蔓生状 ……………………………………………… 1. **翠云草**　*S. uncinata*
  2. 主茎较粗,直立。
    3. 茎枝无毛;孢子叶卵状三角形 ………………………… 2. **江南卷柏**　*S. moellendorffii*
    3. 茎枝被毛;孢子叶阔卵形 ………………………………………… 3. **布朗卷柏**　*S. braunii*
1. 孢子叶二型,半数为卵形或阔卵形,半数为卵状披针形。
  4. 孢子叶排列疏松,不呈囊穗状 ………………………………… 4. **伏地卷柏**　*S. nipponica*
  4. 孢子叶紧密,囊穗状 ……………………………………………… 5. **异穗卷柏**　*S. heterostachys*

1. 翠云草 （图1-4）

Selaginella uncinata（Desv.）Spring

多年生草本,土生。主茎伏地蔓生或攀附生长,长可达1m,禾秆色,圆柱状,具沟槽,无毛,主茎分枝处具托根;无横走地下茎。叶薄草质,在荫蔽的生活环境中上面常呈蓝绿色;主茎上的叶疏生,一型,2列,卵形到卵状椭圆形,长4mm,宽约3mm,基部略呈心形;侧枝上的叶二型,侧叶朝外平展,长圆形或卵状长圆形,长2~3mm,宽0.8~2.2mm,具短尖头,基部心形,全缘,中叶较小,指向枝顶,长卵形,先端渐尖,基部圆楔形,全缘。孢子叶穗紧密,单生于小枝顶端,四棱形;孢子叶一型,卵状三角形至卵状披针形,先端渐尖,边缘全缘;孢子囊卵形;孢子二型,大孢子灰白色或暗褐色,小孢子淡黄色。$2n=18$。

区内常见,生于山地丘陵林下、农田四周和田间小路。分布于安徽、重庆、福建、广东、广西、贵州、湖北、湖南、江西、上海、陕西、四川、台湾、云南。

全草可供药用;可观赏。

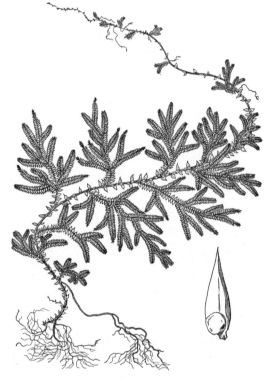

图1-4　翠云草

2. 江南卷柏 （图1-5）

Selaginella moellendorffii Hieron.

土生或石生,植株高15~30cm。根状茎横走,其上生有鳞片状叶;主茎直立,圆柱状,禾秆色,无毛,下部不分枝,上部羽状分枝。不分枝主茎上的叶一型,螺旋状疏生,卵形;枝上叶二型,背腹各2列,侧叶卵形至卵状三角形,斜展,边缘具白边,有细齿,中叶卵圆形,基部心形,偏斜。孢子叶穗紧密,单生于枝顶,呈四棱形,长4~15mm;孢子叶一型,卵状三角形,边缘有白边和细齿,先端锐尖,背部龙骨状隆起;孢子囊圆肾形;孢子二型。$2n=20$。

区内常见,生于低山丘陵地带的林下、林缘较潮湿的地方。分布于安徽、重庆、福建、甘肃、广东、广西、贵州、河南、湖北、湖南、江苏、江西、陕西、四川、台湾、云南;日本、菲律宾和越南也有。

全草可供药用。

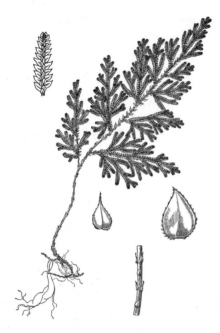

图 1-5　江南卷柏

图 1-6　布朗卷柏

3. 布朗卷柏　细毛卷柏　(图 1-6)

Selaginella braunii Baker

土生或石生,植株高 15～45cm。根状茎横走;主茎直立,禾秆色,下部不分枝,中上部羽状分枝,被细毛。叶草质,光滑;下部茎上的叶一型,螺旋状排列,稀疏,卵形至卵状三角形;分枝上叶二型,分侧叶和中叶,各 2 列排列,侧叶斜展,矩圆形,基部截形,边缘近全缘,中叶卵状披针形,先端渐尖,基部圆楔形,近全缘。孢子叶穗紧密,单生于枝顶,四棱形,长 5～8mm;孢子叶一型,阔卵形,先端急尖,边缘有细齿;孢子囊圆肾形;孢子二型。

见于西湖景区(飞来峰),生于低山疏林下或强烈风化的岩石旁。分布于安徽、重庆、贵州、海南、湖北、湖南、江西、四川、云南;马来西亚也有。

全草可供药用;可供观赏。

4. 伏地卷柏　日本卷柏　(图 1-7)

Selaginella nipponica Franch. & Sav.

土生,匍匐,植株细弱,高 5～12cm。主茎分化不明显,禾秆色,各分枝节下生不定根。叶草质,二型,交互排列;侧叶向两侧平展,阔卵形,长 1.8～2.2mm,宽 1～1.6mm,先端锐尖,基部心形,边缘具细齿;中叶指向前,卵状矩圆形,长 1.6～2mm,宽 0.6～0.9mm,先端渐尖,基部圆形,边缘具齿。孢子叶穗疏松,单生于小枝末端,或 1～3 次分叉;孢子叶二型,与营养叶近似,边缘具细齿,背部不呈龙骨状;孢子囊卵圆形;孢子二型,大孢子橘黄色,小孢子橘红色。$2n=18$。

见于萧山区(进化)、余杭区(径山)、西湖景区(桃源岭),生于草地或岩石上。分布于安徽、重庆、福建、甘肃、广东、广西、贵州、湖北、湖南、江西、青海、山东、山西、陕西、四川、台湾、云南；日本也有。

全草可供药用。

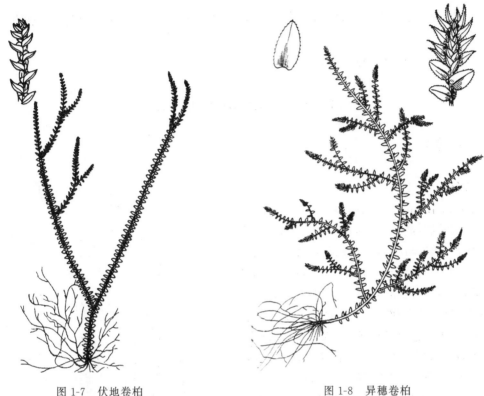

图 1-7　伏地卷柏　　　　　　　　　图 1-8　异穗卷柏

5. 异穗卷柏　（图 1-8）

Selaginella heterostachys Baker

土生或石生，植株细弱，长可达 20cm 或更长。具匍匐茎，分枝处常具根托。叶二型，草质，背腹各 2 列；侧叶平展，卵形，基部圆形，先端钝或尖，叶缘有缘毛状细齿；中叶朝前，狭卵形至披针形，先端渐尖具芒刺，基部圆楔形，叶缘具白边和细齿。孢子叶二型，上面的 2 行孢子叶斜展，卵状披针形或长圆状镰刀形，先端急尖，边缘具缘毛或具细齿，下侧的孢子叶卵形，龙骨状，先端具长尖头，边缘具缘毛；孢子囊圆肾形；孢子二型。$2n=32$。

见于余杭区（径山、鸬鸟），分布于阴湿岩石及潮湿的生境。分布于安徽、重庆、福建、甘肃、广东、广西、贵州、海南、湖南、江西、四川、台湾、云南。

4. 木贼科　Equisetaceae

多年生草本，陆生，浅水区或水边湿生。根状茎横走，有时直立或斜生，黑褐色，具节，节上生根,密被茸毛或无;地上茎直立,通常绿色,有节,圆柱形,中空,节间具纵行的脊或沟,表皮常有硅质疣状凸起。叶鳞轮生于节上,成为叶鞘包围在节间基部,先端分裂成鞘齿。孢子囊穗顶生,球果状;孢子叶轮生,每一孢子叶上有 5～10 个孢子囊;孢子近球形,具 4 条弹丝,表面具细颗粒状纹饰。

　　1 属,约 15 种,世界广布;我国有 1 属,10 种,广布;浙江有 1 属,2 种,1 变种;杭州有 1 属,1 种。

　　本科一些植物种类具药用价值。

木贼属　Equisetum L.

属特征同科。

节节草　（图 1-9）

Equisetum ramosissimum Desf.

　　中小型植物,高 30～60cm。根状茎直立,横走或斜生,节和根疏生黄棕色长毛或无毛。地上气生茎一型,直径为 1～3mm,主枝多在下部分枝,常呈簇生状,主枝有脊 5～16 条,脊上有 1 行小瘤或小横纹;鞘筒狭长,可达 1cm;鞘齿 5～12枚,三角形,灰白色至黑棕色,边缘(有时上部)为膜质,基部扁平或呈弧形,早落或宿存;侧枝较硬,圆柱状,有脊 5～8 条,脊上平滑或有 1 行小瘤;鞘齿 5～8 个,披针形,革质但边缘膜质,上部棕色,宿存。孢子囊穗生于枝顶,短棒状或椭圆球形,长 0.5～2.5cm,中部直径为 0.4～0.7cm,顶端有小尖凸,无柄。$2n=216$。

　　区内常见,生于山涧、溪边沙滩上或路边石堆中。分布于全国各地;不丹、日本、朝鲜半岛、蒙古、巴基斯坦、亚洲中部和西南部、非洲、欧洲也有。

　　全草可供药用。

图 1-9　节节草

5. 瓶尔小草科　Ophioglossaceae

　　多年生草本,通常陆生,稀附生,植株通常较小。具肉质粗根。根状茎常短且直立。叶 1至数枚,叶柄基部常扩大,呈叶鞘状,分营养叶和孢子叶,均出自总叶柄;营养叶全缘或 1 至多回羽状分裂;孢子叶具长柄,或出自营养叶的基部或中轴。孢子囊无柄,排成 2 行;孢子球状四面体形。

4～9 属,约 80 种,世界广布;我国有 3 属,22 种,广布;浙江有 2 属,4 种;杭州有 2 属,2 种。本科一些物种具观赏价值,也有不少药用植物。

1. 阴地蕨属　Botrychium Sw.

陆生或岩生蕨类。根状茎短,直立,具肉质根。叶具总叶柄,基部鞘状托叶闭合;营养叶通常三角形或五角形,1～3 回羽状分裂;孢子叶有长柄,出自总叶柄、营养叶基部或中轴,呈圆锥花序状。孢子囊无柄,成 2 行排列于小穗内侧;孢子四面体形。

50～60 种,世界广布;我国有 12 种,全国均有分布;浙江有 3 种;杭州有 1 种。

阴地蕨 （图 1-10）

Botrychium ternatum（Thunb.）Sw.

植株高 15～60cm。根肉质。根状茎短而直立。总叶柄短,长 2～4cm。不育叶的叶柄长 5～12cm 或更长,宽 2～3mm,光滑无毛;叶片近五边形,深绿色,草质,3 回羽状分裂,长 5～10cm,宽 8～12cm,短尖头;羽片 3～4 对,基部 1 对最大,阔三角形,2 回羽裂;小羽片 3～4 对,阔椭圆形或长圆形,末回裂片宽卵形至长卵形,边缘具不规则锯齿;叶脉不见。孢子叶有长柄,长 12～25cm 或更长,远超出不育叶,孢子囊穗为圆锥状,2～3 回羽状,长 4～10cm,宽 2～3cm,小穗疏松,略张开,无毛。$2n=90$。

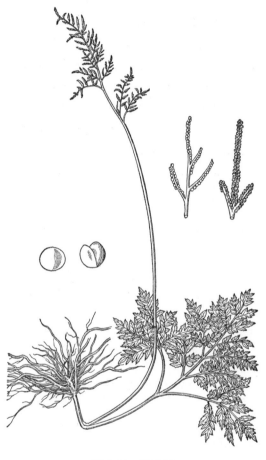

图 1-10　阴地蕨

见于西湖景区（杨梅岭）,生于林下、丘陵地灌丛阴处。分布于安徽、重庆、福建、广东、广西、贵州、河南、湖北、湖南、江苏、江西、辽宁、山东、陕西、四川、台湾;印度、日本、朝鲜半岛、尼泊尔和越南也有。

全草可供药用。

2. 瓶尔小草属　Ophioglossum L.

小型陆生蕨类,稀附生;通常直立,稀悬垂。根状茎短而直。营养叶通常 1～2 枚,卵圆形至披针形,全缘,具柄,叶脉网状,中脉不明显。孢子囊穗具长柄,自总叶柄或不育叶基部长出;孢子囊沿囊托两侧排列成穗状;孢子四面体形。

约 28 种,分布于北半球;我国有 9 种,南北均有分布;浙江有 1 种;杭州有 1 种。

本属植物单叶,孢子囊穗单穗状,可与上属区别。

瓶尔小草 （图 1-11）

Ophioglossum vulgatum L.

植株高 9～30cm。根肉质，簇生，四面横走，似匍匐茎。根状茎短而直立。叶常单生，总叶柄长 6～9cm，下半部为灰白色，较粗大，深埋于地下；不育叶微肉质至草质，椭圆形至狭卵形，长 6～10cm，宽 1.5～4cm，先端钝圆或急尖，基部截形至圆钝，有时急剧狭窄，全缘，网状脉明显，无柄。孢子叶自不育叶基部生出，长 9～18cm 或更长；孢子囊穗长 2.5～3.5cm，直径约为 2mm，先端尖，超出不育叶；孢子表面明显或稍呈网状。$2n=240～1140$。

见于西湖区(三墩)、余杭区(良渚)、西湖景区(九溪)，生于林下或灌丛中，有时绿化草坪中可见。分布于安徽、福建、广东、贵州、河南、湖北、湖南、江西、陕西、四川、西藏、云南；印度、日本、朝鲜半岛、斯里兰卡、澳大利亚、欧洲和北美洲也有。

全草可供药用。

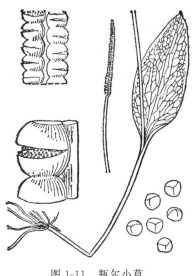

图 1-11　瓶尔小草

6. 紫萁科　Osmundaceae

中型蕨类，陆生。根状茎粗大，直立、匍匐或呈树干状，由宿存的叶柄基部所包被，无鳞片。幼叶有腺状长茸毛，后脱落，几无毛；叶大型，1～2 回羽状，一型或二型，或同一叶上羽片二型；叶柄长而坚硬，基部膨大，两侧具狭翅；叶脉分离，2 叉分枝。孢子囊较大，圆形，具柄，着生于极度收缩的孢子叶(能育叶)羽片边缘；孢子球状四面体形，外表具纹饰。

4 属，约 20 种，主要分布于温带和热带地区；我国有 2 属，8 种，主要分布于东南部、南部至西南部；浙江有 2 属，4 种；杭州有 2 属，2 种。

1. 紫萁属　Osmunda L.

陆生中型至大型蕨类。根状茎粗壮，直立或斜生，常呈树干状，密覆宿存的叶柄基部。叶大，簇生，二型或同一叶上羽片二型，1～2 回羽状；叶柄基部膨大；能育羽片紧缩，生于能育叶的上部、中部或下部。孢子囊圆形，具柄；孢子球状四面体形。

约 10 种，主要分布于热带和温带地区；我国有 7 种，主要分布于东南部、南部至西南部；浙江有 3 种；杭州有 1 种。

紫萁 （图 1-12）

Osmunda japonica Thunb.

株高可达 1m。根状茎短粗。叶簇生，直立，二型：不育叶为 2 回羽状，三角状阔卵形，长 30～50cm,宽 20～40cm,叶柄长 20～50cm,禾秆色;羽片 3～5 对,对生,长圆形,长 15～25cm,基部宽8～13cm,基部 1 对稍大;小羽片 5～9 对,对生或近对生,无柄,长 4～7cm,宽 1.5～2cm,长圆形或长圆状披针形,先端稍钝或急尖,基部圆形或近截形;侧脉 2 叉分枝,小脉近平行。孢子叶(能育叶)2 回羽状,小羽片紧缩成线形,长 1.5～2cm,沿中肋两侧背面密生孢子囊,孢子囊棕色。$2n=44$。

区内常见,生于林缘及林下较湿润处。分布于安徽、重庆、福建、甘肃、广东、广西、贵州、河南、湖北、湖南、江苏、江西、山东、陕西、四川、台湾、西藏、云南;日本、朝鲜半岛、不丹、印度北部、缅甸、巴基斯坦、俄罗斯、泰国和越南也有。

根状茎可供药用。

图 1-12　紫萁

2. 桂皮紫萁属　Osmundastrum C. Presl

陆生中型蕨类。根状茎短粗,木质,常直立,无鳞片。叶常簇生于茎的顶端,二型:幼叶密被茸毛,后光滑几无毛,叶柄较短,基部常膨大,两侧呈翅状;能育叶生于植株中间,强度紧缩,背面满布暗棕色的孢子囊。

1 种,分布于亚洲和北美洲,欧洲也有;我国东北、长江流域及其以南各地区有分布;浙江及杭州也有。

本属植物营养叶 2 回羽裂,可与上属区别。

桂皮紫萁　福建紫萁　分株紫萁　(图 1-13)

Osmundastrum cinnamomeum(L.)C. Presl——
O. cinnamomea L. var. *fokiense* Cop.

根状茎短粗,匍匐、斜生或直立。叶簇生于茎的顶端,幼叶密被长茸毛,后脱落至无毛,叶二型。不育叶长圆形至卵状披针形,长 30～100cm,宽 18～25cm,2 回羽状深裂,先端渐尖;羽片 20 对或更多,长 5～20cm,宽 1.5～3cm,先端尖,基部截形,无柄,羽状深裂几达羽轴;末回裂片全缘,先端圆,边缘常有毛;中脉明显,侧脉羽状,2 叉分枝。孢子叶比不育叶短而瘦弱,2 回羽状,叶片强度紧缩;羽片几乎不存在;末回裂片缩成线形,背面满布暗棕色的孢子囊。$2n=44$。

图 1-13　桂皮紫萁

见于西湖区(留下、龙坞),生于林缘、林下湿润地或沼泽。分布于安徽、重庆、福建、广东、广西、贵州、黑龙江、湖南、吉林、江西、四川、台湾、云南;印度北部、日本、朝鲜半岛、俄罗斯、越南和北美洲也有。

根状茎可供药用;也可用于观赏。

7. 膜蕨科　Hymenophyllaceae

多附生或石生,少为陆生的中小型蕨类。一般不具根。根状茎通常横走,细长。叶常细小,膜质,全缘至扇形分裂,或多回二歧分叉至多回羽裂;叶脉分离,2 叉分枝或羽状分枝,有时叶缘有近边生的假脉。囊苞坛状、漏斗状、管状或二唇瓣状;孢子囊着生于小脉延伸至叶缘外的圆柱形囊托上;孢子为四面体形或球形。

34 属,约 600 种,主要分布于热带、亚热带地区及温带的南部地区;我国有 7 属,53 种,主要分布于南部地区,西南部和东南部也有少数种分布;浙江有 4 属,10 种;杭州有 3 属,4 种。

本科的植物大多较小型,可用于制作微型盆景,不少种也有药用价值。

分 属 检 索 表

1. 根状茎近无毛或疏被浅色毛;囊苞二唇瓣形,分裂至基部或近基部 ………… 1. **膜蕨属**　*Hymenophyllum*
1. 根状茎被略带红色至深色的毛;囊苞管状、钟状、漏斗状或口部浅裂二唇形。
　　2. 通常无根;植株矮小,高一般不超过 5cm;叶片扇形 …………………… 2. **假脉蕨属**　*Crepidomanes*
　　2. 具根;植株通常高超过 5cm;叶片 1～3 回羽状…………………………… 3. **瓶蕨属**　*Vandenboschia*

1. 膜蕨属　Hymenophyllum Sm.

小型附生或石生蕨类。根状茎细长而横走,或短而直立。叶小至中等,膜质,羽状分裂,边缘全缘而具齿,叶柄具翅或无,叶脉叉状分枝。囊苞深裂或二唇瓣状,顶端全缘或具齿;囊群托内藏或稍凸出;孢子囊大,无柄;孢子四面体形。

约 50 种,世界广布;我国有 22 种,分布于西南和华南,华东也有少数分布;浙江有 6 种;杭州有 1 种。

华东膜蕨　(图 1-14)

Hymenophyllum barbatum（Bosch）Baker

植株高 1～15cm。根纤维状,疏生于纤细的根状茎上。根状茎直径约为 0.2mm,褐色至深褐色或红褐色,疏生褐色柔毛或近无毛。叶远生,膜质,半透明状,叶片卵形,1～3 回羽裂,长 1.5～12cm,宽 1～4cm,先端钝圆,基部近心形;羽片无柄,长圆形,3～12 对,长 0.5～2.5cm,宽3～11mm,紧贴或稍重叠,互生,末回裂片线形,长2～6mm,宽约0.6～2mm,斜向上,有小脉 1～2 条,不达到裂片先端;叶脉叉状分枝,两面明显隆起,叶轴及羽轴疏被红棕色短毛,余均无毛,叶轴具宽翅;叶柄纤细,长0.5～6cm,暗褐色,具狭翅,疏被淡褐色的柔毛。孢子囊群生于叶片的顶部,位于短裂片上。$2n=42$。

见于西湖区(龙坞)、西湖景区(云栖),生于林下阴湿岩石上。分布于安徽、福建、甘肃、广东、广西、贵州、海南、湖南、江西、四川、台湾、云南;喜马拉雅地区、日本、朝鲜半岛、缅甸、泰国和越南也有。

全草可供药用。

图1-14 华东膜蕨

2. 假脉蕨属　Crepidomanes C. Presl

小型至中型蕨类,附生或岩生,稀陆生。根状茎纤细至较粗,横走,被密或疏的短毛。叶片通常羽裂,稀指裂至扇状分裂,无毛;叶轴具翅;近叶缘常具假脉,或假脉不整齐地分散于叶肉中,或无假脉。孢子囊群生于上侧短裂片的腋间或顶端;囊苞倒圆锥形至椭圆形、钟形、漏斗形、管状,先端圆或尖,口部浅裂为二唇瓣或平截,囊托凸出。

约30种,分布于旧世界热带和亚热带地区;我国有12种,主要分布于长江流域及其以南地区;浙江有2种;杭州有1种。

团扇蕨　(图1-15)

Crepidomanes minutum（Blume）K. Iwats. ——
Gonocormus minutus（Blume）Bosch

植株高通常不超过5cm。根状茎深褐色至黑色,纤丝状,横走,密被暗褐色短毛。叶远生;叶柄纤细,长1～10mm,光滑无毛;叶片团扇形至圆肾形,薄膜质,半透明,两面无毛,长0.5～1cm,宽1～2cm,基部心形或楔形;扇状分裂达1/2处,裂片线形,全缘,顶端钝;叶脉多回叉状分枝,两面明显,暗绿褐色。孢子囊群着生于裂片的顶部;囊苞管状,有翅,口部膨大。$2n=72,108,144$。

见于西湖景区(虎跑、九溪),生长在林下和草丛中的潮湿岩石上。分布于安徽、福建、广东、广西、贵州、海南、湖南、江西、四川、台湾、云南;不丹、柬埔寨、印度东北部、印度尼西亚、日本、朝鲜半岛、马来西亚、尼泊尔、菲律宾、俄罗斯西伯利亚地区、斯里兰卡、泰国、越南、非洲、澳大利亚和太平洋岛屿也有。

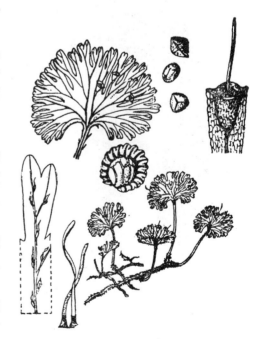

图1-15 团扇蕨

3. 瓶蕨属　Vandenboschia Copel.

通常为附生的中小型蕨类。根状茎较粗壮,长而横走,常被褐色多细胞节状毛。叶羽状分裂,全缘,叶缘不增厚。孢子囊群位于叶脉末端;囊苞伸出叶缘,管状至杯状,口部全缘,囊托细长,凸出;孢子四面体形,外表具纹饰。

约35种,分布于热带、亚热带,南至新西兰等地,北至日本等地;我国有9种,主要分布于西南、华南及台湾,少数分布于华东一带;浙江有2种;杭州有2种。

1. 瓶蕨　(图1-16)

Vandenboschia auriculata (Blume) Copel. ——*Trichomanes auriculatum* Blume

植株高12~30cm。根状茎横走,坚硬,灰褐色,直径为2~3mm,被黑褐色多细胞的节状毛,后渐脱落。叶远生,平展或稍斜出;叶1回羽状,披针形,长15~30cm,宽3~5cm;羽片18~25对,互生,无柄,卵状长圆形,长2~3cm,宽1~1.5cm;叶轴灰褐色,有狭翅或几无翅,几无毛;叶柄短,长4~8mm,灰褐色,基部被多细胞节状毛,无翅或具狭翅。孢子囊群顶生于短裂片上,每一羽片有10~14个;囊苞狭管状,长2~2.5mm,口部平截。$2n=72$。

见于西湖景区(九溪),生于溪边树干上或阴湿岩石上。分布于广东、广西、贵州、海南、江西、四川、台湾、西藏、云南;不丹、柬埔寨、印度东北部、日本、老挝、马来西亚、缅甸、尼泊尔、泰国和太平洋岛屿也有。

全草可供药用。

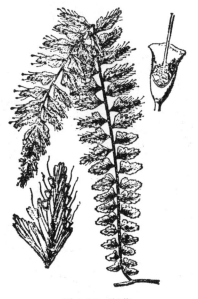

图1-16　瓶蕨

图1-17　华东瓶蕨

2. 华东瓶蕨　(图1-17)

Vandenboschia orientalis (C. Chr.) Ching——*Trichomanes orientale* C. Chr.

植株高10~15cm。根状茎横走,深褐色,直径为1~1.5mm,密被黑褐色多细胞节状毛。

叶远生;叶柄长 2~10cm,浅褐色,上部近光滑,两侧有翅几达基部;叶片膜质,阔披针形,3~4 回羽裂,长 8~14cm,宽 2.5~5cm;羽片长卵圆形,10~12 对,互生,近无柄,基部 1 对不缩短,先端钝;小羽片 3~5 对,互生,几无柄,卵形,长 3~7mm,宽 2.5~8mm,先端钝;末回裂片线状,单一或叉状分裂,全缘,先端钝;叶轴暗褐色,两侧全部有狭翅或狭边,几光滑无毛;叶脉叉状分枝,暗褐色,两面明显隆起,无毛。孢子囊群生在 2 回小羽片腋间;囊苞管状,长约 1.5mm,口部截形,不膨大,两侧有极狭的翅。

见于西湖景区(九溪、云栖),生长在潮湿的岩石上。分布于安徽、福建、广西、贵州、湖南、江西、台湾、云南;日本和朝鲜半岛也有。

全草可供药用。

与上种的区别在于:本种叶片 3~4 回羽裂,叶具长柄。

Flora of China 中未记录该种,仅在介绍南海瓶蕨 *V. striata*(D. Don)Ebihara 时有相关描述,认为该种学名属于误用,但未对该种的处理做明确说明,如归并为南海瓶蕨,但其地理分布中未见华东地区,且该种个体常小于南海瓶蕨,故此处仍作华东瓶蕨处理。

8. 里白科　Gleicheniaceae

大中型蕨类,陆生。根状茎横走,被鳞片或节状毛。叶 1 回羽状;叶柄顶端具休眠芽,被毛或鳞片和叶状苞片;叶轴 1 至多回 2 叉或假 2 叉分枝,分枝处腋间具休眠芽,有时其两侧具 1 对篦齿状托叶;顶生羽片为 1~2 回羽状;末回裂片或小羽片线形。孢子囊群小,圆形,由 2~6 个组成,生于叶背主脉与叶缘间,排成 1~3 行;孢子囊陀螺形,无盖;孢子四面体形。

3~4 属,150 种以上,主要分布于热带和亚热带地区;我国有 3 属,16 种,主要分布于热带和亚热带地区;浙江有 2 属,4 种;杭州有 2 属,2 种。

本科植物中许多种类可作为园林栽培观赏植物,也有不少种类可作为药用植物。

1. 芒萁属　Dicranopteris Bernh.

陆生蕨类。根状茎长而横走,密被红棕色长毛。叶中轴多回 2 叉分枝,各回叶轴顶端具 1 枚密被节状毛的顶芽,包于 1 对叶状小苞片中;每回分叉处通常有 1 对篦齿状托叶;末回羽片披针形,羽状深裂;叶背通常灰白色。孢子囊群着生于叶背,圆形,常由 6~10 个孢子囊组成;孢子四面体形。

约 10 种,主要分布于热带和亚热带地区;我国有 6 种,分布于长江以南各地区;浙江有 1 种;杭州有 1 种。

芒萁　(图 1-18)

Dicranopteris pedata(Houtt.)Nakaike——*D. dichotoma*(Thunb.)Bernh.

植株通常高 10~90cm,高的可达 1m 以上。根状茎横走,密被暗锈色长毛。叶远生,纸质,上面黄绿色或绿色,下面灰白色;叶柄长 24~56cm,棕禾秆色,光滑;叶轴 1~3 回 2 叉分枝,顶芽卵球形,密被棕褐色节状毛,具 1 对长 5~7mm 的卵形苞片,苞片边缘具不规则裂片或粗牙齿;各回分叉处两侧均各有 1 对托叶状的羽片,宽披针形;末回羽片披针形至宽披针形,长15~25cm,宽4~6cm,顶端变狭,尾状,基部篦齿状深裂几达羽轴;裂片平展,线状披针形,长 1.5~3cm,宽 3~4mm,先端钝,常微凹;侧脉两面隆起,每组有 3~5 条并行小脉,直达叶缘。孢子囊群圆形,1 列,着生于基部小脉的弯处,由 5~8 个孢子囊组成。$2n=78$。

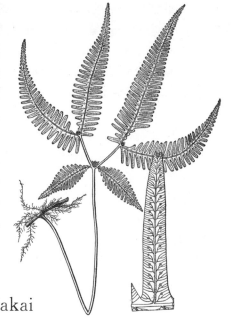

区内常见,生于无林或疏林的酸性土的丘陵山地。分布于安徽、福建、甘肃、广东、广西、贵州、海南、湖北、湖南、江苏、江西、山西、四川、台湾、云南;印度、印度尼西亚、日本、马来西亚、尼泊尔、新加坡、斯里兰卡、泰国、越南、澳大利亚也有。

可供绿化观赏;全草或根状茎可供药用。

图 1-18　芒萁

2. 里白属　Diplopterygium (Diels) Nakai

陆生蕨类。根状茎长而横走,常被红棕色鳞片。叶主轴单一,由顶芽 1 至多次生出 1 对 2 叉的 2 回羽状羽片,分叉点具 1 枚较大的休眠芽,密被鳞片,其外具 1 对叶状羽裂苞片;顶生羽片披针形,大型,羽状深裂至羽轴;叶背灰白或灰绿色。孢子囊群圆形,由 2~4 个孢子囊组成;孢子四面体形。

约 20 种,主要分布于热带和亚热带地区;我国有 9 种,主要分布于长江流域及其以南地区;浙江有 3 种;杭州有 1 种。

本属植物根状茎被披针形鳞片,主轴通直,叶脉 1 回分叉,每组有小脉 2 条,可与上属区别。

里白　(图 1-19)

Diplopterygium glaucum (Thunb. ex Houtt.) Nakai

植株通常高1.5m 或更高。根状茎横走,密被棕褐色鳞片。叶纸质,上面绿色,无毛,下面灰白色;叶柄长 50~60cm,光滑,顶端具大顶芽,密被棕色鳞片,可不断发育成新的羽片;羽片 1 至多对,对生,卵状长圆形,长 55~75cm,宽 18~25cm,2 回羽裂;小羽片互生,几无柄,长 10~14cm,宽 1.2~2cm,线状披针形,羽状深裂;裂片互生,几平展,长 7~12mm,宽 2~3mm,披针形,边缘全缘;中脉上面平,下面凸起,侧脉叉状分枝。孢子囊群圆形,生于上侧小脉上,由 3~4 个孢子囊组成。

见于余杭区(径山)、西湖景区(龙井、韬光),生于林下或在低山上形成灌木状群落。分布于安徽、

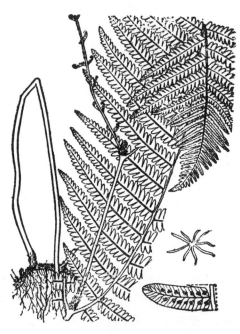

图 1-19　里白

福建、广东、广西、贵州、湖北、湖南、江苏、江西、四川、台湾、云南；印度和日本也有。

根状茎及其髓部可供药用；也可供绿化观赏。

9. 海金沙科　Lygodiaceae

陆生攀援植物。根状茎横走，被毛。叶轴细长，缠绕攀援，沿叶轴一定距离左右方向互生短枝，顶部具一不发育的小芽，被茸毛；芽两侧生出 1 对羽片，1～2 回 2 叉掌裂或 1～3 回羽状；羽片二型，不育羽片常生于叶轴下部，能育羽片常生于叶轴上部，较不育羽片狭窄。孢子囊在叶缘 2 行并生，组成流苏状孢子囊穗，伸出叶缘外；孢子囊大，具短柄；孢子四面体形。

1 属，约 26 种，主要分布于热带和亚热带地区；我国有 1 属，9 种，主要分布于我国东南部至南部；浙江有 1 属，1 种；杭州有 1 属，1 种。

本科植物的一些种类可供园林绿化观赏，也有药用价值。

海金沙属　Lygodium Sw.

属特征同科。

海金沙　（图 1-20）

Lygodium japonicum（Thunb.）Sw.

植株可攀援于它物，长可达 3m。叶草质，3 回羽状，羽片对生于叶轴的短枝上，短枝顶端具一休眠芽，被黄色柔毛。羽片二型：不育羽片 2 回羽状，三角状长圆形，长 8～18cm，基部宽几等于长，羽柄长约 2cm，1 回小羽片 2～3 对，互生，卵圆形，长 5～11cm，2 回小羽片 1～3对，互生，卵状三角形或卵状五角形，常掌状 3 裂，边缘有不规则浅锯齿，中脉明显，侧脉 1～2 回 2 叉分枝；能育羽片卵状三角形，长 8～16cm，宽约 10cm，末回小羽片或裂片边缘疏生流苏状孢子囊穗，穗长 4～8mm，宽 1～1.5mm，成熟时暗褐色。$2n=58$。

区内常见，生于林中、林缘、灌丛中，房前屋后及有多年生植物群落之处也常见有生长。分布于安徽、重庆、福建、甘肃、广东、广西、贵州、海南、河南、湖北、湖南、江苏、江西、陕西、上海、四川、台湾、西藏、云南；不丹、印度、印度尼西亚、日本、朝鲜半岛、尼泊尔、菲律宾、斯里兰卡、澳大利亚热带地区和北美洲也有。

全草或孢子可供药用；可用于绿化观赏。

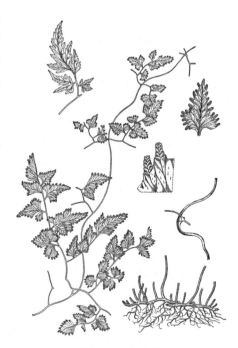

图 1-20　海金沙

10. 苹科　Marsileaceae

　　通常生于浅水淤泥或湿地沼泥中的小型蕨类。根状茎细长横走,有管状中柱,被短毛。不育叶为线形单叶,或由 2~4 片倒三角形的小叶组成,对生于叶柄顶端,漂浮于水面;能育叶变为球形或椭圆球形孢子果,有柄或无柄,通常接近根状茎,着生于不育叶的叶柄基部或近叶柄基部的根状茎上,1 个孢子果内含 2 至多数孢子囊。孢子囊二型,大孢子囊只含 1 个大孢子,小孢子囊含多数小孢子。

　　3 属,约 75 种,大部分产于大洋洲、非洲南部及南美洲;我国有 1 属,3 种;浙江有 1 属,1种;杭州有 1 属,1 种。

苹属　Marsilea L.

　　浅水生蕨类。根状茎细长横走。叶近生,二型;叶片"十"字形,由 4 片倒三角形的小叶组成;叶脉明显,从小叶基部呈放射状 2 叉分枝,伸达叶边。孢子果球形;孢子囊线形,紧密排列成 2 行,每个孢子囊群内有大孢子囊和小孢子囊,每个大孢子囊内只含 1 个大孢子,每个小孢子囊内含有多数小孢子。

　　约 70 种,遍布世界各地;我国有 3 种;浙江有 1 种;杭州有 1 种。

苹　(图 1-21)

Marsilea quadrifolia L.

　　植株高 5~20cm。根状茎细长横走,分枝。叶柄长 5~20cm,基部被鳞片;叶片由 4 片倒三角形的小叶组成,呈"十"字形,长、宽各 1~2cm,外缘半圆形,基部楔形,全缘,幼时被毛,草质;叶脉从小叶基部向上呈放射状分叉,伸向叶边。孢子果双生或单生于短柄上,而柄着生于叶柄基部,长椭圆形,幼时被毛,褐色,木质,坚硬;每个孢子果内含多数孢子囊,大、小孢子囊同生于孢子囊托上,1 个大孢子囊内只有 1 个大孢子,而小孢子囊内有多数小孢子。$2n=40$。

　　区内常见,生于水田或沟塘中。分布于甘肃、河北、河南、黑龙江、吉林、辽宁、内蒙古、宁夏、青海、山东、山西、陕西;日本、朝鲜半岛、欧洲也有。

　　是水田中的有害杂草;可作饲料;全草入药,清热解毒,利水消肿,外用可治痈疮、毒蛇咬伤。

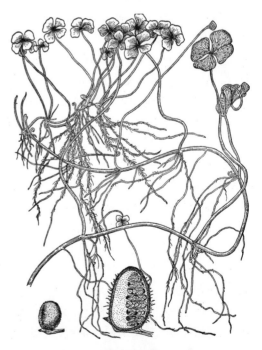

图 1-21　苹

11. 槐叶苹科　Salviniaceae

小型漂浮水生蕨类。根状茎细长,横走,被毛,无根,有由叶变成的须根状假根。叶3片轮生,排成2列,其中2列漂浮于水面,为正常的叶片,长圆形,绿色,全缘,被毛,上面密布乳头状凸起,中脉略显,另1列叶特化为细裂的须根状,悬垂于水中,称沉水叶,起着根的作用,故又叫假根。孢子果簇生于沉水叶的基部,孢子果有大、小两种:大孢子果体形较小,内生8~10个有短柄的大孢子囊,每个大孢子囊内只有1个大孢子;小孢子果体形大,内生多数有长柄的小孢子囊,每个小孢子囊内有64个小孢子。

2属,约17种,广泛分布于热带和温带;我国有2属,4种;浙江有2属,3种;杭州有2属,2种。

1. 满江红属　Azolla Lam.

小型漂浮水生蕨类。根状茎细弱,绿色,侧枝腋生,呈羽状分枝,横卧漂浮于水面。叶无柄,覆瓦状排列。孢子果球形,具3条裂缝,有大、小两种:大孢子果内藏1个大孢子,呈球形;小孢子果内含多数小孢子囊,小孢子囊圆形,有长柄,每个小孢子囊内有64个小孢子。

约7种,广布于热带和温带地区;我国有1种;浙江及杭州也有。

满江红　(图1-22)

Azolla imbricata（Roxb.）Nakai

小型漂浮植物。根状茎细长横走,假二歧分枝,向下生须根,沉入水中。叶片互生,无柄,覆瓦状排列成2行;叶片深裂分为背裂片和腹裂片两部分,背裂片长圆形,肉质,绿色,但在秋后常变为紫红色,腹裂片贝壳状,无色透明,斜沉于水中。孢子果双生于分枝处;大孢子果体积小,长卵球形,顶部喙状,内藏1个大孢子囊;小孢子果体积较大,圆球形,顶端有短喙,果壁薄而透明,内含多数具长柄的小孢子囊。

区内水田、池塘常见,生于水田林缘旁、半荫草丛中和静水沟塘中。分布于山东、河南以南各地;日本和朝鲜半岛也有。

是稻田绿肥;可药用,具发汗、利尿、祛风湿等功效。

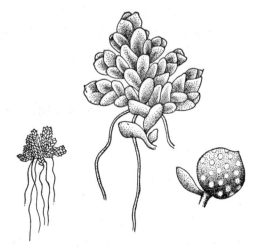

图1-22　满江红

2. 槐叶苹属　Salvinia Séguier

根状茎平展于水面,无柄或具极短的柄。叶 3 枚轮生:水上叶 2 枚,卵状椭圆形,绿色,厚质,两面密被毛,叶脉离生,叶片上表面毛 4 根成 1 束并作张开状,下表面毛单生,密被;水下叶 1 枚,淡褐色,演化成胡须状,外密被多数褐色毛,以取代根的作用。孢子果球形,密被褐色毛,着生于水下叶的叶片基部,呈集结状排列。

约 10 种,世界广布,主要分布于美洲和热带非洲;我国有 2 种;浙江有 1 种;杭州有 1 种。

与满江红属的主要区别在于:本属根状茎较强,叶片呈椭圆形。

槐叶苹　(图 1-23)

Salvinia natans（L.）All.

小型水面漂浮植物。茎细长而横走,被褐色节状毛。叶 3 枚轮生:上面 2 枚漂浮于水面,形如槐叶,长圆形或椭圆形,长 0.8～1.2cm,宽 5～8mm,顶端钝圆,基部圆形或稍呈心形,全缘,叶柄长 1mm 或近无柄,叶脉斜出,在主脉两侧有小脉 15～20 对,每条小脉上面有 5～7 束白色刚毛;叶草质,上面深绿色,下面密被棕色茸毛;下面 1 枚悬垂于水中,细裂成线状,被细毛,形如须根,起着根的作用。孢子果 4～8 个簇生于沉水叶的基部,表面疏生成束的短毛;小孢子果略大,内有具长柄的小孢子囊,每个囊含 64 个小孢子,表面淡黄色;大孢子果小,内有大孢子囊,每个囊含 1 个大孢子,其表面淡棕色。$2n=18,36$。

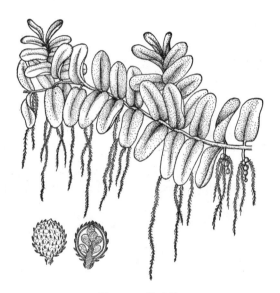

图 1-23　槐叶苹

常见于区内水田、池塘内。广布于长江流域、华北、东北、新疆的水田中。

全草入药,煎服治虚劳发热、湿疹,外敷治丹毒、痈疮和烫伤;历来被用作饲料和绿肥。

12. 瘤足蕨科　Plagiogyriaceae

中型蕨类,陆生。根状茎短粗,圆柱形,直立。叶簇生于茎的顶端,二型:幼叶密被腺状茸毛,后脱落;1 回羽状或羽状深裂至叶轴,顶部具一分裂羽片或分裂羽片合生;叶柄长,基部膨大,两侧有 1～2 个或呈纵列的疣状气囊。能育叶位于植株中央;羽片强烈收缩;孢子囊具柄,位于羽片的近边缘,成熟后几覆盖羽片下面。孢子四面体形,表面有瘤状纹饰。

1 属,约 10 种,分布于亚洲东部和东南部、热带美洲;我国有 1 属,8 种,主要分布于长江流域及其以南各省、区;浙江有 1 属,4 种;杭州有 1 属,1 种。

本科植物中,许多种类可用于盆栽观赏,不少种类还具药用价值。

瘤足蕨属　Plagiogyria（Kunze）Mett.

属特征同科。

华东瘤足蕨　（图 1-24）

Plagiogyria japonica Nakai

植株高 65~90cm。根状茎短粗直立,圆柱
状。叶簇生,1 回羽状,二型:不育叶两面光滑,
长圆形,先端尾状,长 20~35cm 或更长,宽 12~
18cm,羽片 13~16 对,披针形或近镰刀形,长
7~10cm,宽约 1.5cm,无柄,基部近圆楔形,下
侧分离,上侧略与叶轴合生,顶生羽片长 7~
10cm,与其下的较短羽片合生;羽片边有疏钝
的锯齿;叶柄长 12~35cm,近四方形,暗褐色。
能育叶与不育叶等长或过之,叶片长 16~
30cm;羽片紧缩成线形,长 5~9cm,宽约 3mm,
有短柄;叶柄较不育叶长。$2n=260$。

见于西湖区(龙坞)、西湖景区(飞来峰、石
人岭),生于常绿阔叶林下。分布于安徽、福建、
广东、广西、贵州、海南、湖北、湖南、江苏、江西、
四川、台湾、云南;印度北部、日本和朝鲜半岛
也有。

根状茎可供药用。

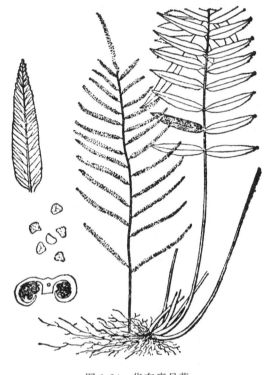

图 1-24　华东瘤足蕨

13. 鳞始蕨科　Lindsaeaceae

陆生植物,稀攀援或附生。根状茎短而横走,或长而蔓生,具原始中柱,外被鳞片。叶同
型,有柄,羽状分裂,草质,光滑;叶脉分离,叉状分枝,稀网状,形成斜长六角形的网眼,无内藏
细脉。孢子囊为叶缘生的汇生囊群,通常生于 2 至多条小脉顶端的结合脉上,或单生于脉顶;
囊群盖长圆形、线形或杯形,以基部着生,或有时两侧也部分着生叶肉,向外开口;孢子囊为水
龙骨形,柄长而细,有 3 行细胞;孢子四面体形或两面形,不具周壁。

6~9 属,约 200 种,分布于全世界热带及亚热带各地;我国有 4 属,18 种;浙江有 2 属,5
种;杭州有 1 属,1 种。

乌蕨属　Odontosoria Fée

陆生中型植物。根状茎短而横走,密被深褐色的钻形鳞片。叶近生,光滑;3~5回羽状细裂,末回小羽片楔形或线形;叶脉分离。孢子囊群近叶缘着生,顶生于脉端,每个囊群下有1条细脉,或有时融合2~3条细脉;囊群盖卵形,以基部及两侧下部着生,向叶缘开口,通常不达叶缘;孢子左右对称,具单裂缝,周壁具不明显的颗粒状纹饰。

约20种,泛热带广布;我国有2种;浙江有2种;杭州有1种。

乌蕨　乌韭　(图1-25)

Odontosoria chinensis（L.）J. Smith——
Sphenomeris chinensis（L.）Maxon——*Stenoloma chusanum*（L.）Ching

植株高40~125cm。叶近生或近簇生;叶柄长16~55cm,禾秆色至褐禾秆色,上面有纵沟,除基部外,通体光滑;叶片披针形,长25~85cm,宽11~22cm,先端渐尖,基部不变狭,4回羽状;羽片15~25对,互生,密接,有短柄,斜展,卵状披针形,长9~16cm,宽3~6cm,末回小羽片倒披针形或狭楔形,宽1.5~2mm,先端截形,基部楔形,下延;叶脉上面不明显,下面明显,在小裂片上为2叉分枝。叶坚草质,干后棕褐色。孢子囊群边缘着生,每一裂片上1~2枚,顶生于1~2条小脉上;囊群盖灰棕色,厚纸质,半杯形,近全缘或多少啮蚀,宿存。$2n=96,192$。

区内常见,生于山坡岩石上、山脚溪边或林下阴湿处。分布于长江流域及其以南各省、区;日本、朝鲜半岛、东南亚、印度半岛、马达加斯加、太平洋岛屿也有。

全草或根状茎入药。

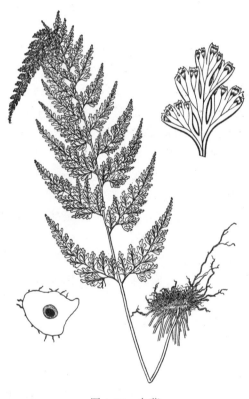

图1-25　乌蕨

14. 碗蕨科　Dennstaedtiaceae

陆生中大型植物。根状茎长而横走,有管状中柱,被灰白色刚毛或节状长柔毛。叶同型,无关节,叶片1~4回羽状细裂,叶轴上面有1条纵沟,连同叶两面多少被与根状茎一样或较短的毛,小羽片或末回裂片偏斜,基部不对称,下侧楔形,上侧截形,多少呈耳形;叶脉分离,羽状分枝;叶草质或厚纸质。孢子囊群圆形或线形,着生于叶缘或近叶缘顶1条小脉上;囊群盖或为叶缘生的碗状,或为变质的反折的叶缘锯齿或小裂片,或为缘内生的半杯形或小口袋形,其基部和两侧着生于叶肉,上端向叶边开口,或仅以阔基部着生;孢子四面体形或两面形,不具周壁,平滑或有小疣状凸起。

　　10～11(～15)属,约170(～300)种,主要分布于热带地区,少数分布到温带;我国有7属,52种;浙江有5属,14种,3变种;杭州有4属,4种,3变种。

分 属 检 索 表

1. 囊群盖碗形或半杯形。
　　2. 孢子囊着生于叶缘,囊群盖碗形 ·················· 1. **碗蕨属** *Dennstaedtia*
　　2. 孢子囊着生于叶缘内,囊群盖半杯形 ·················· 2. **鳞盖蕨属** *Microlepia*
1. 孢子囊无盖或由反折的假盖覆盖。
　　3. 孢子囊群生于叶缘,囊群盖线形,有内、外两层 ·················· 3. **蕨属** *Pteridium*
　　3. 孢子囊群生于小脉顶端靠近叶缘,圆形,被反卷的锯齿或小裂片覆盖或裸露 ······ 4. **姬蕨属** *Hypolepis*

1. 碗蕨属　Dennstaedtia Bernh.

　　陆生中小型植物。根状茎粗壮而横走,被淡灰色刚毛,无鳞片。叶柄上面有1条纵沟,幼时有毛,老则脱落,多少变为粗糙;叶片三角形至长圆形,多回羽状细裂,通体多少有毛,尤以叶轴为多;小羽片偏斜,基部为不对称的楔形;叶脉分离,羽状分枝,小脉不达叶缘,先端有水囊。孢子囊群圆形,叶缘着生,顶生于每条小脉,分离;囊群盖碗形,碗口全缘,少有缺刻,通常多少弯折下向,形如烟斗,质厚,常为淡绿色;囊托短,孢子囊有细长柄;孢子四面体形。

　　约70种,主要分布于世界热带,向北到达亚洲东北部及北美洲;我国有8种,1变种,大都分布于热带和亚热带;浙江有3种,1变种;杭州有1种,1变种。

1. 细毛碗蕨　(图 1-26)

Dennstaedtia hirsute (Swartz) Mett. ex Miq. ——*D. pilosella* (Hook.) Ching

　　植株高约30cm。根状茎密被灰棕色节状长毛。叶近生或簇生;叶柄长5～14cm,禾秆色;叶片长圆状披针形,长10～20cm,宽4.5～7.5cm,先端渐尖,2回羽状;羽片12～20对,长1.5～8cm,宽1～2cm,具狭翅的短柄或几无柄,羽状分裂或深裂;小羽片6～8对,长圆形或阔披针形,上先出,基部上侧1片较长,与叶轴平行,两侧浅裂,顶端有2～3个尖锯齿,基部楔形,下延和羽轴相连;小裂片先端具1～3个小尖齿;叶脉羽状分叉,不达齿端;叶草质,两面及叶轴、羽轴都密被灰色节状长毛。孢子囊群圆形,生于裂片基部的上侧小脉顶端;囊群盖浅碗形,绿色,有毛。

　　见于余杭区(闲林),生于林下、林缘或山地阴处石缝

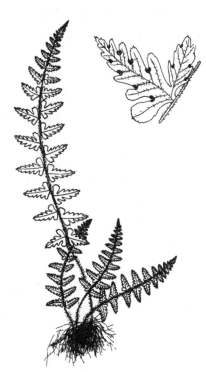

图 1-26　细毛碗蕨

中。分布于重庆、甘肃、广东、广西、贵州、黑龙江、湖北、湖南、吉林、辽宁、陕西、四川、台湾;日本、朝鲜半岛、俄罗斯也有。

2. 光叶碗蕨 （图 1-27）

Dennstaedtia scabra （Wall.） Moore var. glabrescens (Ching) C. Chr.

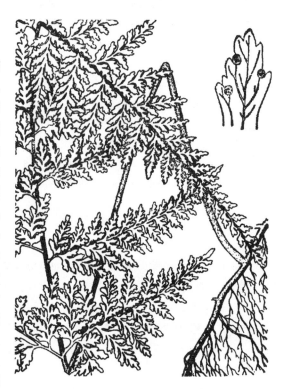

图 1-27　光叶碗蕨

植株高 50～75cm。根状茎红棕色,密被棕色透明的节状毛。叶疏生;叶柄长 28～37cm,红棕色或淡栗色,上面有沟;叶片三角状披针形或长圆形,长 22～38cm,宽 10～30cm,3～4 回羽状深裂;羽片10～20对,长圆状披针形,长9～20cm,斜向上,基部 1 对最大,2～3 回羽状深裂;1 回小羽片 14～16 对,向上渐短,长圆形,具有狭翅的短柄,上先出,基部上方 1 片几与叶轴并行或覆盖叶轴,2 回羽状深裂;2 回小羽片阔披针形,基部有狭翅相连,羽状深裂达中肋 1/2～2/3 处;末回小羽片全缘或 1～2 裂;叶脉羽状分叉,小脉不达到叶缘;叶坚草质,光滑无毛或略有疏毛。孢子囊群圆形,位于裂片的小脉顶端;囊群盖碗形,灰绿色,略有毛。

见于西湖景区(上天竺),生于林下或溪边。分布于西南、华南和华东地区;印度、日本、朝鲜半岛、老挝、马来西亚、菲律宾、斯里兰卡、越南也有。

与上种的区别在于:本变种植株高 50cm 以上,叶片 3～4 回羽状,羽片长 9～20cm。

2. 鳞盖蕨属　Microlepia C. Presl

陆生中型植物。根状茎横走,被刚毛,无鳞片。叶近生至远生;叶柄有毛,上面有浅纵沟;叶片长圆形至长圆状卵形,1～4 回羽状复叶,小羽片或裂片偏斜,基部上侧的比下侧的大,常与羽轴或叶轴平行,或多少呈三角形,通常被淡灰色刚毛或软毛;叶脉分离,羽状分枝,小脉不达叶缘。孢子囊群圆形,生于叶缘内的 1 条小脉顶端,常接近裂片间的缺刻;囊群盖半杯形,以基部及两侧着生于叶肉,向叶缘开口,或囊群盖肾圆形,仅以基部着生,囊托短;孢子四面体形,光滑或有小疣状凸起。

约 60 种,主要分布于东半球热带和亚热带;我国有 25 种,4 变种,为本属的分布中心;浙江有 6 种,2 变种;杭州有 2 种,1 变种。

分 种 检 索 表

1. 叶为 2 回羽状;每一小裂片中有孢子囊群 3 枚 ·················· 1. **假粗毛鳞盖蕨**　*M. pseudostrigosa*
1. 叶为 1 回羽状;每一小裂片中有孢子囊群 1～6 枚。

1. 假粗毛鳞盖蕨　中华鳞盖蕨

Microlepia pseudostrigosa Mak. ——*M. sino-strigosa* Ching

植株高 80～85cm。根状茎密被红棕色长针状毛。叶远生;叶柄长 23～38cm,棕褐色,下部多少被刚毛;叶片长圆形,长约 42cm,宽 22～25cm,先端长渐尖,基部稍缩短,2 回羽状;羽片 25 对以上,斜展,披针形,长 12～20cm,宽 2.5～4cm,先端长渐尖,基部不对称,上侧截形而略呈耳状,下侧楔形,1 回羽状;小羽片 20～22 对,有极短柄,近菱形,有牙齿,基部不对称,下侧狭楔形,上侧截形,羽状深裂,有 2～3 个长圆形裂片,裂片基部上侧 1 片最大;叶脉下面隆起,在裂片上为羽状,上部为 2 叉分枝;叶坚草质。孢子囊群小,每一裂片 3 枚,顶生于分叉小脉的上侧一脉上;囊群盖棕色,肾圆形,无毛。

见于西湖景区(上天竺、桃源岭),生于山坡林下或溪边。分布于重庆、广东、广西、贵州、湖北、湖南、江苏、陕西、四川、云南;日本、越南也有。

2. 边缘鳞盖蕨　(图 1-28)

Microlepia marginata（Panz.）C. Chr.

植株高约 60cm。叶远生;叶柄长 20～30cm,深禾秆色,上面有纵沟,几光滑;叶片长圆状三角形,先端渐尖,羽状深裂,基部不变狭,宽 13～25cm,1 回羽状;羽片 20～25 对,平展,有短柄,近镰刀状,长 10～15cm,宽 1～1.8cm,先端渐尖,基部不等,上侧钝耳状,下侧楔形,边缘缺刻至浅裂;小裂片三角形,圆头或急尖,偏斜,全缘或有少数牙齿;侧脉明显,在裂片上为羽状,斜出,达叶缘内;叶纸质;叶轴密被锈色硬毛,下面各脉及囊群盖上较稀疏。孢子囊群圆形,每一小裂片上 1～6 枚,近叶缘着生;囊群盖杯形,长、宽近相等,上边截形,棕色,质厚,多少被短硬毛。

区内常见,生于林下、林缘或溪边。分布于秦岭以南各省、区;印度、印度尼西亚、日本、尼泊尔、巴布亚新几内亚、斯里兰卡、越南也有。

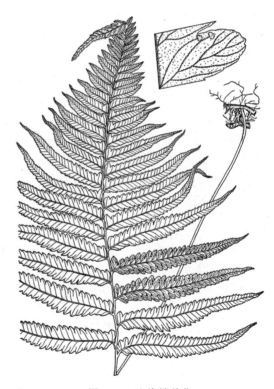

图 1-28　边缘鳞盖蕨

2a. 毛叶边缘鳞盖蕨

var. **villosa**（C. Presl）Y. C. Wu

与原种的区别在于:本变种叶为长圆形或卵状披针形,羽片羽裂达 1/4～1/3 处,两面被毛,下面尤甚。

见于西湖景区(云栖),生于山坡林下或林缘。分布范围同原种。

3. 蕨属　Pteridium Scop.

陆生大型粗壮植物。根状茎粗大如指,长而横走,黑褐色,密被锈黄色柔毛,无鳞片。叶远生,有长柄;叶片大,卵状三角形,2～3回羽状;羽片基部1对最大,三角形;叶脉在末回裂片上羽状,侧脉2叉,直达叶缘的1条边脉,下面隆起;叶革质或纸质,上面几无毛,下面多少被毛。孢子囊群线形,着生于叶缘内的1条联结脉上;囊群盖双层,外层为假盖,由反折的膜质叶边形成,内层为真盖,生于囊托之下,质地较薄,或发育或近退化;孢子囊有长柄;孢子四面体形,有细微的乳头状凸起。

约13种,世界广布;我国有6种,1变种,主要分布于长江以南;浙江有1种,1变种;杭州有1变种。

蕨　(图 1-29)

Pteridium aquilinum （L.） Kuhn var. latiusculum（Desv.）Underrw. ex Heller

植株高可达 2m。叶柄长 20～80cm,深禾秆色,上面有1条浅纵沟;叶片卵状三角形,长30～60cm,宽 20～45cm,先端渐尖,基部圆楔形,3回羽状;羽片 4～6 对,斜展,三角形,长15～25cm,宽 14～18cm,2回羽状;小羽片10～15对,互生,斜展,披针形,先端尾状渐尖,1回羽状;裂片 10～15 对,平展,彼此接近,长圆形,长约 14mm,宽约 5mm,先端圆钝,无柄,全缘;叶脉羽状,仅下面明显;叶近革质,干后暗绿色。孢子囊沿羽片边缘着生在边脉上;囊群盖线形,2层,外盖厚膜质,近全缘,内盖薄膜质,边缘不整齐。

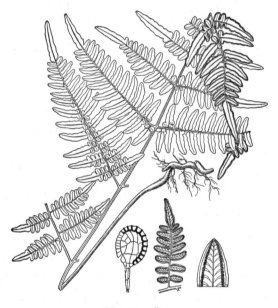

图 1-29　蕨

区内常见,生于山地向阳坡、林缘、灌丛中及丘陵荒山。全国均有分布;日本、欧洲、北美洲也有。

根状茎提取的淀粉称"蕨粉",供食用;嫩叶可食,称"蕨菜",但有报告将其列为致癌物;全株均入药。

4. 姬蕨属　Hypolepis Bernh.

陆生大型植物。根状茎长而横走,具管状中柱,被刚毛,无鳞片。叶柄往往粗大,有毛,粗糙,少有刺头凸起,直立,基部无关节;叶片2至多回羽状,各回羽片偏斜,有毛,尤以叶轴及羽轴为多;叶脉羽状,分离。孢子囊群圆形,着生于小脉顶端靠近叶缘,一般位于裂片缺刻处,为反卷而多少变质的锯齿或小裂片覆盖;孢子两面形、长圆球形,周壁表面具不整齐的刺状纹饰。

约50种,广布于热带和亚热带;我国有8种;浙江有1种;杭州有1种。

姬蕨　（图 1-30）

Hypolepis punctata（Thunb.）Mett.

植株高 85～190cm。根状茎密被棕色节状长毛。叶远生；叶柄长 30～100cm，禾秆色，粗糙，有毛；叶纸质，叶片长卵状三角形，长 35～70cm，宽 20～28cm，3～4 回羽状深裂，两面有灰白色透明节状毛；羽片14～20 对，斜展，有柄，卵状披针形，基部 1 对最大，2～3 回羽裂；1 回小羽片 14～20 对，近平展，披针形，有狭翅，上先出，1～2 回羽状深裂；2 回小羽片 9～11对，矩圆形，无柄，下延，和小羽轴的狭翅相连；叶脉羽状，侧脉分叉，两面微凸。孢子囊群圆形，生于小裂片基部两侧或上侧近缺刻处，无盖，常被反折的裂片边缘覆盖，棕绿色或灰绿色，无毛。

见于西湖景区（九溪、上天竺），生于溪边或墙缝中。分布于长江流域及其以南各省、区；柬埔寨、日本、朝鲜半岛、老挝、马来西亚、菲律宾、斯里兰卡、越南、澳大利亚、热带美洲也有。

全草入药。

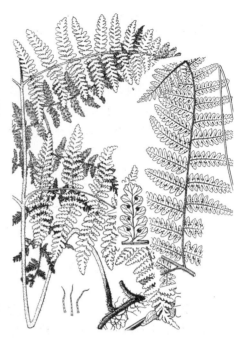

图 1-30　姬蕨

15. 凤尾蕨科　Pteridaceae

小型至大型的陆生、附生或岩生植物，稀水生。根状茎短而直立、斜生或长而匍匐，被鳞片；鳞片褐色或黑色，有时具粗筛孔和红色光泽，披针形至心形，有时盾形，全缘。叶一型，稀二型或近二型，簇生或散生；叶柄明显、黑色，稀无柄和绿色，圆柱状或有纵沟，光滑、被毛或被鳞片；单叶或 1～5 回羽裂，稀鸟足状或基部羽片分叉；叶草质、纸质或革质，稀膜质和肉质；叶脉分离或连成网状，无内藏小脉。孢子囊群线形或圆形，沿叶缘着生成连续的汇生囊群，或沿侧脉着生，或生于小脉顶端，或生于 1 条与中脉平行的纵沟内；囊群盖线形，膜质，或由变质的叶边反折形成膜质的假囊群盖，或无盖。孢子褐色、淡黄色或白色，球状四面体形和有 3 条裂缝，稀椭圆球形和单裂缝，光滑或具纹饰。

约 50 属，950 种，分布于世界热带和亚热带；我国有 20 属，233 种；浙江有 8 属，47 种，2 变种；杭州有 8 属，11 种。

分 属 检 索 表

1. 孢子囊群生于小脉背部，远离叶缘。
　2. 叶片不分裂；孢子囊群在中脉两侧各 1 行 ……………………………… 1. **书带蕨属** *Haplopteris*
　2. 叶片 1～3 回羽裂；孢子囊群沿侧脉着生 …………………………………… 2. **凤了蕨属** *Coniogramme*

1. 孢子囊群常生于叶缘。
　　3. 水生植物;叶多汁 ·· 3. 水蕨属　*Ceratopteris*
　　3. 陆生、附生或岩生植物。
　　　　4. 叶背具白色或黄色的蜡质粉末状结晶 ················· 4. 粉背蕨属　*Aleuritopteris*
　　　　4. 叶背在成熟期无白色或黄色的蜡质粉末状结晶。
　　　　　　5. 小羽片具柄,有关节;叶柄和叶轴黑色而光滑 ············· 5. 铁线蕨属　*Adiantum*
　　　　　　5. 小羽片无柄,无关节;叶柄和叶轴不是黑色而光滑。
　　　　　　　　6. 末回裂片宽 1～2mm ···························· 6. 金粉蕨属　*Onychium*
　　　　　　　　6. 末回裂片宽大于 5mm。
　　　　　　　　　　7. 孢子囊群生于侧脉顶端的 1 条联结脉上,在叶缘形成 1 条会合囊群 ·············
　　　　　　　　　　 ·· 7. 凤尾蕨属　*Pteris*
　　　　　　　　　　7. 孢子囊群生于小脉顶端,幼时彼此分离,成熟时会合成线形 ······ 8. 碎米蕨属　*Cheilanthes*

1. 书带蕨属　Haplopteris C. Presl

附生中小型植物。根状茎横走或近直立,密被须根及鳞片;鳞片以基部着生,粗筛孔状,褐色或深褐色,常有红色光泽。叶近簇生,单叶,具短柄或近无柄;叶片狭线形,全缘,无毛;中脉明显,下部粗壮,中部以上常消失;侧脉羽状,在叶缘内联结,形成 1 列狭长的网眼,无内藏小脉。孢子囊群线形,无盖,着生于中脉两侧叶缘内或叶缘双唇状夹缝中,在中脉两侧各 1 行,混杂隔丝多数;隔丝顶端膨大,具细长分节的柄;孢子长椭圆球形或椭圆球形。

约 40 种,主要分布于热带地区;我国有 13 种,分布于华南至西南;浙江有 3 种;杭州有 1 种。

书带蕨　小叶书带蕨　细柄书带蕨　（图 1-31）
Haplopteris flexuosa（Fée）E. H. Crane——
Vittaria modesta Hand.-Mazz.——*V. filipes* Christ

植株高 8～40cm。根状茎横走,密被鳞片;鳞片黄褐色,有光泽,钻状披针形,先端纤毛状,边缘具睫毛状齿。叶近生,常密集成丛;叶柄短,纤细,基部被小鳞片;叶片线形,长 15～40cm,宽 4～6mm,小型者长 6～12cm,宽 1～2.5mm,先端渐尖,基部渐缩狭并下延,全缘;中脉在上面略凹陷,下面隆起,侧脉不明显;叶薄革质,反卷,遮盖孢子囊群,叶片下部和先端不育。孢子囊群线形,生于叶缘内侧的浅沟中,被反卷的叶边覆盖;沟槽内侧略隆起或扁平,孢子囊群线与中脉之间有宽阔的不育带,或在狭窄的叶片上为成熟的孢子囊群线充满。

见于西湖区(留下),附生于树干或岩石上。

图 1-31　书带蕨

分布于华东、华南、华中及西南;不丹、柬埔寨、印度、日本、朝鲜半岛、老挝、马来西亚、尼泊尔、泰国、越南也有。

全草入药,亦可供观赏。

2. 凤了蕨属　Coniogramme Fée

陆生中大型喜阴植物。根状茎粗壮而横走,疏被鳞片。叶远生或近生;叶柄禾秆色或饰有棕色,基部以上光滑;叶片卵形至椭圆形,1～2(3)回奇数羽状;小羽片边缘常呈半透明的软骨质,有锯齿或全缘;叶脉羽状,主脉明显,侧脉1～2回分叉,少数在主脉两侧形成1～3行网眼,小脉顶端有膨大的线形、纺锤形或卵形水囊体,远离或伸入锯齿,或直达齿端与软骨质的叶边会合;叶草质至纸质,两面光滑或下面疏被短柔毛,或基部具乳头的短刚毛。孢子囊群沿侧脉着生,线形或网状,不达叶边,无盖;孢子四面体形,透明,表面光滑。

25～30种,主产于我国长江以南;我国有22种,3变种;浙江有8种,1变种;杭州有1种。

本属各种的嫩叶可作蔬菜;根状茎可提取淀粉。

凤了蕨　(图1-32)

Coniogramme japonica（Thunb.）Diels——*C. centrochinensis* Ching

植株高60～120cm。叶远生;叶柄长30～50cm,禾秆色或栗褐色,上面有纵沟;叶片长圆状三角形,长35～60cm,宽20～40cm,2回羽状;侧生羽片3～5对,斜展,有柄,基部1对最大,卵圆状三角形,长20～35cm,宽10～15cm,1回羽状或3出;侧生小羽片1～3对,披针形,先端长尾状渐尖,基部楔形或圆楔形,长15～25cm,宽1.5～3.5cm,顶生小羽片远大于侧生,边缘有前伸的疏短齿;叶脉网状,沿主脉两侧各形成1～2行狭长网眼,网眼外的小脉分离,顶端有纺锤形水囊,不达锯齿基部;叶干后纸质,两面无毛。孢子囊群线形,沿叶脉着生,几达叶缘。$n=60$。

见于拱墅区(半山)、西湖区(留下)、余杭区(良渚、闲林)、西湖景区(九溪、棋盘山、云栖),生于林下溪旁和山谷阴湿处。分布于安徽、福建、广东、广西、贵州、河南、湖北、湖南、江苏、江西、陕西、四川、台湾、云南;日本、朝鲜半岛也有。

宜栽培于庭院中,供观赏。

图1-32　凤了蕨

3. 水蕨属　Ceratopteris Brongn.

一年生中型水生或湿生植物。根状茎短而直立,顶端疏被鳞片。叶簇生;叶柄肉质,光滑,内含气孔道;叶二型;不育叶卵状三角形,单叶或2～3回羽状深裂,末回裂片阔披针形或带状,全缘;能育叶与不育叶同型,但较高,分裂较深且细,末回裂片边缘向下反卷达主脉,线形至角果形,嫩时绿色,老时淡棕色;叶为多汁的薄草质,光滑;在羽片基部上侧叶腋间常有 1 个卵球形、棕色的小芽胞,成熟后脱落,进行无性繁殖。孢子囊群大,几无柄,沿主脉两侧生,幼时被反卷的叶边覆盖;孢子大,四面体形。

4～7 种,广布于世界热带和亚热带;我国有 2 种;浙江有 1 种;杭州有 1 种。

水蕨　(图 1-33)

Ceratopteris thalictroides（L.）Brongn.

植株高 30～80cm。叶簇生,二型;叶柄长 10～40cm,直径约为 1cm,不膨胀,上、下几相等;不育叶直立或幼时漂浮,狭长圆形,长 6～30cm,宽 3～15cm,2～4 回深羽裂;羽片 5～8 对,斜展,下部 1～2 对较大,1～3 回羽裂;小羽片 2～5 对,阔卵形或卵状三角形,两侧有狭翅,下延于羽轴,深裂;能育叶长圆形或卵状三角形,长 15～40cm,宽 10～22cm,2～3 回深羽裂;末回裂片线形,角果状,长 1.5～4cm,宽 1～2mm,边缘薄而透明,强度反卷达主脉;叶脉网状,网眼五角形或六角形,无内藏小脉;叶干后草质,绿色,无毛。孢子囊群沿网眼疏生,棕色,幼时被反卷叶缘覆盖,成熟后多少张开。$2n=$154,156。

见于西湖区(蒋村、三墩)、西湖景区(虎跑、九溪);生于池塘、水田或水沟的淤泥中,有时漂浮于深水面上。分布于山东、长江流域及其以南各省、区;广布于世界热带及亚热带。

全草入药;嫩叶可作蔬菜。

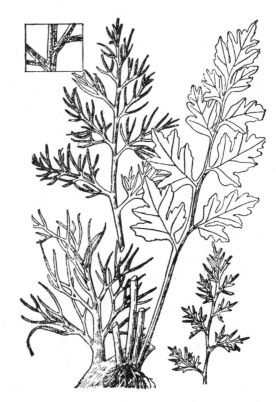

图 1-33　水蕨

4．粉背蕨属　Aleuritopteris Fée

旱生常绿中小型植物。根状茎短而直立或斜生,密被鳞片;鳞片披针形,质厚,全缘。叶簇生;叶柄和叶轴黑色、栗色或红棕色,有光泽,圆柱形,无鳞片或稍具鳞片;叶片五角形、三角状卵圆形或三角状长圆形,2～3 回羽状分裂,羽片无柄或几无柄,对生或近对生,基部 1 对较大;下面通常具腺体,分泌黄色、白色或金黄色的蜡质粉状物。孢子囊群近边生,生于叶脉顶端,成熟后常向两侧扩展,彼此会合成线,变质叶边反折成膜质假囊群盖,连续或不连续,全缘,或具锯齿,或撕裂成睫毛状;孢子囊具短柄或几无柄。孢子球状三角形,周壁光滑,或具皱褶,或具颗粒状纹饰。

约 40 种;我国有 29 种,为本属的现代分布中心;浙江有 3 种;杭州有 1 种。

银粉背蕨　（图 1-34）

Aleuritopteris argentea（Gmel.）Fée

植株高 8～30cm。根状茎直立或斜生，密被鳞片。叶簇生；叶柄长 10～22cm，红棕色，有光泽，上部光滑，基部疏被鳞片；叶片五角形，长5～13cm，宽 5～10cm，先端渐尖，3 回羽裂；羽片 3～5 对，对生，基部 1 对最大，斜三角形，长3～5cm，宽 2～4cm；小羽片 3～4 对，以圆缺刻分开，基部以狭翅相连，基部下侧 1 片最大，长2～2.5cm，宽 5～10mm，长圆状披针形，先端长渐尖；裂片三角形或镰刀形，边缘有细牙齿；叶干后草质或薄革质，上面褐色，光滑，叶脉不明显，下面被乳白色或淡黄色粉末。孢子囊群生于叶边的小脉顶端，成熟后靠合；假囊群盖膜质，黄绿色，全缘。$2n=116$。

见于西湖区（双浦）、西湖景区（飞来峰、九曜山、玉皇山），生于石灰岩石缝中或墙缝中。分布于全国；不丹、日本、朝鲜半岛、蒙古、尼泊尔、俄罗斯也有。

图 1-34　银粉背蕨

5. 铁线蕨属　Adiantum L.

陆生中小型植物。根状茎短而直立，或长而横走，被鳞片；鳞片披针形，棕色或黑色，质厚，常全缘。叶螺旋状簇生、2 列散生或聚生；叶柄黑色或红棕色，有光泽，通常细圆，坚硬如铁丝；叶片 1～3 回羽状或 2 叉掌状分枝，稀单叶；末回小羽片卵形、扇形、团扇形或对开式，边缘有锯齿，稀分裂或全缘；叶脉多回二歧分叉，分离，伸达边缘，两面均明显；叶片草质或厚纸质，多光滑。孢子囊群着生在叶片或羽片顶部边缘的叶脉上，无盖，由反折的叶缘覆盖；假囊群盖圆形、肾形、半月形、长方形、长圆形等，分离、接近或连续，上缘呈深缺刻状、浅凹陷或平截等；孢子四面体形，淡黄色，透明，光滑。

200 多种，广布于世界各地；我国有 34 种，大多分布于西南部；浙江有 9 种；杭州有1 种。

全草入药；可作钙质土壤的指示植物；外形优美雅致，可栽培供观赏。

铁线蕨　（图 1-35）

Adiantum capillus-veneris L.

植株高 10～40cm。根状茎细长而横走。叶远生或近生；叶柄长 3～20cm，纤细，栗黑色，有光泽，基部被鳞片，向上光滑；叶片卵状三角形，长 6～25cm，宽 8～16cm，2 回羽状；羽片 3～5 对，互生，斜展，有柄，基部 1 对较大，长 3～9cm，宽 2.5～4cm，1 回羽裂至羽状；小羽片 2～4 对，互生，斜展，斜扇形或斜方形，长 1.2～2cm，宽 1～1.5cm，上缘浅裂，具啮蚀状钝齿，两侧近截形;叶干后薄草质。孢子囊群横生于小羽片的顶端,每片 3～10 枚;假囊群盖长形、长肾形或圆肾形,上缘平直,淡黄绿色,老时棕色,膜质,全缘,宿存。

见于西湖景区(玉皇山),常生于流水溪旁石灰岩上或石灰岩洞底和滴水岩壁上,为钙质土的指示植物。分布于安徽、福建、广东、广西、贵州、河北、河南、湖北、湖南、江苏、江西、山西、陕西、四川、台湾、西藏、云南;除南极洲外,各大洲均有分布。

图 1-35　铁线蕨

6. 金粉蕨属　Onychium Kaulf.

陆生中型植物。根状茎细长而横走,被褐棕色、披针形的全缘鳞片。叶远生或近生,一型或近二型;叶柄光滑,禾秆色或间为栗棕色,腹面有浅沟;叶片常为卵状三角形,3～5 回羽状细裂,末回裂片狭小,披针形;叶脉在不育裂片上单一,在能育裂片上呈羽状,小脉顶端与边脉联结;叶干后坚草质,光滑。孢子囊群着生于边脉上,线形;囊群盖膜质,由反折变质的叶边形成,宽几达中脉,形如荚果,全缘或罕为啮蚀状;孢子球状四面体形,透明,表面具块状纹饰。

约 10 种,分布于非洲热带和亚热带、亚洲;我国有 8 种,2 变种;浙江有 1 种,1 变种;杭州有 1 种。

野雉尾金粉蕨　野雉尾　(图 1-36)
Onychium japonicum (Thunb.) Kunze
植株高 40～60cm。根状茎长而横走,疏被鳞片。叶近簇生;叶柄长 7～45cm,基部略有鳞片,向上禾秆色,光滑;叶片卵状三角形或卵状披针形,长 20～48cm,宽 10～20cm,4 回羽状细裂;羽片 10～15 对,互生,斜展,基部 1 对最大,长 9～20cm,宽 5～10cm,先端渐尖,3 回羽状;小羽片 6～8 对,上先出,基部 1 对最大,2 回羽状,末回小羽片线状披针形,长 4～10mm,宽 1～2mm,有短尖头,全缘;叶干后坚草质或纸质,灰绿色或绿色,无毛。孢子囊群线形,长 2～8mm;囊群盖线形或短长圆形,膜质,灰白色,全缘。$2n=58,87,116,174$。

见于西湖区(留下)、西湖景区(虎跑、六和塔、云栖),生于沟谷边、溪边石上或林缘阴湿草丛中。

图 1-36　野雉尾金粉蕨

广布于我国长江流域至华南及台湾,北至甘肃南部、河北西部;日本、朝鲜半岛也有。

全草入药;也可作为地被植物。

7. 凤尾蕨属　Pteris L.

陆生大中型植物。根状茎常直立或斜生,疏被鳞片;鳞片狭披针形,棕色,膜质,坚厚,边缘常有睫毛。叶簇生;叶柄上面有纵沟,自基部向上有"V"字形维管束1条;叶片1回羽状或篦齿状的2~3回羽裂,或3叉分枝,基部羽片下侧常分叉;羽轴或主脉上面有深纵沟;叶脉分离,单一或2叉,小脉先端不达叶边,通常膨大为棒状水囊;叶干后草质或纸质,光滑。孢子囊群线形,沿叶缘连续延伸,通常仅裂片先端及缺刻不育,着生于叶缘内的联结小脉上,为反卷的膜质叶缘所覆盖;孢子四面体形,表面通常粗糙或有疣状凸起。

约250种,分布于世界热带和亚热带;我国有78种,主要分布于华南及西南;浙江有18种;杭州有3种。

分 种 检 索 表

1. 叶2回羽状深裂 ·· 1. **刺齿半边旗**　*P. dispar*
1. 叶1回羽状。
　2. 叶同型,下部1至数对不分叉 ·························· 2. **蜈蚣草**　*P. vittata*
　2. 叶二型,下部1至数对分叉 ························· 3. **井栏边草**　*P. multifida*

1. **刺齿半边旗**　刺齿凤尾蕨　（图1-37）

Pteris dispar Kunze

植株高30~80cm。根状茎斜向上。叶近二型;叶柄长15~40cm,栗色,有光泽,基部疏被鳞片;叶片卵状长圆形,长25~50cm,宽6~20cm,2回深羽裂;顶生羽片披针形,长12~18cm,篦齿状深裂,裂片阔披针形,不育部分有长尖刺状的锯齿;侧生羽片5~8对,对生,斜展,长6~12cm,基部宽2.5~4cm,先端尾状渐尖,基部偏斜,下侧裂片较上侧的长,并且基部下侧1片最长,斜向下,裂片同顶生羽片;不育叶与能育叶,但较小;叶干后草质,羽轴两侧隆起的狭边上有啮蚀状的小凸起,其余光滑。孢子囊群线形,沿能育羽片的叶缘着生;假囊群盖线形,全缘。$2n=58,116$。

见于余杭区（鸬鸟）、西湖景区（黄龙洞、六和塔、龙井）,生于山谷疏林下、溪沟边或岩石缝中。分布于长江流域及其以南各省、区;日本、朝鲜半岛、马来西亚、泰国、越南也有。

可栽培作地被植物,或作为切叶。

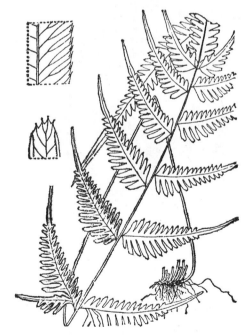

图1-37　刺齿半边旗

2. 蜈蚣草　（图 1-38）

Pteris vittata L.

植株高 30～100cm。根状茎短而直立,密被黄褐色的狭披针形鳞片。叶簇生;叶柄长 10～30cm,深禾秆色,基部密被鳞片;叶片倒披针状长圆形,长 20～90cm,宽 5～25cm,1 回羽状;羽片多达 40 对,互生或有时近对生,斜展,无柄,线状披针形,长 3～15cm,宽 5～10mm,先端渐尖,下部羽片较疏离,相距 3～4cm,向下羽片逐渐缩短,基部羽片仅为耳形,全缘;主脉下面隆起并为浅禾秆色,侧脉纤细,密接,斜展,单一或分叉;叶干后薄革质,暗绿色,无光泽,无毛。孢子囊群线形,着生于叶缘;囊群盖线形,膜质。

见于萧山区(南阳)、西湖景区(九溪),常生于石隙、墙壁上或钙质土中。广布于长江以南,北达河南、陕西、甘肃;亚洲其他热带、亚热带地区也有。

可作为观赏植物。

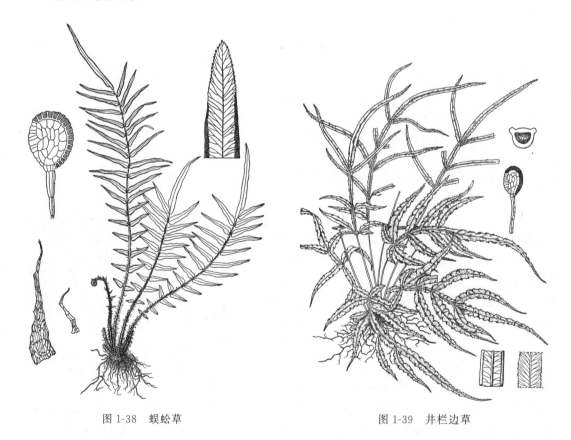

图 1-38　蜈蚣草　　　　　　　　　图 1-39　井栏边草

3. 井栏边草　凤尾草　（图 1-39）

Pteris multifida Poir.

植株高 30～70cm。根状茎短而直立。叶簇生,二型;不育叶叶柄长 15～25cm,禾秆色,具4 棱,光滑,叶片卵状长圆形,长 20～40cm,宽 15～20cm,1 回羽状,羽片通常 3 对,对生,无柄,线状披针形,长 8～15cm,宽 6～10mm,叶缘有不整齐的尖锯齿,并有软骨质的边,下部 1～2对分叉,叶轴两侧有宽 3～5mm 的狭翅;能育叶有较长的柄,羽片 4～6 对,狭线形,长 10～

15cm,宽 4～7mm,仅不育部分具锯齿,下部 2～3 对,通常 2～3 叉,叶轴两侧有宽 3～4mm 的翅;主脉两面均隆起,禾秆色,侧脉明显,稀疏,单一或分叉;叶干后草质,暗绿色,无毛。孢子囊群线形;囊群盖线形,膜质,全缘。2n＝116。

区内常见,生于墙壁上、井边、石灰岩缝隙或灌丛中。除云南外广布于长江以南,向北到河南;日本、朝鲜半岛、菲律宾、泰国、越南也有。

全草入药,也可作为地被植物栽培。

8. 碎米蕨属　Cheilanthes Swartz

中小型陆生植物。根状茎短而直立或斜生,被棕色至栗黑色、披针形的全缘鳞片。叶簇生,叶柄栗色至栗黑色,有光泽;叶片披针形至长圆状披针形、卵状五角形,2～3 回羽裂,向基部渐变狭,或基部 1 对羽片最大,其基部下侧小羽片特长,末回小羽片或裂片小,全缘或具圆齿;叶脉分离,在裂片上单一或分叉;叶草质或革质,通常无毛。孢子囊群小,圆形,生于小脉顶端,成熟时往往会合;囊群盖由多少变质的叶边反折而成,通常断裂或多少连续,肾形,边缘多少啮蚀状或有锯齿,或有睫毛;孢子球状四面体形,不透明,周壁有颗粒状或拟网状纹饰。

大于 100 种;主要分布于亚洲热带和亚热带;我国有 17 种;浙江有 3 种;杭州有 2 种。

1. 毛轴碎米蕨　舟山碎米蕨　（图 1-40）

Cheilanthes chusana Hook. ——*Cheilosoria chusana* (Hooker) Ching & Shing

植株高 10～30cm。根状茎短而直立,被栗黑色披针形鳞片。叶簇生;叶柄长 2～7cm,亮栗色,密被红棕色鳞片,上面有纵沟,沟两侧有隆起的锐边;叶片披针形,长 8～25cm,宽 2～6cm,先端渐尖,下部羽片略缩短,彼此疏离,2回羽状全裂;羽片 10～20 对,斜展,几无柄,三角状披针形,中部羽片最大,长 1～3.5cm,宽 0.8～1.5cm,先端短尖或钝,深裂达基部;裂片长圆形,无柄或有狭翅相连,钝头,边缘有圆齿;叶脉在裂片上羽状,两面不明显;叶干后草质,两面无毛。孢子囊群圆形,生小脉顶端,位于裂片的圆齿上;囊群盖圆肾形,宿存,彼此分离。

见于西湖区(留下)、萧山区(戴村)、余杭区(鸬鸟)、西湖景区(葛岭、玉皇山、南高峰),多生于石缝中。分布于安徽、重庆、甘肃、广东、广西、贵州、河南、湖北、湖南、江苏、江西、陕西、四川、台湾;日本、菲律宾、越南也有。

全草入药,或点缀山石盆景。

图 1-40　毛轴碎米蕨

2. 旱蕨　（图 1-41）

Cheilanthes nitidula Wall. ex Hook. ——*Pellaea nitidula*（Wall. ex Hook.）Baker

植株高 18～30cm。根状茎短而直立,密被亮黑色有棕色狭边的小鳞片。叶簇生;叶柄长 6～20cm,圆柱形,栗黑色,有光泽,基部疏被鳞片,向上密被红棕色的短刚毛;叶片长圆状三角形,长 4～12cm,基部宽 3～6cm,先端渐尖,2～3 回羽裂;羽片 3～5 对,无柄,基部 1 对最大,长 2.5～3.5cm,基部宽 2～2.5cm,短尾头,2 回深羽裂;小羽片 4～6 对,上侧与叶轴并行,长圆形,下侧斜出,远较上侧的长,基部 1 片尤长,羽状半裂;叶脉羽状分叉,下面明显隆起;叶干后薄革质,无毛。孢子囊群生于小脉顶部;囊群盖膜质,棕褐色,边缘有不整齐的粗牙齿。$2n = 58,116$。

见于萧山区(河上),多生于石缝中。分布于福建、甘肃、广东、广西、贵州、河南、湖南、江西、四川、台湾、西藏、云南;不丹、印度、日本、尼泊尔、巴基斯坦、越南也有。

与上种的区别在于:本种为旱生常绿植物,叶柄圆柱形,囊群盖连续,叶缘全缘。

图 1-41　旱蕨

16. 铁角蕨科　Aspleniaceae

中小型的陆生、石生或附生植物。根状茎具网状中柱,横走、短卧而先端斜生或直立,被具透明粗筛孔的披针形小鳞片。叶远生、近生或簇生;叶草质、革质或近肉质,光滑或有时疏被与根状茎相似的小鳞片;叶形变异极大,单叶、深羽裂或 1～3 回羽状细裂,末回小羽片或裂片常为斜方形或不等边四边形,基部不对称,全缘,或有钝齿,或撕裂;叶脉分离。孢子囊群线形,沿小脉上侧着生;囊群盖同型,厚膜质或薄纸质,单侧着生于叶脉,稀无盖;孢子两侧对称,单裂缝,周壁具褶皱,褶皱连接形成网状或不形成网状,表面具小刺或光滑。

2 属,约 700 种,广布于全球,主产于热带和亚热带山区;我国有 2 属,108 种;浙江有 2 属,20 种;杭州有 1 属,7 种。

铁角蕨属　Asplenium L.

附生、石生或陆生植物。根状茎匍匐、短卧而先端斜生或直立,密被披针形鳞片。叶片草质、革质,有时近肉质;叶柄绿色至栗色,向上光滑,具纵沟;单叶至 4 回羽状;羽片或小羽片往往沿各回羽轴有下延的狭翅,末回小羽片或裂片基部不对称,或有时为对开式的不等边四边形,边缘有锯齿或为撕裂;叶脉分离。孢子囊群线形,单一,少有双生;囊群盖棕色或灰白色,膜质,全缘;孢子囊具长柄;孢子椭圆球形或长椭圆球形,单裂缝,具周壁,周壁具褶皱,表面具小刺状纹饰或光滑。

700 多种,广布于全球;我国有 90 种;浙江有 19 种;杭州有 7 种。

<h2 style="text-align:center">分 种 检 索 表</h2>

1. 叶片 1 回羽状(或 2 回羽裂)。
　2. 下部羽片逐步缩短,基部收缩成小耳状 ·· 1. **虎尾铁角蕨**　*A. incisum*
　2. 下部羽片不收缩成小耳状。
　　3. 叶轴上面两侧有棕色膜质狭翅 ·· 2. **铁角蕨**　*A. trichomanes*
　　3. 叶轴上无翅。
　　　4. 叶柄基部被黑褐色披针形鳞片,叶轴顶端有芽胞 ·············· 3. **倒挂铁角蕨**　*A. normale*
　　　4. 叶柄基部被红棕色或褐棕色线状披针形鳞片,叶轴顶端无芽胞 ·······
　　　 ··· 4. **江苏铁角蕨**　*A. kiangsuense*
1. 叶片 2～3 回羽状。
　5. 叶干后薄草质,2 回羽状 ··· 5. **变异铁角蕨**　*A. varians*
　5. 叶干后坚草质,2 回羽裂至 3 回羽状或羽状。
　　6. 叶片披针形,叶柄下部密生深褐色披针形鳞片,小羽片宽而长 ······ 6. **北京铁角蕨**　*A. pekinense*
　　6. 叶片长圆形,叶柄下部近光滑,小羽片狭线形,较短 ·················· 7. **华中铁角蕨**　*A. sarelii*

1. 虎尾铁角蕨 （图 1-42）

Asplenium incisum Thunb.

植株高 10～30cm。根状茎短而直立或横卧,先端密被鳞片;鳞片暗黑色或棕色。叶簇生;叶柄长 1～3cm,基部背面栗色,正面绿色,有纵沟;叶片 1～2 回羽状,阔披针形,薄草质,干后草绿色,光滑,长 10～27cm,宽 2～4.5cm;羽片 12～22 对,互生或近对生,具短柄,下部羽片逐渐缩小成卵形或半圆形,中部羽片狭三角形,长 1～2cm,宽 0.6～1.2cm,先端锐尖,羽状深裂到 1 回羽状复叶;小羽片 4～6 对,互生,基部上侧的 1 对最大,椭圆形至卵形;叶脉羽状,侧脉 2 叉,伸入牙齿,但不达叶边。孢子囊群线形,棕色,生于小脉中部或下部,紧靠主脉,不达叶边;囊群盖长圆形,浅灰色,薄膜质,全缘,开向主脉。$2n=72$。

见于拱墅区(半山)、萧山区(进化)、余杭区(百丈、良渚、中泰)、西湖景区(北高峰、飞来峰、九溪、南高峰、小和山、云栖等),生于林下或建筑物上湿润石缝岩隙中。分布于安徽、福建、甘肃、广东、贵州、河北、河南、黑龙江、湖南、江苏、江西、辽宁、山东、山西、陕西、四川、台湾、云南;日本、朝鲜半岛和俄罗斯也有。

图 1-42　虎尾铁角蕨

2. 铁角蕨 （图 1-43）

Asplenium trichomanes L.

植株高 10～30cm。根状茎短而直立,密被鳞片;鳞片线状披针形,黑色,有光泽。叶簇生;叶柄长 0.5～8cm,栗褐色,基部密被与根状茎上同样的鳞片,向上光滑,上面有 1 条阔纵沟,两边有棕色的膜质全缘狭翅;叶片 1 回羽状,纸质,长线形,长 5～25cm,宽 0.6～2.4cm,长渐尖头,基部略变狭,干后绿色至棕色;羽片 20～30 对,近无柄,中部羽片椭圆形或卵形至圆形,边缘有圆齿,先端钝,下部羽片向下逐渐远离并缩小;叶轴栗褐色,有光泽,光滑;叶脉羽状,不明显,2 叉,偶有单一。孢子囊群椭圆形至线形,黄棕色,通常生于上侧小脉,每一羽片有 4～8 枚;囊群盖椭圆形至线形,灰白色,后变棕色,膜质,边缘波状至全缘,开向主脉,宿存。$2n=72$。

见于西湖区(留下)、余杭区(闲林),生于山谷岩石上或石缝中。分布于安徽、福建、甘肃、广东、广西、贵州、河南、湖北、湖南、江苏、江西、山西、陕西、四川、台湾、西藏、新疆、云南;世界温带地区和热带山地广布。

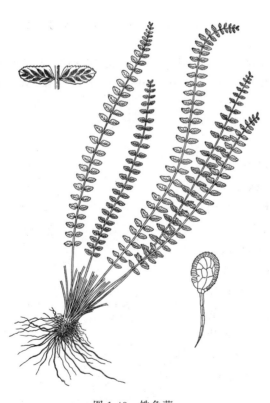

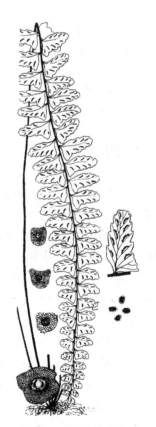

图 1-43　铁角蕨　　　　　　　　　　图 1-44　倒挂铁角蕨

3. 倒挂铁角蕨 （图 1-44）

Asplenium normale D. Don

植株高 15～20cm。根状茎直立或短斜生,先端被棕黑色鳞片,鳞片狭三角形。叶簇生;叶柄长 2.5～10cm,栗褐色至紫黑色,有光泽,基部疏被与根状茎上同样的鳞片,向上渐变光滑;

叶片 1 回羽状,草质至薄纸质,披针形,长 9~20cm,宽 2~2.5cm,叶干后棕绿色或灰绿色,两面均无毛;羽片 20~30 对,互生,无柄,中部羽片不规则四边形至长圆形,长 8~18mm,宽 4~8mm,基部不对称,上侧截形并略呈耳状,下侧狭楔形,下部 3~5 对羽片多少向下反折;叶轴栗褐色,光滑,上面有阔纵沟,近先端处常有 1 枚被鳞片的芽胞,能在母株上萌发;叶脉羽状,纤细,两面均不见或隐约可见,小脉单一或 2 叉。孢子囊群椭圆形,每一羽片有 3~4 对;囊群盖椭圆形,淡棕色或灰棕色,膜质,全缘,开向主脉。$2n=72,144,216,288$。

见于西湖区(龙坞)、西湖景区(北高峰、九溪、栖霞岭、云栖),生于林下或溪旁石上。分布于安徽、福建、广东、广西、贵州、海南、湖南、江苏、江西、四川、台湾、西藏、云南;日本、东南亚、热带非洲、澳大利亚和太平洋岛屿也有。

4. 江苏铁角蕨 (图 1-45)

Asplenium kiangsuense Ching & Y. X. Jing——*A. hangzhouense* Ching & C. F. Zhang——*A. parviusculum* Ching

植株高 6~15cm。根状茎短而直立,先端具鳞片;鳞片狭三角形至线状钻形,具淡棕色的透明狭边。叶簇生;叶柄栗色至暗褐色,有光泽,圆柱状,长 1~3.5cm,具褐色、纤维状鳞片;叶片 1 回羽状,纸质,线形,长 3~10cm,宽约 1cm,先端锐尖,叶片干后灰绿色;叶轴栗色至暗褐色,有光泽,具小鳞片,基部扁平或具浅纵沟;羽片 8~20 对,下部近对生,不缩短,中部羽片水平张开,椭圆形至斜长圆形,长和宽均 4~5mm,基部上侧截形,下侧狭楔形,具短柄至近无柄,边缘全缘至波状,先端钝;叶脉羽状,不明显,单一或 2 叉。每一羽片有孢子囊群 3~5 个,孢子囊群线状椭圆形,着生于叶脉中部;囊群盖灰绿色,椭圆形,膜质,全缘,开向叶轴。

见于西湖景区(九溪),生于岩石缝中。分布于安徽、福建、湖南、江苏、江西、云南。

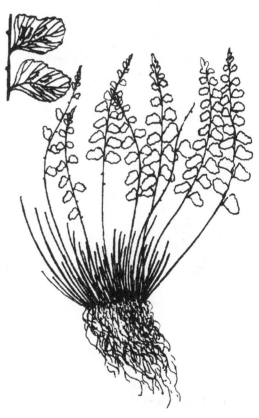

图 1-45 江苏铁角蕨

5. 变异铁角蕨 (图 1-46)

Asplenium varians Wall. ex Hook. & Grev.

植株高 14~20cm。根状茎短而直立,先端密被鳞片;鳞片黑褐色。叶簇生;叶柄长 5~10cm,上面绿色,具纵沟,背面栗色,有光泽;叶片 2 回羽状,薄草质,三角状卵形,长 8~10cm,宽 2~4.5cm,先端渐尖,基部略变狭,干后草绿色;羽片 8~12 对,下部的近对生,向上互生,有极短柄,中部羽片略长,长 17~30cm,宽 10~18mm,三角状卵形,钝头,基部上侧圆截形,下侧楔形;小羽片 2~3 对,互生,上先出,基部上侧 1 片较大,倒卵形,圆头,基部阔楔形,多少与羽轴合生,顶端有小锯齿;叶脉羽状,斜向上,先端具水囊,不达叶边。孢子囊群椭圆形至线形,在羽片上部的紧靠羽轴两侧排列,每一小羽片有 2~4 枚,成熟后为棕色;囊群盖短线形,淡棕色,膜质,开向羽轴或主脉,宿存。2n=144。

　　见于西湖区(留下),生于林下或建筑物旁潮湿的岩石缝隙中。分布于重庆、广东、广西、贵州、湖北、湖南、陕西、四川、西藏、云南;不丹、印度、尼泊尔、越南及非洲南部也有。

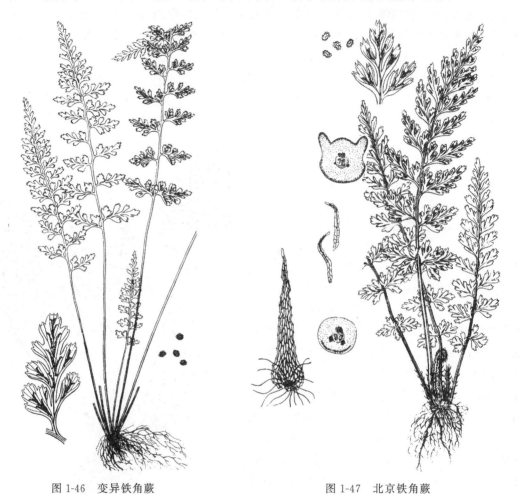

图 1-46　变异铁角蕨　　　　　　　　　图 1-47　北京铁角蕨

6. 北京铁角蕨 　(图 1-47)

Asplenium pekinense Hance

　　植株高 10～20cm。根状茎短而直立,先端密被鳞片;鳞片三角形,全缘或略呈微波状。叶簇生;叶柄长 2～8cm,淡绿色,下部疏被与根状茎上同样的鳞片,向上光滑,上面有纵沟;叶片 2 回羽状或 3 回羽裂,坚草质,披针形至狭卵形,长 5～15cm,宽 1.5～4cm,先端渐尖,干后灰绿色或暗绿色;叶轴及羽轴两侧有连续的线状狭翅;羽片 8～10 对,下部羽片略缩短,对生,向上互生,扇形或三角形,先端钝至锐尖,基部对称,截形,2 回羽状;末回裂片舌形或线形,先端圆截形,并有 2～3 个锐尖的小牙齿;叶脉明显,侧脉 2 叉,伸入齿端,但不达边缘。孢子囊群近椭圆形,每一小羽片有 1～2 枚;囊群盖同型,灰白色,膜质,全缘,开向羽轴或主脉,宿存。2n=144。

　　见于萧山区(戴村)、余杭区(径山、塘栖)、西湖景区(黄龙洞、九溪、玉皇山),生于岩石上或石缝中。我国大部分地区均有分布;印度、日本、朝鲜半岛、巴基斯坦及俄罗斯也有。

7. 华中铁角蕨　（图 1-48）

Asplenium sarelii Hook.

植株高 10～23cm。根状茎短而直立或斜生，先端密被黑褐色鳞片。叶簇生；叶柄长 2～11cm，基部背面深棕色，正面淡绿色，略被与根状茎相似的小鳞片，上面有浅阔纵沟；叶片 3 回羽状深裂至 3 回羽状，坚草质，三角状卵形，长 6～17cm，宽 2～6cm，基部截形，先端锐尖，近无毛，干后灰绿色；叶轴及各回羽轴两侧有线形狭翅；羽片 8～12 对，基部近对生，向上互生，有短柄，基部 1 对最大或与第 2 对同大（偶有略缩短），基部近对称，截形至宽楔形；末回裂片 5～6 片，狭线形，顶端有粗齿；叶脉明显，小脉在裂片上为 2～3 叉。孢子囊群近椭圆形，棕色，每一裂片有 1～2 枚，生于小脉上部或中上部；囊群盖同型，灰绿色，膜质，全缘，开向主脉，宿存；孢子褐色。$2n=72$。

见于余杭区（塘栖）、西湖景区（北高峰、玉皇山），生于岩石裂缝中。分布于安徽、重庆、贵州、湖北、湖南、江苏、陕西、四川。

本种与北京铁角蕨接近，但叶片较宽，草质，基部 1 对羽片与第 2 对同大或偶有略缩短，裂片狭线形，顶端有粗齿，可资鉴别。

图 1-48　华中铁角蕨

17. 金星蕨科　Thelypteridaceae

陆生或石生植物。根状茎粗壮，直立、斜生或细长而横走，顶端被披针形棕色鳞片，并具灰白色针状毛。叶簇生，近生或远生，不以关节着生，基部横断面有 2 条维管束，向上靠合成"U"字形，多少被与根状茎上同样的毛；叶一型，稀近二型，多为长圆状披针形或倒披针形，常 2 回羽裂，有时 1 回或多回羽状，或单叶；叶脉分离或相邻裂片上 1 至多对小脉联结，并自联结点有断续或延续的外行小脉，稀呈无内藏小脉的网状；叶草质或纸质，两面被灰白色针状毛；羽片下面常具橙色或橙红色球形或棒形腺体。孢子囊群圆形、长圆形或粗短线形，背生于叶脉；囊群盖圆肾形，以深缺刻状着生，多少有毛，宿存，早落，或沿网脉散生，无盖；孢子两面形，少数四面体形，具周壁。

20 多属，近 1000 种，广布于世界热带和亚热带，少数产于温带，尤以亚洲为多；我国有 18 属，199 种；浙江有 9 属，34 种，1 变种；杭州有 6 属，13 种，1 变种。

分 属 检 索 表

1. 叶脉分离。
　　2. 孢子囊群无盖或囊群盖小不易见。
　　　　3. 孢子囊群圆形;叶片卵状三角形,3回羽状 ……………………… 1. **针毛蕨属** *Macrothelypteris*
　　　　3. 孢子囊群长圆形或近圆形;叶片披针形或椭圆状披针形,1回羽状至2回羽裂 …………………
　　　　…………………………………………………………………………… 2. **卵果蕨属** *Phegopteris*
　　2. 孢子囊群有盖。
　　　　4. 溪沟边生植物;叶片下部多对羽片常缩短成小耳片或突然退化为瘤状,羽片在羽轴着生处,下面常
　　　　　　有1个瘤状凸起的褐色气囊体 ………………………… 3. **假毛蕨属** *Pseudocyclosorus*
　　　　4. 陆生植物。
　　　　　　5. 羽轴上面圆形隆起,叶脉顶端不伸达叶边,叶草质,下面无橙黄色腺体 ……………………
　　　　　　…………………………………………………………… 4. **凸轴蕨属** *Metathelypteris*
　　　　　　5. 羽轴上面凹陷成1条纵沟,叶脉顶端伸达叶边,叶常为纸质,下面通常有橙黄色腺体 …………
　　　　　　…………………………………………………………… 5. **金星蕨属** *Parathelypteris*
1. 叶脉联结成星毛蕨型(即裂片基部1～4对小脉联结,并自交结点有外行小脉伸至缺刻内的透明膜,缺刻上
　　的小脉分离) ……………………………………………………………… 6. **毛蕨属** *Cyclosorus*

1. 针毛蕨属　Macrothelypteris（H. Itô）Ching

　　大、中型陆生植物。根状茎粗短,直立、斜生或横卧,被棕色的披针形长鳞片,边缘具针状疏睫毛。叶簇生;叶柄光滑,或被与根状茎相同的鳞片,脱落后常留下半月形的糙痕;叶片大,卵状三角形,3～4回羽裂;羽片和各回小羽片斜展或近平展,沿羽轴或小羽轴两侧以狭翅相连;叶脉羽状,分离,侧脉单一,有时2叉;叶草质或近纸质,两面和脉间多少被毛,毛细长,灰白色,针状,叶轴往往还有少数厚鳞片,鳞片脱落后留下凸痕。孢子囊群小,生于侧脉的近顶部,无盖或具有小而常早落的盖;孢子椭圆球形,单裂缝,孢壁具褶皱。

　　约10种,产于亚洲热带和亚热带、大洋洲东北部和太平洋岛屿;我国有7种;浙江有4种,1变种;杭州有2种,1变种。

分 种 检 索 表

1. 叶下面被多数白色的多细胞针状长毛。
　　2. 叶3回羽状深裂,草质或薄草质;小羽片基部略偏斜,阔楔形 ………… 1. **普通针毛蕨** *M. torresiana*
　　2. 叶4回深羽裂,薄草质;小羽片基部近平截,略呈心形 ……………… 2. **翠绿针毛蕨** *M. viridifrons*
1. 叶下面通常无毛,或偶有几根多细胞长毛,沿1回及2回小羽轴上面有短柔毛 ……………………………
　　…………………………………………………………… 3. **雅致针毛蕨** *M. oligophlebia* var. *elegans*

1. 普通针毛蕨 （图 1-49）

Macrothelypteris torresiana（Gaudich.）Ching

　　植株高60～150cm。根状茎短,直立或斜生,顶端密被红棕色、有毛的线状披针形鳞片。叶簇生;叶柄长30～70cm;叶片3回羽状,草质,三角状卵形,长30～80cm,宽20～50cm,先端渐尖并羽裂;羽片约15对,近对生,基部1对最大,长10～30cm,宽4～12cm,长圆状披针形,渐尖头,

2回羽状;1回小羽片15~20对,披针形,渐尖头,基部圆楔形,羽状分裂;裂片10~15对,披针形,钝头或钝尖头,基部彼此以狭翅相连,边缘全缘或锐裂;叶下面被灰白色、多细胞、开展的细长针状毛,叶轴和羽轴下面光滑,上面被多细胞的细长针状毛;叶脉羽状,侧脉单一或在锐裂的裂片上分叉。孢子囊群小,圆形,生于侧脉的近顶部;囊群盖小,不易见。$2n=144,186$。

　　见于西湖区(留下)、西湖景区(黄龙洞、桃源岭),生于山谷潮湿处。分布于安徽、重庆、福建、广东、广西、贵州、海南、河南、湖北、湖南、江苏、江西、四川、台湾、西藏、云南;日本、东南亚、美洲热带和亚热带、大洋洲、太平洋岛屿也有。

图 1-49　普通针毛蕨

图 1-50　翠绿针毛蕨

2. 翠绿针毛蕨　(图 1-50)

Macrothelypteris viridifrons (Tagawa) Ching

　　植株高 60~110cm。根状茎短而直立,先端被红棕色、具毛的披针形鳞片。叶簇生;叶柄长30~50cm,基部被灰白色的短针毛;叶片4回羽裂,薄草质,几与叶柄等长或略长,宽20~50cm,先端渐尖并羽裂,向基部不变狭;羽片10~12对,互生或近对生,基部1对最大,长24~30cm,宽约10cm,渐尖头,基部略变狭,3回羽裂;1回小羽片10~15对,长圆状披针形,先端渐尖,基部平截,具短柄,2回羽裂;2回小羽片10~15对,披针形,钝头或钝尖头,基部圆截形,下延,彼此沿小羽轴两侧以狭翅相连,1回羽裂;裂片长约2.5mm,宽约1.5mm,矩圆形,全缘,下面被较多开展针状毛,上面沿小羽轴有较多短针毛;叶脉羽状,侧脉单一。孢子囊群小,圆形,生于基部侧脉近顶端;囊群盖小,圆肾形,不易见。2n=124。

　　见于西湖区(留下、转塘)、西湖景区(飞来峰、黄龙洞、九溪、之江),生于山谷林下阴湿处。分布于安徽、福建、贵州、湖南、江苏、江西;日本和朝鲜半岛也有。

3. 雅致针毛蕨　(图 1-51)

Macrothelypteris oligophlebia (Bak.) Ching var. elegans (Koidz.) Ching

　　植株高 60~150cm。根状茎短而斜生,连同叶柄基部被深棕色披针形鳞片。叶簇生;叶柄长 30~70cm;叶片 3 回羽裂,叶草质,长35~50cm,宽 20~25cm,先端渐尖并羽裂,基部不变狭;羽片约 14 对,互生或下部的对生,基部 1 对较大,长 15~20cm,宽 6~8cm,长圆状披针形,先端渐尖并羽裂,渐尖头,2 回羽裂;小羽片15~20 对,披针形,渐尖头,基部圆截形,深羽裂几达小羽轴;裂片 10~15 对,先端钝或钝尖,基部沿小羽轴彼此以狭翅相连,全缘或偶有圆齿;羽轴、小羽轴均被有灰白色单细胞的针状短毛,羽轴常带红色;叶脉羽状,侧脉单一或偶有 2 叉。孢子囊群小,圆形,生于侧脉的近顶部;囊群盖小,圆肾形,光滑,易脱落。2n=62,124。

　　区内常见,生于山坡、林缘或山谷水沟边。分布于安徽、福建、广东、广西、贵州、河南、湖北、湖南、江苏、江西、台湾;日本和朝鲜半岛也有。

图 1-51　雅致针毛蕨

　　与原种的区别在于:本变种羽片下面沿羽轴、小羽轴均被灰白色、单细胞的针状短毛。

2. 卵果蕨属　Phegopteris (C. Presl) Fée

　　中、小型陆生植物。根状茎长而横走或短而直立,密被棕色鳞片和灰白色针状毛。叶远生或簇生;叶柄纤细,基部被鳞片;叶片卵状三角形或狭披针形,2 回羽裂;羽片与羽轴合生,彼此以狭翅相连或下部 1~3 对分离,下部羽片不缩短,或基部 1 对略缩短,或下部多对羽片逐渐缩短成耳状;叶脉羽状,侧脉单一或分叉;叶草质,两面多少被灰白色针状毛,有时混生叉状毛;叶轴、羽轴和小羽轴两面圆形隆起,下面被鳞片。孢子囊群卵圆形,背生于侧脉中部以上;孢子椭圆球形,单裂缝,表面近光滑和具有翅状周壁。

　　4 种,广布于北半球温带和亚热带地区;我国有 3 种;浙江有 1 种;杭州有 1 种。

延羽卵果蕨　(图 1-52)

Phegopteris decursive-pinnata (H. C. Hall) Fée

　　植株高 30~60cm。根状茎短而直立,连同叶柄基部被红棕色狭披针形鳞片。叶簇生;叶柄长 10~25cm;叶片 2 回羽裂,或 1 回羽状而边缘具粗齿,草质,披针形,长 20~50cm,宽

5～12cm,先端渐尖并羽裂,向基部渐变狭,沿叶轴、羽轴和叶脉两面被灰白色单细胞针状短毛,下面混生顶端分叉或呈星状的毛,叶轴和羽轴下面疏生淡棕色鳞片;羽片 20～30 对,互生,中部的最大,长2.5～6cm,宽约 1cm,狭披针形,先端渐尖,基部阔而下延,在羽片间彼此以圆耳状或三角形的翅相连;裂片斜展,卵状三角形,钝头,全缘,向两端的羽片逐渐缩短,基部 1 对羽片常缩小成耳片;叶脉羽状,侧脉单一,伸达叶边。孢子囊群近圆形,背生于侧脉的近顶端,无盖。$2n=60,90,120$。

区内常见,生于林下、山坡溪边、岩石上、林缘阴湿处。分布于安徽、重庆、福建、甘肃、广东、广西、贵州、河南、湖北、湖南、江苏、江西、陕西、四川、台湾、云南;日本、朝鲜半岛和越南也有。

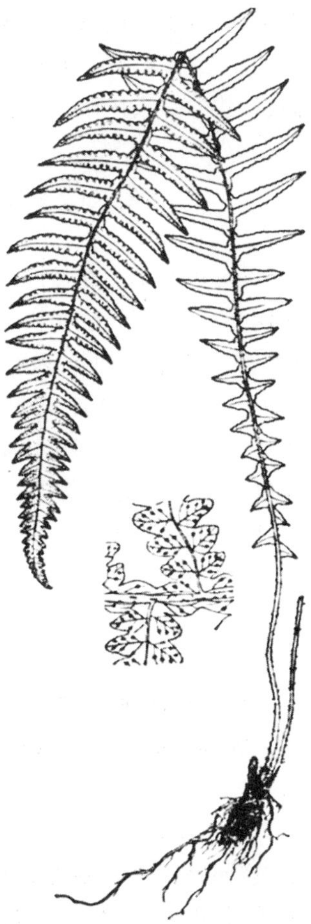

3. 假毛蕨属　Pseudocyclosorus Ching

中型植物。根状茎横走、横卧或直立,基部疏生鳞片。叶远生、近生或簇生;叶柄通常疏被短毛;叶片 2 回深羽裂,下部羽片通常逐渐缩成耳状、蝶形或突然收缩成瘤状,叶轴在羽片着生处下面通常有 1 个褐色的瘤状气囊体;叶脉分离,主脉两面隆起,小脉下面隆起,相邻裂片基部 1 对小脉有时伸达软骨质的缺刻,罕有靠合。叶纸质或近革质,疏被柔毛或几无毛。孢子囊群圆形,常生于侧脉中部;囊群盖圆肾形,质厚,多为棕色,宿存,背面被细毛,或光滑无毛;孢子椭圆球形,表面具刺状凸起。

约 50 种,分布于热带和亚热带地区;我国有 38 种;浙江有 3 种;杭州有 1 种。

图 1-52　延羽卵果蕨

普通假毛蕨　（图 1-53）

Pseudocyclosorus subochthodes（Ching）Ching
植株高 90～110cm。根状茎短而横卧,黑褐色,疏被鳞片。叶近生或近簇生;叶柄长20～25cm,基部深棕色,疏被棕色鳞片;叶片 2 回深羽裂,近革质,长圆状披针形,长 70～85cm,宽约 20cm,基部突然变狭,叶两面有短柔毛,沿叶轴和羽轴更密;下部羽片逐渐缩小成蝶状或最后的退化成瘤状,中部正常羽片 26～28 对,近对生或互生,斜展,无柄,披针形,长10～15cm,宽 1.2～2cm,深羽裂几达羽轴;裂片披针形,基部 1 对裂片的上侧 1 片略伸长,急尖头或渐尖头,全缘;叶脉两面明显,主脉隆起,基部 1 对均出自主脉基部以上处,上侧 1 条脉伸达缺刻底部,下侧 1 条脉伸至缺刻以上的叶边。孢子囊

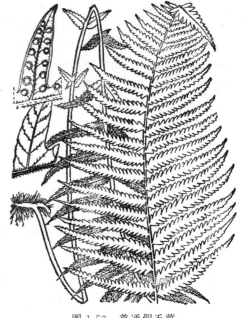

图 1-53　普通假毛蕨

群圆形,着生于侧脉中上部,稍近叶缘;囊群盖圆肾形,淡棕色,宿存。

见于西湖景区(九溪、里鸡笼山、龙井),生于林下、灌丛湿润处或山谷岩石上。分布于安徽、福建、广东、广西、贵州、湖南、江苏、江西、四川、云南;日本和朝鲜半岛也有。

4. 凸轴蕨属   Metathelypteris (H. Itô) Ching

中、小型陆生植物。根状茎短,被棕色的披针形鳞片和灰白色的短毛。叶近生或簇生;叶柄光滑或疏被毛;叶片长圆形或卵状三角形,先端渐尖并羽裂,2 回羽状深裂,稀 3 回羽状,若为后者,1 回小羽片彼此分离,不沿叶轴以狭翅相连;叶草质或薄草质,两面多少被灰白色、单细胞针状毛,沿叶轴和羽轴的毛较密;羽片下面通常不具腺体,罕有橙红色的圆球状腺体,羽轴上面圆形隆起,从不下陷成纵沟;叶脉羽状,侧脉单一或分叉,不达叶边。孢子囊群小,圆形;囊群盖圆肾形,缺刻状着生,膜质,宿存;孢子椭圆球形,单裂缝,周壁具褶皱,外壁具网状纹饰。

约 12 种,主要分布于亚洲东南部的热带和亚热带;我国有 11 种;浙江有 4 种;杭州有 1 种。

疏羽凸轴蕨   (图 1-54)

Metathelypteris laxa (Franch. & Sav.) Ching

植株高 30～60cm。根状茎长,横走或斜生,连同叶柄基部疏被灰白色的短毛和红棕色的披针形鳞片。叶近生,叶柄长 10～35cm;叶片 2 回羽状深裂,草质,长 15～35cm,宽 10～18cm,先端渐尖并羽裂;羽片 8～18 对,近对生,长 5～9cm,宽 1～2cm,线状披针形,基部截形,近对称,无柄,羽状深裂达羽轴两侧的狭翅;裂片长圆状披针形,先端钝尖或急尖,全缘,或具粗圆齿状缺刻,或裂成小裂片;叶下面遍布灰白色的短柔毛,上面沿叶轴、羽轴和叶脉被针状毛;叶脉可见,单一或 2 叉,斜上,基部 1 对出自主脉基部以上,不达叶边。孢子囊群小,圆形,生于侧脉或分叉侧脉的上侧 1 条脉顶端,较近叶边;囊群盖小,圆肾形,膜质,绿色,干后灰黄色,背面疏生柔毛。

区内常见,生于山麓林下和山谷密林下。分布于安徽、重庆、福建、广东、广西、贵州、海南、湖北、湖南、江苏、江西、四川、台湾、云南;日本和朝鲜半岛也有。

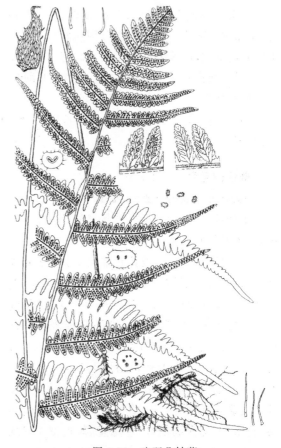

图 1-54 疏羽凸轴蕨

5. 金星蕨属 Parathelypteris（H. Itô）Ching

中、小型陆生植物。根状茎稍被鳞片或锈黄色毛。叶远生、近生或簇生；叶柄基部光滑或被灰白色、多细胞的针状毛；叶片卵状长圆形或长圆状披针形，2 回羽状深裂；下部羽片不缩短或 1 至数对羽片明显缩短，甚至退化成小耳状，羽状深裂；裂片先端圆钝，少为尖头或具缺刻状棱角；叶脉羽状，分离，侧脉单一；叶草质或纸质，两面多少被毛，下面有时被橙黄色或红紫色的腺体；羽轴上面下陷成纵沟，密被短刚毛，下面圆形隆起。孢子囊群圆形，位于主脉和叶边之间或稍近叶边；囊群盖圆肾形，膜质，宿存，棕色，有毛或无毛；孢子两面形、圆肾形，透明，表面有连续的翅状周壁。

约 60 种，主要分布于亚洲东南部的热带和亚热带山区；我国有 24 种；浙江有 6 种；杭州有 4 种。

分 种 检 索 表

1. 下部多对羽片突然缩短成耳形，基部 1～2 对仅留下痕迹 ····················· 1. **中日金星蕨** *P. nipponica*
1. 下部各对羽片不缩短，偶有基部 1 对略缩短。
　2. 叶厚草质，坚韧；孢子囊群靠近叶边，裂片全育，囊群盖小·········· 2. **金星蕨** *P. glanduligera*
　2. 叶草质，柔软；孢子囊群靠近中脉，裂片上部常不育，囊群盖大。
　　3. 羽片宽约 1cm，下面无毛；囊群盖近无毛 ····················· 3. **中华金星蕨** *P. chinensis*
　　3. 羽片宽 1cm 以上，下面被疏柔毛；囊群盖有密柔毛 ············· 4. **光脚金星蕨** *P. japonica*

1. 中日金星蕨 （图 1-55）

Parathelypteris nipponica（Franch. & Sav.）Ching

植株高 40～60cm。根状茎长而横走。叶近生；叶柄长 10～20cm，基部褐棕色，稍被红棕色阔卵形鳞片；叶片 2 回羽状深裂，草质，倒披针形，长 30～40cm，宽 7～10cm，先端渐尖并羽裂，向基部逐渐变狭，叶背沿羽轴、主脉和叶缘被灰白色、开展的单细胞针状毛，脉间密被微细的腺毛及少数橙黄色的圆球形腺体，上面除叶轴和叶脉被短针毛外，其余近光滑；羽片 25～33 对，下部近对生，向下逐渐缩小成小耳形，最下的呈瘤状，中部羽片互生，披针形，渐尖头，基部稍变宽，对称，截形，羽裂几达羽轴；裂片长圆形，圆钝头；叶脉羽状，侧脉单一。孢子囊群圆形，背生于侧脉的中部以上，远离主脉；囊群盖圆肾形，棕色，膜质，背面被少数灰白色的长针毛。$2n=124$。

见于西湖景区（九溪），生于丘陵地区的疏林下。分布于福建、甘肃、广西、贵州、河南、湖北、江苏、江西、山东、陕西、四川、云南；日本、朝鲜半岛和尼泊尔也有。杭州新记录。

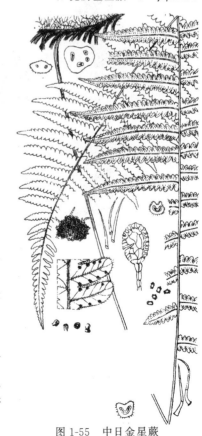

图 1-55　中日金星蕨

2. 金星蕨　（图 1-56）

Parathelypteris glanduligera（Kze.）Ching

植株高 35～50cm。根状茎长而横走,光滑,略被披针形鳞片。叶近生;叶柄长 15～20cm;叶片 2 回羽状深裂,草质,披针形或阔披针形,长 18～30cm,宽 7～13cm,先端渐尖并羽裂,向基部不变狭,叶背密被橙黄色圆球形腺体,上面沿羽轴的纵沟密被针状毛,叶轴多少被灰白色柔毛,羽片约 15 对,互生或下部的近对生,无柄,长 4～7cm,宽 1～1.5cm,披针形或线状披针形,先端渐尖,基部对称,稍变宽,或基部 1 对向基部略变狭;裂片长圆状披针形,彼此接近,圆钝头或钝尖头,全缘,基部 1 对,尤其上侧 1 片较长;叶脉羽状,侧脉单一,基部 1 对出自主脉基部以上。孢子囊群小,圆形,背生于侧脉的近顶部,靠近叶边;囊群盖圆肾形,棕色,厚膜质,背面疏被灰白色刚毛,宿存。$2n=144$。

区内常见,生于疏林和毛竹林下。分布于安徽、重庆、福建、广东、广西、贵州、海南、河南、湖北、湖南、江苏、江西、四川、台湾、云南;印度、日本、朝鲜半岛、尼泊尔和越南也有。

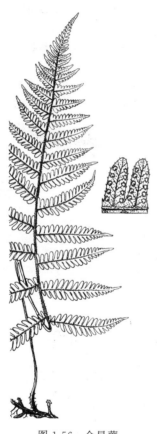

图 1-56　金星蕨

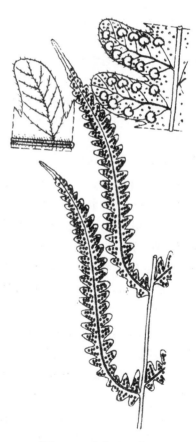

图 1-57　中华金星蕨

3. 中华金星蕨　（图 1-57）

Parathelypteris chinensis（Ching）Ching

植株高 57～80cm。根状茎短而横卧或斜生。叶近生;叶柄长 27～40cm,基部近黑色,疏被棕色的披针形鳞片;叶片 2 回羽状深裂,草质,披针形,长 30～40cm,宽 8～12cm,先端渐尖并羽裂,基部不变狭,叶背除被橙红色的圆球形腺体外无毛,上面沿羽轴的纵沟被浅棕色的针状毛,叶轴棕色,上面疏被短毛;羽片约 18 对,对生或向上的互生,斜展,基部 1 对不缩短,中部羽片长 5～7cm,宽 0.8～1.2cm,狭披针形,渐尖头,基部截形,对称,羽状羽轴两侧的狭翅;裂片长圆形或三角状长圆形,先端圆钝,全缘;叶脉羽状,侧脉斜上,单一,基部 1 对出自主脉基部稍上处。孢子囊群圆形,背生于侧脉中部;囊群盖圆肾形,棕色,膜质,背面光滑无毛,宿存。$2n=108$。

见于西湖区(龙坞)、西湖景区(飞来峰、九溪),生于山谷林下阴湿处。分布于安徽、福建、广东、广西、湖南、江西、四川。

4. 光脚金星蕨　日本金星蕨
Parathelypteris japonica(Bak.)Ching

植株高 55～70cm。根状茎短,横卧或斜生。叶近生或近簇生;叶柄长 25～35cm,基部近黑色,略被红棕色披针形鳞片,向上无毛;叶片 2 回羽状深裂,草质,卵状长圆形,长 30～35cm,宽 17～20cm,先端渐尖并羽裂,基部不变狭,叶面沿羽轴和主脉(有时连同侧脉)被灰白色的疏柔毛和橙色球形腺体,上面沿羽轴纵沟密被针状短毛,沿叶轴被平伏的短针毛,叶轴常为栗色;羽片 15～20 对,对生或近对生,中部羽片长 8～10cm,宽 1.3～1.6cm,披针形,渐尖,基部近截形,对称,羽裂达羽轴两侧的狭翅;裂片披针形,先端钝或急尖,全缘;叶脉羽状,侧脉单一。孢子囊群圆形,背生于侧脉中部稍上处;囊群盖圆肾形,膜质,被灰白色柔毛,宿存。$2n=124$。

见于西湖景区(北高峰),生于林下阴处。分布于安徽、福建、贵州、湖南、江苏、江西、四川、台湾、云南;日本和朝鲜半岛也有。

6. 毛蕨属　Cyclosorus Link

中型陆生植物。根状茎横走或直立,被鳞片。叶疏生或近生;叶长圆形,顶端渐尖,常突然收缩成羽裂的尾状羽片,叶 2 回羽裂,罕为 1 回羽状,下部羽片往往逐渐缩短,或变成耳形或瘤状(有时退化成气囊体);裂片全缘,基部 1 对特别是上侧 1 片往往较长;叶脉明显,侧脉单一,偶有 2 叉;裂片上部小脉分离,下部 1～4 对于缺刻下联结,叶草质至厚纸质,两面至少沿叶轴、羽轴、主脉及脉间上面被灰白色针状毛,下面往往有橙红色或橙黄色腺体。孢子囊群圆形;囊群盖圆肾形,光滑或有毛,有时有腺体,宿存;孢子椭圆球形,单裂缝,周壁具脊状隆起或小刺状纹饰。

约 250 种,广布于热带和亚热带地区;我国有 40 种;浙江有 10 种;杭州有 4 种。

分 种 检 索 表

1. 下部羽片逐渐缩短。
  2. 下部缩短羽片不变形;叶片长 8～14cm ·············· **1. 短尖毛蕨**　*C. subacutus*
  2. 下部缩短羽片基部 1 对变成蝶形或瘤状;叶片长 40～80cm ·········· **2. 干旱毛蕨**　*C. aridus*
1. 下部羽片不缩短,或基部 1 对略缩短。
  3. 羽片下面沿叶脉无腺体 ·················· **3. 渐尖毛蕨**　*C. acuminatus*
  3. 羽片下面沿叶脉密生橙色腺体 ·············· **4. 华南毛蕨**　*C. parasiticus*

1. 短尖毛蕨 （图 1-58）

Cyclosorus subacutus Ching

植株高 15～20cm。根状茎短小,直立,先端密被深棕色披针形鳞片。叶簇生;叶柄长3～7cm;叶片 2 回羽裂,草质,披针形,长 8～14cm,宽3.5～6cm,渐尖头,基部略变狭;羽片 6～12 对,下部 2～3 对略缩短,对生,中部羽片长 2～3cm,宽约 1cm,长圆状披针形,短尖或钝尖头,基部平截,对称或上侧稍凸出,羽裂达 1/2～2/3 处;裂片 6～10 对,长 2～3mm,宽约 2mm,长圆形,圆钝头;叶上面沿羽轴密生针状毛,叶脉疏生针状毛,脉间满布短刚毛,下面沿叶脉密生短柔毛,偶有腺体;叶脉在裂片上 3～5 对,基部 1 对出自主脉基部以上,其先端交接成钝三角形网眼,并自交接点有 1 条外行小脉伸达缺刻,第 2 对起侧脉均伸达缺刻以上的叶边。孢子囊群小,圆形,生于侧脉中部;囊群盖小,上面密生短柔毛。

见于西湖景区(梵村),生于山坡、林缘、灌丛中。分布于福建、广东、江西。

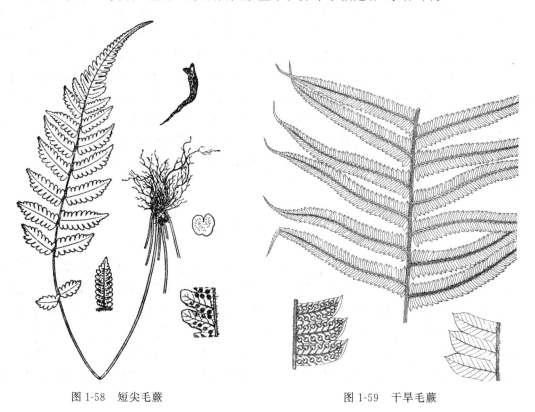

图 1-58　短尖毛蕨　　　　　　　　图 1-59　干旱毛蕨

2. 干旱毛蕨 （图 1-59）

Cyclosorus aridus (D. Don) Tagawa——*C. aridus* (D. Don) Ching

植株 50～100cm。根状茎横走,连同叶柄基部疏被棕色的披针形鳞片。叶远生;叶柄长 35cm;叶片 2 回羽裂,阔披针形,纸质至近革质,长 40～80cm,宽 15～35cm;羽片 15～40 对,下部 2～10 对逐渐缩小成小耳片,中部羽片互生,长 10～18cm,宽 1～2cm,渐尖头,羽裂达 1/3 处;中部羽片裂片 20～40 对,三角形,骤尖头或尖头;叶上面近光滑,下面沿叶脉疏生短针毛,并具黄色的长圆形或棒形腺体;叶脉两面清晰,侧脉每一裂片 6～12 对,基部 1 对出自主脉基部稍上处,顶端彼此交结成钝三角形网眼,并自交结点向缺刻延伸出 1 条外行小脉,和第 2 对侧脉(有时仅和上侧 1 条脉)连接,在外行小脉两侧形成斜长方形网眼。孢子囊群圆形,生于侧脉中部稍上处;囊群盖小,有腺体。$2n=72$。

　　见于西湖景区(北高峰、桃源岭),生于半开阔地区草丛中或湿润地。分布于安徽、重庆、福建、广东、广西、贵州、海南、湖南、江西、四川、台湾、西藏、云南;东南亚、澳大利亚及太平洋岛屿也有。

3. 渐尖毛蕨 （图 1-60）

Cyclosorus acuminatus（Houtt.）Nakai

植株高 20～80cm。根状茎长而横走,先端密被棕色披针形鳞片。叶远生;叶柄长 10～40cm;叶片 2 回羽裂,披针形,坚纸质,长 20～60cm,宽 10～25cm,先端尾状渐尖并羽裂,基部不变狭;羽片 5～20 对,有极短柄,中部以下的羽片长 8～18cm,宽 1～2cm,披针形,基部不等,上侧平截,下侧圆楔形或近圆形,羽裂达 1/2～2/3 处;裂片 18～24 对,近镰刀状披针形,尖头或骤尖头,全缘,基部上侧 1 片最长;叶两面沿叶轴和叶脉被针状毛;叶脉下面隆起,每一裂片具 6～10 对,单一(基部上侧 1 片裂片有时 2 叉),基部 1 对出自主脉,其先端交接成钝三角形网眼,并自交接点向缺刻下的透明膜质连线伸出 1 条短的外行小脉。孢子囊群圆形;囊群盖大,深棕色,圆肾形,密生短柔毛。$2n=72,108,144,216$。

　　区内常见,生于路边、灌丛、草地半开阔地区。分布于安徽、重庆、福建、甘肃、广东、广西、贵州、海南、河南、湖北、湖南、江苏、江西、山东、陕西、四川、台湾、云南;日本、朝鲜半岛和菲律宾也有。

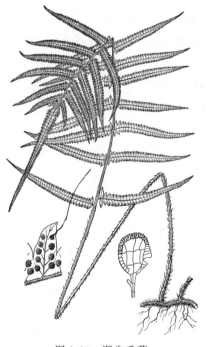

图 1-60　渐尖毛蕨

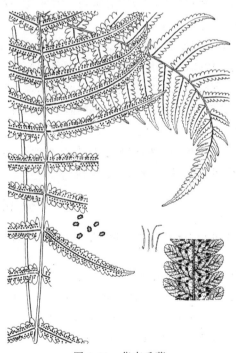

图 1-61　华南毛蕨

4. 华南毛蕨 （图 1-61）

Cyclosorus parasiticus（L.）Farwell.

植株高 30～100cm。根状茎横走,连同叶柄基部有深棕色披针形鳞片。叶近生至远生;

叶柄 10～40cm；叶片 2 回羽裂，草质，长圆状披针形，长 30～50cm，宽 10～25cm，先端羽裂，尾状渐尖，基部不变狭；羽片 10～20 对，顶部 1～2 对略向上弯或斜展，中部的对生，相距 2～3cm，向上的互生，中部羽片长 5～15cm，宽 1～2cm，先端长渐尖，基部平截，羽裂达 1/2 处或稍深；裂片 20～25 对，基部上侧 1 片特长，长 6～7mm，钝头或急尖头；叶两面有针状毛，下面脉上有橙红色腺体；叶脉单一，每一裂片常具 6～8 对，基部 1 对出自主脉基部以上，其先端交接成一钝三角形网眼，并自交接点伸出 1 条外行小脉直达缺刻，第 2 对侧脉均伸达缺刻以上的叶边。孢子囊群圆形，生于侧脉中部以上；囊群盖圆肾形，上面密生柔毛。$2n=72,108,144$。

见于西湖景区（桃源岭），生于路边、灌丛半开阔地区。分布于重庆、福建、广东、广西、贵州、海南、湖南、江西、四川、台湾、云南；日本、朝鲜半岛及东南亚也有。杭州新记录。

18．蹄盖蕨科　Athyriaceae

中小型植物，土生或石生。根状茎细长横走，或粗壮横卧，或粗短斜生至直立，网状中柱，具鳞片；鳞片全缘或边缘有细齿。叶簇生、近生或远生；叶柄基部内有 2 条扁平维管束，向上会合成"U"字形，被鳞片；叶轴、各回羽轴及中肋上面通常有纵沟，纵沟两侧有隆起的狭边，有时生有单细胞或多细胞毛或光滑，有时在裂片主脉基部或羽片、各回小羽片中肋基部有肉质角状或细针状凸起；叶片单叶至 3 回羽状，顶部羽裂渐尖；叶脉分离，羽状或近羽状，侧脉单一或分叉，少有联结成三角形或多角形而无内藏小脉的网孔，有时相邻的 1 至多对小脉先端靠合或联结形成斜方形网孔。孢子囊群圆形、椭圆形、线形、新月形、"J"字形、马蹄形、圆肾形，有或无囊群盖；囊群盖多形；孢子两面形、椭圆球形，外有周壁。

5 属，约 600 种，广布于热带至寒温带各地；我国有 5 属，278 种；浙江有 5 属，49 种，4 变种；杭州有 5 属，11 种，1 变种。

分 属 检 索 表

1. 羽轴正面沟槽在羽轴基部中断，与叶轴不会合，叶柄、叶轴、羽轴和叶脉具多细胞毛或近无毛 ……………
……………………………………………………………………………………… 1. **对囊蕨属** Deparia
1. 羽轴正面沟槽叶轴会合，叶片上无多细胞毛。
　 2. 羽轴和小羽轴基部有角状扁刺；孢子囊群无囊群盖 ……………………………… 2. **角蕨属** Cornopteris
　 2. 羽轴和小羽轴基部无角状扁刺；孢子囊群大多数有囊群盖。
　　 3. 叶脉联合；孢子囊群小，圆形至肾形 …………………………………………… 3. **安蕨属** Anisocampium
　　 3. 叶脉分离；孢子囊群明显，长形、马蹄形。
　　　 4. 根状茎斜生或直立；叶柄基部膨大，羽片基部上侧小羽片较大；孢子囊群马蹄形、"J"字形或线
　　　　 形；鳞片全缘…………………………………………………………………… 4. **蹄盖蕨属** Athyrium
　　　 4. 根状茎匍匐，横走；叶柄基部不膨大，羽片基部上侧小羽片与其他羽片等大或较小；孢子囊群线
　　　　 形；鳞片有锯齿或全缘 ………………………………………………………… 5. **双盖蕨属** Diplazium

1. 对囊蕨属　Deparia Hook. & Grev.

陆生中型植物。根状茎中等粗壮,斜生或近直立,被鳞片。叶远生或近生;叶柄长,基部被鳞片;叶片1~2回羽状,干后草质、纸质或近革质,披针形至卵状长圆形,渐尖,先端羽裂;羽片互生,无柄,基部圆楔形,羽状半裂到羽状深裂,裂片长圆形或矩形,小羽片贴生羽轴处有狭翅;叶轴、羽轴和中肋上面具沟槽,羽轴或中肋的沟槽不与叶轴或羽轴相连,羽轴和中脉上常具有由1~3(4)行细胞组成的棕色或深棕色蠕虫状的腺毛;叶脉分离,侧脉单一或分叉。孢子囊群圆形、长圆形、"J"字形或马蹄形;囊群盖同型,膜质,全缘、啮蚀状、边缘撕裂或具缘毛,宿存;孢子两面形,孢子周壁表面刺状和褶皱。

约70种,分布于亚洲热带、温带、非洲热带地区;我国有53种;浙江有14种;杭州有4种。

分 种 检 索 表

1. 单叶;叶轴和羽轴背面无毛 ·· 1. 单叶对囊蕨　D. lancea
1. 叶片1~3回羽状;叶轴和羽轴背面有毛。
　2. 根状茎粗壮;孢子囊群圆肾形 ······························· 2. 大久保对囊蕨　D. okuboana
　2. 根状茎细长;孢子囊群线形。
　　3. 叶片披针形,侧生羽片羽状浅裂至半裂,裂片先端平截或钝圆·········· 3. 钝羽对囊蕨　D. conilii
　　3. 叶片阔披针形至长圆形、卵形、三角形,侧生羽片羽状深裂,裂片先端钝圆至急尖 ·····················
　　·· 4. 东洋对囊蕨　D. japonica

1. 单叶对囊蕨　假双盖蕨　(图 1-62)

Deparia lancea (Thunb.) Fraser-Jenk. ——
Triblemma lancea (Thunb.) Ching

植株高可达40cm。根状茎细长,横走,被黑色或褐色披针形鳞片。叶远生;叶柄长8~15cm,淡灰色,基部被褐色鳞片;叶片披针形或线状披针形,长10~25cm,宽2~3cm,两端渐狭,边缘全缘或稍呈波状,叶干后纸质或近革质;中脉两面均明显,小脉斜展,通直,平行,直达叶边。孢子囊群线形,通常分布于叶片上半部,沿小脉斜展,在每组小脉上通常有1条,距主脉较远,单生或偶有双生;囊群盖成熟时膜质,浅褐色。

见于西湖景区(云栖),生于林下溪旁酸性土中或岩石上。分布于安徽、福建、广东、贵州、海南、河南、湖南、江苏、江西、四川、台湾、云南;日本和东南亚也有。

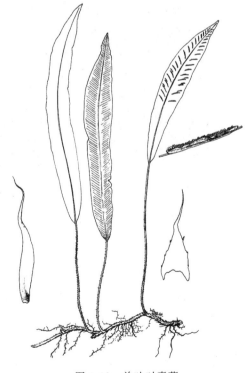

图 1-62　单叶对囊蕨

2. 大久保对囊蕨　华中介蕨　（图 1-63）

Deparia okuboana（Makino）M. Kato——*Dryoathrium okuboanum*（Makino）Ching

植株高 60～120cm。根状茎横走,先端斜生。叶近簇生;叶柄长 30～50cm,疏被褐色披针形鳞片;叶片 3 回羽裂至羽状,厚纸质,阔卵形或卵状长圆形,长 30～80cm,宽 25～40cm,先端渐尖并为 2 回羽裂,小羽片羽状半裂至深裂;羽片 10～14 对,互生,有短柄或几无柄,基部 1 对略缩短,长圆状披针形,渐尖头,向基部变狭,1 回羽状;小羽片 12～16 对,基部的近对生,向上互生,无柄,平展,基部 1 对较小,长圆形,钝圆头,基部近对称;叶脉在裂片上为羽状,侧脉单一。孢子囊群圆形,背生于小脉上,通常每一裂片 1 枚,偶有 2～4 枚;囊群盖圆肾形或略呈马蹄形,膜质,全缘,宿存。$2n=120$。

见于西湖区(留下),生于山谷林下、林缘或沟边阴湿处。分布于安徽、福建、甘肃、广东、贵州、河南、湖北、湖南、江苏、江西、陕西、四川、云南;日本和越南也有。

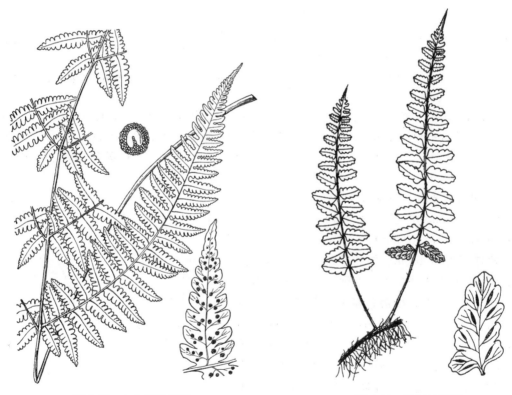

图 1-63　大久保对囊蕨　　　　　　　　　图 1-64　钝羽对囊蕨

3. 钝羽对囊蕨　钝羽假蹄盖蕨　（图 1-64）

Deparia conilii（Franch. & Sav.）M. Kato——*Athyriopsis conilii*（Franch. & Sav.）Ching

植株高可达 50cm。根状茎细长,横走,黑褐色,先端疏被浅褐色膜质鳞片。叶远生至近生;叶明显近二型,不育叶叶柄显著较短;叶柄长 9～20cm,疏被鳞片;叶片 1 回羽状,薄草质,狭披针形至披针形,长 15～25cm,宽 4～7cm,先端渐尖,基部略宽或与中部等宽至略缩狭,沿叶轴疏生褐棕色短毛;侧生羽片12～15对,矩圆形至短披针形,平展或基部的略向下反折,基部不对称,上侧略呈耳状凸起,与叶轴平行,下侧圆楔形,无柄,羽状浅裂至深裂;裂片矩圆形或长方形,全缘,先端平截或钝圆,基部上侧1片较大;叶脉羽状,侧生小脉单一,两面可见。孢子囊群短线形,单生或在基部上出1脉双生;囊群盖褐色,边缘通常啮蚀状,宿存。

见于余杭区(径山)、西湖景区(北高峰、桃源岭),生于山谷。分布于安徽、甘肃、河南、湖南、江苏、江西、山东、台湾;日本和朝鲜半岛也有。

4. 东洋对囊蕨   假蹄盖蕨   (图1-65)

Deparia japonica(Thunb.)M. Kato——*Athyriopsis japonica*(Thunb.)Ching

植株高可达1m。根状茎细长,横走,先端被黄褐色阔披针形鳞片。叶远生至近生;叶柄基部被鳞片,并略有柔毛;叶草质,矩圆形至矩圆状阔披针形,长15~50cm,宽6~22cm,顶部羽裂长渐尖,两面无毛或仅叶轴和羽轴下面疏被节状柔毛;侧生羽片4~8对,斜展,通直或略向上呈镰刀状弯曲,先端渐尖至尾状长渐尖,基部阔楔形;侧生分离羽片的裂片5~18对,以40°~45°的夹角向上斜展,略向上偏斜的长方形或矩圆形,先端近平截或钝圆至急尖,边缘有疏锯齿或为波状;裂片上羽状脉的小脉8对以下,极斜向上,2叉或单一,上面常不明显,下面略可见。孢子囊群短线形,通直,大多单生于小脉中部上侧,在基部上出1脉有时双生于上、下两侧;囊群盖浅褐色,膜质,背面无毛,边缘撕裂状。

区内常见,生于林下湿地及山谷溪沟边。分布于安徽、重庆、福建、甘肃、广东、广西、贵州、河南、湖北、湖南、江苏、江西、山东、上海、四川、台湾、云南;印度、日本、朝鲜半岛、马来西亚和尼泊尔也有。

图1-65   东洋对囊蕨

2. 角蕨属   Cornopteris Nakai

林下湿生植物。根状茎多粗而横卧、斜生或直立,顶部及叶柄基部具鳞片。叶常近生或簇生;叶柄长,向基部加厚,近肉质或草质;叶片椭圆形至卵状三角形,在羽裂渐尖的顶部以下1~3回羽状,羽片或末回小羽片常羽裂;羽片披针形,近平展,顶部渐尖或长渐尖,1回羽状分裂至2回羽状,小羽片常羽裂;叶轴和各回羽轴上有阔深沟,两侧有隆起的狭边,相交处有一肉质角状扁粗刺;叶脉羽状,小脉单一或2叉,不达叶边;叶干后褐绿色或深褐色,光滑或少有被短毛。孢子囊群短线形,椭圆形,背生于小脉上,无盖;孢子椭圆球形,单裂缝,周壁明显,具少数褶皱,表面具不明显的颗粒状纹饰。

约16种,主要分布于亚洲热带和亚热带;我国有12种;浙江有2种;杭州有1种。

角蕨 （图1-66）

Cornopteris decurrenti-alata（Hook.）Nakai

植株高可达80cm。根状茎细长，横走，黑褐色，顶部被褐色披针形鳞片。叶近生；叶柄长达40cm，基部被鳞片，向上近光滑，上面有纵沟；叶草质，干后褐色，卵状椭圆形，长10～40cm，宽15～28cm，羽裂渐尖的顶部以下1～2回羽状，两面无毛或几无毛；侧生羽片达10对，斜展，彼此远离，披针形，渐尖头，基部近平截，近对称，下部的较大，椭圆状披针形，两侧羽状深裂，或为1回羽状；裂片或小羽片卵形或长椭圆形，钝头，边缘浅裂，或有疏齿，或呈波状；叶脉可见，小脉单一或分叉，伸达叶边。孢子囊群短线形或长椭圆形，背生于小脉中部或较接近中脉，或生于小脉分叉处。

见于西湖景区（九溪），生于山谷林下阴湿溪沟边。分布于安徽、重庆、福建、广东、广西、贵州、河南、湖南、江苏、江西、四川、台湾、云南；不丹、印度、日本、朝鲜半岛和尼泊尔也有。

图1-66　角蕨

3. 安蕨属　Anisocampium C. Presl

陆生中小型植物。根状茎长而横走或短而直立，被鳞片。叶远生或簇生；叶柄长，腹面有1条纵沟；叶片1回羽状，卵状长圆形或三角状卵形，叶干后纸质，上面光滑；顶部羽裂或顶生羽片与侧生羽片同型，下部的对生或近对生，上部的互生，镰刀状披针形，渐尖头，基部两侧对称；叶脉羽状，侧脉单一或偶2叉，分离，有时下部1～2对小脉先端靠合成三角形的网眼，下面羽轴或主脉上被褐色线状披针形小鳞片和灰白色短毛。孢子囊群圆形，背生于小脉中部或近基部；囊群盖小，圆肾形，膜质，边缘具睫毛，早落；孢子椭圆球形，单裂缝，周壁明显而透明，表面不平，具脊状隆起。

4种，分布于亚洲东南部热带、亚热带，以及亚洲东部温带地区；我国有4种；浙江有2种；杭州有2种。

1. 日本安蕨　华东蹄盖蕨　（图1-67）

Anisocampium niponicum W. L. Chiou & M. Kato——*Athyrium niponicum*（Mett.）Hance

植株高30～70cm。根状茎横卧，斜生，先端和叶柄基部密被浅褐色狭披针形的鳞片。叶簇生；叶柄长10～35cm，疏被较小的披针形鳞片；叶片草质，卵状长圆形，长23～30cm，宽15～25cm，先端急狭缩，基部阔圆形，中部以上2回羽状至3回羽状，急狭缩部以下有羽片5～7（～10）对，互生，斜展，有柄；叶轴和羽轴下面带淡紫红色；小羽片12～15对，互生，阔披针形或长圆状披针形，渐尖头，基部不对称，上侧近截形，呈耳状凸起，与羽轴并行，下侧楔形，两侧有粗锯齿或羽裂几达小羽轴两侧的阔翅;裂片长圆形或线状披针形,边缘有向内紧靠的尖锯齿;叶脉下面明显,羽状,侧脉单一。孢子囊群长圆形、弯钩形或马蹄形;囊群盖同型,褐色,膜质,宿存或部分脱落。$2n=80$。

　　区内常见,生于林下、溪边、阴湿山坡、灌丛中或草坡上。分布于安徽、重庆、甘肃、广东、广西、贵州、河北、河南、湖北、湖南、江苏、江西、辽宁、宁夏、山东、山西、陕西、四川、台湾、云南;印度、日本、朝鲜半岛、马来西亚、尼泊尔和越南也有。

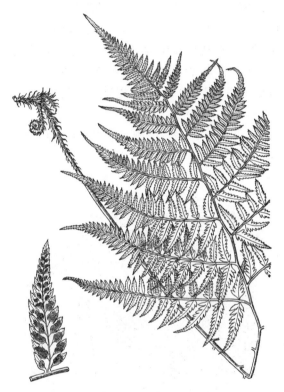

图 1-67　日本安蕨

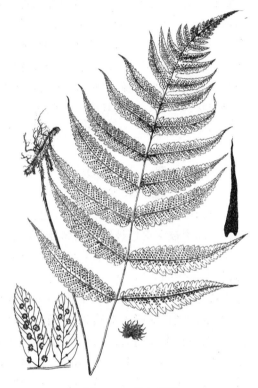

图 1-68　华东安蕨

2. 华东安蕨 （图 1-68）

Anisocampium sheareri（Bak.）Ching

植株高 25～60cm。根状茎长而横走,被浅褐色披针形鳞片。叶近生或远生;叶柄长 15～30cm,向上禾秆色(偶带淡紫红色),近光滑;叶片 1 回羽状,叶纸质,卵状长圆形或卵状三角形,长 15～30cm,宽 12～18cm,先端渐尖,基部近截形或圆楔形;顶部羽裂,侧生羽片 7～9 对,镰刀状披针形,基部圆形,基部 1～2 对羽片的基部下侧往往呈斜楔形,下部边缘浅裂至全裂,裂片卵圆形或长圆形,有长锯齿,向上的裂片逐渐缩小,终成倒伏状的尖锯齿;下面羽轴和主脉被浅褐色小鳞片和灰白色短毛;叶脉分离,羽状,单一或偶有 2 叉,伸入软骨质的长锯齿内,基部两侧相对的小脉伸达缺刻处。孢子囊群圆形,在主脉两侧各排成 1 行,在羽片顶部的排列不规则;囊群盖圆肾形,膜质,边缘有睫毛,早落。$2n=120,160$。

　　见于西湖景区(飞来峰、龙井、玉皇山、云栖),生于山谷、林下、溪边或阴湿山坡上。分布于安徽、重庆、福建、甘肃、广东、广西、贵州、湖北、湖南、江苏、江西、四川、台湾;日本和朝鲜半岛也有。

　　本种孢子囊群圆形,可与上种区别。

4. 蹄盖蕨属　Athyrium Roth

陆生中型植物。根状茎短,常直立。叶多簇生;叶柄长,基部往往加粗,背面隆起,腹面凹陷,两侧边缘常有瘤状气囊体各 1 行,横切面有 2 条维管束,呈"八"字形排列,向叶轴联合成"U"字形,叶柄基部被鳞片,上面有 1 条纵沟,沟内具短毛;叶片 1～3 回羽状,常为草质,卵形至披针形,两面通常光滑,罕被鳞片或毛,各回羽片基部不对称,上面有 1 条深纵沟,与其上 1回羽轴(或主脉)会合处有一断裂缺口,彼此互通,其下无或有 1 个肉质的刺状凸起;叶轴、羽轴和小羽轴(或主脉)常被短腺毛;叶脉分离,叉状或羽状,伸达锯齿顶端。孢子囊群圆形、圆肾形、马蹄形、弯钩形、长圆形或短线形,背生、侧生或横跨小脉;囊群盖同型,褐色,膜质,边缘啮蚀状或有睫毛,少全缘,常宿存,罕无盖或早消失;孢子两面形,单裂缝,具周壁或不具周壁,表面具网状、颗粒状、小刺状或小瘤状纹饰。

约 220 种,主产于温带和亚热带高山林下;我国有 123 种;浙江有 15 种,2 变种;杭州有 1 种。

长江蹄盖蕨　(图 1-69)

Athyrium iseanum Rosenst.

植株高 25～70cm。根状茎短,直立,先端和叶柄基部密被深褐色披针形的鳞片。叶簇生;叶柄长 10～25cm,光滑;叶片 3 回羽裂,草质,长圆形,长 18～45cm,宽 11～14cm,先端渐尖,往往有 1 枚芽胞,基部圆形,两面无毛;羽片 10～20对,互生,有柄,基部 1 对略缩短,第 2 对羽片披针形,先端长渐尖,基部对称,近截形,2 回羽裂;小羽片基部对生,向上互生,基部 1 对略大,卵状长圆形;裂片长圆形,有少数短锯齿;叶轴和羽轴交汇处密被短腺毛,上面连同主脉有贴伏的针状软刺;叶脉明显,在下部裂片上为羽状,侧脉 2～3 对,向上 2 叉。孢子囊群长圆形、弯钩形、马蹄形或圆肾形,每一裂片 1 枚,但基部上侧的 2～3枚;囊群盖同型,黄褐色,膜质,全缘,宿存。$2n=80,160$。

见于西湖景区(九溪、云栖),生于山谷林下阴湿处或竹林中。分布于安徽、重庆、福建、广东、广西、贵州、湖北、湖南、江苏、江西、四川、台湾、西藏、云南;日本和朝鲜半岛也有。

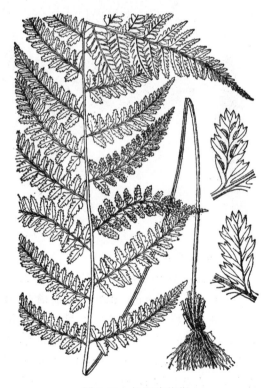

图 1-69　长江蹄盖蕨

5. 双盖蕨属　Diplazium Sw.

中到大型陆生植物。根状茎匍匐上升或直立,被鳞片。叶簇生,远生或近生;叶柄基部被鳞片,有纵沟;叶片常阔卵形或长圆形,羽裂渐尖的顶部以下常 1～3 回羽状;羽片披针形至长圆状披针形,基部近对称,下部不缩小或稍缩小,末端羽片长披针形或阔披针形,基部截形、圆形或近心形,边缘全缘或有锯齿,先端常急尖至长渐尖;叶脉分离,有时靠羽轴的叶面联合形成 1 排网眼,单一或 2 叉;叶草质或纸质,叶轴、羽轴和中肋背面有时疏被毛。孢子囊群线形、长圆球形或卵球形,常单生,有时双生;囊群盖膜质,成熟后拱形或卵形,背面不规则开裂或皱缩,宿存或脱落;孢子两面形,具周壁,表面具刺状、颗粒状或网状纹饰。

300～400 种,主要分布于热带和亚热带地区,有些分布于暖温带和温带地区;我国有86 种;浙江有 16 种,2 变种;杭州有 3 种,1 变种。

分 种 检 索 表

1. 相邻裂片下部几对侧脉顶端联结成斜长方形网眼,向上的小脉分离 ……… 1. **食用双盖蕨**　*D.esculentum*
1. 叶脉分离,不联结成斜长方形网眼。
　2. 叶片 1 回羽状。
　　3. 羽片基部不对称,上侧三角形耳状凸出,下侧楔形,边缘具重齿 …… 2. **耳羽双盖蕨**　*D.wichurae*
　　3. 羽片基部对称,截形,边缘浅波状 ………………… 3. **小叶双盖蕨**　*D.mettenianum* var. *fauriei*
　2. 叶片 3 回羽状 ……………………………………………… 4. **中华双盖蕨**　*D.chinense*

1. **食用双盖蕨**　菜蕨　（图 1-70）

Diplazium esculentum（Retz.）Sw.——*Callipteris esculentum*（Retz.）J. Sm.

植株高 50～160cm。根状茎直立,密被鳞片;鳞片狭披针形,褐色,边缘有细齿。叶簇生;叶柄长 40～70cm,褐禾秆色,基部疏被鳞片;叶坚草质,三角形或阔披针形,长 60～80cm,宽 30～60cm,顶部羽裂渐尖,下部 1～2 回羽状,两面均无毛;羽片 12～16 对,互生,斜展,下部的有柄,阔披针形,长 16～20cm,宽6～9cm,羽状分裂或 1 回羽状,上部的近无柄,线状披针形,先端渐尖,基部截形,边缘有齿或浅羽裂;小羽片 8～10 对,互生,平展,狭披针形,先端渐尖,基部截形,两侧稍有耳,边缘有锯齿或浅羽裂（裂片有小锯齿）;羽轴上面有浅沟,光滑或偶被浅褐色短毛;叶脉羽状,小脉 8～10 对,下部 2～3 对常联结。孢子囊群线形,着生于全部小脉上,深达叶边;囊群盖同型,膜质,全缘。$2n=82$。

见于西湖景区（九溪）,生于林下湿地及溪沟边。分布于安徽、福建、广东、广西、贵州、海南、湖南、江西、四川、台湾、西藏、云南;太平洋岛屿、亚洲及大洋洲热带也有。

嫩叶可作野菜。

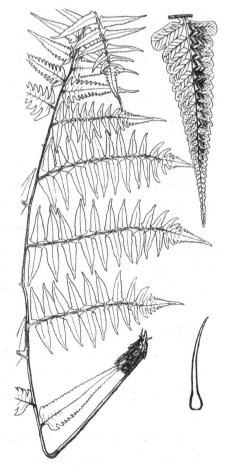

图 1-70　食用双盖蕨

2. 耳羽双盖蕨 耳羽短肠蕨 （图 1-71）

Diplazium wichurae (Mett.) Diels——*Allantodia wichurae* (Mett.) Ching

植株高达 60cm。根状茎细长而横走，先端密被鳞片；鳞片披针形，褐色，厚膜质，全缘。叶远生；叶柄长 25～30cm，基部深褐色，疏被褐色线形鳞片，向上绿禾秆色，光滑，上面有狭纵沟 1 条；叶片 1 回羽状，坚纸质或近革质，阔披针形，长 30～35cm，宽 8～14cm，先端深羽裂并为尾状长渐尖，光滑；羽片可达 18 对，互生，镰刀状披针形，先端渐尖至尾尖，基部不对称，下侧楔形，上侧有三角形的耳状凸起，边缘有重锯齿；叶脉羽状，下面隆起，上面凹入，每组侧脉 3～5 条，上先出。孢子囊群粗线形，通直或略弯弓，在 1 枚羽片上可达 16 对，在主脉两侧各排成 1 列，大多单生于每组小脉上侧分叉的中部，耳状凸起，偶见小的囊群 1～2 对；囊群盖同型，浅褐色，膜质，全缘，宿存。2n＝82。

见于萧山区（闻堰）、余杭区（中泰）、西湖景区（九溪），生于山地、林下石灰岩、溪沟旁。分布于安徽、福建、广东、贵州、江苏、江西、四川、台湾；日本和朝鲜半岛也有。

图 1-71 耳羽双盖蕨

3. 小叶双盖蕨

Diplazium mettenianum (Miq.) C. Chr. var. **fauriei** (Christ) Tagawa——*Allantodia metteniana* var. *fauriei* (Christ) Tard.-Blot

植株高 50～70cm。根状茎长而横走，黑褐色，先端密被鳞片；鳞片狭披针形，黑色或黑褐色，有光泽，厚膜质，边缘有小齿。叶远生；叶柄长 30～40cm，基部褐色，疏被狭披针形的褐色鳞片，上面有浅纵沟；叶片 1 回羽状，近革质，干后绿色或灰绿色，三角状披针形，长 15～20cm，宽 7～10cm，先端长渐尖，并为羽裂，两面光滑；侧生羽片互生或近对生，近平展，镰刀状披针形，长 4～7cm，宽 1～1.5cm，顶部长渐尖，两侧羽片浅裂至深裂，基部截形或阔楔形；叶轴禾秆色，光滑，上面有浅纵沟；叶脉羽状，上面不明显，下面可见，每一裂片有小脉 2～3 对，小脉单一或基部的偶有 2 叉，斜向上。孢子囊群线形，1 条，略弯曲，偶为 2～3 条，大多单生，偶有双生；囊群盖浅褐色，薄膜质，全缘，宿存。2n＝164。

见于西湖区（龙坞）、西湖景区（九溪），生于溪边阴湿处岩石上。分布于福建、广东、江西。

原种江南双盖蕨 D. mettenianum (Miq.) C. Chr. 羽片长 8～11cm，宽 2～3cm，叶纸质，每一裂片有小脉 5～7 对，孢子囊群 2～5(～7) 条可与之区别。

4. **中华双盖蕨**　中华短肠蕨　（图 1-72）

Diplazium chinense（Bak.）C. Chr.——
Allantodia chinensis（Bak.）Ching

植株高可达 1m。根状茎横走，先端密被鳞片。叶近生；叶柄长 20～50cm，疏被鳞片，上面有浅沟；叶片草质，三角形，长 30～60cm，宽 25～40cm，羽裂渐尖的顶部以下 2 回羽状，两面光滑，小羽片羽状深裂至全裂；侧生羽片达 13 对，斜展，多数互生，先端羽裂渐尖，基部 1 对最大，近对生或对生，阔披针形，近叶片顶部的几对缩小，呈披针形，羽状深裂；侧生小羽片平展，披针形至矩圆形，羽状深裂达中肋，先端渐尖，基部阔楔形至浅心形；裂片矩圆形至线状披针形，先端钝圆，边缘有粗齿，或下部几对羽状半裂；叶脉不明显，羽状，斜向上，小脉 2～3 叉。孢子囊群细短、线形，生于小脉中部或接近主脉，多数单生于小脉上侧，部分双生；囊群盖浅褐色，膜质，宿存。$2n=82,164$。

见于西湖景区（北高峰、飞来峰、九溪、韬光），生于阔叶林下溪沟边或石缝。分布于安徽、重庆、福建、广西、贵州、江苏、江西、上海、四川、台湾；日本、朝鲜半岛和越南也有。

图 1-72　中华双盖蕨

19. 乌毛蕨科　Blechnaceae

土生蕨类，有时树状，稀附生。根状茎横走常直立，有时横卧或斜生，网状中柱，被棕色、全缘的鳞片。叶一型或二型，通常具长柄，下部常有鳞片，叶柄内具数条维管束；叶 1～2 回羽裂，稀单叶，厚纸质至革质，无毛或常被小鳞片；叶脉分离或网状，如为网状则具 1～3 行多角形网眼，无内藏小脉。孢子囊群椭圆形或为长条形汇生囊群，沿主脉两侧的网脉着生，具囊群盖，稀无盖；孢子椭圆球形，两侧对称，单裂缝，具周壁，常形成褶皱。

2～14 属，近 250 种，世界广布，主产于南半球热带地区；我国有 8 属，14 种；浙江有 2 属，2 种；杭州有 1 属，1 种。

狗脊属　Woodwardia Sm.

中等至大型陆生植物。根状茎粗壮，直立或斜生，有时匍匐，具网状中柱，密被鳞片；鳞片披针形,棕色,膜质。叶簇生,纸质或厚革质,具长柄,叶片椭圆形,2 回羽状深裂,侧生羽片披针形,深羽裂,全缘或有锯齿;叶脉网状,沿羽轴及主脉两侧具 2～3 行能育网眼,叶缘部分小脉分离,单一或分叉。孢子囊群呈不连续的粗线形或椭圆形,沿主脉和羽轴两侧,着生于网眼外侧小脉上,多少陷入叶肉中;囊群盖厚纸质,深棕色,成熟时开向主脉,宿存。

约 10 种,分布于亚洲、欧洲、中美洲和北美洲的温带至热带地区;我国有 5 种;浙江有 2种;杭州有 1 种。

狗脊 (图 1-73)

Woodwardia japonica（L. f.）Sm. ——*W. affinis* Ching & P. S. Chiu——*W. intermedia* Christ——*W. japonica* var. *contigua* Ching & P. S. Chiu

植株高 50～120cm。根状茎粗壮,横卧,深褐色,直径为 3～5cm,密被鳞片;鳞片深褐色,披针形或线状披针形,长约 1.5cm,有时纤维状,膜质,全缘。叶柄长 15～70cm,基部密被鳞片,叶柄上部和叶轴疏被棕色纤维状鳞片;叶片革质,长卵形,长 25～80cm,宽 18～45cm,先端渐尖,2回羽裂;侧生羽片 7～15 对,无柄或近无柄,阔披针形;中部羽片长 12～25cm,宽 2～4cm,先端长渐尖,基部圆楔形至圆截形,羽状半裂;裂片11～16对,基部 1 对缩小,下侧 1 片为圆形至耳形;叶脉联合成网状,沿羽轴及主脉两侧具 2～3行网眼,远离的小脉分离,单一或分叉。孢子囊群线形,着生于狭长的网眼上,不连续;囊群盖线形,棕褐色。$2n=68$。

区内常见,生于疏林、灌丛的山地。分布于长江下游地区和台湾;日本、朝鲜半岛和越南也有。

可供药用。

图 1-73　狗脊

20. 鳞毛蕨科　Dryopteridaceae

陆生、石生、水生或附生植物。根状茎短而直立或斜生,密被鳞片,全缘或具锯齿。叶簇生或散生;叶柄横切面具 3 个或更多维管束,形成半圆或圆形,上面有纵沟,多少有毛;叶片同型或二型,长圆形、三角形、五角形或披针形,1～5 回羽状,极少单叶;纸质或革质;叶轴上面有纵沟,有或无芽胞,有时芽胞生长在延长成鞭状的叶轴顶端;叶脉网状,或分离,或联合形成 1 到多行网眼;能育叶与不育叶同型或较小。孢子囊群小,圆形,顶生或背生于小脉,有盖(偶无盖);囊群盖圆肾形,以深缺刻状着生,或圆形,盾状着生,少为椭圆形,有时孢子囊群几乎全部覆盖能育叶背面;孢子单裂缝,具周壁。

　　约 25 属,2100 多种,分布于世界各洲,主要集中于北半球温带和亚热带高山地带;我国有 10 属,493 种;浙江有 5 属,84 种,1 变种;杭州有 4 属,25 种,1 变种。

分 属 检 索 表

1. 囊群盖圆肾形,以缺刻状着生;叶脉分离。

　　2. 根状茎短而直立或斜生;叶簇生,叶片无光泽或正面有光泽,各回小羽片近对生或下先出,偶上先出 ……
　　…………………………………………………………………… 1. **鳞毛蕨属** *Dryopteris*

　　2. 根状茎长而横走或斜生;叶远生或近生,叶片有光泽,各回小羽片均为上先出 ………………………
　　…………………………………………………………………… 2. **复叶耳蕨属** *Arachniodes*

1. 囊群盖圆形,以盾状着生;叶脉分离或联合成网状。

　　3. 奇数羽状复叶,先端有单一或 2~3 叉的顶生羽片,叶脉常联合形成 2 至多行网眼 ………………
　　…………………………………………………………………… 3. **贯众属** *Cyrtomium*

　　3. 叶片 1~3 回羽状,先端羽状分裂,没有明显的顶生羽片,叶脉常分离,偶联合形成 1~2 行网眼………
　　…………………………………………………………………… 4. **耳蕨属** *Polystichum*

1. 鳞毛蕨属　**Dryopteris** Adanson

　　陆生中型植物。根状茎粗短,直立或斜生(偶为横走),顶端密被鳞片,鳞片卵形、阔披针形、卵状披针形或披针形,红棕色、褐棕色或黑色,有光泽,全缘、略有疏齿或呈流苏状。叶簇生或近生,少有远生,叶柄被鳞片(有时叶柄基部以上几无鳞片);叶片 1~4 回羽状或羽裂,通常多少有鳞片(稀光滑),鳞片线形至披针形,或基部为泡囊形,或基部扩大向顶端为钻状;末回羽片基部对称,稀为不对称的楔形;叶通常为纸质至近革质,少为草质;叶轴下面隆起,上面具纵沟,且与下 1 回的小羽轴上面的纵沟互通;叶脉分离,羽状,单一或 2~3 叉,不达叶边,先端往往有明显的膨大水囊。孢子囊群圆形,常生于叶脉背部,通常有囊群盖;囊群盖为圆肾形至肾形,通常大而全缘、光滑(偶有腺体或边缘啮蚀),棕色,质较厚,宿存;孢子椭圆球形或半圆球形,具一单裂缝,周壁具褶皱,常形成片状或瘤块状凸起。

　　400 多种,广布于世界各地,以亚洲大陆(特别是我国及喜马拉雅地区其他国家、日本、朝鲜半岛)为分布中心;我国有 167 种;浙江有 42 种,1 变种;杭州有 14 种,1 变种。

分 种 检 索 表

1. 羽轴或小羽轴下面多少被泡状鳞片或鳞片基部棕色,阔而圆,呈囊状或勺状,上部为黑色长钻状或线形。

　　2. 叶片 1~2 回羽状或 3 回羽裂,叶轴和羽轴下面的鳞片一色,多少呈泡状,其下侧基部小羽片不特别伸长。

　　　　3. 羽片以锐角从叶轴斜升或斜展。

　　　　　　4. 叶为 1 回羽状。

　　　　　　　　5. 下部羽片近全缘或波状 ………………………… 1. **迷人鳞毛蕨** *D. decipiens*

　　　　　　　　5. 下部羽片羽状深裂或几全裂 ………………… 1a. **深裂迷人鳞毛蕨** var. *diplazioides*

　　　　　　4. 叶片基部 2~3 回羽状或 3 回深羽裂。

　　　　　　　　6. 叶片基部 2 回羽状,即基部下侧小羽片近全缘或仅有锯齿,往往缩短或和其上的小羽片等长或略长。

　　　　　　　　　　7. 下部多对羽片的小羽片长圆形,圆头或圆截头,向顶部不变狭或略变狭 ………………
　　　　　　　　　　…………………………………………………… 2. **黑足鳞毛蕨** *D. fuscipes*

7. 下部多对羽片的小羽片卵状长圆形、卵形、阔披针形,向顶部变狭。
　　8. 囊群盖红色 ·················· 3. **红盖鳞毛蕨** *D*.*erythrosora*
　　8. 囊群盖棕色。
　　　9. 叶片长圆形,叶柄连同叶轴最初被极密的红棕色、阔披针形鳞片 ··················
　　　·················· 4. **阔鳞鳞毛蕨** *D*.*championii*
　　　9. 叶片卵形,叶柄连同叶轴密被暗棕色、卵形、边缘啮蚀状的鳞片 ··················
　　　·················· 5. **轴鳞鳞毛蕨** *D*.*lepidorachis*
　6. 叶片基部 3 回羽裂,至少基部羽片的下侧小羽片为深羽裂或近羽状半裂。
　　10. 羽片基部下侧小羽片和其上的等长或略长 ····· 6. **棕边鳞毛蕨** *D*.*sacrosancta*
　　10. 至少基部羽片的基部下侧小羽片缩短。
　　　11. 叶片长圆形或长圆状披针形,宽 20～30cm ··· 4. **阔鳞鳞毛蕨** *D*.*championii*
　　　11. 叶片阔披针形,宽 15～20cm ·················· 7. **京畿鳞毛蕨** *D*.*kinkiensis*
　3. 羽片以直角从叶轴水平开展 ·················· 8. **齿头鳞毛蕨** *D*.*labordei*
2. 叶片 3～4 回羽状或羽裂,叶轴和羽轴下面的鳞片通常二色,即基部棕色、膨大为阔圆形,向上为黑色或褐色,急狭呈钻状或线形,基部 1 对羽片特大,三角形,其下侧基部小羽片特别伸长,往往叶基部呈燕尾状。
　12. 叶片顶部渐变狭,渐尖头。
　　13. 孢子囊群近边生 ·················· 9. **假异鳞毛蕨** *D*.*immixta*
　　13. 孢子囊群生于主脉和叶边之间 ·················· 10. **两色鳞毛蕨** *D*.*setosa*
　12. 叶片向顶部突然收缩变狭或略收缩,但不为渐变狭 ·················· 11. **变异鳞毛蕨** *D*.*varia*
1. 羽轴或小羽轴下面被平直的披针形、卵状披针形或纤维状鳞片,或光滑。
　14. 叶片 2 回羽裂或 2 回羽状。
　　15. 叶片 2 回羽裂;孢子囊群生于叶片全部 ·················· 12. **杭州鳞毛蕨** *D*.*hangchowensis*
　　15. 叶片 2 回羽状,至少下部羽片的基部为羽状;孢子囊群仅生于叶片顶部 1/3 处或上部 1/2 处······
　　·················· 13. **同形鳞毛蕨** *D*.*uniformis*
　14. 叶片 3 回羽状或 3 回全裂(至少基部) ·················· 14. **稀羽鳞毛蕨** *D*.*sparsa*

1. 迷人鳞毛蕨　异盖鳞毛蕨

Dryopteris decipiens(Hook.) O. Ktze. ——*D. decipiens*(Hook.) Ching

植株高达 60cm。根状茎斜生或直立。叶簇生;叶柄 15～30cm,除最基部为黑色外,其余部分为禾秆色,基部密被鳞片,向上渐稀疏;叶片 1 回羽状,叶纸质,干后灰绿色,长 20～30cm,宽 8～15cm,顶端渐尖并为羽裂,基部不收缩或略收缩;叶轴疏被基部呈泡状的狭披针形鳞片;羽片披针形,上面无鳞片,下面具有淡棕色的泡状鳞片及稀疏的刺状毛,10～15 对,互生或对生,有短柄,基部常心形,顶端渐尖,边缘波状浅裂或具浅锯齿,中部的羽片较大,羽片的中脉上面具浅沟,下面凸起,侧脉羽状,小脉单一,上面不明显,下面略可见。孢子囊群圆形,在羽片中脉两侧通常各 1 行,少有不规则 2 行,近中脉着生;囊群盖圆肾形,边缘全缘。n=123。

见于西湖区(龙坞)、西湖景区(虎跑、九溪、桃源岭),生于常绿落叶阔叶林下。分布于安徽、福建、广东、广西、贵州、湖南、江西、四川、台湾;日本也有。

1a. 深裂迷人鳞毛蕨　(图 1-74)

var. diplazioides(Christ) Ching

与原种的区别在于:本变种羽片羽状半裂至羽状深裂,少数达全裂而成 2 回羽状复叶。

见于萧山区(戴村)、余杭区(良渚)、西湖景区(九溪),生于常绿落叶阔叶林下。分布于安徽、福建、贵州、江苏、江西、四川、台湾;日本也有。

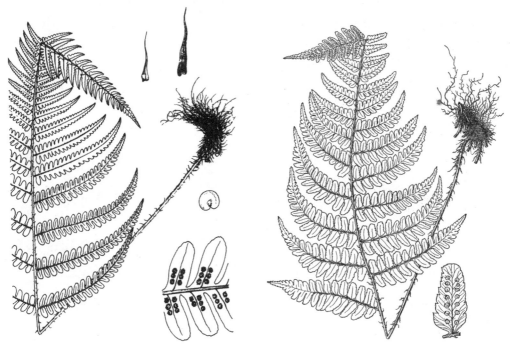

图 1-74　深裂迷人鳞毛蕨　　　　　图 1-75　黑足鳞毛蕨

2. 黑足鳞毛蕨　(图 1-75)

Dryopteris fuscipes C. Chr.

植株高 50～80cm。根状茎横卧或斜生。叶簇生;叶柄长 20～40cm,除最基部为黑色外,其余部分为深禾秆色,基部密被披针形、棕色、有光泽的鳞片,向上渐稀疏;叶片 2 回羽状,纸质,干后褐绿色,卵状披针形或三角状卵形,长 30～40cm,宽 15～25cm;叶轴具有较密的披针形、线状披针形和少量泡状鳞片,羽轴具有较密的泡状鳞片和稀疏的小鳞片;羽片 10～15 对,披针形,中部的羽片长 10～15cm,宽 3～4cm,基部的羽片略宽,上部的羽片则更短和更狭;小羽片 10～12 对,三角状卵形,基部最宽,顶端钝圆,边缘有浅齿,基部羽片叶轴、羽轴和小羽片中脉上面具浅沟;侧脉羽状,上面不明显,下面略可见。孢子囊群大,在小羽片中脉两侧各 1 行,略靠近中脉;囊群盖圆肾形,边缘全缘。$n=123$。

区内常见,生于常绿落叶阔叶林下。分布于安徽、福建、广东、广西、贵州、湖北、湖南、江苏、江西、四川、台湾;日本、朝鲜半岛和越南也有。

3. 红盖鳞毛蕨　(图 1-76)

Dryopteris erythrosora (Eaton) O. Ktze. ——*D. linyingensis* Ching & C. F. Zhang——*D. paraerythrosora* Ching & C. F. Zhang

植株高 40～80cm。根状茎横卧或斜生。叶簇生;叶柄长 20～30cm,禾秆色或淡栗色,基部密被栗黑色披针形鳞片;叶片 2 回羽状,长圆状披针形,长 40～60cm,宽 15～25cm;叶片上面无毛,下面疏被小鳞片,叶轴疏被狭披针形、暗棕色的小鳞片,羽轴和小羽片中脉密被棕色泡状鳞片;羽片10~15对,对生或近对生,披针形,羽片之间相距6~8cm;小羽片10~15对,披针形,边缘具较细的圆齿或羽状浅裂,基部羽片的基部下侧第1对小羽片明显缩小,长不及相近小羽片的一半;裂片也明显斜向小羽片顶端,在前方具1~2枚尖齿;叶脉上面不明显,下面可见,羽状。孢子囊群较小,在小羽片中脉两侧各1至多行,靠近中脉;囊群盖圆肾形,全缘,中央红色,边缘灰白色,干后常向上反卷而不脱落。

区内常见,生于常绿落叶阔叶林下。分布于安徽、福建、广东、广西、贵州、湖北、湖南、江苏、江西、四川、云南;日本和朝鲜半岛也有。

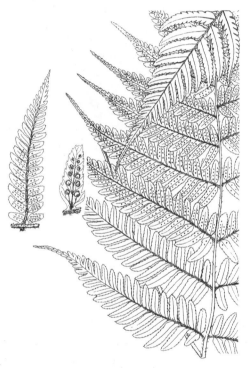

图1-76　红盖鳞毛蕨

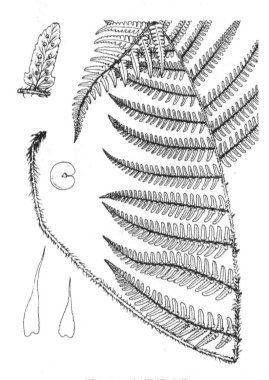

图1-77　阔鳞鳞毛蕨

4. 阔鳞鳞毛蕨　(图1-77)

Dryopteris championii(Benth.)C. Chr.——*D. grandiosa* Ching & P. C. Chiu——*D. linganensis* Ching & C. F. Zhang——*D. wangii* Ching

植株高50~80cm。根状茎横卧或斜生,顶端及叶柄基部密被披针形、棕色、全缘的鳞片。叶簇生;叶柄长30~40cm,密被鳞片;鳞片阔披针形,顶端渐尖,边缘有尖齿;叶片2回羽状,草质,干后褐绿色,卵形、长圆形或尖圆状披针形,长40~60cm,宽20~30cm;叶轴密被基部阔披针形、顶端毛状渐尖、边缘有细齿的棕色鳞片,羽轴具有较密的泡状鳞片;羽片10~15对,基部的近对生,上部互生,卵状披针形,基部略收缩,顶端斜向叶尖;小羽片10~13对,披针形,具短柄,基部浅心形至阔楔形,顶端钝圆并具细尖齿,边缘羽状浅裂至羽状深裂,基部1对裂片明显最大而使小羽片基部最宽;裂片圆钝头,顶端具尖齿;侧脉羽状,在叶片下面明显可见。孢子囊群大,在小羽片中脉两侧或裂片两侧各1行,位于中脉与边缘之间或略靠近边缘着生;囊群盖圆肾形,全缘。$n=123$。

　　区内常见,生于林下。分布于福建、广东、广西、贵州、河南、湖北、湖南、江苏、江西、山东、四川、台湾、云南;日本和朝鲜半岛也有。

5. 轴鳞鳞毛蕨　（图 1-78）

Dryopteris lepidorachis C. Chr.——*D. championii* var. *rheosora* (Baker) K. H. Shing

　　植株高 30～60cm。根状茎横卧或斜生,先端密被鳞片。叶簇生;叶柄长 20～25cm,密被暗棕色鳞片,最基部的鳞片披针形,深棕色,中部的鳞片卵形,顶端尾尖,边缘有尖齿;叶片 2 回羽状,干后纸质,暗绿色,卵状披针形,长 25～50cm,宽 20～30cm,上面光滑,下面具有细鳞片;叶轴密被与叶柄中上部相同的鳞片,羽轴下面具有较密的披针形鳞片和泡状鳞片;羽片 10～12 对,基部的近对生,上部互生,披针形,彼此接近;小羽片 10～13 对,长圆状披针形,边缘有浅锯齿或羽状浅裂,顶端钝圆但有细锯齿,基部心形并有短柄;叶脉羽状,上面不明显,下面可见,2 叉或单一。孢子囊群小,靠近小羽片边缘着生;囊群盖圆肾形,褐棕色。$n=82$。

　　见于西湖景区(桃源岭),生于亚热带常绿落叶阔叶林下。分布于安徽、福建、江苏、江西。

图 1-78　轴鳞鳞毛蕨

6. 棕边鳞毛蕨

Dryopteris sacrosancta Koidz.——*D. tientsoensis* Ching & P. C. Chiu

　　植株高 35～45cm。根状茎横卧或斜生,顶端密被棕色狭披针形鳞片。叶簇生;叶柄长 15～20cm,基部密被披针形鳞片,鳞片长 1～1.2cm,宽 1～1.5mm,中间黑色,边缘棕色;叶片 3 回羽状,卵状披针形,长 25～30cm,宽 15～20cm,基部心形,顶端渐尖;叶轴疏被棕色披针形鳞片,羽轴和小羽轴疏被棕色泡状鳞片;羽片 10～13 对,互生或近对生,卵状披针形,基部 1 对羽片最大,长 13～18cm,宽 7～10cm,基部具柄,柄长 8～10mm,顶端羽裂渐尖并弯向叶尖;小羽片 8～10 对,披针形,基部下侧的小羽片较大,最基部 1 片最大,长约 7cm,宽约 2.5cm,基部心形并具短柄;基部小羽片的末回小羽片 5～7 对,顶端短渐尖或钝圆,羽片厚纸质或近革质。孢子囊群大,着生于小羽片或末回裂片的中脉两侧;囊群盖大,棕色,圆肾形,边缘啮蚀状或近全缘。$n=123$。

　　见于西湖景区(之江),生于林下。分布于辽宁和山东;日本和朝鲜半岛也有。

7. 京畿鳞毛蕨　金鹤鳞毛蕨　（图 1-79）

Dryopteris kinkiensis Koidz.

　　植株高 40～70cm。根状茎直立,顶端密被暗棕色、线状披针形鳞片。叶簇生;叶柄长 20～40cm,基部密被鳞片,上部渐少,鳞片阔披针形和狭披针形,淡棕色,边缘有疏锯齿;叶片 2 回羽状,纸质,卵状披针形,长 25～40cm,宽 15～20cm,基部羽片与中部羽片几乎等长,叶片顶端略急尖,叶片上面近光滑,下面具有少量的毛状小鳞片;叶轴和羽轴基部具有较密的披针形、淡棕色鳞

片,羽轴中上部具有稀疏的泡状鳞片;羽片 10～15 对,披针形,互生,斜向叶尖;小羽片 10～12
对,羽状浅裂,披针形,基部阔楔形,顶端短渐尖;裂片顶端前方具尖齿;侧脉羽状,上面不明显,下面
明显。孢子囊群大,在小羽片中脉两侧各一行,位于中脉与边缘之间;囊群盖圆肾形,全缘。$n=82$。

　　见于西湖景区(九溪),生于常绿落叶阔叶林下。分布于福建、广东、江西、四川。

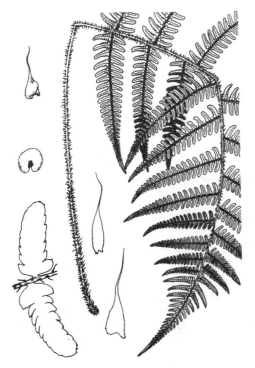

图 1-79　京畿鳞毛蕨

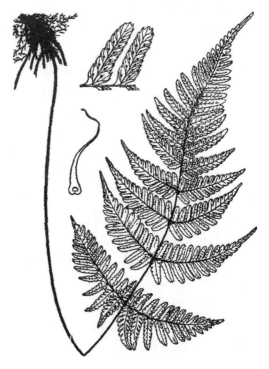

图 1-80　齿头鳞毛蕨

8. 齿头鳞毛蕨　齿果鳞毛蕨　(图 1-80)

Dryopteris labordei (Christ) C. Chr.

　　植株高 50～60cm。根状茎横卧或斜生,顶端及叶柄基部密被鳞片;鳞片披针形,黑色或黑
棕色。叶簇生;叶柄长 25～35cm,基部黑色,被黑色或黑棕色披针形鳞片,向上近光滑;叶片 2
回羽状,纸质,卵圆形或卵状披针形,长 25～30cm,宽 20～25cm,基部 1～2 对羽片最大并弯向
叶尖,基部的小羽片羽状深裂或达全裂;羽轴和小羽片中脉的下面具稀疏的棕色泡状鳞片;羽
片约 10 对,近对生,基部的 3～4 对较大,具柄;小羽片 8～10 对,披针形,基部羽片的下侧 1～2
对小羽片最大,基部截形,近无柄,顶端钝圆或短渐尖,边缘羽状深裂或偶为全裂;裂片顶端圆,
在前方具 1～2 枚齿;侧脉羽状,不达叶边。孢子囊群大,位于小羽片中脉与边缘之间或裂片的
中脉两侧;囊群盖圆肾形,深棕色,全缘。$n=41,123$。

　　见于西湖景区(葛岭、九溪),生于常绿落叶阔叶林下。分布于安徽、福建、广东、广西、贵
州、湖北、湖南、江西、四川、台湾、云南;日本也有。

9. 假异鳞毛蕨　(图 1-81)

Dryopteris immixta Ching

　　植株高 25～35cm。根状茎横卧或斜生,顶端密被黑棕色或褐色的线形鳞片。叶簇生;叶

柄长 15～20cm,密被与根状茎顶端相同的鳞片,向上鳞片稀疏;叶片 2 回羽状,近革质,卵状披针形,长 15～25cm,宽 15～18cm,基部下侧小羽片羽状深裂,叶片顶端羽裂渐尖;叶轴具有棕色披针形鳞片,羽轴和小羽片中脉下面具有棕色泡状鳞片;羽片 8～10 对,基部 1 对最大,长约 10cm,宽约 7cm,卵状披针形,叶片中上部的羽片披针形,基部有短柄,顶端短渐尖或长渐尖头;小羽片 5～8 对,基部下侧的小羽片最大,羽状深裂,叶片中上部的小羽片边缘羽状半裂或具浅齿;裂片短渐尖,边缘有锯齿;叶脉羽状。孢子囊群大,靠近小羽片或裂片边缘着生;囊群盖圆肾形,棕色,边缘啮蚀状。$n=123$。

　　见于余杭区(闲林)、西湖景区(飞来峰),生于常绿落叶阔叶林下。分布于福建、甘肃、贵州、湖北、湖南、江苏、江西、陕西、四川、云南。

图 1-81　假异鳞毛蕨

图 1-82　两色鳞毛蕨

10. 两色鳞毛蕨 (图 1-82)

Dryopteris setosa (Thunb) Akasawa——*D. bissetiana* (Bak.) C. Chr.

　　植株高 40～60cm。根状茎横卧或斜生,顶端密被黑色或黑褐色、狭披针形鳞片。叶簇生;叶柄长 15～50cm,基部密被黑色狭披针形鳞片;叶片 3 回羽状,近革质,卵状披针形,长 20～40cm,宽 15～25cm,顶端渐尖;叶轴和羽轴密被基部棕色泡状、中上部黑色狭披针形的鳞片,小羽轴和末回裂片中脉下面密被棕色泡状鳞片;羽片 10～15 对,互生,基部具短柄,顶端羽裂渐尖,基部 1 对羽片最大,披针形;小羽片 10～13 对,披针形,下侧小羽片较大,基部 1 对最大,羽状全裂,末回小羽片 5～8 对,顶端短渐尖,边缘具粗齿至全缘;叶脉两面不明显。孢子囊群大,靠近小羽片中脉或末回裂片中脉着生;囊群盖大,棕色,圆肾形,边缘全缘或有短睫毛。

　　见于西湖区(留下)、萧山区(楼塔)、西湖景区(九溪、玉皇山),生于林下。分布于安徽、福建、贵州、河南、湖南、江苏、江西、山东、陕西、四川、云南；日本和朝鲜半岛也有。

11. 变异鳞毛蕨 （图 1-83）

Dryopteris varia (L.) O. Ktze. ——*D. caudifolia* Ching & P. S. Chiu

植株高 50～70cm。根状茎横卧或斜生，连同叶柄基部密被棕褐色、先端纤维状的线形鳞片。叶簇生；叶柄长 20～50cm，向上被棕色小鳞片或鳞片脱落后近光滑；叶片 2 回羽状至 3 回羽裂，近革质，五角状卵形，长 30～40cm，宽 20～25cm，基部小羽片羽状深裂，基部下侧小羽片向后伸长，呈燕尾状；叶轴和羽轴疏被黑色毛状小鳞片，小羽轴和裂片中脉背面疏被棕色泡状鳞片；羽片 10～12 对，披针形，基部 1 对最大，顶端羽裂渐尖；小羽片 6～10 对，披针形，基部羽片的小羽片上先出，下侧第 1 片小羽片最大，羽状全裂或深裂，中上部小羽片为羽状半裂或边缘具锯齿，基部小羽片的末回裂片披针形，顶端短渐尖，边缘羽状浅裂或有齿；叶脉下面明显，羽状，小脉分叉或单一。孢子囊群较大，靠近叶缘；囊群盖圆肾形，棕色，全缘。

区内常见，生于林下。分布于安徽、福建、广东、广西、贵州、河南、湖北、湖南、江苏、江西、四川、台湾、云南；日本、朝鲜半岛和东南亚也有。

图 1-83 变异鳞毛蕨

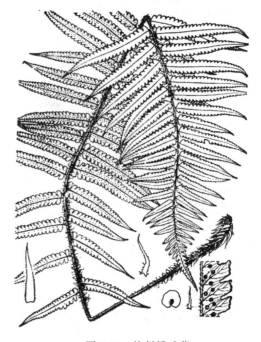

图 1-84 杭州鳞毛蕨

12. 杭州鳞毛蕨 （图 1-84）

Dryopteris hangchowensis Ching

植株高 35～60cm。根状茎短而直立，密被褐黑色披针形鳞片。叶簇生，呈莲座状；叶柄长 7～20cm，深禾秆色，密被黑色线状披针形鳞片；叶片 2 回羽裂，草质，绿色，披针形，长 28～40cm，宽 10～15cm，先端羽裂，急缩成尾状渐尖，基部不缩；叶轴密被黑色线形鳞片，羽片下面沿羽轴及叶脉疏被棕色纤维状鳞片；羽片 18～20 对，披针形，渐尖头，基部圆形，具短柄，1 回羽裂，羽裂达

1/2处;裂片斜方形,指向前,先端具2~3枚鸟喙状尖齿,基部1对裂片裂达近羽轴,成为1对近分离的裂片;叶脉羽状,单一,前侧基部1条脉短,伸达弯缺下面,其余到达叶边。孢子囊群小,圆形,背生于小脉,在羽轴两侧各排成不整齐的2行;囊群盖圆肾形,棕色,纸质,宿存。

见于萧山区(楼塔)、余杭区(瓶窑)、西湖景区(飞来峰、韬光、龙井、云栖),生于林下湿润处。分布于浙江;日本也有。

13. 同形鳞毛蕨 (图 1-85)

Dryopteris uniformis (Makino) Makino

植株高30~60cm。根状茎直立,先端密被棕色鳞片。叶簇生;叶柄长15~25cm,密被近黑色或者深褐色,披针形,全缘或疏具锯齿的鳞片;叶片2回羽状深裂或全裂,干后薄纸质,卵状披针形,长40~70cm,宽可达20cm,先端羽裂渐尖,基部不变狭,近截形,两面光滑,仅羽轴下面有少数褐色线形鳞片;叶轴密被鳞片,鳞片黑色线状披针形,边缘具疏齿;羽片约17对,平展,互生,彼此以等宽间隔分开,基部羽片不缩短,与中部的同型,披针形,无柄,紧靠叶轴,1回深羽裂几达羽轴;小羽片或裂片约15对,斜展,近卵形或卵圆状披针形,长为宽的1~1.5倍,圆钝头,具浅锯齿,基部1对稍大,紧靠叶轴;叶脉在下面明显可见,羽状,大多2叉。孢子囊群生于叶片中部以上,每一裂片3~6对;囊群盖大,膜质,红棕色,早落。$2n=164$。

见于西湖区(留下)、余杭区(良渚)、西湖景区(九溪、六和塔、南高峰、石人岭、玉皇山),生于常绿阔叶林下。分布于安徽、福建、江苏、江西。

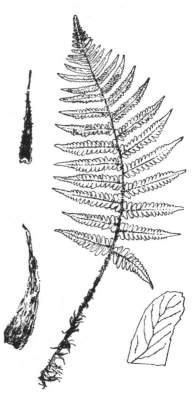

图 1-85 同形鳞毛蕨

14. 稀羽鳞毛蕨 (图 1-86)

Dryopteris sparsa (Buch.-Ham. ex D. Don) O. Ktze. ——*D. sparsa* var. *viridescens* (Baker) Ching

植株高50~70cm。根状茎短,直立或斜生,连同叶柄基部密被棕色、全缘、披针形鳞片。叶簇生;叶柄长20~40cm,基部以上连同叶轴、羽轴均无鳞片;叶片2回羽状至3回羽裂,近纸质,卵状长圆形至三角状卵形,长30~45cm,宽15~25cm,顶端长渐尖并为羽裂,基部不缩狭,两面光滑;羽片7~9对,对生或近对生,略斜向上,有短柄,基部1对最大,三角状披针形,多少呈镰刀状,顶端尾状渐尖,其余向上各对羽片逐渐缩短,披针形;小羽片13~15对,互生,披针形或卵状披针形,基部阔楔形,常不对称,基部1对下侧1片小羽片较长,1回羽状,

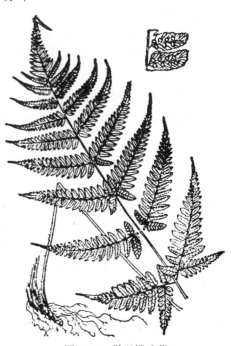

图 1-86 稀羽鳞毛蕨

其余向上各对小羽片逐渐缩短；裂片长圆形，顶端钝圆并有几个尖齿，边缘有疏细齿。孢子囊群圆形，着生于小脉中部；囊群盖圆肾形，全缘。$2n=82,123,164$。

区内常见，生于林下溪沟边。分布于安徽、福建、广东、广西、贵州、海南、江西、陕西、四川、台湾、西藏、云南；日本和东南亚也有。

2. 复叶耳蕨属　Arachniodes Blume

中到大型植物。根状茎粗壮，长而横走或短而斜生，被鳞片；叶远生或近生；叶片草质、纸质或革质，光滑或具窄鳞片，卵状三角形或五角形，常 2～5 回羽状；羽片具短柄，基部 1 对羽片较大，顶部急狭缩成尾状或略狭缩成三角形，或者顶部渐尖，下侧小羽片伸长；各回小羽片均为上先出，末回小羽片菱形、斜方形、镰刀形、近披针形或长圆形，顶端常为刺尖头，边缘具芒刺状锯齿；叶脉羽状。孢子囊群顶生或近顶生于小脉上，圆形；囊群盖圆肾形，于深缺刻处着生；孢子两面形、椭圆球形或圆球形，周壁具褶皱，呈不完整翅状，透明。

约 60 种，广布于热带、亚热带地区，主要分布于亚洲东部和东南部；我国有 40 种；浙江有 13 种；杭州有 6 种。

分 种 检 索 表

1. 叶片顶部突然狭缩成长尾状，成为 1 片与侧生羽片同型的 1 回顶生羽片。
　2. 叶片 3 回羽状至 4 回羽裂，卵状长圆形。
　　3. 基部羽片的基部下侧有 1 片小羽片伸长，第 2、3 对羽片基部的小羽片不特别伸长。
　　　4. 小羽片长圆形，钝头，下面沿叶轴、羽轴及叶脉有小鳞片 … 1. **异羽叶复叶耳蕨**　A. simplicior
　　　4. 小羽片菱形，锐尖头，两面光滑 …………………………… 2. **斜方复叶耳蕨**　A. amabilis
　　3. 基部羽片的基部下侧有 2 片小羽片伸长，第 2、3 对羽片基部也各有 1 对小羽片伸长…………………
　　　　…………………………………………………… 3. **紫云山复叶耳蕨**　A. ziyunshanensis
　2. 叶片 4 回羽状，五角形 ………………………………… 4. **美丽复叶耳蕨**　A. amoena
1. 叶片顶部渐尖或多少狭缩成三角形渐尖。
　5. 叶片 2～3 回羽状，鳞片线状披针形至钻形，边缘有齿 ………… 5. **刺头复叶耳蕨**　A. aristata
　5. 叶片 3～4(5) 回羽状，鳞片披针形，全缘 ………………… 6. **美观复叶耳蕨**　A. speciosa

1. **异羽叶复叶耳蕨**　长尾复叶耳蕨　（图 1-87）

Arachniodes simplicior (Makino) Ohwi——*A. aristatissima* Ching

植株高 50～100cm。根状茎短，横卧，先端密被鳞片；鳞片红色或暗棕色，线状披针形或钻形。叶近生；叶柄长 20～65cm，具鳞片，向上稀疏或光滑；叶片 2～3 回羽状，硬纸质或革质，卵状长圆形或五边形，长 20～60cm，宽 15～40cm，两面光滑，基部圆形，顶部有 1 片具柄的顶生羽状羽片，与其下侧生羽片同型；侧羽片 2～6 对，互生或基部对生，斜展，基部羽片斜三角形，长可达 20cm，先端尾状渐尖；1 回小羽片约 20 对，基部 1 对伸长，披针形，先端渐尖，2 回小羽片长圆形或稍镰刀形，基部上侧截形，具耳状凸起，下侧楔形，先端锐尖，边缘有尖锯齿，具芒；叶脉羽状，侧脉除基部上侧为羽状外，其余均 2～3 叉。孢子囊群圆形，略近叶缘；囊群盖圆肾形，膜质，全缘。$2n=82$。

见于西湖区（留下）、萧山区（戴村、河上、闻堰）、余杭区（东明山、良渚、闲林、中泰）、西湖景区（飞来峰、九溪、云栖），生于阔叶林、竹林下湿坡、溪边湿润岩石、峭壁上或林缘开阔地。分布于安徽、重庆、福建、甘肃、广西、贵州、河南、湖北、湖南、江苏、江西、陕西、四川、西藏、云南；日本也有。

图 1-87 异羽叶复叶耳蕨　　　　　　　　图 1-88 斜方复叶耳蕨

2. 斜方复叶耳蕨 （图 1-88）

Arachniodes amabilis（Blume）Tind.——*A. rhomboidea*（Wall. ex Mett.）Ching

植株高 50～110cm。根状茎匍匐，被鳞片；鳞片淡褐色，披针形或线状披针形。叶远生；叶柄长 20～55cm，基部被鳞片，向上减少或光滑；叶片 2～3 回羽状，纸质，长卵形，长 20～60cm，宽 15～40cm，顶部有 1 片具柄的顶生羽状羽片，与其下侧生羽片同型，叶轴疏生线状鳞片或光滑；侧生羽片（1～）4～8 对，互生，有柄，斜展，基部 1 对最大，三角状披针形，基部圆楔形，先端渐尖；1 回小羽片 10～25 对，有短柄，基部下侧的 1 或 2(3) 片伸长（或不伸长），上侧 1 片有时也伸长，2 回小羽片 5～15 对，菱状长圆形，基部上侧截形，下侧楔形，先端锐尖和具芒，边缘尤其是上侧边缘有锐锯齿，具芒；叶两面光滑或叶轴和叶脉背面疏被棕色小鳞片。孢子囊群生于小脉顶端，近叶缘；囊群盖棕色，膜质，边缘有睫毛。$2n=82$。

区内常见，生于林下、竹林溪沟边、林缘灌丛、荫蔽潮湿的岩石或悬崖上。分布于安徽、重庆、福建、广东、广西、贵州、湖北、湖南、江苏、江西、四川、台湾、云南；日本、朝鲜半岛及东南亚也有。

3. 紫云山复叶耳蕨 （图 1-89）

Arachniodes ziyunshanensis Y. T. Hsieh——*A. pseudosimplicior* Ching——*A. yunqiensis* Y. T. Hsieh

植株高 70～130cm。根状茎短，匍匐，先端密被鳞片；鳞片红色或暗棕色，线状披针形或钻形。叶近生;叶柄长50~70cm,下部具鳞片,向上稀疏;叶片4回羽状,干后绿色,卵状长圆形,长40~60cm,宽30~45cm,纸质,基部圆形至楔形,顶部有1片具柄的羽状羽片,与其下侧生羽片同型;羽片5~7对,互生或基部对生,有柄,基部1对羽片三角状卵形,先端突然缩小成尾状;1回小羽片约20对,基部下侧2片伸长,三角状披针形,基部宽楔形或圆形,先端渐尖,2回小羽片约16对,线状披针形或长圆形,基部下侧伸长,基部楔形,先端锐尖,3回小羽片长圆形,先端锐尖,边缘有尖锯齿或羽状半裂,具芒;叶轴和羽轴下面略被红棕色线形小鳞片。孢子囊群近叶缘;囊群盖红棕色,厚膜质。

　　见于西湖景区(云栖),生于阔叶林下或溪沟边。分布于重庆、贵州、湖南、云南。

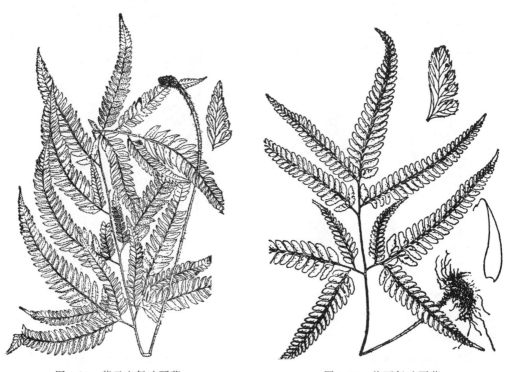

图 1-89　紫云山复叶耳蕨　　　　　　　　图 1-90　美丽复叶耳蕨

4. 美丽复叶耳蕨　多羽复叶耳蕨　(图 1-90)

Arachniodes amoena(Ching)Ching

　　植株高60~110cm。根状茎匍匐或斜生,先端被鳞片;鳞片栗棕色,卵状披针形,硬纸质。叶远生或近生;叶柄长20~60cm,基部被与根状茎相似的鳞片,疏生鳞片或脱落无毛,有光泽;叶片3回羽状(羽状半裂),纸质,干后暗棕色,卵状长圆形或五角形,长20~60cm,宽25~45cm,先端尾状,与其下侧生羽片同型;羽片(1~)3~6(7)对,互生,有柄,最下部羽片三角状卵形;小羽片15~25对,基部1或2对伸长,2回小羽片10~20对,具短柄或无柄,长圆形,基部上侧截形,下侧楔形,先端钝,边缘尤其是上侧的一侧浅裂或有锯齿,具芒;末回裂片背面偶有棕色披针形鳞片。孢子囊群生于小脉顶端,每一裂片3~5对;囊群盖红棕色,膜质,全缘,脱落。

　　见于西湖景区(九溪),生于溪沟边或阴湿处岩石旁。分布于福建、广东、广西、贵州、湖南、江西。

5. 刺头复叶耳蕨 （图1-91）

Arachniodes aristata (G. Forst.) Tind. ——*A. exilis* (Hance) Ching

植株高30~90cm。根状茎匍匐,密被红棕色、线状钻形膜质鳞片。叶远生;叶柄长15~50cm;叶片3回羽状(羽状半裂),纸质或革质,叶片五角形或卵状五角形,长20~35cm,宽14~25cm,基部楔形或近截形,先端突然缩小;羽片(3)4~6(~10)对,互生,有柄,斜升,基部1对长三角形,基部宽楔形,先端尾状渐尖;小羽片15~22对,基部下侧的1或2(~4)片和上侧的1(~3)片伸长,上部突然缩短,无柄;2级羽片三角状长圆形,基部上侧截形,耳状,下侧楔形,先端锐尖,边缘有锯齿至羽状,具芒;叶轴和羽轴下面被相当多褐棕色线状钻形鳞片。孢子囊群位于中脉与叶边中间;囊群盖棕色,膜质,脱落。2n=82。

见于西湖区(留下)、西湖景区(飞来峰、九溪、云栖),生于林下溪沟潮湿处。分布于安徽、福建、广东、广西、贵州、河南、湖南、江苏、江西、山东、台湾;日本、朝鲜半岛、东南亚、大洋洲岛屿也有。

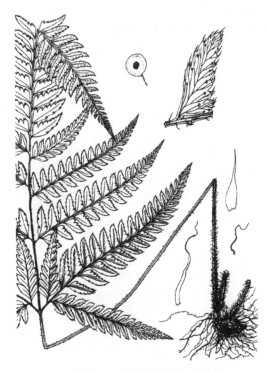

图1-91 刺头复叶耳蕨

图1-92 美观复叶耳蕨

6. 美观复叶耳蕨 （图1-92）

Arachniodes speciosa (D. Don) Ching——*A. pseudo-aristata* (Tagawa) Ohwi——*A. ishingensis* Ching & Y. T. Xie

植株高50~110cm。根状茎匍匐,密被棕色或黑棕色、线状披针形或钻形鳞片。叶近生;叶柄长27~60cm;叶片3~4回羽状复叶,纸质或近革质,卵状长圆形或三角状卵形,长25~50cm,宽18~35cm,基部圆形或浅心形,先端渐尖或狭三角形;羽片约10对,互生或下部1(~3)对对生,斜展,基部羽片三角形或斜方形,基部宽楔形,先端渐尖;1级小羽片约16对,三角状披针形或长圆形,基部下侧的 1(2)片稍长,先端渐尖,2～3 级小羽片椭圆形或菱形,基部上侧截形,稍耳形,下侧楔形,先端锐尖或钝,边缘锐锯齿或羽状半裂,具芒;叶轴、羽片和小羽片背面略疏具鳞片。孢子囊群略靠近中脉;囊群盖棕色,厚膜质,全缘,脱落。$2n=82$。

见于余杭区(闲林)、西湖景区(飞来峰、九溪、云栖),生于林下灌丛、溪沟边、山谷潮湿处、岩石边。分布于安徽、重庆、福建、甘肃、广西、贵州、海南、湖北、湖南、江苏、江西、四川、台湾、云南;日本及东南亚也有。

3. 贯众属　Cyrtomium C. Presl

陆生植物。根状茎短,直立或斜生,密被鳞片;鳞片卵形或披针形,边缘有缘毛。叶簇生;叶柄禾秆色,嫩时密生鳞片;叶片线状披针形至矩圆状披针形,1 回羽状,顶部仅具 1 枚顶生小叶(即单叶状),有时下部有 1 对裂片或羽片,无芽胞;侧生羽片镰刀状,其基部上侧或两侧有耳状凸起或无;主脉明显,侧脉羽状,小脉联结在主脉两侧成 2～8 行近似六角形的网眼,内含 1～3 行小脉;叶纸质、革质或草质,背面疏生鳞片或秃净。孢子囊群圆形,背生于内含小脉上,在主脉两侧各 1 至多行;囊群盖圆形,盾状着生;孢子椭圆球形,周壁具褶皱。

约 35 种,主要分布于亚洲东部,以我国西南为中心;我国有 31 种;浙江有 7 种;杭州有 1 种。

贯众　(图 1-93)

Cyrtomium fortunei J. Sm.

植株高 25～50cm。根状茎直立,密被棕色鳞片。叶簇生;叶柄长 12～26cm,密生卵形或披针形、棕色至深棕色鳞片,鳞片边缘有齿;叶片 1 回羽状,纸质,矩圆状披针形,长 20～42cm,宽 8～14cm,先端钝,基部不变狭或略变狭;叶两面光滑,叶轴疏生披针形、线形棕色鳞片;侧生羽片 7～16(～29)对,互生,近平伸,柄极短,披针形,多少上弯成镰刀状,中部羽片先端渐尖,少数呈尾状,基部偏斜,上侧近截形,有时略有钝的耳状凸起,下侧楔形,边缘全缘,有时有前倾的小齿;具羽状脉,小脉联结成4～5行网眼,内藏1～2 行小脉,上面不明显,背面微凸起;顶生羽片狭卵形,下部有时有 1 或 2 个浅裂片。孢子囊群遍布羽片背面;囊群盖圆形,盾状,全缘。

区内常见,生于空旷地、石灰岩缝或林下。分布于长江以南各省、区;日本、朝鲜半岛、东南亚、欧洲和北美洲也有。

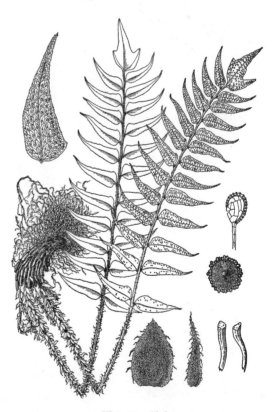

图 1-93　贯众

4. 耳蕨属　Polystichum Roth

陆生植物。根状茎短,直立或斜生,连同叶柄基部通常被鳞片;鳞片卵形、披针形、线形或纤毛状,边缘有齿或芒状,棕色或带黑棕色而成二色。叶簇生;叶柄上面有浅纵沟,被鳞片;叶片线状披针形至矩圆形;1回羽状、2回羽裂至2回羽状,少为3回羽状细裂,羽片基部上侧常有耳状凸起;叶脉羽状,分离,有时联合成1~2行网眼;叶片纸质、草质或薄革质,背面多少有披针形或纤毛状的小鳞片;叶轴上部有时有芽胞,有时芽胞延伸成鞭状,着地生根萌发。孢子囊群圆形,常生于小脉顶端;囊群盖圆形,盾状着生;孢子椭圆球形或长圆球形,单裂缝,周壁具褶皱,表面具小瘤状、小刺状或颗粒状纹饰。

约500种,主要分布于北半球温带及亚热带山地,较集中地分布于我国西南和南部、喜马拉雅地区、日本等地;我国有208种;浙江有20种;杭州有4种。

分 种 检 索 表

1. 叶片1回羽状。
　　2. 叶轴顶端具芽胞,或延伸成鞭状,顶端具长芽胞,叶脉分离 ············ 1. 普陀鞭叶耳蕨　*P. putuoense*
　　2. 叶轴顶端不向前延伸,也不长芽胞,叶脉联合成网状 ············ 2. 巴郎耳蕨　*P. balansae*
1. 叶片2回羽状。
　　3. 叶片多为纸质或草质,基部小羽片除下部数对羽片上的为上先出,以上概为下先出 ··················
　　　············ 3. 棕鳞耳蕨　*P. polyblepharum*
　　3. 叶片革质,基部小羽片全为上先出 ············ 4. 对马耳蕨　*P. tsus-simense*

1. 普陀鞭叶耳蕨　普陀鞭叶蕨　（图 1-94）

Polystichum putuoense L. B. Zhang——*Cyrtomidictyum faberi*（Bak.）Ching

植株高达52cm。根状茎短,直立,连同叶柄和叶轴密被鳞片;鳞片棕色,卵形,先端尖,边缘有睫毛。叶簇生,二型,柄长10~28cm;可育叶阔披针形,长13~24cm,宽5.5~10cm,短渐尖,顶部羽裂,向下为1回羽状,羽片5~12对,下部的近对生,向上的互生,几无柄,镰状披针形,渐尖,基部不对称,上侧楔形并有耳状凸起（耳片长三角形）,下侧圆楔形,边缘有粗而尖的锯齿;不育叶较狭长,羽片较少而稀疏,叶轴伸长成鞭状匍匐茎,顶端有一芽胞,着地生成新植株;叶脉分离,小脉伸达叶边,略可见。孢子囊群圆形,生于小脉上,在主脉两侧各排成1行（在耳片上有时2行）;无囊群盖。

见于西湖区（留下）、西湖景区（飞来峰、九溪）,生于阔叶林下溪边或岩隙。分布于浙江。

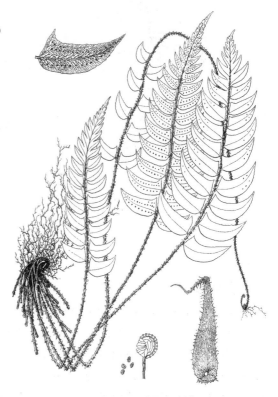

图 1-94　普陀鞭叶耳蕨

2. 巴郎耳蕨 镰羽贯众 (图1-95)

Polystichum balansae Christ——*Cyrtomium balansae* (Christ) C. Chr.

植株高25～60cm。根状茎直立,密被披针形棕色鳞片。叶簇生,叶柄长12～35cm,基部有狭卵形及披针形棕色鳞片,鳞片边缘有小齿;叶片1回羽状,纸质,披针形或宽披针形,长16～42cm,宽6～15cm,先端渐尖,基部略狭,上面光滑,叶背疏生棕色披针形小鳞片或秃净;叶轴疏生披针形及线形卷曲的棕色鳞片,羽柄着生处常有鳞片;羽片12～18对,互生,柄极短,镰刀状披针形,先端渐尖或近尾状,基部偏斜,上侧截形并有尖的耳状凸起,下侧楔形,边缘为前倾的钝齿或罕为尖齿;叶脉羽状,小脉联结成2行网眼,上面不明显,背面微凸起。孢子囊于中脉两侧各成2行;囊群盖圆形,盾状,边缘全缘。

见于西湖区(留下、龙坞、小和山)、西湖景区(南高峰),生于常绿林下酸性土壤中。分布于安徽、福建、广东、广西、贵州、海南、湖南、江西;日本、越南也有。

图1-95 巴郎耳蕨

图1-96 棕鳞耳蕨

3. 棕鳞耳蕨 (图1-96)

Polystichum polyblepharum (Roem. ex Kunze) C. Presl

植株高40～80cm。根状茎短而直立,密生棕色、卵形、具细齿鳞片。叶簇生;叶柄长14～22cm,基部密生卵形、卵状披针形棕色大鳞片和披针形小鳞片,大鳞片长可达20mm,先端尾状;叶片2回羽状,草质,椭圆状披针形,长37～70cm,宽15～20cm,先端渐尖,下部不育,两面有扁平长毛;羽轴上面有纵沟,背面密生灰棕色线形鳞片;羽片20～26对,互生,披针形,先端渐尖,基部不对称,1回羽状;小羽片15～20对,互生,先端急尖,具锐尖头,基部楔形下延,上侧波状或近全缘,具三角形耳状凸起,下侧具长芒,羽片基部上侧1枚最大。叶脉羽状,2叉。孢子囊群圆形,主脉两侧各1行,近边缘或中生,生于小脉末端或近末端;囊群盖圆形,盾状,近全缘。$2n=164$。

　　见于西湖景区(飞来峰、龙井、满觉陇),生于山谷林下。分布于江苏;日本和朝鲜半岛也有。

4. 对马耳蕨　(图 1-97)

Polystichum tsus-simense(Hook.) J. Sm.

　　植株高30～60cm。根状茎直立,密被狭卵形深棕色鳞片。叶簇生,叶柄长16～30cm,下部密生披针形及线形黑棕色鳞片,向上部渐成为线形鳞片;叶片2回羽状,薄革质,宽披针形或狭卵形,长20～42cm,宽6～14cm,先端长渐尖,基部圆楔形或截形,叶背疏生纤毛状、基部扩大的黄棕色鳞片;叶轴上面有纵沟,背面密生黑褐色线形鳞片;羽片20～26对,互生,柄极短,线状披针形,先端渐尖至尾状,基部偏斜,上侧截形,下侧宽楔形,羽状;小羽片7～13对,互生,密接,柄极短,广卵形,先端急尖或钝,有小刺头,基部宽楔形,上侧有三角形耳状凸出,边缘有或长或短的小尖齿,基部上侧第1片小羽片增大,有时羽状分裂。叶脉羽状,侧脉常2叉。孢子囊群位于小羽片主脉两侧;囊群盖圆形,盾状,全缘。$2n=123$。

　　见于西湖区(飞来峰、南高峰、云栖),生于常绿阔叶林下或灌丛中。分布于安徽、福建、甘肃、广西、贵州、河南、湖北、湖南、吉林、江西、山东、陕西、四川、台湾、西藏、云南;印度、日本、朝鲜半岛和越南也有。

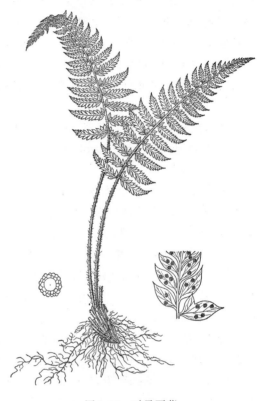

图 1-97　对马耳蕨

21. 骨碎补科　Davalliaceae

　　中小型附生植物,少有土生。根状茎横走或少为直立,有网状中柱,通常密被鳞片,盾状着生。叶远生,叶柄基部以关节着生于根状茎上;叶片通常为三角形,2～4回羽状分裂;叶脉分离。孢子囊群为叶缘内生或叶背生,着生于小脉顶端;囊群盖为半管形、杯形、圆形、半圆形或肾形,基部着生或同时多少以两侧着生,仅口部开向叶边;孢子囊柄细长。孢子两侧对称,椭圆球形或长椭圆球形。

　　8属,100多种,广布于亚洲热带和亚热带地区;我国有5属,30多种,大部分产于西南部及南部;浙江有3属,4种;杭州有1属,1种。

阴石蕨 Humata Sm.

小型附生植物。根状茎长而横走,被覆瓦状的鳞片;鳞片盾状着生于根状茎,向上渐尖,边缘有睫毛。叶远生;叶柄基部以关节着生于根状茎上;叶片通常为一型或近二型,常为三角形,多回羽裂(能育叶的分裂度较细),少为披针形的单叶,或为羽状分裂而较阔;叶脉分离,小脉通常特别粗大;叶革质,光滑或稍被鳞片。孢子囊群生于小脉顶端,通常靠近叶缘;囊群盖圆形或半圆状阔肾形,革质,仅以基部或有时也以两侧的下部着生于叶面。

约 50 种,主要分布于亚洲东南部至太平洋岛屿;我国有 8 种;浙江有 2 种;杭州有 1 种。

杯盖阴石蕨 圆盖阴石蕨 (图 1-98)

Humata griffithiana(Hook.)C. Chr——
H. tyermanii Moore

植株高达 20cm。根状茎长而横走,粗 4～5mm,密被鳞片;鳞片线状披针形,灰白色。叶疏生;叶柄长 6～8cm,粗约 1mm,棕色或深禾秆色;叶片阔卵状五角形,长和宽几相等,13.5～17cm,3～4 回羽状深裂;羽片约 10 对,有短柄,长 2～3mm,近互生,斜向上,基部 1 对最大,长三角形,3 回深羽裂;1 回小羽片 6～8 对,上侧的常较短,基部 1 片与叶轴平行,基部下侧 1 片最大,长 2.5～4cm,宽 1.2～1.5cm,长圆状披针形,基部阔楔形,2 回羽裂。孢子囊群生于小脉顶端;囊群盖近圆形,全缘,浅棕色,仅基部一点附着,余均分离。

见于西湖景区(北高峰),生于山麓岩壁石和林中树干上。分布于安徽、福建、广东、广西、贵州、江苏、江西、四川、台湾、云南;越南、老挝也有。

图 1-98 杯盖阴石蕨

本种为观赏性蕨类;根状茎可入药,有除湿和清热解毒的作用。

22. 水龙骨科 Polypodiaceae

中型或小型蕨类,通常附生,少为土生。根状茎长而横走,有网状中柱,通常有厚壁组织,被鳞片;鳞片盾状着生,通常具粗筛孔,全缘或有锯齿,少具刚毛或柔毛。叶一型或二型,以关节着生于根状茎上;单叶,全缘,或分裂,或羽状,草质或纸质,无毛或被星状毛;叶脉网状,少为分离的,网眼内通常有分叉的内藏小脉,小脉顶端具水囊。孢子囊群通常为圆形、近圆形、椭圆形、线形,有时布满能育叶片下面一部分或全部,无盖而有隔丝。孢子囊具长柄;孢子椭圆球形,单裂缝,两侧对称。

　　50 多属,约 1200 种;我国有 39 属,267 种;浙江有 13 属,约 52 种;杭州有 8 属,16 种。

分 属 检 索 表

1. 叶脉皆连接成复杂的网眼,通常具分叉的内藏小脉。
　　2. 叶具星状毛,至少幼叶常被星状线毛 ··· 1. **石韦属** *Pyrrosia*
　　2. 叶被鳞片,被分枝毛、腺毛、分叉毛或无毛。
　　　　3. 孢子囊群线形 ··· 2. **薄唇蕨属** *Leptochilus*
　　　　3. 孢子囊群圆形或长圆形,或熟时会合布满叶下面。
　　　　　　4. 孢子囊群具盾状隔丝,孢子囊群沿主脉两侧各 1 行排列。
　　　　　　　　5. 叶二型或近二型,不育叶圆形、长圆形或侧卵形,长小于 2cm ··············
　　　　　　　　··· 3. **伏石蕨属** *Lemmaphyllum*
　　　　　　　　5. 叶一型,披针形至线状披针形 ····················· 4. **瓦韦属** *Lepisorus*
　　　　　　4. 孢子囊群无盾状隔丝,如有盾状隔丝,则孢子囊多行排列于中脉两侧。
　　　　　　　　6. 孢子囊群无隔丝,且孢子囊散生于叶背 ············· 5. **鳞果星蕨属** *Lepidomicrosorium*
　　　　　　　　6. 非上述情况。
　　　　　　　　　　7. 单叶不裂或 2~3 裂,叶缘软骨质 ················· 6. **修蕨属** *Selliguea*
　　　　　　　　　　7. 单叶不裂,叶缘无软骨质 ····················· 7. **盾蕨属** *Neolepisorus*
1. 叶脉分离,或仅在羽轴两侧构成 1 行网眼 ··············· 8. **水龙骨属** *Polypodiodes*

1. 石韦属　Pyrrosia Mirbel

　　附生中小型植物。根状茎横走,密被鳞片。叶一型或二型,被星状毛,主脉明显,侧脉斜升。孢子囊群圆形,生于内藏小脉顶端,沿中脉两侧排成 1 至数行,有时孢子囊群会合成线状;孢子囊无柄或具长柄;孢子椭圆球形,有不规则纹饰。

　　约 60 种,主要分布于亚洲热带,北到喜马拉雅地区、我国中部和日本,南至新西兰和马达加斯加岛等地区;我国有 37 种;浙江有 7 种;杭州有 5 种。

分 种 检 索 表

1. 叶片下面仅覆盖 1 层星状毛。
　　2. 星状毛的分支臂披针形,长与宽之比为 3:1。
　　　　3. 叶片长 3~6cm,常内卷,被密毛,侧脉不明显 ············· 1. **有柄石韦** *P. petiolosa*
　　　　3. 叶片长达 20cm,或更长,平展,光滑无毛,侧脉明显 ············· 2. **石韦** *P. lingua*
　　2. 星状毛的分支臂针状或钻形,长与宽之比约为 7:1 ············· 3. **相近石韦** *P. assimilis*
1. 叶片被有 2 层不同分支臂的星状毛覆盖,上层的星状毛具有钻状分支臂。
　　4. 叶下部渐狭,下延至基部;孢子囊群卵形 ············· 4. **线叶石韦** *P. linearifolia*
　　4. 叶下部不渐狭;孢子囊群线形 ····················· 5. **石蕨** *P. angustissima*

1. **有柄石韦**　(图 1-99)

Pyrrosia petiolosa (Christ) Ching

植株高 10~19cm。根状茎细长横走,幼时密被棕色披针形鳞片;鳞片长尾状渐尖,边缘具睫毛。叶远生,一型;具长柄,通常为叶片长度的 1/2 至 2 倍,基部被鳞片,向上被星状毛,棕色;叶片椭圆形,长 3～6cm,基部楔形,厚革质,全缘,边缘常内卷,上面淡棕色,有洼点,疏被星状毛,下面被厚层星状毛,初为淡棕色,后为砖红色;主脉上面凹陷,下面稍隆起,侧脉不明显。孢子囊群布满叶背,成熟时扩散并会合。$2n=72$。

　　见于西湖景区(飞来峰),多附生于树干上和裸露的岩石上。分布于贵州、湖北、吉林、江苏、山东、山西、陕西、四川、云南;朝鲜半岛、蒙古和俄罗斯也有。

　　叶子可入药,有利尿、通淋、清湿热之效;可作为山石盆景植被材料。

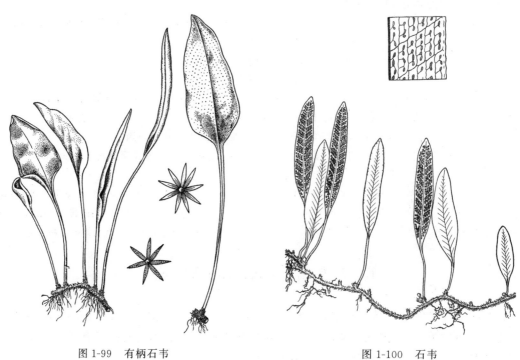

图 1-99　有柄石韦　　　　　　　　　　　　图 1-100　石韦

2. 石韦 (图 1-100)

Pyrrosia lingua (Thunb.) Farwell

　　植株通常高 13～48cm。根状茎长而横走,密被鳞片;鳞片披针形,淡棕色。叶远生,近二型;能育叶比不育叶高而狭窄,不育叶片长圆形,基部楔形,长 8.5～21cm,宽 1.7～4.5cm,全缘,革质,上面灰绿色,光滑无毛,下面淡棕色,被星状毛;主脉下面稍隆起,侧脉在下面明显隆起。孢子囊群近椭圆形,在侧脉间成整齐、多行排列,初时为星状毛覆盖而呈淡棕色,成熟后孢子囊开裂外露而呈砖红色。$2n=70,72,74$。

　　见于西湖景区(飞来峰、梅家坞、云栖),附生于林下树干上、石缝里或稍干的岩石上。分布于安徽、福建、甘肃、广东、广西、贵州、海南、湖南、江苏、江西、辽宁、四川、台湾、云南;印度、日本、朝鲜半岛、越南也有。

　　叶片可药用,能清湿热、利尿通淋、治刀伤等;可制作山水盆景。

3. 相近石韦　相异石韦　（图 1-101）

Pyrrosia assimilis（Baker）Ching

植株高 10～22cm。根状茎长而横走,密被线状披针形鳞片;鳞片边缘睫毛状,中部近黑褐色。叶近生,一型;无柄;叶片线形,长 10～22cm,宽 3～9mm,圆钝头,上面疏被星状毛,下面密被茸毛状长臂星状毛;主脉粗壮,在下面明显隆起,在上面稍凹陷,侧脉与小脉均不明显。孢子囊群聚生于叶片上半部,无盖,幼时被星状毛覆盖,成熟时扩散并会合而布满叶片下面。

见于西湖景区(飞来峰),附生于山坡林下石缝隙和阴湿的岩石上。分布于安徽、福建、广东、广西、贵州、河南、湖南、江西、四川、新疆、台湾。

全草入药,有清热利尿、通淋的功能。

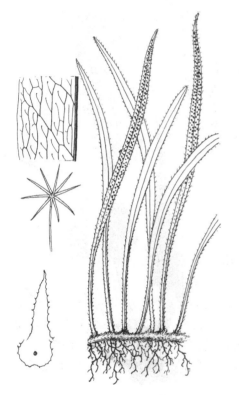

图 1-101　相近石韦

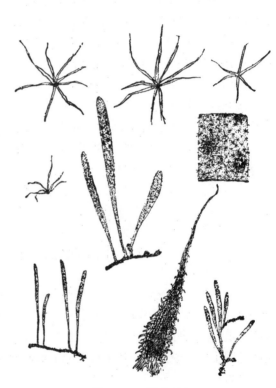

图 1-102　线叶石韦

4. 线叶石韦　（图 1-102）

Pyrrosia linearifolia（Hook.）Ching

植株高 3～10cm。根状茎细长横走,密被淡棕色的线状或披针形鳞片;鳞片长渐尖。叶近生,一型;叶片线形,长 2～8cm,宽 2～3mm,钝圆头,下部渐狭下延至基部,全缘,上面褐色,密被无色钻状分支臂的星状毛,下面棕色,密被 2 层不同的星状毛。孢子囊群卵形,聚生于主脉两侧,成 1～2 行排列,无盖,被星状毛覆盖,成熟时孢子囊开裂,呈深棕色。$2n=72$。

见于余杭区(塘栖),附生于山坡潮湿的岩石上或树干上。分布于辽宁、台湾、云南。

可作为园艺水石盆景的材料。

5. 石蕨 (图 1-103)

Pyrrosia angustissima（Gies. ex Diels）Tagawa & K. Iwatsuki——*Saxiglossum angustissimum*（Gies. ex Diels）Ching

附生小型蕨类,高 2.5～9cm。根状茎细长横走,密被鳞片;鳞片卵状披针形,长渐尖,边缘具细齿,红棕色至淡棕色,盾状着生。叶远生,叶片线形,长 2.5～9cm,宽 2～5mm,钝尖头,叶革质,下面密被黄色星状毛;主脉明显,上面凹陷,下面隆起,小脉网状,沿主脉两侧各构成 1 行长网眼,近叶边的细脉分离,先端有一膨大的水囊。孢子囊群线形,沿主脉两侧各成 1 行,位于主脉与叶缘之间,孢子囊外露;孢子椭圆球形。

见于西湖景区(北高峰),生于阴湿石头上或树干上。分布于安徽、重庆、福建、甘肃、广东、广西、贵州、河南、湖北、湖南、江西、山西、陕西、台湾;日本和泰国也有。

叶可入药,有清热明目、活血调经的功效。

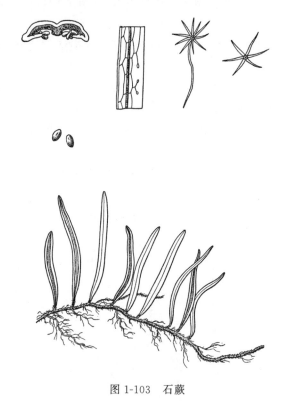

图 1-103　石蕨

2. 薄唇蕨属　Leptochilus Kaulf.

小到中型土生或附生植物。根状茎横走,被褐色、细小、质薄、卵形或披针形鳞片。叶远生,单叶,或指状深裂,或羽状深裂,或为 1 回羽状而羽片的基部与叶轴合生,边缘全缘;叶草质或薄革质,无毛;叶脉联合,侧脉明显,几达叶缘。孢子囊群线形,连续或有时着生于网脉上,在侧脉之间排成 1 条而与侧脉平行。孢子极面观椭圆球形,赤道面观豆形,淡黄色,散生球形颗粒和缺刻状刺。

约 25 种,分布于亚洲;我国有 13 种;浙江有 4 种;杭州有 2 种。

1. 线蕨 (图 1-104)

Leptochilus ellipticus（Thunb.）Noot.——*Polypodium ellipticum* Thunb.——*Colysis elliptica*（Thunb.）Ching

植株高 20～80cm。根状茎长而横走,密生鳞片;鳞片褐棕色,卵状披针形。叶远生,近二型;叶片阔卵形或卵状披针形,长 13～18cm,宽 10～18cm,顶端圆钝,1 回羽裂深达叶轴;羽片或裂片 4～6 对,对生或近对生,下部的分离,狭披针形或线形,在叶轴两侧形成狭翅,全缘;能育叶和不育叶同型,叶柄较长;中脉明显;叶纸质,呈褐棕色,两面无毛。孢子囊群线形,有时间断,斜展,伸达叶边;无囊群盖。$2n=72$。

见于余杭区(长乐)、西湖景区(黄龙洞、九溪、云栖),生于林下或林缘的岩石上。分布于安徽、重庆、福建、广东、广西、贵州、海南、湖南、江苏、江西、四川、台湾、西藏、云南；不丹、印度、日本、朝鲜半岛和东南亚也有。

全草入药，有清热利尿、活血化瘀的功能；可作为观赏蕨类。

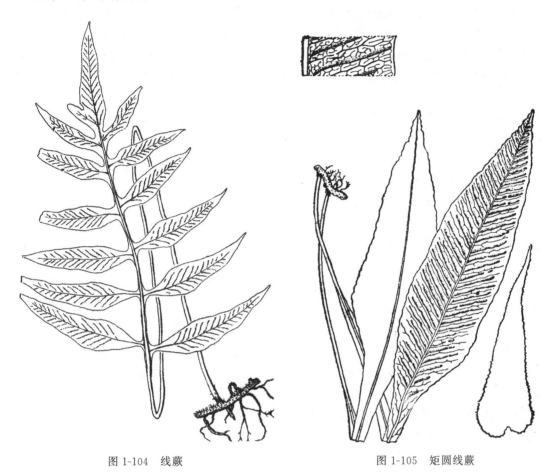

图 1-104　线蕨　　　　　　　　　图 1-105　矩圆线蕨

2. 矩圆线蕨 （图 1-105）

Leptochilus henryi（Bak.）X. C. Zhang & Noot. ——*Colysis henryi*（Bak.）Ching

植株高 35～65cm。根状茎横走，密生鳞片；鳞片褐色，卵状披针形，顶端渐尖，边缘有疏锯齿。叶一型，远生，草质，光滑无毛；叶柄长 10～25cm，禾秆色；叶片椭圆形，长 25～40cm，宽 3～7cm，顶端渐尖或钝圆，向基部急变狭，下延成狭翅，全缘；侧脉斜展，略可见，小脉网状，在每对侧脉间有 2 行网眼。孢子囊群线形，着生于网脉上，在每对侧脉间排列成 1 行，从中脉斜出，伸达叶边，无囊群盖。

见于萧山区（楼塔）、西湖景区（飞来峰、北高峰），生于林下或阴湿处，成片聚生。分布于重庆、福建、广西、贵州、湖北、湖南、江西、陕西、四川、台湾和云南。

全草入药，有清肺热、利尿、通淋等功效；可作观赏蕨类。

与上种的主要区别在于：本种叶片椭圆形。

3. 伏石蕨属　Lemmaphyllum Presl

小型附生蕨类。根状茎细长,横走,被卵状披针形鳞片。叶疏生,二型;叶柄短或几无,有关节;不育叶倒卵形,全缘,近肉质,无毛,干后革质,光滑或近光滑,或疏生鳞片;能育叶线形;叶脉网状,内藏小脉通常朝向中脉,无明显侧脉,单一或 2 叉。叶肉质,略被披针形鳞片。孢子囊群线形或圆形,沿主脉两侧各成 1 排,常生于可育叶上部。孢子两面形,外壁具不规则云块状纹饰。

9 种以上,我国南部为该属多样性中心,少数分布于印度、日本、朝鲜半岛、马来西亚、菲律宾、泰国;我国有 5 种;浙江有 4 种;杭州有 1 种。

抱石莲　(图 1-106)

Lemmaphyllum drymoglossoides (Bak.) Ching——
Lepidogrammitis drymoglossoides (Bak.) Ching

根状茎细长而横走,被钻状、有齿、棕色、披针形鳞片。叶远生,相距 1.5~5cm,二型;不育叶长圆形至卵形,长 1~2cm 或稍长,圆头或钝圆头,基部楔形,几无柄,全缘;能育叶舌状或倒披针形,长 3~6cm,宽不及 1cm,基部狭缩,几无柄或具短柄,有时与不育叶同型,肉质,干后革质,上面光滑,下面疏被鳞片。孢子囊群圆形,沿主脉两侧各成 1 行,位于主脉与叶边之间。

见于西湖景区(北高峰),附生于阴湿岩石上和树干上。广布于长江流域。

全草入药,有凉血解毒、化瘀等功效。

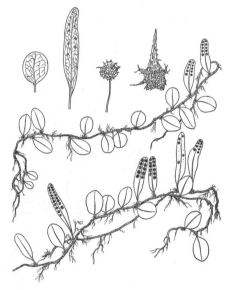

图 1-106　抱石莲

4. 瓦韦属　Lepisorus (J. Sm.) Ching

附生或石生蕨类。根状茎横走,密被黑褐色卵圆形鳞片。单叶,远生或近生,一型;叶柄短,禾秆色;叶片披针形,边缘全缘或呈波状;主脉明显,小脉连接成网;叶革质或纸质。孢子囊群大,圆形或椭圆形,生于叶片下表面,在主脉和叶缘之间排成 1 行;孢子椭圆球形。

约 80 种,主要分布于亚洲东部,少量分布于非洲,夏威夷有 1 种;我国有 49 种;浙江有 12 种;杭州有 3 种。

分 种 检 索 表

1. 根状茎上鳞片的网眼全部或大部分透明,只有中部具有不透明的狭带 ………… 1. **扭瓦韦**　*L. contortus*
1. 根状茎上鳞片只有边上 1~2 行细胞透明,其余均不透明。
　2. 根状茎长而横走;叶远生;孢子表面有孔大而浅的网状纹饰 …………… 2. **瓦韦**　*L. thunbergianus*
　2. 根状茎短而横卧;叶近簇生;孢子表面有穴状纹饰 …………… 3. **阔叶瓦韦**　*L. tosaensis*

1. 扭瓦韦 （图 1-107）

Lepisorus contortus（Christ）Ching

植株高 10～25cm。根状茎长而横走，密生鳞片；鳞片卵状披针形，中间有不透明深褐色的狭带，有光泽，边缘具锯齿。叶略近生；叶柄长 2～5cm，通常为禾秆色，少为褐色；叶片线状披针形或披针形，长 9～23cm，中部最宽，为4～11mm，短尾状渐尖头，基部渐变狭并下延，自然干后常反卷扭曲，上面淡绿色，下面淡灰黄绿色，近软革质；主脉上下均隆起，小脉不见。孢子囊群圆形或卵形，聚生于叶片中上部，位于主脉与叶缘之间，幼时被中部褐色圆形隔丝所覆盖。$n=35,46$。

见于西湖景区（飞来峰），附生林下树干或岩石上。分布于安徽、重庆、福建、甘肃、河南、湖北、江西、陕西、四川、云南；不丹、印度北部和尼泊尔也有。

全草入药，味微苦，性微寒，有消炎解毒的功能。

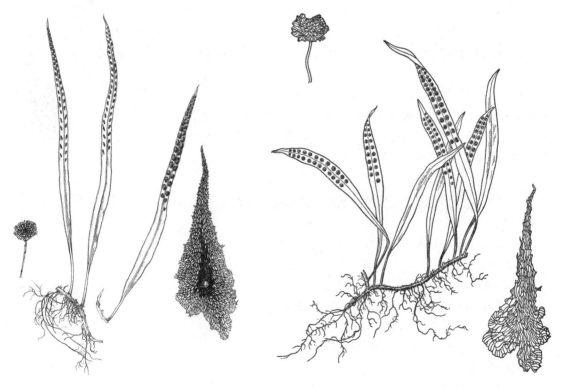

图 1-107　扭瓦韦　　　　　　　　　图 1-108　瓦韦

2. 瓦韦 （图 1-108）

Lepisorus thunbergianus（Kaulf.）Ching

植株高 8～20cm。根状茎横走，密被披针形鳞片；鳞片褐棕色，大部分不透明，仅边缘1～2行网眼透明，具锯齿。叶柄长 1～3cm，禾秆色；叶片线状披针形或狭披针形，中部最宽0.5～1.3cm，渐尖头，基部渐变狭并下延，干后黄绿色至淡黄绿色，或淡绿色至褐色，纸质；主脉上下均隆起，小脉不见。孢子囊群圆形或椭圆形，彼此相距较近，成熟后扩展几密接，幼时被圆形褐棕色的隔丝覆盖。$2n=50,51,75,76,100,101,102,103$。

区内常见,附生于山坡林下树干或岩石上。分布于安徽、重庆、福建、贵州、海南、河北、河南、湖北、湖南、江苏、江西、陕西、四川、台湾、西藏、云南;不丹、印度东北部、日本、朝鲜半岛、尼泊尔和菲律宾也有。

全草入药,有利尿、止血的功效。

3. 阔叶瓦韦　拟瓦韦　(图 1-109)

Lepisorus tosaensis (Makino) H. Itô——*L. paohuashanensis* Ching

植株高 15～30cm。根状茎短而横卧,密被卵状披针形鳞片;鳞片黑褐色。叶疏生或近生;叶柄禾秆色,长 2～4cm;叶片披针形,长 16～31cm,宽1～2cm,向两端渐变狭,顶端渐尖头,基部渐狭并下延,叶片革质,两面光滑无毛;主脉上下均隆起,小脉不见。孢子囊群圆形,位于主脉与叶缘之间,聚生于叶片上半部,幼时被淡棕色圆形的隔丝覆盖。

见于余杭区(塘栖),附生于溪边林下树干岩石上或石灰墙缝中。分布于安徽、重庆、广东、广西、贵州、湖南、江苏、江西、四川、台湾、西藏、云南;日本、朝鲜半岛和越南也有。

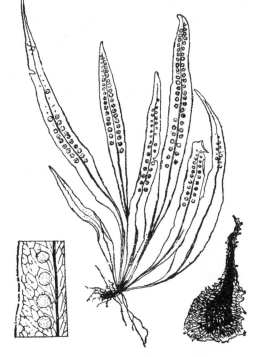

图 1-109　阔叶瓦韦

5. 鳞果星蕨属　Lepidomicrosorium Ching & K. H. Shing

附生植物。根状茎粗壮,横走,长可达1～2(～3)m,密被披针形红棕色透明鳞片。叶疏生;叶形多变,披针形、戟形或卵形,基部楔形或心形,边缘全缘,或有时波状;叶纸质;侧脉不明显,网状,有内藏小脉。孢子囊群小,圆形,往往密而星散,少有在中脉两侧成不规则的 1 至多行。孢子两面形,圆肾形,周壁具网状纹饰。

约 3 种,主要分布于我国西南部和中部,越南北部和喜马拉雅地区东部也有;我国有 3 种;浙江有 2种;杭州有 1 种。

表面星蕨　攀援星蕨　(图 1-110)

Lepidomicrosorum superficiale (Blume) Ching——*Microsorum brachylepis* (Bak.) Nakaike

攀援植物,植株高 17～45cm。根状茎略呈扁平形,疏生鳞片;鳞片淡棕褐色,阔披针形,顶端长渐尖,基部卵圆形。叶远生,叶柄长 5～15cm,两侧有

图 1-110　表面星蕨

狭翅,基部疏生鳞片;叶片狭长披针形,长12～30cm,宽2.5～5cm,顶端渐尖,基部急变狭成楔形并下延于叶柄两侧形成翅,叶缘全缘状;主脉两面明显,侧脉不明显,小脉网状;叶厚纸质,两面光滑。孢子囊群圆形,小而密,散生于叶片下面中脉与叶片之间,成不整齐的多行。

见于萧山区(楼塔),攀援于林中树干上或附生于岩石上。分布于安徽、福建、广东、广西、贵州、湖北、湖南、江西、四川、台湾、西藏、云南;印度、日本和东南亚也有。

全草入药,有清热利湿的功能;可作山石或树桩盆景。

6. 修蕨属　Selliguea Bory

陆生植物。根状茎横走,密被红棕色披针形鳞片;鳞片盾状着生。叶近生或远生,一型或近二型;叶柄基部以关节着生在根状茎上;单叶,边缘全缘;不育叶较宽,能育叶较狭;侧脉粗壮明显,具内藏小脉;叶革质,两面光滑无毛。孢子囊群长条形,孢子椭圆球形。

约75种,分布于亚洲热带和亚热带地区、澳大利亚、太平洋岛屿、南非和马达加斯加;我国有48种;浙江有5种;杭州有1种。

金鸡脚假瘤蕨　单叶金鸡脚　金鸡脚　(图1-111)

Selliguea hastata (Thunb.) Fraser-Jenkins——
Phymatopsis hastata (Thunb.) Kitagawa ex H. Itô

土生植物,植株高8～35cm。根状茎长而横走,直径约为3mm,密被鳞片;鳞片披针形,长约5mm,棕色,顶端长渐尖,全缘。叶远生;叶柄禾秆色,基部以关节着生在根状茎上,向上光滑;单叶,有时2叉与指状3裂共存,长6～15cm,宽1～2cm,顶端短渐尖,基部楔形;叶片的边缘具缺刻和加厚的软骨质边;中脉和侧脉两面明显;叶纸质,背面灰白色,两面光滑无毛。孢子囊群大,圆形,在叶片中脉两侧各1行,着生于中脉与叶缘之间。

见于西湖景区(黄龙洞、栖霞岭、屏风山),生于溪边林下、岩石旁、石缝内及林缘土坎上。分布于安徽、福建、甘肃、广东、广西、贵州、河南、湖北、湖南、江苏、江西、山东、陕西、四川、台湾、西藏、云南;日本、朝鲜半岛、菲律宾和俄罗斯也有。

全草入药,有清热、利尿等功效;可作观赏的地被植物。

图1-111　金鸡脚假瘤蕨

7. 盾蕨属　Neolepisorus Ching

小到中型陆生或石生植物。根状茎长而横走,密被鳞片;鳞片卵形至披针形或圆形,盾状着生。叶疏生,下部被鳞片,有长柄;叶片单一,全缘,有时浅裂或不规则浅裂,戟形纸质或草质;主脉下面隆起,侧脉明显,小脉网状。孢子囊群圆形,在主脉两侧排成1至多行。孢子两面形,单裂缝,不具周壁。

约7种,分布于菲律宾、印度东北部至日本;我国有5种;浙江有4种;杭州有2种。

1. 江南星蕨   福氏星蕨   (图 1-112)

Neolepisorus fortunei(Moore)Ching——
Microsorum henryi(Christ)Kuo

附生植物,植株高 30~80cm。根状茎长而横走,顶部被鳞片;鳞片棕褐色,卵状三角形,顶端锐尖,基部圆形,盾状着生。叶远生,相距约1.5cm;叶柄长 5~20cm,禾秆色;叶片线状披针形至披针形,长 25~60cm,宽 2.5~5cm,顶端长渐尖,基部渐狭,下延于叶柄并形成狭翅,全缘;中脉两面明显隆起,小脉网状,内藏小脉分叉;叶厚纸质,下面淡绿色或灰绿色,两面无毛。孢子囊群大,圆形,橙黄色,沿中脉两侧排列成较整齐的1行。

见于余杭区(塘栖)、西湖景区(六和塔、云栖),生于林下山坡阴湿地、溪边岩石上或树干上。分布于安徽、甘肃、广西、贵州、湖北、湖南、陕西、四川、台湾、西藏和云南;马来西亚和越南也有。

图 1-112   江南星蕨

全草供药用,能清热解毒、利尿、祛风除湿、凉血止血、消肿止痛;可作盆栽。

2. 卵叶盾蕨   盾蕨   梵净山盾蕨   (图 1-113)

Neolepisorus ovatus(Bedd.)Ching——*N. lancifolius*
Ching & Shing

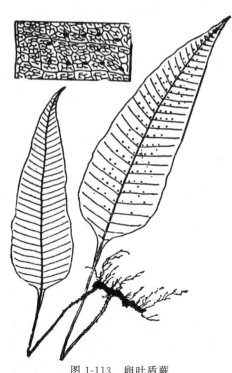

植株高 35~56cm。根状茎横走,密生鳞片;鳞片披针形,长渐尖,边缘有疏锯齿,盾状着生。叶远生;叶柄长 15~28cm,密被鳞片;叶片卵状,基部圆形,宽 6~10cm,渐尖头,全缘或下部有时分裂;叶纸质,上面光滑,下面有小鳞片;主脉隆起,侧脉明显,开展直达叶边,小脉网状,有分叉的内藏小脉。孢子囊群圆形,沿主脉两侧排成不整齐的多行,或在侧脉间排成不整齐的一行,幼时被盾状隔丝覆盖。

见于西湖区(留下)、西湖景区(飞来峰、九溪、云栖),生于林下石灰岩地区。分布于安徽、重庆、广东、贵州、湖北、湖南、江苏、江西、四川和云南;越南也有。

全草入药,有清热利湿、散瘀止血的功效;为较好的观赏蕨类。

图 1-113   卵叶盾蕨

与上种的区别在于：本种叶片卵状,基部圆形。

8．水龙骨属　Polypodiodes Ching

小型附生植物。根状茎长而横走,密被鳞片;鳞片披针形,棕色至暗棕色,盾状着生。叶远生;单叶,羽状深裂,椭圆形;叶脉网状,在裂片中脉两侧也各具1行网眼,内具1条内藏小脉;叶草质,灰绿色,两面密被白色短柔毛。孢子囊群圆形,在裂片中脉两侧各1行,早落;孢子椭圆球形。

约17种,分布于亚洲热带和亚热带地区;我国有11种;浙江有3种,1变种;杭州有1种。

日本水龙骨　水龙骨　（图1-114）

Polypodiodes niponica（Mett.）Ching

附生植物,植株高20～55cm。根状茎长而横走,直径约为5mm,肉质,灰绿色,疏被鳞片;鳞片狭披针形,暗棕色,基部较阔,盾状着生,顶端渐尖,边缘有浅细齿。叶远生;叶柄长6～20cm,禾秆色,疏被毛柔毛;叶片长椭圆状披针形,长14～35cm,宽6.5～10cm,羽状深裂,顶端钝圆,全缘;叶脉网状,裂片的侧脉和小脉不明显;叶草质,灰绿色,两面密被白色短柔毛。孢子囊群圆形,在裂片中脉两侧各1行,着生于内藏小脉顶端,靠近裂片中脉。

见于西湖景区（黄龙洞）,附生林下潮湿的岩石上或树干上。分布于安徽、福建、甘肃、广东、广西、贵州、湖北、湖南、江苏、江西、山西、四川、台湾、西藏、云南;印度东北部、日本和越南也有。

根状茎入药,有化湿、清热、通络等功效;可栽培供观赏。

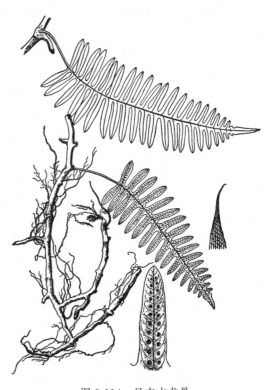

图1-114　日本水龙骨

裸子植物门 Gymnospermae

　　乔木,少为灌木,稀为木质藤本。茎的维管束排成1环,具形成层,次生木质部几全部由管胞组成,稀具导管,韧皮部中有筛胞而无筛管和伴胞。叶针形、条形、披针形、鳞形,极少数呈带状;无托叶;叶表面有较厚的角质层,气孔呈带状分布。花单性,雄蕊(小孢子叶)疏松或紧密排列,组成雄球花(小孢子叶球),具(1)2个至多数花药(小孢子囊),无柄或有柄,花粉(小孢子)有气囊或无气囊,多为风媒传粉,雄精细胞(雄配子体)能游动或大都不能游动;胚珠(大孢子囊)裸生,1枚至多数生于发育良好或不发育的大孢子叶(即珠鳞、套被、珠托或珠座)上,大孢子叶从不形成密闭的子房,无柱头,成组成束着生,不形成雌球花,或少数至多数生于花轴上形成雌球花(大孢子叶球),或大孢子叶生于花轴顶端,其上着生1枚胚珠。胚珠直立或倒生,顶端有珠孔,胚珠内发育着雌配子体,雌配子体的卵细胞受精后发育成胚,配子体的其他部分发育成围绕胚的胚乳,珠被发育成种皮,整个胚珠发育成种子;种子裸生,不形成果实。

　　现存裸子植物有17科,86属,840种,广泛分布于世界各地,尤以北半球亚热带高山地区和温带至寒带地区分布最广泛,常组成大面积森林。我国裸子植物有11科,41属,237种;浙江有9科,34属,含栽培种在内55种;杭州有8科,18属,25种。

分 科 检 索 表

1. 茎常不分枝;叶大型,羽状,集生于粗大的树干或分枝的顶端 ·························· 1. **苏铁科** Cycadaceae
1. 茎或树干通常分枝;叶较小,单生或簇生,不集生于树干的顶端。
　2. 叶常扇形,有多数2叉状叶脉;落叶乔木 ······························ 2. **银杏科** Ginkgoaceae
　2. 叶不为扇形,也不具2叉状叶脉;常绿,稀落叶乔木或灌木。
　　3. 雌球花发育成球果状;种子无肉质假种皮。
　　　4. 雌球花的珠鳞与苞鳞互相分离;每片珠鳞有2枚胚珠;花粉具气囊 ········ 3. **松科** Pinaceae
　　　4. 雌球花的珠鳞与苞鳞互相半合生或完全合生;每片珠鳞有1至多枚胚珠;花粉无气囊。
　　　　5. 种鳞与叶均螺旋状排列,少交互对生;能育种鳞有2~9颗种子 ······ 4. **杉科** Taxodiaceae
　　　　5. 种鳞与叶均对生或轮生;能育种鳞有1至数颗种子 ··············· 5. **柏科** Cupressaceae
　　3. 雌球花发育为单粒种子,不形成球果;种子有肉质假种皮。
　　　6. 雄蕊有2枚花药,花粉常有气囊;胚珠常倒生 ················· 6. **罗汉松科** Podocarpaceae
　　　6. 雄蕊有3~9枚花药,花粉无气囊;胚珠直立。
　　　　7. 雌球花具长梗;雄花数朵或多朵聚生成头状或穗状花序 ····· 7. **三尖杉科** Cephalotaxaceae
　　　　7. 雌球花无梗或近无梗;雄花单生在叶腋内 ·················· 8. **红豆杉科** Taxaceae

1. 苏铁科　Cycadaceae

常绿乔木或灌木。茎粗壮,圆柱形,有时在顶部分枝,常密被宿存的木质叶基。叶螺旋状排列,有鳞叶与营养叶,两者相互成环状着生;鳞叶小,密被褐色毡毛;营养叶大,深裂成羽状,集生于茎部或块状茎上,呈棕榈状。雌雄异株;雄球花单生于茎干顶端,直立;小孢子叶扁平鳞状或盾状,螺旋状排列,其下面生有多数小孢子囊;大孢子叶扁平,上部羽状分裂或几不分裂,生于茎干顶部羽状叶与鳞状叶之间;胚珠2～10枚,生于孢子叶叶柄的两侧。种子核果状,具3层种皮,胚乳丰富。

1属,约60种,分布于热带及亚热带地区;我国有1属,16种,产于台湾、华南及西南各省、区;浙江及杭州有1种。

苏铁属　Cycas L.

属特征同科。

苏铁　（图 1-115）

Cycas revoluta Thunb.

常绿木本植物,高可达2m。羽状叶倒卵状狭披针形,长70～200cm,裂片达100对以上,条形,长10～20cm,宽4～6mm,边缘反卷,厚革质,坚硬,中脉显著隆起,无侧脉,基部下延,叶轴基部的小叶变成刺状。雄球花圆柱形,黄色,长30～70cm,直径为8～15cm,小孢子叶窄楔形,扁平,长3～6cm,花药通常3个聚生;雌球花扁球形,大孢子叶卵形至长卵形,长14～22cm,密生黄色茸毛,羽状分裂,裂片12～18对,条状钻形,胚珠2～6枚,有茸毛。种子卵球形而微扁,长2～4cm,直径为1.5～3cm,红褐色或橘红色,两侧有2条棱脊,顶端有尖头。花期6—8月,种子10月成熟。

区内常见栽培,多作盆栽供观赏。分布于福建、广东、台湾,全国各地广泛栽培;日本也有。

为优美的观赏树种;髓部和种子内含淀粉,可供食用;大孢子叶和种子可供药用。

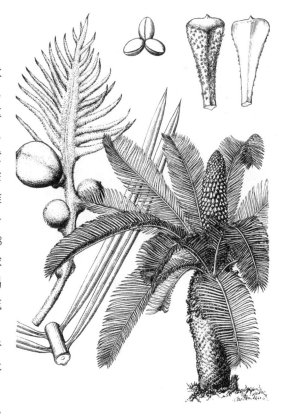

图 1-115　苏铁

2. 银杏科 Ginkgoaceae

落叶乔木。树干高大,分枝密集,枝分长枝和短枝。叶扇形,具长柄,有多数2叉状并列的细脉;在长枝上螺旋状排列,在短枝上簇生。球花单性,雌雄异株,簇生于短枝顶端的叶腋内;雄球花具梗,茎荑花序状,雄蕊多数,螺旋状着生,排列稀疏,具短梗,花药2室,药室纵裂;雌球花具长梗,梗端常分2叉,稀3~5叉或不分叉,叉顶生珠座,各具1枚直生胚珠。种子核果状,具长梗,下垂,胚乳丰富。

仅1属,1种,为中生代孑遗的稀有树种,系我国特有;浙江天目山有野生分布,栽培广泛;杭州也有栽培。

银杏属 Ginkgo L.

属特征同科。

银杏 白果 公孙树 (图1-116)

Ginkgo biloba L.

大乔木,高达40m,胸径可达4m。幼年及壮年树冠圆锥形,老则广卵形;老树树皮呈灰褐色,深纵裂,粗糙;枝近轮生,斜上伸展(雌株的大枝常较雄株开展)。叶扇形,淡绿色,无毛,顶端宽5~8cm,在短枝上常具波状缺刻,在长枝上常2裂,叶柄长3~10cm。雄球花4~6枚,花药黄绿色;雌球花具长梗,梗端常分2叉,通常仅1个叉端的胚珠发育成种子。种子椭圆球形、长倒卵球形、卵球形或近球形,长2.5~3.5cm,直径为1.6~2.2cm;外种皮肉质,熟时黄色,外被白粉,有臭味;中种皮白色,骨质,具2~3条纵脊;内种皮淡红褐色。花期3~4月,种子9—10月成熟。$2n=24$。

区内广泛栽培,多见于庙宇旁、村落附近,各城区也常见栽培。浙江天目山有野生分布,全国各地均有栽培。

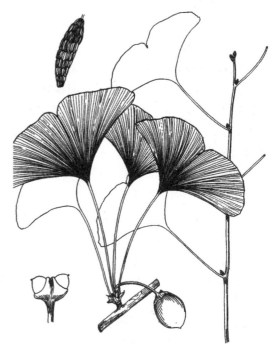

图1-116 银杏

树形优美,秋叶黄色,为重要的园林绿化树种;种子可供食用及药用。

3. 松科 Pinaceae

　　常绿或落叶乔木,稀为灌木。通常具树脂,树皮成鳞片状开裂,大枝近轮生;枝仅有长枝,或兼有长枝与短枝。叶条形或针形;条形叶扁平,在长枝上螺旋状散生,在短枝上簇生;针形叶常 2～5 针成 1 束,着生于极度退化的短枝顶端,基部包有叶鞘。花单性,雌雄同株;雄球花腋生或单生于枝顶,或多数集生于短枝顶端,具多数螺旋状着生的雄蕊,每一雄蕊具 2 枚花药;雌球花由多数螺旋状着生的珠鳞与苞鳞组成,花期时珠鳞小于苞鳞,每一珠鳞的腹面具 2 枚倒生胚珠,花后珠鳞增大发育成种鳞。球果直立或下垂,当年或翌年、稀第 3 年成熟,熟时张开;种鳞扁平,木质或革质,宿存或脱落;苞鳞与种鳞离生,较长而露出或不露出,或短小而位于种鳞的基部;种鳞的腹面基部有 2 粒种子,种子上端常有 1 个膜质翅,稀无翅。

　　10～11 属,约 235 种,多产于北半球;我国有 10 属,108 种,遍布全国;浙江有 9 属,20 种,1 变种;杭州有 4 属,7 种,1 变种。

　　为世界上木材和松脂生产的主要树种;绝大多数为森林更新、造林、绿化树种;有些种类的种子可食或供药用。

分 属 检 索 表

1. 叶线形,稀针形,螺旋状着生,或在短枝上端成簇生状,均不成束。
    2. 仅具长枝;球果当年成熟,种鳞宿存 ･････････････････････････････ 1. 油杉属 *Keteleeria*
    2. 枝分长枝和短枝;球果当年或翌年成熟,种鳞脱落。
        3. 叶线形扁平,柔软,落叶性;球果当年成熟 ･･････････････････ 2. 金钱松属 *Pseudolarix*
        3. 叶针状,坚硬,常绿性;球果翌年成熟 ･･････････････････････････ 3. 雪松属 *Cedrus*
1. 叶针形,通常 2、3、5 针 1 束,基部具叶鞘;球果翌年成熟,种鳞宿存,背部具鳞盾与鳞脐 ･･････ 4. 松属 *Pinus*

1. 油杉属 Keteleeria Carr.

　　常绿乔木。树皮纵裂,粗糙;小枝基部有宿存芽鳞,叶脱落有叶痕。叶条形或条状披针形,扁平,螺旋状着生,在侧枝上排成 2 列,两面中脉隆起,上面无气孔线或有气孔线,下面有 2 条气孔带,先端圆、钝、微凹或尖。雌雄同株;雄球花 4～8 个簇生于侧枝顶端或叶腋;雌球花单生于侧枝顶端,直立,苞鳞大而显著,珠鳞小,着生于苞鳞腹面基部。球果当年成熟,直立,圆柱形;种鳞木质,褐色,宿存,上部边缘内曲或向外反曲;苞鳞长为种鳞的 1/2～3/5,不外露,或球果基部的苞鳞先端微露出,先端常 3 裂,中裂片窄长,两侧裂片较短,外缘薄,常有细锯齿。种子上端具宽大的厚膜质种翅,种翅几与种鳞等长,下端边缘包卷种子,不易脱落,有光泽。

　　3～5 种,分布于我国、老挝、越南;我国有 5 种,4 变种;浙江有 1 种,1 变种;杭州有 1 变种。

江南油杉　（图 1-117）

Keteleeria fortunei（Murr.）Carr. var. cyclolepis
(Flous) Silba——*K. cyclolepis* Flous

乔木,高达 25m,胸径为 80cm。一年生枝红褐色或淡紫褐色,有柔毛。叶条形,在侧枝上排列成 2 列,长 1.5～4cm,宽 2～4mm,先端圆钝,边缘微反曲,上面亮绿色,通常无气孔线,下面淡黄绿色,沿中脉两侧每边有 10～20 条气孔线,微具白粉或白粉不明显;幼树及萌生枝有密毛,叶较长,先端刺状渐尖。球果圆柱形,顶端或上部渐窄,长 6～18cm,直径为 5～6.5cm,幼时紫褐色,成熟前淡绿色或绿色,成熟时淡褐色至褐色;中部的种鳞常呈斜方形或斜方状圆形,长 2.5～3.2cm,宽与长近相等,上部边缘微向内曲;苞鳞中部窄,下部稍宽,上部圆形或卵圆形;种翅中部或中下部较宽。花期 4 月,种子 10 月成熟。

区内有栽培。分布于广东、广西、贵州、湖南、江西、云南。

为优良的山地造林树种及用材树种。

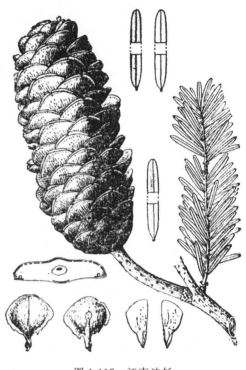

图 1-117　江南油杉

2. 金钱松属　Pseudolarix Gord.

落叶乔木。大枝不规则轮生;枝有长枝及短枝,长枝基部有宿存的芽鳞,短枝矩状。叶条形,柔软,在长枝上螺旋状散生,叶枕下延,微隆起;在短枝上呈簇生状,辐射平展呈圆盘形,叶脱落后有密集排列成环节状的叶枕。雌雄同株,球花生于短枝顶端;雄球花穗状,多数簇生,有细梗;雌球花单生,具短梗,苞鳞较珠鳞为大。球果当年成熟,直立,有短梗;种鳞木质,苞鳞小,基部与种鳞结合而生,熟时与种鳞一同脱落;种子有宽大种翅,种翅几与种鳞等长。

为我国特产,仅 1 种,分布于长江中下游温暖地带;浙江及杭州也有。

金钱松　（图 1-118）

Pseudolarix amabilis（J. Nelson）Rehder——*P.
kaempferi* Gord.

乔木,高达 40m,胸径达 1.5m。树冠宽塔形;一年生长枝淡红褐色或淡红黄色,无毛。叶条形,柔软,镰刀状或直,上部稍宽,长 2～5.5cm,宽 1.5～4mm,每边有

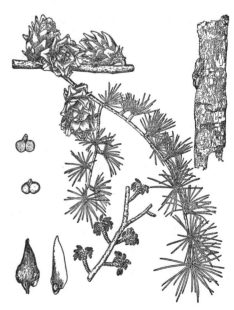

图 1-118　金钱松

5～14条气孔线。雄球花黄色,圆柱状,下垂,长 5～8mm;雌球花紫红色,直立,椭圆球形,长约1.3cm。球果卵球形或倒卵球形,长 5～7.5cm,直径为 4～5cm,成熟前绿色或淡黄绿色,成熟时淡红褐色;种鳞卵状披针形,长 2.5～3.5cm,先端钝,有凹缺,基部宽约 1.7cm,两侧耳状;苞鳞长约为种鳞的 1/3;种子卵球形,白色,长 6～7mm,种翅三角状披针形。花期 4 月,球果 10 月成熟。$2n=44$。

见于余杭区(鸬鸟),生于林下,区内常见栽培。分布于福建、湖南、江西。

树姿优美,秋后叶呈金黄色,可作庭院树;也是优良的用材树种;根皮可入药。

3. 雪松属 Cedrus Trew

常绿乔木。冬芽小,有少数芽鳞;枝有长枝及短枝,枝条基部有宿存的芽鳞,叶脱落后有隆起的叶枕。叶针状,坚硬,通常三棱形,在长枝上螺旋状排列、辐射伸展,在短枝上呈簇生状。雌雄同株,球花直立,单生于短枝顶端;雄球花具多数螺旋状着生的雄蕊;雌球花淡紫色,珠鳞背面托一短小苞鳞。球果翌年或第三年成熟,直立;种鳞木质,扇状倒三角形,排列紧密,腹面有 2 粒种子,鳞背密生短茸毛;苞鳞短小,熟时与种鳞一同脱落;球果顶端及基部的种鳞无种子;种子具宽大膜质的翅。

4 种,分布于非洲北部、亚洲西部及喜马拉雅地区西部;我国有 2 种;浙江及杭州有 1 种。

雪松 (图 1-119)

Cedrus deodara(Roxb.)G. Don

乔木,在原产地高达 60m,胸径达 3m。树皮深灰色;小枝常下垂。叶针形,坚硬,长 2.5～5cm,宽 1～1.5mm,常呈三棱形,叶腹面两侧各有 2～3 条气孔线,背面 4～6 条,幼时气孔线有白粉。雄球花长卵球形或卵球形,长 2～3cm,直径约为 1cm;雌球花卵球形,长约 8mm,直径约为5mm。球果成熟前淡绿色,微有白粉,熟时红褐色,卵球形或宽椭圆球形,长 7～12cm,直径为5～9cm,顶端圆钝,有短梗;种鳞扇状倒三角形,鳞背密被锈色茸毛;苞鳞短小;种子近三角状,种翅宽大,连同种子长 2.2～3.7cm。雄球花常于第一年秋末抽出,翌年早春较雌球花早一周开放,球果翌年 10 月成熟。

区内常见栽培。分布于西藏西南部;阿富汗、印度、尼泊尔、巴基斯坦也有。

终年常绿,树形美观,为普遍栽培的庭院树种;也可作用材。

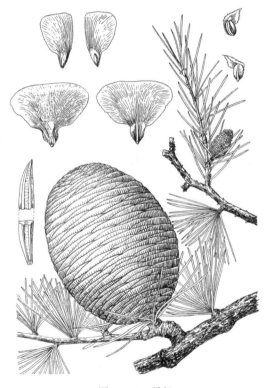

图 1-119 雪松

4. 松属 Pinus L.

常绿乔木,稀为灌木。大枝轮生;冬芽显著,芽鳞多数,覆瓦状排列。叶针形,螺旋状着生,常 2、3、5 针 1 束,每束基部由 8~12 枚芽鳞组成的叶鞘所包,叶鞘脱落或宿存,针叶边缘全缘或有细锯齿,背部无气孔线或有气孔线,腹面两侧具气孔线,横切面三角形、扇状三角形或半圆形,具 1~2 维管束,有 2 至 10 多个中生或边生、稀内生的树脂道。球花单性,雌雄同株;雄球花生于新枝下部的苞片腋部,多数聚集成穗状花序状,无梗,斜展或下垂;雌球花单生或数个生于新枝近顶端,直立或下垂,由多数螺旋状着生的珠鳞与苞鳞所组成。球果直立或下垂,有梗或几无梗;种鳞木质,宿存,排列紧密,上部露出部分为鳞盾,有横脊或无横脊,鳞盾的先端或中央有呈瘤状凸起的鳞脐,有刺或无刺;球果翌年秋季成熟,熟时种鳞张开;种子上部具长翅、短翅或无翅。

约 110 种,分布于非洲南部、亚洲、欧洲和美洲北部;我国有 39 种,分布几遍全国;浙江有 10 种;杭州有 5 种。

分 种 检 索 表

1. 叶鞘早落,针叶基部的鳞叶不下延,叶内具 1 条维管束。
　2. 针叶 5 针 1 束;种鳞的鳞脐顶生 ·· 1. **日本五针松**　*P. parviflora*
　2. 针叶 3 针 1 束;种鳞的鳞脐背生 ·· 2. **白皮松**　*P. bungeana*
1. 叶鞘宿存,针叶基部的鳞叶下延,叶内具 2 条维管束。
　3. 针叶 2 针 1 束。
　　4. 针叶粗短,长 6~12cm;鳞盾隆起 ·· 3. **黑松**　*P. thunbergii*
　　4. 针叶细软,长 12~20cm;鳞盾常不隆起 ·· 4. **马尾松**　*P. massoniana*
　3. 针叶 2 针、3 针并存,长 16~28cm ·· 5. **湿地松**　*P. elliottii*

1. 日本五针松　(图 1-120)

Pinus parviflora Siebold & Zucc.

乔木,在原产地高达 25m,胸径达 1m。树冠圆锥形;一年生枝密生柔毛;冬芽褐色。叶 5 针 1 束,微弯曲,长 3~6cm,边缘具细锯齿,背面暗绿色,无气孔线,腹面每侧有 3~6 条灰白色气孔线;背面有 2 个边生树脂道,腹面 1 个中生或无树脂道;叶鞘早落。球果卵球形,几无梗,熟时种鳞张开,长 4~7.5cm,直径为 3.5~4.5cm;种鳞宽倒卵状斜方形,长 2~3cm,宽1.8~2cm,鳞盾近斜方形,先端圆,鳞脐凹下,微内曲,边缘薄,两侧边向外弯,下部底边宽楔形;种子倒卵球形,近褐色,具黑色斑纹,连翅长1.8~2cm。$2n=24$。

区内常见栽培。原产于日本;我国长江流域及山东有栽培。

树形优美,针叶细短,生长较慢,多以黑松为砧木嫁接后作庭院树或作盆景。

图 1-120　日本五针松

2. 白皮松 （图 1-121）

Pinus bungeana Zucc. ex Endl.

乔木,高达 30m,胸径可达 3m。树冠宽塔形或阔圆锥形;树皮灰白色,裂成不规则的鳞块状脱落,脱落后近光滑,露出粉白色的内皮;冬芽红褐色。叶 3 针 1 束,粗硬,长 5～10cm,边缘有细锯齿,叶背及腹面两侧均有气孔线;树脂道 6～7 个,边生;叶鞘早落。雄球花长 5～10cm。球果通常单生,初直立,后下垂,成熟前淡绿色,熟时淡黄褐色,卵球形或圆锥状卵球形,长 5～7cm,直径为 4～6cm,有短梗或几无梗;种鳞矩圆状宽楔形,先端厚,鳞盾近菱形,有横脊,鳞脐背生,三角状,先端有刺;种子灰褐色,种翅短,有关节,易脱落。花期 4—5 月,球果翌年 10—11 月成熟。$2n=24$。

区内有栽培。分布于甘肃、河南、湖北、山东、山西、陕西、四川。

树姿优美,树皮白色或褐白相间,极为美观,为优良的庭院树种;种子可食;也是优良的用材树种。

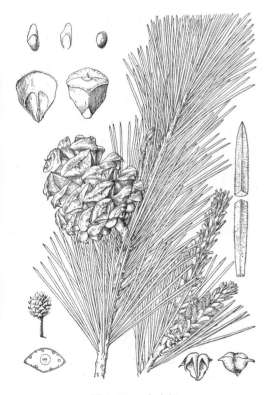

图 1-121　白皮松

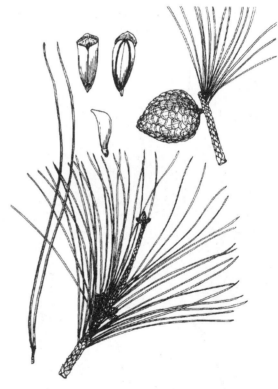

图 1-122　黑松

3. 黑松 （图 1-122）

Pinus thunbergii Parl.

乔木,在原产地高达 30m,胸径可达 2m。树冠宽圆锥状或伞形;冬芽圆柱状,银白色。叶 2 针 1 束,长 6～12cm,有光泽,粗硬,边缘有细锯齿,背腹面均有气孔线;树脂道 6～11 个,中生;叶鞘宿存。雄球花淡红褐色,圆柱形,长 1.5～2cm;雌球花直立,淡紫红色或淡红褐色。球果圆锥状卵球形或卵球形,长 4～6cm,直径为 3～4cm,有短梗,下垂,成熟前绿色,熟时褐色;

中部种鳞卵状椭圆形,鳞盾微肥厚,横脊显著,鳞脐微凹,有短刺;种子具翅,连翅长 1.5～1.8cm,种翅灰褐色,有深色条纹。花期 4—5 月,种子翌年 10 月成熟。$2n=24$。

区内有栽培。原产于日本及朝鲜半岛;我国北京、湖北、江苏、江西、辽宁、山东、云南有栽培。多作庭院观赏树种;可作沿海地区的造林树种;亦可作用材树种。

4. 马尾松 （图 1-123）

Pinus massoniana Lamb.

乔木,高达 45m,胸径可达 1.5m。树冠宽塔形或伞形;冬芽赤褐色。叶 2 针 1 束,长 12～20cm,细柔,微扭曲,两面有气孔线,边缘有细锯齿;树脂道 4～8 个,边生;叶鞘宿存。雄球花淡红褐色,圆柱形,弯垂,穗状,长 6～15cm;雌球花淡紫红色。成熟球果卵球形,长 2.5～7cm,直径为 2.5～5cm,有短梗,下垂,成熟前绿色,熟时栗褐色,陆续脱落;中部种鳞近矩圆状倒卵形,或近长方形,长约 3cm;鳞盾菱形,微隆起或平,横脊微明显,鳞脐微凹,无刺;种子具翅,连翅长 2～2.7cm。花期 4—5 月,球果翌年 10—12 月成熟。$2n=24$。

区内常见,生于向阳山坡、山冈、山脊、丘陵及干燥山谷。分布于秦岭以南各省、区。

为长江流域及其以南地区重要的荒山造林树种;树干可割取松脂;也是重要的用材树种。

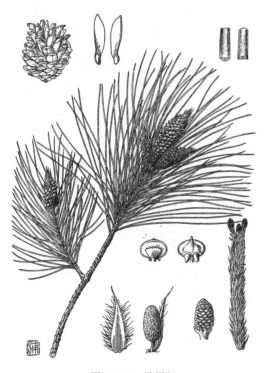

图 1-123　马尾松

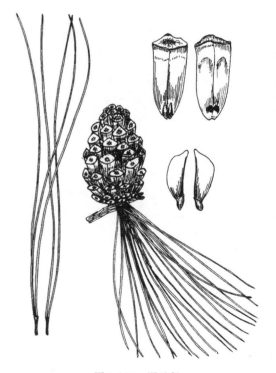

图 1-124　湿地松

5. 湿地松 （图 1-124）

Pinus elliottii Engelm.

乔木,在原产地高达 30m,胸径达 80cm。小枝粗糙,有白粉;冬芽红褐色,圆柱形。叶 2～3 针 1 束并存,长 16～28cm,刚硬,背腹面均有气孔线,边缘有锯齿;树脂道 2～9 个,多内生;叶鞘长约 1.2cm。球果 2～4 个聚生,长圆锥形或长卵球形,长 6.5～13cm,直径为 3～5cm,有梗,种鳞张开后直径为 5～7cm，成熟后至第二年夏季脱落；鳞盾近斜方形，肥厚，有锐横脊，鳞脐瘤状，直伸或微向上弯；种子卵球形，长 6～7mm，黑色，有灰色斑点，种翅长 0.8～3.3cm，易脱落。花期 3—4月，球果翌年 10 月成熟。$2n=24$。

区内有栽培。原产于美国东南部；我国长江流域及其以南各省、区有栽培。

是重要造林树种之一；也常应用于园林绿化。

4. 杉科 Taxodiaceae

常绿或落叶乔木。树干端直，大枝轮生或近轮生。叶螺旋状排列，散生，稀交叉对生（水杉属），披针形、钻形、鳞形或条形，同一树上之叶同型或二型。球花单性，雌雄同株，雄蕊和珠鳞均螺旋状着生，稀交叉对生（水杉属）；雄球花小，单生或簇生于枝顶，或排成圆锥花序状，或生于叶腋，雄蕊有 2～9 个花药；雌球花顶生或生于去年生枝近枝顶，珠鳞与苞鳞半合生或完全合生，或珠鳞甚小（杉木属），或苞鳞退化（台湾杉属），珠鳞的腹面基部有 2～9 枚直立或倒生胚珠。球果当年成熟，熟时张开；种鳞（或苞鳞）扁平或盾形，木质或革质，螺旋状着生或交叉对生（水杉属），宿存或成熟后逐渐脱落，每一种鳞有 2～9 粒种子；种子扁平或三棱形，周围或两侧有窄翅，或下部具长翅。

9 属，12 种，主要分布于北温带；我国有 8 属，9 种；浙江有 7 属，8 种，2 变种；杭州有 4 属，2 种，2 变种。

分 属 检 索 表

1. 叶、芽鳞、雄蕊、苞鳞、珠鳞及种鳞均螺旋状排列。
　2. 常绿乔木；冬季无脱落性小枝；种鳞木质或革质。
　　3. 种鳞扁平，革质 ·· 1. 杉木属 Cunninghamia
　　3. 种鳞盾形，木质 ·· 2. 柳杉属 Cryptomeria
　2. 落叶或半常绿乔木；冬季有脱落性小枝；种鳞木质 ·················· 3. 落羽杉属 Taxodium
1. 叶、芽鳞、雄蕊、苞鳞、珠鳞及种鳞均交叉对生；叶线形，在侧枝上排成 2 列；种子扁平，周围有翅 ··········
　·· 4. 水杉属 Metasequoia

1. 杉木属 Cunninghamia R. Br.

常绿乔木。枝轮生或不规则轮生；冬芽卵球形。叶在主枝上辐射伸展，在侧枝上基部扭转成两列状，披针形或条状披针形，基部下延，边缘有细锯齿，上、下两面均有气孔线。雌雄同株；雄球花多数簇生枝顶，雄蕊多数，螺旋状着生，花药 3 枚，下垂，纵裂；雌球花单生或 2～3 个集生于枝顶，球形或长圆球形；苞鳞大，珠鳞退化而形小，中下部与苞鳞合生，先端 3 裂，腹面基部着生 3 枚胚珠。球果近球形或卵球形；苞鳞革质，扁平，宽卵球形，先端有硬尖头，边缘有不规则细锯齿，基部心形，宿存；种鳞很小，着生于苞鳞的腹面，中下部与苞鳞合生，裂片先端有不规则的细缺齿，发育种鳞的腹面着生 3 粒种子；种子扁平，两侧边缘有窄翅。

1 种,1 变种,分布于我国、老挝和越南;我国有 1 种,1 变种;浙江有 1 种;杭州有 1 种。

杉木 (图 1-125)

Cunninghamia lanceolata(Lamb.)Hook.

乔木,高达 35m,胸径可达 2.5~3m。叶披针形或条状披针形,通常微弯,呈镰刀状,革质,长 0.8~6.5cm,宽 1.5~5mm,边缘有细缺齿,先端渐尖,上面两侧有窄气孔带,下面沿中脉两侧各有 1 条白粉气孔带。雄球花圆锥状,长 0.5~1.5cm,有短梗,常 40 多个簇生于枝顶。球果卵球形,长 2.5~5cm,直径为 3~4cm;熟时苞鳞革质,棕黄色,三角状卵形,向外反卷或不反卷,背面中肋两侧有 2 条稀疏气孔带;种鳞很小,先端 3 裂,侧裂较大;种子扁平,遮盖着种鳞,长卵球形或矩圆球形,暗褐色,有光泽,两侧边缘有窄翅。花期 3—4 月,球果 10 月成熟。$2n=22$。

区内常见,生于山坡、谷地杂木林内。分布于黄河流域及其以南各省、区;越南也有。

为长江以南温暖地区最重要的速生用材树种。

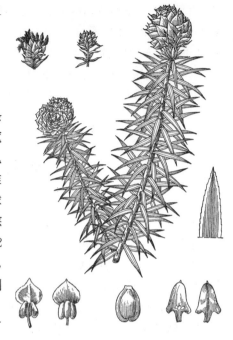

图 1-125　杉木

2. 柳杉属　Cryptomeria D. Don

常绿乔木。树冠尖塔形或卵圆形;树皮红褐色,裂成长条片状脱落;大枝近轮生,平展或斜上伸展;冬芽小。叶螺旋状排列,略成 5 行,腹背隆起,呈钻形,直伸或向内弯曲,有气孔线,基部下延。雌雄同株;雄球花单生于小枝上部叶腋,常密集排列成短穗状花序状,无梗,具多数螺旋状排列的雄蕊,花药 3~6 枚;雌球花近球形,无梗,单生枝顶,稀数个集生,珠鳞螺旋状排列,每一能育的珠鳞有 2~5 枚胚珠,苞鳞与珠鳞合生,仅先端分离。球果近球形,种鳞宿存,木质,盾形,上部肥大,先端有 3~7 裂齿,背面具一分离的三角状苞鳞尖头;种子呈不规则扁椭圆球形或扁三角状椭圆球形,边缘有窄翅。

1 种,1 变种,分布于我国及日本;浙江有 1 种,1 变种;杭州有 1 变种。

柳杉 (图 1-126)

Cryptomeria japonica(Thunb. ex L. f.)D. Don var. sinensis Miq.——*C. fortunei* Hooibr. ex Otto. & Dietr.

乔木,高达 54m,胸径可达 3.4m。小枝细长,常

图 1-126　柳杉

下垂,枝条中部的叶较长,常向两端逐渐变短。叶钻形,先端内曲,四边有气孔线,长 1～1.5cm。雄球花单生于叶腋,长椭圆球形,长约 7mm,集生于小枝上部成短穗状花序;雌球花顶生于短枝上。球果圆球形,直径为 1.5～2cm,种鳞约 20 片,上部有 4～5 枚短三角形裂齿,齿长2～4mm,苞鳞尖头长 3～5mm,能育的种鳞有 2 粒种子;种子褐色,近椭圆球形,扁平,边缘有窄翅。花期 4 月,球果 10—11 月成熟。$2n=22$。

　　区内有栽培。分布于福建、江西、四川、云南。

　　树形挺拔,四季常青,是优美的园林树种;也可作用材树种。

3. 落羽杉属　Taxodium Rich.

　　落叶或半常绿乔木。小枝有 2 种:在主枝宿存,侧生小枝冬季脱落;冬芽小,球形。叶螺旋状排列,基部下延,异型;钻形叶在主枝上斜上伸展,或向上弯曲而靠近小枝,宿存;条形叶在侧生小枝上列成 2 列。雌雄同株;雄球花卵球形,排成总状花序或圆锥状花序,生于当年生小枝顶端;雌球花单生于去年生小枝顶端,由多数螺旋状排列的珠鳞所组成,每一珠鳞的腹面基部有 2 枚胚珠,苞鳞与珠鳞几全部合生。球果球形或卵球形;种鳞木质,盾形,顶部呈不规则的四边形;苞鳞与种鳞合生,仅先端分离,向外凸起成三角状小尖头,发育的种鳞各有 2 粒种子;种子呈不规则三角形,有明显锐利的棱脊。

　　2 种,1 变种,原产于美国东南部及墨西哥;我国及浙江均有引入;杭州引入 1 变种。

池杉 (图 1-127)

Taxodium distichum（L.）Rich. var. imbricatum（Nutt.）Croom

　　落叶乔木,在原产地高达 25m。基部膨大,通常有屈膝状的呼吸根;树皮褐色,纵裂,呈长条片状脱落;枝条向上伸展,树冠较窄,呈尖塔形;当年生小枝绿色,细长,通常微向下弯垂,二年生小枝呈红褐色。叶钻形,长 4～10mm,微内曲,在枝上螺旋状伸展,上部微向外伸展或近直展,下部通常贴近小枝,每边有 2～4 条气孔线。球果近球形,有短梗,向下斜垂,熟时褐黄色,长 2～4cm,直径为1.8～3cm;种鳞木质,盾形;种子不规则三角形,微扁,红褐色,长 1.3～1.8cm,边缘有锐脊。花期 3—4月,球果 10 月成熟。

　　区内常见栽培,生于沼泽地或水湿地上。原产于北美洲东南部;河北、河南及华东有栽培。

　　作庭院树或造林树。

图 1-127　池杉

4. 水杉属　Metasequoia Miki ex Hu & W. C. Cheng

落叶乔木。大枝不规则轮生,小枝对生或近对生。叶交叉对生,基部扭转成2列,呈羽状,条形,扁平,柔软,中脉在上面凹下,下面隆起,每边各有4~8条气孔线。雌雄同株;雄球花单生于叶腋或枝顶,有短梗,球花枝呈总状花序状或圆锥花序状,雄蕊交叉对生,约20枚;雌球花有短梗,单生于去年生枝顶或近枝顶,梗上有交叉对生的条形叶,珠鳞11~14对,交叉对生,每珠鳞有5~9枚胚珠。球果近球形,微具4棱,有长梗,下垂;种鳞木质,盾形,交叉对生,顶部横长斜方形,有凹槽,基部楔形,宿存,能育种鳞有5~9粒种子;种子扁平,周围有窄翅,先端有凹缺。$2n=22$。

仅1种,孑遗树种,我国特有;浙江及杭州也有。

水杉　(图1-128)

Metasequoia glyptostroboides Hu & W. C. Cheng

乔木,高达35m,胸径为2.5m。幼树树冠尖塔形,老树树冠广圆形;一年生小枝绿色,下垂,光滑无毛,二、三年生枝淡渴灰色,侧生小枝冬季脱落;冬芽卵球形或椭圆球形。叶在侧生小枝上排成2列,呈羽状,冬季与枝一起脱落;线形,长1~2cm,沿中脉有2条淡黄色气孔带,每条带有4~8条气孔线。球果近球形,熟时深褐色,长1.8~2.5cm,直径为1.5~2.5cm,梗长2~4cm,下垂;种鳞通常11~12对交叉对生,每一能育种鳞有种子5~9粒;种子扁平,周围有翅,先端凹缺。花期3月,球果10月成熟。

区内常见栽培。分布于重庆、湖北、湖南。国内广泛栽培。

为速生园林树种、造林树种及用材树种。

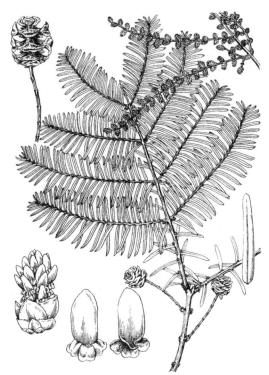

图1-128　水杉

5. 柏科　Cupressaceae

常绿乔木或灌木。叶交叉对生或3~4片轮生,鳞形或刺形,或同一树上兼有两型叶。球花单性,雌雄同株或异株,单生于枝顶或叶腋;雄球花具3~8对交叉对生的雄蕊,每一雄蕊具2~6枚花药;雌球花有3~16枚交叉对生或3~4枚轮生的珠鳞,全部或部分珠鳞的腹面基部有1至多枚直生胚珠,稀胚珠单生于两珠鳞之间,苞鳞与珠鳞完全合生。球果球形、卵球形或圆柱形;种鳞薄或厚,扁平或盾形,木质或近革质,熟时张开,或肉质合生成浆果状,熟时不裂或仅顶端微开裂,发育种鳞有 1 至多粒种子;种子周围具窄翅或无翅,或上端有一长一短之翅。

19 属,约 125 种,分布于南、北两半球;我国有 8 属,46 种,几遍全国;浙江有 7 属,12 种;杭州有 3 属,5 种。

分 属 检 索 表

1. 球果的种鳞木质,熟时张开。
　2. 种鳞近扁平,覆瓦状排列;球果当年成熟 ·············· 1. 侧柏属　*Platycladus*
　2. 种鳞盾形,隆起,锯合状排列;球果翌年成熟 ·········· 2. 柏木属　*Cupressus*
1. 球果的种鳞肉质,熟时不张开或顶端微裂 ················ 3. 刺柏属　*Juniperus*

1. 侧柏属　Platycladus Spach

常绿乔木。生鳞叶的小枝直立或斜展,排成一平面,扁平,两面同型。叶鳞形,二型,交叉对生,排成 4 列,基部下延生长,背面有腺点。雌雄同株,球花单生于小枝顶端;雄球花有 6 对交叉对生的雄蕊,花药 2～4 枚;雌球花有 4 对交叉对生的珠鳞,仅中间 2 对珠鳞各生 1～2 枚直生胚珠,最下 1 对珠鳞短小,有时退化而不显著。球果当年成熟,熟时开裂;种鳞 4 对,木质,厚,近扁平,背部顶端的下方有一弯曲的钩状尖头,中部的种鳞发育,各有 1～2 粒种子;种子无翅,稀有极窄之翅。$2n=22$。

仅 1 种,几遍全国;浙江及杭州也有。

侧柏　(图 1-129)

Platycladus orientalis（L.）Franco

乔木,高达 20m,胸径为 1m。树皮薄,纵裂成条片。叶鳞形,长 1～3mm,小枝中央的叶倒卵状菱形或斜方形,背面中间有条状腺槽,两侧的叶船形,先端微内曲,背部尖头的下方有腺点。雄球花黄色,卵球形;雌球花近球形,蓝绿色,被白粉。球果近卵球形,长 1.5～2.5cm,成熟前近肉质,蓝绿色,被白粉,成熟后木质,开裂,红褐色;中间 2 对种鳞背部顶端的下方有一向外弯曲的尖头,上部 1 对种鳞窄长,近柱状,下部 1 对种鳞极小;种子卵球形或近椭圆球形,灰褐色或紫褐色,长 6～8mm,稍有棱脊,无翅或有极窄之翅。花期 3—4 月,球果 10 月成熟。

图 1-129　侧柏

见于拱墅区(半山)、西湖区(留下)、西湖景区(灵峰、上天竺、桃源岭),栽植于庭院、宅旁、寺庙、墓地及向阳山坡。我国除海南、青海、西藏、新疆外均有分布;朝鲜半岛、俄罗斯也有。

优良的用材树种及园林绿化树种。

2．柏木属　Cupressus L.

常绿乔木,稀灌木状。小枝斜上伸展,稀下垂,生鳞叶的小枝四棱形或圆柱形,不排成一平面,稀扁平而排成一平面。叶鳞形,交叉对生,排列成 4 行,同型或二型,叶背有明显或不明显的腺点,边缘具极细的齿毛,仅幼苗或萌生枝上之叶为刺形。雌雄同株,球花单生于枝顶;雄球花具多数雄蕊,每一雄蕊具 2～6 枚花药;雌球花近球形,具 4～8 对盾形珠鳞,部分珠鳞的基部着生 5 至多枚直生胚珠,胚珠排成 1 行或数行。球果翌年夏季成熟,球形或近球形;种鳞 4～8对,熟时张开,木质,盾形,顶端中部常具凸起的短尖头,能育种鳞具 5 至多粒种子;种子稍扁,有棱角,两侧具窄翅。

约 17 种,分布于非洲北部、亚洲、欧洲南部和北美洲西南部;我国有 9 种;浙江有 3 种;杭州有 1 种。

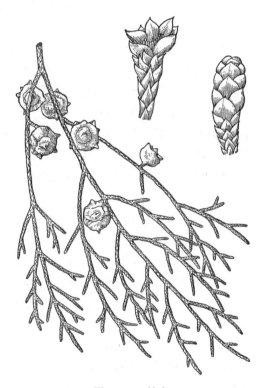

柏木　（图 1-130）

Cupressus funebris Endl.

乔木,高达 35m,胸径达 2m。树皮淡灰褐色,裂成窄长条片;小枝细长而下垂,生鳞叶的小枝扁,排成一平面。鳞叶长 1～1.5mm,先端锐尖,中央的叶背部有条状腺点,两侧的叶对折,背部有棱脊。雄球花椭圆球形或卵球形,长2.5～3mm,雄蕊通常 6 对,淡绿色,边缘带褐色;雌球花近球形,直径约为 3.5mm。球果圆球形,直径为 8～12mm,熟时暗褐色;种鳞 4 对,顶端为不规则五角形或方形,宽 5～7mm,中央有尖头或无,能育种鳞有 5～6 粒种子;种子宽倒卵球形,长约 2.5mm,扁,熟时淡褐色,有光泽,边缘具窄翅。花期 3—5 月,球果翌年 8 月成熟。$2n=22$。

区内有栽培。分布于华东、华中、华南及西南。

是优良的用材树种和绿化树种;亦可作长江以南湿暖地区石灰岩山地的造林树种。

图 1-130　柏木

3．刺柏属　Juniperus L.

常绿乔木或灌木。树皮纵裂成长条薄片脱落,小枝不排成一平面。叶刺形或鳞形,或同一树兼有鳞叶及刺叶;刺叶常 3 叶轮生,基部下延或不下延,上面有气孔带;鳞叶常交叉对生,菱形,下面常具腺体。雌雄异株或同株,球花单生于短枝顶端;雄球花卵球形或矩圆球形,黄色,雄蕊 4～8 对,交互对生;雌球花具 2～4 对交叉对生的珠鳞,或 3 枚轮生,每一珠鳞有 1～6 枚胚珠,着生于珠鳞的腹面基部。球果通常翌年成熟,近球形,浆果状;种鳞合生,肉质;苞鳞与种鳞合生,仅顶端尖头分离,熟时不开裂;种子 1～6 粒,无翅,坚硬,骨质,常有棱脊。

约 60 种,分布于北半球北部;我国有 23 种;浙江有 5 种;杭州有 3 种。

分 种 检 索 表

1. 全为刺叶,基部有关节,不下延;冬芽显著;球花单生于叶腋 ································· 1. 刺柏 *J. formosana*
1. 全为刺叶或鳞叶,或同一树上两者兼有,刺叶基部无关节,下延;冬芽不显著;球花单生于枝顶。
  2. 叶全为刺叶;匍匐灌木 ································· 2. 铺地柏 *J. procumbens*
  2. 叶兼有鳞叶和刺叶,或仅幼株全为刺叶;直立乔木或灌木 ················· 3. 圆柏 *J. chinensis*

1. 刺柏 （图 1-131）

Juniperus formosana Hayata

乔木,高达 12m。树冠塔形或圆柱形;枝条斜展或直展;小枝下垂,三棱形。叶全为刺形,3 叶轮生,条状披针形,长 1.2～2cm,宽 1～2mm,先端渐尖具锐尖头,上面稍凹,中脉微隆起,绿色,两侧各有 1 条白色或淡绿色的气孔带,气孔带较绿色边带稍宽,在叶的先端会合为 1 条,下面绿色,有光泽,具纵钝脊,横切面新月形。雄球花球形或椭圆球形,长 4～6mm。球果近球形或宽卵球形,肉质,直径为 6～10mm,熟时淡红褐色,被白粉或白粉脱落,间或顶部微张开;种子半月形,具 3～4 条棱脊,顶端尖。

区内常见,生于干燥瘠薄的山冈和向阳山坡,也见于疏林、林缘、山脚、空旷地。分布于淮河以南各省、区。

小枝下垂,树形美观,多栽培作庭院树;也是优良的用材树种;或作水土保持的造林树种。

图 1-131 刺柏

2. 铺地柏

Juniperus procumbens (Endl.) Siebold ex Miq. ——*Sabina procumbens* (Endl.) Iwata & Kusaka

匍匐灌木,高达 75cm。枝条沿地面扩展,褐色,密生小枝,枝梢及小枝向上斜展。刺形叶 3 叶轮生,条状披针形,长 6～8mm,先端渐尖成角质锐尖头,基部下延,上面凹,有 2 条白色气孔带,气孔带常在上部会合,绿色中脉仅下部明显,不达叶之先端,下面凸起,蓝绿色,沿中脉有细纵槽。球果近球形,被白粉,成熟时蓝黑色,直径为 8～9mm;有 2～3 粒种子,种子长约 4mm,有棱脊。

区内有栽培。原产于日本;安徽、福建、江苏、江西、辽宁、山东、云南有栽培。

常作园林树种。

3. 圆柏 （图 1-132）

Juniperus chinensis L. ——*Sabina chinensis*（L.）Ant.

乔木,高达 20m,胸径达 3.5m。幼树树冠尖塔
形,老则广圆形;生鳞叶的小枝近圆柱形或近四棱
形。叶二型,幼树多为刺叶,老树则全为鳞叶,壮龄
树兼有刺叶与鳞叶;刺叶常 3 叶轮生,斜展,疏松,
披针形,先端渐尖,长 6～12mm,上面微凹,有 2 条
白粉带;鳞叶交叉对生,间或 3 叶轮生,直伸而紧
密,近披针形,先端急尖,长 2.5～5mm,背面近中
部有腺体。雌雄异株,稀同株,雄球花黄色,椭圆球
形,长 2.5～3.5m,雄蕊 5～7 对。球果近圆球形,
直径为 6～8mm,翌年成熟,熟时暗褐色,被白粉或
白粉脱落,有 1～4 粒种子;种子卵球形,扁,顶端
钝,有棱脊。

图 1-132　圆柏

区内常见栽培,常栽植于庭院、寺庙四周。分
布于甘肃、广东、广西、陕西及华北、西南;日本、朝
鲜半岛也有。

为普遍栽培的庭院树种。

龙柏'kaizuka'为常见栽培品种,树冠圆柱状
或柱状塔形。枝条向上直展,常有扭转上升之势,
小枝密,在枝端成几等长之密簇。叶全为鳞形,排列紧密,幼嫩时淡黄绿色,后呈翠绿色。果蓝
色,微被白粉。

6. 罗汉松科　Podocarpaceae

常绿乔木或灌木。叶多型:条形、披针形、椭圆形、钻形、鳞形,或退化成叶状枝,螺旋状排
列,近对生或交叉对生,背面有气孔线或两面均有气孔线。球花单性,雌雄异株,稀同株;雄球
花穗状,单生或簇生于叶腋,稀顶生,雄蕊多数,螺旋状排列,花药 2 枚,花粉常有气囊;雌球花
单生于叶腋或苞腋,或生枝顶,稀穗状,具螺旋状着生的苞片,部分、全部或仅顶端之苞腋着生
1 枚胚珠。种子核果状或坚果状,全部或部分为肉质或较薄而干的假种皮所包,苞片与轴愈合
发育成肉质种托,有胚乳,子叶 2 枚。

18 属,约 180 种,分布于热带、亚热带及南温带地区,在南半球分布最多;我国有 4 属,12
种,分布于长江以南各省、区;浙江有 2 属,3 种,2 变种;杭州有 2 属,2 种,1 变种。

多种可供城市园林绿化;种子可榨油;某些种还是优良木材。

1. 竹柏属　Nageia Endl.

乔木。叶对生或近对生,革质,宽卵形、椭圆形到长圆状披针形,有多数并列的细脉,无中脉,两面有气孔线,或仅下面有气孔线。雄球花穗状或圆柱形,单生或分枝状,或3～6个簇生在花序梗上;雌球花单生于叶腋,或成对生于小枝顶端,梗端常着生2枚胚珠,仅1枚发育,基部有数枚苞片,花后苞片不肥大成肉质种托。种子核果状、球状。

约6种,分布于亚洲热带、亚热带;我国有3种,分布于长江以南各省、区;浙江及杭州有1种。

竹柏　(图1-133)

Nageia nagi（Thunb.）Kuntze

乔木,高达20m,胸径为50cm。树冠广圆锥形;树皮近平滑,红褐色,呈小块薄片脱落。叶对生,长卵形、卵状披针形或披针状椭圆形,长3.5～10cm,宽1.2～3cm,上面深绿色,有光泽,下面浅绿色。雄球花穗状,常呈分枝状,长1.8～2.5cm,花序梗粗短;雌球花单生于叶腋。种子圆球形,直径为1.1～1.5cm,熟时假种皮暗紫色,有白粉,梗长7～12mm,其上有苞片脱落的痕迹;骨质外种皮黄褐色,密被细小的凹点,内种皮膜质。花期3—4月,种子10月成熟。$2n=26,29$。

区内有栽培。分布于福建、湖南、江西、四川、台湾及华南;日本也有。

优良的用材树种;种子可榨油;树冠浓密,可应用于园林绿化。

图1-133　竹柏

2. 罗汉松属　Podocarpus L'Her. ex Persoon

乔木或灌木。叶条形、披针形、椭圆状卵形或鳞形,螺旋状排列,近对生或交叉对生。雄球花穗状,单生或簇生于叶腋,基部有少数螺旋状排列的苞片;雌球花常单生于叶腋或苞腋,基部有数枚苞片,最上部1套被生1枚倒生胚珠,套被与珠被合生,花后套被增厚成肉质假种皮,苞片发育成肉质种托。种子当年成熟,核果状,有梗或无梗,全部为肉质假种皮所包,生于肉质种托上。

约100种,分布于亚热带、热带及南温带,多产于南半球;我国有7种,4变种,分布于长江以南各省、区;浙江有2种,2变种;杭州有1种,1变种。

与上属的区别在于:本属叶螺旋状排列,有明显中脉;种托肉质肥厚。

1. 罗汉松 （图 1-134）

Podocarpus macrophyllus（Thunb.）Sweet

乔木,高达 20m,胸径达 60cm。树皮灰色或灰褐色,浅纵裂,呈薄片状脱落;枝开展或斜展,较密。叶条状披针形,微弯,长 7～12cm,宽 7～10mm,先端尖,基部楔形,上面深绿色,有光泽,中脉显著隆起,下面灰绿色或淡绿色,中脉微隆起。雄球花穗状,常 3～5 个簇生于极短的花序梗上,长 3～5cm;雌球花单生于叶腋,有梗。种子卵球形,直径约为 1cm,熟时肉质假种皮紫黑色,有白粉,种托肉质圆柱形,红色或紫红色,梗长 1～1.5cm。花期 4—5 月,种子 8—9 月成熟。2n＝38。

区内常见栽培,多栽培于庭院作观赏树。分布于长江流域及其以南各省、区;日本也有。

树姿优美,枝叶茂密,常作园林绿化树种。

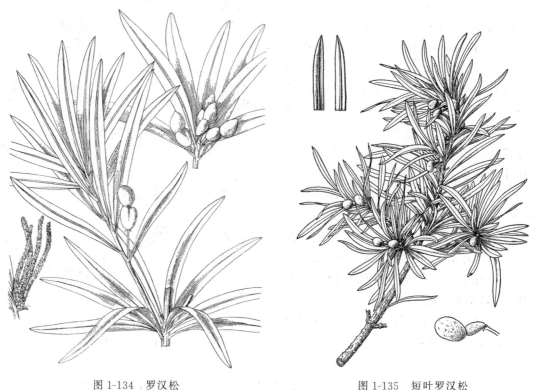

图 1-134　罗汉松　　　　　　　　图 1-135　短叶罗汉松

1a. 短叶罗汉松 （图 1-135）

var. maki Siebold & Zucc.

与原种的区别在于:本变种为小乔木或呈灌木状;枝条向上斜展;叶短而密生,长 2.7～6cm,宽 3～6mm,先端钝或圆。2n＝38。

区内常见栽培。原产于日本。

为我国庭院中常见观赏树种。

7. 三尖杉科 Cephalotaxaceae

　　常绿乔木或灌木。小枝常对生，基部具宿存芽鳞。叶条形或披针状条形，交叉对生或近对生，在侧枝上基部扭转排成 2 列，两面中脉隆起，下面有 2 条宽气孔带。球花单性，雌雄异株，稀同株；雄球花 6～11 朵聚生成头状花序，单生于叶腋，有梗或几无梗，基部有多数螺旋状着生的苞片，雄蕊 4～18 枚；雌球花具长梗，生于小枝基部苞腋，花梗上部的花轴上具数枚苞片，每一苞片的腋部有 2 枚直生胚珠。种子翌年成熟，核果状，全部包于由珠托发育成的肉质假种皮中，常数个生于轴上，下垂，卵球形、椭圆状卵球形或球形，顶端具凸起的小尖头，基部有宿存的苞片，外种皮骨质，内种皮薄膜质，有胚乳。

　　1 属，约 9 种，产于亚洲东部至南亚次大陆；我国有 6 种，分布于黄河以南各省、区；浙江有 2 种；杭州有 1 种。

三尖杉属　Cephalotaxus Siebold & Zucc.

　　属特征同科。

三尖杉　（图 1-136）

Cephalotaxus fortunei Hook.

　　乔木，高达 20m，胸径达 40cm。树冠广圆形；树皮褐色或红褐色，裂成片状脱落；枝条较细长，稍下垂。叶排成 2 列，披针状条形，常微弯，长 5～10cm，宽 3.5～4.5mm，先端长尖头，基部楔形或宽楔形，上面深绿色，下面气孔带白色，较绿色边带宽 3～5 倍。雄球花 8～10 朵聚生成头状，直径约为 1cm，花序梗粗，长 6～8mm，每一雄球花有 6～16 枚雄蕊；雌球花的胚珠 3～8 枚发育成种子，花序梗长 1.5～2cm。种子椭圆状卵球形或近球形，长约 2.5cm，假种皮成熟时紫色或红紫色，顶端有小尖头。花期 4—5 月，种子翌年 8—10 月成熟。$2n=24$。

　　见于余杭区（径山、塘栖）、西湖景区（飞来峰、虎跑、龙井、满觉陇、五云山、云栖等），生于山谷、山麓、林缘及裸岩旁，常呈散生状态。分布于秦岭以南各省、区；缅甸也有。

　　可提取多种生物碱；种仁可作工业用油；也是优良的用材树种。

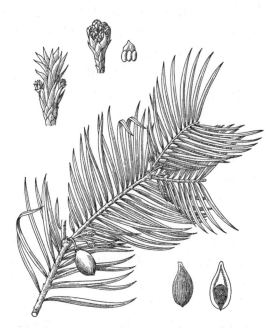

图 1-136　三尖杉

8. 红豆杉科　Taxaceae

常绿乔木或灌木。叶条形或披针形,螺旋状排列或交叉对生,上面中脉明显、微明显或不明显,下面沿中脉两侧各有1条气孔带,叶内有树脂道或无。球花单性,雌雄异株,稀同株;雄球花单生于叶腋或苞腋,或组成穗状花序集生于枝顶,雄蕊多数,各有3～9个花药,药室纵裂,花粉无气囊;雌球花单生或成对生于叶腋或苞腋,有梗或无梗,基部具多数苞片,胚珠1枚,直立,生于花轴顶端或侧生于短轴顶端的苞腋,基部具辐射对称的盘状或漏斗状珠托。种子核果状,无梗则全部为肉质假种皮所包,如具长梗,则种子包于囊状肉质假种皮中,其顶端尖头露出;或种子坚果状,包于杯状肉质假种皮中,有短梗或近无梗;胚乳丰富;子叶2枚。

5属,21种,主产于北半球;我国有4属,11种,5变种,分布于华中、华南、西南及东南;浙江有4属,4种,1变种;杭州有2属,1种,1变种。

1. 红豆杉属　Taxus L.

常绿乔木或灌木。小枝不规则互生,基部有多数或少数宿存的芽鳞。叶条形,螺旋状着生,基部扭转排成2列,上面中脉隆起,下面有2条淡灰绿色或淡黄色的气孔带,叶内无树脂道。球花单生于叶腋;雄球花圆球形,有梗,雄蕊6～14枚,盾状,花药4～9枚,辐射排列;雌球花几无梗,胚珠直立,基部托以圆盘状的珠托,受精后珠托发育成肉质、杯状、红色的假种皮。种子坚果状,当年成熟,生于假种皮中;子叶2枚,发芽时出土。

约9种,分布于北半球;我国有3种,2变种;浙江有2变种;杭州有1变种。

南方红豆杉　(图1-137)

Taxus wallichiana Zucc. var. mairei (Lemée & H. Lév.) L. K. Fu & N. Li——*T. chinensis* var. *mairei* (Lemée & H. Lév.) W. C. Cheng & L. K. Fu

乔木,高达30m,胸径达60～100cm。树皮红褐色或暗褐色,裂成条片状脱落;大枝开展。叶条形,微弯,多呈弯镰刀状,长2～4cm,宽3～4mm,上部常渐窄,先端渐尖,上面深绿色,有光泽,下面有2条黄绿色气孔带,中脉带清晰,色泽与气孔带相异,呈淡绿色或绿色,无密

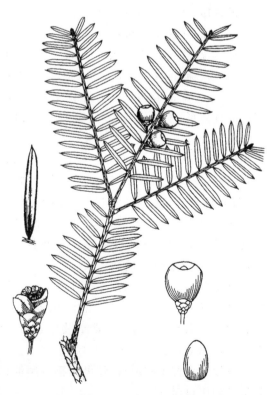

图1-137　南方红豆杉

生的角质乳头状凸起。雄球花淡黄色。种子微扁，多呈倒卵球形，长 7～8mm，直径约为 5mm，有纵棱脊。花期 3—4 月，种子 11 月成熟。

　　见于余杭区（鸬鸟），生于疏林、向阳山坡，区内常见栽培。分布于安徽、福建、甘肃、广东、广西、贵州、河南、湖北、湖南、江西、陕西、四川、台湾、云南；印度、缅甸、越南也有。

　　假种皮鲜红，格外醒目，是优良的园林绿化树种；也是用材树种。

2. 榧树属　Torreya Arn.

　　常绿乔木。枝轮生，小枝近对生或近轮生，基部无宿存芽鳞；冬芽具数对交叉对生的芽鳞。叶交叉对生或近对生，基部扭转成 2 列，条形或条状披针形，坚硬，先端有刺状尖头，上面微拱，中脉不明显或微明显，下面有 2 条较窄的气孔带。雌雄异株，稀同株；雄球花单生于叶腋，椭圆球形或短圆柱形，有短梗，雄蕊排列成 4～8 轮，每轮 4 枚；雌球花成对生于叶腋，无梗，胚珠直立，生于漏斗状珠托上，通常仅 1 个雌球花发育，受精后珠托增大发育成肉质假种皮。种子核果状，全部包于肉质假种皮中，胚乳微皱至深皱，翌年秋季成熟；发芽时子叶不出土。

　　6 种，分布于北半球；我国有 4 种，2 变种；浙江有 2 种，1 变种；杭州有 1 种。

　　与上属的区别在于：本属小枝对生；叶上面中脉不明显；种子全部包于绿色肉质假种皮中。

榧树　（图 1-138）

Torreya grandis Fort. ex Lindl.

　　乔木，高达 25m，胸径达 55cm。树皮灰色或灰褐色，不规则纵裂；一年生枝绿色，无毛，二、三年生枝黄绿色。叶条形，排成 2 列，通常直，长 1.1～2.5cm，宽 2.5～3.5mm，先端突尖，上面亮绿色，中脉不明显，下面淡绿色，中脉带宽 0.5～0.7mm，气孔带宽 0.3～0.4mm，绿色边带与中脉带等宽。雄球花圆柱状，长约 8mm，基部的苞片有明显的背脊。种子椭圆球形、卵球形、倒卵球形或长椭圆球形，长 2～4.5cm，直径为 1.5～2.5cm，熟时假种皮淡紫褐色，有白粉，顶端微凸，基部具宿存的苞片，胚乳微皱。花期 4 月，种子翌年 10 月成熟。2n＝22。

　　见于余杭区（鸬鸟），生于林下、山谷、溪边，区内有栽培。分布于安徽、福建、贵州、湖南、江苏、江西。

　　种子可食；树姿优美，是良好的园林树种；也是优良的用材树种。

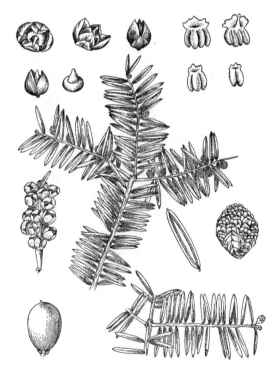

图 1-138　榧树

被子植物门　Angiospermae

　　孢子体极为发达,器官与组织有了更进一步的分化,在输导组织中,木质部不仅有管胞,还有更进化的导管,韧皮部中出现了筛管与伴胞。出现各种不同的生活类型,即木本与草本、多年生与一年生、常绿与落叶,加强了对各类复杂生活条件的适应能力。

　　被子植物具有真正的花,其开花过程与其他植物的区别显著,故又称有花植物。花由花萼、花瓣、雄蕊(小孢子叶)和雌蕊(大孢子叶)组成。花粉粒(1个核时为小孢子,分裂后为雄配子体)落到柱头上,不直接与胚珠接触。雌蕊是由心皮(大孢子叶)包裹着胚珠(大孢子囊)组成。配子体进一步退化,雄配子体(成熟花粉粒)仅由2或3个细胞组成;雌配子体(胚囊)仅由7个细胞组成,颈卵器不再出现。出现了双受精过程,胚乳不是雌配子体的组织,而是由极核细胞受精而来,为三倍体的新的组织。果实的形成能更好地保护幼小孢子体——胚,以及更好地散布种子。

　　被子植物是现代植物界进化最高级、种类最多、分布最广、适应性最强的门类。对被子植物门的分科数目,各家意见不一,一般来讲有300~600科,12000属,20万~25万种。我国有220多科,3100属,约3万种;浙江被子植物包括常见引种栽培植物在内,共有175科,1310属,4200多种。

分科检索表

1. 胚具 2 枚子叶;花各部每轮 4 或 5 基数;叶常具网状脉;茎常有皮层和髓的区别(双子叶植物纲 Dicotyledoneae)。
　2. 花瓣分离,或缺如。
　　3. 花为裸花(无萼,无花冠),或为单被花(仅有花萼,无花冠)。
　　　4. 花单性;雌花和雄花均组成葇荑花序,或至少雄花组成葇荑花序(状)。
　　　　5. 花萼不存在,或仅在雄花中存在。
　　　　　6. 果为蒴果,其中含多颗种子 ………………………………………… 4. **杨柳科**　Salicaceae
　　　　　6. 果为坚果或核果,含 1 颗种子。
　　　　　　7. 叶为羽状复叶 ……………………………………………… 6. **胡桃科**　Juglandaceae
　　　　　　7. 叶为单叶。
　　　　　　　8. 雄花无花萼;核果,肉质 …………………………………… 5. **杨梅科**　Myricaceae
　　　　　　　8. 雄花有花萼;小坚果 …………………………………………… 7. **桦木科**　Betulaceae
　　　　5. 花萼存在,或在雄花中不存在。
　　　　　9. 子房下位或半下位。
　　　　　　10. 叶为羽状复叶 ……………………………………………… 6. **胡桃科**　Juglandaceae
　　　　　　10. 叶为单叶。
　　　　　　　11. 坚果或小坚果部分或全部包在叶状或囊状总苞内,或小坚果和鳞片合生成球果状的果序 ………………………………………………………… 7. **桦木科**　Betulaceae
　　　　　　　11. 坚果部分或全部包在具鳞片或刺的木质总苞(壳斗)内 …… 8. **壳斗科**　Fagaceae

9. 子房上位。

　　　12. 植物体具乳汁;子房 1 室;果为聚花果 ……………………………… 10. **桑科**　Moraceae

　　　12. 植物体无乳汁;子房 1～3(4)室;果为瘦果、核果、蒴果、坚果或浆果。

　　　　　13. 雄蕊之花丝在花蕾中向内卷曲;果为瘦果 …………… 12. **荨麻科**　Urticaceae

　　　　　13. 雄蕊之花丝在花蕾中直立;果为瘦果、核果、蒴果、坚果或浆果。

　　　　　　　14. 雌雄同株;乔木或灌木。

　　　　　　　　　15. 果为坚果或核果;子房 1 或 2 室 ……………… 9. **榆科**　Ulmaceae

　　　　　　　　　15. 果为蒴果;子房 2 室 …………… 47. **金缕梅科**　Hamamelidaceae

　　　　　　　14. 雌雄异株。

　　　　　　　　　16. 草本植物或草质藤本;叶缘掌状分裂,或为掌状复叶…………………

　　　　　　　　　…………………………………………………… 11. **大麻科**　Cannabaceae

　　　　　　　　　16. 木本植物;单叶或 3 出复叶,叶片全缘或具锯齿…………………

　　　　　　　　　…………………………………………………… 59. **大戟科**　Euphorbiaceae

4. 花单性或两性;单性花不组成荑黄花序。

　17. 花无花被。

　　18. 花大多排列成密穗状。

　　　19. 雌蕊由 3 或 4 个近于分离的心皮构成,或结合时子房 1 室而具多枚胚珠;草本 ……

　　　………………………………………………………………… 1. **三白草科**　Saururaceae

　　　19. 心皮结合,1 室,有 1 枚胚珠;草本或木本。

　　　　　20. 雌蕊由 1～4 枚心皮构成;胚珠直立 ……………… 2. **胡椒科**　Piperaceae

　　　　　20. 雌蕊仅 1 枚心皮;胚珠悬垂…………………… 3. **金粟兰科**　Chloranthaceae

　　18. 花不排列成穗状。

　　　21. 乔木。

　　　　　22. 落叶乔木;枝、叶折断有胶丝;小坚果,其周围为薄革质翅包围…………………

　　　　　…………………………………………………………… 48. **杜仲科**　Eucommiaceae

　　　　　22. 常绿乔木;枝、叶无胶丝;核果 ……………… 60. **交让木科**　Daphniphyllaceae

　　　21. 草本。

　　　　　23. 陆生植物,具乳汁;雄花、雌花同生于杯状体内,子房 3 室;蒴果 …………………

　　　　　…………………………………………………………… 59. **大戟科**　Euphorbiaceae

　　　　　23. 水生或沼生植物,无乳汁;雄花、雌花并生于叶腋,子房因假隔膜隔成 4 室;具 4

　　　　　个分离的小核果 …………………………………… 61. **水马齿科**　Callitrichaceae

　17. 花仅有花萼,有时具由花瓣变形的蜜腺叶。

　　24. 子房与花萼分离,即子房上位。

　　　25. 雌蕊由 2 至数枚离生或近于分离的心皮构成。

　　　　　26. 花丝分离;草本、灌木或木质藤本。

　　　　　　　27. 瘦果,包藏在下陷的被丝托内 ……………… 49. **蔷薇科**　Rosaceae

　　　　　　　27. 浆果或瘦果,不为萼筒所包。

　　　　　　　　　28. 果为瘦果 ……………………………… 31. **毛茛科**　Ranunculaceae

　　　　　　　　　28. 果为浆果。

　　　　　　　　　　　29. 草本;花两性;单叶 ………………… 21. **商陆科**　Phytolaccaceae

　　　　　　　　　　　29. 木质藤本;花单性或两性混生;羽状复叶或掌状复叶 …………

　　　　　　　　　　　…………………………………………… 32. **木通科**　Lardizabalaceae

　　　　　26. 花丝结合成筒状;乔木 …………………………… 77. **梧桐科**　Sterculiaceae

25. 雌蕊仅1枚心皮,或由2至数枚心皮结合而成。

　　30. 木本植物。

　　　　31. 子房1室。

　　　　　　32. 叶为单叶。

　　　　　　　　33. 花药瓣裂;植物体(叶片)常有樟脑味 ……… **39. 樟科** Lauraceae

　　　　　　　　33. 花药纵裂;植物体无樟脑味。

　　　　　　　　　　34. 雄蕊与萼片同数;花萼结合成筒,呈花冠状。

　　　　　　　　　　　　35. 枝、叶、花萼筒无鳞被;花萼筒整个脱落 ………………………

　　　　　　　　　　　　　　……………………… **86. 瑞香科** Thymelaeaceae

　　　　　　　　　　　　35. 枝、叶和花萼筒均被银白色或棕色鳞被;花萼筒或其下部宿

　　　　　　　　　　　　　　存 ……………… **87. 胡颓子科** Elaeagnaceae

　　　　　　　　　　34. 雄蕊比萼片倍数多;花萼小,分离 ………………………

　　　　　　　　　　　　……………………… **83. 大风子科** Flacourtiaceae

　　　　　　32. 叶为羽状复叶;花单性异株 ………………………………

　　　　　　　　………………… **63. 漆树科(黄连木属)** Anacardiaceae(*Pistacia*)

　　　　31. 子房2至多室。

　　　　　　36. 雄蕊与萼片同数,且互生 ……………… **72. 鼠李科** Rhamnaceae

　　　　　　36. 雄蕊与萼片不同数,或同数且对生。

　　　　　　　　37. 叶互生。

　　　　　　　　　　38. 羽状复叶 ……………… **69. 无患子科** Sapindaceae

　　　　　　　　　　38. 单叶,或为3枚小叶组成的复叶。

　　　　　　　　　　　　39. 果为蒴果,2室,成熟时2裂 ………………………

　　　　　　　　　　　　　　……………………… **47. 金缕梅科** Hamamelidaceae

　　　　　　　　　　　　39. 果为蒴果、核果状或浆果状,2或3室。

　　　　　　　　　　　　　　40. 植物体具乳汁;胚珠具腹脊 ………………………

　　　　　　　　　　　　　　　　……………………… **59. 大戟科** Euphorbiaceae

　　　　　　　　　　　　　　40. 植物体无乳汁;胚珠具背脊 …… **62. 黄杨科** Buxaceae

　　　　　　　　37. 叶对生。

　　　　　　　　　　41. 果为蒴果;叶常绿 ……………… **62. 黄杨科** Buxaceae

　　　　　　　　　　41. 果为翅果;常绿或落叶。

　　　　　　　　　　　　42. 果分成2个分果,每个分果顶端具长翅 ………………

　　　　　　　　　　　　　　……………………… **67. 槭树科** Aceraceae

　　　　　　　　　　　　42. 果为1个小坚果,顶端具长翅 …… **106. 木犀科** Oleaceae

　　30. 草本植物,稀为亚灌木。

　　　　43. 沉水植物;叶轮生,细裂成丝状 ……… **29. 金鱼藻科** Ceratophyllaceae

　　　　43. 陆生植物。

　　　　　　44. 子房1室。

　　　　　　　　45. 胚珠1枚;植物体无乳汁。

　　　　　　　　　　46. 茎节上具鞘状托叶 ……………… **17. 蓼科** Polygonaceae

　　　　　　　　　　46. 茎节上无托叶形成的鞘。

　　　　　　　　　　　　47. 花萼呈花冠状,全部或部分宿存。

　　　　　　　　　　　　　　48. 花萼呈筒状而显著;叶对生;茎近直立 ………………

　　　　　　　　　　　　　　　　……………………… **20. 紫茉莉科** Nyctaginaceae

48. 花萼小;叶互生;茎缠绕 …… 24. 落葵科　Basellaceae
47. 花萼不呈花冠状。
49. 花柱自子房的侧面基部伸出,即侧生 …………………
………… 10. 桑科(水蛇麻属)　Moraceae(*Fatoua*)
49. 花柱顶生,或花柱极短时柱头顶生。
50. 果为瘦果;叶为单叶。
51. 花柱 2 枚,或顶端 2 裂;胚珠悬垂 …………………
……………… 10. 桑科　Moraceae
51. 花柱 1 枚;胚珠直立 … 12. 荨麻科　Urticaceae
50. 果为胞果或瘦果;瘦果时叶为羽状复叶。
52. 胞果;花萼和雄蕊下位;单叶,无托叶。
53. 花萼草质;雄蕊常分离 …………………
………………… 18. 藜科　Chenopodiaceae
53. 花萼膜质,干燥;雄蕊基部常联合…………
……………… 19. 苋科　Amaranthaceae
52. 瘦果;花萼和雄蕊周位;羽状复叶,具托叶…………
…… 49. 蔷薇科(地榆属)　Rosaceae(*Sanguisorba*)
45. 胚珠多枚;植物体具乳汁;果为蒴果 …………………………………
…………………… 40. 罂粟科(博落回属)　Papaveraceae(*Macleaya*)
44. 子房 2 至多室。
54. 花两性。
55. 果为角果,具假隔膜………… 42. 十字花科　Brassicaceae
55. 果为蒴果,无假隔膜。
56. 花萼分离;子房 3 室;叶轮生或对生 …………………
………………………………… 22. 番杏科　Aizoaceae
56. 花萼结合成筒;子房 2 室;叶对生 …………………
………………………… 88. 千屈菜科　Lythraceae
54. 花单性。
57. 植物体具乳汁;果为蒴果;一年生草本或亚灌木 …………
………………………… 59. 大戟科　Euphorbiaceae
57. 植物体无乳汁;果为浆果状蒴果,常有 3 个角状凸起;亚灌木……
………………………………… 62. 黄杨科　Buxaceae
24. 子房与花萼合生或部分合生,子房下位或半下位。
58. 非寄生植物。
59. 木本,常具星状毛;蒴果木质,2 裂…………… 47. 金缕梅科　Hamamelidaceae
59. 草本,不具星状毛;蒴果,开裂或不裂。
60. 花萼呈花冠状;子房 4~6 室;茎常蔓生 … 16. 马兜铃科　Aristolochiaceae
60. 花萼非花冠状;子房 1 或 2 室;茎直立 …… 45. 虎耳草科　Saxifragaceae
58. 半寄生植物。
61. 草本,常生于其他植物根部;果为坚果 ………… 14. 檀香科　Santalaceae
61. 灌木,常生于木本植物茎干上;果为浆果………… 15. 槲寄生科　Viscaceae
3. 花为双被花(有萼,有花冠),或具 2 层以上花被片。
62. 子房和花萼分离,即子房上位。

63. 食虫植物;叶变态为捕虫器,常为感觉敏锐的腺毛 ·········· 43. **茅膏菜科**　Droseraceae
63. 非食虫植物。
　64. 雄蕊多于 10 枚,或为花瓣的倍数,或比花瓣的倍数多。
　　65. 雌蕊由 2 至多个分离或近于分离的心皮构成。
　　　66. 水生草本植物。
　　　　67. 叶片盾形,全缘;萼片、花瓣各 3 枚,或花瓣多数。
　　　　　68. 花瓣多数;心皮分离,包藏在 1 个海绵质的花托中······················
　　　　　　···························· 26. **莲科**　Nelumbonaceae
　　　　　68. 萼片和花瓣各 3 枚;心皮 3 枚 ············ 28. **莼菜科**　Cabombaceae
　　　　67. 叶片非盾形;萼片、花瓣各 5 枚 ············ 31. **毛茛科**　Ranunculaceae
　　　66. 陆生植物。
　　　　69. 雄蕊着生在花托上或花盘上。
　　　　　70. 萼片、花瓣常为 3 或 3 的倍数,明显轮状排列;木本。
　　　　　　71. 具托叶;花托显著隆起 ················ 37. **木兰科**　Magnoliaceae
　　　　　　71. 无托叶;花托平。
　　　　　　　72. 乔木或灌木;花两性,花托果时不伸长 ··················
　　　　　　　　·················· 35. **八角科**　Illiciaceae
　　　　　　　72. 藤本;花单性,花托果时显著伸长 ··················
　　　　　　　　··················· 36. **五味子科**　Schisandraceae
　　　　　70. 萼片、花瓣通常 5 枚,镊合状排列;草本或灌木 ··················
　　　　　　·················· 30. **芍药科**　Paeoniaceae
　　　　69. 雄蕊着生在花萼上;果生于平坦或凸起的花托上,或藏于壶状花托中;常有
　　　　　托叶 ················ 49. **蔷薇科**　Rosaceae
　65. 雌蕊由 1 个心皮构成,或由 2 至多个心皮结合而成。
　　73. 子房 1 室,稀为不完全 3～5 室。
　　　74. 胚珠 2 枚;果为核果;木本 ················ 49. **蔷薇科**　Rosaceae
　　　74. 胚珠多枚;果常为蒴果;草本或木本。
　　　　75. 叶片常具透明或黑色腺点;花丝常结合成束;叶对生······················
　　　　　··················· 80. **藤黄科**　Clusiaceae
　　　　75. 叶片无透明或黑色腺点;花丝彼此分离;叶互生。
　　　　　76. 植物体具乳汁或黄色汁液;草本;萼片 2 枚且早落 ··················
　　　　　　·················· 40. **罂粟科**　Papaveraceae
　　　　　76. 植物体无乳汁;木本;萼片 4 或 5 枚 ··················
　　　　　　·················· 83. **大风子科**　Flacourtiaceae
　　73. 子房 2 至多室。
　　　77. 萼片镊合状排列。
　　　　78. 花丝联合成筒,为单体雄蕊;花药 1 室,花粉表面具刺 ··················
　　　　　··················· 76. **锦葵科**　Malvaceae
　　　　78. 花丝分离或部分结合;花药 2 室,花粉表面无刺。
　　　　　79. 花丝完全分离,稀成 5～10 束。
　　　　　　80. 花瓣有狭长的瓣柄,檐部成皱波状或流苏状 ··················
　　　　　　　·················· 88. **千屈菜科**　Lythraceae
　　　　　80. 花瓣无瓣柄。

81. 花药顶端 2 孔开裂 ………… **74. 杜英科** Elaeocarpaceae
81. 花药长纵裂 ……………………… **75. 椴树科** Tiliaceae
79. 花丝部分结合;蒴果常混有不完全雄蕊 ………………………………
………………………………………… **77. 梧桐科** Sterculiaceae
77. 萼片覆瓦状或旋转状排列。
82. 叶互生;果为柑果、浆果或蒴果。
83. 叶片具透明油点;柑果 ……………… **55. 芸香科** Rutaceae
83. 叶片不具油点;浆果或蒴果。
84. 藤本;花单性异株;浆果 ………… **78. 猕猴桃科** Actinidiaceae
84. 直立木本;花常为两性;蒴果或浆果 …… **79. 山茶科** Theaceae
82. 叶对生;果为蒴果 ……………………… **80. 藤黄科** Clusiaceae
64. 雄蕊少于 10 枚,或比花瓣的倍数少。
85. 雌蕊由 2 至数个分离或近于分离的心皮构成。
86. 肉质草本;花各轮同数,分离;蓇葖果 ……… **44. 景天科** Crassulaceae
86. 非肉质植物。
87. 叶片常具透明油点;花两性或单性;蓇葖果或蒴果 …… **55. 芸香科** Rutaceae
87. 叶片无透明油点。
88. 花单性。
89. 蔓生木质植物;核果 ……………… **34. 防己科** Menispermaceae
89. 乔木;果为小坚果、翅果或核果。
90. 花雌雄同株;叶为单叶,掌状分裂;小坚果集生成球状果序 ………
………………………………………… **50. 悬铃木科** Platanaceae
90. 单性花与两性花混生;羽状复叶;翅果或核果 …………………………
……………………………………… **56. 苦木科** Simaroubaceae
88. 花常两性。
91. 子房完整,果成熟时不分裂成分果。
92. 叶互生。
93. 叶无托叶;果为蓇葖果 ……… **45. 虎耳草科** Saxifragaceae
93. 叶常有托叶;果为瘦果 ……………… **49. 蔷薇科** Rosaceae
92. 叶对生。
94. 单叶;果为瘦果,包藏在壶状花托内 ……………………………
………………………………………… **38. 蜡梅科** Calycanthaceae
94. 复叶;果为蓇葖果 ………… **66. 省沽油科** Staphyleaceae
91. 子房 5 深裂,果成熟时分裂成 5 个分果,但花柱相连 ……………………
………………………………………… **53. 牻牛儿苗科** Geraniaceae
85. 雌蕊由 1 个心皮构成,或由 2 至数个心皮结合而成。
95. 子房 1 室,或因假隔膜而成数室,或为不完全数室,上部 1 室而下部数室。
96. 果为荚果;花冠成蝶形而极不整齐,或为假蝶形,或镊合状而整齐 ………
………………………………………… **51. 豆科** Fabaceae
96. 果非荚果。
97. 花药瓣裂,雄蕊与花瓣同数且对生;浆果或蒴果 ……………………
………………………………………… **33. 小檗科** Berberidaceae
97. 花药纵裂。

98. 子房内具 1 枚胚珠。

 99. 雄蕊分离；蒴果或核果；茎常直立。

  100. 花柱 3 枚或 3 裂，侧生或顶生；羽状复叶或单叶；核果 ……

   …………………………… 63. **漆树科**　Anacardiaceae

  100. 花柱 1 枚，顶生；羽状复叶；蒴果 ……………………………

   …………………………… 66. **省沽油科**　Staphyleaceae

 99. 雄蕊结合成一体；核果；茎蔓生 … 34. **防己科**　Menispermaceae

98. 子房内具 2 至数枚胚珠。

 101. 花冠整齐或近于整齐。

  102. 果肉质，不裂；花药瓣裂 ……… 33. **小檗科**　Berberidaceae

  102. 果非肉质而开裂。

   103. 侧模胎座。

    104. 叶鳞形而小，互生 …… 81. **柽柳科**　Tamaricaceae

    104. 叶非鳞形。

     105. 花瓣 4 枚；雄蕊 6 枚。

      106. 雄蕊等长；蒴果………………………………

       …………………… 41. **白花菜科**　Cleomaceae

      106. 雄蕊四强；角果………………………………

       ……………… 42. **十字花科**　Brassicaceae

     105. 花瓣和雄蕊各 5 枚。

      107. 草本；雄蕊和花瓣生于花萼上，周位花………

       ………………… 45. **虎耳草科**　Saxifragaceae

      107. 木本；雄蕊和花瓣生于花托上，下位花………

       ………………… 46. **海桐花科**　Pittosporaceae

   103. 特立中央胎座或基底胎座。

    108. 萼片 2 枚；雄蕊与花瓣同数，对生 ………………

     …………………………… 23. **马齿苋科**　Portulacaceae

    108. 萼片 4 或 5 枚；雄蕊常为花瓣的倍数，稀同数 ………

     …………………………… 25. **石竹科**　Caryophyllaceae

 101. 花冠不整齐。

  109. 花瓣 4 枚，外方 1 枚常有距或呈驼峰状；雄蕊 6 枚，结合成 2

  束 …………………………… 40. **罂粟科**　Papaveraceae

  109. 花瓣 5 枚，下面 1 枚有距；雄蕊 5 枚，分离 …………………

   …………………………… 82. **堇菜科**　Violaceae

95. 子房 2～5 室。

 110. 水生植物；叶自根状茎生出；花瓣多枚；果为浆果状 …………

  ………………………………… 26. **莲科**　Nelumbonaceae

110. 陆生植物，稀生于浅水中或水田中，但为对生叶或轮生叶的小草本。

 111. 花冠整齐，或近于整齐。

  112. 雄蕊与花瓣同数且对生。

   113. 花丝分离；子房每室有 1 或 2 颗胚珠。

    114. 蔓生草本，具卷须；花瓣镊合状排列，早落；浆果 …………

     …………………………… 73. **葡萄科**　Vitaceae

114. 直立或蔓生木本,无卷须。

 115. 蔓生木本;萼片覆瓦状排列;花瓣比萼片大;果实的外果
  皮稍肉质 ······················ 70. **清风藤科**　Sabiaceae

 115. 直立木本,稀为蔓生状;萼片镊合状排列;花瓣小;核果、
  翅果或浆果 ···················· 72. **鼠李科**　Rhamnaceae

 113. 花丝合生成筒状;子房每室有多数胚珠 ························
   ···························· 77. **梧桐科**　Sterculiaceae

112. 雄蕊与花瓣同数且互生。

 116. 叶具透明油点;单叶或复叶 ············ 55. **芸香科**　Rutaceae

 116. 叶无透明油点。

  117. "十"字形花冠;四强雄蕊,有时雄蕊 2 或 4 枚;子房内被假隔
   膜分成 2 室;草本 ············· 42. **十字花科**　Brassicaceae

  117. 非前述性状。

   118. 果实分成 2 个分果,在顶端各具翅;木本 ···············
    ·························· 67. **槭树科**　Aceraceae

   118. 非双翅果。

    119. 叶为单叶。

     120. 果实成熟时分裂成 5 个分果,但花柱相连·········
      ·················· 53. **牻牛儿苗科**　Geraniaceae

    120. 果实不成分果。

     121. 木本植物。

      122. 雄蕊数为花瓣的倍数;浆果 ···········
       ············ 84. **旌节花科**　Stachyuraceae

      122. 雄蕊数与花瓣同数;蒴果、核果或坚果。

       123. 果为蒴果;种子无假种皮。

        124. 花柱 1 枚;子房 1 室,具多枚胚珠

       45. **虎耳草科(鼠刺属)**　Saxifragaceae(*Itea*)

        124. 花柱 2 枚;子房 1 室,具多枚,或 1
         或 2 枚胚珠 ······················

        47. **金缕梅科**　Hamamelidaceae

       123. 果为核果,如为蒴果,则种子具假
        种皮。

        125. 花无花盘;核果 ···············
         ······ 64. **冬青科**　Aquifoliaceae

        125. 花具花盘;坚果具 3 翅,或为蒴果
         ······ 65. **卫矛科**　Celastraceae

     121. 草本植物,或为亚灌木。

      126. 叶互生;植物体具星状毛 ···············
       ·················· 75. **椴树科**　Tiliaceae

      126. 叶常对生或轮生 ···············
       ············ 88. **千屈菜科**　Lythraceae

    119. 叶为复叶。

     127. 木本植物。

128. 叶对生;蓇葖果……………………………………

……………… 66. **省沽油科** Staphyleaceae

128. 叶互生。

129. 雄蕊分离;蒴果或核果。

130. 能育雄蕊5枚,生于子房柄上;果为蒴果 …………………………………

57. **楝科(香椿属)** Meliaceae(*Toona*)

130. 雄蕊不着生于子房柄上;蒴果或核果。

131. 果为核果,不具假种皮…………

… 63. **漆树科** Anacardiaceae

131. 果实为具假种皮的核果,或为膀胱状蒴果 …………

… 69. **无患子科** Sapindaceae

129. 雄蕊联合成筒状;果为核果…………

…………………… 57. **楝科** Meliaceae

127. 草本植物。

132. 2或3回3出复叶;子房2室…………

45. **虎耳草科(落新妇属)** Saxifragaceae(*Astilbe*)

132. 掌状复叶;子房5室…………………

…………………… 52. **酢浆草科** Oxalidaceae

111. 花冠不整齐。

133. 花药纵裂。

134. 花瓣5枚,外面3枚圆形,内面2枚极小;果为核果;木本……

…………………………… 70. **清风藤科** Sabiaceae

134. 花瓣非前述;果实大多为蒴果,或为分果。

135. 叶为单叶;草本。

136. 花萼圆筒形,基部有囊状凸起;子房2室………………

……………………………… 88. **千屈菜科** Lythraceae

136. 花萼中1枚或花萼基部成距;子房3~5室。

137. 子房3室,每室具1枚胚珠…………………

…………………………… 54. **旱金莲科** Tropaeolaceae

137. 子房4或5室,每室具数枚胚珠…………………

…………………………… 71. **凤仙花科** Balsaminaceae

135. 叶为掌状复叶;木本…… 68. **七叶树科** Hippocastanaceae

133. 花药孔裂,或开一短裂隙;雄蕊8枚,花丝联合成筒状…………

……………………………… 58. **远志科** Polygalaceae

62. 子房与花萼结合或部分结合,即子房下位或半下位。

138. 雄蕊数多于10枚或比花瓣的倍数多。

139. 水生草本;叶片盾形或马蹄形;浆果状 ………………… 27. **睡莲科** Nymphaeaceae

139. 陆生植物。

140. 乔木或灌木。

141. 叶片、花具透明腺点;叶对生 …………………… 93. 桃金娘科　Myrtaceae
141. 叶片和花无透明腺点。
　　142. 子房多室,上下叠生;种子有肉质的外种皮 …… 89. 石榴科　Punicaceae
　　142. 子房 2～6 室,上下不叠生;种子无肉质或多汁的外种皮。
　　　　143. 叶无托叶;蒴果…… 45. 虎耳草科(绣球属)　Saxifragaceae(*Hydrangea*)
　　　　143. 叶有托叶;梨果 ………………………… 49. 蔷薇科　Rosaceae
140. 草本。
　　144. 花两性;通常为肉质草本。
　　　　145. 萼片 3～5 枚;花瓣因雄蕊变态而称头状 ………… 22. 番杏科　Aizoaceae
　　　　145. 萼片 2 枚或萼 2 裂;花瓣 5 或 6 枚 ………… 23. 马齿苋科　Portulacaceae
　　144. 花单性;多汁草本;子房有纵棱或翅 ………… 85. 秋海棠科　Begoniaceae
138. 雄蕊与花瓣同数,或为花瓣的倍数。
146. 萼片、花瓣、雄蕊各 2 枚;果为瘦果,常具钩毛;草本…… 95. 柳叶菜科　Onagraceae
146. 萼片、花瓣和雄蕊各 4、5 或 6 枚。
　　147. 子房 1 至数室;子房每室仅 1 枚胚珠。
　　　　148. 雄蕊与花瓣同数且对生;木本 ………… 72. 鼠李科　Rhamnaceae
　　　　148. 雄蕊与花瓣同数且互生,或不同数;草本或木本。
　　　　　　149. 花柱 1 枚。
　　　　　　　　150. 水生草本;坚果,有 2 或 4 角 ………… 90. 菱科　Trapaceae
　　　　　　　　150. 陆生木本植物;核果或翅果。
　　　　　　　　　　151. 花瓣 4～10 枚,初时合生成筒状,开放后向外卷 …………
　　　　　　　　　　　…………………… 92. 八角枫科　Alangiaceae
　　　　　　　　　　151. 花瓣 4 或 5 枚,不如前述。
　　　　　　　　　　　　152. 叶互生;萼片和花瓣各 5 枚;花集生成头状 …………
　　　　　　　　　　　　　…………………… 91. 蓝果树科　Nyssaceae
　　　　　　　　　　　　152. 叶常对生;萼片和花瓣各 4 枚;聚伞花序合生成头状或圆锥
　　　　　　　　　　　　　状,或生于叶片上面 ………… 99. 山茱萸科　Cornaceae
　　　　　　149. 花柱 2～5 枚。
　　　　　　　　153. 伞房花序或总状花序。
　　　　　　　　　　154. 沉水草本,叶轮生,叶片羽状细裂;或为陆生草本,叶互生,有锯
　　　　　　　　　　　齿 ………………… 96. 小二仙草科　Haloragaceae
　　　　　　　　　　154. 陆生木本植物。
　　　　　　　　　　　　155. 蒴果…………… 47. 金缕梅科　Hamamelidaceae
　　　　　　　　　　　　155. 梨果…………………… 49. 蔷薇科　Rosaceae
　　　　　　　　153. 伞形花序或复伞形花序,或由伞形花序组成圆锥花序。
　　　　　　　　　　156. 核果或浆果;伞形花序或圆锥花序;大多为木本 ……………
　　　　　　　　　　　…………………… 97. 五加科　Araliaceae
　　　　　　　　　　156. 双悬果;复伞形花序或伞形花序;草本 ………………
　　　　　　　　　　　…………………… 98. 伞形科　Apiaceae
　　147. 子房 2 至数室,子房每室具少数至多数胚珠。
　　　　157. 花药纵裂。
　　　　　　158. 萼筒短浅,花柱 2 或 3 枚 ……………… 45. 虎耳草科　Saxifragaceae

158. 萼筒狭长,花柱1枚 …………………………… 95. **柳叶菜科** Onagraceae

　157. 花药顶端孔裂,子房4或5室;叶有数条基出脉………………………………

　　……………………………………………… 94. **野牡丹科** Melastomataceae

2. 花瓣通常联合,有时仅基部联合。

　159. 子房上位。

　　160. 食虫植物或寄生植物。

　　　161. 食虫植物;水生;雄蕊2枚;特立中央胎座 ……………… 124. **狸藻科** Lentibulariaceae

　　　161. 寄生植物;具鳞片状叶。

　　　　162. 茎细长,缠绕生活于其他植物茎上 ………………………………………………

　　　　………………………… 111. **旋花科(菟丝子属)** Convolvulaceae(*Cuscuta*)

　　　　162. 茎直立,寄生于其他植物根上 ……………………… 119. **列当科** Orobanchaceae

　　160. 既非食虫植物,也非寄生植物。

　　　163. 雄蕊多于花冠裂片数。

　　　　164. 雌蕊由4或5个分离心皮构成;果为蓇葖果;肉质草本 … 44. **景天科** Crassulaceae

　　　　164. 雌蕊由1个心皮构成,或由2至多个心皮结合而成。

　　　　　165. 雌蕊由1个心皮构成;果为荚果;叶为2回羽状复叶 ……… 51. **豆科** Fabaceae

　　　　　165. 雌蕊由2至多个心皮结合而成;果为蒴果。

　　　　　　166. 花柱2枚。

　　　　　　　167. 雄蕊合生成单体,或其花丝在基部互相合生。

　　　　　　　　168. 叶为掌状复叶 …………………… 52. **酢浆草科** Oxalidaceae

　　　　　　　　168. 叶为单叶。

　　　　　　　　　169. 有托叶;萼片镊合状排列 ……………… 76. **锦葵科** Malvaceae

　　　　　　　　　169. 无托叶;萼片覆瓦状排列 ……………… 79. **山茶科** Theaceae

　　　　　　　167. 雄蕊花丝离生。

　　　　　　　　170. 冬芽裸出;叶缘具锯齿,稀全缘;萼片离生 …… 79. **山茶科** Theaceae

　　　　　　　　170. 冬芽不裸出;叶全缘;萼片合生 ……………… 103. **柿科** Ebenaceae

　　　　　　166. 花柱1枚,或先端浅裂。

　　　　　　　171. 花冠不整齐。

　　　　　　　　172. 萼片2枚,等大,早落;子房1室,有胚珠2至多枚;雄蕊6枚,合生成2

　　　　　　　　　束 …………………………………… 40. **罂粟科** Papaveraceae

　　　　　　　　172. 萼片5枚,不等大;子房2室,每室有胚珠2枚;雄蕊4～8枚,花丝合生

　　　　　　　　　成鞘 ………………………………… 58. **远志科** Polygalaceae

　　　　　　　171. 花冠整齐,或近于整齐。

　　　　　　　　173. 花药孔裂;雄蕊各自分离,不生于花冠上…… 100. **杜鹃花科** Ericaceae

　　　　　　　　173. 花药纵裂;雄蕊生于花冠上,花丝联合或部分联合 …………………………

　　　　　　　　　……………………………………… 105. **野茉莉科** Styracaceae

　　　163. 雄蕊不多于花冠裂片数。

　　　　174. 雄蕊与花冠裂片同数且对生。

　　　　　175. 木本;核果,稀为浆果 ………………… 101. **紫金牛科** Myrsinaceae

　　　　　175. 草本;蒴果 ……………………………… 102. **报春花科** Primulaceae

　　　　174. 雄蕊与花冠裂片同数且互生,或雄蕊数较花冠裂片数少。

　　　　　176. 雌蕊由2至数个分离或近于分离的心皮构成。

　　　　　　177. 子房2枚,成熟时为2枚角状蓇葖果,各含多颗种子;植物体有乳汁。

178. 花粉粒分离,不形成花粉块;花柱 1 枚;叶柄基部至叶柄间具钻状或线状腺体 ………………………………………… 109. **夹竹桃科** Apocynaceae

178. 花粉粒结合成花粉块;花柱 2 枚;叶柄顶端具有丛生腺体 …………………………………………………………………………… 110. **萝藦科** Asclepiadaceae

177. 子房 1 枚,深 2～4 裂;植物体常无乳汁。

 179. 花冠整齐;叶互生。

  180. 花柱 2 枚;花单生;蒴果,2 裂 ………………………………………………… 111. **旋花科(马蹄金属)** Convolvulaceae(*Dichondra*)

  180. 花柱 1 枚;花常排成蝎尾状聚伞花序;4 枚小坚果 …………………………………………………………… 112. **紫草科** Boraginaceae

 179. 花冠二唇形,不整齐,或近于整齐;叶对生 …… 114. **唇形科** Lamiaceae

176. 雌蕊由 1、2 至数个心皮结合而成,子房不深裂。

 181. 花冠整齐。

  182. 雄蕊和花冠裂片同数。

   183. 雄蕊与花冠离生;直立木本;核果,具多粒分核 ………………………………………………… 64. **冬青科** Aquifoliaceae

  183. 雄蕊着生于花冠上;草本或灌木;蒴果、浆果或核果。

   184. 花冠干膜质,4 裂;草本植物;叶基生而无主茎 ……………………………………………………… 125. **车前科** Plantaginaceae

  184. 花冠非干膜质;草本或灌木,具主茎。

   185. 子房 1 室;陆生或漂浮水生草本 …… 108. **龙胆科** Gentianaceae

   185. 子房 2～4 室;陆生草本或灌木。

    186. 叶互生。

     187. 蔓生草本;植物体含乳汁状汁液;蒴果 ……………………………………………………………… 111. **旋花科** Convolvulaceae

     187. 直立草本或灌木;常为浆果 … 115. **茄科** Solanaceae

    186. 叶对生。

     188. 具托叶;子房 2 室,每室胚珠少数至多数;蒴果 ……………………………………… 107. **马钱科** Loganiaceae

     188. 无托叶;子房 4 室,每室胚珠 1 枚;核果 ……………………………………… 113. **马鞭草科** Verbenaceae

  182. 雄蕊比花冠裂片少。

   189. 直立或蔓生木本;叶对生;雄蕊 2 枚 ………… 106. **木犀科** Oleaceae

   189. 木本,雄蕊 4 枚;或草本,雄蕊 2 或 4 枚 … 116. **玄参科** Scrophulariaceae

 181. 花冠不整齐。

  190. 子房 1 室,但因侧模胎座深入而成假 2 室。

   191. 直立或蔓生木本;叶对生或轮生;种子有翅 ………………………………………………………… 117. **紫葳科** Bignoniaceae

   191. 草本;叶因植物无主茎成莲座状,或对生;种子无翅……………………………………………… 120. **苦苣苔科** Gesneriaceae

  190. 子房 2～4 室。

   192. 子房每室有胚珠 1 或 2 枚;核果,或干燥后裂为 2～4 个分果…………………………………………… 113. **马鞭草科** Verbenaceae

192. 子房每室有少数或多数胚珠;蒴果。
  193. 植物体常具分泌黏液的腺体毛茸;子房裂成 4 室 ……………………
    …………………………………………… 118. **胡麻科**　Pedaliaceae
  193. 植物体无分泌黏液的腺体毛茸;子房 2 室。
   194. 叶对生或互生;种子所着生胎座无钩状凸起,有胚乳 …………………
    …………………………………………… 116. **玄参科**　Scrophulariaceae
   194. 叶对生;种子生在胎座的钩状凸起上,无胚乳 …………………………
    …………………………………………… 123. **爵床科**　Acanthaceae
159. 子房下位,或半下位。
 195. 雄蕊数为花冠裂片数的倍数,或多数;木本。
  196. 叶对生,叶片常具透明小亮点 ………………………… 93. **桃金娘科**　Myrtaceae
  196. 叶互生,叶片不具透明小亮点。
   197. 花药室纵裂;核果。
    198. 植物体不具星状毛;子房完全 2～5 室;果为肉质核果 ……………
    …………………………………………… 104. **山矾科**　Symplocaceae
    198. 植物体常具星状毛;子房不完全 3～5 室;果为干燥的核果 ………
    …………………………………………… 105. **野茉莉科**　Styracaceae
   197. 花药室顶端孔裂;浆果 ………… 100. **杜鹃花科(越橘属)**　Ericaceae(*Vaccinium*)
 195. 雄蕊数和花冠裂片数同数,或较少。
  199. 攀援或蔓生草本,具卷须;胚珠和种子水平生于侧模胎座上 ……………………
  …………………………………………… 121. **葫芦科**　Cucurbitaceae
  199. 植物体直立,无卷须;胚珠和种子不呈水平生长。
   200. 雄蕊的花药各自分离。
    201. 雄蕊着生于花冠上。
     202. 子房半下位 ………………………… 13. **铁青树科**　Olacaceae
     202. 子房下位。
      203. 雄蕊和花冠裂片同数。
       204. 叶互生;每个子房室含多枚胚珠 ……… 126. **桔梗科**　Campanulaceae
       204. 叶对生或轮生;每个子房室含 1 至多枚胚珠。
        205. 叶对生,叶柄间常具托叶,或叶轮生 …… 122. **茜草科**　Rubiaceae
        205. 叶对生,但无托叶,稀具非叶柄间的托叶 …………………
        …………………………………………… 127. **忍冬科**　Caprifoliaceae
      203. 雄蕊比花冠裂片少。
       206. 子房 1 室;草本 ……………………… 120. **苦苣苔科**　Gesneriaceae
       206. 子房 2～5 室;木本或草本。
        207. 木本;叶片全缘或有锯齿 ………… 127. **忍冬科**　Caprifoliaceae
        207. 草本;叶片多有分裂 ……………… 128. **败酱科**　Valerianaceae
    201. 雄蕊和花冠分离,或近于分离;植物体有乳汁;叶多为互生 …………………
    …………………………………………… 126. **桔梗科**　Campanulaceae
   200. 雄蕊的花药相互联合。
    208. 花冠两侧对称;花单生,或为总状、穗状花序;子房 2 室,含多枚胚珠 …………
    …………………………………………… 126. **桔梗科**　Campanulaceae

208. 花冠辐射对称或两侧对称;常为头状花序;子房 1 室,内含 1 枚胚珠 …………
………………………………………………………………… 129. **菊科** Compositae

1. 胚具 1 枚子叶;花各部每轮常 3 基数;叶大多具平行脉;茎(秆)无皮层和髓的区别(单子叶植物纲 Monocotyledonae)。

209. 乔木或灌木;叶片在芽中成折扇状纵叠;叶大,掌状或羽状分裂 ……… 137. **棕榈科** Arecaceae
209. 草本植物,稀为木质茎(秆);叶片在芽中不成折扇状纵叠。

210. 花被缺如,或不显著,有时为鳞片状。

211. 花包藏于覆瓦状排列的壳状鳞(颖)片中,并有数朵花乃至 1 朵花组成穗状。

212. 秆大多中空,圆柱形;秆生叶成 2 纵列,叶鞘一侧开裂;颖果 …… 130. **禾本科** Gramineae
212. 秆常实心,三棱形;秆生叶成 3 纵列,叶鞘封闭;瘦果 ………… 140. **莎草科** Cyperacere

211. 花不包藏于壳状鳞片中。

213. 植物体极小,无叶片,但具无茎漂浮水面的叶状体 …………… 132. **浮萍科** Lemnaceae
213. 植物体具茎和叶,其叶有时呈鳞片状。

214. 水生植物,具沉水或漂浮水面的叶片。

215. 花单性,单生或在叶腋排成聚伞花序;叶对生 ………… 133. **茨藻科** Najadaceae
215. 花两性,排列成不分枝或分枝的穗状花序;叶互生 ………………………………
………………………………… 136. **眼子菜科** Potamogetonaceae

214. 陆生或沼生植物。

216. 花排成圆柱形的肉穗花序,或成球形的头状花序,常雌雄同株,稀为雌雄异株,或为两性花。

217. 花序无佛焰苞;叶片狭长。

218. 花排成肉穗花序 ………………………………… 138. **香蒲科** Typhaceae
218. 花排成头状花序 ………………………… 139. **黑三棱科** Sparganiaceae

217. 肉穗花序,外具佛焰苞;叶片常宽大 …………… 131. **天南星科** Araceae
216. 花不形成前种花序。

219. 花单性,头状花序单生于根出的花葶顶端;叶片禾叶状 …………
………………………………………………… 141. **谷精草科** Eriocaulaceae

219. 花两性,排列成侧生或顶生的聚伞花序或圆锥花序;叶片圆柱形或扁平,有时退化为膜质的鞘 ……………………… 144. **灯心草科** Juncaceae

210. 花被存在,常显著成花瓣状。

220. 花被与子房分离,子房上位。

221. 雌蕊由 3 至多个分离的心皮构成 …… 134. **泽泻科** Alismataceae
221. 雌蕊由 2 或 3 个,或更多个心皮结合而成。

222. 花被分化为花萼和花冠;秆有明显的节 …………
………………………………… 142. **鸭跖草科** Commelinaceae

222. 花被彼此相同或近于相同。

223. 花小,排列成侧生或顶生的聚伞花序;蒴果背室 3 瓣裂 ……
………………………………… 144. **灯心草科** Juncaceae

223. 花较大,花被具鲜明的色彩。

224. 直立或漂浮水生植物;雄蕊 6 枚,彼此不同,花不整齐…
………………………………… 143. **雨久花科** Pontederiaceae

224. 陆生植物;雄蕊 6 或 4 枚,彼此相同,花整齐。

1. 三白草科　Saururaceae

多年生草本。地上茎直立或匍匐,具明显的节;根状茎粗壮,茎节上生不定根。单叶,互生,托叶贴生于叶柄上。花两性,密集排列成稠密的穗状花序或总状花序,总花柄长,具总苞或无,苞片显著;无花被;雄蕊 3~8 枚,稀更少,花药 2 室;雌蕊由 3~4 枚心皮所组成,离生或合生,子房上位。果为分离开裂的果瓣或蒴果顶端开裂;种子有少量的内胚乳和丰富的外胚乳,胚小。

4属,约6种,分布于亚洲东部和南部、北美洲;我国有3属,4种;浙江有2属,2种;杭州有2属,2种。

1. 蕺菜属　Houttuynia Thunb.

多年生草本。单叶,互生,全缘,心形;托叶膜质,贴生于叶柄上。穗状花序顶生或与叶对生,花序基部有4枚白色花瓣状的总苞片;花小,两性,无花被;雄蕊3枚,花丝长,下部与子房合生,花药长圆球形,纵裂;雌蕊由3枚心皮合生,花柱3枚,柱头侧生,子房上位,1室,胚珠6~8枚。蒴果近球形,顶端开裂。

1种,分布于亚洲东部和东南部;我国有1种;浙江及杭州也有。

蕺菜　鱼腥草　（图1-139）

Houttuynia cordata Thunb.

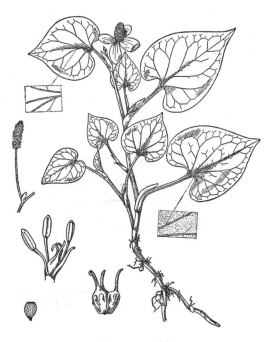

多年生草本,有腥臭味,高15~60cm。茎下部伏地,节上生不定根,上部直立,无毛或节上被毛,有时带紫红色。单叶,互生,薄纸质,心形或阔卵形,长3~10cm,宽3~6cm,全缘,顶端短渐尖,基部心形,叶面绿色,叶背常呈紫红色,两面密生腺点;叶脉5~7条;叶柄长1~5cm;托叶膜质,长1~2.5cm,阔线形,下部与叶柄合生成鞘状。穗状花序顶生或与叶对生,花序基部有4枚白色花瓣状的总苞片;花小,两性,无花被;雄蕊3枚,下部与子房合生;雌蕊1枚,由3枚心皮合生组成,子房上位,花柱3枚,分离。蒴果长2~3mm,有宿存的花柱,顶端开裂。花期5—8月,果期7—8月。$2n=24,96$。

区内常见,生于林下、路边、沟边、湿地、坡地或草丛中。分布于秦岭以南各省、区;不丹、印度、印度尼西亚、日本、朝鲜半岛、缅甸、尼泊尔、泰国也有。

图1-139　蕺菜

全株入药。

2. 三白草属　Saururus L.

多年生草本。根状茎细长;地上茎直立,具节。叶全缘,具柄;托叶膜质,与叶柄合生。总状花序顶生或与叶对生;无总苞片,小苞片贴生于花梗基部;花小;雄蕊6~8枚,稀退化为3枚,花丝与花药近等长;雌蕊由3~4枚心皮所组成,分离或基部合生,子房上位,每一心皮具胚珠2~4颗,花柱与心皮同数,离生。果实圆形,具皱纹,分裂为3~4枚分果瓣;每一心皮具1枚种子,种子圆球形。

3种,分布于亚洲东部和北美洲;我国有1种;浙江及杭州也有。

本属植物花序基部无花瓣状总苞片,雄蕊6～8枚,可与上属区别。

三白草　三张白　（图1-140）

Saururus chinensis（Lour.）Baill.

多年生湿生草本,高30～80cm。根状茎粗壮,具节,节上生不定根;地上茎基部匍匐,上部直立,具纵长粗棱和沟槽。单叶,互生,叶片厚纸质,密生腺点,阔卵形至卵状披针形,长4～20cm,宽2～10cm,顶端短尖或渐尖,全缘,基部心形耳状,两面无毛,基出脉5条,叶柄长1～3cm,基部与托叶合生成鞘状,花序下的2～3片叶常为乳白色。总状花序与叶对生或顶生,长12～20cm,花序轴与花梗密被短柔毛;无总苞片,小苞片贴生于花梗基部;花小,两性,无花被;雄蕊6枚,花药长圆球形,纵裂;雌蕊1枚,由4枚心皮合生组成,柱头4枚。果实球形,直径约为3mm,表面多疣状凸起,不开裂;种子球形。花期4—7月,果期7—9月。$2n=22$。

见于西湖区(三墩)、西湖景区(龙井),生于湿地、沟边、塘边。分布于长江以南各省、区;印度、日本、朝鲜半岛、菲律宾、越南也有。

全草药用,也可供绿化观赏。

图1-140　三白草

2.胡椒科　Piperaceae

肉质草本、灌木或攀援藤本,有香气。单叶互生,稀对生或轮生,叶两侧常不对称,具掌状脉或羽状脉;托叶贴生于叶柄上或无。密集穗状花序与叶对生或腋生,稀顶生;苞片小,盾状或杯状;花小,无花被,两性、雌雄异株或杂性;雄蕊1～10枚,花丝通常离生,花药2室,纵裂;雌蕊由2～5枚心皮组成,子房上位,1室,具1枚直生胚珠,柱头1～5枚,花柱短或无。浆果,具薄果皮;种子具少量的内胚乳和丰富的外胚乳。

8或9属,2000～3000种,分布于热带和亚热带地区,美洲较多,亚洲和非洲有少量分布;我国有3属,68种;浙江有2属,4种;杭州有1属,1种。

具有较高的经济价值,有的可作调味品,有的是名贵药材。

草胡椒属　Peperomia Ruiz & Pav.

一年生或多年生肉质草本，通常矮小。叶互生、对生或轮生，全缘，无托叶。细弱穗状花序顶生、腋生或与叶对生；花序单生、双生或簇生；花极小，两性，常与苞片同着生于花序轴的凹陷处；苞片圆形、近圆形或长圆形；雄蕊 2 枚，2 室，花丝短，花药球形、椭圆球形或长圆球形；子房 1 室，胚珠 1 颗，柱头球形，顶端钝、短尖或喙状，侧生或顶生，不分裂或稀 2 裂。浆果小，不开裂。

约 1000 种，广布于热带和亚热带；我国有 7 种；浙江有 2 种；杭州有 1 种。

草胡椒　（图 1-141）

Peperomia pellucida（L.）Kunth

一年生肉质草本，高 20～40cm。茎直立或基部有时平卧，直径为 3～4mm，分枝，无毛，下部节上常生不定根。单叶互生，阔卵形或卵状三角形，顶端短尖或钝，基部心形，长和宽近相等，1～4cm，两面均无毛；叶脉 5～7 条，基出，网状脉不明显；叶柄长 1～2cm。穗状花序顶生或与叶对生，细弱，长 2～6cm，无毛；花两性，极小，疏生，无花被；苞片近圆形，盾状；雄蕊 2 枚，花药近球形，花丝短；子房椭圆球形，柱头顶生，被短柔毛。浆果球形，顶端尖，直径约为 0.5mm。花、果期 4—7 月。$2n=24,44,48$。

见于西湖景区（桃源岭），生于林下阴湿地、石缝中、墙角下。分布于福建、广东、广西、海南和云南。

可供药用。

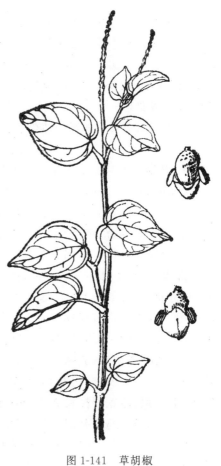

图 1-141　草胡椒

3. 金粟兰科　Chloranthaceae

草本、灌木或小乔木。茎具节。单叶对生，叶脉羽状，边缘有锯齿；叶柄基部常联合成鞘状；托叶小，钻形。穗状花序、头状花序或圆锥花序；花小，两性或单性，无花被或在雌花中有浅杯状 3 齿裂的花被（萼管）。两性花具雄蕊 1 或 3 枚，着生于子房的一侧，花丝不明显，药隔发达，花药 1～2 室，纵裂；雌蕊 1 枚，子房下位，1 室，具一下垂的直生胚珠，花柱无或短。单性花其雄花多数，雄蕊 1 枚；雌花少数，有 3 齿萼状花被。核果卵球形或球形；种子含丰富的胚乳和微小的胚。

5 属,约 70 种,分布于热带和亚热带;我国有 3 属,15 种;浙江有 2 属,6 种;杭州有 1 属,2 种。

金粟兰属　Chloranthus Swartz

多年生草本或亚灌木。茎具节。叶对生或呈轮生状,边缘有锯齿;叶柄基部常连成鞘状;托叶小。穗状花序或圆锥状花序,顶生或腋生;花小,两性,无花被;雄蕊通常 3 枚,稀为 1 枚,着生于子房的上部一侧,花药 1~2 室,药隔基部合生;雄蕊 3 枚时,中央的花药 2 室或偶无花药,两侧的花药 1 室,雄蕊单枚时,则花药 2 室;子房 1 室,胚珠 1 枚,通常无花柱。核果球形、倒卵球形或梨形。

约 17 种,分布于亚洲的热带和温带;我国有 13 种;浙江有 5 种;杭州有 2 种。

1. 丝穗金粟兰　水晶花　四子莲　(图 1-142)

Chloranthus fortunei（A. Gray）Solms

多年生草本,高 15~45cm,全株无毛,具香气。根状茎粗短,密生细长须根;地上茎直立,单生或数个丛生,下部节上具 1 对鳞状叶。单叶对生,通常 4 片生于茎顶端,纸质,宽椭圆形、长椭圆形或倒卵形,长 3~12cm,宽 2~7cm,顶端短尖,基部宽楔形,边缘有锯齿,齿尖有一腺体,近基部全缘,嫩叶背面密生细小腺点,但老叶不明显;侧脉 4~6 对,网脉明显;叶柄长 0.5~1.5cm;托叶小,钻形。穗状花序,生于茎顶,连花序梗长 3~6cm;花白色,有香气;雄蕊 3 枚,药隔基部合生,着生于子房上部外侧,中央花药 2 室,两侧花药 1 室,药隔伸长成丝状,长 1~1.9cm,药室着生于药隔基部;子房倒卵球形,无花柱。核果球形,淡黄绿色,有纵条纹,长约 3mm,近无柄。花期 4—5月,果期 6—7 月。$2n=60$。

见于余杭区(良渚、中泰)、西湖景区(飞来峰、凤凰山、九溪、龙井、玉皇山、云栖等),生于阴湿的林下坡地、溪沟边、草丛中。分布于安徽、广东、广西、海南、湖北、湖南、江苏、江西、山东、四川、台湾、云南。

全草药用,有毒。

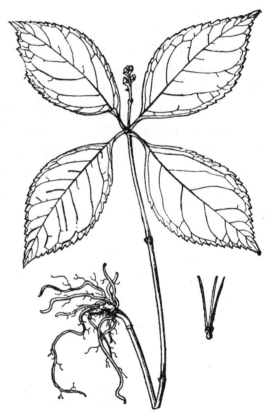

图 1-142　丝穗金粟兰

2. 及已　(图 1-143)

Chloranthus serratus（Thunb.）Roem. & Schult.

多年生草本,高 15~50cm。根状茎横生,粗短,直径约为 3mm,生须根;地上茎直立,单生或数个丛生,具明显的节,无毛,下部节上对生 2 片鳞状叶。叶对生,4~6 片生于茎上部,叶片纸质,椭圆形、倒卵形或卵状披针形,长5～15cm,宽2～6cm,先端渐窄至长尖,基部楔形,边缘具锐而密的锯齿,齿尖具腺体,两面无毛;侧脉6～8对;叶柄长1～2cm。穗状花序顶生,偶有腋生,单一或2～3分枝,花序梗长1～3.5cm;苞片三角形或近半圆形;花白色;雄蕊3枚,药隔下部合生,着生于子房上部外侧,中央药隔具1个2室的花药,两侧药隔各具1个1室的花药,药隔长圆形,中央药隔向内弯,长2～3mm,药室位于药隔中部或中部以上;子房卵球形,无花柱,柱头粗短。核果近球形或梨形,绿色。花期4—5月,果期6—8月。$2n=30$。

见于余杭区(百丈),生于山坡林下湿润处和山谷溪边草丛中。分布于安徽、福建、广东、广西、贵州、海南、湖北、湖南、江苏、江西、四川、台湾、云南;日本、俄罗斯也有。

全草供药用。

与上种的主要区别在于:上种花序单一,药隔伸长成丝状,长1～1.9cm;叶片先端短尖。本种花序单一或2～3分枝,药隔不成丝状,长2～3mm;叶片先端渐窄至长尖。

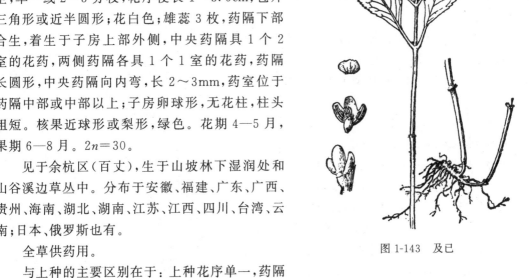

图1-143　及已

4. 杨柳科　Salicaceae

落叶乔木或灌木。树皮光滑或开裂粗糙,通常味苦。单叶互生,稀对生,不分裂或浅裂,全缘、锯齿缘或牙齿缘;托叶鳞片状或叶状,早落或宿存。花单性,雌雄异株;葇荑花序,直立或下垂,常先叶开放;无花被,花着生于苞片与花序轴间,苞片脱落或宿存,基部有杯状花盘或腺体;雄花有雄蕊2至多数,花药2室,纵裂,花丝分离至合生;雌花由2枚心皮合成,子房1室,侧膜胎座,胚珠多数,柱头2～4裂。蒴果2～4瓣裂;种子小,种皮薄,基部围有多数白色丝状长毛。

3属,620多种,分布于寒温带、温带和亚热带;我国有3属,347种;浙江有2属,16种,3变种;杭州有2属,6种。

本科植物喜光,适应性强,杂交容易。木材轻软,纤维细长,为我国北方重要防护林、用材林和绿化树种。但由于花期短,叶形多变化,杂交品种在识别上有一定难度。

1. 杨属　Populus L.

乔木。树干通常直;树皮光滑或纵裂,常为灰白色;芽鳞多数,常具树脂黏液;枝有长短枝之分,圆柱状或具棱线。叶互生,多为卵圆形、卵圆状披针形或三角状卵形,在不同的枝(如长枝、短枝、萌发枝)上常为不同的形状,齿状缘;叶柄长,侧扁或圆柱形,先端有或无腺点。莱荑花序下垂,常先叶开放;雄花序较雌花序稍早开放;苞片先端尖裂或条裂,膜质,早落,花盘斜杯状,有梗;雄花有雄蕊4～30枚或更多,着生于花盘内,花药暗红色;雌花的雌蕊着生于花盘基部;花丝较短,离生;子房有直沟,花柱短,柱头2～4裂。蒴果2～4裂;种子小,多数,具绵毛。

100多种,广泛分布于欧洲、亚洲、北美洲及非洲北部;我国有71种;浙江有6种;杭州有2种。

本属植物可作材用、药用、防护林和绿化树种。

1. 响叶杨　(图1-144)

Populus adenopoda Maxim.

乔木,高15～30m。树冠卵形;树皮灰白色,光滑,老时深灰色,纵裂;小枝较细,暗赤褐色;冬芽圆锥形,无毛。叶卵状圆形或卵形,长5～15cm,宽4～6cm,先端长渐尖,基部截形、心形或宽楔形,稀近圆形或楔形,边缘有圆钝锯齿,齿端有腺点,幼时两面被弯曲柔毛,下面更密,后脱落;叶柄侧扁,被茸毛或柔毛,长2～8(～12)cm,顶端有2颗显著腺点。雄花序长4～10cm,苞片条裂,有长缘毛,花盘齿裂。果序长12～15(～30)cm;蒴果卵状长椭圆形,长4～6mm,稀2～3mm,先端锐尖,无毛,有短柄,2瓣裂;种子倒卵状椭圆形,长2.5mm,暗褐色。花期3—4月,果期4—5月。

图1-144　响叶杨

见于西湖区(蒋村)、西湖景区(六和塔、梅家坞),生于林中、屋旁、路边。分布于安徽、福建、广西、贵州、河北、河南、湖北、湖南、江苏、江西、陕西、四川、云南。

2. 加杨　加拿大杨　(图1-145)

Populus × canadensis Moench

乔木,高可达30多米。树冠卵形;树皮灰褐色,深纵条状裂;大枝微向上斜生,小枝圆柱形,稍有棱角,具皮孔;萌发枝棱角明显;芽大,先端反曲,初为绿色,后变为褐绿色。单叶,互生,叶三角形或三角状卵形,长7～10cm,先端渐尖,基部截形或宽楔形,无腺体或有1～2枚腺体,边缘半透明,有圆锯齿,近基部较疏,具短缘毛;叶柄侧扁,带红色(苗期十分明显),长6～10cm。雄花序长7～

图1-145　加杨

15cm,花序轴光滑,每花有雄蕊 15～25 枚;苞片淡绿褐色,不整齐,丝状深裂,早落;花盘淡黄绿色,全缘,花丝细长,白色,超出花盘。雌花序有花 20～45 朵,柱头 4 裂。果序长达27cm;蒴果卵球形。花期 4 月,果期 5—6 月。$2n=36,38$。

区内有栽培,常栽培于河岸、屋旁、路边或公园。原产于美洲;我国安徽、甘肃、河北、河南、黑龙江、吉林、江苏、江西、辽宁、内蒙古、山东、山西、陕西、四川、云南有引种栽培。

与上种的区别在于:本种叶片三角状卵形,叶缘半透明,叶柄先端无腺体,雄花序花盘全缘;上种叶片卵形或卵状圆形,叶缘不透明,叶柄顶端有 2 枚腺体,雄花序花盘齿裂。

2. 柳属　Salix L.

乔木或灌木。枝圆柱形,髓心近圆形;无顶芽,侧芽通常紧贴枝上,芽鳞单一。叶互生,稀对生,羽状脉,有锯齿或全缘;叶柄短;具托叶,多有锯齿,常早落。葇荑花序直立或斜展,先叶开放,或与叶同时开放,稀后叶开放;苞片全缘,有毛或无毛,宿存,稀早落;雄蕊 2 至多数,花丝附着在苞片基部,基部有腺体 1～2 枚;雌蕊由 2 枚心皮组成,子房无柄或有柄,花柱长短不一。蒴果 2 瓣裂;种子小,暗褐色,具绵毛。

约 520 种,主产于北半球温带地区,寒带次之,亚热带和南半球极少;我国有 275 种,浙江有 11 种,3 变种;杭州有 4 种。

本属植物扦插易成活,是固堤防沙和绿化的优良树种;可供材用、工业用、编制筐篮及药用。

本属植物萌发枝髓心圆形,无顶芽,芽鳞 1 枚,雌、雄花序直立或斜展,苞片全缘,可与杨属植物的萌发枝髓心五角状,有顶芽,芽鳞多数,雌、雄花序下垂,苞片先端缺裂相区别。

分 种 检 索 表

1. 叶长为宽的 3 倍以上,叶片披针形。
  2. 枝下垂;叶片长 8～16cm,叶柄长 0.5～1cm,叶背灰绿色 ……………… 1. 垂柳　*S. babylonica*
  2. 枝直立或斜展;叶片长 5～10cm,叶柄长 0.5～0.8cm,叶背苍白色 ………… 2. 旱柳　*S. matsudana*
1. 叶长不达宽的 3 倍,叶片长椭圆形、长圆形、倒卵状长圆形。
  3. 冬芽大,饱满,长 0.5～1cm;叶片长 7cm 以上,基部圆形或近心形 ……… 3. 粤柳　*S. mesnyi*
  3. 冬芽小,短于 0.5cm;叶片长 7cm 以下,基部楔形 ……………………… 4. 南川柳　*S. rosthornii*

1. 垂柳　(图 1-146)

Salix babylonica L.

落叶乔木。树冠疏散;小枝细长下垂,无毛,有光泽。叶狭长披针形或线状披针形,长 8～16cm,宽 0.5～1.5cm,先端渐尖或长渐尖,基部楔形,边缘有细锯齿;叶片上面绿色,下面灰绿色,两面无毛或微被贴伏柔毛;侧脉 15～30 对;叶柄长 0.5～1cm。花序先叶开放;雄花序长 1～2cm,轴有柔毛,具短柄,雄蕊 2 枚,离生,花药红黄色,基部有长柔毛,花丝与苞片近等长或较长,苞片披针形,边缘具睫毛,有 2 枚腺体;雌花序长达 2～3cm,有梗,基部有 3～4 枚小叶,苞片披针形,腹面有一腺体,子房下部稍有毛,柱头 2～4 深裂。蒴果长 3～4mm,带黄褐色。花期 3—4 月,果期 4—5 月。$2n=63,72,76$。

区内常见栽培和野生,生于屋旁、路边、河岸水塘边。分布于全国,亚洲、欧洲均有引种。广泛作为屋旁、河岸及湖池边的绿化树种。

图 1-146　垂柳　　　　　　　　　　　　图 1-147　旱柳

2. 旱柳　（图 1-147）

Salix matsudana Koidz.

乔木。小枝直立或开展,黄色,后变褐色,幼枝有毛。叶披针形,长 5～10cm,宽 1～1.5cm,先端长渐尖,基部窄圆形或楔形,上面绿色有光泽,沿中脉生茸毛,下面苍白色,初有伏生绢毛,后即脱落,边缘有明显锯齿;叶柄长 5～8mm,被短绢毛;托叶披针形,边缘有具腺齿。花序梗、花序轴和其附着的叶均有白色茸毛;苞片卵形,黄绿色,外面中下部有白色短柔毛;雄蕊 2 枚,腺体 2 枚,花药黄色,雄花序长 1～1.5cm;雌花序长 1.2～2cm,基部有叶 3～5 片,子房长椭圆球形,无毛,腺体 2 枚。蒴果,果序长达 2.5cm。花期 3—4 月,果期 4—5 月。$2n=38$。

见于江干区(彭埠)、余杭区(余杭)、西湖景区(茅家埠),生于田埂、河岸、江边。分布于安徽、福建、甘肃、河北、河南、黑龙江、江苏、辽宁、内蒙古、青海、陕西、四川。

优良城乡绿化树种。

3. 粤柳　（图 1-148）

Salix mesnyi Hance

小乔木。树皮灰褐色,深纵裂,片状剥落;当年生枝先端密生锈色短柔毛,后脱落;芽大,长 0.5～1cm,短圆锥形,微被短柔毛。叶革质,长圆形、狭卵形或长圆状披针形,长 7～11cm,宽 3～4.5cm,先端细长渐尖或细长尾尖,基部圆形或近心形,上面亮绿色,下面稍淡,近无毛,幼叶两面有锈色短柔毛,叶脉明显凸起,呈网状,叶缘有粗腺锯齿;叶柄长 1～1.5cm,幼叶柄上密生锈色毛。雄花序长 4～5cm,轴有密灰白色短柔毛;雄蕊 5～6 枚,花丝基部有疏柔毛,苞片宽卵圆形,外面无毛,内面及边缘有短柔毛;雌花序长 3～6.5cm,无梗,子房卵状圆锥形,长约4mm,花柱短,2 裂;花仅具腹腺。果序长约 6.5cm;蒴果卵球形,无毛。花期 3 月,果期 4 月。

　　见于拱墅区(半山)、余杭区(径山)、西湖景区(小瀛洲),生于山坡、林中或河岸。分布于安徽、福建、广东、广西、江苏、江西。

图 1-148　粤柳　　　　　　　　　　　　图 1-149　南川柳

4. 南川柳　(图 1-149)

Salix rosthornii Seemen

　　乔木。幼枝有毛,后无毛;冬芽瘦小,长 5mm 以下。叶椭圆形、椭圆状披针形或长圆形,长4～7cm,宽 1.5～3.5cm,先端渐尖,基部楔形,上面绿色,下面浅绿色,两面无毛,幼叶脉上有短柔毛,边缘有整齐的锯齿;叶柄长 0.7～1.2cm,上端或有腺点;托叶偏卵形,有腺齿,萌发枝上的托叶发达,肾形或偏心形。花与叶同时开放,花序长 3.5～6cm,粗约 6mm;花序梗长1～2cm,有3～5枚小叶。雄花:花序长 3.5～6cm;雄蕊 3～6 枚,花丝基部有短柔毛,苞片卵形,两面基部有短柔毛,具腹、背 2 腺。雌花:花序长 2～5cm;子房狭卵球形;花柱短或无,2裂,柱头短;苞片同雄花;腺体 2 枚,腹腺大,背腺有时不发育。蒴果长 3～7mm。花期 3—4月,果期 5 月。

　　区内常见栽培,生于林中、河岸或湿地。分布于安徽、贵州、湖北、湖南、江西、陕西和四川。

　　观察浙江的标本,发现南川柳与紫柳 S. wilsonii Seemen 的花、叶形、托叶、腺体等均很难区分,故宜将浙江产的紫柳归并入南川柳。

5. 杨梅科 Myricaceae

　　常绿或落叶,灌木或乔木。单叶互生,全缘、有锯齿或不规则牙齿,以至羽状分裂,具腺鳞,羽状脉;无托叶,稀有托叶。花单性,雌雄异株或同株,稀杂性同株,柔荑花序;雄花序常着生于去年生枝的叶腋或新枝基部,单生或簇生,或复合成圆锥状花序;两性花序下部为雄花,上部为雌花;雄花序着生于叶腋,无花被,雄花单生于苞片腋内,不具或具2~4枚小苞片,雄蕊2至多数,花丝短,花药2室;雌花在每一苞片腋内单生,稀2~4枚集生,具小苞片2~4枚,子房上位,心皮2枚,心室1个,具直生胚珠1枚,花柱短,柱头2裂,丝状。核果有乳头状凸起,或被蜡质及油腺点;种子1枚,种皮膜质,无胚乳或有少量胚乳,胚直生,子叶大,肉质,肥厚,发芽时子叶出土。

　　3属,50多种,主要分布于热带、亚热带和温带地区;我国有1属,4种;浙江有1属,1种;杭州有1属,1种。

　　本科植物可供观赏用;杨梅果实可食用。

杨梅属 Myrica L.

　　常绿、落叶乔木或灌木,幼嫩部分被盾状腺鳞。单叶,互生;叶片全缘,有缺齿或分裂,羽状脉;叶具短柄,常密集于小枝上端,无托叶。花单性,排成柔荑花序,雌雄异株或同株;雄花具雄蕊2~8(~20)枚;雄花具2~4枚小苞片,子房外表面凸起,凸起物随子房发育而逐渐增大,形成蜡质腺体或肉质乳头状凸起;每一雌花序上的雌花全部;或少数,或仅顶端1朵能发育成果实。核果,外果皮干燥或肉质,内果皮坚硬;种子具膜质种皮。

　　约50种,广泛分布于热带、亚热带及温带;我国有4种,分布于长江以南各省、区;浙江有1种;杭州有1种。

图 1-150　杨梅

杨梅　山杨梅　火实　(图 1-150)
Myrica rubra Siebold & Zucc.

　　常绿乔木或灌木,高可达15m以上。树皮灰色。叶革质,楔状倒卵形或长椭圆状倒卵形,长5~14cm,宽1~4cm,先端圆钝或急尖,基部楔形,全缘或稀中部以上具疏齿,上面深绿色,下面淡绿色,无毛,仅下面有金黄色腺鳞;叶柄长2~10mm。花雌雄异株,稀同株;雄花序单生或数条簇生于叶腋,圆柱状,长1~4cm,雄花具4~5枚卵形小苞片及 2～5 枚雄蕊，花药暗红色；雌花序常单生于叶腋，长 5～15mm，苞片和雄花的相似，密接而呈覆瓦状排列，雌花通常具 3～4 枚卵形小苞片，子房卵球形。核果球形，表面具乳头状凸起，直径为1～2.5cm，栽培品种可达 3cm 左右，熟时深红色、紫红色或白色，多汁液。花期 3—4 月，果期 6—7 月。2n＝16。

见于拱墅区(半山)、萧山区(楼塔、蜀山)、余杭区(塘栖)，生于山坡杂木林内，区内常见栽培。分布于福建、广东、广西、贵州、海南、湖南、江苏、江西、四川、台湾、云南；日本、朝鲜半岛、菲律宾也有。

果可供食用。

6. 胡桃科　Juglandaceae

落叶稀常绿乔木，具树脂，有芳香。芽裸露或具芽鳞，常 2～3 枚重叠生于叶腋。叶互生，1 回奇数羽状复叶，稀偶数羽状复叶或单叶；无托叶；叶、芽、花、果各部通常被腺鳞。花单性，雌雄同株；花序单性或稀两性。雄花：花序常为葇荑花序，单独或数条成束，生于去年生枝叶腋或新枝基部，稀生于枝顶而直立；每一雄花具 1 枚大苞片及 2 枚小苞片，花被 1～4 裂或无花被；雄蕊 3 至多数，花丝短，花药 2 室，纵裂。雌花：花序排成穗状或葇荑花序，直立或下垂，生于枝顶；雌花具 1 枚大苞片、2 枚小苞片及 2～4 裂花被片或无花被；雌蕊由 2 枚心皮合生，花柱短，柱头 2 裂，子房下位，1 室或基部不完全 2～4 室；胚珠 1 枚，直立。果为核果状，外果皮由总苞和花被衍生而成；内果皮由子房本身形成，坚硬，骨质；假核果或坚果，有翅或无翅；种子大型，完全填满果室，具 1 层膜质的种皮，无胚乳。

9 属，60 多种，大多数分布于北半球热带到温带；我国约有 7 属，20 种，主要分布于长江以南，少数种类分布到北部；浙江有 6 属，12 种，1 变种；杭州有 2 属，2 种。

本科许多种类为用材树种和油料树种。

1. 化香树属　Platycarya Siebold & Zucc.

落叶乔木。芽具芽鳞；枝条髓部不呈薄片状分隔而为实心。奇数羽状复叶或单叶，小叶边缘有锯齿。雄花序及两性花序共同形成直立的伞房状花序束，排列于小枝顶端；花无花被，生于苞片腋部；雄花具 8～10 枚雄蕊，花丝短；雌花的雌蕊扁，两侧具 2 枚小苞片，花柱短，柱头 2 裂。果序卵状椭圆形、圆柱形或球形，直立，有多数木质而有弹性的宿存苞片，苞片密集而成覆瓦状排列；果为小坚果状，背腹压扁状，两侧具由 2 枚花被片发育而成的狭翅，外果皮薄革质，内果皮海绵质，基部具一隔膜，成不完全 2 室；种子具膜质种皮，子叶皱褶。

2 种，分布于我国、日本、朝鲜半岛和越南；我国有 2 种；浙江有 1 种；杭州有 1 种。

化香树　化香　(图 1-151)
Platycarya strobilacea Siebold & Zucc.
落叶小乔木，高 4～6m。树皮灰色，浅纵裂；枝条暗褐色，髓部实心。单数羽状复叶，互生，长12～30cm；小叶7～23枚，对生或上部互生，无柄，薄革质，长4～12cm，宽1.5～4cm，卵状披针形或椭圆状披针形，上面无毛，下面初时脉上有褐色柔毛，后几无毛。花单性，雌雄同株；穗状花序直立；两性花序通常生于中央顶端，雌花序在下，雄花序在上，开花后脱落，生于两性花序下方周围者为雄花序。果序卵状椭圆形至长椭圆状圆柱形，苞片披针形；小坚果扁平，两侧具狭翅；种子卵球形，种皮膜质。花期5—6月，果期7—10月。$2n=28$。

　　区内常见，生于山坡沟谷或灌丛中。分布于安徽、福建、甘肃、广东、广西、贵州、河南、湖北、湖南、江苏、江西、山东、陕西、四川、云南；日本、朝鲜半岛、越南也有。

　　果序及树皮富含单宁；果可入药；木材可制家具等。

图1-151　化香树

2. 枫杨属　Pterocarya Kunth

　　落叶乔木。芽具2～4枚芽鳞或裸露，腋芽单生或数个叠生；小枝髓心片状分隔。叶互生，奇数(稀偶数)羽状复叶，边缘有细锯齿。葇荑花序单性；雄花序长而具多数雄花，下垂，单独生于小枝上端的叶丛下方，自早落的鳞状叶腋内或自叶痕腋内生出，雄花无梗，基部苞片1枚，小苞片2枚，花被片1～4枚，雄蕊6～18枚；雌花序单独生于小枝顶端，具极多雌花，开花时俯垂，结果时下垂，雌花无梗，辐射对称，苞片1枚，小苞片2枚，花被片4枚。果序长而下垂，坚果两侧具由小苞片发育而成的革质翅2片，顶端具宿存2裂柱头及4枚花被片；果实外果皮薄革质，内果皮木质，在内果皮壁内常具充满疏松的薄壁细胞的空隙；种子1枚。

　　6种，分布于北温带；我国有5种；浙江有2种；杭州有1种。

　　本属植物枝具片状髓、葇荑花序下垂，可与枝具实心髓、葇荑花序直立的化香树属相区别。

枫杨　(图1-152)

Pterocarya stenoptera C. DC.

　　落叶乔木，高达30m，胸径达1m。幼树树皮平滑，浅灰色，老时则深纵裂；小枝灰色，具灰黄色皮孔；裸芽，具柄，密被锈褐色腺鳞。偶数羽状复叶，稀奇数羽状复叶，长20～30cm，叶轴具翅；小叶通常10～16枚，无小叶柄，对生或稀近对生，长椭圆形或

图1-152　枫杨

长圆状披针形,长 4~12cm,宽 2~4cm,顶端短尖或钝,基部偏斜,边缘有细锯齿,上面深绿色,有细小鳞腺,下面有稀疏鳞腺,叶轴两侧具窄翅。花单性,雌雄同株;雄荑黄花序生于去年生枝的叶痕腋内,长 5~12cm;雌荑黄花序生于新枝顶,长 10~15cm。果序长 20~45cm,果序轴常有宿存的毛;果实为坚果;果翅 2 片,矩圆形至条状矩圆形,斜上伸展。花期 4 月,果期 8—9 月。$2n=32$。

区内常见栽培和野生,生于山坡、溪边或栽植于道旁。分布于安徽、福建、甘肃、广东、广西、贵州、海南、河北、河南、湖北、湖南、江苏、江西、辽宁、山东、山西、陕西、四川、台湾、云南;日本、朝鲜半岛也有。

可栽培作行道树。

7. 桦木科　Betulaceae

落叶乔木或灌木。小枝和叶有时具腺体或腺点。单叶互生,叶缘常具重锯齿或单齿,稀浅裂或全缘,羽状脉,托叶早落。花单性,雌雄同株;雄花序顶生或侧生,常伸长,下垂,其上着生总苞,每个总苞内具数朵雄花组成的聚伞花序,雄花有或无花被,雄蕊 2~20 枚,花丝短,花药 2 室,纵裂;雌花序头状、总状、穗状或球果状,具多数总苞,每个总苞内具雌花 2~3 朵,每朵雌花具 1 枚苞片和 1~2 枚小苞片,雌花有或无花被,子房 2 室或不完全 2 室,每室具胚珠 1~2 个,仅 1 个发育,花柱 2 枚,分离。果序球状、头状、穗状或总状,果为坚果,具果苞,木质至膜质;胚直立,子叶扁平或肉质,无胚乳。

6 属,150~200 种,主要分布于亚洲、欧洲、南美洲、北美洲;我国有 6 属,89 种,全国各地均有分布;浙江有 5 属,13 种,4 变种;杭州有 4 属,3 种,1 变种。

本科中许多物种可用于造林或作用材树种,种子可食或榨油,具有一定的经济价值。

分属检索表

1. 雄花有花被,雌花无花被;小坚果扁平,具翅,组成球状或荑黄状果序。
　2. 果苞 5 裂,果序球状 ·· 1. **桤木属** *Alnus*
　2. 果苞 3 裂,果序荑黄状 ··· 2. **桦木属** *Betula*
1. 雄花无花被,雌花有花被;小坚果卵球形或球形,无翅,成簇生状或穗状果序。
　3. 坚果大,直径为 7~15mm ·· 3. **榛属** *Corylus*
　3. 坚果小,直径为 3~4mm ··· 4. **鹅耳枥属** *Carpinus*

1. 桤木属　Alnus Mill.

落叶乔木或灌木。单叶互生,叶缘具锯齿或浅裂,稀全缘;托叶早落。雌雄同株;雄花序生于去年枝的顶端,圆柱形,每一总苞片具雄花 3 朵,雄花花被 4 枚,雄蕊 4 枚,稀 1 或 3 枚;雌花序单生、总状或圆锥状,每个总苞内具 2 朵雌花,雌花无花被,柱头 2 枚。果序球果状,果苞 5 裂;每个果苞具 2 枚小坚果,小坚果小而扁平,具翅。

40 多种,分布于亚洲、非洲、欧洲及北美洲;我国有 10 种,分布于东北、华北、华东、华南、华中及西南;浙江有 2 种;杭州有 1 种。

江南桤木 　(图 1-153)

Alnus trabeculosa Hand.-Mazz.

落叶乔木,高达 10m。树皮灰褐色,平滑;小枝黄褐色或褐色,常无毛;冬芽具柄。单叶互生,倒卵状长圆形至长圆形,长 4～16cm,宽 2.5～7cm,先端骤尖、渐尖至尾状,基部近圆形或近心形,边缘具不规则疏细齿,上面无毛,下面具腺点,脉腋具髯毛,侧脉 6～13 对;叶柄细瘦,长 2～3cm,疏被短柔毛或无毛,无或多少具腺点。果序长圆形,长 1～2.5cm,直径为 1～1.5cm,2～4 枚总状排列;果序梗长、粗壮,长 1～2cm;果苞木质,长 5～7mm,先端近圆楔形,具 5 枚浅裂片,基部楔形;小坚果宽卵球形,长 3～4mm,宽 2～2.5mm;果翅厚纸质,极狭。花期 4—5 月,果期 7—9 月。

见于拱墅区(半山),生于山谷与河谷阴湿地段、岸边与村旁。分布于安徽、福建、广东、贵州、河南、湖北、湖南、江苏、江西;日本也有。

木材可作家具、建筑等用材;树皮、果实可提制栲胶。

图 1-153　江南桤木

2. 桦木属　Betula L.

落叶乔木或灌木。单叶互生,叶下面常具腺点,叶缘具重锯齿,稀单齿,托叶分离,早落。雌雄同株;雄花序 2～4 枚簇生于枝顶端或侧生,每一苞鳞内具雄花 3 朵,雄花具花被片 4 枚,膜质,雄蕊 2 枚;雌花序单生或 2～5 枚生于短枝的顶端,每一苞鳞内具雌花 3 朵,雌花无花被,花柱 2 枚。果苞 3 裂,内有 3 枚小坚果,小坚果具膜质翅。

50～60 种,主要分布于北温带,少数种类分布至北极区内;我国有 32 种,全国均有分布;浙江有 1 种;杭州有 1 种。

亮叶桦　光皮桦　(图 1-154)

Betula luminifera H. J. P. Winkl.

乔木,高可达 25m。树皮黄褐色,平滑;小枝黄褐色,被淡黄色短柔毛,疏生树脂腺体;芽鳞边缘被短纤毛。叶长卵形至宽三角状卵形,长 4～10cm,宽 2.5～6cm,先端长渐尖至尾状,基部圆形至近心形或宽楔形,叶缘具不规则重锯齿,叶上面幼时被短柔毛,后脱落,下面具毛和腺点,侧脉 12～14 对;叶柄长 1～2cm,密被短柔毛及腺点。雄花序 2～5 枚,常簇生于小枝顶端,长 5～7cm,花序梗密生树脂腺体。果序常单生于叶腋,长圆柱形,长可达 10cm,下垂,密被短柔毛及树脂腺体;果苞长 2～3mm,中裂片较大,矩圆形至倒披针形,侧裂片小,卵形,有时不发育而呈耳状;小坚果倒卵球形,长约 2mm,膜质翅宽为果的 2～3 倍。花期 3—4 月,果期5 月。

见于西湖区(留下)、余杭区(长乐),生于山谷、山坡、溪沟和山麓。分布于安徽、福建、甘肃、广东、广西、贵州、河南、湖北、湖南、江苏、江西、陕西、四川、云南。

用材树种,可用于山地造林。

3. 榛属　Corylus L.

落叶灌木或小乔木。单叶互生,叶缘具重锯齿或浅裂,羽状脉。雌雄同株;雄花序穗状,下垂,2～3 枚生于侧枝的顶端,每一总苞内具 2枚小苞和 1 枚雄花,雄花无花被,雄蕊 4～8 枚;雌花序总状或头状,每一总苞内具 2 枚雌花,花被顶端具 4～8 枚不规则小齿,子房下位,花柱2 枚。果苞钟状或管状,部分种类呈刺状;坚果球形,大部或全部为果苞所包。

图 1-154　亮叶桦

约 20 种,分布于亚洲、欧洲和北美洲;我国有 7 种,主要分布于东北、华北、西北和西南;浙江有 1 种,1 变种;杭州有 1 变种。

短柄川榛

Corylus kweichowensis Hu var. brevipes W. J. Liang

落叶灌木,高可达 7m。树皮灰色;小枝黄褐色,密被短柔毛和腺毛。单叶互生,椭圆形至近圆形,长 8～15cm,宽 6～10cm,先端急尖或短尾尖,基部心形,有时两侧不等,叶缘具不规则的重锯齿,有时中部以上具浅裂,上面无毛,下面幼时疏被短柔毛,后仅沿脉疏被短柔毛,侧脉3～7 对;叶柄纤细,长 0.5～1.2cm,常密被腺毛和短柔毛。雄花序常 2～3 枚呈总状生于小枝顶端叶腋,花药红色。果为坚果,单生或 2～6 枚簇生,长 7～15mm,无毛或仅顶端疏被长柔毛;果苞钟状,外面密被柔毛和刺状腺体,稀无腺体,上部浅裂,边缘疏锯齿或全缘。花期 3 月,果期 9—10 月。

见于余杭区(鸬鸟),生于海拔 800m 以上的山坡灌丛中。分布于湖南、江苏、江西。

种子可食,可榨油。

原种小枝具稀疏柔毛及腺毛,叶柄长 1～3cm,稀被短柔毛,可与本变种区别。

4. 鹅耳枥属　Carpinus L.

落叶乔木,稀灌木。单叶互生,边缘具重锯齿,少为单齿,羽状脉。雌雄同株;雄花序下垂,圆柱状,每一苞鳞内具1朵雄花,雄花无花被,雄蕊3～13枚;雌花序总状,单生于短枝顶端或腋部;每一总苞内具2朵雌花,雌花基部具苞片,花被与子房贴生。果苞叶状,2～3裂或不裂;小坚果宽卵球形、长卵球形、矩圆球形,着生于果苞基部,具数肋。

　　约50种,分布于北温带及北亚热带地区;我国有33种,全国均有分布;浙江有7种,3变种;杭州有1种。

短尾鹅耳枥 （图 1-155）

Carpinus londoniana H. Winkl.

图 1-155　短尾鹅耳枥

　　乔木,高可达13m。树皮深灰色;一年生小枝棕褐色,具长柔毛和短柔毛,在枝条芽鳞痕处的毛较多。单叶互生;叶厚纸质,椭圆形至狭椭圆形,长4.5～12cm,宽2.2～3cm,先端渐尖至长渐尖,基部常圆楔形至近圆形,稀微心形;叶缘具重锯齿,上面亮绿色,下面淡绿色,脉腋间具髯毛,侧脉11～13对;叶柄粗短,长4～8mm,密被短柔毛。果序长4.5～10cm,果序梗长1.5～3cm,果序梗和果序轴均密被短柔毛;果苞3裂,长1.6～2.5cm,无毛,两侧裂片较小,中裂片狭长,内侧近全缘,稍弯曲呈镰刀状或直,外侧具3～6浅齿。小坚果宽卵球形,长3～4mm,具肋脉6～10条,被褐色树脂腺体,有无色透明的树脂分泌物,无毛。花期3—4月,果期6—10月。

　　见于西湖景区(九溪),生于湿润山坡或山谷的杂木林中。分布于安徽、福建、广东、广西、贵州、湖南、江西、四川、云南;老挝、缅甸、泰国和越南也有。

8. 壳斗科　Fagaceae

　　常绿或落叶乔木,稀灌木。单叶互生;托叶早落。花单性,雌雄同株;雄花序多葇荑花序,稀头状花序,下垂或直立;雌花序直立,花单生或数朵聚生于总花序轴上呈穗状。花被1轮,4～8片,基部合生;雄花有雄蕊4～12枚,花丝纤细,花药基着或背着,2室,纵裂,无退化雌蕊,或被小卷丛毛;雌花聚生于壳斗内,有时伴有短小雄蕊,子房下位,花柱与子房室同数,柱头近头状或浅裂舌状,每室有倒生胚珠2颗,仅1颗发育,中轴胎座。由总苞发育而成的壳斗木质或木栓质,形状多样,每壳斗有坚果1～5个。坚果有棱角或浑圆,顶部有稍凸起的柱座,底部的果脐凸起、近平坦,或凹陷。

　　8属,900多种,除热带非洲和南非地区不产外,几乎全球均有分布,以亚洲种类最多;我国有7属,约320种,分布几遍全国;浙江有6属,39种,3变种;杭州有5属,18种。

分 属 检 索 表

1. 雄花序为直立荑黄花序,柱头顶生;壳斗内具 1~3 枚坚果。
  2. 落叶;无顶芽;子房 6 室;壳斗球状,密被分枝长刺,坚果 1~3 枚,被壳斗全包········· 1. 栗属　Castanea
  2. 常绿;有顶芽;子房通常 3 室;壳斗内有坚果 1 枚,稀 3 枚。
    3. 叶多排成 2 列,叶缘有锯齿,稀全缘;壳斗球形,被针刺状苞片,稀鳞状或瘤状凸起,坚果被壳斗全
    包,稀杯状 ··· 2. 栲属　Castanopsis
    3. 叶螺旋状排列,全缘,稀有齿缺;壳斗杯状或盘状,无刺,壳斗内有坚果 1 枚·················
    ······································· 3. 石栎属　Lithocarpus
1. 雄花序为下垂的荑黄花序,柱头侧生;壳斗内有坚果 1 枚。
  4. 常绿或落叶;壳斗的苞片鳞形、线形或钻形,覆瓦状排列,不结合成同心环 ··········· 4. 栎属　Quercus
  4. 常绿;壳斗的苞片轮状排列,合生成同心环状 ················ 5. 青冈属　Cyclobalanopsis

1. 栗属　Castanea Mill

落叶乔木,稀灌木。树皮纵裂,无顶芽,冬芽为 3~4 片芽鳞包被。叶互生,2 列,羽状脉,侧脉直达齿尖,齿端常呈芒状;托叶对生,早落。花单性同株或为混合花序,雄花序位于花序轴的上部,雌花序位于下部;雄花序直立,腋生,荑黄花序,1~3 朵聚生成簇,花被片 6 裂,雄蕊12~10枚,花丝细长;雌花 1~3 朵聚生于一壳斗内,着生于雄花序基部或单独成序。壳斗近球形,密被长刺,壳斗 4 瓣裂,内有坚果 1~3 个;坚果栗褐色,顶部常被伏毛,底部有淡黄白色略粗糙的果脐。

约 12 种,分布于亚洲、欧洲和北美洲;我国有 4 种,其中 1 种为引种栽培;浙江有 3 种;杭州有3种。

分 种 检 索 表

1. 嫩枝有毛;托叶宽大,叶阔椭圆形或倒卵状长椭圆形,叶背有星状毛或褐色腺鳞;壳斗内有坚果 2~3 个,宽大于长。
  2. 叶背有星状毛;坚果大,直径为 2~3.5cm ············· 1. 板栗　C. mollissima
  2. 叶背有褐色腺鳞;坚果小,直径为 1.5~2cm ············· 2. 茅栗　C. seguinii
1. 嫩枝无毛;托叶线形,叶披针形或长圆状披针形,叶背通常无毛;壳斗内有坚果 1 个,长大于宽 ············
··· 3. 锥栗　C. henryi

1. 板栗　栗　(图 1-156)

Castanea mollissima Blume

乔木,高达 20m,胸径达 80cm。冬芽长约 5mm;小枝灰褐色,被疏长毛及鳞腺。叶椭圆形至长圆形,长 11~17cm,宽 4~7cm,顶部短至渐尖,基部近平截或圆,或两侧稍向内弯而呈耳垂状,常一侧偏斜而不对称,叶背被灰白色星状短茸毛,齿端有芒状尖头;叶柄长 1~2cm;托叶长圆形,长 10~15mm。雄花序长 10~20cm,花序轴被毛;雌花 1~3 (~5) 朵发育结实,花柱下部被毛。壳斗球形或扁球形,连刺直径为 4.5~6.5cm,刺密生,内有坚果 2~3 个;坚果直径为2~3.5cm。花期 6 月,果期 9—10 月。$2n=24$。

区内常见栽培,习见于阳坡及丘陵地。广泛分布于辽宁以南,以华北及长江流域分布最为集中,产地面积也最大;朝鲜半岛也有。

图 1-156　板栗　　　　　　　　　　图 1-157　茅栗

2. 茅栗　（图 1-157）

Castanea seguinii Dode

小乔木或灌木状,通常高 2～5m。冬芽长 2～3mm;小枝暗褐色,密生皮孔。叶倒卵状椭圆形或长圆形,长 6～14cm,宽 4～5cm,顶部渐尖,基部楔形至圆或耳垂状,叶背有黄或灰白色鳞腺,幼嫩时沿叶背脉两侧有疏毛,边缘锯齿具短芒尖;叶柄长 5～15mm;托叶细长,长 7～15mm。雄花序长 5～12cm;雌花单生或生于混合花序的花序轴下部,每壳斗有雌花 3～5 朵,通常 1～3 朵发育结实。壳斗外壁密生锐刺,连刺直径为 3～5cm,宽略大于高,刺长 6～10mm;坚果直径为 1.5～2cm。花期 5～7 月,果期 9—11 月。$2n=24$。

区内常见,生于山冈向阳坡或山脚杂木林。广泛分布于河南、陕西,以及长江流域及其以南各地,西至四川、贵州。

3. 锥栗　（图 1-158）

Castanea henryi（Skan）Rehder & E. H. Wilson

大乔木,高达 30m,胸径达 1.5m。冬芽长约 5mm,小枝暗紫褐色。叶长圆形或披针形,长

8～17cm,宽2～5cm,顶部长渐尖至尾状长尖,基部狭楔形或圆形,齿端有芒状尖头,叶背无毛,但嫩叶有黄色鳞腺且在叶脉两侧有疏长毛;叶柄长1～2cm;托叶长8～14mm。雄花序长5～16cm,花簇有花1～3(～5)朵;每一壳斗有雌花1(2、3)朵,仅1(2、3)朵发育结实。壳斗近圆球形,连刺直径为2.5～4.5cm,刺密或稍疏生,长4～10mm;坚果卵球形,直径为1.5～2cm,顶部有伏毛。花期5—7月,果期9—10月。

　　见于西湖景区(凤凰山、虎跑、满觉陇),生于山坡路旁或溪畔丛林中。广泛分布于长江流域至南岭以北地区。

图1-158　锥栗

2. 栲属　Castanopsis(D. Don) Spach

　　常绿乔木。芽鳞交互对生,当年生枝常有纵脊棱。叶互生,常2列,叶背被毛或鳞腺,或二者兼有;托叶早落。花雌雄异序或同序,花序直立,花被片5～6裂;雄花单朵散生或3～7朵簇生,雄蕊9～12枚,退化雌蕊甚小,为密生卷绵毛遮蔽;雌花单朵或3～5朵聚生于一壳斗内,很少有与花背裂片对生的退化雄蕊存在,子房3室,花柱3枚。壳斗全包或包着坚果的一部分,外壁有疏或密的刺,稀具鳞片或疣体,有坚果1～3个;坚果常翌年成熟,果脐平凸或浑圆。

　　约120种,产于亚洲热带及亚热带地区;我国有58种,产于长江以南各地;浙江有9种;杭州有4种。

分 种 检 索 表

1. 总苞的苞片鳞片状三角形,排列成4～7个同心环。
　　2. 小枝具棱;叶缘中部以上有锯齿,先端渐尖,基部宽楔形 ………………………… 1. 苦槠　C. sclerophylla
　　2. 小枝无棱;叶缘近顶部有2～3个锯齿,先端长渐尖或尾尖,基部歪斜………… 2. 米槠　C. carlesii
1. 总苞的苞片针刺形。
　　3. 叶片中部以上有锯齿,叶背红褐色、淡棕灰色或银灰色 ………………………… 3. 钩栗　C. tibetana
　　3. 叶片全缘或近先端有1～3枚锯齿,叶背淡绿色 ……………………………………… 4. 甜槠　C. eyrei

1. 苦槠　(图1-159)

Castanopsis sclerophylla(Lindl. & paxton)Schott.

　　乔木,高5～10m,胸径达30～50cm。树皮浅纵裂;小枝灰色,散生皮孔,略具棱,枝、叶均无毛。叶片革质,长椭圆形至卵状椭圆形,长7～15cm,宽3～6cm,顶部渐尖或骤狭急尖,基部近圆形或宽楔形,边缘中部以上有锯齿状锐齿,叶背淡银灰色;叶柄长1.5～2.5cm。花序轴无毛,雄穗状花序通常单穗腋生;雌花序长达15cm。果序长8～15cm,壳斗有坚果1个,圆球形或半圆球形,全包或包着坚果的大部分,直径为12～15mm,壳壁厚小于1mm,不规则瓣裂;小苞片鳞片状,大部分退化并横向连生成脊肋状圆环,或仅基部连生,呈环带状凸起,外壁被黄棕色微柔毛;坚果近圆球形,直径为10～14mm,顶部短尖,被短伏毛,果脐位于坚果的底部,宽7～9mm。花期4—5月,果期10—11月。$2n=24$。

　　区内常见,生于山坡林中和山脚路旁。分布于江苏、安徽、江西、福建、广东、广西、湖北、湖南。

图1-159　苦槠　　　　　　　　　　图1-160　米槠

2. 米槠　(图1-160)

Castanopsis carlesii(Hemsl.)Hayata

　　乔木,高达20m,胸径可达80cm。树皮灰白色,老时浅纵裂。叶片披针形,长6～12cm,宽1.5～3cm,顶部渐尖或渐狭长尖,基部有时一侧稍偏斜,全缘或兼有少数浅裂齿,下面幼时有红褐色或棕黄色细片状蜡鳞层,老时呈银灰色或多少带灰白色;叶柄长5～10mm,基部增粗呈枕状。雄花序单一或有分枝;雌花序单生于总苞内。壳斗近圆球形,直径为0.8～1.4cm,不规则瓣裂,苞片贴生,鳞片状,排列成间断的6～7环;坚果卵球形,直径为0.8～1.3cm。花期3—4月,果翌年9—11月成熟。

　　见于余杭区(百丈)、西湖景区(韬光、五云山、云栖),生于阔叶林中、路旁、林缘。广泛分布于我国东南沿海各地。

3. 钩栗　(图1-161)

Castanopsis tibetana Hance

　　乔木,高达30m,胸径达1.5m。树皮灰褐色,粗糙;小枝干后黑或黑褐色,枝、叶均无毛。

新生嫩叶暗紫褐色,成长叶革质,卵状椭圆形或长椭圆形,长 15～30cm,宽 5～10cm,顶部渐尖、短突尖或尾状,基部圆形或宽楔形,对称或有时偏斜,叶缘至少在近顶部有锯齿状锐齿,叶背红褐色、淡棕灰色或银灰色;叶柄长 1.5～3cm。雄花序为穗状花序或圆锥花序,花序轴无毛,雄蕊通常 10 枚;雌花序长 5～25cm。壳斗有坚果 1 个,圆球形,连刺直径为 6～8cm,整齐的 4 瓣开裂,壳壁厚 3～4mm,刺长 15～25mm,通常在基部合生成刺束;坚果扁圆锥形,高1.5～1.8cm,横径为 2～2.8cm,被毛。花期 4—5 月,果翌年 8—10 月成熟。

见于西湖景区(飞来峰、上天竺),较多见于较湿润山谷、山坡阔叶林中。广泛分布于安徽、江西、福建、台湾、广东、广西、湖北、湖南、四川、贵州、云南。

图 1-161　钩粟

材质坚重,耐水湿,适作建筑及家具用材,是长江以南较常见的主要用材树种。

4. 甜槠　(图 1-162)

Castanopsis eyrei(Champ. ex Benth.)Tutch.

乔木,高 8～20m。树皮灰褐色,浅纵裂,全体无毛。叶片披针形、卵形、卵状椭圆形、长圆形,长 5～7cm,宽 2～4cm,革质,先端尾尖或渐尖,基部宽楔形或圆形,歪斜,全缘或近先端有 1～3 枚疏锯齿,下面淡绿色,侧脉 8～10 对;叶柄长 0.7～1.5cm。雌花单生于总苞内。壳斗宽卵球形到近球形,直径为 2～3cm,分成 2～4 枚裂片,顶部锐尖,壁厚约 1mm;苞片刺状,分叉或不分叉,基部合生成束,排成间断的 4～6 环;坚果 1 枚,宽卵球形至近球形,无毛,直径为 8～10mm。花期 4—6 月,果期翌年 9—11 月。

见于余杭区(百丈),生于混合和常绿阔叶林中。分布于安徽、福建、广东、广西、贵州、湖北、湖南、江苏、江西、青海、四川、台湾、西藏。

图 1-162　甜槠

3. 石栎属　Lithocarpus Blume

常绿乔木。有顶芽,嫩枝常有槽棱。叶全缘或有锯齿,背面被毛或否,常有鳞秕或鳞腺。荽荑花序直立,常雌雄同序,雄花位于花序轴上段;雄花序单一或分枝,雄花 3～4 朵簇生,花被 4～6 深裂,雄蕊 10～12 枚;雌花 1(2～5)朵生于总苞内,花被 4～6 裂,子房 3 室,花柱 3 枚。

壳斗单生或 3 个集生,盘状、杯状、碗状或近球形,全包或包着坚果一部分,苞片鳞片状,内有坚果 1 个;坚果被毛或否,果壁厚角质、木质或薄壳质,果脐凸起或凹陷。

约 300 种,主要分布于亚洲;我国有 123 种,以广东、广西和云南的种类最多;浙江有 8 种;杭州有 2 种。

1. 石栎　(图 1-163)

Lithocarpus glaber（Thunb.）Nakai

乔木,高 15m,胸径达 40cm。一年生枝、嫩叶叶柄、叶背及花序轴均密被灰黄色短茸毛;二年生枝的毛较疏且短,常变为污黑色。叶革质或厚纸质,椭圆形或长椭圆形,长 6～14cm,宽2.5～5.5cm,先渐尖,基部楔形,全缘或近先端有 2～4 个浅裂齿,中脉在叶面微凸起,叶背无毛或几无毛,有较厚的蜡鳞层;叶柄长 1～2cm。果序轴通常被短柔毛;壳斗碟状或浅碗状,包围坚果的基部,高 5～10mm,宽 10～15mm,小苞片三角形,紧贴,覆瓦状排列或连生成圆环,密被灰色微柔毛;坚果椭圆球形,高12～25mm,宽 8～15mm,顶端尖,暗栗褐色,有淡薄的白色粉霜。花期 9—10 月,果期翌年 9—11 月。

区内常见,生于杂木林以及向阳山坡、山谷、溪畔路旁林中。分布于安徽、江苏、福建、江西、广东、广西、湖北、湖南。

木材适合作家具、农具等。

图 1-163　石栎

2. 东南石栎　(图 1-164)

Lithocarpus harlandii（Hance ex Walp.）Rehder

乔木,高可达 18m。小枝具沟槽,有棱脊,绿色,无毛。叶片硬革质,披针形、椭圆形或倒披针形,长 7～18cm,宽 3～6cm,先端渐尖或钝尖,基部楔形,下面淡绿色,全缘;叶柄长 1～2.5cm。当年分枝的花序顶生在先端,叶柄 2～3cm;雄花序分枝为圆锥状,花序轴密被灰黄色短细毛;雌花序不分枝。果序长 10～15cm,轴粗4～5mm;壳斗浅盘形,苞片三角形,背部有纵脊隆起;坚果卵球形或近球形,长 2.2～2.8cm,宽1.6～2.2cm,先端圆形到钝,无毛,基部与壳斗愈合,果脐内陷。花期 9—10 月,果期翌年 10—11 月。

图 1-164　东南石栎

　　见于西湖景区(黄龙洞、桃源岭),生于常绿阔叶林。分布于福建、广东、广西、海南、湖南、江西、台湾。

　　与上种的区别在于:本种小枝无毛,叶背绿色。

4. 栎属　Quercus L.

　　常绿或落叶乔木,稀灌木。冬芽具数枚芽鳞,覆瓦状排列。叶螺旋状互生,托叶常早落。花单性,雌雄同株;雌花序为下垂荑黄花序,花单朵散生或数朵簇生于花序轴下,花被4~7裂或更多,雄蕊与花被裂片同数或较少,花丝细长,花药2室,纵裂,退化雌蕊细小;雌花单生、簇生或排成穗状,单生于总苞内,花被5~6深裂,有时具细小退化雄蕊,子房3室,每室有2枚胚珠,花柱与子房室同数,柱头侧生带状或顶生头状。壳斗包着坚果一部分,稀全包,小苞片鳞形、线形、钻形,覆瓦状排列,紧贴或开展,每一壳斗内有1个坚果;坚果顶端有凸起柱座,底部有圆形果脐,不育胚珠位于种皮的基部,当年或翌年成熟。

　　约300种,广布于亚、非、欧、美洲;我国有35种,分布于全国各省、区,多为组成森林的重要树种;浙江有10种,2变种;杭州有6种。

分 种 检 索 表

1. 叶缘具芒刺状锯齿或近全缘。
    2. 叶背灰白色,密生星状毛;树皮木栓层发达 ······················· 1. 栓皮栎　*Q. variabilis*
    2. 叶背淡绿色,无星状毛;树皮无木栓层。
        3. 叶平整;坚果近球形,苞片钻形,反卷 ······················· 2. 麻栎　*Q. acutissima*
        3. 叶边缘起伏不平;坚果椭圆球形至卵形,苞片仅靠近开口处钻形并反卷,其余为鳞形,排列紧密 ···
        ··· 3. 小叶栎　*Q. chenii*
1. 叶缘有波状或粗齿状锯齿。
    4. 叶柄长1~3cm,叶背密生灰白色星状细茸毛 ······················· 4. 槲栎　*Q. aliena*
    4. 叶柄长1cm以下。
        5. 小枝无毛;叶缘有粗锯齿,齿端腺体状 ······················· 5. 短柄枹　*Q. serrata*
        5. 小枝有毛;叶缘有波状锯齿 ······························· 6. 白栎　*Q. fabri*

1. 栓皮栎　(图1-165)

Quercus variabilis Blume

　　落叶乔木,高达30m,胸径达1m以上。树皮黑褐色,深纵裂,木栓层发达;小枝灰棕色,无毛。叶片卵状披针形或长椭圆形,长8~15cm,宽2~6cm,顶端渐尖,基部圆形或宽楔形,叶缘具刺芒状锯齿,叶背密被灰白色星状茸毛,侧脉每边13~18条,直达齿端;叶柄长1~3cm。雄花序长达14cm,花序轴密被褐色茸毛,花被4~6裂,雄蕊10枚或较多;雌花序生于新枝上端叶腋。壳斗杯形,包着2/3的坚果,连小苞片为直径为2.5~4cm,高约1.5cm;小苞片钻形,反曲,被短毛。坚果近球形或宽卵球形,高、直径约为1.5cm,顶端圆,果脐凸起。花期3—4月,果期翌年9—10月。$2n=24$。

　　见于西湖景区(飞来峰、五云山、云栖),习见于向阳山坡林内。广泛分布于辽宁以南,经华北西至四川,南达广东、广西,东至台湾。

　　木材为我国生产软木的主要原料;果实富含淀粉;壳斗、树皮富含单宁,可提取栲胶。

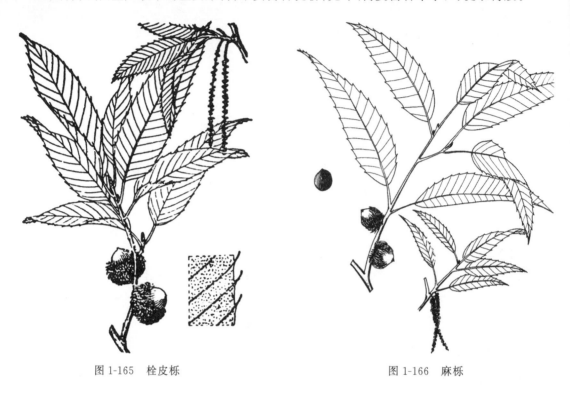

图 1-165　栓皮栎　　　　　　　　　　　　　　图 1-166　麻栎

2. 麻栎　(图 1-166)

Quercus acutissima Carruth——*Q. Moulei* Hance

　　落叶乔木,高达 30m,胸径达 1m。树皮深灰褐色,深纵裂。幼枝被灰黄色柔毛,后渐脱落,老时灰黄色,具淡黄色皮孔。雄花序常数个集生于当年生枝下部叶腋,有花 1～3 朵。壳斗杯形,包着约 1/2 的坚果,连小苞片直径为 2～4cm,高约 1.5cm;小苞片钻形或扁条形,向外反曲,被灰白色茸毛。坚果卵球形或椭圆球形,直径为 1.5～2cm,高 1.7～2.2cm,顶端圆形,果脐凸起。花期 3—4 月,果期翌年 9—10 月。$2n=24$。

　　区内常见,习见于低山坡、山脚、郊区野外山林中、林缘及溪沟边。我国各地分布广泛,北至甘肃、河北、吉林、辽宁、山西、陕西,西至四川、云南,南达广东、广西,东至台湾;不丹、柬埔寨、日本、朝鲜半岛、缅甸、尼泊尔、印度、泰国、越南也有。

　　木材可供制作枕木、坑木、桥梁、地板等;种子富含淀粉,可作饲料和供工业用;壳斗、树皮可提取栲胶。

3. 小叶栎　(图 1-167)

Quercus chenii Nakai

　　落叶乔木,高达 30m。树皮黑褐色,纵裂;小枝较细,直径约为 1.5mm。叶片宽披针形至卵状披针形,长 7～12cm,宽 2～3.5cm,顶端渐尖,基部圆形或宽楔形,略偏斜,幼时被黄色柔毛,以后两面无毛,或仅背面脉腋有柔毛,侧脉每边 12～16 条,叶缘具刺芒状锯齿;叶柄长 0.5～1.5cm。雄花序长约 4cm,花序轴被柔毛。壳斗杯形,包着约 1/3 的坚果,直径约为

1.5cm,高约 0.8cm;壳斗上部的小苞片线形,长约 5mm,直伸或反曲;中部以下的小苞片为长三角形,长约 3mm,紧贴壳斗壁,被细柔毛。坚果椭圆球形,直径为 1.3～1.5cm,高 1.5～2.5cm,顶端有微毛;果脐微凸起,直径约为 5mm。花期 3—4 月,果期翌年 9—10 月。$2n=24$。

　　见于西湖景区(飞来峰、韬光、云栖),习见于稍阴的山坡林中。分布于安徽、湖北、江苏、江西。

图 1-167　小叶栎

图 1-168　槲栎

4. 槲栎　(图 1-168)

Quercus aliena Blume

　　落叶乔木,高达 30m。树皮暗灰色,深纵裂;小枝灰褐色,近无毛,具圆形淡褐色皮孔。叶片长椭圆状倒卵形至倒卵形,长 10～30cm,宽 5～16cm,顶端微钝或短渐尖,基部楔形或圆形,叶背被灰棕色细茸毛,侧脉每边 10～15 条,叶缘具波状钝齿;叶柄长 1～3cm,无毛。雄花序长 4～8cm,雄花单生或数朵簇生于花序轴,微有毛,花被 6 裂,雄蕊通常 10 枚;雌花序生于新枝叶腋,单生或 2～3 朵簇生。壳斗杯形,包着约 1/2 的坚果,直径为 1.2～2cm,高 1～1.5cm;小苞片卵状披针形,长约 2mm,排列紧密,被灰白色短柔毛。坚果椭圆球形至卵球形,直径为 1.3～1.8cm,高 1.7～2.5cm,果脐微凸起。花期 4—5 月,果期 9—10 月。

　　见于余杭区(塘栖)、西湖景区(黄泥岭、茅家埠、三台山、杨梅岭),生于丘陵低山林或山脚路旁杂木林中。广泛分布于安徽、福建、甘肃、广东、广西、贵州、河南、江苏、辽宁、山东、四川和云南;日本、朝鲜半岛也有。

　　木材坚硬,耐腐,纹理致密,可供建筑、制家具及薪炭等用;种子富含淀粉;壳斗、树皮富含单宁。

5. 短柄枹　枹栎　(图 1-169)

Quercus serrata Murray——*Q. glandulifera* Blume——*Q. glandulifera* var. *brevipetiolata* (DC.) Nakai

落叶乔木,高可达 25m。叶片薄革质,卵形、狭椭圆形、卵状披针形或倒卵形,长(5～)7～17cm,宽(1.5～)3～9cm,先端渐尖,基部楔形,边缘有锯齿,具内弯浅腺齿,侧脉7～12对;叶柄长 2～5mm。雄花序长 5～6cm,雌花序长不及 1cm。壳斗杯状,包围 1/4～1/3 的坚果;苞片三角形,附着,在口部伸出,边缘具柔毛。坚果卵球形,长 1.7～2cm,宽 0.8～1.2cm。花期 3—4 月,果期 9～10 月。

区内常见,生于向阳山坡丘陵杂木林中。分布于安徽、福建、甘肃、广东、广西;日本、朝鲜半岛也有。

图 1-169　短柄枹　　　　　　　　　　图 1-170　白栎

6. 白栎　(图 1-170)

Quercus fabri Hance

落叶乔木或灌木状,高达 20m。树皮灰褐色,深纵裂;小枝密生灰色至灰褐色茸毛;冬芽卵状圆锥形,芽长 4～6mm,芽鳞多数,被疏毛。叶片倒卵形、椭圆状倒卵形,长7～15cm,宽3～8cm,顶端钝或短渐尖,基部楔形或窄圆形,幼时两面被灰黄色星状毛,侧脉每边 8～12 条,叶背支脉明显,叶缘具波状锯齿或粗钝锯齿;叶柄长 3～5mm,被棕黄色茸毛。雄花序长 6～9cm,花序轴被茸毛,雌花序长 1～4cm,生 2～4 朵花。壳斗杯形,包着约 1/3 的坚果,直径为 0.8～1.1cm,高 4～8mm;小苞片卵状披针形,排列紧密,在边缘处稍伸出。坚果长椭圆球形,直径为 0.7～1.2cm,高1.7～2cm,无毛,果脐凸起。花期 4 月,果期 10 月。

区内常见,生于丘陵、低山杂木林、向阳山坡与山脚的阔叶林中。广泛分布于淮河以南。

5. 青冈属 Cyclobalanopsis Oerst

常绿乔木,稀灌木。树皮通常平滑;具顶芽,冬芽圆锥形,芽鳞覆瓦状排列。叶螺旋状互生,全缘或有锯齿,羽状脉。雄花序为下垂葇荑花序,雌花序为直立短穗状,花单性,雌雄同株;雄花单朵散生或数朵簇生于花序轴;雌花单生于总苞内;花被5～6裂;子房3室,每室有2枚胚珠,花柱2～4枚,通常3枚。壳斗碟形、杯形、碗形、钟形,包着坚果一部分至大部分,稀全包,壳斗上的小苞片轮状排列,愈合成同心环带,环带全缘或具裂齿,每一壳斗内通常只有1枚坚果。坚果近球形至椭圆球形,不孕胚珠位于种子的近顶部,当年成熟或翌年成熟。

约150种,主要分布于亚洲热带、亚热带;我国有63种,分布于秦岭—淮河以南各省、区;浙江有9种;杭州有3种。

分 种 检 索 表

1. 叶下面无毛,卵状披针形,基部楔形,边缘有细锯齿 ························ 1. 小叶青冈 *C. myrsinifolia*
1. 叶下面有毛,基部楔形至圆形,边缘锯齿细尖或较粗。
　2. 叶宽2.5～6cm,边缘锯齿较粗,下面有平伏毛,微带灰白色 ················ 2. 青冈 *C. glauca*
　2. 叶宽1.5～3cm,边缘锯齿较细长尖,下面有"丁"字形毛,灰白色显著 ········ 3. 细叶青冈 *C. gracilis*

1. 小叶青冈 （图 1-171）

Cyclobalanopsis myrsinifolia（Blume）Oerst
常绿乔木,高达20m。树皮灰褐色,不裂;小枝及芽无毛。叶卵状披针形或长圆状披针形,长6～12cm,宽2～4cm,先端渐尖,基部楔形,基部以上有浅锯齿,无毛,叶背略有白粉,呈灰绿色,中脉在叶表凸起,侧脉10～14对;叶柄细,长1～2.5cm,壳斗碗状;苞片合生成6～9条同心环带,环带全缘。坚果卵状椭圆形,顶端略有微柔毛,果脐微隆起。花期4月,果期10月。

见于西湖景区(飞来峰、棋盘山、云栖),生于低山、丘陵较为阴湿的阔叶林中。分布于福建、江西、广东、广西、贵州、湖南、四川。

图 1-171 小叶青冈

2. 青冈 （图 1-172）

Cyclobalanopsis glauca（Thunb.）Oerst
常绿乔木,高达20m,胸径可达1m。小枝无毛。叶片革质,倒卵状椭圆形或长椭圆形,长6～13cm,宽2.5～6cm,顶端渐尖或短尾状,基部圆形或宽楔形,边缘中部以上有疏锯齿,侧脉每边9～13条,上面无毛,下面有白色整齐平伏单毛,老时渐脱落,常有白色鳞

秕;叶柄长 1~3cm。雄花序长 5~6cm,花序轴被白色茸毛。壳斗碗形,包着 1/3~1/2 的
坚果,直径为 0.9~1.4cm,高 0.6~0.8cm,被薄毛;小苞片合生成 5~6 条同心环带,环
带全缘或有细缺刻,排列紧密。果序长1.5~3cm,着生果 2~3 个。坚果卵球形、长卵球
形或椭圆球形,直径为 0.9~1.4cm,高 1~1.6cm,无毛或被薄毛,果脐平坦或微凸起。
花期 4—5 月,果期 10 月。

　　区内常见,生于山冈、山坡、山脚杂木林中。广泛分布于长江流域及其以南地区;阿富汗、
不丹、印度、日本、朝鲜半岛、尼泊尔、越南也有。

　　木材坚韧,可制桩柱、车船、工具柄等;种子含淀粉,可作饲料、酿酒;树皮、壳斗含单宁,可
制栲胶。

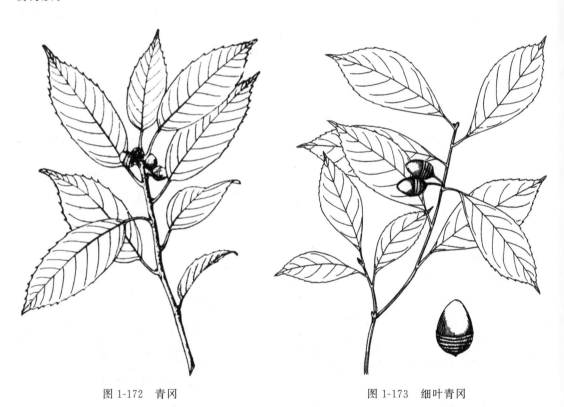

图 1-172　青冈　　　　　　　　　　图 1-173　细叶青冈

3. 细叶青冈　(图 1-173)

Cyclobalanopsis gracilis (Rehder & E. H. Wilson) W. C. Cheng & T. Hong

　　常绿乔木,高达 15m。树皮灰褐色;小枝幼时被茸毛,后渐脱落。叶片长卵形至卵状披针
形,长 4.5~9cm,宽 1.5~3cm,顶端渐尖至尾尖,基部楔形或近圆形,叶缘 1/3 以上有细尖锯
齿,侧脉每边 7~13 条,纤细,不甚明显,尤其近叶缘处更不明显,叶背支脉极不明显,叶面亮绿
色,叶背灰白色,有贴伏单毛;叶柄长 1~1.5cm。雄花序长 5~7cm,花序轴被疏毛;雌花序长
1~1.5cm,顶端着生 2~3 朵花,花序轴及苞片被茸毛。壳斗碗形,包着坚果的 1/3~1/2,直径
为 1~1.3cm,高 6~8mm,外壁被贴伏灰黄色茸毛;小苞片合生成 6~9 条同心环带,环带边缘
通常有裂齿,尤以下部 2 环更明显。坚果椭圆球形,直径约为 1cm,高 1.5~2cm,有短柱座,顶
端被毛,果脐微凸起。花期 3—4 月,果期 10—11 月。

区内常见,生于低山林中。广泛分布于安徽、江苏、江西、福建、甘肃、贵州、湖北、湖南、四川、陕西。

9. 榆科　Ulmaceae

乔木或灌木,常绿或落叶。冬芽具鳞片,稀裸露;顶芽常早期死亡。单叶互生,偶有对生,通常 2 列,具叶柄,基部 3 出脉或羽状脉,偶有基部 5 出脉,叶缘锯齿或全缘。具单花被,通常为两性花,偶有单性花;花瓣 4～9 枚,复瓦状排列,偶有镊合状排列,固留或易脱落;雄蕊数目通常与花瓣数目相等,着生于花瓣基部,花丝明显,花药有 2 室,纵裂;雌蕊有 2 枚心皮,子房上位,通常 1 室,偶有 2 室,胚珠 1 粒,倒生,珠被 2 层,柱头 2 枚,花柱极短。翅果、核果,或带翅小坚果,果实顶部常固着柱头;胚直立、内卷或弯曲,子叶扁平、弯曲或折叠。$2n=10,11,14$。

约 16 属,230 种,广布于全世界的热带、亚热带及温带地区;我国有 8 属,46 种,各地均有分布;浙江有 7 属,22 种,3 变种;杭州有 7 属,13 种,1 变种。

分子系统学研究发现,朴亚科 Celtidoideae(糙叶树属 *Aphananthe* Planch.、朴属 *Celtis* L.、白颜树属 *Gironniera* Gaudich.、青檀属 *Pteroceltis* Maxim.、山麻黄属 *Trema* Lour.)并不与榆亚科 Ulmoideae(刺榆属 *Hemiptelea* Planch.、榆属 *Ulmus* L.、榉属 *Zelkova* Spach)最为近缘,朴亚科应从榆科中分出,而划入大麻科。本志仍采用与《中国植物志》和《浙江植物志》相同的传统榆科的概念。

分 属 检 索 表

1. 羽状脉。
　2. 花两性;翅果,周围具圆形翅 ···································· 1. 榆属　*Ulmus*
　2. 花单性或杂性;坚果。
　　3. 有枝刺;叶缘有钝锯齿;坚果偏斜,上半部具鸡头状翅 ················· 2. 刺榆属　*Hemiptelea*
　　3. 无刺;叶缘具桃尖形的单锯齿;坚果上半部偏斜或近于偏斜,宿存柱头偏生,喙状,无翅··············
　　·· 3. 榉属　*Zelkova*
1. 叶基部 3 出脉。
　4. 坚果周围有翅,具长梗 ···································· 4. 青檀属　*Pteroceltis*
　4. 核果或核果状。
　　5. 叶侧脉直伸至齿尖;花单性,雄聚伞花序腋生,雌花单生于叶腋;果实被毛,具宿存弯曲柱头········
　　·· 5. 糙叶树属　*Aphananthe*
　　5. 叶侧脉弧曲,叶脉不达齿尖。
　　　6. 叶缘具细锯齿;果核小,直径约为 2mm,常具宿存的花萼 ············· 6. 山黄麻属　*Trema*
　　　6. 叶缘全缘或中下部全缘,上部有较粗而疏的锯齿;果较大,直径为 4～15mm,无宿存花萼 ······
　　　·· 7. 朴属　*Celtis*

1. 榆属 Ulmus L.

落叶乔木,偶有常绿或灌木状。树皮深灰色,不规则纵裂,粗糙,稀裂成块片或薄片脱落;有的小枝具有扁平木栓翅或膨大而不规则纵裂的木栓层;顶芽早死,在枝端萎缩残存,鳞芽代替顶芽,鳞芽覆瓦状,无毛或有毛。单叶互生,排2列,边缘具锯齿或重锯齿,羽状脉,直达齿尖,上面中脉常凹陷,侧脉凹陷或平,背面叶脉隆起,叶尖渐尖或尾尖,叶基偏斜或无,具叶柄,托叶膜质,通常早脱落。花两性或杂性,春季先于叶开放,常在去年生枝条叶腋簇状排列;花被钟形,或花被上部杯状,下部渐窄成管状,4~9浅裂或裂至杯状花被的基部或近基部,宿存,稀裂片脱落或残存;雄蕊与花被裂片同数而对生,花丝细直,扁平,花药矩圆球形,子房扁平,无柄或有柄,无毛或被毛,1(2)室;花柱极短,稀较长而2裂,柱头2枚,条形,柱头面被毛,胚珠横生。果为扁平的翅果,球形、卵球形、倒卵球形,果核部分位于翅果的中部至上部,果翅膜质,稀稍厚,顶端具宿存的柱头及缺口,柱头被毛;种子扁,单生,通常无胚乳或仅有少量胚乳;胚直立或向内弯曲,子叶扁平或微凸。

约40种,分布于亚洲、欧洲和北美洲;我国有21种;浙江有8种,1变种;杭州有4种。

分 种 检 索 表

1. 花春季开放;花萼钟形浅裂,裂至杯状花萼的近中部;树皮纵裂,稀块片剥落。
　2. 翅果两面及边缘有毛,果较大 ·························· 1. 杭州榆　U. changii
　2. 翅果无毛或仅缺口有毛,果较小。
　　3. 果核不近顶端缺口;叶柄无毛或近无毛 ···················· 2. 榆树　U. pumila
　　3. 果核接近缺口;叶柄被柔毛 ···················· 3. 红果榆　U. szechuanica
1. 花秋季开放;花萼裂至杯状花萼的基部或近基部;树皮鳞状剥落 ··········· 4. 榔榆　U. parvifolia

1. 杭州榆 (图 1-174)

Ulmus changii W. C. Cheng

落叶乔木,高达20m。树皮灰褐色,略纵裂;新生枝深褐色,密被毛,老枝深灰色,毛脱落;冬芽卵球形,芽鳞被短柔毛。单叶互生,叶片倒卵形,长3~11cm,宽2~4cm;叶尖短尖或长渐尖,叶基部楔形或近圆形,基部以上叶缘有单锯齿;幼叶上面被柔毛,长大后脱落,光滑有光泽,叶下面无毛或脉上有毛,羽状脉,主脉凹陷处有毛,每边侧脉12~20条;叶柄长约5mm,被短柔毛。聚伞花序或短总状花序,花序多生于新生枝上;花萼呈钟形,4~5浅裂,边缘具毛,花萼宿存。翅果近圆球形或椭圆球形,边缘扁平,直径约为1.5cm,被短柔毛,果核位于翅果中央,凸起,果梗密被短毛,长2~3mm。花、果期3—4月。

见于西湖区(留下)、萧山区(南阳)、余杭区(径山、良渚)、西湖景区(龙井),生于山坡林中或栽于路边。

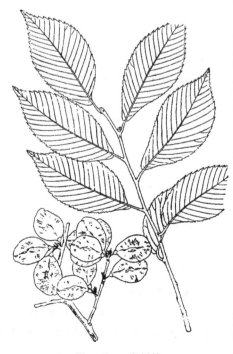

图 1-174　杭州榆

分布于安徽、福建、湖北、湖南、江苏、江西、四川。

木材坚实,易加工,材用。

2. 榆树　白榆　(图 1-175)

Ulmus pumila L.

落叶乔木,高达 20m;胸径可达 1m,树冠近圆形。幼时树皮灰色,光滑,长大后为深灰色,纵裂,粗糙;新生枝红褐色、黄褐色或灰色,有散生皮孔,无毛或有毛;冬芽卵球形或近球形,边缘有短毛。单叶互生,叶片长卵形或倒卵形,长 2~9cm,宽 1.2~2.8cm;叶尖渐尖或长渐尖,叶基楔形,有的略偏斜,基部以上叶缘有整齐锯齿;叶上面光滑无毛,叶下面幼时有毛,后背面毛脱落或仅叶脉有簇生毛,羽状脉,侧脉 9~16 条,近平行直达齿尖;叶柄长约 5mm,无毛或有疏毛,花簇生于叶腋,花先于叶开放。花被 4 浅裂,边缘有毛,花梗较短,长 1mm 左右,被短柔毛。翅果近球形或卵球形,顶部缺口,露出柱头,柱头被毛,其余部分无毛,果核位于翅果中部,长卵球形。花、果期 3—5 月。$2n=28$。

区内有栽培,生于山坡、山谷或平原。原产于东亚;全国各地广泛栽培。

木材纹理较直,但结构稍粗糙,易开裂;枝皮纤维坚韧,可代替麻或作造纸原料;幼嫩翅果与面粉混拌可蒸食;叶可作饲料;树皮、叶及翅果均可药用。

图 1-175　榆树

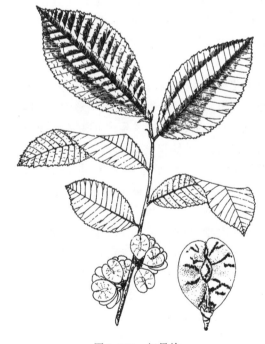

图 1-176　红果榆

3. 红果榆　(图 1-176)

Ulmus szechuanica W. P. Fang

落叶乔木,高达 25m,胸径达 80cm。树皮深灰色,不规则纵裂,剥落;新生枝红褐色,被白色柔毛,后毛脱落,散生黄色皮孔,萌发枝有时具大而不规则纵裂的木栓层;冬芽卵球形,下部毛较密,内部芽鳞的边缘毛较长而明显。单叶互生,叶片卵圆形或倒卵形,长 5~9cm,

宽 2～5cm,叶尖渐尖或短尾尖,叶基宽楔形、浅心形或钝圆,稍偏斜;基部以上单锯齿或重锯齿,叶上面幼时被短毛,后脱落,下面幼时有疏毛,后脱落仅沿脉有毛或叶脉有簇状毛;羽状脉,侧脉12～16对,直达齿尖;叶柄长约 8mm,被毛。花常 10 多朵簇生于去年生枝上,先花后叶。翅果倒卵球形,长 10～16mm,宽 9～13mm,顶端缺口柱头有毛,其余无毛;果核位于翅果中部略偏上,橘黄色或红色;果梗被毛,长约 1.5mm。花、果期 2—3 月。2n=28。

见于余杭区(长乐、良渚)、西湖景区(云栖),生于山坡林中。分布于安徽、江苏、江西、四川。

心材红褐色,边材白色,材质坚韧,硬度适中,纹理直,结构略粗。

4. 榔榆 (图 1-177)

Ulmus parvifolia Jacq.

落叶乔木,高达 20m,胸径达 1m。树皮灰褐色,有块状剥落;小枝红褐色,被白色茸毛;冬芽卵球形,红褐色,无毛。单叶互生,叶片椭圆形、卵圆形或倒卵圆形,长 1.5～6cm,宽1～3cm;叶尖渐尖、钝尖或尾尖,叶基宽楔形,偏斜,基部以上叶缘具整齐锯齿;叶片上面光滑无毛,幼叶下面被毛,后变为无毛或仅叶脉有疏毛,羽状脉,侧脉 10～15对,直达齿尖;叶柄长2～6mm,仅上面有毛。聚伞花序,生于叶腋;花被 4 片,花萼杯状,花梗极短,被疏毛;翅果近圆球形或椭圆球形,直径约为 1cm,边缘扁平,顶端有缺口,露出柱头,顶端缺口柱头面被毛,其余无毛;果核长卵球形,位于翅果中部,花被脱落或残存;果梗长约 2mm,被毛。花、果期 8—10月。2n=28。

区内常见野生或栽培,生于山坡林中或栽于路边。分布于安徽、福建、广东、广西、贵州、河北、河南、湖北、湖南、江苏、江西、山东、山西、陕西、四川、台湾;印度、日本、朝鲜半岛、越南也有。

图 1-177 榔榆

木质坚硬,纹理直,可作材用;树皮纤维纯细,杂质少,可作蜡纸及人造棉原料,或织麻袋、编绳索,亦供药用;还可作造林树种。

2. 刺榆属 Hemiptelea Planch.

落叶乔木,枝上有刺。单叶互生,叶缘有钝锯齿;羽状脉,托叶早落;叶柄较短。花杂性,单生或 2～3 朵簇生于新生枝叶腋;花被 4～5 裂,杯状;雄蕊数目与花被数目相同;雌蕊含 2 枚柱头,短花柱,子房侧向压扁,1 室,具 1 枚倒生胚珠。小坚果,扁平,一边具鸡头状翅;花萼宿存于果实基部。

1 种，分布于我国和朝鲜半岛；浙江及杭州也有。

刺榆　（图 1-178）

Hemiptelea davidii（Hance）Planch.

小乔木，高达 15m，或呈灌木状。树皮深灰色，有纵裂；新生枝红褐色，被灰白色短柔毛，具较粗长的硬刺，刺长 2～10cm；冬芽卵球形，常 3 个聚生于叶腋。单叶互生，叶片椭圆形，长 3～7cm，宽 1.5～3cm；叶尖钝尖，叶基宽楔形或圆形，叶缘有整齐锯齿；幼叶上面被柔毛，长大后脱落，叶下面浅绿色，光滑无毛；羽状脉，8～10 对侧脉近齿尖；托叶披针形或矩圆形，黄绿色，长约 3mm，边缘有睫毛。小坚果，黄绿色，生于叶腋，斜卵球形，边缘扁平，长约 6mm；果梗长约 3mm。花期 4—5 月，果期 8—10 月。$2n=56$、84。

见于萧山区（河上）、余杭区（长乐、闲林）、西湖景区（飞来峰、龙井、云栖），生于山林中或栽于路旁。分布于安徽、甘肃、广西、河北、河南、黑龙江、湖北、湖南、吉林、江苏、江西、辽宁、内蒙古、宁夏、山东、山西、陕西；朝鲜半岛也有。

木质坚韧，材用；也可栽为绿篱或行道树。

图 1-178　刺榆

3. 榉属　Zelkova Spach

落叶乔木。单叶互生，叶柄较短，叶缘锯齿钝圆，羽状脉，叶脉直达齿尖。杂性花，几乎与叶同时开放，雄花数朵簇生于新生枝下部叶腋，雌花或两性花常单生于新生枝上部叶腋；雄花被钟形，4～6(7) 浅裂，雄蕊与花被裂片同数，退化子房缺；雌花或两性花的花被 4～6 深裂，裂片覆瓦状排列，子房无柄，花柱短，柱头 2 枚，条形，偏生，胚珠倒垂，稍弯生。果为核果，偏斜，宿存的柱头呈喙状，在背面具龙骨状凸起。种子上下多少压扁，顶端凹陷；胚乳缺，胚弯曲，子叶宽，近等长，先端微缺或 2 浅裂。

约 6 种，分布于亚洲东部、西南部和欧洲东南部；我国有 3 种；浙江有 2 种；杭州有 2 种。

1. 大叶榉　（图 1-179）

Zelkova schneideriana Hand.-Mazz.

大乔木，高达 30m，胸径达 80cm。树皮深灰色或灰褐色，有时不规则块状剥落；新生枝灰绿色，密被灰色柔毛；冬芽卵球形，常 2 个并生。叶形状、大小变化较大，卵形至椭圆状披针形，长 2.5～10cm，宽 1.5～4cm；叶尖渐尖、急尖或尾尖，叶基宽楔形或近圆形；叶上面深绿，粗糙，被脱落性硬毛，下面浅绿，密被浅灰色柔毛，侧脉 8～15 对，基部以上有圆齿状锯齿,直达齿尖;叶柄较粗,长 3~5mm,密被毛。雄花 1~3 朵簇生于叶腋,雌花或两性花常单生于小枝上部叶腋。核果几乎无梗,淡绿色,斜卵状圆锥形,上面偏斜,凹陷,直径为 2.5~3.5mm,具背腹脊,网肋明显,表面被柔毛,具宿存的花被。花期 4 月,果期 9—11 月。$2n=28$。

见于西湖区(三墩)、余杭区(良渚)、西湖景区(龙井),生于山坡林中或为栽培。分布于安徽、福建、甘肃、广东、广西、贵州、河南、湖北、湖南、江苏、江西、陕西、四川、西藏、云南。

树皮和叶供药用;木材纹理细致、坚固强韧,可供造船、建筑、作家具用。

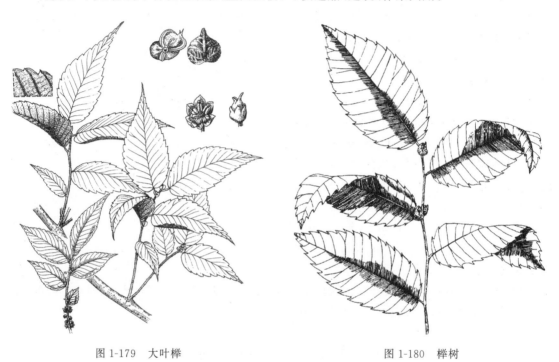

图 1-179 大叶榉   图 1-180 榉树

2. 榉树 光叶榉 (图 1-180)

Zelkova serrata (Thunb.) Makino

乔木,高达 30m。小枝紫褐色或棕褐色,无毛或疏被短柔毛。叶片卵形、椭圆状卵形或卵状披针形,长 3~6cm,萌芽枝之叶长可达 12cm,先端尖或渐尖,基部近心形,锯齿锐尖,上面无毛或疏生短糙毛,下面淡绿色,无毛,或沿脉疏生柔毛,侧脉 8~14 对,叶柄长 2~5mm 或近无柄。果直径约为 4mm,有网肋。花期 4 月,果期 9—11 月。$2n=28$。

见于西湖景区(湖滨),生于山坡林中。原产于东亚;分布于安徽、福建、甘肃、广东、贵州、河南、湖北、湖南、江苏、江西、辽宁、山东、陕西、四川、台湾;日本、朝鲜半岛、俄罗斯也有。

用途同大叶榉。

与上种的主要区别在于:本种的一年生枝紫褐色或棕褐色,无毛或疏被短毛;叶缘具锐尖锯齿,叶两面光滑无毛,或仅下面沿脉疏生柔毛,上面疏生短糙毛。

4. 青檀属　Pteroceltis Maxim.

落叶乔木。小枝纤细。叶互生,具柄,基部以上有单锯齿,3 出脉,侧脉上弯,不伸达齿尖。花单性,雌雄同株;雄花簇生于叶腋,花萼 5 裂,雄蕊 5 枚,花药顶端有长毛;雌花单生于叶腋,子房侧向压扁,花柱 2 枚。坚果,周围具宽的薄翅,先端有凹缺,无毛。

1 种,为我国特产;浙江及杭州也有。

青檀　(图 1-181)

Pteroceltis tatarinowii Maxim.

乔木,高达 20m。老树干通常凹凸不圆,树皮淡灰色,裂成薄的长块片状,露出的内皮为淡灰绿色。叶片薄纸质,卵形、椭圆状卵形、三角状卵形,长 2.5~9(~13)cm,宽 3~4.7cm,先端渐尖或长尖,基部宽楔形或近圆形,稍歪斜,上面无毛或有短硬毛,下面脉腋有簇毛;叶柄长 6~15mm。果核近球形,翅厚,近四方形或近圆形;果梗长1.5~2cm。花期 4 月,果期 7—8 月。$2n=20$。

见于余杭区(黄湖、中泰),生于石灰岩山地、山谷溪流两岸的杂木林内。分布于安徽、福建、甘肃、广东、广西、贵州、河北、河南、湖北、湖南、江苏、江西、辽宁、青海、山东、山西、陕西、四川。杭州新记录。

木材坚硬、纹理致密,可作家具、农具、建筑及细木工用料;茎皮韧皮纤维为制宣纸的必需原料。

图 1-181　青檀

5. 糙叶树属　Aphananthe Planch.

乔木或灌木,常绿或落叶。无刺,单叶互生,有锯齿;有明显羽状脉,基部 3 出脉;托叶侧生,分离。花单性,同株;具花柄;雄花为聚伞花序,花被 4~5 深裂,卵圆形,凹陷,覆瓦状排列,雄蕊 4~5 枚,花丝直立;雌花单生,花被裂片较狭长,覆瓦状排列,花柱极短,柱头 2 枚。核果球形或近球形,内果皮坚硬,无胚乳或仅有少量胚乳;胚向内弯曲;子叶狭窄,花丝直立,花药矩圆球形。

约 5 种,分布于东亚、马达加斯加、墨西哥和太平洋岛屿;我国有 2 种,1 变种;浙江有 1 种,1 变种;杭州有 1 种。

糙叶树　(图 1-182)

Aphananthe aspera(Thunb.)Planch.

落叶乔木,偶有灌木,树高达 25m,胸径达 50cm。树皮粗糙,有纵裂,棕色或灰褐色;新生小枝黄绿色,第二年变为红棕色,老枝则变为灰褐色,具有明显圆皮孔。单叶互生,叶片卵圆形或椭圆状卵形,长5～10cm,宽3～5cm,叶基为宽楔形,叶尖渐尖,叶缘有锯齿,基部3出脉,侧脉每边6～10根,直达齿间;上叶面被刚伏毛,下叶面稀生伏毛;托叶线形,5～8mm;叶柄长0.5～1.5cm,叶柄微被柔毛。单性花,雌雄同株;雄聚伞花序生于新生小枝下部叶腋,雄花被倒卵形,长约1.5mm,中央有一簇毛;雌花序单生于新生枝上部叶腋,花被披针形,长约2mm,子房被短柔毛。核果,球形或椭圆球形,绿色或黑色,长轴长8～13mm,短轴长6～9mm,被短柔毛;花被和柱头宿存,花柄长5～10mm,被短柔毛;种子弯曲内卷,无胚乳。花期3—5月,果期8—10月。2n=26、28。

图1-182　糙叶树

　　见于西湖区(龙坞)、余杭区(径山)、西湖景区(虎跑、黄龙洞、六和塔、梅家坞、南高峰、云栖),生于平原、丘陵、路边及河旁。分布于安徽、福建、广东、广西、贵州、湖北、湖南、江苏、江西、山东、山西、陕西、四川、台湾、云南;日本、朝鲜半岛、越南也有。

　　木材直而坚实,纹理细致;茎皮含丰富纤维,可作造纸材料。

6. 山黄麻属　Trema Lour.

　　小乔木或大灌木,常绿或落叶。单叶互生,叶片卵形或披针形,基部以上有锯齿,3出脉、5出脉或羽状脉;托叶离生,早脱落。聚伞花序,腋生;花单性或杂性;雄花具花被片4～5片,镊合状或覆瓦状排列,雄蕊数目与花被相同,花丝直立;雌花具花被片4～5片,子房无柄,子房基部有1圈柔毛,花柱较短,柱头2枚;胚珠单生,下垂。种子具胚乳,胚向内弯曲,子叶狭窄。

　　约15种,分布于热带至亚热带地区;我国有6种,1变种;浙江有1种,1变种;杭州有1变种。

山油麻　(图1-183)

Trema cannabina Lour. var. **dielsiana** (Hand.-Mazz.) C. J. Chen

　　灌木或小乔木,树高1～3m。小枝黄褐色,密被伸展的粗毛,后逐渐脱落,老枝变为褐色。单叶互生,叶片薄纸质,长卵形或卵状披针形,长4～10cm,宽2～4cm;叶先端尾尖,叶基近圆形或浅心形,从叶基开始有整齐细锯齿;叶上面被毛,下面密被短柔毛,叶脉上有较硬长毛,3出脉;叶柄长约7mm,密被伸展粗毛。聚伞花序,花梗很短;单性花,同株;雄花花被5片,倒卵形,外面无毛或疏生微柔毛。核果近球形,直径约为2mm,成熟后为橘红色,宿存花被。花期3—6月,果期9—10月。

　　区内常见,生于向阳山坡。分布于安徽、福建、广东、广西、贵州、湖北、湖南、江苏、江西、四川、云南。

韧皮纤维供制麻绳、纺织和造纸用；种子油供制皂和作润滑油用。

与原种光叶山黄麻 *T. cannabina* Lour. 的主要区别在于：本变种小枝与叶柄密被伸展的粗毛，叶上面多少被毛，下面被较密柔毛，沿脉生有较长硬毛。

7. 朴属　Celtis L.

乔木，偶有灌木。常绿或落叶。冬芽卵状，具鳞片或无。单叶互生，具锯齿或全缘；3 出脉或 3～5 对羽状脉，侧脉弧形向上，未达齿间；具叶柄；托叶膜质或厚纸质。花两性或单性，形成聚伞花序或圆锥花序，或因花序梗较短而形成簇状，两性花及雌花单生，雄花序常生于新生枝下部叶腋，两性花及雌花常生于新生枝上部叶腋；花被 4～5 片，仅基部合生；雄蕊与花被数目相同；雌蕊柱头极短，柱头 2 枚。核果，卵球形或近球形，胚乳少或无，胚向内弯。

图 1-183　山油麻

约 60 种，主要分布于北温带和热带地区；我国有 11 种，2 变种，分布于辽东半岛以南地区；浙江有 8 种；杭州有 4 种。

分 种 检 索 表

1. 小枝及叶下面密被黄褐色茸毛 ·· 1. 珊瑚朴　*C. julianae*
1. 小枝无毛或幼时有毛，后脱落；叶下面仅叶脉或脉腋有毛。
　2. 果单生于叶腋 ··· 2. 黑弹树　*C. bungeana*
　2. 果 2～3 个并生于叶腋，稀单生。
　　3. 叶下面细脉凹下；果梗比叶柄长 2 倍 ····················· 3. 紫弹树　*C. biondii*
　　3. 叶下面网脉凸起；果梗与叶柄近等长 ····················· 4. 朴树　*C. sinensis*

1. 珊瑚朴　（图 1-184）

Celtis julianae C. K. Schneid.

落叶乔木，高达 30m，胸径可达 1m。树皮光滑，灰色；新生小枝深棕色，密被黄褐色柔毛，偶光滑无毛；冬芽棕黄色。单叶互生，叶片宽卵形或卵状椭圆形，长 6～10cm，宽 3.5～6.5cm；叶尖渐尖或尾状渐尖，叶基宽楔形或近圆形；叶上面粗糙，下面被短柔毛；中部以上叶缘具锯齿；3 出脉，叶脉下陷；叶柄较粗，长约 10mm。核果近球形，单生于叶腋，成熟后为橙红色或红色，直径约为 1cm，光滑；果梗长约 2cm，密被柔毛。果核白色，宽卵球形，具长约 2mm 的尖凸，长约 8mm，具 2 条较明显肋，核表面具不明显网状凹陷。花期 3—4 月，果期 9—10 月。

区内常见,生于山坡杂木林中,常栽植于公园和道路边。分布于安徽、福建、广东、贵州、河南、湖北、湖南、江西、陕西、四川、云南。

茎皮纤维丰富,可代替麻或作造纸原料。

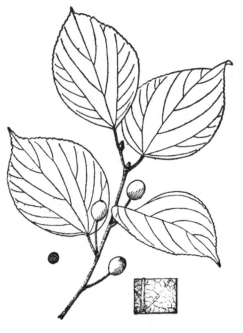

图 1-184　珊瑚朴

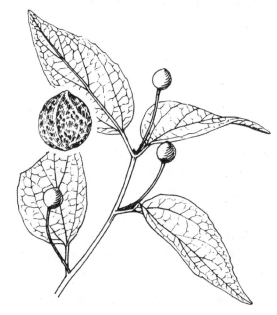

图 1-185　黑弹树

2. 黑弹树 （图 1-185）

Celtis bungeana Blume

落叶乔木,树高达 20m。树皮灰褐色,光滑;当年生小枝棕色,无毛,散生椭圆形皮孔,小枝长大后变为灰褐色;冬芽棕色,光滑无毛,长 1～3mm。单叶互生,叶窄卵圆形、椭圆形或卵形,长 3～8cm,宽 2～5cm;叶尖渐尖,叶基宽楔形或近圆形,稍偏斜;叶缘中部以上有钝锯齿;叶上面无毛,鲜绿色,下面脉腋常生柔毛或无毛;叶柄长 3～10mm,淡黄色,上面有沟槽,幼时槽中有短毛,老后脱净。核果单生于叶腋,1 个果序梗上通常具 1(2)枚果,果实球形,幼时绿色,成熟后变为黑色,直径为 6～7mm;果核白色,近球形,表面近平滑或略具网状凹陷;果梗细软,长约 2cm。花期 4—5 月,果期 9—10 月。

见于余杭区（闲林）、西湖景区（龙井、玉皇山）,生于向阳山坡上。分布于安徽、甘肃、河北、河南、湖北、江苏、江西、辽宁、内蒙古、宁夏、青海、山东、山西、陕西、四川、西藏、云南;朝鲜半岛也有。

木材纹理较直,可作建筑及工具木材;茎皮富含纤维,可代替麻。

3. 紫弹树 （图 1-186）

Celtis biondii Pamp.

落叶乔木或小乔木,树高达 18m。树皮深灰色,当年生小枝黄褐色,密被短柔毛;老枝变为褐色,柔毛脱落,有散生皮孔。单叶互生,叶宽卵圆形,长 2.8～7cm,宽 2～3.5cm;叶尖渐尖至尾状渐尖,叶基宽楔形,稍偏斜;中部以上叶缘有浅锯齿;嫩叶两面散生毛,老叶被毛的情况变异较大,两面微被糙毛,或叶面无毛,仅叶背脉上有毛,或下面除糙毛外还密被柔毛;3 出脉,叶脉下陷;叶柄长 3~8mm,幼时有毛至成熟毛脱落;托叶细长披针形,被柔毛,叶成熟后脱落。核果,果序单生于叶腋,通常为 2(1 或 3)果;总果梗极短,被粗毛,长约 1cm;幼果近球形,绿色,被柔毛至成熟毛逐渐脱落,变为橘黄色。花期 4—5 月,果期 9—10 月。

　　见于西湖景区(飞来峰、黄龙洞、龙井、南高峰、五老峰),生于山坡路边。分布于安徽、福建、甘肃、广东、广西、贵州、河南、湖北、江苏、江西、陕西、四川、台湾、云南;日本、朝鲜半岛也有。

　　木材可作家具;根、茎可入药。

图 1-186　紫弹树

图 1-187　朴树

4. 朴树　(图 1-187)

Celtis sinensis Pers. ——*C. tetrandra* Roxb. subsp. *sinensis* (Pers.) Y. C. Tang

　　落叶乔木,树高达 20m。树皮深灰色,粗糙不裂;新生小枝红褐色,密被柔毛,老枝深褐色。单叶互生,宽卵圆形,长 3.3~10cm,宽 2~5cm;叶尖渐尖,叶基宽楔形或近圆形,稍偏斜;叶缘中部以上有锯齿;上叶面光滑无毛,下叶面叶脉疏生毛;叶柄被柔毛,长约 8mm。核果,近球形,单生或 2~3 个并生于叶腋,直径约为 5mm,幼时绿色,成熟后为红褐色。果核近球形,直径约为 4mm,有 4 条肋,表面有网状凹陷。花期 4 月,果期 10 月。$2n=20$。

　　区内常见野生或栽培,生于山坡林中或栽于路边。分布于安徽、福建、甘肃、广东、贵州、河南、江苏、江西、山东、四川、台湾;日本也有。

　　木质轻而硬,可作建筑材料、家具等;茎皮纤维可作造纸原料;种子油可制肥皂和润滑油。

10. 桑科　Moraceae

　　乔木、灌木或藤本,稀草本,常含乳汁。叶全缘、有锯齿或缺裂,通常具叶柄,托叶早落。头状花序、穗状花序、总状花序、稀聚伞花序或隐头花序;花小,单性,萼片常 2～4 枚,有时 1 枚或更多,覆瓦状或镊合状排列,花冠缺;雄花花蕊与萼片同数对生,花药 1～2 室,雌蕊退化;雌花萼片 4 枚,稀更少或多,子房上位、半下位或下位,1～2 室,每室具胚珠 1 枚,柱头 1～2 枚。果常聚生成隐花果或聚花果,小果为核果或瘦果;种子单生。

　　37～43 属,1100～1400 种,主产于热带和亚热带地区,少量分布于温带地区;我国有 9 属,144 种;浙江有 5 属,16 种,9 变种;杭州有 5 属,9 种,3 变种。

　　桑科植物多具有重要的经济价值:有些果实可供食用,如无花果、桑葚等;桑属植物的嫩叶可以养蚕;有些种类树皮可造纸,如桑、构树等。

　　传统桑科包含大麻属和葎草属,但新的分类研究倾向则是将大麻属与葎草属从桑科中分离,建立大麻科,本书分类系统依据后者。

分 属 检 索 表

1. 乔木、灌木或藤本,有乳汁;荑荑花序或头状花序。
　2. 隐头花序;小枝具明显的环状托叶痕 ·· 1. **榕属** *Ficus*
　2. 不为隐头花序;小枝无环状托叶痕。
　　3. 具枝刺;头状花序 ·· 2. **柘属** *Maclura*
　　3. 无枝刺;荑荑花序或头状花序。
　　　4. 雌花序为荑荑花序;聚花果圆柱形,小果为瘦果 ···················· 3. **桑属** *Morus*
　　　4. 雌花序为头状花序;聚花果球形,小果为核果 ·············· 4. **构属** *Broussonetia*
1. 草本,无乳汁;聚伞花序 ·· 5. **水蛇麻属** *Fatoua*

1. 榕属　Ficus L.

　　乔木或灌木,有时攀援状,或为附生,具乳汁。叶多互生,稀对生;托叶常合生,早落,具环状托叶痕。隐头花序腋生或生于无叶小枝,花生于肉质壶状花序托内,顶部为覆瓦状排列的苞片所遮蔽;雌雄同株或异株,前者雄花、瘿花和雌花生于同一个隐头花序内,后者雄花和瘿花生于同一花序内,雌花或不孕花生于另一花序内。雄花:花萼 2～6 裂,雄蕊 1～3 枚,稀多枚,花丝直立;雌花花萼不裂或 1～6 裂,子房直立或倾斜,花柱 1～2 枚,顶生或侧生;瘿花和雌花相似,但子房为 1 种膜翅目昆虫的幼蜂所占据,胚珠不发育。瘦果小,骨质。

　　1000 多种,主产于热带、亚热带地区,尤以东南亚种类最为丰富;我国有 99 种,多产于华南;浙江有 8 种,9 变种;杭州有 2 种,2 变种。

分 种 检 索 表

1. 落叶直立灌木 ·· 1. **无花果** *F. carica*
1. 常绿藤本或匍匐灌木。

2. 叶二型；果单生于叶腋，梨形，直径常大于 3cm ⋯⋯⋯⋯⋯⋯⋯⋯⋯⋯ 2. **薜荔** *F*. *pumila*

2. 叶一型；果生于叶腋或无叶小枝，圆锥形或球形，直径常小于 1.5cm。

　　3. 叶卵状椭圆形；果圆锥形，顶端苞片直立 ⋯⋯⋯⋯⋯⋯ 3. **珍珠莲** *F*. *sarmentosa* var. *henryi*

　　3. 叶披针形；果球形，顶端苞片不直立 ⋯⋯⋯⋯⋯⋯⋯⋯⋯ 3a. **爬藤榕** var. *impressa*

1. 无花果 （图 1-188）

Ficus carica L.

落叶灌木，高 3～10m，多分枝。树皮灰褐色，有明显的皮孔；小枝直立，粗壮。叶互生，厚纸质，广卵圆形，掌状 3～5 裂，长 10～20cm，宽 10～20cm；叶基近心形，叶缘具不规则齿状；叶面粗糙，背面具钟乳体和灰色短柔毛；基生脉 2～4 条，侧脉 5～7 条；叶柄粗壮，长 2～5cm；托叶红色，卵状披针形，长约 1cm。隐头花序单生于叶腋，总苞片卵形；雄花和瘿花生于同一隐头花序内，花被片 4～5 枚，雄蕊 3 枚，稀 1、2、4、5 枚，瘿花花柱侧生，短；雌花生于另一隐头花序内，具长柄，花萼片 4～5 枚，子房卵球形，光滑，花柱侧生，柱头 2 裂，线形。果实成熟时紫红色至黄色，梨形，大，直径为 3～5cm，顶端具孔，凹陷，无柄；瘦果凸镜状。花、果期 5—7 月。$2n = 26$。

区内常见栽培。原产于地中海沿岸。

本种榕果味甜可食，内含葡萄糖，有助消化、清热、润肠的功效，也可入药治疗痔疮；根、叶亦可入药，消肿解毒。

图 1-188　无花果

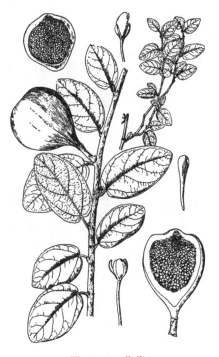

图 1-189　薜荔

2. 薜荔 （图 1-189）

Ficus pumila L.

常绿木质藤本，幼时以不定根攀援于墙壁或树上。叶二型：营养枝上的叶片小而薄，心状卵形,长约 2.5cm 或更短;果枝上的叶片较大,革质,卵状椭圆形,长 4～12cm,宽 2～3.5cm,先端钝或锐尖,全缘,正面无毛,反面有短柔毛,网脉明显,凹陷,呈蜂窝状;叶柄短粗,托叶披针形,被黄褐色丝状毛。隐头花序单生于叶腋,瘿花果长椭圆球形,雌花果梨形,长 4～8cm,直径为3～5cm,顶部平截,略具短钝头或为脐状凸起,基生苞片宿存,三角状卵形,密被长柔毛,榕果幼时被黄色短柔毛,成熟时黄绿色或微红色;雄花与瘿花生于同一榕果内,雄花量多,成行排列,有柄,花被片2～3枚,线形,雄蕊 2 枚,花丝短;瘿花具柄,花被片 3～4 枚,线形,花柱侧生;雌花生于另一隐头花序内壁,花柄长,花被片 4～5 枚。瘦果球形,有黏液,直径常大于 3cm。花、果期 5—8 月。$2n=26$。

区内常见,攀援于树上、墙上或溪边岩石。分布于安徽、福建、广东、广西、贵州、河南、湖北、湖南、江苏、江西、陕西、四川、云南、台湾;日本、越南等也有。

本种全株可入药;瘦果可作凉粉食用。

3. 珍珠莲　凉粉树　(图 1-190)

Ficus sarmentosa Buc.-Ham. ex Wall var. **henryi** (King ex D. Oliver) Corner

常绿攀援状灌木。小枝密被棕色长柔毛。叶革质,卵状椭圆形,长 8～10cm,宽 3～4cm,先端渐尖,叶基圆形至楔形,正面无毛,背面密被棕色长柔毛;侧脉 5～7 对,小脉蜂窝状;叶柄长 5～10mm,被柔毛。总苞片卵状披针形,长 3～6mm。榕果成对腋生,圆锥形,直径为 1～1.5cm,密被棕色长柔毛,后脱落,顶生苞片直立,长约 3mm。花期 4—5 月,果期 8 月。

区内常见,生于阔叶林下或灌丛中。分布于福建、甘肃、广东、广西、贵州、湖北、湖南、江西、陕西、四川、台湾、云南。

果水洗可制作凉粉。

图 1-190　珍珠莲

图 1-191　爬藤榕

3a. 爬藤榕　马氏爬藤　(图 1-191)

var. **impressa** (Champ. ex Benth.) Corner

常绿攀援状灌木,长 2～10m。叶片互生,革质,披针形,长 4～7cm,宽 1～2cm,先端渐尖,基部圆形,正面光滑,背面白色至浅棕色,侧脉 6～8 对,网脉明显,稍隆起;叶柄长 3～6mm,偶 10mm。隐头花序成对腋生或生于落叶小枝叶腋,有短梗,基部苞片 3 枚。雄花和瘿花同生于一隐头花序内壁,雄花有梗,花萼 3～4 枚,卵形,雄蕊 2～3 枚,瘿花萼片 5 枚;雌花生于另一隐头花序内,萼片 4～5 枚,花柱歪生,线形。榕果球形,直径为 7～10mm,幼时具短柔毛,后脱落。花期 4 月,果期 7 月。

见于余杭区(良渚),常攀援于岩石陡坡、树上或墙壁上。分布于安徽、福建、甘肃、广东、贵州、海南、河南、湖北、湖南、江苏、江西、陕西、四川、云南。

本种茎皮纤维是造纸和人造棉的原料,全株可制绳索和犁缆;根、茎、藤可入药,有祛风湿、止疼等功效。

2. 柘属 Maclura Nutt.

乔木、小乔木、灌木或攀援状灌木,雌雄异株,有乳汁。刺腋生,无托叶。叶螺旋状排列或互生,全缘,羽状脉。花序腋生,球状、穗状或总状花序,无总苞片,但花序基部通常有很多小苞片;每一花常有 2～4 个小苞片贴生于花萼,小苞片具 2 个嵌入的黄色腺体;雄花萼片 4(3 或 5)枚,覆瓦状,离生或基部合生,每一裂片具 2～7 枚嵌入式腺体,雄蕊与萼片同数,雄蕊退化;雌花无柄,花萼肉质,盾形,离生或基部合生,先端较厚,子房有时埋嵌在花托中,花柱短,柱头 1～2 枚,不等长。肉质聚花果球形或近球形,小核果卵球形,果皮壳状,被肉质花萼包围;种皮薄,肉质,具胚乳;子叶宽,扭曲。

约 12 种,分布于非洲、亚洲、北美洲、南美洲、澳大利亚、太平洋岛屿等;我国有 5 种,分布于西南至东南部及海南岛;浙江有 2 种;杭州有 2 种。

一些专家以直立的雄蕊为分类依据,将部分种类归属到 *Cudrania* Trec.,但是 *Flora of China* 则认为以弯曲的雄蕊和短花柱为分类依据更加科学,并认为应将 *Cudrania* Trec. 包含在本属之内,本书也采用了这个观点。

1. 构棘 畏芝 (图 1-192)

Maclura cochinchinensis (Lou.) Corner

直立或攀援状灌木。枝无毛,有刺,长约 2cm 或不可见。叶椭圆状披针形至长椭圆形,长 3～8cm,宽约 2cm,先端圆钝或短渐尖,基部楔形,全缘,纸质或革质,无毛,侧脉 7～10 对,支脉网状;叶柄长约 1cm。雄花序头状,直径为 6～10mm;雌花序被短柔毛,花梗长约 1cm;雄花萼片 4 枚,不等长,花药短,退化雌蕊金字塔形或盾形;雌花萼片离生或基部合生,先端厚。聚花果肉质,成熟时红色,直径为 2～5cm,被短柔毛;核果卵球形,成熟时棕色,光滑。花期 4—5 月,果期 6—7 月。

见于余杭区(长乐),生于山坡溪边灌丛中或山谷湿润林下。分布于安徽、福建、广东、广西、贵州、海南、湖北、湖南、江西、四川、台湾、西藏和云南;不丹、印度、日本、马来西亚、缅甸、尼泊尔、菲律宾、斯里兰卡、泰国、越

图 1-192　构棘

南、澳大利亚、太平洋岛屿等地也有。

本种在农村常作绿篱用;木材煮汁可作染料;茎皮及根皮药用,称"黄龙脱壳"。

2. 柘树 (图 1-193)

Maclura tricuspidata Carrière

落叶乔木或小灌木,高 1～10m。树皮淡灰色,呈不规则薄片状脱落;小枝稍具脊,有枝刺,长 5～20mm。叶卵形或菱状卵形,长 5～14cm,宽 3～6cm,叶先端渐尖,基部楔形至圆形,上面深绿色,无毛,背面淡绿色,偶有柔毛,侧脉 4～6 对;叶柄长 1～3cm,疏生短柔毛。花序腋生,雌雄花序均为球形头状,花序梗短,雄花直径约为 5mm,雌花序直径为 1～1.5cm;雄花萼片肉质,外缘外卷,顶端厚,雌蕊金字塔形;雌花萼片边缘外卷,顶端盾形,子房藏于花萼底部。聚花果球形,成熟时橙红色,直径约为 2.5cm。花期 5—6 月,果期 6—7 月。

区内常见,生于阳光充足的山地、田野、村庄或林缘附近。分布于安徽、福建、广东、广西、贵州、甘肃、河北、河南、湖北、湖南、江西、江苏、山东、山西、陕西、云南、四川;日本、朝鲜半岛也有。

图 1-193　柘树

树皮纤维可造纸;叶可养蚕;果可食用;树皮可药用;木材心部黄色,质坚硬细致,可以作家具或作黄色染料,也是良好的绿篱树种。

与上种的区别在于:本种为落叶灌木或小乔木,叶卵形或菱状卵形。

3. 桑属　Morus L.

落叶乔木或灌木,有乳汁。冬芽具 3～6 枚芽鳞,呈覆瓦状排列。叶互生,边缘具锯齿,全缘至深裂,基生叶脉 3～5 出,侧脉羽状;托叶侧生,早落。雄花序腋生,穗状,有短花序梗;雌花序短穗状至头状;雄花萼片 4 枚,覆瓦状排列,雄蕊芽时内折,退化雌蕊陀螺形;雌花无柄,萼片 4 枚,覆瓦状排列,结果时增厚为肉质,子房 1 室,花柱有或无,柱头 2 裂,背面具短柔毛或小乳凸。聚花果由多数包藏于肉质花被片内的核果组成,外果皮肉质,内果皮壳质。种子近球状;胚乳肉质,胚弯曲;子叶椭圆形。

约 16 种,主要分布于北温带,在亚洲热带山区达印度尼西亚、非洲、南美洲也有;我国有 11 种,各地均有分布;浙江有 3 种;杭州有 2 种。

1. 桑 (图 1-194)

Morus alba L.

落叶乔木,高 3～10m 或更高。树皮灰色,具不规则浅纵裂;枝具细毛;冬芽红棕色,卵球形。叶卵形至宽卵形,不规则浅裂,长 5～30cm,宽 5～12cm,基部圆形至心形,边缘有粗锯齿,先端锐尖、渐尖或钝,叶正面无毛,背面具稀疏短柔毛;叶柄长 1.5～5.5cm,具短柔毛;托叶披针形,长 2～3.5cm,密被短茸毛。花单性,荑黄花序,长 2～3.5cm,具浓密白色毛,雌荑黄花序长 1～2cm,被短柔毛,花序梗长 5～10mm,具短柔毛。雄花:萼片宽椭圆形,花丝淡绿色,在芽时内折,花药 2 室,球状肾形;雌花无柄,萼片卵形,边缘具毛,子房无柄,卵球形,有乳头状凸起,柱头 2 裂,具小乳凸。聚花果卵状椭圆球形,长 1～2.5cm,成熟时黑紫色,圆筒状或卵球形。花期 4—5 月,果期 5—8 月。2n＝28,30,42。

区内常见栽培,见于村旁、田间、滩地、山坡或底边。原产于我国;全国各地均有栽培。

本种叶可养蚕;果可食用;树皮可造纸、纺织和入药。

图 1-194　桑　　　　　　　　　　　图 1-195　华桑

2. 华桑 （图 1-195）

Morus cathayana Hems.

小乔木。树皮光滑,灰白色;小枝幼时具短柔毛,后脱落,皮孔明显。叶宽卵形至圆形,纸质,有时浅裂,长 8～20cm,宽 6～13cm,基部心形或截形,略偏斜,边缘具粗锯齿或钝锯齿,先端锐尖至短渐尖,正面粗糙,疏生短毛,背面密被白色或淡黄灰色短柔毛;托叶披针形,叶柄长 2～5cm,被短柔毛。雌雄同株异序,雄荑黄花序长 3～5cm,雌荑黄花序长 1～3cm;雄花;萼片淡黄绿色,狭卵形,正面具短柔毛,雄蕊 4 枚,退化雌蕊小;雌花萼片倒卵形,先端具短柔毛,花柱短,柱头 2 裂。聚花果圆筒形,长 2～3cm,成熟时白色、红色或紫黑色。花期 4—5 月,果期 5—6 月。2n＝28。

见于西湖景区(飞来峰),生于山坡、山谷或高山。分布于安徽、福建、广东、河北、河南、湖北、湖南、江苏、陕西、四川、云南;日本、朝鲜半岛也有。

与上种的区别在于:本种叶正面粗糙,疏生短毛,背面密被白色或淡黄灰色短柔毛。

4. 构属　Broussonetia L'Hér. ex Vent.

乔木、灌木或攀援藤状灌木。有白色乳汁,冬芽小。叶互生,螺旋排列,2～3裂或不分裂,有锯齿,基生叶脉3～5出,侧脉羽状;托叶侧生,分离,卵状披针形,早落。雄花序为下垂状柔荑花絮或头状花序,雌花头状花序;雄花萼片3～4裂,镊合状,雄蕊与花萼片同数且对生,在花芽时内折;雌花萼片筒状,全缘或3～4裂,宿存,子房内藏,具柄,花柱侧生,线形,胚珠自室顶垂悬。聚花果球形,由橙红色小核果组成,果皮膜质,外果皮肉质。种子单生,种皮膜质;胚弯曲,子叶圆形、扁平或对折。

约4种,产于东亚和太平洋岛屿;我国有4种,主要分布于西南部和东南部各省、区;浙江有2种,1变种;杭州有2种,1变种。

分 种 检 索 表

1. 灌木或攀援状灌木;枝细;果径不超过1cm。
　2. 灌木;花雌雄同株,均为头状花序 ·· 1. 楮　B. kazinoki
　2. 攀援状灌木;花雌雄异株 ··· 2. 藤构　B. kaempferi var. australis
1. 乔木;枝粗壮;果径为1.5～3cm ··· 3. 构树　B. papyrifera

1. 楮　小构树

Broussonetia kazinoki Siebold

灌木,高2～4m。小枝斜生,幼时具短柔毛,后脱落。叶卵形或卵状椭圆形,全缘或3浅裂,长3～7cm,宽3～4.5cm,先端渐尖至尾尖,基部近心形,叶缘有锯齿,正面粗糙,背面具微毛,3出脉;叶柄长约1cm;托叶线状披针形,长3～5mm,宽0.5～1mm。花序球状,雌雄同株,雄花序直径约为1cm,雌花序被短柔毛;雄花萼片3～4裂,裂片三角形,被短柔毛,花药椭圆球形;雌花花萼管状,顶部有锯齿,浅裂或全缘,花柱侧生,中部具乳凸。聚花果球形,直径为0.8～1cm,成熟时红色,四周具辐射状粗毛刺,小核果具瘤状凸起。花期4—5月,果期5—6月。

区内常见,多生于中海拔以下的低山地区山坡林缘、沟边、住宅近旁。分布于安徽、福建、广东、广西、贵州、海南、河南、湖北、湖南、江苏、江西、四川、台湾、云南;日本、朝鲜半岛也有。

韧皮纤维可以造纸,全株可入药。

2. 藤构　(图1-196)

Broussonetia kaempferi Siebold var. australis Suzuki

攀援状灌木。树皮黑褐色;小枝平展外延,幼时具浅灰色短柔毛,后脱落。叶互生,螺旋状排列;叶片卵状椭圆形,不裂,偶2～3浅裂,长3.5～8cm,宽2～3cm,先端渐狭至尾渐尖,基部心形至楔形,边缘具细锯齿,齿尖具腺体,叶表面粗糙,无毛;叶柄长0.8～1cm,被短柔毛。花雌雄异株,雄花序短穗状,长1.5～2.5cm,花序轴卡约1cm,雌花为球形头状花序;雄花花萼3～4裂,正面被短柔毛,花药黄色,椭圆球形;雌花花柱线形,外露。聚合果直径约为1cm,有带刺的星状毛簇。花期4—6月,果期5—7月。

区内常见,多生于海拔 300～1000m 的山谷灌丛中或沟边山坡路旁。分布于安徽、重庆、福建、广东、广西、贵州、湖北、湖南、江西、台湾、云南。

本种韧皮纤维为造纸优良原料。

图 1-196　藤构

图 1-197　构树

3. 构树　(图 1-197)

Broussonetia papyrifera (L.) Vent.

乔木,高 10～20m。树皮灰褐色;小枝被短柔毛。叶互生,螺旋状排列,广卵形至长椭圆状卵形,两侧常不对等,全缘或 3～5 裂,长 6～18cm,宽 5～9cm,先端渐尖,基部心形,叶缘具粗锯齿,表面粗糙,疏生糙毛,背面密被茸毛,基生叶脉 3 出,侧脉 6～7 对;叶柄长 2.5～8cm,密被糙毛;托叶大,卵形,渐尖,长约 2cm,宽约 1cm。雌雄异株;雄花序穗状,长 3～8cm,苞片披针形,被短柔毛,雌花序球形头状,苞片棍棒状,顶端被短柔毛;雄花萼片 4 裂,裂片近三角形,被短柔毛,花药球状;雌花花萼管状,顶端与花柱紧贴,子房卵球形,柱头线形,被毛。聚花果球形,成熟时橙红色,直径为 1.5～3cm,四周常具短粗毛刺,小核果具与之等长的柄。花期 4—5 月,果期 6—7 月。$2n=26$。

区内常见,生于溪边坡地、山坡疏林、田野、路边,墙隙、屋顶也可见其幼树生长,生长迅速,繁殖力强。分布于安徽、福建、甘肃、广东、广西、贵州、海南、河北、河南、湖北、湖南、江西、江苏、山东、山西、陕西、四川、台湾、西藏、云南;柬埔寨、日本、朝鲜半岛、马来西亚、缅甸、老挝、泰国、越南、太平洋岛屿也有。

本种茎皮可供造纸及制绳索用;根、皮、汁液可供药用。

5. 水蛇麻属　Fatoua Gaudi.

一年生或多年生草本,无乳汁。叶互生,边缘有锯齿。花单性同株,雌雄混生,为腋生具柄的头状聚伞或穗状花序,具小苞片;雄花花萼片钟形,4 深裂,裂片镊合状排列,雄蕊 4 枚,花丝在花芽时内折,退化雌蕊很小;雌花无柄,花萼船形,4～6 深裂,裂片较窄,镊合状排列,子房歪斜,花柱侧生,柱头丝状 2 裂。瘦果小,稍扁,斜球形,壳薄,被宿存的大花萼所包,种皮膜质;无胚乳,子叶宽,初期弯曲。

约 2 种,产于亚洲、澳大利亚、太平洋岛屿等;我国有 2 种;浙江有 1 种;杭州有 1 种。

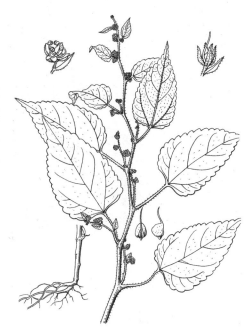

水蛇麻 小蛇麻 （图 1-198）

Fatoua villosa（Thunb.）Nakai

一年生草本,高 30～80cm。茎直立,基部木质,少分枝或不分枝,幼时绿色,后渐变为黑色,微被柔毛。叶互生,膜质,卵形至宽卵圆形,长 5～10cm,宽 3～5cm,叶先端锐尖,基部心形至楔形,向下延长至叶柄,叶缘有钝齿,两面粗糙被贴伏柔毛,侧脉每边 3～4 条;叶柄长 0.5～5cm,被柔毛;托叶早落。聚伞花序,腋生;雄花萼片长约 1mm,雄蕊外露;雌花子房扁球形,花柱丝状,长 1～1.5mm,长度约为子房的 2 倍。瘦果卵球形,具 3 棱角,长约 1mm。花期 5—8 月,果期 8—10 月。

区内常见,多生于荒地、道路旁,或岩石及灌丛中。分布于安徽、福建、广东、广西、贵州、海南、河北、河南、湖北、江苏、江西、台湾、云南;日本、朝鲜半岛、印度尼西亚、马来西亚、菲律宾、巴布亚新几内亚、澳大利亚也有。

图 1-198　水蛇麻

11. 大麻科　Cannabaceae

草本,茎直立或缠绕状。叶掌状浅裂或不分裂;托叶离生。花单性异株,稀同株,花序腋生,无花瓣;雄花序为圆锥状聚伞花序,外被苞片;雌花序为穗状聚伞花序,具苞片;雄花具花梗,花萼 5 枚,叠瓦状排列,雄蕊 5 枚,与萼片对生,花丝短,花药 2 室,纵裂;雌花无花梗,花萼紧贴子房,子房 1 室,胚珠单生,花柱 2 深裂,裂片丝状。瘦果,花萼宿存;种子肉质,具少量胚乳,胚弯曲或螺旋状卷曲。

约 2 属,4 种,产于北非、亚洲、欧洲、北美洲等地;我国有 2 属,4 种;浙江有 2 属,3 种,多为栽培种;杭州有 1 属,1 种。

本科植物多因具有较大的经济价值,而被广泛栽培。大麻的茎皮纤维为重要的纺织原料,并且因其主要化学成分——四氢大麻酚对人体具有活性作用,而被世人知晓;此外,遍布北温带的啤酒花,其花和果穗含忽布素,为酿造啤酒的原料(酒花)。

对于本科是否能独立成科,尚有争议,Bentham 与 Hooker 认为,大麻科仅为荨麻科的一个族;Engler 与 Prantl 则将其列入桑科作为一亚科,《中国高等植物图鉴》即采用了此意见。近代一些学者,如 Rendle、Hutchinson 等则主张将其独立,*Flora of China* 也是采纳了这一观点,我们也认为上述二科在形态特征及其他方面有别,应予以独立。但毫无疑问,本科与荨麻科、桑科在亲缘关系上极为密切。

葎草属 Humulus L.

一年生或多年生草本,攀援缠绕。茎、叶柄和小枝均具钩状刺,茎粗,具 6 棱。叶心形,对生,常 3～7 裂,偶 9 裂,顶端叶片常卵形,叶背具黄棕色树脂状腺点。雌雄异株;雄花序为圆锥状总状花序,雄花花丝直立;雌花序为锥状穗状花序,苞片覆瓦状,宿存,果期扩大,边缘全缘;雌花花萼薄膜质,全缘,包围子房,花柱 2 裂,早落。瘦果宽卵球形,花萼宿存,贴伏于瘦果,果皮壳质;胚螺旋形。

约 3 种,产于亚洲、欧洲和北美洲等地;我国有 3 种;浙江有 2 种,其中 1 种为引种栽培;杭州有 1 种。

葎草 (图 1-199)

Humulus scandens（Lour.）Merr.

一年生蔓性草本。茎具纵棱,茎、枝、叶柄均具倒钩刺。单叶对生,纸质,掌状 5～9 深裂,稀 3 裂,长 7～10cm,宽 7～10cm,基部心形,叶缘有锯齿,叶片上面具短柔毛,背面沿叶脉具硬刺;叶柄长 5～20cm;托叶三角形。雄花序腋生,长 15～25cm,黄绿色,苞片卵形,长 7～10mm,具刺,先端渐尖;雌花序短穗状,每一雌花着生于卵状披针形苞片的腋部,苞片外有白色刚毛和黄色腺体;雄花花小,萼片 5 枚,长椭圆形,绿色,外被毛和黄色腺体,雄蕊 5 枚,花药顶端孔裂,长约 2.3cm;雌花萼片杯状,透明膜质,边缘具白毛,花柱 2 枚,红褐色。果序长 0.5～2cm,瘦果成熟时露于苞片外,淡黄色,卵球形。花、果期 8—9 月。$2n=16,18$。

区内常见,生于沟边、荒地、废墟、林缘边。除新疆、青海外均有分布;日本、朝鲜半岛、越南、欧洲、北美洲也有。

茎皮纤维可代麻用;种子油可制肥皂;果穗可代啤酒花 H. *lupulus* L. 用;全草可入药。

图 1-199　葎草

12. 荨麻科 Urticaceae

草本,通常具螫毛,表皮细胞内常有显著的钟乳体。茎富有韧皮纤维。单叶对生或互生;托叶常存在。常排成聚伞花序;花小型,绿色;单性,雌雄同株或异株;雄花花被片 3～5 枚,多为 5 枚,雄蕊与花被片同数而对生,花丝在蕾中内曲,通常有不发育的子房;雌花花被片 3～5,果时常增大,退化雄蕊鳞片状或缺,子房与花被分离或贴合,1 室,有胚珠 1 颗。果为瘦果,多少包被于扩大、干燥或肉质的花被内;胚直立,胚乳富油质,子叶肉质,卵形或近圆形。

约 47 属,1300 种,大多分布于热带,并延伸至温带地区;我国有 25 属,341 种,各地均有分布;浙江有 11 属,34 种,5 变种;杭州有 7 属,12 种。

分 属 检 索 表

1. 植物体不具螫毛;雌花花被片大多 3 片或 3 裂。
   2. 子房有花柱,柱头多样,但不为画笔头状。
      3. 雌花花被管状,果时干燥或膜质。
         4. 柱头宿存,线形 ……………………………………………………………… 1. 苎麻属 Boehmeria
         4. 柱头脱落,钻状 ……………………………………………………………… 2. 糯米团属 Gonostegia
      3. 雌花花被管状,基部被杯状肉质的苞片所包围 …………………………… 3. 紫麻属 Oreocnide
   2. 子房无花柱,柱头画笔头状。
      5. 叶互生 ……………………………………………………………………………… 4. 赤车属 Pellionia
      5. 叶对生 ……………………………………………………………………………… 5. 冷水花属 Pilea
1. 植物体具有螫毛;雌花花被片大多 4 片或 4 裂。
   6. 叶互生;雌花花被片外面 2 片比内面 2 片大 ……………………………… 6. 花点草属 Nanocnide
   6. 叶对生;雌花花被片外面 2 片比内面 2 片小 ……………………………… 7. 荨麻属 Urtica

1. 苎麻属 Boehmeria Jacq.

草本、灌木或小乔木,有毛或具刺毛。叶互生或对生,基脉 3 出,边缘有锯齿,有时 2～4 浅裂;托叶常离生,早落。花小,雄花花被片 3～5 枚,雄蕊与花被片同数而对生;团伞花序或由团伞花序再聚成穗状或圆锥状花序;雌花花被片联合成管状,先端 2～4 齿裂,包被子房,子房 1 室,具 1 枚直生胚珠,花柱线形,宿存。瘦果完全为花被管所包;种子具胚乳。$2n = 28, 42, 56, 70$。

约 120 种,主产于热带和亚热带,少数见于温带地区;我国有 32 种;浙江有 9 种,3 变种;杭州有 1 种。

苎麻 （图 1-200）

Boehmeria nivea（L.）Gaudich.

半灌木,高可达 1.5～2m。具有横生的根状茎,基部分枝,小枝、叶柄密生灰白色开展的长硬毛。叶互生,叶片宽卵状或卵状,长 5～16cm,宽 3～13cm,先端渐尖或尾尖,基部宽楔形或截形,边缘具三角状粗锯齿,上面粗糙,无毛或散生粗硬毛,下面密被交织的白色柔毛,基脉 3 出,侧脉 2～3 对;托叶离生,早落。花单性同株,团伞花序圆锥状;雄花序通常生于雌花序之下;雄花花被片 4 枚,卵形,外面密生柔毛;雌花花被管状,先端 2～4 齿裂,外面生柔毛,花柱线形。瘦果椭圆球形,长约 2mm,完全为宿存的花被所包。花、果期 7—10 月。$2n=28,42,56$。

区内常见,生于山坡、路边、水沟旁或林下杂草丛中。分布于安徽、福建、广东、广西、贵州、海南、湖北、湖南、江西、陕西、四川、台湾、云南;不丹、柬埔寨、印度、印度尼西亚、日本、朝鲜半岛、老挝、尼泊尔、泰国、越南也有。

茎皮纤维柔韧,可制麻;根和叶入药;种子含油 36%,供制皂及食用。

图 1-200　苎麻

2. 糯米团属　Gonostegia Turcz.

多年生草本。叶对生,全缘,基出 3 脉,侧脉不分枝,直达叶尖。花单性,雌雄同株,簇生成团伞花序;雄花花被片 5 枚,背面中部有 1 条横脊,雄蕊与花被片同数而对生;雌花花被管状,包围子房,先端有 2～4 齿裂,柱头钻形。瘦果小,包藏于有几条纵肋的花被内。

约 12 种,分布于亚洲和澳大利亚的热带及亚热带地区;我国有 4 种,主产于长江以南各地;浙江有 1 种;杭州有 1 种。

糯米团 （图 1-201）

Gonostegia hirta（Blume）Miq.

多年生草本,高约 50cm,最高可达 1m。茎匍匐或斜生,通常分枝,生白色短柔毛。叶对生,绿色,卵形或卵状披针形,长 4～10cm,宽1～5cm,先端渐尖,基部圆形或浅心形,全缘,下面沿叶脉生柔毛,基出 3 脉,侧生 2 脉不分枝,直达叶尖;叶柄短或近无柄。花淡绿色,单性同株;雄花簇生于上部的叶腋,花被片 5 枚,背面有 1 条横脊,上部生长柔毛;雌花簇生于下部叶腋,花被管状,外面生有白色柔毛,柱头钻形,密生短毛,脱落。瘦果三角状卵球形,黑色,有纵肋,长约 1mm,先端尖锐,完全被花被筒所包。花期 8—10 月,果期 9—10 月。

$2n=32$。

见于西湖区(留下)、余杭区(余杭)、西湖景区(龙井、茅家埠),生于山坡、溪旁或林下阴湿处。分布于安徽、福建、广东、广西、贵州、海南、河南、江苏、江西、陕西、四川、台湾、西藏、云南;亚洲、澳大利亚也有。

全草入药;茎皮纤维也可制人造棉。

3. 紫麻属　Oreocnide Miq.

灌木。叶互生,有柄,具有波状锯齿;托叶早落。团伞花序排成头状,腋生或侧生;无花序梗或花序梗较短;花单性异株;雄花花被片 3 枚,花蕾时镊合状排列,雄蕊与花被片同数而生;雌花花被片管状,先端 4～5 齿裂,子房与花被贴生,柱头盾状,无花柱,四周生纤毛,子房 1 室,有直生胚珠 1 颗。瘦果小型,贴于宿存的肉质花被内;种子具胚乳。

约 19 种,主要分布于东亚的热带和温带地

图 1-201　糯米团

区,以及巴布亚新几内亚;我国有 10 种,产于西南至华东各省、区;浙江有 1 种;杭州有 1 种。

紫麻　(图 1-202)

Oreocnide frutescens(Thunb.) Miq.

小灌木,高约 60cm。小枝幼时有短柔毛,后变无毛。叶互生,常聚生于茎或分枝的上部;叶片卵形至狭卵形,长 2～10cm,宽 2～5cm,先端渐尖或尾尖,基部近圆形或宽楔形,边缘有锯齿,上面粗糙,下面常有白色柔毛或短茸毛,后渐脱落,基出 3 脉;叶柄长 1～7cm,上部的叶柄较短;托叶早落。雄花序腋生,近无梗;雌花序近球形,具有极短的花序梗,有 8～11 朵花;花单性,雌雄异株;雄花花被片 3 枚,卵形,雄蕊 3 枚,与花被片对生;雌花花被片管状,柱头盾形,四周具有长柔毛。瘦果宽卵球形,棕褐色,外面生有小疣点。花期 4—5 月,果期 7 月。

见于余杭区(长乐)、西湖景区(宝石山、飞来峰、龙井),生于墙头、沟边或山坡阴湿处。分布于安徽、福建、甘肃、广东、广西、湖北、湖

图 1-202　紫麻

南、江西、陕西、四川、西藏、云南；不丹、柬埔寨、印度、日本、老挝、马来西亚、缅甸、泰国、越南也有。

茎皮纤维细长坚韧，可作麻类代用品。

4. 赤车属 Pellionia Gaudich.

草本。叶互生，2列，叶片两侧不对称，基部通常偏斜，有锯齿，3出脉，钟乳体纺锤形，有时不存在；托叶2枚。雌花序无梗，分枝密集而两侧有角状凸起；雄花序聚伞状，常具有花序梗；雄蕊与花被片同数而生，退化雌蕊小；雌花花被片4~5枚，大小不等，通常2~3枚较大，近先端之外侧有角状凸起，退化雄蕊4~5枚，鳞片状，子房椭圆球形，柱头画笔头状，花柱不存在。瘦果卵球形或椭圆球形，稍扁，常有小瘤状凸起。

约70种，主要分布于亚洲的热带、亚热带地区和大西洋岛屿；我国有24种，分布于长江以南各地；浙江有4种；杭州有2种。

1. 赤车 （图 1-203）

Pellionia radicans (Siebold & Zucc.) Wedd.

多年生肉质草本。茎可达 20cm 以上，有分枝，下面匍匐，生有不定根，上部渐升，无毛或疏生微柔毛。叶互生，卵形或狭椭圆形，不对称偏斜，长 2.5~8cm，通常位于下部的叶片较小，向上逐渐变大，先端急尖或长渐尖，基部极偏斜，在狭的一侧楔形，在较宽一侧耳形，边缘具浅锯齿，干时上面变黑色，表面无毛，有明显或不明显的钟乳体，下面褐色或稍带黑色，近无毛；叶脉2~5对；叶柄长 1~4mm；托叶钻形。花单性异株；雄花序聚伞状，花序梗长 2~4.5cm；雌花序为团伞花序，无花序柄或具短梗；雄花花被片 5 枚，近卵形，长约 2mm，先端有芒状小突尖；雌花花被片 5 枚，狭长椭圆形或披针形，不等大。瘦果卵球形，长 1mm，表面有小瘤点。花期 11 月至翌年 3 月，果期翌年 5 月。$2n=39,52,65$。

见于西湖区（留下）、余杭区（径山），生于沟边、溪边或林下阴湿处。分布于安徽、福建、广东、广西、贵州、海南、湖北、湖南、江西、四川、台湾、云南；日本、朝鲜半岛、越南也有。

全草入药。

图 1-203 赤车

2. 蔓赤车 （图 1-204）

Pellionia scabra Benth.

多年生草本，高约 40cm。茎基部木质化，通常分枝，密生短糙毛；枝灰褐色，有斑点。叶片狭卵形或狭椭圆形,不对称,长 3～7cm,先端急尖或长渐尖,基部在较狭侧钝,在较宽侧近圆形,边缘自中部以上有浅锯齿 6～7 对,表面无毛或散生短糙毛,脉上较多,两面均密生线状细小的钟乳体;叶脉近羽状或近 3 出脉;叶柄短;托叶钻形。花序聚伞状,具稀疏分枝,花序梗长 1～2cm;花单性,雌雄同株或异株,同株时雄花序生于上部叶腋;雄花花被片 4～5 枚,近圆形,外面先端有角状凸起;雌花花被片 4 枚,线状披针形,不等大,柱头画笔状。瘦果椭圆球形,压扁,长不到 1cm,表面有小疣状凸起。花期 5—7 月。$2n=26,39,52,65$。

　　见于余杭区(长乐)、西湖景区(云栖),生于溪边或林下阴湿处。分布于安徽、福建、广东、广西、贵州、海南、湖南、江西、四川、台湾、云南;日本、越南也有。

　　与上种的主要区别在于:本种茎被长 0.3～1mm 的毛,雄花序的花序梗长 1～2cm,花期 5—7 月;而上种茎被长约 0.1mm 的短毛或无毛,雄花序的花序梗长 2～4.5cm,花期 11 月至翌年 3 月。

图 1-204　蔓赤车

5. 冷水花属　Pilea Lindl.

　　一年生或多年生草本。叶对生,有柄,钟乳体线形、纺锤形或点状,具 3 出基脉,少数为羽状脉;托叶 2 枚,合生,宿存或脱落。团伞花序单生或簇生,少数排成聚伞状或圆锥状花序,腋生;花单性,雌雄同株或异株;雄花花被片 2～4 枚,基部常合生,雄蕊与花被片同数而对生,退化雄蕊鳞片状或缺;雌花花被片 3 枚,常不等大,退化雌蕊圆锥状,子房直立,无花柱,柱头画笔头状。瘦果卵球形或椭圆球形,稍压扁或有瘤状凸起。

　　约 400 种,广泛分布于热带、亚热带,少见于温带地区;我国有 90 多种,主要分布于长江以南地区,少数分布于长江以北;浙江有 9 种;杭州有 4 种。

分 种 检 索 表

1. 雌花花被片 5 枚,雄花花被片和雄蕊均 5 枚 ·· 1. 山冷水花　*P. japonica*
1. 雌花花被片 3 枚,雄花花被片和雄蕊 4 枚,稀 2～3 枚。
　2. 雄花花被片和雄蕊 2 枚,稀 3～4 枚 ·· 2. 透茎冷水花　*P. pumila*
　2. 雄花花被片和雄蕊 4 枚。
　　3. 草本,高 30～50cm;雌花花被片近等大 ································· 3. 冷水花　*P. notata*
　　3. 稍肉质小草本,高 5～20cm;雌花花被片不等大 ················· 4. 矮冷水花　*P. peploides*

1. 山冷水花　（图 1-205）

Pilea japonica（Maxim.）Hand.-Mazz. ——*Achudemia japonica* Maxim.

一年生多汁草本,高约 30cm。茎细弱,平滑无毛,常分枝。叶对生,同对叶片不等大,三角状卵圆形,长 1～4cm,宽 0.5～2.5cm,先端锐尖或短尾状渐尖,基部宽楔形,偏斜,边缘基部以上有数对粗锯齿,上面疏生短毛,两面散生棒状钟乳体,基脉 3 出,侧脉 2～3 对;叶柄长 1～3cm;托叶长圆形,长 4mm,近宿存。花常雌雄同序;聚伞花序具纤细的长花序梗;雄花花被片 5 枚,合生至中部,雄蕊 5 枚,退化雌蕊明显;雌花花被片 5 枚,近等大,长圆状披针形,退化雄蕊鳞片状,子房卵球形,柱头画笔头状。瘦果卵球形,长约 1mm,熟时表面有紫褐色疣点,宿存的花被与果近等长。花期 7—9 月,果期 8—11 月。

见于余杭区(中泰)、西湖景区(飞来峰、云栖),生于山坡路旁、沟边、林下阴湿处或岩石上。分布于安徽、福建、甘肃、广东、广西、贵州、河北、河南、湖北、湖南、吉林、江西、辽宁、山西、陕西、四川、台湾、云南;日本、朝鲜半岛、俄罗斯也有。

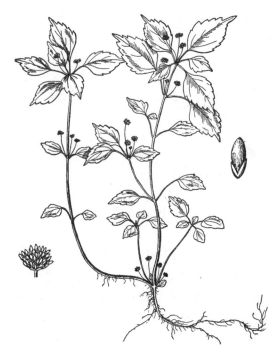

图 1-205　山冷水花　　　　　　　　　　　图 1-206　透茎冷水花

2. 透茎冷水花　（图 1-206）

Pilea pumila（L.）A. Gray

一年生多汁草本,高 30～70cm。茎微有棱,常分枝。叶对生,菱状卵形或宽卵形,长 2～7cm,宽 1～4.5cm,先端渐尖,基部宽楔形,边缘中部以上具有钝圆的锯齿,两面均散生狭条形的钟乳体,基脉 3 出;叶柄长 2～5cm;托叶小,早落。花序为聚伞花序;花单性,雌雄同株或异株,同株时雄花序生于上部叶腋;雄花花被片 2 枚,雄蕊 2 枚,稍露出;雌花花被片 3 枚,近等长,线状披针形,长约 3mm,退化雄蕊 3 枚。瘦果扁卵球形,具有锈色斑点,稍短于宿存的花被或近等长。花、果期 7—9 月。

见于西湖景区(虎跑、韬光、桃源岭),生于山坡路旁、溪边或林下阴湿处。分布于除新疆外的大部分地区;日本、朝鲜半岛、蒙古、俄罗斯、北美洲也有。

3. 冷水花 (图 1-207)

Pilea notata C. H. Wright

多年生含汁草本,高 30~50cm。具有横走的根状茎;地上茎细,直立。叶对生,同对叶片稍不等大;叶片卵形、狭卵形至卵状披针形,长 3~8cm,宽 2~4cm,先端渐尖或尾尖,基部圆形或宽楔形,边缘基部以上生浅锯齿,上面多少散生硬毛,钟乳体条形,于叶两面明显可见,基脉 3 出;叶柄长 1~4cm;托叶小,早落或半宿存。花单性,雌雄异株;雄花序为疏松的聚伞花序,生于叶腋;雌花序较短而密,近无梗;雄花花被片 4 枚,基部 1/2 处合生,雄蕊与花被片同数对生;雌花花被片 3 枚。瘦果卵球形,稍偏斜,淡黄色,长约 1cm,伸出于宿存的花被之外,表面具有疣状凸起。花期 6—9 月,果期 9—11 月。

生于竹园、沟旁或林下阴湿处。分布于安徽、福建、甘肃、广东、广西、贵州、河南、湖北、湖南、江西、四川、台湾;日本也有。

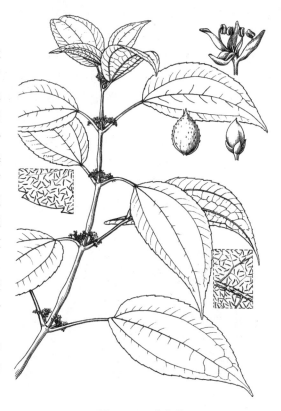

图 1-207 冷水花

4. 矮冷水花

Pilea peploides (Gaudich.) Hook. & Arn.

稍肉质小草木。茎基部匍匐,多分枝,高 5~20cm。叶对生,干时纸质,叶片圆菱形或菱状扇形,长 4~18mm,宽 5~22mm,先端圆形或钝,基部宽楔形或近圆形,边缘在基部或中部以上有浅钝的牙齿,两面生近横向排列的线状钟乳体,下面生暗紫色或褐色腺点,基脉 3 出,网脉不明显;叶柄长 0.2~2cm;托叶不明显。花单性,雌雄同株;团伞花序近无梗或具短的花序梗,腋生;雄花花被片 4 枚,花小而有突尖,雄蕊 4 枚;雌花花被片 3 枚,狭长圆形,中间 1 片较短。瘦果宽卵球形,压扁,长约 0.5mm,熟时褐色,有稀疏的细疣点。花、果期 4—6 月。

见于西湖区(留下),生于山坡石隙、岩缝、墙边或山谷草地阴湿处。分布于安徽、福建、广东、广西、贵州、河北、河南、湖南、江西、辽宁、内蒙古、台湾;不丹、印度、印度尼西亚、日本、朝鲜半岛、缅甸、俄罗斯、泰国、越南、太平洋岛屿也有。

全草入药。

6. 花点草属 Nanocnide Blume

多年生小草本,高 15~30cm,常疏生螫毛。茎纤细,散生或匍匐。叶互生,有柄,叶片边缘具有粗圆齿,钟乳体点状,基出脉 3~5 条;托叶侧生,分离。聚伞花序腋生;花单性,雌雄同株;

雄花花被片 5 枚,背面先端有被毛的凸起,雄蕊与花被片同数而生,退化雌蕊宽倒卵形;雌花花被片 4 枚,不等形,外侧 2 枚较大,背面背棱上有毛,子房椭圆球形,无花柱,柱头画笔头状。瘦果直立,包藏于宿存的花被片内。

2 种,分布于东亚;我国有 2 种;浙江及杭州均有。

1. 花点草　（图 1-208）

Nanocnide japonica Blume

多年生小草本,高 15~30cm。根状茎短;地上茎由基部分枝,直立或斜生,稍透明,生有向上生的短伏毛。叶互生,深绿色,呈长和宽近相等的近三角形或菱状卵形,长 1~3cm,基部宽楔形至截形,边缘生粗钝的圆锯齿,表面疏生长柔毛,背面疏生毛,基脉 3 出;叶柄长 0.5~1.5cm;托叶斜卵形,长约 2mm。雌花序生于上部叶腋,密集排列成聚伞花序,具短的花序梗或近无梗;雄花序生于枝梢的叶腋,具细长的花序梗,长于叶。花粉红色或红棕色,花萼紫红色,花瓣白色;雄花花被片 5 枚,卵形,长 1~1.5mm,雄蕊 5 枚;雌花花被片 4 枚,披针形,不等大,先端有白色刺毛 1 条,子房卵球形,柱头画笔头状。瘦果卵球形,有点状凸起。花期 4 月,果期 5—6 月。

见于西湖景区(飞来峰、龙井、云栖),生于山坡阴湿草丛中或溪沟边。分布于安徽、福建、甘肃、贵州、湖北、湖南、江苏、江西、陕西、四川、台湾、云南;日本、朝鲜半岛也有。

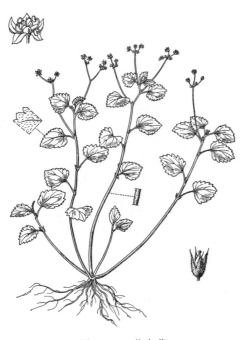

图 1-208　花点草

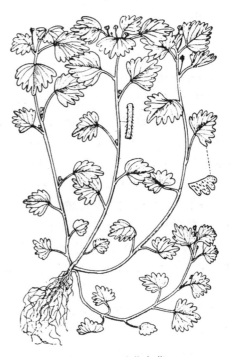

图 1-209　毛花点草

2. 毛花点草　裂叶花点草　（图 1-209）

Nanocnide lobata Wedd. ——*N. pilosa* Migo

多年生丛生草本,高 18~30cm。有短的根状茎;地上茎由基部分枝,多汁,生有向下弯曲的柔毛。叶互生,卵形或三角状卵形,长、宽近相等,长 0.5~2cm,先端钝圆,基部宽楔形,边缘有粗钝的锯齿,两面散生白色螫毛,并有点状或线状的钟乳体;叶柄长 1～1.5cm。雄花序生于枝梢的叶腋,花序梗比叶短;雌花序生于上部或枝梢的叶腋,具短的花序梗或近于无梗;花黄白色或淡黄绿色;雄花花被片 5 枚,雄蕊 5 枚;雌花花被片 4 枚,卵形或狭卵形,长约 1.5mm,背面和边缘生白色柔毛,柱头画笔头状。瘦果卵球形,淡黄色,有点状凸起。花、果期 4—6 月。$2n=24$。

见于西湖景区（云栖、桃源岭、玉皇山）,生于山坡阴湿处。分布于安徽、福建、贵州、广东、广西、湖北、湖南、江苏、江西、四川、台湾、云南;越南也有。

与上种的主要区别在于:本种茎上的毛向下,雄花序比叶短。

7. 荨麻属　Urtica L.

多年生草本,有螫毛。单叶对生,具柄,叶片边缘具锯齿或掌状分裂,基出脉 3 条;托叶离生。穗状或聚伞状花序;花单性,雌雄同株或异株;雄花花被片 4 枚,雄蕊与花被片同数而对生,花蕾时内曲;雌花被片 4 枚,不同型,内面 2 枚花后增大,子房直立,无花柱,柱头画笔头状。瘦果小型,包藏于花后增大的宿存花被内。关于染色体数目的报道较多,多为 $2n=24,26,52$,偶有报道为 $2n=20,22,36,78$。

约 30 种,产于温带地区,也生于热带山地区域;我国有 14 种,主要分布于西南部;浙江有 1 种;杭州有 1 种。

荨麻　裂叶荨麻　（图 1-210）

Urtica fissa E. Pritz.

多年生草本。地上茎直立,高 50～90cm;具有横走的根状茎。叶片对生,卵形或宽卵形,长 5～15cm,宽 3～12cm,先端渐尖,基部圆形,掌状 5～7 浅裂,裂片三角形,具有不规则的锯齿;叶柄长 2～8cm,向上逐渐变短;托叶 2 枚,长圆状披针形,长 8～11mm。雌雄同株时,雌花序生于茎的顶端,雄花序生于茎的下部,花序穗状或聚伞状,数个腋生;花单性,绿白色,雌雄同株或异株;雄花花被片 4 枚,宽卵形;雌花花被片 4 枚,内面 2 片花后增大,宽卵形或近圆形。瘦果卵球形,略扁,成熟时有褐色疣点。

见于西湖景区（飞来峰、九溪、龙井）,生于林下或路旁。分布于安徽、福建、甘肃、广西、贵州、河南、湖北、湖南、陕西、云南;越南也有。

图 1-210　荨麻

13. 铁青树科　Olacaceae

　　乔木或灌木,稀藤本。单叶,互生;无托叶。花常为腋生聚伞花序或总状花序;花萼小,杯状,先端平截或4～6齿裂,花后增大或否;花瓣3～6枚,分离或合生成管状或钟状;雄蕊与花瓣同数而对生,或为花瓣的2～3倍,有时具退化雄蕊;子房上位或半下位,1～5室,每室通常具1枚悬垂胚珠,花柱单一,柱头2～3裂或不裂,花盘环状。核果,为花后增大的花萼所包围;种子具丰富的胚乳,胚直立。

　　23～27属,180～250种,分布于热带和暖温带地区;我国有5属,10种,主要分布于西南及华南地区;浙江有1属,1种;杭州有1属,1种。

青皮木属　Schoepfia Schreb

　　小乔木或灌木。叶互生,具柄。单歧聚伞花序腋生,稀单生;花萼筒与子房贴生,顶端平截或具4～6枚小齿;花冠管状,顶端具4～6裂片;雄蕊与花冠裂片同数,着生于花冠管上,与花冠裂片对生;花丝极短,花药小,2室,纵裂;子房半下位,下部3室,上部1室,每室具1枚胚珠,柱头3浅裂。坚果,成熟时被增大的萼筒所包围,具1枚成熟种子,胚乳丰富。

　　约30种,分布于亚洲、美洲热带和亚热带地区;我国有4种,1变种,主要分布于长江流域及其以南各地;浙江有1种;杭州有1种。

青皮木　（图1-211）

Schoepfia jasminodora Siebold & Zucc.

　　落叶小乔木,高2～15m。树皮灰褐色,具短枝。单叶互生,叶纸质,卵形至卵状披针形,长3.5～9cm,宽2～4.5cm,先端渐尖或近尾状,基部圆形至宽楔形,全缘,两面无毛,上面绿色,下面淡绿色;侧脉常带红色;叶柄长3～5mm,红色;单歧聚伞花序腋生,常具花2～9朵,下垂,花序梗长1～2.5cm;花无梗,萼筒贴生于子房,宿存;花冠钟状,黄白色,长5～7mm,宽3～4mm,顶端具4～6裂,外卷;雄蕊着生于花冠管上,着生雄蕊处下部具1束短毛。坚果椭圆球形或长圆球形,长1～1.2cm,直径为5～8mm,成熟时由红变紫黑色。花期3—5月,果期4—6月。

　　见于萧山区（河上、楼塔）、余杭区（径山）、西湖景区（云栖）,生于山谷、溪边的密林或疏林中。分布于安徽、福建、甘肃、广东、广西、贵州、海南、

图1-211　青皮木

湖北、湖南、江苏、江西、陕西、四川、台湾、云南；日本、泰国和越南也有。

根可入药。

14. 檀香科　Santalaceae

草本或灌木，稀小乔木，常为半寄生植物。单叶互生或对生，有时退化为鳞片状，无托叶。花单生或排成各种花序，具苞片和小苞片；花小，两性、单性或杂性，辐射对称；花萼淡绿色，花瓣状，基部合生成短管状；顶端 3～6 裂；花瓣无；雄蕊与花萼裂片同数对生，着生于裂片基部，花药 2 室，纵裂；子房下位或半下位，柱头头状、平截或稍分裂。果为核果或坚果，外面平滑或粗糙，有时具多数深沟槽，具 1 枚种子。

约 36 属，500 种，广泛分布于全世界热带和温带地区；我国有 7 属，33 种，各省、区均有分布；浙江有 2 属，2 种；杭州有 1 属，1 种。

百蕊草属　Thesium L.

多年生或一年生纤细草本，稀亚灌木状。叶互生，通常狭长，有时鳞片状；花序为总状、圆锥状或聚伞花序，有时单生于叶腋；花两性，通常黄绿色；花萼钟状，与子房贴生，先端 4 或 5 裂；雄蕊与花萼裂片同数而对生，位于萼片基部；柱头头状或不明显 3 裂，子房下位，具 2 或 3 颗胚珠；坚果小，外果皮膜质，内果皮骨质或稍硬，表面具棱或平滑。

约 250 种，分布于热带和温带；我国有 16 种，各省、区都有分布；浙江有 1 种；杭州有 1 种。

百蕊草　（图 1-212）
Thesium chinense Turcz.

多年生半寄生草本，高 15～40cm。茎细弱，具纵沟，直立或斜生，基部多分枝生，常丛生状。单叶互生，线形，长 1.5～3.5cm，宽 0.5～3mm，先端急尖或渐尖，全缘，无毛，具单脉。花两性，单生于叶腋，无梗，具 1 枚苞片和 2 枚小苞片，5 数；花萼呈管状，先端 5 裂，稀 4 裂；雄蕊着生于花萼裂片基部；子房下位，花柱头状。坚果椭圆球形或近球形，直径为 2～2.5mm，表面具雕纹，先端具宿存花萼裂片。花期 4 月，果期 5—6 月。

见于西湖景区（南高峰），生于山坡、空旷地、田野和草丛湿润处。我国大部分省、区均有分布；日本、朝鲜半岛和蒙古也有。

全草可入药。

图 1-212　百蕊草

15. 槲寄生科　Viscaceae

灌木或草本,有时为半寄生植物。茎具明显的节。叶对生,通常退化成鳞片状,无托叶。雌雄同株或雌雄异株,穗状或聚伞花序,有时单生,顶生或腋生;苞片不明显,花辐射对称,直径为 1～4mm,花被 3～4 裂;雄蕊与花被裂片对生,花药 1 至多室,纵裂或孔裂,花粉球形;子房下位,1 至多室,花柱单一或缺,柱头小。果为浆果,具黏液;种子 1 枚,无外种皮。

7 属,350 多种,主要分布于热带和亚热带地区;我国有 3 属,18 种,各省、区均有分布;浙江有 2 属,5 种;杭州有 1 属,1 种。

槲寄生属　Viscum L.

寄生性灌木或亚灌木。枝对生、二歧分枝或轮生,圆柱形或扁平状,具明显的节,相邻节间互相垂直。叶退化成鳞片状。雌雄同株或雌雄异株;花序腋生或顶生,聚伞花序具花 1～7 朵,花序梗短或无,常具 2 枚苞片组成的舟状总苞;花小,无花梗,具 1～2 枚小苞片或无;雄花花被裂片通常 4 枚,花药球形或椭圆球形,孔裂,贴生于萼片上,无花丝;雌花萼片 4 枚,稀 3 枚,子房 1 室,花柱短或无,柱头乳头状或垫状。浆果球形、卵球形或椭圆球形,外果皮光滑或具小瘤体。

约 70 种,分布于东半球热带至温带地区;我国有 12 种,各省、区均有分布;浙江有 4 种;杭州有 1 种。

槲寄生　(图 1-213)

Viscum coloratum(Kom.) NaKai

常绿半寄生性小灌木,高 30～80cm。茎、枝圆柱状,二或三歧分枝,节稍膨大,小枝的节间长 2.5～10cm。叶对生,稀 3 枚轮生,厚革质或革质,长椭圆形至椭圆状披针形,长 2～7cm,宽 0.7～2cm,顶端圆钝,基部狭楔形,全缘,无毛,通常 3～5 出脉,近无柄;雌雄异株,花序顶生或生于茎叉状分枝处;雄花序聚伞状,通常具花 3 朵,雄花萼片 4 枚,卵形,花药椭圆球形,长2.5～3mm,无花丝,花药多室;雌花序聚伞式穗状,具花 3～5 朵,雌花萼片 4 枚,三角形,子房下位,1 室。浆果球形,直径为 6～8mm,成熟时淡黄色或橙红色,半透明,果皮平滑。花期 4—8 月,果翌年 2 月成熟。$2n=40$。

区内常见,常寄生于枫杨、槐、枫香、苦槠、青冈、板栗、朴树、榆树等树的枝条上。分布于

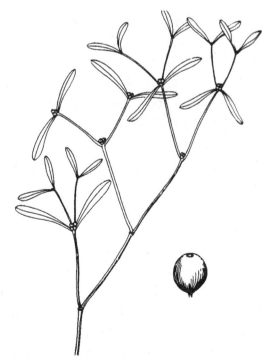

图 1-213　槲寄生

安徽、福建、甘肃、广西、贵州、湖北、湖南、江苏、江西、四川、台湾；日本、朝鲜半岛和俄罗斯也有。

全株可入药。

16. 马兜铃科　Aristolochiaceae

多年生草本或木本，稀亚灌木。根、茎和叶常有油细胞。叶片全缘，稀 3～5 浅裂，基部常心形，无托叶。花单生、簇生或排成总状、聚伞状或伞房花序，顶生、腋生或生于老茎上，花色通常艳丽而有腐肉臭味；花被管钟状、瓶状、管状、球状或其他形状；檐部圆盘状、壶状或圆柱状，具整齐或不整齐 3 裂，或为向一侧延伸成 1～2 枚舌片，裂片镊合状排列；雄蕊 6 至多数，1 或 2 轮；花丝短，离生或与花柱、药隔合生成合蕊柱；子房下位，稀半下位或上位；花柱短而粗厚，离生或合生而顶端 3～6 裂。蒴果菁葖果状、长角果状或为浆果状；种子多数，常藏于内果皮中，胚乳丰富，胚小。

约 8 属，600 种，主要分布于热带和亚热带地区，以南美洲较多，温带地区较少；我国有 4 属，70 多种；浙江有 2 属，14 种；杭州有 2 属，3 种。

本科中不少植物种类具有药用价值。

1. 马兜铃属　Aristolochia L.

多为草质或木质藤本。常具块状根。叶全缘或 3～5 裂。花排成总状花序，稀单生，腋生或生于老茎上；花被管状，花被筒直或烟斗状弯曲，檐部 3 浅裂，形状和大小变异极大；雄蕊 6 枚，围绕合蕊柱排成 1 轮；子房下位，多为 6 室，胚珠多数，花柱与雄蕊合生成合蕊柱，先端 3 或 6 裂成盘状。蒴果室间开裂；种子常多颗，扁平或背面凸腹面凹，种脊有时增厚或呈翅状。

约 350 种，分布于热带和温带地区；我国有 39 种，2 变种，3 变型，广布，但以西南和华南地区较多；浙江有 6 种；杭州有 1 种。

马兜铃 （图 1-214）

Aristolochia debilis Siebold & Zucc. ——*A. recurvilabra* Hance——*A. sinarum* Lindl.

草质藤本。根圆柱形，外皮黄褐色。茎柔弱，无毛，暗紫色或绿色，具纵沟，有腐肉味。叶纸质，卵状三角形、长圆状卵形或戟形，长 3～6cm，宽 1～4.5cm，顶端钝圆或短渐尖，基部心形，两侧裂片圆形，下垂或稍扩展；基出脉 5～7 条；叶柄长 1～2cm，柔弱。

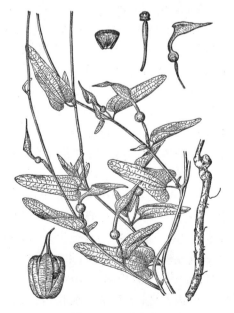

图 1-214　马兜铃

花单生或 2 朵聚生于叶腋,花梗基部有 1 枚极小的苞片;花被长 3～5.5cm,基部膨大成球形,与子房连接处具关节,向上收狭成一长管,管口扩大成漏斗状,黄绿色,口部有紫斑;檐部一侧极短,另一侧渐延伸成舌片,舌片卵状披针形;雄蕊 6 枚;合蕊柱顶端 6 裂。蒴果近球形,顶端圆形而微凹,具 6 棱,成熟时黄绿色,由基部向上沿室间 6 瓣开裂。种子扁平,钝三角形,长、宽均约为 4mm,边缘具白色膜质宽翅。花期 7—8 月,果期 9—10 月。$2n=14$。

见于西湖区(三墩、双浦)、余杭区(鸬鸟),生于山谷、沟边、路旁阴湿处及山坡灌丛中。分布于长江流域及其以南各省、区;日本也有。

本种药用:茎、叶称"天仙藤",有行气治血、止痛、利尿之效;果称"马兜铃",有清热降气、止咳平喘之效;根称"青木香",有小毒,具健胃、理气止痛之效,并有降血压作用。

2. 细辛属　Asarum L.

多年生草本。根常稍肉质。根状茎横生或向上斜生。叶仅 1、2、4 枚,近基生;叶片通常心形,全缘。花单生于叶腋,辐射对称,大多紫色或带紫色;花被钟状,檐部 3 裂;雄蕊通常 12 枚,稀 6 枚,排列成 2 轮;子房半下位,稀近上位,6 室,中轴胎座,胚珠多数,花柱离生或合生而先端 6 裂。蒴果浆果状,近球形,成熟时不规则开裂或不开裂。种子多数,椭圆球形或椭圆状卵球形,背面凸,腹面平坦,有肉质附属物。

约 90 种,分布于较温暖的地区,主产于亚洲东部和南部,少数种类分布于亚洲北部、欧洲和北美洲;我国有 30 种,4 变种,1 变型,各地均有分布,长江流域及其以南各省、区最多;浙江有 8 种;杭州有 2 种。

本属植物花钟状,雄蕊 12 枚,蒴果不开裂,可与上属植物区别。

1. 杜衡　(图 1-215)

Asarum forbesii Maxim.

多年生草本。根丛生,稍肉质。根状茎短。叶片阔心形至肾心形,长和宽各为 3～8cm,先端钝或圆,基部心形;两侧裂片长 1～3cm,宽 1.5～3.5cm;叶面深绿色,中脉两旁有白色云斑,脉上及其近边缘有短毛,叶背浅绿色;叶柄长 3～15cm,无毛;芽苞叶肾心形或倒卵形,长和宽各约 1cm,边缘有睫毛。花暗紫色,单生于叶腋;花梗长 1～2cm;花被管钟状或圆筒状,长 1～1.5cm,直径为 0.5～1cm,喉部不缢缩,喉孔直径为 4～6mm,膜环极窄,内壁具明显格状网眼;花被裂片直立,卵形,长 5～7mm,宽和长近相等,平滑,无乳凸状皱褶;药隔稍伸出。蒴果卵球形。花期 3—4 月,果期 5—6 月。

见于萧山区(瓜沥)、余杭区(长乐、良渚、塘栖、中泰)、西湖景区(南高峰、玉皇山、吴山),生于山坡林下阴湿处。分布于安徽、河南、湖北、

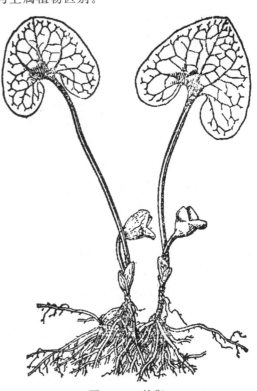

图 1-215　杜衡

江苏、江西、四川。

本种全草入药。近年发现本种的挥发油对动物有明显的镇静作用。

2. 细辛　华细辛　（图 1-216）

Asarum sieboldii Miq.

多年生草本。根状茎短,有多条肉质须根,极辛辣。叶通常 2 枚;叶片心形或卵状心形,长 4～14cm,宽 4.5～13.5cm,先端渐尖或急尖,基部深心形;两侧裂片长 1.5～4cm,宽 2～5.5cm,顶端圆形;叶面疏生短毛,脉上较密,叶背仅脉上被毛;叶柄长 8～20cm,光滑无毛;鳞片叶椭圆形,边缘疏被柔毛。花单生于叶腋,紫黑色;花梗长 2～4cm;花被管钟状,直径为 1～1.5cm,内壁有疏离纵行脊皱;花被裂片三角状卵形,长约 7mm,宽约 10mm,直立或近平展;雄蕊 12 枚,着生于子房中部;花丝与花药近等长或稍长,药隔凸出,短锥形;子房半下位,花柱 6 枚,基部合生,顶端 2 浅裂,柱头侧生。果近球状,直径约为 1.5cm,棕黄色。花期 4—5 月。$2n=26$。

见于余杭区(径山),生于林下阴湿腐殖土中。分布于山东、安徽、江西、河南、湖北、陕西、四川;日本也有。

本种全草入药。

与上种的区别在于:本种叶片先端短渐尖,上种叶先端圆钝。

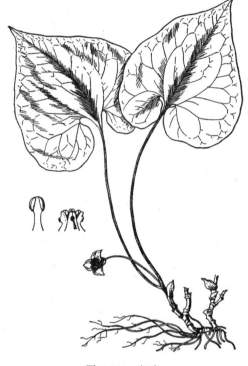

图 1-216　细辛

17. 蓼科　Polygonaceae

草本,稀灌木或小乔木。茎直立、缠绕或平卧,茎节常膨大,外面包被膜质筒状的托叶鞘,有时有绿色叶状边缘。单叶,互生;叶片全缘,有时分裂,常具叶柄;托叶通常成膜质鞘包围茎节。花簇生于叶腋或由花簇(1 至数花生于苞内)排列成穗状、头状、总状或圆锥花序。花两性,稀单性异株;辐射对称;花被(3、4)5(6)深裂,通常花瓣状,覆瓦状排列或成 2 轮,宿存,有时内轮花被增大或具附属物;雄蕊通常 8 枚,稀 6～9 枚或更少,花盘环状或缺;子房上位,1 室,内含 1 枚基生直立的胚珠,花柱 2～3 枚,离生或下部合生。瘦果卵球形,3 棱或双凸镜状,有时具翅。种子有丰富粉质胚乳,胚常弯曲,多少侧生,子叶扁平。

约 50 属,约 1200 种,广布于全世界,主产于北温带;我国有 13 属,约 238 种;浙江有 8 属,47 种,7 变种;杭州有 6 属,35 种,4 变种。

本科植物可供药用、食用,以及制工业上染料与单宁,有时亦可供观赏用;有些种类是著名的蜜源植物。

分 属 检 索 表

1. 花被片 6 枚;柱头画笔状 ·· 1. **酸模属** *Rumex*
1. 花被片 5 枚,稀 4 枚;柱头头状。
　2. 花柱 2 枚,果时伸长,硬化,顶端呈钩状,宿存 ························· 2. **金线草属** *Antenoron*
　2. 花柱 3 枚,稀 2 枚,果时非上述情况。
　　3. 茎直立;花被片果时不增大,稀增大成肉质。
　　　4. 瘦果具 3 棱,明显比宿存花被长,稀近等长 ······················ 3. **荞麦属** *Fagopyrum*
　　　4. 瘦果具 3 棱或双凸镜状,比宿存花被短,稀较长 ··············· 4. **蓼属** *Polygonum*
　　3. 茎缠绕或直立;花被片外面 3 枚果时增大,背部具翅或龙骨状凸起,稀不增大,无翅,无龙骨状凸起。
　　　5. 茎缠绕;花两性;柱头头状 ······································· 5. **何首乌属** *Fallopia*
　　　5. 茎直立;花单性,雌雄异株;柱头流苏状 ························ 6. **虎杖属** *Reynoutria*

1. 酸模属　Rumex L.

多年生少一年生草本,稀半灌木。茎直立,常具沟纹,通常有分枝。叶基生及茎生;叶片全缘或皱波状;托叶鞘膜质,易破裂脱落。花簇组成顶生圆锥花序。花两性,稀单性异株,花梗具关节;花被 6 深裂,排成 2 轮,内轮 3 片,花后常增大成翅状,全缘,具牙齿或针状刺,背部中脉具瘤状凸起或缺;雄蕊 6 枚;子房 1 室,三棱形,有基生胚珠 1 颗,花柱 3 枚,柱头细裂。瘦果三棱形,常被宿存花被所包。染色体数目变异极大(已有报道为 14~200 条),但多为 $2n=14,20,40,42,60$。

约 200 种,主产于北温带;我国有 27 种;浙江有 7 种;杭州有 6 种。

分 种 检 索 表

1. 基生叶基部箭形或戟形,有时楔形,两侧常有尖锐耳状物;花单性,雌雄异株。
　2. 内轮花被片果时明显增大,叶片基部箭形,两侧无外展或上弯的裂片;根状茎非木质化 ·············
　　·· 1. **酸模** *R. acetosa*
　2. 内轮花被片果时不增大或稍增大,叶片基部戟形,有时楔形,两侧常有外展或上弯的裂片;根状茎明显
　　木质化 ·· 2. **小酸模** *R. acetosella*
1. 基生叶基部楔形、圆形、截形或心形,两侧无耳状物;花两性,内轮花被片果时背部常有瘤状凸起。
　3. 内轮花被片果时圆形、卵心形或圆心形,全缘或有牙齿。
　　4. 基生叶基部圆形,内轮花被片果时全缘或微波状 ······················ 3. **皱叶酸模** *R. crispus*
　　4. 基生叶基部心形,内轮花被片果时圆心形或卵心形,边缘多少有牙齿 ······ 4. **羊蹄** *R. japonicus*
　3. 内轮花被片果时卵形或狭卵形,有牙齿。
　　5. 内轮花被片果时长 4~5mm,有 3~4 对针状牙齿 ··················· 5. **齿果酸模** *R. dentatus*
　　5. 内轮花被片果时长 2.5~3mm,边缘中央有 1 对长 4mm 的刺 ·········· 6. **长刺酸模** *R. trisetifer*

1. 酸模 　(图 1-217)

Rumex acetosa L.

多年生有酸味草本。地下有短的根状茎及数个肉质根;地上茎直立,通常单生,高 40~100cm,圆柱形,具线纹,上部呈红色,中空。基生的叶片宽披针形至卵状长圆形,长 4~9cm,宽 1.5~3.5cm,先端钝或急尖,基部箭形,全缘,有时微波状,下面及叶缘常具乳头状凸起;叶柄长 5~10cm;茎生叶向上逐渐变小,叶片披针形,具短柄或抱茎;托叶鞘膜质,易破裂。花轮

排列成长 10～30cm 狭圆锥花序。花单性,雌雄异株;花梗中部具关节;花被片 6 枚,红色,呈 2
轮;雄花内有 6 枚雄蕊,花丝短,花药大;雌花外轮花被片小,反曲,内轮花被片直立,椭圆形,长
2～2.5mm,花后增大成圆心形,直径为 3.5～4.5mm,边缘波状,有网状细脉,背面基部有圆形
小瘤,柱头 3 枚,细裂,红色。瘦果椭圆球形,有 3 棱,长约 2mm,黑褐色,有光泽。花期 3—5
月,果期 4—7 月。$2n=14,15,22$。

区内常见,生于山坡林缘、阴湿山沟边及路边荒地中。分布于全国各地;日本、哈萨克斯
坦、朝鲜半岛、吉尔吉斯斯坦、蒙古、欧洲、北美洲也有。

全草入药;根可提制栲胶;叶可食用及作饲料。

图 1-217　酸模

图 1-218　小酸模

2. 小酸模 （图 1-218）

Rumex acetosella L.

多年生无毛草本。地下有伸长分歧的木质根状茎;地上茎细弱,多数簇生,高 25～50cm,
具沟纹。基生叶少数,叶片披针形或长圆形,长 3～6cm,宽 1～2cm,先端急尖或钝,基部戟形,
两侧通常有狭长或短小的耳状裂片,外展或向上弯,叶柄长 2～5cm;茎生的叶片稍小,具短柄
或近无柄;托叶鞘膜质,长 0.5～1cm。2～7 朵花簇生于膜质苞片内,排列成顶生圆锥花序,与
茎上部常呈红色。花单性,雌雄异株;花梗长 2～2.5mm,不具关节;花被片 6 枚,长 2～3mm,2
轮,外轮花被片较狭;雄花中有 6 枚雄蕊,花丝较短,花药大;雌花中内轮花被片菱形或宽卵形,
果时常不增大,背部无瘤状凸起,花柱 3 枚,柱头细裂。瘦果三棱状宽椭圆球形,长约 1.2mm,
紫褐色,稍有光泽。花、果期 5—8 月。$2n=14,28,42$,偶为 $2n=21,35$。

见于西湖景区(九溪),生于山顶路旁草丛中或含酸性土的荒地中。分布于福建、河北、河南、黑龙江、湖北、湖南、江苏、江西、内蒙古、山东、四川、台湾、新疆;印度、日本、哈萨克斯坦、朝鲜半岛、蒙古、北美洲也有。

3. 皱叶酸模 (图 1-219)
Rumex crispus L.

多年生草本,无毛或散生乳头状毛。茎直立,稍粗壮,高 60~100cm,具沟纹,单一不分枝。基生的叶片披针形或长圆状披针形,长 12~28cm,宽 2~4cm,先端急尖,基部楔形,边缘有波状皱褶;叶柄比叶片稍短;茎生的叶片披针形,无柄,向上变小;托叶鞘膜质,易破裂。花组成狭长总状或圆锥花序。花小,疏散轮生;花梗近基部具关节;花被绿色,2 轮,外轮 3 枚花被片小,椭圆形,内轮 3 枚花被片花后增大成卵圆形,长 3.5~4mm,宽 3~3.5mm,全缘或有微波状,网脉明显,背面有长 1.5~2mm 的瘤状凸起;雄蕊 6 枚,柱头 3 枚,细裂。瘦果椭圆球形,锐 3 棱,长 2~3mm,褐色,有光泽。花、果期 4—6 月。$2n=60$。

见于萧山区(北干、城厢)、西湖景区(虎跑、九溪),生于田边或路旁湿地。分布于吉林、辽宁、内蒙古、宁夏、青海、山东、山西、陕西、四川、台湾、新疆、云南;日本、哈萨克斯坦、朝鲜半岛、吉尔吉斯斯坦、蒙古、缅甸、泰国、欧洲、北美洲也有。

根、叶可入药。

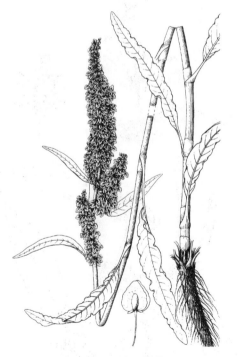

图 1-219　皱叶酸模

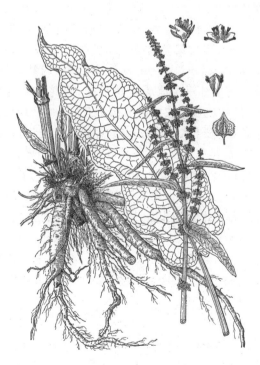

图 1-220　羊蹄

4. 羊蹄 (图 1-220)
Rumex japonicus Houtt.

多年生无毛草本。主根粗大,长圆形,黄色。茎直立,粗壮,高 35~120cm,绿色,具沟纹,常不分枝。基生叶具长柄,叶片卵状长圆形至狭长椭圆形,长 13~34cm,宽 4~12cm,先端稍钝,基部心形,边缘波状;茎生的上部叶片较小而狭,基部楔形,具短柄或近无柄;托叶鞘膜质,筒状,长 3~5cm,易破裂。花轮密集排列成狭长圆锥花序,下部花轮夹杂有叶。花小,两性;花梗下部具关节;花被片 6 枚,淡绿色,排列成 2 轮,外轮花被片长圆形,长 1.5mm,内轮花被片在果时增大成圆心形或扁圆心形,长 4~5mm,宽 4.5~6mm,具明显网纹,边缘有三角状浅牙齿,背部有长 3.5mm 的瘤状凸起;雄蕊 6 枚;柱头 3,细裂。瘦果宽卵球形,锐 3 棱,长 2~3mm,褐色,有光泽。花、果期 4—6 月。$2n=100$。

见于拱墅区(半山)、西湖区(灵山)、萧山区(进化、西山公园),生于低山坡疏林边、沟边、溪边、路旁湿地及沙丘上。分布于安徽、福建、广东、广西、贵州、海南、河北、河南、黑龙江、湖北、湖南、江苏、江西、内蒙古、山东、山西、陕西、四川、台湾;日本、朝鲜半岛、俄罗斯也有。

根入药,有小毒,不宜大量服用。

5. 齿果酸模 （图 1-221）

Rumex dentatus L.

多年生无毛草本。茎直立,高 30~100cm,分枝纤细,具沟纹。基生的叶片狭长圆形或宽披针形,长 4~16cm,宽 1.5~6cm,先端钝或急尖,基部圆形或截形,全缘或略呈波状;叶柄长 2~5cm;茎生的叶片渐小,基部圆形,具短柄,长 0.5~1(~1.5)cm;托叶鞘膜质,筒状,易破裂。花多朵簇生成疏轮状排列,每轮均有叶间隔,排列成顶生或腋生的圆锥花序。花两性、黄绿色;花梗长 2~4mm,中部以下具关节;花被 6 深裂,排列成 2 轮,外轮花被片小,长圆形,长 1.5mm,内轮花被片果时增大,长卵形,长 4~5mm,宽约 3mm,先端稍钝,有明显网纹,两侧边缘各有 3~4 (5) 对长短不齐的针状牙齿,背面基部有长约 2mm 的瘤状凸起;雄蕊 6 枚;花柱 3 枚,细裂。瘦果卵球形,锐 3 棱,长约 2.5mm,褐色,有光泽。花期 5—6 月,果期 6—10 月。$2n=40$。

见于江干区(彭埠)、西湖区(三墩)、萧山区(戴村、益农)、西湖景区(梵村、茅家埠),生于沟旁及路旁湿润地。分布于安徽、福建、甘肃、贵州、河北、河南、湖北、湖南、江苏、江西、内蒙古、宁夏、青海、山东、山西、陕西、四川、台湾、新疆、云南;阿富汗、印度、哈萨克斯坦、吉尔吉斯斯坦、尼泊尔、北非、欧洲也有。

根、叶可入药;也可作土农药用。

图 1-221　齿果酸模

6. 长刺酸模 （图 1-222）

Rumex trisetifer Stokes

一年生或越年生草本。茎稍粗壮直立，高30～50cm，具沟纹，上部分枝多，有时被乳头状毛。基生的叶片披针形或狭长圆形，长 7～15cm，宽1～3.5cm，先端稍钝，基部楔形，全缘；叶柄长1.5～6cm；托叶鞘膜质，筒状，长 1.5～2cm，易破裂；茎生叶互生，向上端渐变小，有短柄或近无柄。多花轮生，下部间隔，上部密集，组成具叶的圆锥花序。花小，两性，黄绿色；花梗细长，长 2～6mm，近基部具关节；花被 6 深裂，排列成 2 轮，外轮 3 枚裂片较小，狭长圆形，内轮 3 枚裂片果时增大，三角状卵形，长约 3mm，宽约 2mm，具明显网纹，背部有长1.5～2mm 的瘤状凸起，边缘中央有 1 对长约4mm 的刺。瘦果椭圆球形，锐 3 棱，长 1.5～2mm，黄褐色，有光泽。花、果期 5—7 月。

见于西湖景区（虎跑），生于水沟边及路旁阴湿地。分布于安徽、福建、广东、广西、贵州、海南、湖北、湖南、江苏、江西、陕西、四川、台湾、云南；不丹、印度、老挝、缅甸、泰国、越南也有。

图 1-222 长刺酸模

本种曾被误定为海滨酸模 *R. maritinus* L.，但后者的内轮果被应有 2 对刺，华东地区不产；同时，本种与 *R. ochotkius* Rechinger f. 近似，后者内轮果被应为 2 对长刺，刺长 2～3mm，分布于日本北部，我国不产。

2. 金线草属　Antenoron Rafin.

多年生草本。地下常具结节状根状茎；地上茎直立，不分枝或上部分枝。叶互生；叶片倒卵形或椭圆形，全缘、具短柄；托叶鞘常易破裂。花排成顶生或腋生伸长的穗状花序；苞片漏斗状，具缘毛，内含 1～3 朵花；花两性，花梗有关节，花被 4 深裂；雄蕊 5 枚，不伸出花被外；花盘腺状，具 5 齿；花柱 2 枚，深裂达基部，在果时变硬，顶端呈弯钩状，伸出花被外。瘦果扁平，双凸镜状，有光泽，外包宿存花被。

3 种，分布于东亚及北美洲；我国有 1 种，2 变种；浙江有 1 种，1 变种；杭州有 1 种，1 变种。

1. 金线草 （图 1-223）

Antenoron filiforme（Thunb.）Roberty & Vautier

多年生草本，全株密被粗伏毛。根状茎粗壮而短，呈结节状；地上茎直立，高 50～100cm，基部圆柱形，上部具细沟纹，节稍膨大，很少分枝。叶片椭圆形或倒卵形，长 6～14cm，宽 3～8.5cm，先端急尖或短渐尖，基部宽楔形，稀圆形，全缘，两面均被长糙伏毛，下面脉上尤密，上面中央常有"八"字形墨色斑；托叶鞘筒状，长 0.7～1.5cm，顶端截形，具短缘毛，生在下部的易破裂；叶柄长

0.5～2cm。花2～3朵生于苞腋内,排列成稀疏、瘦长的顶生穗状花序,长20～35cm;苞片斜漏斗状,具短缘毛;花深红色;花梗与苞片近等长,近顶端有关节;花被4深裂,裂片卵形,长约2mm;雄蕊5枚,内藏;子房扁圆球形,花柱2枚,基部稍合生,顶端呈钩状,伸出花被外,宿存。瘦果椭圆球形,双凸镜状,长约2.5mm,褐色,外包宿存花被。花、果期9—10月。

见于西湖区(双浦)、余杭区(鸬鸟、闲林、中泰)、西湖景区(宝石山、北高峰、九曜山、龙井、玉皇山、云栖等),生于山地林下阴湿处、沟谷、溪边草丛中。分布于安徽、福建、甘肃、广东、广西、贵州、河南、湖北、湖南、江苏、江西、山东、陕西、四川、台湾、云南;日本、朝鲜半岛、缅甸、俄罗斯也有。

全草入药。

图 1-223　金线草

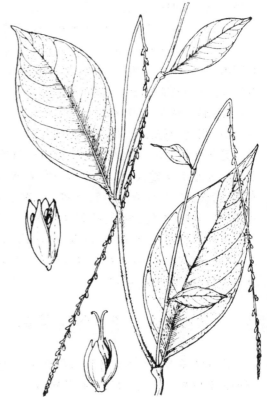

图 1-224　短毛金线草

1a. 短毛金线草　(图 1-224)

var. neofiliforme (Nakai) A. J. Li

与原种酷似,但茎疏被毛或近无毛;叶片椭圆形或长椭圆形,长7.5～18cm,宽3～8.5cm,先端长渐尖,两面被短伏毛或近无毛;苞腋内有1～2朵花;瘦果略外露出而不同。

见于萧山区(河上)、余杭区(中泰)、西湖景区(南高峰、云栖),生境与用途均同原种。分布于安徽、福建、甘肃、广东、广西、贵州、河南、湖北、湖南、江苏、江西、山东、陕西、四川、云南。

基于类黄酮分析结果,Mun 和 Park(1995)认为本分类群是金线草 A. *filiforme* (Thunb.) Roberty & Vautier 的近缘种,而不应处理为前者的变种。

3. 荞麦属　Fagopyrum L.

　　一年生或多年生草本。茎直立,质柔软,具细沟纹,中空。叶互生;叶片三角形或箭形,全缘,具长柄;托叶鞘膜质,短筒状,不具缘毛。花簇排列成顶生或腋生的总状花序或密集的伞房花序;花两性,辐射对称;花梗常具关节;花被白色或淡红色,5深裂,花后不增大;雄蕊 8 枚,排成 2 轮,外轮 5 枚,内轮 3 枚;花盘腺状;子房三棱形,花柱 3 枚,柱头头状。瘦果三棱形,具尖头,伸出花被外达 1～2 倍。种子有粉质胚乳,胚位于中央,有发达呈"S"字形的子叶。染色体数目多为 $2n=16,32$,偶有报道为 $2n=24$。

　　约 15 种,分布于亚洲和欧洲;我国有 10 种;浙江有 2 种;杭州有 2 种。

　　本属植物可供食用及药用,又是著名的蜜源植物。

1. 野荞麦　金荞麦　金荞　(图 1-225)

Fagopyrum dibotrys (D. Don) Hara——*F. acutatum* (Lehm.) Mansf. ex K. Hammer——*Polygonum dibotrys* D. Don

　　多年生无毛草本。地下有粗大结节状坚硬块根。茎直立,高 60～150cm,质柔软,具浅沟纹,中空,分枝常具乳头状凸起。叶片宽三角形或卵状三角形,长 5～8cm,宽 4～10cm,先端渐尖或尾尖,基部心状戟形,边缘及两面脉上具乳头状凸起;托叶鞘膜质,筒状,长 0.4～1cm,顶端截形,无缘毛。花簇排列成顶生或腋生的总状花序,再组成伞房状;花序梗长 3～8cm;苞片卵形,长约 2mm,内含 2～4 朵花;花白色;花梗长约 4mm,近中部处具关节;花被 5 深裂,裂片长圆形,长约 2.5mm;雄蕊 8 枚;花柱 3 枚。瘦果卵状三棱形,长 6～7mm,褐色。花期 5—8月,果期 9—10 月。$2n=24,32$。

　　区内常见,生于山坡荒地、旷野路边及水沟边。分布于安徽、福建、甘肃、广东、广西、贵州、河南、湖北、湖南、江苏、江西、陕西、四川、西藏、云南;不丹、印度、缅甸、尼泊尔、越南也有。

　　块根入药。

图 1-225　野荞麦

2. 荞麦　(图 1-226)

Fagopyrum esculentum Moench——*F. emarginatum* (Roth) Meisn.——*Polygonum emarginatum* Roth

　　一年生草本。茎直立,高 30～100cm,圆柱形,具细沟纹,淡绿色或带红色,中空,多分枝。叶互生;叶片三角形或戟形,长 2.5～5(～8)cm,宽 2～4(～6)cm,先端渐尖,基部心形或戟形,两面沿叶脉及边缘有乳头状凸起；托叶鞘膜质，短筒状，长约 4mm，顶端斜向平截，无缘毛；叶柄在下部的较长，上部的近无柄。花簇密集，排列成顶生或腋生的总状花序；花序梗细，长 2～4cm；苞片小，卵状披针形；花梗长 2～3mm，有关节；花被淡红色或白色，5 深裂，裂片长圆形或卵形，长 3～4mm；雄蕊 8 枚，花药淡红色；花柱 3 枚。瘦果卵状三棱形，长 6～7mm，褐色，有光泽。花期 5—9 月，果期 7—11 月。$2n=16,32$。

区内有见栽培，拱墅区（半山）、西湖区（留下）有逸生。原产于中亚；我国南北各地均有栽培，偶见逸生于荒地或路旁。

种子可供食用，淀粉含量高达 67%；叶可提取治疗高血压的"路丁"；同时还是著名的蜜源植物。

与上种的主要区别在于：本种为一年生草本，叶片长度常大于宽度，花序为总状花序，花被淡红色或白色。

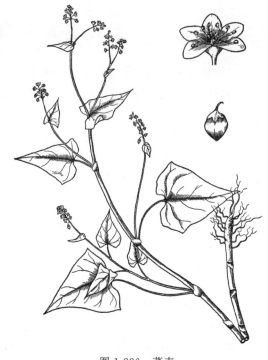

图 1-226　荞麦

4. 蓼属　Polygonum L.

草本，稀半灌木。茎直立、匍匐或缠绕，节部常膨大。单叶，互生；叶片全缘，稀分裂；托叶鞘膜质、筒状，稀成叶状包茎或 2 裂，具缘毛或缺。花簇排列成穗状、头状或圆锥状，很少簇生于叶腋；花小，两性；花梗短而具关节；花被花瓣状，(4)5(6) 深裂，粉红色至紫红色或白色，宿存；雄蕊 5～8 枚，排列成 2 轮；子房三棱形或扁平，花柱 2～3 枚，基部多少合生。瘦果三棱形或双凸镜状，全部或部分包藏于宿存花被内。种子有胚乳，胚侧生，子叶小而扁平。染色体数目变异较大（已有报道为 18～132 条），但多为 $2n=20,22,40,60$。

约 230 种，世界广布，主产于北温带地区；我国有 120 多种，普遍分布于各地区；浙江有 33 种，5 变种；杭州有 24 种，3 变种。

对于本属的范围，学界争议极大。有的学者认为本属应包括荞麦属 *Fagopyrum* Mill.、何首乌属 *Fallopia* Adans.、虎杖属 *Reynoutria* Houtt. 等属；也有学者将本属再分成春蓼属 *Persicaria* (L.) Mill. 和狭义的蓼属。本志采用与 *Flora of China* 一致的分类界定，但此界定不被最新的分子系统学研究（Burke, et al, 2010）所支持，因而还需要进一步的修订。

分 种 检 索 表

1. 花 1 至数朵簇生于茎的全部叶腋；叶片基部具关节；托叶鞘顶端数裂；茎常匍匐。
　2. 托叶鞘有明显脉纹；雄蕊 8 枚；瘦果具点状线纹，长 2mm 以上，常伸出宿存花被外 ……………………………………………………………………………………… 1. 萹蓄　P. aviculare
　2. 托叶鞘无明显脉纹；雄蕊 5 枚；瘦果平滑，长 2mm 以下，常包藏在宿存花被内 … 2. 习见蓼　P. plebeium
1. 花簇通常组成各种花序；叶片基部无关节；托叶鞘顶端不裂或 2 裂；茎直立、蔓性或缠绕，稀木质化。

3. 植物体不具倒生钩刺或刺状凸起;叶片基部不为戟形或箭形。

  4. 花序头状。

    5. 叶片狭披针形,宽不超过 1cm;花序单独顶生,下无叶状总苞;花梗细长,伸出苞外 …………
…………………………………………………………………… 3. **蓼子草**　*P．criopolitanum*

    5. 叶片卵形或三角状卵形,宽 1～3cm;头状花序顶生或腋生,下具叶状总苞;花梗短,常不伸出苞
外 …………………………………………………………… 4. **尼泊尔蓼**　*P．nepalense*

  4. 花序穗状。

    6. 托叶鞘筒状,顶端有 1 圈绿色叶状边缘 ………………………… 5. **红蓼**　*P．orientale*

    6. 托叶鞘顶端无绿色叶状边缘。

      7. 叶片卵形或宽椭圆形,干后呈暗蓝绿色;栽培草本 ………… 6. **蓼蓝**　*P．tinctorium*

      7. 叶形各种,干后不呈暗蓝绿色;多为野生。

        8. 植物体有黏性腺毛,或枝端节间及花序梗能分泌黏液。

          9. 茎与分枝上部节间、花序梗能分泌黏液,无腺毛;叶片披针形或狭披针形 …………
…………………………………………………………… 7. **黏液蓼**　*P．viscoferum*

          9. 植物体密被黏性腺毛及开展的长柔毛;叶片卵状披针形或椭圆状披针形 …………
…………………………………………………………………… 8. **黏毛蓼**　*P．viscosum*

        8. 植物体无黏性腺毛,亦不能分泌黏液。

          10. 瘦果扁平。

            11. 托叶鞘及苞片常无缘毛;花被裂片 4 枚,长 2～2.5mm,外轮 2 枚裂片各具 3 条
显著的脉纹,顶端成沟状分枝;叶片下面常有腺点。

              12. 叶下面沿中脉被短硬伏毛 ……………… 9. **酸模叶蓼**　*P．lapathifolium*

              12. 叶下面被绵毛 ……………… 9a. **绵毛酸模叶蓼**　*var．salioifolium*

            11. 托叶鞘及苞片常有显著缘毛;花被裂片常 5 枚;叶片下面无或有腺点。

              13. 穗状花序花簇稀疏间断,基部常有 1～2 枚花包在托叶鞘内;茎常无毛;叶片
有辛辣味 …………………………………………………… 10. **水蓼**　*P．hydropiper*

              13. 穗状花序花簇紧密,仅下部偶有间断。

                14. 托叶鞘顶端有较长的缘毛,长 3mm 以上;花单性,雌雄异株……………
…………………………………………………………… 11. **蚕茧蓼**　*P．japonicum*

                14. 托叶鞘具较短缘毛,长 1～3mm;花两性 …… 12. **春蓼**　*P．persicaria*

          10. 瘦果三棱形。

            15. 叶片下面有腺点。

              16. 穗状花序花较密,常直立不下垂;花较大,长 5～6mm;茎近无毛 …………
………………………………………………………… 11a. **显花蓼**　*var．conspicuum*

              16. 穗状花序疏花,长 8～15cm,常下垂;花长约 3mm;茎常密被毛 …………
…………………………………………………………… 13. **无辣蓼**　*P．pubescens*

            15. 叶片下面无腺点。

              17. 花梗细长,遥伸出苞外 ………………… 14. **愉悦蓼**　*P．jucundum*

              17. 花梗较短,不伸出或略伸出苞片外。

                18. 穗状花序较上粗壮,长达 5cm,花簇仅在下部有间断;叶片披针形或披针
状长圆形至线形,先端渐尖

                  19. 叶基部楔形 ……………………… 15. **马蓼**　*P．longisetum*

                  19. 叶基部圆形 ……………………… 15a. **圆基马蓼**　*var．rotundatum*

                18. 穗状花序细长,长可达 8cm,花簇常间断;叶片卵形或卵状披针形,先端
尾尖 …………………………………………………………… 16. **丛枝蓼**　*P．posumbu*

3. 植物体具倒生小钩刺或刺状凸起;叶片基部为戟形或箭形,极少截形。
　20. 托叶鞘大,近圆形,叶状抱茎;叶片三角形或三角状戟形。
　　21. 叶柄盾状着生;花被在果时变肉质,呈蓝黑色 ………… 17. **杠板归**　*P. perfoliatum*
　　21. 叶柄非盾状着生;花被在果时不变肉质,也不呈蓝黑色 ……… 18. **刺蓼**　*P. senticosum*
　20. 托叶鞘不呈圆形叶状抱茎,偶上端有微波状或叶状边缘;叶片非三角形。
　　22. 托叶鞘筒状,顶端截形,常具缘毛或具狭草质边缘。
　　　23. 植物体具星状毛;茎具倒生小钩刺;托叶鞘有时具狭草质边缘 …………………
　　　　　…………………………………………………………… 19. **长戟叶蓼**　*P. maackianum*
　　　23. 植物体不具星状毛;茎具刺状凸起或平滑;托叶鞘筒状,顶端具细短缘毛。
　　　　24. 穗状花序长圆形或球形,长1～2cm,常二歧分枝,花梗常伸出苞片外;花被长3～4mm
　　　　　………………………………………………………… 20. **戟叶箭蓼**　*P. hastato-sagittatum*
　　　　24. 圆锥花序分枝多而开展,花梗不伸出苞片外;花被长2～2.5mm ………………
　　　　　…………………………………………………………………… 21. **小花蓼**　*P. muricatum*
　　22. 托叶鞘斜形,向一方开裂,无缘毛或偶有短缘毛及绿色叶状边缘。
　　　25. 圆锥花序分枝疏散,花稀少不呈头状;茎近圆柱形 ……… 22. **疏花蓼**　*P. praetermissum*
　　　25. 花序头状;茎具4棱。
　　　　26. 托叶鞘顶端2裂,无缘毛;叶片卵状披针形,基部箭形;花序梗光滑无毛 …………
　　　　　…………………………………………………………………… 23. **箭头蓼**　*P. sagittatum*
　　　　26. 托叶鞘顶端有短缘毛,有时有1圈向外反卷的绿色叶状边缘;叶片三角状戟形,常3浅
　　　　　裂,基部戟形或截形;花序梗散生腺毛 ……………………… 24. **戟叶蓼**　*P. thunbergii*

1. 萹蓄　(图1-227)

Polygonum aviculare L.

一年生无毛草本。主根较粗,生多数褐色或黄褐色须根。茎自基部分枝,匍匐或斜上升,高10～40cm,绿色,具沟纹。叶互生;叶片长椭圆形、长圆状倒披针形、线状披针形或线形,长1～3.8cm,宽0.2～1.1cm,先端钝或急尖,基部狭窄成有关节的短柄,下面灰绿色;托叶鞘膜质,顶端数裂,有明显脉纹。花1～5朵簇生于叶腋;花梗长1～2mm;花被5深裂,裂片长圆形,长2～3mm,绿色,具白色或粉红色边缘;雄蕊8枚;柱头3裂。瘦果卵状三棱形,长2～3.5mm,褐色,具线纹状细点,微有光泽,稍伸出于宿存花被外。花、果期4—11月。$2n=20,40,60$,偶为$2n=22,30,50$。

见于江干区(彭埠)、拱墅区(半山)、萧山区(临浦)、西湖景区(梵村、三台山、桃源岭、云栖),生于路旁、草地、荒田杂草丛中及沙地上,喜湿润,常成片丛生。分布于全国各地;北温带地区也有。

全草入药;也可用作土农药。

图1-227　萹蓄

2. 习见蓼　（图 1-228）

Polygonum plebeium R. Br.

与萹蓄很相似，但叶片质地较厚，线状长圆形、倒卵状披针形或匙形。花梗极短；雄蕊 5 枚。瘦果卵状三棱形，长 1～1.5mm，黑色或褐色，表面平滑，无小点，有光泽，全部包藏于宿存花被内。花期 5—8 月，果期 6—9 月。$2n=20$。

见于西湖区（蒋村），生于向阳山坡、路旁及沙地河岸边。分布于全国各地（除新疆外）；印度、印度尼西亚、日本、哈萨克斯坦、缅甸、尼泊尔、菲律宾、俄罗斯、泰国、北非、大洋洲也有。

全草入药，用途同萹蓄。

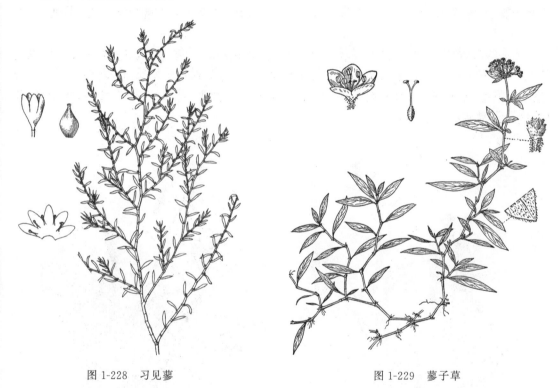

图 1-228　习见蓼　　　　　　　　　　　图 1-229　蓼子草

3. 蓼子草　（图 1-229）

Polygonum criopolitanum Hance

一年生细弱草本。茎基部匍匐，节上生不定根，分枝多，曲折上升，高 10～30cm，被长毛，上部并夹杂有腺毛。叶互生；叶片狭披针形，长 0.8～3.5cm，宽 0.3～0.9cm，先端渐尖，基部楔形，上面近无毛，下面脉上有长柔毛，有时杂有腺毛，并有白色小点，边缘具腺毛；托叶鞘膜质，筒状，长 4～5mm，被伏毛及长 1～2mm 的缘毛。花 10 多朵集成顶生、直径可达 2cm 的头状花序；花序梗长 1～3cm，与花梗均密生腺毛；苞片膜质，卵形，长约 3mm，有粗缘毛，内有 1 朵花；花梗长 3～6mm，伸出苞片外；花淡紫色，花被 5 深裂，长 3～4mm；雄蕊 5 枚，略伸出花被外；柱头 2 枚，内藏。瘦果双凸镜状，黑褐色。花、果期 10—11 月。

文献记载区内有分布，生于稻田边、溪边及较潮湿荒地草丛中。分布于安徽、福建、广东、广西、河南、湖北、湖南、江苏、江西、陕西。

4. 尼泊尔蓼 （图 1-230）

Polygonum nepalense Meisn. ——*Persicaria nepalensis*（Meisn.）Miyabe

一年生草本。茎多分枝,细弱上升,高 10～35(～60)cm,常为红色,节上有毛。叶互生;叶片卵形或三角状卵形,长 1.5～4.5cm,宽 1～3cm,先端渐尖或急尖,基部截形或圆形,沿叶柄下延成翅状或耳垂形抱茎,边缘微波状,上面无毛,下面常密生黄色腺点;上部叶近无柄;托叶鞘筒状,斜截形,长 0.5～1cm,淡褐色。头状花序顶生或腋生,下面具有叶状总苞,总苞基部及花序梗上均被腺毛;苞片卵状椭圆形,长 2～4mm,内有 1 朵花;花被淡紫色或白色,4 裂,长 2～3mm;雄蕊 5～6 枚,花药黑紫色;花柱细长,上部 2 裂,柱头头状。瘦果卵球形,双凸镜状,直径约为 2mm,顶端微尖,熟时有线纹及凹点,黑褐色,包藏在宿存花被内。花、果期 4—11 月。$2n=48$。

见于西湖(留下)、西湖景区(九溪、梅家坞、棋盘山),生于湿地、沟边、茶地及山顶路边草丛中,有时亦可生于潮湿岩石上。分布于全国各地(除新疆外);阿富汗、不丹、印度、印度尼西亚、日本、朝鲜半岛、马来西亚、尼泊尔、巴希亚新几内亚、巴基斯坦、菲律宾、俄罗斯、泰国、热带非洲也有。

全草入药。

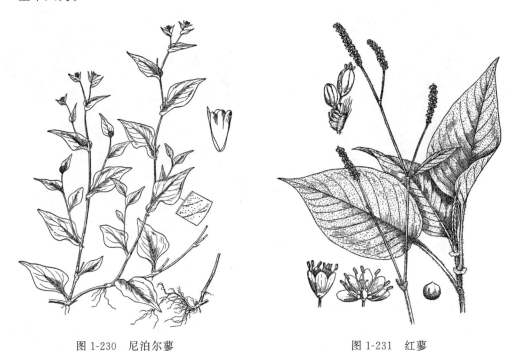

图 1-230　尼泊尔蓼　　　　　　　　　图 1-231　红蓼

5. 红蓼　荭草(图 1-231)

Polygonum orientale L. ——*Persicaria orientalis*（L.）Spach

一年生高大多毛草本。茎直立,高 1～2m,多分枝,密被长软毛。叶互生;叶片宽椭圆形,稀圆形或卵状披针形,长 7～20cm,宽 3～13cm,先端渐尖或长渐尖,基部圆形或浅心形,稀宽楔形,两面密被柔毛,尤以脉上为甚,侧脉明显;叶柄长 2～12cm,基部扩展;托叶鞘筒状,长 1～2cm,密被长柔毛,顶端常为绿色,呈叶状开展或干膜质裂片,具缘毛。穗状花序粗壮,呈圆柱形,长 2～8cm,直径为 1～1.3cm,稍下垂;苞片宽卵形,被毛及长缘毛,内有 2～6 朵花;花被红色,长约 3mm,5 深裂,裂片椭圆形;雄蕊 7 枚,略伸出花被外;花柱 2 枚,近中部合生。瘦果呈扁圆形,宽 2.5～3mm,黑褐色,有光泽,包藏于宿存花被内。花期 6—7 月,果期 7—9 月。$2n=22$。

见于西湖景区(桃源岭),生于村旁宅边、路边或荒田湿地上。分布于全国各地(除西藏外);孟加拉、不丹、印度、印度尼西亚、日本、朝鲜半岛、缅甸、菲律宾、斯里兰卡、泰国、越南、大洋洲、欧洲也有。

全草及果入药,有小毒;茎、叶又可用作土农药。

6. 蓼蓝 (图 1-232)

Polygonum tinctorium W. T. Aiton——*Persicaria tinctoria* (W. T. Aiton) H. Gross

一年生无毛草本。茎直立,高 50～80cm,单一或分枝。叶互生;叶片卵形或宽椭圆形,长 2～8cm,宽 2～5cm,先端圆钝,基部宽楔形或楔形,上面无毛或疏生短伏毛,下面沿叶脉被短毛,边缘有短缘毛,叶片干后呈暗蓝绿色;托叶鞘筒状,长 1～1.4cm,顶端截形,具 0.9～1cm 的长缘毛;叶柄长 0.5～1.5cm,基部扩大。穗状花序顶生或腋生,圆柱形,长达 5cm;苞片斜漏斗形,有长缘毛,内有花约 4 朵;花梗略伸出或不伸出;花被淡红色,5 深裂,裂片倒卵形;雄蕊 6～8 枚,较短于花被;花柱 3 枚,近基部合生。瘦果椭圆状三棱形,长约 2.5mm,褐色,有光泽,包藏于宿存花被内。花、果期 7—9 月。

见于西湖景区(九溪),生于溪边草丛中。分布于全国各地;印度也有。

叶入药;又可作靛蓝染料。8 月采集地上部分备用。

图 1-232 蓼蓝

7. 黏液蓼 黏蓼 (图 1-233)

Polygonum viscoferum Makino

一年生直立草本。茎高 60～80cm,主干明显,基部直径达 3～4mm,有时有分枝,被有斜上或贴伏的长粗毛,节间较短,节部略膨大,在上部节间及花序梗上能分泌黏液。叶互生;叶片披针形或狭披针形,长 3～10(～12)cm,宽 0.5～1.8cm,先端渐尖至长渐尖,基部圆形或近之,上面被长或短伏毛,下面有疏毛,但沿叶缘及中脉具短刚毛;托叶鞘膜质,圆筒形,长 0.6～1.5cm,密被长伏毛,顶端有长 0.5～1cm 的长缘毛。穗状花序瘦细,长 3～6cm,着花较密,下部间断,常在枝端分枝;苞片斜漏斗形,长 1.5～2mm,有长缘毛,内有花 2～5 朵;花梗有时稍伸出;花被淡红色或白色,5 深裂,裂片倒卵形或长圆形,长约 1.5mm;花柱 3 枚,下部合生。瘦果三棱形,长 1.5～1.8mm,黑褐色,有光泽。花、果期 8—10 月。$2n=24$。

　　见于西湖景区(白沙泉),生于山地向阳的荒田草丛中、山顶路边草丛中及沟底湿地。分布于安徽、福建、贵州、河北、河南、黑龙江、湖北、湖南、吉林、江苏、江西、辽宁、山东、四川、台湾、云南;日本、朝鲜半岛、俄罗斯也有。

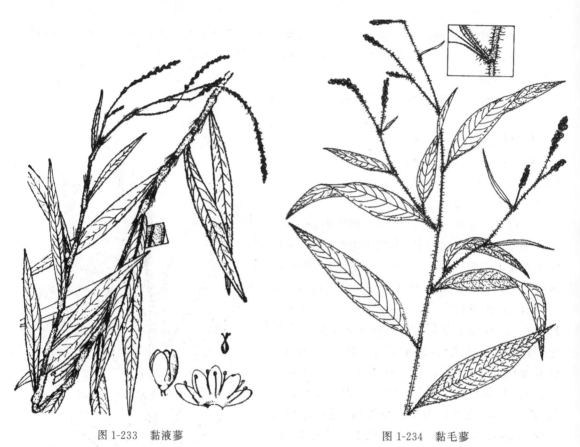

图 1-233　黏液蓼　　　　　　　　　　　图 1-234　黏毛蓼

8. **黏毛蓼**　香蓼　(图 1-234)

Polygonum viscosum Hamilt. ex D. Don

　　一年生有香气直立草本。茎、分枝、花序梗、叶及苞片均具开展长柔毛及有柄的腺毛。茎下部倾斜或匍匐,节上生不定根,上部分枝直立,高 20～80cm,密被开展长柔毛及腺毛,有黏性。叶互生;叶片卵状披针形或椭圆状披针形,稀长卵形,长 3～7cm,宽 1～2.8cm,先端急尖稍钝头,基部渐狭,下延成带翼的叶柄,两面除被毛外并有黑色斑,边缘具小缘毛;托叶鞘圆筒状,长 5～8mm,密被长毛,顶端截形,具较短缘毛。穗状花序密花,圆柱形,长 1～3cm;苞片绿色,宽卵形,长 3mm,有长毛,内有花 3 朵;花梗略伸出或不伸出;花被鲜红色,(4)5 深裂,裂片长圆形或倒卵形,长约 2.5mm,无腺点;雄蕊 8 枚;花柱 3 枚。瘦果卵状三角形或压扁,长 2.5～3mm,褐色,有光泽。花、果期 5—6 月。

　　见于拱墅区(半山)、萧山区(临浦)、西湖景区(桃源岭),生于荒地、田野路边、沟边、塘边及湿田中。分布于安徽、福建、广东、广西、贵州、河南、黑龙江、湖北、湖南、吉林、江苏、江西、辽宁、陕西、四川、台湾、云南;印度、日本、朝鲜半岛、尼泊尔、俄罗斯也有。

9. 酸模叶蓼　（图 1-235）

Polygonum lapathifolium L.——*Persicaria lapathifolia* (L.) Delarbre

一年生直立无毛草本。茎高 20～120cm，圆柱形，较粗壮，表面常有红紫色斑点，节部常膨大，稀不膨大，分枝或不分枝。叶互生；叶片披针形，长圆形或长圆状椭圆形，长 3～15(～20)cm，宽 0.5～4.5(～5)cm，并有暗色斑块，先端急尖或渐尖至尾尖，基部楔形或宽楔形，两面无毛或上面疏被短伏毛，下面有腺点，边缘及中脉常有贴伏硬糙毛，侧脉显著，7～30 对；叶柄长 0.2～1.5cm，被粗伏毛；托叶鞘膜质，筒状，长 0.7～2cm，被硬伏毛，顶端截形，通常无缘毛，偶有短缘毛。穗状花序密花，圆柱形，长 1.5～3(～10)cm，直立或点头，常分枝；花序梗常被腺点；苞片斜漏斗形，通常无缘毛，内有数花；花梗不伸出；花被粉红色或绿白色，通常 4 裂，长 2～2.5mm，外轮 2 片，具脉纹，有黄色腺点，果时各具 3 条凸起脉纹，脉纹顶端呈钩状；雄蕊 6 枚；花柱 2 枚，基部稍合生，上部向外弯曲。瘦果扁平，卵球形，长 2～3mm，黑褐色，有光泽，外包宿存花被。花、果期 4—11 月。$2n$ ＝22，偶为 $2n$＝24,44。

图 1-235　酸模叶蓼

区内常见，生于旷野荒田、路旁、水田中及沟旁，有时可生在沼泽及浅水中。分布于全国各地；孟加拉、印度、印度尼西亚、日本、哈萨克斯坦、朝鲜半岛、吉尔吉斯斯坦、蒙古、缅甸、尼泊尔、巴希亚新几内亚、巴基斯坦、菲律宾、塔吉克斯坦、泰国、土库曼斯坦、乌兹别克斯坦、越南、北非、大洋洲、欧洲、北美洲也有。

鲜茎、叶、果入药；也可用于制曲及用作土农药。

9a. 绵毛酸模叶蓼

var. salioifolium Sibth.

与原种的区别在于：本变种幼茎、花序梗及叶片下面被白色绵毛。$2n$＝22。

区内常见，生于水田、湿田或小河中。分布于全国各地（除西藏外）；印度、印度尼西亚、日本、缅甸、俄罗斯也有。

10. 水蓼　辣蓼　（图 1-236）

Polygonum hydropiper L.

一年生无毛草本。茎高 20～80cm，直立或下部伏卧，节上可生不定根，红紫色或红色，节间短，节部膨大，通常有分枝。叶互生；叶片有辛辣味，披针形或长圆状披针形，长 3～8(～12)cm，宽 1～2.5(～3)cm，先端渐尖或稍钝，基部楔形，两面密被腺点，无毛或沿中脉及叶缘上有小糙伏毛；叶柄长 3～6mm；托叶鞘膜质，筒状，长 0.5～1.5cm，顶端有长 2～5mm 的缘毛。穗状花序长 5～10cm，常下垂，花簇稍稀疏间断，基部常有 1～2 朵花包藏在托叶鞘内；苞片漏斗状，先端斜形，常具短缘毛,内含3~5朵花。花梗比苞片稍长;花白色,微带红晕,5深裂,裂片有明显腺点;雄蕊通常6枚,稀8枚;花柱2裂,稀3裂。瘦果卵球形,双凸镜状,稀三棱形,长2~3mm,暗褐色,有粗点,无光泽,外面包宿存花被。花、果期5—11月。$2n=20$,偶为$2n=18,22$。

　　区内常见,生于土壤较瘠薄的溪边、沟旁、沙滩旁及湿地中,常成丛生长。分布于全国各地;孟加拉、不丹、印度、印度尼西亚、日本、哈萨克斯坦、朝鲜半岛、吉尔吉斯斯坦、马来西亚、蒙古、缅甸、尼泊尔、斯里兰卡、泰国、乌兹别克斯坦、大洋洲、欧洲、北美洲也有。

　　全草入药。

图1-236　水蓼　　　　　　　　　　　图1-237　蚕茧蓼

11. 蚕茧蓼　蚕茧草　（图1-237）

Polygonum japonicum Meisn.

　　多年生草本。具有长的匍匐根状茎;地上茎高50~100cm,下部通常匍匐,节上生不定根,上部直立,节间短,节部常膨大,无毛,有时疏被伏毛,多分枝。叶互生;叶片较厚,披针形,长6~15cm,宽1~2.4cm,先端渐尖,基部楔形,两面密生糙伏毛及细小腺点,有时仅边缘及沿脉被伏刺毛;叶柄短或近无柄;托叶鞘筒状,长1~2.5cm,外面被糙伏硬毛,顶端有长缘毛,长3mm以上。穗状花序顶生,粗壮直立,常2~3条并出;苞片漏斗状,长约3mm,顶端有缘毛,内有花4~6朵;花梗长约4mm,伸出苞外,顶端具关节;花两型,雌雄异株;花被白色,偶带淡红色,5深裂,裂片长圆形,长2.5~4mm,无腺点或有极不明显腺点;雄蕊8枚;柱头2裂。瘦果卵球形,双凸镜状,长约2mm,黑色,有光泽,包藏在宿存花被内。花、果期8—11月。$2n=40,50$。

　　见于萧山区(城厢)、西湖景区(虎跑、九溪、茅家埠、栖霞岭、桃源岭、云栖等),生于塘边、沟旁、沼泽湿地或路旁草丛中。分布于安徽、福建、广东、广西、贵州、河南、湖北、湖南、江苏、江西、山东、陕西、四川、台湾、西藏、云南;日本、朝鲜半岛也有。

鲜茎、叶可用作土农药。

11a. 显花蓼　长花蓼

var. conspicuum Nakai——*P. conspicuum*（Nakai）Nakai——*P. macranthum* Meisn.

与原种的区别在于：本变种花较大，花被片长 5～6mm，有明显腺点，瘦果三棱形。

见于江干区（九堡）、萧山区（南阳）、西湖景区（虎跑、桃源岭），生于沼泽水沟边。分布于安徽、福建、江苏、台湾；日本、朝鲜半岛也有。

12. 春蓼　（图 1-238）

Polygonum persicaria L. ——*Persicaria maculosa* Gray

一年生草本。茎直立或下部倾斜，高 20～80cm，单一或分枝，通常被伏毛。叶互生；叶片披针形或线状披针形，长 3.5～8.5（～14）cm，宽 1～2（～2.5）cm，先端长渐尖，基部楔形，两面常被伏毛，沿边缘与主脉密生硬刺毛，上面中央有时有三角形墨斑，近无叶柄或下部有短柄，被硬毛；托叶鞘筒状，被伏毛，顶端截形，具细短缘毛，长 1～3mm。穗状花序密花，单一或分枝，圆柱形，长 1.5～8cm；花序梗有时具腺或伏毛；苞片斜漏斗形，有短缘毛，紫红色，内有 3～5 朵花；花被粉红色或白色，5 深裂，裂片卵形，长 2.5～3mm；雄蕊 7～8 枚，短于花被；花柱 2～3 枚。瘦果宽卵球形或近球形，两侧扁平或稍凸，稀三棱形，直径为 1.8～2.5mm，黑褐色，有光泽。花、果期 5—10 月。$2n=22,40,42$。

见于余杭区（长乐）、西湖景区（葛岭），生于沟边、林缘及路旁湿地上。分布于安徽、福建、甘肃、广西、贵州、河北、河南、黑龙江、湖北、湖南、吉林、江西、辽宁、内蒙古、宁夏、青海、山东、山西、陕西、四川、台湾、新疆；印度尼西亚、日本、朝鲜半岛、哈萨克斯坦、吉尔

图 1-238　春蓼

吉斯斯坦、塔吉克斯坦、土库曼斯坦、乌兹别克斯坦、非洲、欧洲、北美洲也有。

本种与酸模叶蓼很接近，但茎具伏毛，叶片较狭，常被伏毛，下面无腺点，叶柄极短，托叶鞘及苞片均有腺毛，花被常 5 裂。

13. 无辣蓼　伏毛蓼　（图 1-239）

Polygonum pubescens Blume——*P. hydropiper* L. var. *flaccidum*（Meisn.）Stew.——*P. hydropiper* L. var. *hispidum*（Hook. f.）Stew.

一年生有毛草本，全株无辛辣味。茎直立分枝，高 50～80cm，具伏毛，节部膨大，常呈红紫色。叶互生；叶片披针形或长圆状披针形，长 3～9（～12）cm，宽 1～2.5（～3.3）cm，先端急尖或渐尖，基部楔形，两面具短伏毛，下面中脉被较长毛，且有不明显的腺点，上面中央常有一"八"字形墨斑；叶柄长 4～6mm；托叶鞘膜质，筒状，长 6～13mm，顶端具长 3～8mm 的缘毛。穗状花序疏花，长 8～15cm，常下垂，苞片具短缘毛，内仅有 1 朵花；花梗稍伸出苞片外；花被红

色,下半部绿色,5 深裂,长 2～2.5mm,有腺点。瘦果卵状三棱形,长 2～3mm,黑褐色,有细点,无光泽。花、果期 7—11 月。

见于萧山区(南阳)、西湖景区(虎跑、桃源岭、万松岭),生于湿地、沟边或浅水中。分布于安徽、福建、甘肃、广东、广西、贵州、海南、河南、湖北、湖南、江苏、江西、辽宁、山东、陕西、四川、台湾、云南;不丹、印度、印度尼西亚、日本、朝鲜半岛也有。

本种与水蓼很相似,但后者茎无毛,叶片有辛辣味,花序基部常有 1～2 朵花包于托叶鞘内,每一苞内有 3～5 朵花,瘦果双凸镜状。

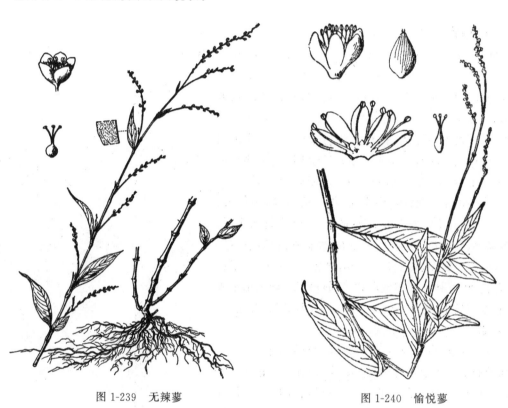

图 1-239　无辣蓼　　　　　　　　　　图 1-240　愉悦蓼

14. 愉悦蓼　(图 1-240)

Polygonum jucundum Meisn.

一年生柔弱草本。茎高 50～100cm,直立或基部倾卧,节上可生不定根,通常分枝,有时基部分枝呈丛生状,很少不分枝。叶互生;叶片椭圆状披针形,长 3～8cm,宽 1～2.5cm,先端渐尖,基部楔形,两面无毛或上面疏被伏毛,中脉及叶缘常生细伏毛;叶柄长 3～5mm;托叶鞘膜质,筒状,长 6～9mm,疏被伏毛,顶端具长缘毛。穗状花序顶生,长(1～)2～6cm,宽可达0.9cm;苞片斜漏斗状,顶端有缘毛,内有花 4～5 朵;花梗细长,远伸出苞片外;花被粉红色,5深裂,裂片长圆形,长 2.5～3.5mm,无腺点;雄蕊 8 枚;花柱 3 枚,中部以下合生。瘦果三棱形,长约 2mm,黑色,有光泽。花、果期 9—11 月。$2n=20$。

见于滨江区(浦沿)、西湖景区(九溪),生于河岸旁、沟边及湿地路边草丛中,常成片生长。分布于安徽、福建、甘肃、广东、广西、贵州、海南、河南、湖北、湖南、江苏、江西、陕西、四川、云南。

15. 马蓼 长鬃蓼 （图 1-241）

Polygonum longisetum Bruijn——*Persicaria longiseta* (Bruijn) Kitag.

一年生无毛草本。茎直立,高 20～60(～80) cm,有分枝,下部有时伏卧,节上生不定根,圆柱形,节部略膨大,通常带红紫色。叶互生;叶片披针形或长圆状披针形,长 3～5(～9)cm,宽 1～1.5(～2.5)cm,先端渐尖而稍钝,基部楔形,两面无毛,仅边缘及下面中脉伏生小糙毛;叶柄短或近无柄;托叶鞘膜质,筒状,长 5～10mm,疏被短伏毛,顶端具长缘毛。穗状花序较粗壮,长 3～5cm,顶生或腋生,花簇在下部稍间断;苞片斜漏斗状,无毛,边缘具长毛,内有3～6 朵花;花梗与苞近等长;花被粉红色、紫红色,偶有白色,5 深裂,裂片长圆形,长 2～3mm;雄蕊 8 枚;花柱 3 枚。瘦果三棱形,长 1.8～2mm,黑色,有光泽,包藏在宿存花被内。花、果期 5—10 月。$2n=40$。

区内常见,生于路边、湿地及山坡林缘。分布于安徽、福建、甘肃、广东、广西、贵州、河北、河南、黑龙江、湖北、湖南、吉林、江苏、江西、辽宁、山东、山西、陕西、四川、台湾、云南;印度、印度尼西亚、日本、朝鲜半岛、马来西亚、缅甸、尼泊尔、菲律宾、俄罗斯也有。

图 1-241　马蓼

15a. 圆基马蓼 圆基长鬃蓼

var. rotundatum A. J. Li

与原种的区别在于:本变种的叶片为线形或线状披针形,基部为圆形;花序较瘦细,有时花为绿白色。$2n=20$。

见于江干区(彭埠),生境同原种。分布于安徽、福建、甘肃、广东、广西、贵州、河北、河南、黑龙江、湖北、吉林、江苏、江西、辽宁、山东、山西、陕西、四川、西藏、云南;蒙古也有。

16. 丛枝蓼 （图 1-242）

Polygonum posumbu Bach.-Ham. ex D. Don

一年生草本。茎高 30～70cm,基部常伏卧,斜上升,下部分枝多,主干不很明显。叶互生;叶片质较薄,卵形或卵状披针形,长 2～8(～9.5)cm,宽 1～3cm,先端尾尖,基部楔形至圆形,两面均被伏毛,至少在上面或下面脉上有伏毛;叶柄长 3～6mm;托叶鞘筒状,长 3～8mm,顶端截形,常具较筒长的缘毛。穗状花序细弱,线形,单生或分枝,长 3～8cm,花簇常间断,下部尤甚,但在光线较充足处则花簇稍密,花序较粗;苞片漏斗状,顶端具长睫毛,内有 1～4 朵花;花梗略伸出苞外;花被蔷薇红色,5 深裂,裂片长 2～2.5mm,无腺;雄蕊 8 枚;花柱 3 枚。瘦果卵状三棱形,长约 2mm,黑色,有光泽,包藏于宿存花被内。花、果期8—11月。

见于西湖区(双浦)、萧山区(城厢)、西湖景区(虎跑、南高峰、韬光、云栖),生于较阴湿的林下草丛中及溪沟边,有时也可生在林缘路旁。分布于全国各地(除河北、内蒙古、宁夏、新疆外);印度、印度尼西亚、日本、朝鲜半岛、缅甸、尼泊尔、菲律宾、泰国也有。

图 1-242   丛枝蓼

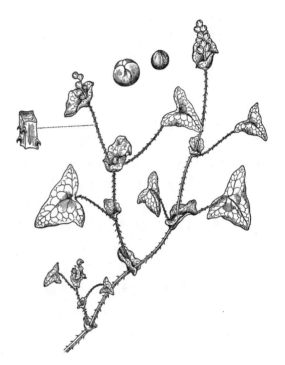

图 1-243   杠板归

17. 杠板归 (图 1-243)

Polygonum perfoliatum L. ——*Persicaria perfoliata*(L.)H. Gross

多年生无毛蔓性草本。茎、叶柄及叶片下面脉上常具倒生钩刺。茎细长,可达2m以上,常蔓延地面或攀援他物上,具4棱,棱上生倒钩刺,基部木质化。叶互生;叶片三角形,长2~6.5cm,宽2~8cm,先端急尖或钝圆,基部截形或微心形;叶柄长3~10cm,盾状着生;托叶鞘贯茎,绿色叶状,近圆形,直径达1~3cm。穗状花序短,长1~2cm,常包藏于托叶鞘内;苞片膜质,圆形或宽卵形,内有2~4朵花,花梗短;花被白色或粉红色,5深裂,裂片长圆形,长约2.5mm;雄蕊8枚;花柱2枚,中部以上合生。瘦果圆球形,直径为2~3mm,黑色,有光泽,外包肉质增大蓝黑色花被。花、果期6—11月。$2n=24$。

区内常见,生于田野路边、沟边、荒地及灌丛中。分布于全国各地(除宁夏、西藏、新疆外);孟加拉、不丹、印度、印度尼西亚、日本、朝鲜半岛、马来西亚、尼泊尔、巴希亚新几内亚、菲律宾、俄罗斯、泰国、越南也有。

全草入药。

18. 刺蓼 （图 1-244）

Polygonum senticosum (Meisn.) Franch. & Savat.

多年生蔓性草本。茎、枝、叶柄、叶片下面中脉及花序梗均有倒生小钩刺。茎细长,有分枝,长 1～2m,具 4 棱及小腺体,棱上并有倒生小钩刺。叶互生;叶片三角形或三角状戟形,长 3～6(～8)cm,宽 3～6(～7)cm,先端渐尖,基部戟形或近心形,两侧裂片短而宽,两面被柔毛,偶有糙毛,下部中脉及边缘具小刺;叶柄与叶等长或略短;托叶鞘下部筒状,上部扩大成肾圆形叶状翅,不贯茎,宽 4～8mm,被柔毛。头状花序顶生或腋生,直径为 0.6～1cm;花序梗密被有柄腺毛及细软毛,分枝长或短,有倒生小钩刺或腺毛;苞片卵形,通常被毛。花被粉红色,5 深裂,裂片卵圆形,长 3.5～4mm,先端钝圆;雄蕊 8 枚,与花被等长;花柱 3 枚,近中部合生。瘦果近圆球形,直径约为 3mm,黑褐色,有光泽,外包宿存干膜质花被。花期 7—9 月,果期 9—10 月。

见于西湖区(双浦)、萧山区(进化、楼塔)、西湖景区(梵村、云栖),生于沟边、路旁草丛及山谷灌丛中。分布于安徽、福建、广东、广西、贵州、河北、河南、黑龙江、湖北、湖南、吉林、江苏、江西、辽宁、山东、台湾、云南;日本、朝鲜半岛、俄罗斯也有。

全草入药。

图 1-244　刺蓼　　　　图 1-245　长戟叶蓼

19. 长戟叶蓼 （图 1-245）

Polygonum maackianum Regel

一年生蔓性草本。茎高 60～80cm,下部伏卧,节上生不定根,上部直立或斜生,多分枝,具 4 棱,有倒生小刺及密被星状毛。叶互生;叶片披针状戟形,3 浅裂,长 2.5～7cm,宽 2～4.3cm,先端渐尖而钝,基部戟形或箭形,中央裂片线状披针形,侧裂片三角形或披针形,外向平展,两面密被星状毛及疏生伏毛,边缘及下面脉上具刺毛;叶柄长 0.5～2.5cm,有星状毛及倒生短刺;托叶鞘下部膜质,筒状,长 4～5mm,上端有叶状翅,边缘呈牙齿状浅裂,每一裂片顶端具长 1～1.5mm 的一刚毛。花序头状;花序梗密被星状毛,夹杂有柄腺毛及刺毛;苞片卵状披针形,长约 3mm,密被糙毛,具缘毛,内有 1 至数花;花梗极短;花被粉红色,长约 4mm,具脉纹;花柱 3 裂。瘦果卵状三棱形,长约 3mm,栗褐色,有光泽。花、果期 9—10 月。

　　见于西湖景区(桃源岭),生于路边沟中、湿地及水边。分布于安徽、广东、河北、河南、黑龙江、湖北、吉林、江苏、江西、辽宁、内蒙古、陕西、四川、台湾、云南;日本、朝鲜半岛、俄罗斯也有。

20. 戟叶箭蓼　长箭叶蓼　(图 1-246)

Polygonum hastato-sagittatum Makino

一年生草本。茎高 35～90cm,下部伏卧,节上生不定根,上部直立,具纵棱,沿棱疏生不明显小钩刺或近光滑。叶互生;叶片变化较大,椭圆状长圆形、椭圆状卵形,有时为卵形或披针形,长 2～9cm,宽 1～4cm,先端急尖或短渐尖,基部截形、浅心形或箭形,极少圆形,有时具狭窄裂片,两面无毛,下面沿主脉常具小刺,边缘密生小刺毛或无毛,侧脉斜平展,可达 20 多对;叶柄长 0.5～2cm;托叶鞘膜质,筒状,长 0.5～2cm,顶端截形,有长 2～3mm 的细缘毛。穗状花序长圆形或球形,长 1～2cm,通常二歧分枝;花序梗至少花梗常密被有梗腺毛及细毛;苞片卵形,长 2.5～3.5mm,具短缘毛;花梗长 4～5mm,常伸出苞片外;花被粉红色,5 深裂,裂片卵形,长 3～4mm;雄蕊 5～8 枚,较花被短;花柱通常 3 枚,近基部合生。瘦果卵状三棱形,常压扁,长约 3mm。花、果期 8—10 月。$2n=20$。

图 1-246　戟叶箭蓼

　　见于拱墅区(半山)、余杭区(临平)、西湖景区(虎跑、黄龙洞、云栖),生于溪沟边、沼泽湿地或林下阴湿处。分布于安徽、福建、广东、广西、贵州、海南、河北、河南、黑龙江、湖北、湖南、吉林、江苏、江西、辽宁、台湾、西藏、云南;俄罗斯也有。

21. 小花蓼　小蓼花　(图 1-247)

Polygonum muricatum Meisn.

一年生草本。茎细弱,高可达 1m,下部常伏卧,节上生不定根,上部直立披散,多分枝,具纵细沟纹,无毛或棱上疏生小钩刺。叶互生;叶片卵状椭圆形或卵形,长 2～8cm,宽1.3～3.5cm,先端急尖或短渐尖,基部截形或浅心形,两面无毛,下面沿中脉具小刺,边缘密生小刺毛;叶柄上亦具小钩刺;托叶鞘膜质,筒状,长 1～3cm,顶端截形,有短细缘毛。花序圆锥状,分枝较多而开展;

花序梗密被腺毛和刚毛;苞片卵形,长约 2mm,被糙毛及短缘毛,内有花 1～2 朵;花梗不伸出;花被紫红色,5 深裂,裂片长圆形或倒卵形,长 2～2.5mm;花柱 2～3 枚,基部合生。瘦果卵状三棱形或稍压扁,长 2～2.5mm,栗褐色,有光泽。花、果期 8—10 月。

见于西湖区(转塘),生于水沟边、溪边及湿地上。分布于安徽、福建、广东、广西、贵州、河南、黑龙江、湖北、湖南、吉林、江苏、江西、辽宁、陕西、四川、云南;印度、日本、朝鲜半岛、尼泊尔、俄罗斯、泰国也有。

图 1-247 小花蓼

图 1-248 疏花蓼

22. 疏花蓼 疏蓼 (图 1-248)

Polygonum praetermissum Hook. f.

一年生蔓性草本。茎高 30～80cm,下部匍匐,节上生不定根,上部伸长,有分枝,具沟纹,疏被短伏毛及下向的刺。叶互生;叶片宽披针形或狭披针形,长 3～7cm,宽 0.5～1.6cm,先端渐尖而钝,基部耳状戟形或箭形,外侧有开展的、长 0.5～1.5cm 的 2 耳片,两面无毛,下面有小腺点及沿脉具疏刺,中脉在下面显著凸出;托叶鞘膜质,筒状,长 1～1.5cm,具脉纹,一方开裂,无缘毛。圆锥花序开展,有 2～3 分枝,每一分枝有 1～2 或 3～5 朵稀疏间断的花簇;花序梗具有柄腺毛;苞片斜漏斗状,长约 2mm,具脉纹及短缘毛,内有花 2～5 朵;花梗稍伸出,有腺毛;花被粉红色或白色,长 2.5～3mm,4 深裂,裂片长圆形;雄蕊 5 枚;花柱 2～3 枚,中部以下合生。瘦果近椭圆球形,具不明显 3 棱,或扁圆形,长 2.5mm,浅褐色,无光泽。花、果期 5—6 月。

见于拱墅区(半山)、萧山区(城厢),生于塘边、田边及浅水中。分布于安徽、福建、广东、广西、贵州、湖北、江苏、江西、台湾、西藏、云南;不丹、印度、日本、朝鲜半岛、尼泊尔、菲律宾、斯里兰卡、大洋洲也有。

23. 箭头蓼　箭叶蓼　（图 1-249）

Polygonum sagittatum L.——*Persicaria sagittata*（L.）H. Gross——*Polygonum sieboldii* Meisn.

一年生蔓性草本。全株无毛,具倒生钩刺。茎细长,长可达 1m,常有分枝,具 4 棱,棱上密具倒生钩刺。叶片长卵状披针形,长 2.5～8cm,宽 1～2cm,先端急尖或稍钝,基部深心形或箭形,两侧裂片卵状三角形,两面无毛,下面稍带粉白色,沿中脉具倒钩刺;叶柄短,下部的长可达 1.5cm,具 1～2 列或 3～4 列倒生钩刺,上部的近无柄;托叶鞘干膜质,长 0.5～1.2cm,顶端渐尖,2 裂,无缘毛。头状花序顶生,直径为 0.6～0.8(～1)cm,常二歧分枝;花序梗平滑无毛;苞片长卵形,长约 2.5mm,急尖;花梗极短,不伸出苞片外;花被白色或粉红色,5 深裂,裂片长圆形,长约 2.5mm;雄蕊 8 枚,比花被短;花柱 3 枚,基部合生。瘦果球状三棱形,直径为 2～2.5mm,黑褐色,稍有光泽,包藏在宿存花被内。花、果期 6—11 月。

见于西湖区(蒋村),生于路边湿地、河岸旁及水沟边。分布于安徽、福建、甘肃、河北、河南、黑龙江、湖北、湖南、吉林、江苏、江西、辽宁、内蒙古、山东、山西、陕西、四川、台湾、云南;印度、日本、朝鲜半岛、蒙古、俄罗斯、北美洲也有。

全草入药。

图 1-249　箭头蓼

图 1-250　戟叶蓼

24. 戟叶蓼　（图 1-250）

Polygonum thunbergii Siebold & Zucc.

一年生蔓性草本。茎高 30～80cm,基部匍匐,上部直立或上升,具 4 棱,沿棱被倒生小钩刺,无毛。叶互生;叶片三角状戟形,常 3 浅裂,长 3～7.5cm,宽 2.7～6cm,先端渐尖,基部截形或戟形,中央裂片卵形,两侧具宽而短的裂片,但有时也成较长的三角形或狭卵形裂片,凹口呈圆形,两面密生糙毛,且上面有"八"字形墨斑,托叶鞘膜质,斜圆筒形,长 5～8mm,顶端有短缘毛,有时常有 1 圈向外反卷的绿色叶状边缘。花 10 多朵簇生成头状,直径为 5～8mm,再集成聚伞状;花序梗长 0.6～2cm,被刺毛或散生有腺毛;苞片被刺毛;花梗极短;花蕾尖头,花被白色或淡红色,5 深裂,长约 5mm;雄蕊 8 枚;花柱 3 裂。瘦果卵状三棱形,长 3～4mm,黄褐色。花、果期 8—10 月。$2n=40$。

　　见于余杭区(鸬鸟)、西湖景区(飞来峰、虎跑、九溪、龙井、桃源岭、云栖等),生于溪沟边、山腰沟谷地带及低湿地草丛中。分布于安徽、福建、甘肃、广东、广西、贵州、河北、河南、黑龙江、湖北、湖南、吉林、江西、辽宁、内蒙古、山东、山西、陕西、四川、台湾、云南;日本、朝鲜半岛、俄罗斯也有。

5. 何首乌属　Fallopia Adans.

　　一年生或多年生草本,稀半灌木。茎缠绕。叶互生,卵形或心形,具柄;托叶鞘筒状,顶端截形或偏斜。花序总状或圆锥状,顶生或腋生;花两性;花被 5 深裂,外面 3 片具翅或龙骨状凸起,果时增大,稀无翅、无龙骨状凸起;雄蕊通常 8 枚,花丝丝状,花药卵球形;子房卵球形,具 3 棱,花柱 3 裂,较短,柱头头状。瘦果卵球形,具 3 棱,包于宿存花被内。

　　约 9 种,广布于北温带地区;我国有 8 种;浙江有 2 种;杭州有 1 种。

　　最新的分子系统学研究(Burke, et al, 2010)表明本属与南半球出产的千叶兰属 *Muehlenbeckia* Meisn. 近缘,但两属均不是自然的分类群,需要加以修订。

何首乌　(图 1-251)

Fallopia multiflora（Thunb.）Harald. —— *Polygonum multiforum* Thunb.

　　多年生缠绕草本,全株无毛。有肥大不整齐纺锤状块根,表面黑褐色,内部紫红色。茎细长,具沟纹,中空,基部木质化,上部多分枝。叶互生;叶片狭卵形至心形,长 3～7(～10)cm,宽 2～5.5(～7)cm,先端急尖或长渐尖,基部心形,边缘略呈波状;叶柄长 1～3cm;托叶鞘干膜质,筒状,长 5～6mm,无缘毛,褐色。圆锥花序大而开展,顶生或腋生;苞片卵状披针形,长约 2mm,内有2～4 朵花;花梗细,长 2～4mm,下部有关节;花被白色,5 深裂,裂片大小不等,长约 1.5mm,果时增大至 5～6mm,外面 3 片背部具翼,下延至果梗;雄蕊 8 枚,短于花被;柱头 3 枚,极短。瘦果三棱形,长约 3mm,黑色,有光泽,藏于翼状的花被内。花期 8—10 月,果期 10—11 月。$2n=22,44$。

图 1-251　何首乌

　　区内常见,生于山野石隙、灌丛中及断墙残垣之间,常缠绕于墙上、岩石上及树木上。分布于安徽、福建、甘肃、广东、广西、贵州、海南、河南、湖北、湖南、吉林、江苏、江西、辽宁、青海、山东、陕西、四川、台湾、云南;日本也有。

　　块根、茎可入药。

6. 虎杖属　Reynoutria Houtt.

　　多年生草本。根状茎横走;地上茎直立,中空。叶互生,卵形或卵状椭圆形,全缘,具柄;托叶鞘膜质,偏斜,早落。花序圆锥状,腋生;花单性,雌雄异株;花被 5 深裂;雄蕊 6～8 枚;花柱 3 枚,柱头流苏状;雌花花被片外面 3 片果时增大,背部具翅。瘦果卵球形,具 3 棱。染色体数目多为 $2n=44$,亦有报道为 $2n=66,88$,偶有报道为 $2n=40,110,132$。

　　2 种,分布于亚洲;我国有 1 种;浙江及杭州也有。

　　有些学者将本属并入何首乌属 *Fallopia* Adans. 。

虎杖　(图 1-252)

Reynoutria japonica Houtt. ——*Fallopia japonica*（Houtt.）Ronse Decr. ——*Polygonum cuspidata* Siebold & Zucc.

　　多年生无毛草本或呈半灌木状。地下有横走木质的根状茎;地上茎丛生,粗壮直立,高可达 2m,圆柱形,表面有沟纹,常散生红色或带紫色的斑点,节间中空。叶互生;叶片宽卵形或近圆形,长 4～11cm,宽 3～8cm,先端短突尖,基部圆形,截形或宽楔形,全缘,下面有褐色腺点;叶柄长 1～2cm;托叶鞘膜质,圆筒形,长约 5mm,褐色,易破裂脱落。花排列成开展的圆锥花序,长 3～7cm;苞片漏斗状,长约 1mm,每一苞内含 1～3 朵花。花单性,雌雄异株;花梗细长,长 2～9mm,中部以下有关节;花被白色或淡绿白色,长约 2mm,5 深裂,裂片卵圆形,外轮 3 片,在果时扩大成长 6～10mm 的翼,并常下延成翼柄;雄花有雄蕊 8 枚,伸出花被外;雌花花柱 3 枚,鸡冠状。瘦果卵状三棱形,长约 4mm,黑褐色,有光泽,全部包藏于翼状扩大的花被内。花期 7—9 月,果期 9—10 月。$2n=44,88$,偶为 $2n=66,110$。

　　区内常见,生于山谷溪边、河岸、沟旁及路边草丛中。分布于安徽、福建、甘肃、广东、广西、贵州、海南、河南、湖北、湖南、江苏、江西、山东、陕西、四川、台湾、云南;日本、朝鲜半岛、俄罗斯也有,世界各地广泛栽培,并在一些地区成为杂草。

　　根状茎入药;全草可作土农药;嫩茎及叶可以食用。

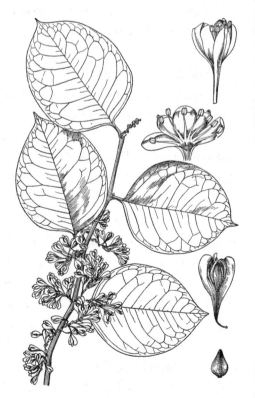

图 1-252　虎杖

18. 藜科　Chenopodiaceae

　　草本或灌木,稀为小乔木。单叶互生,稀对生,扁平、圆柱状或半圆柱状,稀退化为鳞片状,常呈肉质;无托叶。花小,两性、单性或杂性;单生或聚伞花序再聚集成穗状花序、圆锥状花序;通常有小苞片;单被花,花被片常 5 枚,分离或基部联合,草质或膜质,果时常增大或具附属物,极少无花被;雄蕊与花被片同数且对生,稀较少,花丝钻形或线形,花药 2 室;雌蕊由 2(3～5)枚心皮组成,子房上位,1 室,1 枚胚珠,花柱顶生,柱头常 2 枚。胞果,通常包于宿存花被内,果皮膜质或革质;种子 1 枚。

　　约 130 属,1500 多种,遍布全世界,大多生于荒漠、盐碱地及海岸沙滩上;我国有 43 属,194 种,主要分布于西北、东北、内蒙古及滨海地区;浙江有 8 属,18 种,1 亚种,2 变种,1 变型;杭州有 5 属,8 种,1 变种。

　　本科一些种类具有重要的经济价值,有的是重要蔬菜,有的是重要制糖原料,有的可入药,亦多为耐盐植物,是组成海滨或内陆盐碱地植被的主要成分。

分 属 检 索 表

1. 花单性,雌雄异株 ·· 1. 菠菜属　*Spinacia*
1. 花两性,有时杂性。
　2. 胚环形或半环形;叶片宽而扁平。
　　3. 子房与花被下部合生,合生部分果时增厚并硬化;叶大型,基生叶长达 30cm　··· 2. 甜菜属　*Beta*
　　3. 子房与花被离生,果时不增厚,不硬化;叶较小,一般长在 8cm 以下。
　　　4. 植物体通常无柔毛,常被粉粒,如具腺毛则植株有强烈气味;叶有明显叶柄;花被果时无翅状附属物 ··· 3. 藜属　*Chenopodium*
　　　4. 植物体有柔毛;叶无柄;花被果时生有翅状附属物 ·················· 4. 地肤属　*Kochia*
　2. 胚螺旋状;叶片圆柱状或半圆柱状 ··································· 5. 碱蓬属　*Suaeda*

1. 菠菜属　Spinacia L.

　　一年生草本。叶互生,有柄,叶片三角状卵形或戟形,全缘或具缺刻。花单性,雌雄异株;团伞花序;雄花通常再排列成顶生有间断的穗状圆锥花序,花被片 4～5 枚,雄蕊与花被片同数,着生于花被片基部,花丝毛发状,花药外伸;雌花簇生于叶腋,无花被,子房着生于 2 枚合生的小苞片内,苞片在果时草质或硬化;子房近球形,柱头 4～5 枚,丝状。胞果扁,圆形,果皮膜质,与种皮贴生。

　　3 种,分布于亚洲西南部;我国引种栽培 1 种;浙江及杭州广泛栽培。

菠菜　(图 1-253)

Spinacia oleracea L.

　　一年生草本,光滑无毛,高 40～80cm。根圆锥状,带红色,少为白色。茎直立,中空,脆弱多汁,不分枝或稍分枝。叶在苗期基生,质柔嫩;茎生叶互生,具长柄;叶片戟形或三角状卵形,鲜绿色,先端长渐尖或钝,基部戟形或箭形,全缘或有少数牙齿状裂片,茎生叶逐渐变小至披针形。雄花集成团伞花序,并于茎上部再排成穗状圆锥花序,花被片 4 枚,黄绿色,雄蕊 4 枚;雌花数朵簇生于叶腋,无花被;小苞片合生,顶端具 2 枚小齿,背面通常各具 1 枚棘刺状附属物;子房球形,柱头 4 枚,外伸。胞果卵球形或近球形,直径约为 3mm,两侧扁,包于增大并硬化的小苞片内。花期 4—6月,果期 7 月。$2n=12$。

图 1-253　菠菜

区内广泛栽培。原产于伊朗;全国普遍栽培。

为常见蔬菜之一,富含维生素及磷、铁;果实及全草可入药,有滋阴平肝、止渴润肠之功效。

2. 甜菜属　Beta L.

一年生、越年生或多年生草本,光滑无毛。根常肥厚多汁。茎直立或略平卧,具棱。叶宽大,基生叶丛生,茎生叶互生,有长柄,近全缘。花两性,单生或 2～3 朵簇生于叶腋,或排列成顶生的穗状或圆锥状花序;无小苞片;花被片 5 枚,基部联合,背面具隆脊,果时花被基部变硬,与果实相结合;雄蕊 5 枚,周位,花丝钻形,花药长圆球形;子房半下位,扁球形,1 室,胚珠 1枚,柱头 2～3 枚。胞果的下部与花被的基部合生,上部肥厚多汁或硬化;种子横生,圆形或肾形,外种皮革质,有光泽;胚环形或近环形,胚乳丰富。

约 10 种,分布于亚洲、欧洲及非洲北部;我国有 1 种,4 变种,均为栽培;浙江有 1 种,1 变种;杭州有 1 变种。

厚皮菜　牛皮菜

Beta vulgaris L. var. cicla L.

越年生草本,高达 1m 以上。根倒圆锥状或纺锤状,有分枝。茎直立,有分枝,具棱。基生叶大,叶片长圆形或卵圆形,长 20～30cm,宽 15cm,先端钝,全缘或波状弯曲,上面叶脉粗壮而隆起,通常略呈紫红色,具长叶柄;茎生叶大而绿色,叶片卵形或长圆状披针形。花 2～3 朵集成球形的腋生花簇,于枝上部再排列成穗状或圆锥状花序;花被片果时变硬并内曲,基部与子房合生;雄蕊 5 枚,生于肥厚多汁的花盘上;柱头 3 枚。胞果 2～3 个基部结合;种子双凸镜状,直径为 2～3mm,红褐色,有光泽;胚环形。花期 5～6 月,果期 7 月。$2n=18$。

区内有栽培。原产于欧洲;全国各地均有栽培。

在公园花坛及路边栽种,供观赏用。

3. 藜属　Chenopodium L.

一年生或多年生草本,有时基部木质化。全株被粉粒或腺状毛,稀无毛,有的具浓烈气味。

叶互生,有柄;叶片通常扁平,长圆形、卵形、三角形或戟形,全缘或具不整齐锯齿至浅裂。花小,两性或兼有雌性;无苞片和小苞片;通常数花聚集成团伞花序(花簇),再排列成腋生或顶生的穗状、圆锥状或聚伞状花序;花被(3、4)5裂,果时无变化或稍有增大;雄蕊5枚,稀较少,与花被片对生;子房球形或卵球形,略扁,柱头2(3～5)枚,丝状或毛发状,花柱不明显。胞果卵球形、双凸镜状或扁球形,包于宿存花被内或外露,果皮薄膜质,不开裂;种子横生,稀斜生或直立,外种皮脆硬或革质,有光泽。

约250种,广布于世界温带地区;我国有20种,2亚种,全国广布;浙江有7种,1亚种,1变种;杭州有4种。

分 种 检 索 表

1. 全株有腺毛;叶下面具黄褐色腺点;全株有浓烈气味 ···························· 1. **土荆芥** *C. ambrosioides*
1. 全株无腺毛而有粉粒;叶下面无腺点;植株无明显气味。
  2. 茎通常由基部分枝,平卧或斜上;叶片小而肥厚;花被片3～4枚 ············· 2. **灰绿藜** *C. glaucum*
  2. 茎直立;叶较大,非肉质;花被片5枚。
    3. 植株高20～50cm;中下部叶片卵状长圆形,3浅裂,中裂片较长,两侧的边缘近平行,具深波状锯齿;种子表面具蜂窝状网纹 ············· 3. **小藜** *C. ficifolium*
    3. 植株高50～150cm;中下部叶片菱状卵形或卵状三角形,不为3裂,边缘通常有不规则粗锯齿;种子表面具浅沟纹 ·················· 4. **藜** *C. album*

1. **土荆芥** 白马兰 (图1-254)

Chenopodium ambrosioides L.

一年生草本,高50～100cm,全株有浓烈气味。茎直立,多分枝,有棱,被腺毛或近无毛。叶片长圆状披针形至披针形,长3～15cm,宽1～5cm,先端急尖或渐尖,基部渐狭具短柄,边缘具不整齐的大锯齿,上部叶较狭小而近全缘,上面光滑无毛,下面散生黄褐色腺点,沿脉疏生柔毛。花两性及雌性,通常3～5朵簇生于苞腋,再组成穗状花序;花被片(3)5枚,卵形,绿色;雄蕊5枚;子房表面具黄色腺点,柱头3枚,丝状,伸出花被外。胞果扁球形,包于宿存花被内;种子红褐色,有光泽,直径约为0.7mm。花、果期6—10月。2n=32。

见于江干区(彭埠)、西湖景区(桃源岭)。分布于福建、广东、海南、河北、湖南、江苏、江西、台湾、四川,北方各地常有栽培;世界热带及温带地区也有。

全草入药,有祛风、除湿、驱虫之功效;果实含土荆芥油,其中驱蛔素为驱虫有效成分。

图1-254 土荆芥

2. 灰绿藜 （图 1-255）

Chenopodium glaucum L.

一年生草本,高 10～40cm。茎通常由基部分枝,平卧或斜上,具棱和紫红色或绿色条纹。叶片长圆状卵形至卵形披针形,长 2～4cm,宽 0.5～2cm,肥厚,先端急尖或钝,基部渐狭,边缘具缺刻状牙齿,上面绿色,中脉明显,黄绿色,下面密被粉粒而呈灰白色;叶柄长 5～10mm。花两性及雌性,花簇腋生,呈短穗状,或为顶生有间断的穗状花序;花被片 3 或 4,稍肥厚,无粉粒,浅绿色;雄蕊 1～2 枚,有时 3～4 枚,花药球形;柱头 2 枚。胞果顶端露出花被外;种子扁球形,暗褐色或红褐色,表面具细点纹。花、果期 6—10 月。

见于江干区(彭埠),生于田野及村旁。分布于东北、华北、西北、华中及江苏、山东、四川、西藏;温带地区也有。

茎、叶可提取皂素;又可作牲畜饲料。

图 1-255　灰绿藜

图 1-256　小藜

3. 小藜 （图 1-256）

Chenopodium ficifolium Smith

一年生草本,高 20～50cm。茎直立,幼时具白色粉粒。叶片较薄,卵状长圆形,长 1.5～5cm,宽 0.5～3cm;下部叶片通常明显 3 浅裂,中裂片较长,两侧边缘近平行,先端钝或急尖,边缘具深波状锯齿,侧裂片位于中部以下,通常各具 2 浅裂齿;上部叶片渐小,侧裂片不明显或仅具浅齿或近全缘;两面疏生粉粒;叶柄纤细,长 1～3cm。花两性;花簇排列为穗状或圆锥状花序,顶生或腋生;花被片 5 枚,宽卵形,浅绿色,密被粉粒;雄蕊 5 枚;柱头 2 枚,线形。胞果包于花被内,果皮与种皮贴生;种子双凸镜状,直径为 1mm,黑色,有光泽,表面具蜂窝状网纹。花期 6—8 月,果期 8—9 月。$2n=18,36$。

　　见于西湖景区(桃源岭),生于路边。除西藏外,全国各地均有分布;欧洲、日本等也有。

　　嫩茎、叶可作饲料;全草可入药,有除湿、解毒之功效,主治疮疡肿毒及皮炎瘙痒等症。

　　4. 藜　灰菜　灰藋　灰苋菜　（图 1-257）

Chenopodium album L.

　　一年生草本,高 0.5～1.5m。茎直立,粗壮,多分枝。叶片三角状卵形或菱状卵形,上部的叶常呈披针形,长 3～7cm,宽 1.5～5cm,先端急尖或微钝,基部楔形至宽楔形,边缘具不整齐锯齿或全缘,两面被白色粉粒,尤以下面和幼时为多;叶柄与叶片等长或较短。花两性,黄绿色;花簇排列成密集或间断而松散的圆锥花序;花被片 5 枚,宽卵形至椭圆形,背面具绿色纵脊,有粉粒;雄蕊 5 枚,伸出花被外;柱头 2 枚,线形。胞果全部包于宿存花被内;种子双凸镜状,直径为 1～1.5mm,黑色,有光泽,表面具浅沟纹。花期 6—9 月,果期 8—10 月。$2n=18,36,54$。

　　区内常见,生于荒地、田间及路边,分散或成片生长。全国各地均有分布;世界广布。

　　嫩茎、叶可作饲料,也可作蔬菜;全草可入药,有止泻、杀虫、止痒的功效;有毒,人大量进食或长期服用后,在强烈阳光照射下,易患日光性皮炎。

图 1-257　藜

4. 地肤属　Kochia Roth.

　　一年生草本,稀为半灌木,具柔毛或绵毛,很少无毛。茎直立或斜生,通常多分枝。叶互生,无柄或几无柄,叶片线形、长圆形或披针形。花小,两性,有时兼有雌性,无梗,单生或 2～3 朵簇生于叶腋,无小苞片;花被近球形,通常有毛,花被片 5 枚,内曲,基部联合,果时背面各具一膜质横翅状附属物;雄蕊 5 枚,着生于花被基部,花丝扁平,花药外伸;子房宽卵球形,花柱纤细,柱头 2～3 枚,丝状。胞果扁球形,包于革质花被内,果皮膜质,不与种子贴生;种子横生,扁圆形。

　　约 35 种,分布于非洲、欧洲中部、亚洲温带、美洲北部和西部;我国有 7 种,3 变种,1 变型,主产于北部各地;浙江有 1 种,1 变型;杭州有 1 种。

地肤 （图 1-258）

Kochia scoparia （L.）Schrad. ——*Chenopodium scoparia* L.

一年生草本,高 50～100cm。茎直立,圆柱状,具细纵棱,分枝较稀疏,斜上,幼时有短柔毛。叶片披针形或线状披针形,长 3～7cm,宽 3～10mm,先端短渐尖,基部渐狭,常具 3 条明显的主脉,边缘疏生锈色绢毛;茎上部叶较小,无柄,具 1 条脉。花两性或雌性,1～3 朵生于叶腋,排成穗状圆锥花序;花被片近三角形,淡绿色,果时具膜质、三角形至倒卵形的翅状附属物;雄蕊 5 枚,花丝丝状,花药淡黄色;柱头 2 枚,紫褐色,花柱极短。胞果扁球形,包于花被内;种子卵球形,长约 2mm,黑褐色,稍有光泽。花期 7—9 月,果期 8—10 月。2n＝18,19。

图 1-258　地肤

见于江干区(彭埠)、西湖景区(玉皇山),生于宅旁、荒野及路边草丛中。全国广布;亚洲和欧洲也有。

果实称"地肤子",为常用中药,主治尿痛、尿急及荨麻疹等,外用治皮癣及阴囊湿疹;嫩茎、叶可作蔬菜;种子含油量约为 15%,供食用和工业用。

5. 碱蓬属　Suaeda Forsk.

草本、半灌木或灌木。茎直立、斜生或平卧,通常无毛,少有粉。叶互生,肉质,叶片半圆柱形,稀略扁平或棍棒状,通常无柄。花小,两性,有时兼有雌性;单生或 2 至数朵集成团伞花序(花簇),生于叶腋或腋生短枝上,有时短枝的基部与叶的基部合并,外观似着生在叶柄上;具苞片和小苞片;花被近球形或坛状,5 裂,稀肉质或草质,裂片内面凹或呈兜状,果时常增厚成肉质或海绵质,具翅状、角状或龙骨状凸起,较少无显著变化;雄蕊 5 枚,花丝短,扁平;子房卵球形或球形,柱头 2～3(4～5)枚,外弯。胞果包于花被内,果皮膜质,与种皮分离;种子横生或直立,种皮薄壳质或膜质,胚为平面盘旋状,通常绿色,胚乳无或很少。

100 多种,分布于世界各地;我国有 20 种,1 变种,主产于新疆及北方各地;浙江有 4 种;杭州有 2 种。

1. 南方碱蓬　（图 1-259）

Suaeda australis （Bunge）Bunge.

小灌木,高 15～50cm。茎基部多分枝,斜生或直立,下部常生有不定根,灰褐色至淡黄色,通常由明显的残留叶痕。叶片线形至线状长圆形,半圆柱状,稍弯,肉质,长 1～3cm,宽 2～3mm,先端急尖或钝,基部渐狭,具关节,粉绿色或稍紫红色;枝上部的叶(苞)较短,狭卵形至长椭圆形。团伞花序具1～5朵花,腋生;花两性;花被顶基部略扁,稍肉质,绿色或带紫红色,5深裂,裂片卵状矩圆形,无脉,边缘近膜质,果时增厚,不具附属物;花药宽卵球形,长约0.5mm,柱头2枚,近锥形,直立。胞果扁球形,果皮膜质,易与种子分离;种子双凸镜状,直径约为1mm,黑褐色,有光泽,表面有微点纹。花、果期7—11月。

见于余杭区(乔司),生于盐田堤埂等地。分布于福建、广东、广西、海南、江苏、台湾;澳大利亚、日本也有。

图 1-259 南方碱蓬

图 1-260 盐地碱蓬

2. 盐地碱蓬 (图 1-260)

Suaeda salsa(L.)Pall.

一年生草本,高20～80cm,绿色,晚秋变紫红色。茎直立,圆柱状,黄褐色,微有棱,无毛;分枝多集中于茎的上部,细瘦,散开或斜生。叶线形,半圆柱状,通常长1～3cm,宽1～2mm,先端尖或微钝,无柄,枝上部的叶较短。团伞花序通常含3～5朵花,腋生,在分枝上排列成有间断的穗状花序;花被5深裂,半球形,底面平,裂片卵形,稍肉质,果时背部稍增厚,基部延伸出三角状或狭翅状凸起;雄蕊5枚,花药卵球形或椭圆球形,柱头2枚,黑褐色,有乳头状凸起。胞果包于花被内,成熟后通常破裂而露出种子;种子双凸镜形或歪卵形,直径为0.8～1.5mm,

黑色,有光泽,表面具不清楚的网点纹。花、果期 8—10 月。$2n=18,36$。

　　见于余杭区(乔司),生于海滨盐碱土上。分布于东北、华北、西北及山东、江苏、福建;欧洲及亚洲一些地区也有。

　　与上种的区别在于:本种为一年生草本,叶基部无关节。

19. 苋科　Amaranthaceae

　　一年生或多年生草本,少为攀援藤本或灌木。单叶,互生或对生;无托叶。花小,两性、单性或杂性;单生或簇生于叶腋内,排列成疏散或密集的穗状花序、头状花序或圆锥花序;苞片和小苞片干膜质;花被片 3～5 枚,干膜质,常宿存;雄蕊常与花被片同数且对生,偶较少,花丝分离或基部合生成杯状,花药 1 或 2 室;有或无退化雄蕊;心皮 2～3 枚,合生,子房上位,1 室,基生胎座,胚珠 1 至多枚,花柱短或长,柱头头状或 2～3 裂。果为胞果,果皮薄膜质,通常盖裂(环状横裂)或不开裂,稀为浆果状或小坚果;种子扁球形或近肾形,光滑或有小疣点。

　　约 60 属,850 种,广布于热带和温带地区;我国有 13 属,约 40 种,南北均产;浙江有 6 属,21 种,2 变种,2 变型;杭州有 5 属,15 种,1 变种。

　　本科植物不少种类可供药用,有些可作蔬菜,有些可供观赏。

分属检索表

1. 叶互生;胞果盖裂、不规则开裂或不裂。
　2. 子房含 2 至多数胚珠;花丝下部联合成杯状;花柱细长,柱头 1 枚,头状 ……………… 1. **青葙属** *Celosia*
　2. 子房含 1 枚胚珠;花丝离生;花柱极短,柱头 2～4 枚,钻状或线形 ……………… 2. **苋属** *Amaranthus*
1. 叶对生;胞果不开裂。
　3. 茎通常圆柱形,节不膨大;花组成有或无花序梗的头状花序;花在花后不反折。
　　4. 头状花序腋生,白色,花序下无叶状总苞片;花丝仅基部联合 ………… 3. **莲子草属** *Alternanthera*
　　4. 头状花序顶生,常为紫红色、淡紫色或白色,花序下有叶状总苞片 2 枚;花丝联合成长管状 ………
　　　……………………………………………………………………… 4. **千日红属** *Gomphrena*
　3. 茎四棱形,节膨大;花组成细长的穗状花序;花开放后反折并贴近花序轴 …… 5. **牛膝属** *Achyranthes*

1. 青葙属　Celosia L.

　　一年生草本。叶互生。花两性;组成顶生或腋生的密穗状花序或再排成圆锥状,花序梗有时扁化;每枚花有 1 枚苞片和 2 枚小苞片,具色彩,干膜质;花被片 5 枚,具色彩,干膜质,光亮,宿存;雄蕊 5 枚,花丝下部合生成杯状,花药 2 室;无退化雄蕊;子房卵球形或近球形,胚珠 2 至多枚,花柱 1 枚,细长。胞果盖裂;种子黑色,有光泽。

　　约 60 种,分布于亚洲、非洲和美洲的热带和温带地区;我国有 3 种;浙江有 2 种;杭州有 2 种。

1. 青葙 野鸡冠花 （图 1-261）

Celosia argentea L.

高 30～100cm，全株无毛。茎直立，有或无分枝。叶片披针形至长圆状披针形，长 5～8cm，宽 1～3cm，先端急尖或渐尖，基部渐狭成柄，全缘。花多数，密集排列成顶生的塔形或圆柱形的穗状花序，长 3～10cm；花初开时淡红色，后变白色；苞片和小苞片披针形；花丝基部合生成杯状，花药紫色；子房卵球形，胚珠数枚，花柱紫红色，长 4～5mm。胞果卵球形，长 3～3.5mm，包在宿存的花被片内；种子扁球形。花期 6～9 月，果期 8—10 月。$2n=36,72,84$。

见于萧山区（河上、楼塔）、余杭区（良渚）、西湖景区（六和塔、桃源岭），生于田边、山脚、路边。分布于河南、山东、陕西及其以南各省、区，华北地区有栽培；亚洲和非洲热带地区也有。

种子及全草均可药用；嫩茎、叶可作蔬菜、饲料。

图 1-261 青葙

图 1-262 鸡冠花

2. 鸡冠花 （图 1-262）

Celosia cristata L. ——C. argentea L. var. cristata（L.）O. Ktze.

高 40～90cm，全株无毛。茎直立，粗壮，有纵棱。叶片卵形、卵状披针形或披针形，长 6～13cm，宽 2～5cm，先端渐尖，基部渐狭成柄。穗状花序顶生，呈扁平肉质鸡冠状，有时为卷冠状或羽毛状，一个大花序下部常有数个小分枝；苞片、小苞片和花被片红色、紫色、黄色或杂色，干膜质，宿存；花的结构和青葙相似。胞果卵球形，长约 3mm，为宿存的花被片所包被；种子扁球形。花、果期 7～10 月。$2n=35,36,54$。

区内常见栽培。原产于印度；全国各地普遍栽培；现广布于全世界温暖地区。

为庭院重要观赏植物，有较多园艺品种；种子和花序可入药。

与上种的区别在于：本种叶片卵形至披针形,宽 2～5cm;穗状花序通常为扁平肉质鸡冠状,有时呈卷冠状或羽毛状,多分枝。

2. 苋属 Amaranthus L.

一年生草本。茎直立或平卧。叶互生,全缘。花单性或杂性,雌雄同株或异株,排成无梗的花簇,生于叶腋,或组成腋生、顶生的穗状花序(又称花穗),或再排成顶生圆锥状花序;苞片及小苞片干膜质,有时呈针刺状;花被片通常 5 或 3 枚,绿色、白色或淡红色,薄膜质,宿存;雄蕊通常与花被片同数,花丝离生;花药 2 室,无退化雄蕊;子房具 1 枚胚珠,花柱极短,柱头 2～3(4)枚,钻状或线形,宿存。胞果盖裂、不规则开裂或不裂;种子扁球形,凸镜状,通常黑色或褐色,平滑,有光泽。

约 40 种,世界广布;我国有 13 种,分布于南北各地;浙江有 9 种,1 变种;杭州有 8 种。

本属不少种类嫩茎、叶富含维生素 C 及赖氨酸等多种氨基酸,为优良的保健蔬菜和青饲料;种子可作粮食及其他食品;有些种类可供药用或观赏。

分 种 检 索 表

1. 叶腋有 2 枚针刺;苞片常变成锐刺 ································· 1. **刺苋** *A. spinosus*
1. 叶腋无针刺;苞片不变成锐刺。
 2. 植株密被细柔毛,幼枝更甚。
  3. 圆锥花序的花穗细长,花被片长圆状披针形;胞果超出宿存花被片 ········ 2. **绿穗苋** *A. hybridus*
  3. 圆锥花序的花穗较粗,花被片倒卵状长圆形;胞果短于花被片 ········ 3. **反枝苋** *A. retroflexus*
 2. 植株无毛或近无毛。
  4. 花被片 5 枚;雄蕊 5 枚;胞果盖裂。
   5. 圆锥花序直立,后期稍下垂,苞片和花被片先端芒刺明显;胞果(不包括宿存柱头部分,下同)与宿存花被片等长 ································· 4. **繁穗苋** *A. cruentus*
   5. 圆锥花序下垂,中央花穗细长尾状,苞片和花被片先端芒刺不明显;胞果超出宿存花被片 ········ 5. **尾穗苋** *A. caudatus*
  4. 花被片 3 枚;雄蕊 3 枚;胞果不裂或盖裂。
   6. 叶片较大,长通常在 6cm 以上,颜色有多种;胞果盖裂 ········ 6. **苋** *A. tricolor*
   6. 叶片较小,长 1.5～7cm,绿色或带紫色;胞果不裂。
    7. 茎直立,高 30～80cm,自中上部稍有分枝;叶先端微凹或圆钝,上面常有灰白色"V"字形斑纹;花序细长;果皮极皱缩 ································· 7. **皱果苋** *A. viridis*
    7. 茎通常伏卧上升,高 10～35cm,自基部分枝;叶先端常具明显凹缺,上面无"V"字形斑纹;花序粗短;果皮近平滑 ································· 8. **凹头苋** *A. lividus*

1. 刺苋 野刺苋菜 酸酸菜 (图 1-263)

Amaranthus spinosus L.

一年生草本,高 30～100cm。茎直立,多分枝。叶片菱状卵形或卵状披针形,长 3～8cm,宽 1.5～4cm,先端钝或稍凹入而有小芒刺,基部渐狭,全缘,无毛或幼时沿叶脉稍有柔毛;叶柄长 1.5～6cm,无毛,基部两侧有硬刺 1 对,长 8～15mm。花单性,雄花成腋生穗状花序或在枝顶集成圆锥状,雌花簇生于叶腋或穗状花序的下部;苞片常成尖刺状;花被片 5 枚,黄绿色,与苞片近等长,膜质,中脉绿色;雄蕊5枚;柱头2～3枚。胞果长圆形,盖裂;种子扁球形,黑色或棕褐色,有光泽。花、果期6—10月。$2n=17,32,34$。

区内广布,生于田野、荒地、屋旁和路边,为常见杂草。分布于华东、华中、华南、西南及陕西、河北;日本、印度、中南半岛、马来西亚、菲律宾及美洲也有。

嫩茎、叶可作野菜及饲料;全株入药,可治菌痢、急慢性胃肠炎、毒蛇咬伤和痔疮出血等症。

图 1-263　刺苋　　　　　　　　　图 1-264　绿穗苋

2. 绿穗苋　(图 1-264)

Amaranthus hybridus L.

一年生草本,高 30～50cm。茎直立,分枝,上部近弯曲,有开展柔毛。叶片卵形或菱状卵形,长 3～4.5cm,宽 1.5～2.5cm,顶端急尖或微凹,具突尖,基部楔形,边缘波状或有不明显锯齿,上面近无毛,下面疏生柔毛;叶柄长 1～2.5cm,有柔毛。圆锥花序顶生,细长,上端稍弯曲,由数个穗状花序组成,中间花穗最长;苞片及小苞片钻状披针形,长 3.5～4mm,中脉坚硬,绿色,向前伸出成芒尖;花被片矩圆状披针形,长约 2mm,顶端锐尖,具突尖;雄蕊和花被片等长或稍长。胞果卵球形,长 2mm,环状横裂,超出宿存花被片;种子近球形,直径约为 1mm,黑色。花、果期7—10月。$2n=34$。

见于西湖景区(桃源岭、云栖),生于路旁和荒地。分布于安徽、福建、贵州、湖北、河南、湖南、江苏、江西、四川、陕西;日本和欧洲、北美洲、南美洲也有。

3. 反枝苋 （图1-265）

Amaranthus retroflexus L.

一年生草本,高50～70cm。茎直立,稍具钝棱,密生短柔毛。叶菱状卵形或椭卵圆形,长5～12cm,宽2～5cm,顶端微凸,具小芒尖,两面和边缘有柔毛;叶柄长1.5～5.5cm。花单性或杂性,集成顶生和腋生的圆锥花序;苞片和小苞片干膜质,钻形;花被片白色,具一淡绿色中脉;雄花的雄蕊比花被片稍长;雌花花柱3枚,内侧有小齿。胞果扁球形,小,淡绿色,盖裂,包裹在宿存花被内。花、果期6—9月。$2n=34$。

见于西湖景区(桃源岭、云栖),生于路边。原产于热带非洲;分布于东北、华北和西北。

嫩茎、叶可为野菜,也可作家畜饲料。

图1-265 反枝苋

图1-266 繁穗苋

4. 繁穗苋 （图1-266）

Amaranthus cruentus L. ——*A. paniculatus* L.

一年生草本,高1～2m。茎直立,单一或分枝,具钝棱,几无毛。叶片卵状长圆形或卵状披针形,长5～13cm,宽3～6cm,先端急尖或圆钝,具小芒尖,基部楔形,全缘或波状,两面无毛或仅下面脉上有柔毛;叶柄长3～5cm。圆锥花序顶生或腋生,由多数穗状花序组成,中间花穗较长,直立或稍下垂,其余花穗开展,紫红或黄绿色;苞片和小苞片披针状钻形,背部中脉延伸成芒状;花单性或杂性;花被片5枚,卵状长圆形,有短芒尖;雄蕊5枚;柱头3枚。胞果近椭圆球形,盖裂;种子扁豆形,直径约为1mm,棕褐色,有光泽。花期7—8月,果期9—10月。$2n=32,34$。

区内常见,逸生或栽培。我国各地均有栽培或野生;全世界广泛分布。

嫩茎、叶可作蔬菜或饲料;种子可食用或酿酒;花序色艳,可供观赏。

5. 尾穗苋 老枪谷 (图 1-267)

Amaranthus caudatus L.

一年生草本,高达 1m 以上。茎直立,粗壮,具钝棱,幼时具短柔毛,后渐脱落。叶片菱状卵形或菱状披针形,长 5~12cm,宽 2~6cm,先端短渐尖或钝,具突尖,基部楔形,稍不对称,全缘或波状,绿色或粉红色,两面无毛或仅脉上有短柔毛;叶柄长 3~6cm。圆锥花序顶生,下垂,由多数或少数穗状花序组成,中间花穗特长,粗约 1cm;花单性,雄花和雌花混生于同一花簇;苞片及小苞片披针形,红色;花被片 5 枚,具突尖,淡红色;雄蕊 5 枚;柱头 3 枚。胞果卵球形,上半部粉红色,盖裂;种子扁球形,凸镜状,直径约为 1mm,棕红色,具厚的周缘。花期 7—8月,果期 9~10 月。$2n=32,64$。

区内有栽培,有时逸为野生状。原产于热带;我国广大地区均有栽培;世界各地广泛栽培。

花序优美,为优良的观赏植物;根可入药,有滋补强壮之功效;茎、叶可作蔬菜或饲料;种子可食用。

图 1-267 尾穗苋

图 1-268 苋

6. 苋 苋菜 雁来红 三色苋 (图 1-268)

Amaranthus tricolor L.

一年生草本,高 50~150cm。茎直立,粗壮。叶片卵状椭圆形、菱状卵形或披针形,长 4~12cm,宽2~6cm,绿色、紫红色或绿色杂有紫红色斑纹,先端钝圆或凹,具突尖,基部楔形,全缘或微波状,无毛;叶柄长2~6cm。花密集排列成球形花簇,直径为 1~1.5cm,腋生或排成顶生稀疏的穗状花序;

雄花和雌花混生;苞片及小苞片卵状披针形,透明,背面具一绿色或红色隆起中脉,有芒尖;花被片 3 枚,有芒尖;雄蕊 3 枚;柱头 3 枚,线形,内侧有毛。胞果卵状长圆形,盖裂,包于宿存的花被片内;种子近圆形,直径约为 1mm,黑色或黑棕色,有光泽。花期 6—8 月,果期 7—9 月。$2n=32,34,85$。

　　区内广泛栽培,亦见逸生。原产于印度;国内外普遍栽培。

　　嫩茎、叶为夏季的重要蔬菜,有红苋、绿苋、花色苋等品种;全株含丰富的维生素 C、各种氨基酸及钙,茎、叶和种子的赖氨酸含量分别为 1.48% 和 0.86%;果实和全草入药,有明目、利尿、祛寒热等功效;园艺品种可供观赏。

7. 皱果苋　绿苋　(图 1-269)

Amaranthus viridis L.

　　一年生草本,高 30～80cm,全体无毛。茎直立,少分枝。叶片卵形至卵状矩圆形,长 2～7cm,宽 2.5～6cm,顶端微缺,稀圆钝,具小芒尖,基部近截形;叶柄长 3～6cm。花单性或杂性,为腋生穗状花序,或再集成大型顶生圆锥花序;苞片和小苞片干膜质,披针形,小;花被片 3 枚,膜质,矩圆形或倒披针形;雄蕊 3 枚。胞果扁球形,不裂,极皱缩,超出宿存花被片。花、果期 6—10 月。$2n=34$。

　　区内常见,为田野杂草。分布于我国南北各地;广布于热带。

　　嫩茎、叶可作野菜或饲料;全草药用,清热解毒。

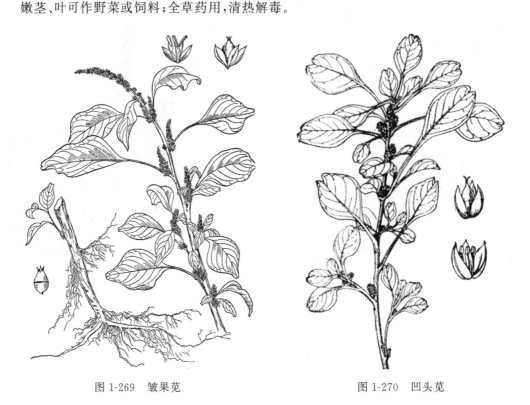

图 1-269　皱果苋　　　　　　　　　图 1-270　凹头苋

8. 凹头苋　野苋　(图 1-270)

Amaranthus lividus L.

　　一年生草本,高 10～35cm,全株无毛。茎伏卧而上升,从基部分枝,淡绿色或紫红色。叶片卵形或菱状卵形,长(1～)1.5～4cm,宽(0.5～)1～2.5cm,先端常具凹缺或微2裂,具芒尖,基部宽楔形,全缘或稍呈波状;叶柄略短于叶片。花簇腋生,直至下部叶腋,生在茎端或枝端者成直立穗状花序或圆锥花序;苞片和小苞片长圆形,长不及1mm;花被片3枚,长圆形或披针形,黄绿色;雄蕊3枚;柱头2或3枚。胞果扁卵球形,不裂,超出宿存花被片;种子扁球形,黑色,有光泽。花期6—8月,果期8—10月。$2n=34,84$。

区内常见,生于田野、荒地、菜圃及路边。除内蒙古、宁夏、青海、西藏外,其他省、区均有分布;日本、欧洲、非洲及美洲也有。

嫩茎、叶可作野菜及饲料;全草入药,具止痛、收敛、利尿、解热等功效。

3. 莲子草属　Alternanthera Forsk.

一年生或多年生草本。茎匍匐或直立,多分枝。叶对生,全缘。花小,白色,两性;集成腋生或顶生的头状花序;有或无花序梗;苞片及小苞片干膜质,宿存;花被片5枚,干膜质,常不等大;雄蕊2～5枚,花丝基部联合成管状或杯状,花药1室,常有退化雄蕊;子房球形或卵球形,1室,1枚胚珠,倒生,花柱短,柱头头状。胞果卵球形或倒心形,扁平,不裂,边缘具翅或变厚;种子倒生,凸镜状。

约200种,主要分布于热带和亚热带地区;我国有4种;浙江有3种;杭州有2种。

1. 莲子草　满天星　虾钳菜　（图 1-271）

Alternanthera sessilis（L.）R. Br. ex DC.

一年生草本,高10～50cm。茎匍匐或上升,常中空,多分枝,节间有2列白色柔毛,节部密被白色长柔毛。叶片椭圆状披针形或倒卵状长圆形,长1～6.5cm,宽0.5～2cm,先端急尖或圆钝,基部渐狭成短柄,全缘或有不明显锯齿,两面无毛或疏生柔毛。头状花序1～4个簇生于叶腋,直径为3～6mm,无花序梗;苞片和小苞片卵状披针形,长约1mm,白色;花被片5枚,白色,长卵形,长2～3mm;雄蕊3枚,花丝基部合生成杯状,具退化雄蕊3枚,三角状钻形,全缘。胞果宽倒心形,长2～2.5mm,侧扁,边缘有狭翅。花期6—9月,果期8—10月。$2n=34,40$。

见于西湖景区（虎跑）,生于水沟、路边、田埂等水湿地。长江流域及其以南各省、区均有分布;印度、缅甸、越南、马来西亚、菲律宾也有。

全草药用,有清热凉血、拔毒止痒之功效;嫩叶可作野菜及饲料。

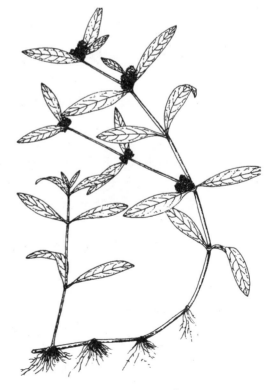

图 1-271　莲子草

2. 喜旱莲子草　革命草　空心莲子草　水花生　（图 1-272）

Alternanthera philoxeroides（Mart.）Griseb.

多年生草本。茎基部匍匐，节上生细根，上部斜生，中空，有分枝，节腋处具柔毛。叶片长圆形、长圆状倒卵形或倒卵状披针形，长 2.5～7cm，宽 0.8～3cm，先端急尖或圆钝，基部渐狭，全缘，上面有贴生毛，缘有睫毛。头状花序单生于叶腋，直径为 8～15mm，花序梗长 1～5.5cm；苞片和小苞片卵形或披针形，白色，长 2～2.5mm；花被片 5 枚，白色，长圆形，长 5～6mm；雄蕊 5 枚，花丝基部与间生退化雄蕊联合成杯状，具退化雄蕊 5 枚，线形，顶端裂成 3～4 窄条。胞果卵球形。花期 5—8 月，果期 8—10 月。$2n=100$。

区内常见，生于路边、水沟中、荒地或潮湿地。原产于巴西；20 世纪 40 年代初引入我国，生长繁殖极快，适应性超强，现在江南地区广泛逸生，已成为危害性极强的入侵植物。

全草可作猪饲料，也可作绿肥；全草入药，有清热利水、凉血解毒之功效。

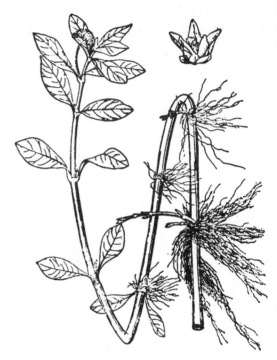

图 1-272　喜旱莲子草

与上种的区别在于：本种头状花序较大，直径为 8～15mm，有长的花序梗。

4. 千日红属　Gomphrena L.

一年生草本或半灌木。茎直立或匍匐，多分枝，节常膨大，具柔毛或茸毛。叶对生，稀互生。花两性，集成球形或半球形的头状花序，基部常有叶状总苞；花被片 5 枚，干膜质，常具长柔毛；雄蕊 5 枚，花丝基部扩大并联合成管状，顶端 5 裂，花药 1 室，无退化雄蕊；子房 1 室，具 1 枚倒生胚珠，柱头 2～3 枚。胞果球形或长圆形，侧扁，不裂；种子凸镜状，种皮革质，平滑。

约 100 种，大部分产于美洲热带；我国有 2 种；浙江常见栽培 2 种；杭州栽培 1 种。

千日红　百日红　烫烫红　（图 1-273）

Gomphrena globosa L.

一年生草本，高 30～70cm。茎粗壮直立，有分枝，被灰色糙毛。叶片长椭圆形或长圆状倒卵形，长 3.5～10cm，宽 1.5～3.5cm，先端急尖或圆钝，基部渐狭，全缘，两面均被白色长柔毛及缘毛；叶柄短。头状花序球形或长圆球形，1～3 个顶生，具长花序梗，直径为 2～2.5cm，常为紫红色或深红色，有时淡紫色或白色，基部具 2 枚绿色、对生的叶状总苞片；苞片卵形，短小，小苞片三角状披针形，紫红色、粉红色或白色，内面凹陷，背棱有细锯齿；花被片披针形，长 5～6mm，背面密生白色茸毛；雄蕊 5 枚；花柱线形，柱头 2 裂。胞果近球形，直径为 2～2.5mm；种子肾形,棕色,有光泽。花、果期 7—10 月。$2n$ =38。

区内公园、花坛有栽培。原产于美洲热带;我国大多数地区均有栽培。

重要的花坛花卉,花序色彩经久不变,除在花坛和花盆栽培外,还可作花环、花篮等装饰品,供观赏;花序入药,可治支气管哮喘、支气管炎、百日咳、肺结核咯血等症。

5. 牛膝属　Achyranthes L.

草本或半灌木。茎直立,四棱形,节膨大,枝对生。叶对生,全缘。花两性,排成顶生或腋生的穗状花序,花在开放后常反折而贴近花序轴;苞片及小苞片披针形或刺状,小苞片基部加厚,两侧各有一短膜质翅;花被片 4～5 枚,干膜质,中脉明显,先端具芒尖,花后变硬;雄蕊 5 枚,稀 2 或 4 枚,远短于花被片,花丝基部联合成短杯状,其间生有同数的退化雄蕊,花药 2 室;子房长椭圆球形,1 室,1 枚胚珠,花柱丝状,宿存,柱头头状。胞果卵状长圆球形或卵球形,包于花被内,不开裂,和花被片及小苞片同时脱落;种子长圆形,凸镜状。

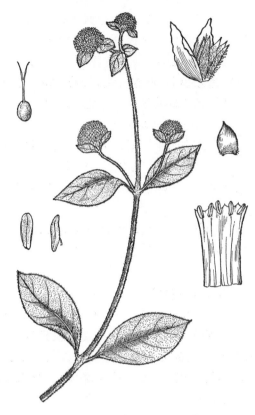

图 1-273　千日红

约 15 种,分布于热带及亚热带地区;我国有 3 种,4 变种,2 变型,主要分布于南部各省、区;浙江有 3 种,1 变种,2 变型;杭州有 2 种,1 变种。

分 种 检 索 表

1. 叶片卵形、椭圆形或椭圆状披针形,先端锐尖或尾尖;叶柄长 5～30mm;茎节部膝状膨大;小苞片基部两侧各有 1 枚卵形膜质小裂片。
　2. 叶片两面被贴生或开展柔毛;穗状花序长 3～5(～12)cm,花排列较紧密;花被片仅具 1 条中脉 ………… ……………………………………………………………………… 1. **牛膝** *A. bidentata*
　2. 叶片两面仅脉上具稀疏柔毛或无毛;穗状花序长 7～15cm,花排列稀疏;花被片具 3 脉 ……………… …………………………………………………………………… 1a. **少毛牛膝** var. *japonica*
1. 叶片长圆状披针形或宽披针形,先端多为长渐尖;叶柄长 5～10mm;茎节部稍膨大;小苞片基部两侧各有 1 枚耳状膜质小裂片 ………………………………………………… 2. **柳叶牛膝** *A. longifolia*

1. 牛膝　(图 1-274)

Achyranthes bidentata Bl.

多年生草本,高 50～120cm。根圆柱形,土黄色。茎直立,常四棱形,绿色或带紫色,几无毛,节部膝状膨大。叶片卵形、椭圆形或椭圆状披针形,长 5～12cm,宽 2～6cm,先端锐尖至尾尖,基部楔形或宽楔形,两面被贴生或开展柔毛;叶柄长 5～30mm。穗状花序腋生或顶生,长

3～5(～12)cm,花序轴密生柔毛;花在后期反折;苞
片宽卵形,小苞片刺状,基部两侧各有1枚卵形膜质
的小裂片;花被片5枚,披针形,长3～5mm,具1条
中脉,边缘膜质;雄蕊5枚,长约2mm;退化雄蕊顶
端平圆,稍有缺刻状细齿。胞果长圆形,长约2mm,
黄褐色。花期7—9月,果期9—11月。2n=42,48。

区内广布,生于山坡疏林下、路旁阴湿处。除东
北及内蒙古、宁夏、新疆外,全国均有分布;朝鲜半
岛、俄罗斯、印度、越南、菲律宾、马来西亚、非洲
也有。

根入药,生用具活血通经等功效;根、茎、叶均含
蜕皮激素。

图1-274　牛膝

1a. 少毛牛膝

var. japonica Miq.──*A. japonica*(Miq.)Nakai

与原种的区别在于:本变种根较细瘦。叶片两
面仅脉上具疏柔毛或无毛。穗状花序较长,长7～
15cm,花稀疏;花被片具3条脉;退化雄蕊顶端截
形,具不整齐牙齿或不显著的2浅裂。

见于西湖景区(虎跑、桃源岭),生于山坡林下或草丛中。分布于安徽、湖南;日本也有。

根入药,药效与原种相同。

2. 柳叶牛膝　长叶牛膝　(图1-275)

Achyranthes longifolia(Makino)Makino──*A.
bidentata* Bl. var. *longifolia* Makino

多年生草本,高40～100cm。茎披散,多分枝,
疏生柔毛,节部稍膨大。叶片披针形或宽披针形,长
7～22cm,宽1.5～5.5cm,先端长渐尖,基部楔形,
两面疏生短柔毛;叶柄长5～10mm。穗状花序顶生
或腋生,长2.5～7cm,花序轴密生柔毛;花开放后开
展或反折;苞片卵形,小苞片针状,长约3.5mm,基
部两侧各有1枚耳状薄片;花被片5枚,披针形,长
约3mm;雄蕊5枚,花丝基部合生,退化雄蕊方形,
顶端有不明显牙齿。花、果期8—11月。

见于余杭区(径山)、西湖景区(飞来峰、六和塔、
云栖),生于阴湿的山坡疏林下、路边草丛中。分布
于福建、广东、贵州、湖南、湖北、江西、陕西、四川、台
湾、云南;日本也有。

根供药用,功效与牛膝相似。

图1-275　柳叶牛膝

20. 紫茉莉科 Nyctaginaceae

草本、灌木或乔木,有时为具刺藤状灌木。单叶,对生、互生或假轮生,全缘,具柄,无托叶。花辐射对称,两性,稀单性或杂性,单生、簇生或呈聚伞花序、伞形花序;常具苞片或小苞片,有的苞片色彩鲜艳;花被单层,常为花冠状,圆筒形或漏斗状,有时钟形,下部合生成管,顶端 5~10 裂,在芽内镊合状或折扇状排列,宿存;雄蕊 1 至多枚,通常 3~5 枚,下位,花丝离生或基部联合,芽时内卷,花药 2 室,纵裂;子房上位,1 室,内有 1 粒胚珠,花柱单一,柱头球形,不分裂或分裂。瘦果被包在宿存苞片内,有棱或槽,有时具翅,常具腺;种子有胚乳;胚直生或弯生。

约 30 属,300 种,分布于热带和亚热带地区,主产于热带美洲;我国有 7 属,11 种,1 变种,其中常见栽培或有逸生者 3 种,主要分布于华南和西南;浙江有 2 属,3 种;杭州有 1 属,1 种。

紫茉莉属 Mirabilis L.

一年生或多年生草本。根肥粗,常呈倒圆锥形。单叶,对生。花两性,1 至数朵簇生于枝端或腋生;每朵花基部包以 1 个 5 深裂的萼状总苞,裂片直立,渐尖,折扇状;花被各色,花被筒伸长,在子房上部稍缢缩,顶端 5 裂,裂片平展;雄蕊 5~6 枚,与花被筒等长或外伸,花丝下部贴生于花被筒上;花柱线形,与雄蕊等长或更长,伸出,柱头头状。瘦果球形或倒卵球形,平滑或有疣状凸起。

约 60 种,主产于热带美洲;我国有 3 种,2 种为引种栽培;浙江及杭州常见栽培 1 种。

紫茉莉 夜娇娇 胭脂花 (图 1-276)

Mirabilis jalapa L. ——*Nyctago jalapa* (L.) DC.

一年生或多年生草本,高可达 1m。根肥粗,倒圆锥形,黑色或黑褐色。茎直立,多分枝,节稍膨大。叶片卵形或卵状三角形,长 3~15cm,宽 2~9cm,顶端渐尖,基部截形或心形,全缘,两面均无毛,脉隆起;叶柄长 1~4cm,上部叶几无柄。花被紫红色、黄色、白色或杂色,漏斗状,筒部长 2~6cm,5 浅裂;花午后开放,有香气,次日午前凋萎;花常数朵簇生于枝端;总苞钟形,长约 1cm,5 裂,裂片三角状卵形,具脉纹,果时宿存;雄蕊 5 枚,花丝细长,常伸出花外,花药球形;花柱单生,线形,伸出花外,柱头头状。瘦果球形,直径为 5~8mm,熟时黑色,表面具皱纹;种子胚乳白粉质。花期 6—10

图 1-276 紫茉莉

月,果期8—11月。2n=54,58。

　　区内常见栽培,有时逸为野生。原产于热带美洲;我国南北各地常见栽培。

　　根、叶可供药用,有清热解毒、活血调经和滋补的功效;种子白粉可去面部瘢痣、粉刺。

21. 商陆科　Phytolaccaceae

　　草本或灌木,稀为乔木。茎直立,稀攀援。单叶互生,全缘;托叶无或细小。花小,两性或单性,辐射对称,排列成总状花序或聚伞花序、圆锥花序、穗状花序,腋生或顶生。花被片4~5枚,分离或基部联合,叶状或花瓣状,在花蕾中呈覆瓦状排列,宿存;雄蕊4~5或多枚,着生于花盘上,与花被片互生或对生或多数成不规则生长,花丝线形或钻状,分离或基部略相连,通常宿存,花药背着,2室,平行,纵裂;子房上位,间或下位,球形,心皮1至多枚,分离或合生,每一心皮有1枚基生、横生或弯生胚珠,花柱短或无,直立或下弯,与心皮同数,宿存。果实肉质,浆果或核果,稀蒴果;种子小,侧扁,双凸镜状或肾形、球形,直立,外种皮膜质或硬脆,平滑或皱缩;胚位于胚乳外围,胚乳丰富,粉质或油质。

　　17属,约120种,广布于热带至温带地区,主产于热带美洲、非洲南部,少数产于亚洲;我国有2属,5种;浙江有2属,4种;杭州有1属,2种。

商陆属　Phytolacca L.

　　草本或灌木,稀为乔木,直立,稀攀援。常具肥大的肉质根。茎、枝圆柱形,有沟槽或棱角。叶互生,全缘;无托叶。花通常两性,稀单性或雌雄异株,小型,排成总状花序、聚伞圆锥花序或穗状花序,花序顶生或与叶对生;花被片(4)5枚,辐射对称,宿存;雄蕊6~33枚,着生于花被基部,花药长圆球形或近球形;子房近球形,上位,心皮5~16枚,分离或联合,每一心皮有1枚近于直生或弯生的胚珠,花柱钻形,直立或下弯。浆果,肉质多汁,扁球形;种子肾形,压扁,亮黑色,光滑。

　　约35种,分布于热带至温带地区;我国有4种;浙江有3种;杭州有2种。

图1-277　商陆

　　1. 商陆　胭脂　野人参　金鸡母　（图1-277）

　　Phytolacca acinosa Roxb.——*P. esculenta* Van Houtte——*P. pekinensis* Hance

　　多年生草本,高0.5~1.5m。根肥大,肉质,倒圆锥形,外皮淡黄色或灰褐色,内面黄白色。茎直立,圆柱形,有纵沟,肉质,绿色或红紫色,多分枝。叶片薄纸质,椭圆形、长椭圆形或披针状椭圆形,长 10～40cm,宽 4.5～20cm,顶端急尖或渐尖,基部楔形;叶柄长 1.5～3cm。总状花序顶生或与叶对生(或近对生),圆柱状,直立,通常比叶短,花序梗长 1～4cm。花两性,直径约为 8mm;花被片 5 枚,白色、黄绿色,椭圆形、卵形或长圆形,长 3～4mm,宽约 2mm,花后常反折;雄蕊 8～10 枚;心皮 7～9 枚,分离;花柱短,直立,顶端下弯,柱头不明显。果序直立;浆果扁球形,直径约为 7mm,熟时黑色;种子肾形,黑色,长约 3mm,具 3 棱。花期 5—8 月,果期 6—10 月。$2n=36$。

见于西湖区(留下)、西湖景区(云栖),生于沟谷、山坡林下、林缘路旁。我国除东北、内蒙古、青海、新疆外,多有分布;日本、朝鲜半岛及印度也有。

根入药,以白色肥大者为佳,红根有剧毒,仅供外用,也可作兽药及农药;果可提制栲胶;嫩茎、叶可作蔬菜。

2. 垂序商陆　美洲商陆　（图 1-278）

Phytolacca americana L. ——*P. decandra* L.

多年生草本,高 1～2m。根粗壮,肥大,倒圆锥形。茎直立,通常带紫红色。叶片纸质,椭圆状卵形或卵状披针形,长 8～20cm,宽 3.5～10cm,顶端急尖,基部楔形;叶柄长 1～4cm。花白色,微带红晕;总状花序顶生或与叶对生,长 5～20cm;花梗长 6～8mm;花直径约为 6mm;花被片 5 枚,雄蕊、心皮及花柱通常均为 10 枚,心皮合生。果序下垂;浆果扁球形,熟时紫黑色;种子肾圆形,直径约为 3mm。花期 6—8 月,果期 8—10 月。$2n=36$。

区内常见,多生于林缘、路旁、溪边、宅旁。原产于北美洲;分布于福建、广东、河北、河南、湖北、江苏、江西、山东、陕西、四川、云南;亚洲、欧洲也有。

根、种子、叶供药用;全草可作农药。

与上种的区别在于:本种花序较纤细,花较少而稀;果序下垂;种子较小。前者的花序粗壮,花多而密;果序直立;种子较大。

图 1-278　垂序商陆

22. 番杏科　Aizoaceae

草本或半灌木。单叶,对生、互生或轮生,常为肉质;托叶干膜质,或无。花常两性,辐射对称,多排成聚伞花序或簇生,稀为单生;萼片 4～5 枚,下部连成筒状或近分离,与子房贴生或分离;花瓣无或多枚,线形,1 至多轮;雄蕊与萼片同数且互生,有时多数,外层成花瓣状,外形略似头状花序;子房上位或下位,2～5 室,每室有胚珠 1 至多枚。蒴果、坚果或核果状,为宿存萼片所包围;种子通常肾形,稍扁,有胚乳。

约 12 属,2500 种,主产于非洲南部,少数分布于热带和亚热带地区;我国约有 6 属,14 种;浙江有 3 属,3 种;杭州有 1 属,1 种。

粟米草属   Mollugo L.

一年生草本,呈叉状分枝。叶对生或轮生,草质,全缘;托叶膜质,早落。花小,两性,排成聚伞花序或总状花序,腋生或顶生;萼片 5 枚,无花瓣;雄蕊 3～5(6～10)枚,有时具退化雄蕊;子房上位,3～5 室,每室具多枚胚珠,花柱 3～5 枚。蒴果球形,背裂;种子肾形,平滑或具颗粒状凸起。

约 25 种,分布于热带及亚热带;我国有 4 种;浙江有 1 种;杭州有 1 种。

粟米草   (图 1-279)

Mollugo stricta L.——*M. pentaphylla* L.

一年生草本,高 10～30cm,无毛。茎披散,多分枝。基生叶莲座状,叶片长圆状披针形至匙形;茎生叶 3～5 枚成假轮生,或对生,叶片披针形或线状披针形,长 1.5～3.5cm,宽 3～10mm,先端急尖或渐尖,基部渐狭成短柄。花小,黄褐色,排成顶生或与叶对生的二歧聚伞花序;花梗长 2～6mm;萼片 5 枚,椭圆形,长 1.5～2mm;雄蕊 3 枚,花丝基部扩大;子房 3 室,花柱 3 枚。蒴果卵球形或近球形,长约 2mm,3 瓣裂;种子多数,栗褐色,具多数颗粒状凸起。花、果期 7—9 月。$2n=18,36$。

区内常见,多生于低海拔路旁或空旷地。分布于安徽、福建、广东、贵州、海南、湖北、湖南、江苏、江西、山东、陕西、四川、云南;日本、印度、斯里兰卡、马来西亚也有。

全草入药,治腹痛泄泻、中暑等症。

图 1-279   粟米草

23. 马齿苋科   Portulacaceae

多肉质草本,稀为半灌木。单叶,互生或对生,全缘;托叶干膜质,有时柔毛状或无。花两性,辐射对称或两侧对称,单生,或排成聚伞花序或圆锥花序;萼片 2 枚,稀 5 枚,离生或基部与子房合生;花瓣 4～5 枚,稀更多,离生或基部稍联合,覆瓦状排列;雄蕊与花瓣同数且对生,或更多;子房上位、半下位或下位,1 室,特立中央胎座或基生胎座,胚珠 1 至多枚,花柱单一,柱头 2～8 枚。果实多为蒴果,盖裂或 2～3 瓣裂;种子细小。

约20属,580种,广布于全球,主产于拉丁美洲;我国有2属,7种,广布于全国;浙江有2属,3种;杭州有2属,3种。

1. 马齿苋属　Portulaca L.

肉质草本,平卧或斜生。叶互生或近对生,扁平或圆柱形。花单生或簇生于枝顶,有梗或无梗,具数枚叶状总苞;萼片2枚,基部合生成筒状,且与子房合生;花瓣4～5枚;雄蕊8枚或更多;子房半下位,具多枚胚珠,花柱线形,柱头3～8枚。蒴果盖裂;种子肾状卵球形,多数。

约200种,广布于热带至温带地区;我国有5种,南北均有;浙江有2种;杭州有2种。

1. 马齿苋　酱瓣草　酸菜　（图1-280）

Portulaca oleracea L.

一年生肉质多汁草本,光滑无毛。茎多分枝,常平卧或斜生。叶互生,有时近对生,肥厚多汁;叶片倒卵形或楔状长圆形,长10～25mm,宽5～15mm,先端钝圆或截形,基部楔形,中脉稍隆起;叶柄粗短。花3～5朵簇生于枝端,午时盛开,直径为4～5mm,无梗;总苞片4～5枚,三角状卵形;萼片2枚,盔状,基部与子房合生;花瓣5枚,黄色,倒卵状长圆形,长4～5mm,先端微凹;雄蕊8～12枚;柱头4～6裂,花柱连同柱头稍长于雄蕊。蒴果卵球形,长约5mm;种子多数,黑色,表面具小疣状凸起。花期6—8月,果期7—9月。$2n=18,36,54$。

区内常见,生于路边、草丛等处。我国除高原地区外,各地均有分布;全球温带和热带地区广布。

全草药用,常作蔬菜用。

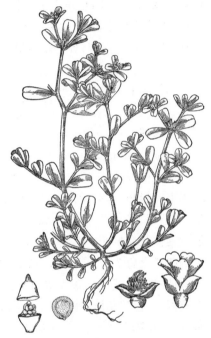

图1-280　马齿苋

2. 大花马齿苋　（图1-281）

Portulaca grandiflora Hook.

一年生肉质草本,株高10～25cm。茎细而圆,直立或斜生,有分枝,稍带紫红色,节上有丛毛。叶常散生或略集生,细圆柱形,长1～2.5cm;叶柄几无;叶腋具1撮白色长柔毛。花大,单生或几朵簇生于枝顶,开放后直径可达4cm;基部有8～9枚轮生的叶状苞片;萼片2枚,宽卵形,先端急尖,基部与子房合生;花瓣5枚,或为重瓣,倒卵形,先端微凹,有白、黄、红、紫等色;雄蕊多数,着生于萼筒上,花丝红色;柱头5～7枚。蒴果成熟时盖裂;种子细小,多数,棕黑色。花期6—10月。$2n=18,36$。

图1-281　大花马齿苋

区内常见栽培，供观赏。原产于巴西。

与上种的区别在于：本种花大，直径为2.5～4cm；叶片细圆柱形，叶腋具长柔毛。

2．土人参属 Talinum Adans.

草本或半灌木。茎直立，肉质。叶互生或近对生，扁平，全缘；无托叶。花两性，排成顶生的总状或圆锥花序，稀单生于叶腋，萼片2枚，卵形，早落或少有宿存；花瓣5枚，稀8～10枚，早落；雄蕊5至多数，常与花瓣基部合生；子房上位，1室，胚珠多数，柱头3枚。蒴果球形或卵球形，薄膜质，3瓣裂；种子近球形或压扁。

约50种，原产于非洲、美洲和亚洲；我国有1种；浙江及杭州也有。

本属为直立草本或半灌木，子房上位，蒴果3瓣裂，与上属相区别。

土人参 （图1-282）

Talinum paniculatum (Jacq.) Gaertn.

一年生或多年生肉质草本，高达60cm，全株无毛。根粗壮，圆锥形，分枝如人参。茎圆柱形，基部稍木质化。叶互生或近对生；叶片倒卵形或倒卵状长圆形，长5～7cm，宽2～3.5cm，先端圆钝或急尖，有时凹缺，具短尖头，基部渐狭成柄，肉质，光滑。圆锥花序常2叉分枝，顶生或侧生；苞片膜质，披针形；花小，淡红色或淡紫红色，花梗长5～10mm；萼片2枚，卵形，早落；花瓣5枚，倒卵形或椭圆形；雄蕊多数；子房球形，柱头3深裂。蒴果近球形，直径约为3mm，3瓣裂；种子多数，黑色，有光泽，具细腺点。花期6—8月，果期9—10月。$2n=24$。

区内有栽培。我国自河北以南各地栽培，或为野生。

根入药，具强壮滋补之功效；也可栽培供观赏。

图1-282 土人参

24．落葵科 Basellaceae

一年生或多年生缠绕草本，全株无毛。单叶，互生，全缘，多为肉质，通常有叶柄；无托叶。花小，两性，稀单性，辐射对称，通常成穗状花序、总状花序或圆锥花序，稀单生；苞片3枚，早落，小苞片2枚，宿存，花被状；花被片5枚，离生或下部合生，通常白色或淡红色，宿存，在芽中呈覆瓦状排列;雄蕊 5 枚,与花被片对生,花丝着生于花被上;雌蕊由 3 枚心皮合生,子房上位,1 室,胚珠 1 枚,花柱单一或为 3 裂。浆果状核果,通常被宿存的小苞片和肉质花被包围,不开裂。种子单生,球形;胚乳丰富,围以螺旋状、半圆形或马蹄状胚。

约 4 属,25 种,主要分布于亚洲、非洲和拉丁美洲热带地区;我国有 2 属,4 种;浙江有 2 属,2 种;杭州有 2 属,2 种。

1. 落葵薯属　Anredera Juss.

草质藤本。茎多分枝。叶互生,全缘,稍肉质。花小,两性,黄色,具梗,排成腋生或顶生的总状花序;苞片宿存或早落,小苞片 2 枚,紧贴花被;花被 5 深裂,花后稍增厚;雄蕊 5 枚,花丝丝状;子房上位,1 室,胚珠 1 枚,柱头 3 枚。果实卵球形,藏于宿存的花被及小苞片内,果皮稍肉质;种子凸镜状,胚半环形。

5～10 种,分布于热带美洲;我国栽培 2 种;浙江栽培 1 种;杭州栽培 1 种。

细枝落葵薯　（图 1-283）

Anredera cordifolia（Tenore）Steenis

多年生缠绕草本,有时长达数米。根状茎粗壮,肉质。叶具短柄;叶片卵形至近圆形,长 2～6cm,宽 1.5～5.5cm,先端急尖,基部圆形或心形,稍肉质,腋生小块茎（珠芽）。总状花序具多花,花序轴纤细,下垂,长 7～25cm;苞片狭,宿存;花梗长 2～3mm;花托顶端杯状,花常由此脱落;苞片细小,小苞片 2 枚,花被状;花直径约为 5mm;花被片白色,5 深裂,裂片卵形、长圆形至椭圆形,顶端钝圆,长约 3mm,宽约 2mm;雄蕊白色,花丝顶端在芽中反折,开花时伸出花外;花柱白色,柱头 3 枚,乳头状。果实、种子未见。花期 6—10 月。

区内偶见栽培。原产于热带美洲。

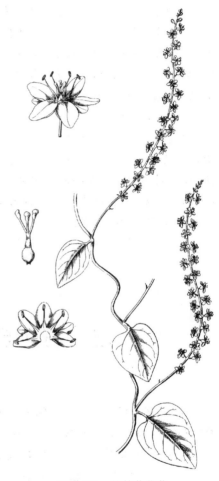

图 1-283　细枝落葵薯

2. 落葵属　Basella L.

缠绕草本,肉质。茎绿色或紫色。叶互生,全缘,稍肉质。花小,淡红色或白色,无梗,排成腋生的穗状花序;苞片小,早落,小苞片 2 枚;花被片花瓣状,稍肉质;雄蕊 5 枚,与花被片对生,花药“丁”字形着生;子房上位,1 室,胚珠 1 枚,花柱 3 深裂。果实球形,藏于宿存的花被及小苞片内,果皮稍肉质;种子直立;胚螺旋形,子叶大而薄,胚乳无或很少。

约 5 种,分布于亚洲热带地区;我国栽培 2 种;浙江栽培 1 种;杭州栽培 1 种。

供蔬食。

与上属的区别在于:本属花无梗,为簇生的穗状花序,花被片肉质,花丝在花蕾中直立。

落葵　木耳菜　(图 1-284)

Basella alba L.

一年生缠绕草本。全株肉质,光滑无毛。茎分枝明显,绿色或淡紫色。单叶互生;叶柄长 1～3cm;叶片宽卵形、心形或长椭圆形,长 2～19cm,宽 2～16cm,先端急尖,基部心形或圆形,或下延,全缘,叶脉在下面微凹,上面稍凸。穗状花序腋生或顶生,单一或有分枝;小苞片 2 枚,呈萼状,长圆形,宿存;花无梗;花被片 5 枚,淡紫色或淡红色,下部白色,联合成管;花瓣缺如;雄蕊 5 枚,花被片与萼片对生,花丝在蕾中直立;花柱 3 枚,基部合生,柱头具多数小颗粒凸起。果实卵球形或球形,长 5～6mm,多汁液,为宿存肉质小苞片和萼片所包裹;种子近球形。花期 6—9 月,果期 7—10 月。

区内常见栽培,作蔬菜。原产于亚洲热带地区。

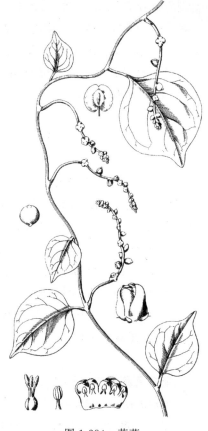

图 1-284　落葵

25. 石竹科　Caryophyllaceae

草本,稀半灌木。茎节常膨大。单叶,对生,多全缘,基部常联合;托叶无或干膜质。花两性,稀单性,辐射对称,常成二歧聚伞花序,稀单生;萼片 4 或 5 枚,离生或联合成管状,宿存;花瓣与萼片同数,稀缺,常有爪;雄蕊数常为花瓣的 2 倍,少为同数或更少;子房上位,1 室,稀不完全 2～5 室,特立中央胎座,花柱 2～5 枚。蒴果,顶端瓣裂或齿裂,裂片与花瓣同数或为 2 倍,稀浆果或瘦果。

约 75 属,2000 种,全球广布,主产于北半球温带和暖温带,地中海地区为其分布中心;我国有 30 属,390 多种及若干种下类群,几遍布全国,以北部和西部为主要分布区;浙江有 16 属,46 种,1 亚种,2 变种;杭州有 13 属,26 种,1 亚种。

分 属 检 索 表

1. 萼片离生;花瓣近无爪,稀无花瓣。

　2. 植株具纺锤状块根;花二型,生茎顶端的为开花授粉花,有明显花瓣,通常不结实,生茎基部的为闭花授粉花(闭锁花),无花瓣或花瓣较小,结实 ……………………………………… 1. **孩儿参属** *Pseudostellaria*

　2. 植株无块根;花同型,无闭锁花。

　　3. 花瓣2深裂。

　　　4. 花柱5枚,稀3或4枚,常与萼片对生;蒴果长筒形,顶端多10齿裂 … 2. **卷耳属**　*Cerastium*

　　　4. 花柱3或5枚,稀2枚,如5枚则与萼片互生;蒴果常6瓣裂,或5瓣裂至中部且裂瓣先端2齿状。

　　　　5. 花柱3枚,稀2枚;蒴果常6瓣裂 ………………………………… 3. **繁缕属**　*Stellaria*

　　　　5. 花柱5枚;蒴果5瓣裂至中部,裂瓣先端2齿状………………… 4. **鹅肠菜属**　*Myosoton*

　　3. 花瓣全缘或近全缘。

　　　6. 花柱4或5枚,与萼片同数互生;叶片线形 ……………………… 5. **漆姑草属**　*Sagina*

　　　6. 花柱3枚,稀2或4枚,少于萼片数。

　　　　7. 种子平滑,有光泽;种脐旁有白色膜质种阜 ………………… 6. **种阜草属**　*Moehringia*

　　　　7. 种子周边具小凸起,无光泽;种脐旁无种阜 ………………… 7. **蚤缀属**　*Arenaria*

1. 萼片合生,形成萼筒;花瓣明显具爪。

　8. 花柱3或5枚。

　　9. 花柱5枚;蒴果顶端5齿裂或瓣裂;子房1室 …………………………… 8. **剪秋罗属**　*Lychnis*

　　9. 花柱3或5枚;蒴果顶端常6或10齿裂;子房1室或基部为不完全的3~5室 ………………

　　…………………………………………………………………………… 9. **蝇子草属**　*Silene*

　8. 花柱2枚。

　　10. 萼筒基部膨大,先端狭窄,外具5条翅状凸起的脉棱;蒴果为不完全4室 ………………

　　…………………………………………………………………………… 10. **王不留行属**　*Vaccaria*

　　10. 萼筒通常筒形或钟形,无凸起的脉棱;蒴果1室。

　　　11. 萼下有1至数对苞片;花瓣顶端齿裂或细裂为流苏状;种子圆盾状 …… 11. **石竹属**　*Dianthus*

　　　11. 萼下无苞片;花瓣全缘、微缺或2裂;种子通常肾形。

　　　　12. 花瓣渐狭成爪,无附属物;萼有5脉,脉间显著呈膜质 ……… 12. **石头花属**　*Gypsophila*

　　　　12. 花瓣骤狭成爪,有鳞片状附属物;萼有多数细脉,脉间不为膜质 ………………………

　　　　…………………………………………………………………… 13. **肥皂草属**　*Saponaria*

1. 孩儿参属　Pseudostellaria Pax

　　多年生草本。常有纺锤形或近球形的块根。茎直立或斜生,无毛,或具1或2列毛。花两型:顶部的花较大;萼片4或5枚;花瓣4或5枚,比萼片长;雄蕊8或10枚;花柱2或3枚,柱头头状。近基部的花较小,萼片4或5枚;花瓣缺,或4或5枚;雄蕊10枚或缺,藏于萼内;花柱1~3枚,胚珠多数。蒴果球形,略带肉质,成熟时(2)3(4)瓣裂;种子光滑或具细刺或细疣状凸起。

　　约18种,主产于亚洲东部和北部,欧洲1种,北美洲2种;我国有9种,广布于长江流域及其以北地区;浙江有3种;杭州有1种。

孩儿参　太子参　异叶假繁缕　(图1-285)

Pseudostellaria heterophylla(Miq.) Pax

　　多年生草本。具肉质纺锤形块根。茎常单生,近四方形,具2列白色短柔毛。茎中下部的叶片对生,茎顶端常4叶对生成"十"字形;叶片卵状披针形至长卵形,长3~6cm,宽1~3cm,先端渐尖,基部宽楔形,两面无毛或下面脉上疏生柔毛。花两型,腋生;茎下部花较小,萼片4枚,卵形,被短柔毛,常无花瓣,雄蕊2枚;柱头3枚;茎上部花较大,花梗长1~2cm,

萼片5枚,披针形,长约6mm,基部和外面中脉上被毛,花瓣5枚,白色,倒卵形,先端2～3浅齿裂,基部渐狭;雄蕊10枚,花柱3枚。蒴果卵球形。花期4—5月,果期5—6月。$2n=32$。

见于余杭区(塘栖)、西湖景区(葛岭、宝石山),生于阴湿的山坡及石隙中。分布于安徽、河北、河南、湖北、湖南、江苏、江西、辽宁、内蒙古、青海、山东、陕西、四川;日本、朝鲜半岛也有。

块根入药,名"太子参",有健脾、补气、益血、生津等功效。

图 1-285　孩儿参

2. 卷耳属　Cerastium L.

草本,被柔毛或腺毛,稀无毛。二歧聚伞花序顶生;花白色,萼片5枚,稀4枚;花瓣与萼片同数,先端深凹或2裂;雄蕊10枚,稀5枚或更少;子房1室,胚珠多数,花柱5枚,稀3或4枚,与萼片对生。蒴果圆柱形,先端齿裂,齿裂数为花柱数的2倍。

约100种,主要分布于北温带;我国有23种,东北、华北、西北、华中、西南地区都有分布;浙江有2种,1亚种;杭州有1种,1亚种。

1. 球序卷耳　(图 1-286)

Cerastium glomeratum Thuill.

一年生草本,高10～25cm,全株密被白色长柔毛。茎直立,丛生,上部混生腺毛。下部叶片倒卵状匙形,顶端钝;上部叶片卵形至长圆形,长1～2cm,宽0.5～1.2cm,先端钝或略尖。聚伞花序呈簇生状或头状;花梗与花序梗均密被长柔毛;萼片5枚,披针形,外密生长腺毛;花瓣5枚,白色,狭长椭圆形,长于或近等长于萼片,先端2浅裂;雄蕊10枚,短于萼片;花柱5枚。蒴果圆柱形,长于宿萼,先端10齿裂。花期4月,果期5月。$2n=72$。

区内常见,多生于路边荒地及山坡草丛中。分布于福建、广西、贵州、河南、湖北、湖南、江苏、江西、辽宁、山东、西藏、云南;世界广布。

图 1-286　球序卷耳

2. 簇生卷耳 （图 1-287）

Cerastium fontanum Baumg. subsp. vulgare
(Hartman) Greuter & Burdet ——*C. fontanum* Baumg.
subsp. *triviale* (Link) Jalas——*C. caespitosum* Gilib.

多年生(有时为一年生、越年生)草本,高 15～
30cm。茎被白色短柔毛和腺毛。叶片两面被短柔
毛;下部叶片近匙形或倒卵状披针形,基部渐狭呈柄
状;中上部叶片狭卵形、狭卵状长圆形或披针形,长
1～3cm,宽 3～10mm,顶端尖,基部近无柄,边缘具
缘毛。聚伞花序顶生;花梗密被长腺毛,花后弯垂;
萼片 5 枚,长圆状披针形,外密被长腺毛;花瓣 5 枚,
白色,倒卵状长圆形,一般短于萼片,或等长于萼片,
顶端 2 浅裂;雄蕊 10 枚,短于花瓣;花柱 5 枚。蒴果
圆柱形,长约为宿萼的 2 倍,顶端 10 齿裂。花期 5—
6 月,果期 6—7 月。$2n=144$。

见于西湖景区(云栖),生于路旁草丛。分布于
全国各省、区;世界广布。

图 1-287 簇生卷耳

与上种最主要的区别在于:本亚种的花瓣一般短于萼片;而后者的花瓣长于或近等长于
萼片,且花常密集排列成头状。

3. 繁缕属 Stellaria L.

草本。茎铺散或疏松向上升。圆锥状聚伞花序顶生,稀单生于叶腋;花白色,萼片 5 枚,稀
4 枚;花瓣与萼片同数,先端 2 裂几达基部,有时缺;雄蕊 10 枚,稀 8 枚;子房 1～3 室,胚珠多
数,花柱 3 枚,稀 2 或 4 枚。蒴果瓣裂裂片数常为花柱的 2 倍。

约 190 种,广布于温带及寒带;我国有 64 种,15 变种,广布于全国;浙江有 9 种,1 变种;杭
州有 4 种。

分 种 检 索 表

1. 叶全部无柄或近无柄;茎无毛 ·· 1. 雀舌草 *S. alsine*
1. 茎下部叶具长柄,向上逐渐变短至近无柄;茎无毛或一侧常具 1 列柔毛。
  2. 花瓣缺或很小;雄蕊通常 3～5 枚 ·· 2. 无瓣繁缕 *S. pallida*
  2. 花瓣存在且显著,比萼片短或近等长;雄蕊 3～10 枚。
    3. 叶片卵圆形;雄蕊 5 枚 ·· 3. 繁缕 *S. media*
    3. 叶片长圆形至卵状披针形;雄蕊 8～10 枚 ································ 4. 鸡肠繁缕 *S. neglecta*

1. 雀舌草 （图 1-288）

Stellaria alsine Grimm——*S. uliginosa* Murr.

一年生无毛草本,高 10～20cm。茎常四棱形,基部平卧,上部直立,具疏散分枝。叶片匙

状长卵形至卵状披针形,长 0.5~1.5cm,宽 0.3~0.6cm,先端尖,基部渐狭,全缘或呈微波形;无柄或近无柄。顶生二歧聚伞花序,花少数,偶单生于叶腋;花梗纤细,花后下垂;萼片 5 枚,披针形,长 3~4mm;花瓣 5 枚,白色,狭椭圆形,2 深裂几达基部,与萼等长或稍短;雄蕊5(10)枚,长约为花瓣的 1/2;花柱 3 枚。蒴果卵球形,与宿萼近等长或过之,熟时先端 6 瓣裂。花期 4—5 月,果期 6—7 月。$2n=24,36$。

　　见于西湖景区(龙井、满觉陇、云栖),常生于田间、溪岸或潮湿地。分布于安徽、福建、甘肃、广东、广西、贵州、河南、湖南、江苏、江西、内蒙古、台湾、四川、西藏、云南;北温带广布,南达喜马拉雅地区及越南。

　　全株药用,可强筋骨、治刀伤。

图 1-288　雀舌草

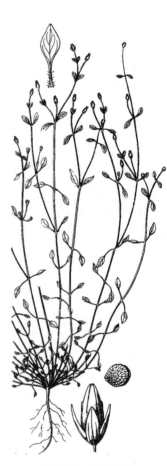

图 1-289　无瓣繁缕

2. 无瓣繁缕 （图 1-289）

Stellaria pallida（Dumort.）Crép. ——*S. apetala* Ucria ex Roem.

　　草本。茎常铺散,基部分枝有 1 列长柔毛。叶片小,近卵形,长 5~8mm,有时达 1.5cm,顶端急尖,基部楔形,两面无毛,中上部叶无柄,下部叶具长柄。二歧聚伞状花序;花梗细长;萼片披针形,长 3~4mm,顶端急尖,稀卵圆状披针形而近钝,多少被密柔毛,稀无毛;花瓣无或小,近于退化;雄蕊（0~）3~5（~10）枚;花柱极短。种子小,淡红褐色,直径为 0.7~0.8mm。$2n=22$。

见于西湖景区(中天竺、上天竺),生于路边岩石旁。分布于江苏、新疆;亚洲、欧洲也有。

3. 繁缕 (图 1-290)

Stellaria media (L.) Cyr.

一年生、越年生草本,高 10～30cm。茎细弱,蔓延地上,基部多分枝,下部节上生根,上部叉状分枝,一侧具 1 列短柔毛。叶片卵形或卵圆形,长 0.5～2.5cm,宽 0.5～1.8cm,先端渐尖或急尖,基部渐狭或近心形,全缘,密生柔毛和睫毛;基部叶具叶柄,向上渐变无柄。花单生于叶腋或近顶生,或为松散的聚伞花序;花梗细弱,花后下垂,一侧常有 1 列柔毛;萼片 5 枚,卵状披针形,长约 5mm,外被白色柔毛和腺毛;花瓣 5 枚,白色,长椭圆形,2 深裂几达基部;雄蕊 5 枚,长约为花瓣的 2/3,花药紫褐色;花柱 3 枚。蒴果卵球形,熟时 6 瓣裂。花期 4—5 月,果期 5—6 月。$2n=40,42,44$。

区内常见,多生于田地路边、沟边草地等。除新疆和黑龙江外,全国广布;欧亚广布。

茎、叶及种子供药用。

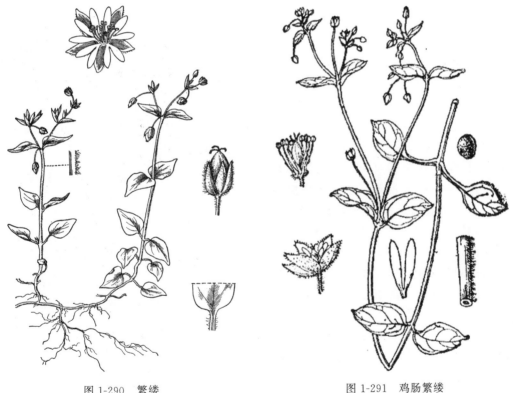

图 1-290　繁缕　　　　　　　　　图 1-291　鸡肠繁缕

4. 鸡肠繁缕 (图 1-291)

Stellaria neglecta Weihe

一年生、越年生草本,高 15～20cm。茎簇生,柔弱,有纵棱,上部稍分枝,茎一侧具 1 列短柔毛。叶片长圆形或卵状披针形,长 1～2cm,宽 0.5～1cm,先端渐尖或急尖,基部圆钝,中下部常疏生睫毛,中脉明显;基生叶具叶柄,向上渐变无柄。二歧聚伞花序顶生;花序梗长 4～5cm;苞片叶状;花梗纤细,长 5～12mm;萼片 5 枚,卵状披针形,长 3～4mm,外被疏生柔毛;花瓣 5 枚,白色,稍短于萼,2 深裂几达基部;雄蕊 8～10 枚。蒴果卵球形,稍长于宿萼,熟时 6 瓣裂。花期 5—6 月,果期 6—7 月。$2n=22$。

区内常见,多生于山地阔叶林下及路边草丛中。分布于贵州、黑龙江、江苏、内蒙古、青海、陕西、四川、台湾、西藏、新疆和云南;俄罗斯、日本、哈萨克斯坦、亚洲西南部、非洲北部、欧洲南部也有。

全草药用,有抗菌消炎的作用。

4. 鹅肠菜属　Myosoton Moench

多年生草本。茎基部匍匐,上部渐上升。花白色,二歧聚伞花序顶生,少单生于叶腋;萼片 5 枚;花瓣 5 枚,先端 2 深裂;雄蕊 10 枚;子房 1 室,胚珠多数,花柱 5 枚。蒴果熟时 5 瓣裂,每瓣先端又 2 深裂;种子圆肾形,表面具疣状凸起。

1 种,分布于温带亚洲和欧洲;我国东北、华北、华东、华中、西南、西北等省、区有产;浙江及杭州也有。

牛繁缕　鹅肠菜　（图 1-292）

Myosoton aquaticum（L.）Moench——*Malachium aquaticum*（L.）Fries

二或多年生草本,高 20～80cm。茎有棱,基部常匍匐,几无毛,上部渐直立,被白色短柔毛。下部叶片卵状心形,长 0.5～1cm,宽 0.3～0.8cm,有明显叶柄;上部叶片椭圆状卵形或宽卵形,长 1～4cm,宽 0.5～2cm,先端渐尖,基部稍抱茎。花白色,单生于叶腋或多朵排成顶生聚伞花序;苞片小型,叶状,具腺毛;花梗长 1～2cm,花后下垂;萼片卵状披针形,长 4～5mm,花后增大,外被柔毛;花瓣裂片长圆形,稍短于萼;雄蕊比花瓣稍短。蒴果卵球形或长圆球形。花期 4—5 月,果期 5—6 月。$2n=20,28$

区内常见,多生于山坡林下、灌丛林缘、荒地、路旁水沟边阴湿处。广布于全国;北半球温带及亚热带、北非也有。

全草入药;幼苗可食和作饲料。

图 1-292　牛繁缕

5. 漆姑草属　Sagina L.

细小草本。茎丛生。叶片线形或线状锥形,基部合生成短鞘状;托叶无。花小,白色,单生于叶腋或聚伞状顶生;萼片 4 或 5 枚;花瓣 4 或 5 枚,或缺,先端全缘或微凹,通常比萼片短,少近等长;雄蕊与萼片同数或较少,有时为其 2 倍;子房 1 室,花柱 4 或 5 枚,与萼片互生,胚珠多数。蒴果 4 或 5 瓣裂常达基部;种子肾形,表面有瘤状凸起。

约 30 种,主产于北温带;我国有 4 种,南北均有;浙江有 2 种;杭州有 1 种。

漆姑草 （图 1-293）

Sagina japonica（Sw.）Ohwi

一年生、越年生小草本,高 5～15cm。茎由基部分枝,呈丛生状,稍铺散,无毛或上部疏生短柔毛。叶片线形,长 5～15mm,宽约 1mm,基部有薄膜,连成短鞘状,具 1 脉。花常腋生或单生于枝端;花梗长 1～2.5cm,疏生腺毛;萼片 5 枚,卵形至长圆形,长约 2mm,外疏生腺毛;花瓣 5 枚,白色,卵形,全缘;雄蕊 5 枚,短于花瓣;花柱 5 枚。蒴果广卵球形,稍长于宿萼,通常 5 瓣裂。花期 4—5 月,果期 5—6 月。$2n = 46,64$。

见于江干区（丁桥、笕桥、彭埠）、拱墅区（半山）、西湖景区（鸡笼山、杨梅岭、桃源岭、云栖）,多生于路旁草地、荒地或沙质地。除海南、吉林、宁夏和新疆外,我国其余各省、区也有;日本、朝鲜半岛、俄罗斯、印度、不丹、尼泊尔也有。

全草药用,清热解毒。

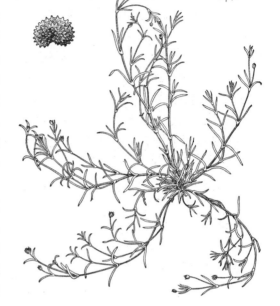

图 1-293　漆姑草

6. 种阜草属　Moehringia L.

草本。茎纤细,丛生。叶无柄或具短柄。花两性,单生或数花集成聚伞花序;萼片 5 枚;花瓣 5 枚,白色,全缘;雄蕊常 10 枚;子房 1 室,胚珠多数,花柱 3 枚。蒴果椭圆球形或卵球形,6 齿裂;种子平滑,具光泽,种脐旁有白色、膜质种阜,有时种阜可达种子周围的 1/3 处。

约 25 种,分布于北温带;我国有 3 种,产于东北、华北、西北、华东、华中、西南及西北;浙江有 1 种;杭州有 1 种。

三脉种阜草　安徽繁缕　（图 1-294）

Moehringia trinervia（L.）Clairv.——*Stellaria anhweiensis* Migo

一年生、越年生草本,高 10～40cm,全株被短柔毛。茎丛生,近直立,细弱,基部多分枝。叶片卵形至宽卵形,有时近圆形,长 1～2.5cm,宽 5～12mm,顶端急尖或微突尖,基部楔形,近无柄或下部叶具柄,边缘具短缘毛,具基出 3 脉,下面中脉被柔毛。聚伞花序顶生,具多数花;萼片披针形,

图 1-294　三脉种阜草

长 3～4mm,顶端渐尖,具 1 脉,边缘膜质,白色,沿脉被硬毛;花瓣倒卵状长圆形,全缘,长为萼片的1/3～1/2;雄蕊长短不一,短于花瓣;花柱 3 枚。蒴果狭卵球形,长2.5～3mm,3 瓣裂,裂瓣顶端 2 齿裂,裂齿外卷;种子球形,黑色,有光泽,种脐旁有白色膜质种阜。花期 5—6 月,果期 6—7 月。2n=24。

见于西湖区(双浦),生于林下。分布于安徽、甘肃、湖北、湖南、江西、陕西、四川、台湾、新疆、云南;日本、哈萨克斯坦及亚洲西南部和欧洲也有。

7. 蚤缀属　Arenaria L.

草本。茎常丛生,多分枝,直立或铺散。花白色,通常成顶生聚伞花序,稀单生于叶腋;萼片 5 枚;花瓣 5 枚,常全缘,稀顶端具齿;雄蕊(5)10 枚;子房 1 室,胚珠多数,花柱 3 枚,稀 2 或4 枚。蒴果 3 或 6 瓣裂;种子平滑或具疣状凸起。

300 多种,主产于北半球寒、温两带;我国有 102 种,集中于西南至西北的高山和亚高山地区,东北、华北、华东较少,华中、华南地区仅有极少数种;浙江有 1 种;杭州有 1 种。

蚤缀　无心菜　鹅不食草　(图 1-295)

Arenaria serpyllifolia L.

一年生、越年生小草本,高 10～20cm,全株被白色短柔毛。茎丛生,叉状分枝。叶小型;叶片卵形或倒卵形,长3～7mm,宽 2～4mm,先端渐尖,基部近圆形,具缘毛,两面疏生柔毛及细乳头状腺点。聚伞花序疏生于枝端;苞片、小苞片叶状;花梗纤细,长 6～12mm,密生柔毛及腺毛;萼片 5 枚,卵状披针形,具明显 3 脉,外被柔毛;花瓣 5 枚,白色,倒卵形,全缘,长为萼片的1/3～1/2;雄蕊 10枚,2 轮,与花瓣近等长;花柱 3 枚。蒴果卵球形,稍长于宿萼,熟时先端 6 裂。花期 4—5 月,果期 5—6 月。2n=20,偶为2n=22,40。

见于江干区(彭埠)、西湖区(留下)、余杭区(仓前)、西湖景区(北高峰、虎跑、九溪、桃源岭、珍珠岭),多生于低海拔路旁荒地、田野、山坡草丛中。全国广布;亚洲、欧洲、北美洲、北非、澳大利亚也有。

全草药用,清热解毒。

图 1-295　蚤缀

8. 剪秋罗属　Lychnis L.

草本。茎直立。圆锥状聚伞花序;萼片合生成萼筒,顶端5齿裂,萼脉10枚;花瓣5枚,先端2裂,或不整齐浅裂或深裂,有时全缘,基部具爪,喉部具2枚小鳞片;雄蕊10枚;子房1室,胚珠多数,花柱5枚。蒴果具宿萼,顶端5齿裂。

约25种,分布于温带非洲、亚洲和欧洲;我国有6种,产于东北、华北和长江流域,多栽培供观赏及药用;浙江有4种;杭州有3种。

分 种 检 索 表

1. 植株密被灰白色茸毛;花瓣先端微缺;萼齿钻形,扭转 ·············· 1. 毛剪秋罗　L. coronaria
1. 植株近无毛或被细柔毛;花瓣先端多裂或啮蚀状;萼齿扁平,不扭转。
　　2. 植株近无毛;花橘红色,花瓣不规则浅裂 ·············· 2. 剪夏罗　L. coronata
　　2. 植株被细柔毛;花深红色,花瓣不规则深条裂 ·············· 3. 剪红纱花　L. senno

1. 毛剪秋罗　(图 1-296)

Lychnis coronaria(L.)Desr.

多年生草本,高 40～80cm,全株密被灰白色茸毛。茎直立,粗壮,分枝稀疏。基生叶倒披针形或椭圆形,长 5～10cm,宽 1～3cm,基部渐狭呈柄状,先端急尖;茎生叶无柄,较小。花单生于茎端或叶腋;花直径约为 2.5cm,花梗粗,比花萼长 2 至数倍;花萼椭圆状钟形,长 10～17mm,近革质,萼齿钻形,长 4～7mm,常扭转;花瓣深红色,长 2～3cm,倒卵形,顶端微凹缺,基部渐狭成爪,喉部具 2 枚小鳞片;雄蕊 10 枚。蒴果长圆状卵球形,长约 1.5cm。花期 5—6 月,果期 6—7 月。2n=24。

区内有栽培,供观赏。我国常栽培供观赏;欧洲南部和亚洲西部也有。

2. 剪夏罗　剪春罗　(图 1-297)

Lychnis coronata Thunb.

多年生草本,高 50～90cm,全株光滑无毛。根状茎竹节状;地上茎丛生,近方形,稍分枝,节部膨大。叶片卵状椭圆形,长 5～13cm,宽 2～5cm,先端渐尖,基部渐狭,边缘具细锯齿,两面无毛;无柄。花橙红色,1～5 朵排成顶生或腋生的聚伞花序;花萼长筒形,长 2～3cm;花瓣宽倒卵形,先端具不规则浅裂,呈锯齿状;喉部具 2 枚小鳞片;花柱 5 枚,细长。蒴果顶端 5 齿裂。花期 5—7 月,果期 7—8 月。

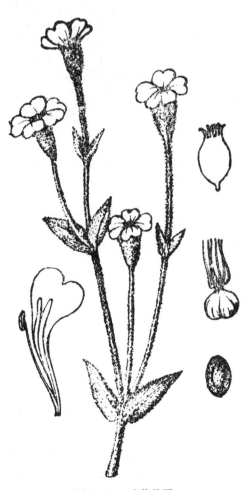

图 1-296　毛剪秋罗

区内有栽培,供观赏。分布于安徽、福建、湖南、江苏、江西、四川,其他省、区有栽培;日本亦有分布,现作观赏花卉广泛栽培于世界各地。

根或全草入药。

图 1-297　剪夏罗

图 1-298　剪红纱花

3. 剪红纱花　剪秋罗　(图 1-298)

Lychnis senno Siebold & Zucc.

多年生草本,高 50～90cm,全株密被细柔毛。根状茎结节状;地上茎单生,不分枝,稀上部分枝。叶片卵状披针形或卵状长圆形,长 4～10cm,宽 1～3cm,先端渐尖,基部楔形,边缘具缘毛,两面有细毛;无柄或具短柄。花深红色,常 1～4 朵成顶生二歧聚伞花序,花序下的叶腋短枝顶端常有单花,花径为 3.5～5cm;萼筒棒状,长 2.5～3cm,萼齿三角状披针形,常带紫色;花瓣长 2～2.5cm,先端不规则深条裂,基部狭窄成爪;花柱 5 枚,丝状。蒴果长圆形,比宿萼稍长。花期 6—9 月,果期 7—10 月。$2n=36$。

区内常见栽培。分布于安徽、甘肃、贵州、河北、河南、湖北、湖南、江苏、江西、四川、云南;日本也有;国内外广泛栽培。

全草或根入药。

9. 蝇子草属　Silene L.

草本。茎常有黏汁。花单生或成聚伞花序;萼合生,萼筒膨大,钟形或圆筒状,具 10～30 条纵脉,顶端 5 齿裂;花瓣 5 枚,先端 2 裂或丝裂,基部狭窄成爪;喉部常有 2 枚鳞片;雄蕊 10 枚,有时 5 枚;子房 1 室或基部不完全 3～5 室,花柱 3 枚,稀 5 枚,胚珠多数。蒴果顶端常 6 或 10 齿裂。

约 600 种,主产于北温带,非洲和南美洲亦有;我国有 110 种,广布于长江流域和北部地区,以西北和西南地区较多;浙江有 7 种;杭州有 5 种。

分 种 检 索 表

1. 花萼圆锥状,具 30 条平行脉 ·· 1. 麦瓶草　*S. conoidea*
1. 花萼不为圆锥状,具 10 条平行脉。
　2. 花序总状或圆锥状;野生植物。
　　3. 一年生或越年生草本;花萼卵形或筒状,长不超过 10mm ·············· 2. 女娄菜　*S. aprica*
　　3. 多年生草本;花萼细长管状,长 15～30mm ····················· 3. 蝇子草　*S. fortunei*
　2. 花序伞房状或为单歧聚伞式;栽培植物。
　　4. 茎光滑无毛;花序伞房状;萼外无毛 ··························· 4. 高雪轮　*S. armeria*
　　4. 全株被白色柔毛;花序为单歧聚伞式;萼外被腺毛 ·············· 5. 大蔓樱草　*S. pendula*

1. 麦瓶草　(图 1-299)

Silene conoidea L.

一年生草本,高 25～60cm,全株被短腺毛。茎单生,直立,不分枝。基生叶匙形,茎生叶长圆形或披针形,长 5～8cm,宽 5～10mm,顶端渐尖,基部稍抱茎,两面被腺毛。花紫红色,着生于叶腋或分枝顶端成圆锥花序;花萼圆锥形,长 2～3cm,直径为 3～4.5mm,绿色,果时基部膨大,呈圆形,上部缢缩,顶端 5 齿裂,纵脉 30 条,沿脉被短腺毛;花瓣 5 枚,倒卵形,全缘或先端微凹缺,有时微啮蚀状,基部渐狭成爪,两侧有耳;喉部有 2 枚鳞片;雄蕊 10 枚;花柱 3 枚。蒴果卵球形或圆锥形,长约 1.5cm,熟时顶端 6 齿裂。花期 4—5 月,果期 5—6 月。$2n=20$。

文献记载区内有分布,常生于荒地草坡。分布于黄河流域和长江流域各省、区,西至新疆和西藏;广布于亚洲、欧洲和非洲。

全草药用。

2. 女娄菜　(图 1-300)

Silene aprica Turcz. ex Fisch. & Mey.

一年生、越年生草本,高 15～60cm,全株密被灰色短柔毛。茎直立,多分枝。基生叶倒披针形或匙形,长 3～6cm,宽 1～2cm,先端急尖,基部渐狭成柄,稍抱茎;茎生叶线状倒披针形至披针形,较基生叶小,近无柄。花淡紫色,稀白色,排成顶生或腋生的圆锥状聚伞花序;花梗不等长,长 5～20mm;萼筒卵状圆筒形,果时膨大,长 4～9mm,外面密被短柔毛,有 10 条纵脉;花瓣倒卵形,与萼近等长或过之,先端 2 浅裂,喉部有 2 枚鳞片;雄蕊 10 枚;花柱 3 枚。蒴果卵球形,

图 1-299　麦瓶草

熟时顶端6齿裂。花期4—5月,果期5—6月。$2n=48$。

见于拱墅区(半山)、西湖景区(宝石山、棋盘山),生于山坡或路旁草地。分布于我国大部分省、区;日本、朝鲜半岛、蒙古和俄罗斯也有。

全草入药。

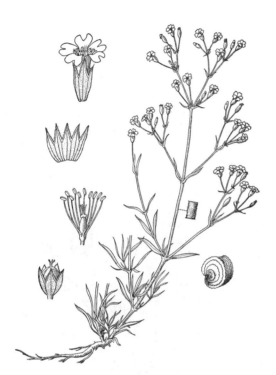

图1-300 女娄菜

图1-301 蝇子草

3. 蝇子草 (图1-301)

Silene fortunei Vis.

多年生草本,高50~150cm。茎丛生,基部木质化,有糙短毛,节膨大,上部常分泌黏汁。基部叶匙状披针形,长1~6cm,宽1~10mm,先端尖或锐尖,基部渐狭成柄,两面无毛。花粉红色或近白色;聚伞花序顶生,具少数花,花序梗上部有黏汁;萼筒细长管状,长1.5~3cm,具10条纵脉,常带紫红色,萼齿卵形,具缘毛;花瓣先端2深裂,裂片再分成细裂片,喉部具2枚小鳞片;雄蕊10枚;花柱3枚。蒴果长圆球形,长约1.5cm,熟时顶端6齿裂。花期7—8月,果期9—10月。$2n=30$。

见于西湖区(双浦),生于林下。分布于安徽、福建、甘肃、河北、江西、山东、山西、陕西、四川、台湾。

4. 高雪轮 (图1-302)

Silene armeria L.

一年生、越年生草本,高30~60cm,全株光滑无毛,常带粉绿色。茎单生,直立,上部分枝,上部具黏液。基生叶匙形,花期枯萎;茎生叶卵形或卵状披针形,长2.5~7cm,宽1~3.5cm,

基部微心形,稍抱茎,顶端急尖或钝。花白色、粉红色或紫红色,排成顶生伞房状聚伞花序;花萼筒状棒形,长 1.2～1.5cm,直径约为 2mm,纵脉 10 条,萼齿短,宽三角状卵形,边缘膜质;花瓣 5 枚,倒卵状楔形,先端微凹缺或全缘,基部具狭长的爪;喉部具 2 枚线状鳞片;雄蕊 10 枚;花柱 3 枚。蒴果长圆形,长约 6.5mm,熟时顶端 6 齿裂。花期 5—6 月,果期 6—7 月。$2n=24$。

区内常见栽培。原产于欧洲南部;我国常栽培供观赏。

图 1-302　高雪轮　　　　　　　　　　　　　图 1-303　大蔓樱草

5. 大蔓樱草　矮雪轮　（图 1-303）

Silene pendula L.

一年生、越年生草本,全株被柔毛和腺毛。茎下部铺散,上部斜生,多分枝,长 20～40cm。叶片卵状披针形或椭圆状倒披针形,长 2～4.5cm,宽 1～1.8cm,基部渐狭,顶端急尖或钝。单歧聚伞花序;花淡红色或白色;萼筒筒状棒形,长 0.8～1.5cm,具 10 条纵脉,被柔毛,花后膨大,顶端 5 齿裂;花瓣 5 枚,倒卵形,先端 2 裂,基部具狭长的爪,喉部具 2 枚鳞片;雄蕊 10 枚;花柱 3 枚。蒴果卵状锥形,长约 9mm,熟时顶端 6 裂。花期 5—6 月,果期6—7 月。$2n=24$。

区内有栽培。原产于欧洲南部;我国常栽培供观赏。

10. 王不留行属　Vaccaria Medic.

一年生草本。茎直立,二歧分枝。叶无柄。花两性,具长梗,数朵排成伞房状或圆锥状聚伞花序；花萼卵状圆筒形，具 5 条翅状棱，花后下部膨大，萼齿 5 枚；花瓣 5 枚，先端全缘或微凹缺，具长爪，喉部无鳞片；雄蕊 10 枚，通常不外露；子房 1 室，胚珠多数，花柱 2 枚。蒴果顶端 4 齿裂。

1 种，产于温带亚洲和欧洲；我国也有，分布于北部至长江流域；浙江及杭州也有。

王不留行   麦蓝菜

Vaccaria hispanica（Mill.）Rausch. ——*V. segetalis*（Neck.）Garcke

一年生、越年生草本，高 30～70cm，全株无毛，微被白粉，呈灰绿色。茎单生，直立，上部分枝。叶片卵状披针形或披针形，长 3～9cm，宽 1.5～4cm，基部圆形或近心形，微抱茎，顶端急尖，具基出 3 脉。伞房花序稀疏；花梗细，长 1～4cm；苞片披针形，着生于花梗中上部；花萼卵状圆锥形，长 10～15mm，宽 5～9mm，后期微膨大成球形，棱绿色，棱间绿白色，近膜质，萼齿小，三角形，顶端急尖，边缘膜质；雌、雄蕊柄极短；花瓣淡红色，长 14～17mm，宽 2～3mm，瓣爪狭楔形，淡绿色，瓣片狭倒卵形，斜展或平展，微凹缺，有时具不明显的缺刻；雄蕊内藏；花柱线形，微外露。蒴果宽卵球形或近球形，长 8～10mm；种子近圆球形，直径约为 2mm，红褐色至黑色。花期 5—7 月，果期 6—8 月。$2n＝30$。

区内有栽培，偶有逸生。我国各地均有栽培；广布于亚洲和欧洲。

种子可入药。

11. 石竹属   Dianthus L.

多年生草本，稀为一年生。叶基部常抱茎节。花顶生，单一或成圆锥状聚伞花序；萼筒管状，顶端 5 齿裂，具脉 7～11 条；苞片 2 至多枚，鳞片状排列于萼筒基部；花瓣 5 枚，全缘、齿裂或细深裂成丝状，基部有长爪；雄蕊 10 枚；花盘延长成一长子房柄；子房 1 室，花柱 2 枚。蒴果圆柱状或长椭圆球形，顶端 4 齿裂或瓣裂。

约 600 种，主要分布于亚洲东部和北部，以及地中海沿岸等温带地区，少数分布于非洲及北美洲；我国有 16 种，10 变种，多分布于北方草原和山区草地，不少栽培种类是很好的观赏花卉；浙江有 7 种，常栽培作观赏花卉或供药用；杭州有 5 种。

分 种 检 索 表

1. 叶片较宽，卵形至椭圆形；花簇生成头状；花梗极短或几无梗 ······························ 1. **日本石竹**   *D. japonicus*
1. 叶片线形至线状披针形；花单生或数朵排成疏散的聚伞花序；花梗长。
  2. 花瓣先端深裂成狭条或细丝。
    3. 苞片 2 对；萼齿先端具突尖；栽培 ································ 2. **常夏石竹**   *D. plumarius*
    3. 苞片 2～4 对；萼齿先端渐尖；野生 ································ 3. **长萼瞿麦**   *D. longicalyx*
  2. 花瓣先端齿裂。
    4. 蒴果卵球形；萼下苞片 4 枚，先端急尖，长约为萼筒的 1/4；花具香气 ············
      ··· 4. **麝香石竹**   *D. caryophyllus*
    4. 蒴果圆筒形；萼下苞片 4～6 枚，叶状，宽卵形，先端长渐尖，长约为萼筒的 1/2 或更长；花不具香气
      ··· 5. **石竹**   *D. chinensis*

1. 日本石竹 （图 1-304）

Dianthus japonicus Thunb.

多年生草本，高 20～60cm。茎直立，粗壮，无毛，圆柱形。叶片卵形至椭圆形，长 3～6cm，宽 1～2.5cm，顶端急尖或钝，基部渐狭，合成短鞘，叶质较厚。花簇生成头状；苞片 4～6 枚，宽卵形，顶端长尾状，长约为萼筒的 1/4；萼筒圆筒状，长 1.5～2.5cm，顶端 5 齿裂；花瓣 5 枚，瓣片红紫色或白色，倒钝三角形，长 6～7mm，顶缘具齿，爪与萼筒近等长。蒴果稍长于宿萼或近等长，熟时顶端 4 齿裂。花、果期 6—9 月。2n=30。

区内有栽培。原产于日本；我国多地有栽培。

2. 常夏石竹　羽裂石竹

Dianthus plumarius L.

多年生草本，高 20～30cm。全株光滑无毛，有白霜。茎直立，簇生，基部有由叶干枯后残留的丝状维管束。叶片线形，厚，长 3～8cm，先端急尖，具中脉，侧脉不明显，边缘粗糙或有细锯齿。花单生或 2～3 朵生于茎顶呈聚伞状，直径为 2.5～3.5cm，芳香；萼下苞片 2 对，宽卵形，顶端具突尖，紧贴萼片，长为萼筒的 1/4～1/3；萼筒圆筒形，有纵脉，长约 2.5cm，带紫色，萼齿 5 枚，短而宽，具突尖；花瓣 5 枚，白色、淡红色或紫色，具条纹或紫黑色花心，瓣片先端流苏状细裂，基部具爪。蒴果圆锥形，短于萼。花期 5—7 月。

区内常见栽培，供观赏。原产于欧洲至俄罗斯西伯利亚地区。

图 1-304　日本石竹

3. 长萼瞿麦 （图 1-305）

Dianthus longicalyx Miq.

多年生草本，高 40～65cm。茎单一，光滑无毛，基部稍木质，上部二歧分枝。叶片线状披针形，长 5～10cm，宽 0.5～0.8cm，先端尖，基部渐狭成短鞘抱茎节，全缘，中脉明显。花淡紫红色，2～10 朵集成顶生或腋生的聚伞花序；花序梗长 2～3cm；花梗长 1～1.5cm；萼下苞片 2～4 对，卵形至卵状披针形，长约为萼筒的 1/4，先端急尖，边缘膜质；萼筒圆筒状，绿色，长 3～4cm；花瓣倒三角形，上部深裂成线形小裂片，基部具长爪。蒴果圆筒形，稍短于宿萼，熟时顶端 4 齿裂。花期 6—8 月，果期 8—9 月。2n=30。

见于西湖景区（北高峰、仁寿山、玉皇山），多生于山坡草地、林下、路旁草地。分布于东北、华东、华中、华南、华

图 1-305　长萼瞿麦

北、甘肃、贵州、宁夏、陕西、四川;日本、朝鲜半岛也有。

4. 麝香石竹　康乃馨　香石竹　（图1-306）

Dianthus caryophyllus L.

多年生草本,高40~70cm,全株无毛,粉绿色。茎丛生,直立,基部木质,上部稀疏分枝。叶片线状披针形,长4~14cm,宽2~4mm,顶端长渐尖,基部稍成短鞘,中脉明显,上面下凹,下面稍凸起。花常单生于枝端,有时2或3朵,有香气,粉红色、紫红色或白色;花梗短于花萼;苞片4枚,菱状卵形,先端急尖,长约为萼筒的1/4;萼筒圆筒形,长2.5~3cm,萼齿披针形,边缘膜质;瓣片倒卵形,顶缘具不整齐齿。蒴果长卵球形,稍短于宿萼,熟时4瓣裂。花期5—8月,果期8—9月。2n=30。

区内有栽培。原产于欧洲地中海沿岸;我国广泛栽培供观赏;欧亚温带也有。

有很多园艺品种,耐瓶插,常用作切花,温室培养可四季开花,用种子或压条繁殖。

图1-306　麝香石竹

图1-307　石竹

5. 石竹　（图1-307）

Dianthus chinensis L.

多年生草本,高30~75cm。茎丛生,光滑无毛或有时被疏柔毛。叶片线形或线状披针形,长3~7cm,宽0.4~0.8cm,先端渐尖,基部渐狭成短鞘抱茎节,全缘或有细锯齿,或有时具睫毛,具3脉,主脉明显。花红色、粉红色或白色等,单生或组成聚伞花序;萼下苞片4~6枚,宽卵形,先端长渐尖,长约为萼筒的 1/2 或更长;萼筒圆筒形,长 1.5~2.5cm,萼齿披针形,长约 5mm;瓣片倒三角形,边缘有不整齐浅锯齿,喉部有斑纹或疏生须毛。蒴果圆筒形,比宿萼长或近等长,熟时顶端 4 齿裂。花期 5—7 月,果期 8—9 月。2n=30。

区内常见栽培。原产于我国北方,今广泛栽培作观赏花卉;蒙古、朝鲜半岛、哈萨克斯坦、欧洲也有。

根和全草入药,清热利尿,破血通经,散瘀消肿。

12. 石头花属　Gypsophila L.

草本。茎直立或铺散,通常丛生。花白色或粉红色,两性,小型,组成圆锥状聚伞花序;花萼顶端 5 齿裂,脉间干膜质;花瓣 5 枚,顶端全缘或微凹,有狭爪;雄蕊 10 枚;花柱 2 枚,子房 1 室,胚珠多数。蒴果熟时 4 瓣裂。

约 150 种,主要分布于欧亚大陆温带地区,北美洲偶见 3 种,埃及和大洋洲各有 1 种;我国有 18 种,1 变种,其中栽培 1 种,主要分布于东北、华北和西北地区;浙江有 3 种;杭州有 1 种。

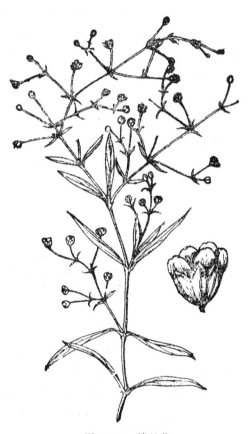

图 1-308　缕丝花

缕丝花　(图 1-308)

Gypsophila elegans M. Bieb.

一年生草本,高 30~45cm。茎直立,分枝,被白粉。叶片线状披针形,中部叶较大,长 2~4cm,宽 2~5mm,顶端急尖或钝,基部渐狭,两面无毛。圆锥状聚伞花序疏展;花直径约为 12mm;花梗细,长 1~3cm;苞片三角形,边缘膜质;花萼钟形,长 3~4mm,萼齿裂至中部,卵形,顶端圆,边缘膜质;花瓣白色或粉红色,长圆形,长为花萼的 2~3 倍,顶端截形或微凹,基部急狭;雄蕊比花瓣短。蒴果卵球形,长于宿萼。花期 5—6 月,果期 7 月。2n=34。

区内有栽培。我国常栽培供观赏;欧洲至高加索地区、土耳其东部、伊朗也有。

13. 肥皂草属　Saponaria L.

草本。花两性,聚伞状圆锥花序;花萼呈管状,不膨大,无肋棱,脉不明显,基部无苞片,萼齿 5 枚;花瓣 5 枚,先端全缘、微凹缺或浅 2 裂,基部爪狭长,瓣片与爪间喉部具 2 枚鳞片状附属物;雄蕊 10 枚;子房 1 室,胚珠多数,花柱 2 枚。蒴果 4 齿裂,齿裂片向外反曲;种子多数,肾形,具小瘤或线条纹。

约30种,主产于地中海沿岸;我国有1种,为引进或栽培逸生种;浙江及杭州也有。

肥皂草 （图 1-309）

Saponaria officinalis L.

多年生草本,高 30～70cm。茎直立,上部分枝,多少被短柔毛,节部膨大。叶片椭圆形或椭圆状披针形,长 3～9cm,宽 2～4cm,具 3 条明显主脉,基部渐狭呈短柄状,微合生,半抱茎,顶端急尖,边缘粗糙,两面无毛。聚伞圆锥花序,小聚伞花序有 3～7 朵花;花萼筒状,长约 2cm,绿色,有时暗紫色,初期被毛,纵脉 20 条,不明显,萼齿宽卵形,具突尖;花瓣白色或淡红色,爪狭长,无毛,瓣片楔状倒卵形,长 10～15mm,顶端微凹缺,瓣片与爪间喉部具 2 枚鳞片状附属物;雄蕊和花柱外露。蒴果长圆状卵球形,长约 15mm;种子圆肾形,黑褐色,具小瘤。花期 6—9 月。$2n=28$。

区内有栽培,供观赏,常逸为野生。原产于西亚和欧洲。

根可入药;含皂苷,可用于洗涤器物。

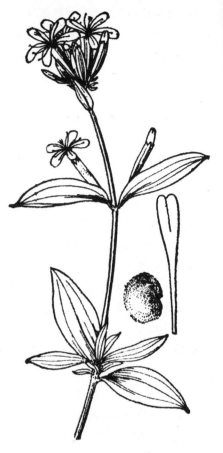

图 1-309 肥皂草

26. 莲科 Nelumbonaceae

多年生水生草本。根状茎肥厚,有节。叶高于或浮于水面,具长叶柄;叶片盾形,叶脉放射状;花单生,两性,具长花梗;萼片 4～5 枚;花瓣多数,离生,皆脱落;雄蕊多数,具外向药;心皮离生,嵌生在扩大的倒圆锥状花托穴内,子房上位,每一心皮具 1～2 枚胚珠;花柱极短,柱头头状。坚果不裂;种子无胚乳;子叶 2 枚,肉质。

1 属,2 种,分布于亚洲、大洋洲和美洲;我国有 1 种;浙江及杭州也有。

莲属 Nelumbo Adans.

属特征同科。

莲 （图 1-310）

Nelumbo nucifera Gaertn.

多年生水生草本,高 1～2m。根状茎肥厚,节间膨大,内有多数纵行通气孔道。叶二型,分浮水叶和挺水叶;叶片圆形,直径为 25～90cm,基部具深弯缺,波状全缘,上面粉绿色,具白粉,下面淡绿色,叶脉呈放射状,有 1～2 次叉状分枝;叶柄圆柱形,中空,散生小刺,长 1～2m。花单生于花梗顶端,红色、粉色或白色,芳香,直径为 10～25cm,花梗散生小刺;萼片 4～5 枚;花瓣卵圆状,长 5～10cm,宽 3～5cm,由外向内渐小;花药条形,花丝细长;柱头顶生。坚果椭圆球形或卵球形,长 1.5～2.5cm,果皮坚硬,熟时黑褐色;种子椭圆球形或卵球形,种皮红色或白色。花期 6—8 月,果期 8—10 月。$2n=16,24$。

区内常见栽培,生于池塘或水田内。我国广泛栽培;大洋洲、日本、朝鲜半岛、印度、越南、亚洲南部也有。

根状茎(藕)作蔬菜或提制淀粉(藕粉);种子供食用;叶、花、果实、种子及根状茎均供药用;可供观赏。

图 1-310　莲

27. 睡莲科　Nymphaeaceae

多年生,稀一年生,水生或沼生草本。根状茎肥厚,沉水。叶盾形或心形,具长叶柄及托叶,浮水或挺水,沉水叶常细弱,有时细裂。花两性,单生于花梗顶端;萼片 3～12 枚,有时花瓣状;花瓣 3 至多枚,或渐变成雄蕊,常具蜜腺;雄蕊 6 至多枚,少数 3～6 枚,花药纵裂;心皮 3 至多枚,分离或愈合,或嵌生于膨大的花托内,柱头盘状或环状,胚珠 1 至多数。坚果、浆果或蓇葖果,不裂或成不规则开裂;种子有或无假种皮,具直生胚珠,胚有肉质子叶。

6 属,约 70 种,广泛分布于热带和北温带;我国有 3 属,8 种;浙江有 3 属,4 种,1 亚种,1 变种;杭州有 3 属,4 种,1 亚种,1 变种。

分属检索表

1. 萼片 5～6(～12)枚,花瓣状 ·· 1. 萍蓬草属　*Nuphar*
1. 萼片 4 枚,绿色,不成花瓣状。
　2. 叶柄、叶脉及果实有刺 ··· 2. 芡属　*Euryale*
　2. 叶柄、叶脉及果实无刺 ··· 3. 睡莲属　*Nymphaea*

1. 萍蓬草属　Nuphar J. E. Smith

多年生水生草本。根状茎粗壮。叶二型:浮水或出水叶圆心形或窄卵形,基部箭形,具深弯缺,全缘;沉水叶膜质。花伸出水面,黄色或淡紫色,单生于花梗顶端;萼片 4～7 枚,黄色或橘黄色,宿存;花瓣 10～20 枚,雄蕊状;雄蕊比萼片短,花丝扁平,花药内向;心皮多数,着生于花托上,子房上位,柱头盘状。浆果卵球形至圆柱形,呈不规则开裂;种子多数,有肉质假种皮。

约 10 种,广布于北温带;我国有 2 种,1 亚种;浙江有 1 种,1 亚种;杭州有 1 亚种。

中华萍蓬草　（图 1-311）

Nuphar pumila（Timm）DC. subsp. sinensis（Hand.-Mazz.）Padgett

多年生水生草本。叶二型:浮水叶纸质,心状卵形或长椭圆形,长 8～15cm,宽 8～12cm,先端钝圆,基部心形,下面边缘密被柔毛;沉水叶膜质,无毛;叶柄基部有膜质翅,被长柔毛。花黄色,直径为 5～6cm;花梗挺出水面,被细柔毛;萼片 5 枚,长圆形或倒卵形,花瓣状,先端圆缺,长 2～2.5cm,宽 1.5～1.8cm;花瓣多数,短小,倒卵状楔形,长 5～7mm,宽 2～3mm,先端微缺;雄蕊多数,花丝扁平,长 5～7mm;子房卵球形,柱头盘 10～13 裂。浆果卵球形,长 2～3cm;种子多数,卵球形,长约 3mm,浅褐色。花、果期 5—9 月。$2n=34$。

区内有栽培,生于池塘。分布于安徽、福建、广东、广西、贵州、湖南、江西。

可供观赏。

原种萍蓬草 N. pumila（Timm）DC. 与本亚种的区别在于:本亚种花较小,直径为 3～4cm,柱头 8～10 裂。

图 1-311　中华萍蓬草

2. 芡属　Euryale Salisb.

一年生多刺水生草本。根状茎粗壮。叶分沉水叶和浮水叶。花单生于花梗顶端;萼片 4 枚,宿存;花瓣小于萼片;雄蕊多数,花丝条形,花药长圆球形,药隔先端截状;子房下位,8 室,藏于花托内。浆果海绵质,球形,不规则开裂,顶端有直立宿存萼片;种子多数,有浆质假种皮及黑色厚种皮,具粉质胚乳。

1 种,分布于亚洲东部;我国有 1 种;浙江及杭州也有。

芡实　鸡头米　（图 1-312）

Euryale ferox Salisb.

一年生大型水生草本。地下茎短,有白色须根。叶二型:初生叶沉水,箭形或圆肾形,长 4～10cm;后生叶浮于水面,叶片革质,圆形或圆肾形,直径为 10～130cm,全缘,上面深绿色,叶脉下凹,下面带紫色,叶脉隆起,两面在叶脉分叉处有锐刺;叶柄中空,密生硬刺。花单生,紫红色,直径约为 5cm,浮于水面;萼片 4 枚,披针形,长 1～1.5cm,密

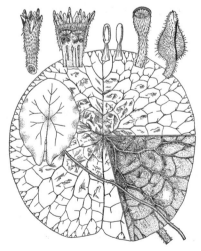

图 1-312　芡实

生硬刺；花瓣多数，排列成数轮，向内渐变成雄蕊状；雄蕊多数；子房卵球状，柱头红色，盘状，凹陷。浆果球形，深紫色，直径为 5～10cm，密被硬刺；种子多数，球形，直径为 6～10mm。花期 7—8 月，果期 8—9 月。$2n=58$。

见于西湖区(三墩)、余杭区(径山)，生于湖泊、池塘。分布于我国各省、区；孟加拉、印度、俄罗斯、日本和朝鲜半岛也有。

种子含淀粉，可供药用、食用、酿酒；全草也可作饲料和绿肥。

3. 睡莲属 Nymphaea L.

多年生水生草本。根状茎肥厚。浮水叶圆形或卵形，基部具弯缺；沉水叶薄膜质。花大而美丽，单生；萼片 4 枚，近离生；花瓣多数，排列成多轮；雄蕊短于萼片和花瓣；心皮环状，藏于肉质杯状花托内；柱头呈凹入柱头盘，胚珠倒生，垂生在子房内壁。浆果不规则开裂，在水面下成熟；种子坚硬，为胶质物包裹，有肉质杯状假种皮。

约 50 种，广布于温带及热带；我国有 5 种；浙江栽培 3 种，1 变种；杭州均有栽培。

分 种 检 索 表

1. 叶片长圆形或卵形。
　　2. 叶片近圆形；花瓣白色或玫瑰红色。
　　　　3. 花瓣白色 ·· 1. 白睡莲　N. alba
　　　　3. 花瓣玫瑰红色 ···································· 1a. 红睡莲　var. rubra
　　2. 叶片卵形；花瓣黄色 ································· 2. 黄睡莲　N. mexicana
1. 叶片心状卵形或卵状椭圆形 ····························· 3. 睡莲　N. tetragona

1. 白睡莲

Nymphaea alba L.

多年生水生草本。根状茎匍匐。叶纸质，漂浮于水面，近圆形，直径为 10～35cm，基部具深弯缺，波状全缘，上面深绿色，平滑，下面淡褐色，两面无毛，有小点；叶柄细长，长可达 70cm。花白色，芳香，单生于花梗顶端，漂浮于水面，直径为 10～20cm；花梗与叶柄几乎等长；萼片 4 枚，披针形，长 3～6cm；花瓣 20～25 枚，卵状长圆形，外轮比萼片稍长；雄蕊多数，外轮花瓣状；柱头扁平，具 14～20 条辐射线。浆果卵球形至半球形，长 2.5～3cm；种子椭圆球形，长 2～3mm。花期 6—8 月，果期 8—10 月。$2n=56,84$。

区内有栽培。分布于河北、山东、陕西；非洲、亚洲西南部和欧洲也有。

花供观赏；根状茎可食用。

1a. 红睡莲

var. rubra Lönnr.

和白睡莲相近，花玫瑰红色，直径约为 10cm。$2n=54$。

区内常见栽培，生于池沼中。原产于瑞典。

花供观赏。

2. 黄睡莲

Nymphaea mexicana Zucc.

多年生水生植物。根状茎直生。浮水叶卵形,直径为 10～20cm,具不明显波状缘,下面红褐色,具黑色小斑点。花鲜黄色,直径约为 10cm。$2n=56,82,84$。

区内常见栽培,生于池沼中。原产于墨西哥。

花供观赏。

3. 睡莲　子午莲

Nymphaea tetragona Georgi

多年生水生草本。根状茎直立。叶纸质,漂浮于水面,心状卵形或卵状椭圆形,长 5～12cm,宽 4～10cm,先端钝圆,基部具深弯缺,全缘,上面绿色,光亮,下面带红色或紫色;叶柄细长,长可达 60cm。花单生于花梗顶端,漂浮于水面,直径为 3～5cm,白色;萼片 4 枚,狭卵形或宽披针形,长 2～3.5cm,宿存;花瓣 8～15 枚,宽披针形、长圆形或倒卵形,长 2～2.5cm;雄蕊多数,花药条形,长 3～5mm;子房短圆锥形,柱头盘状。浆果球形,直径为 2～2.5cm,为宿存萼片包裹;种子多数,椭圆球形,长 2～3mm。花期 6—8 月,果期 8—10 月。$2n=28,66,84,112$。

区内常见栽培,生于池沼中。我国各地均有栽培;印度、日本、朝鲜半岛、哈萨克斯坦、美国、欧洲也有。

根状茎含淀粉,可供食用或酿酒;全草可作绿肥。

28. 莼菜科　Cabombaceae

多年生水生草本。茎纤细,有分枝。叶二型,沉水叶对生或轮生,浮水叶互生,叶椭圆状矩圆形;花小型,两性,单生于叶腋,浮于或高于水面;萼片及花瓣均 3～4 枚,宿存;雄蕊 3～36(～51)枚;雌蕊 3～18 枚,子房 1 室,心皮不生于花托的穴内,每一心皮具 2～3 枚胚珠,下垂,花柱短。瘦果革质,不开裂;种子有内胚乳及外胚乳,子叶 2 枚,肉质。

2 属,6 种,分布于热带和温带地区;我国有 2 属,2 种;浙江及杭州均有。

1. 莼属　Brasenia Schreb.

多年生水生草本。根状茎细长,匍匐;地上茎纤细,多分枝。单叶互生,盾状,全缘,叶脉辐射;叶柄长,叶柄被黏液,浮生于水面。花小,单生于叶腋;花梗长,被黏液;萼片及花瓣均 3～4 枚,宿存;雄蕊 12～18 枚,花丝锥状,花药线形,侧向;心皮 6～18 枚,离生,花柱短,柱头侧生,胚珠 2～3 枚,垂生。坚果,革质;种子 1～2 枚,卵球形。

1 种,分布于温带和热带山区;我国有 1 种;浙江及杭州也有。

莼菜 水案板 （图 1-313）

Brasenia schreberi J. F. Gmel.

多年生水生草本。根状茎匍匐，具叶及匍匐枝；地上茎细长，多分枝，嫩茎、叶及花梗被黏液。叶漂浮于水面，椭圆状矩圆形，长 5～10cm，宽 3～6cm，全缘，上面绿色，下面带蓝紫色；叶柄长 24～40cm，有柔毛。花单生于叶腋，紫红色，直径为 1～2cm；花梗长 6～10cm；萼片3～4枚，线状长圆形或线状倒卵形，花瓣状，长1～1.5cm，先端钝圆，宿存；花瓣 3～4 枚，宿存；雄蕊 12～18 枚，花药线形，长约 4mm；心皮 4～20 枚，线形，离生。坚果革质，长卵球形，成熟时聚为头状，长6～10mm，顶部有弯刺；种子 1～2 枚，卵球形。花期 6 月，果期 10—11 月。$2n=72,80$。

见于西湖区（双浦），生于池塘、河湖或沼泽。分布于安徽、湖南、江苏、江西、四川、台湾、云南；印度、日本、朝鲜半岛、俄罗斯、澳大利亚、美国、非洲也有。

可供食用。

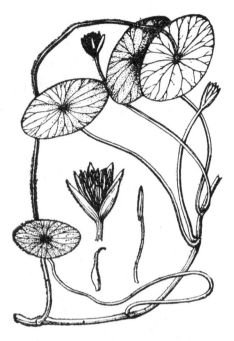

图 1-313　莼菜

2. 水盾草属　Cabomba Aublet.

植株常被锈色柔毛。叶片沉水或浮水，叶柄短或长；沉水叶明显，叶心形，掌状 2 或 3 叉分裂；浮水叶不明显，花期存在于茎上部，互生，叶线状椭圆形，稀戟状、盾状，基部全缘或有齿。花艳丽，食虫性，花梗短；花萼呈花瓣状，倒卵形；花瓣卵形，基部具耳物；雄蕊3～6 枚，与花瓣对生，柱头头状；雌蕊(1)2～4 枚，胚珠(1～)3(～5)枚。果长梨形，先端渐尖；种子卵球形至近球形。

5 种，分布于美洲；我国有 1 种；浙江及杭州也有。

本属植物叶二型：沉水叶对生或轮生，扇形，掌状多回 2 叉分裂，小裂片呈丝状；浮水叶互生，可与上属区别。

竹节水松 水盾草 （图 1-314）

Cabomba caroliniana A. Gray

多年生水生植物。茎细长，长可达 2m，下部近无毛，上部常有锈色毛。叶二型：沉水叶卵圆形，长2.5～7cm，宽 2～5cm，掌状 3～4 次 2 叉分裂，末回裂片线形，叶柄长 3～15mm；浮水叶狭椭圆形，盾状着生，长 1.4～2cm，宽约 0.3cm，叶柄长 1.5～2cm。花单生于茎上部叶腋，直径为 6～15mm；萼片白色，长

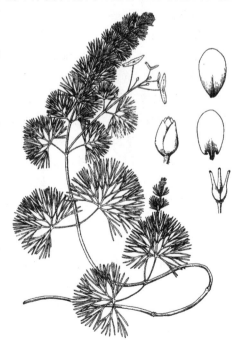

图 1-314　竹节水松

5～12mm,宽2～7mm,先端钝;花瓣与花萼相似,基部有黄色具蜜耳状物。雄蕊(3～)6枚;子房上位,心皮(2)3枚,离生,被短柔毛。2n=34,96。

见于西湖区(三墩)、余杭区(五常),生于池塘、河湖等水域,繁殖能力很强,有入侵性。原产于北美洲东南部和南美洲南部。

可供观赏。

29. 金鱼藻科　Ceratophyllaceae

多年生沉水草本。无根。茎纤细,漂浮于水中,分枝。叶4～12枚轮生,1～4次2叉分枝,裂片丝状或线形,边缘一侧有锯齿或微齿,先端有刚毛;无叶柄和托叶。雌雄同株,花单生于叶腋,微小,雌、雄花异节着生,近无梗;雄花有雄蕊10～20枚,花丝极短,花药外向,纵裂,药隔延伸成粗大附属物,附属物先端有2～3齿;雌花有雌蕊1枚,子房上位,1室,具1枚胚珠。坚果革质,卵球形或椭圆球形,边缘有或无翅,顶端有长刺状宿存花柱,基部有2刺;种子1个,具单层种皮,胚乳极少或无。

1属,6种,广布于热带和温带的静水中;我国有1种,2亚种;浙江有1种,1亚种;杭州有1种。

金鱼藻属　Ceratophyllum L.

属特征同科。

金鱼藻　(图 1-315)

Ceratophyllum demersum L.

多年生沉水草本。茎细长,40～150cm,平滑,具短分枝。叶亮绿色,4～12枚轮生,无柄,1～2回2叉分枝,裂片丝状或条形,长1.5～2cm,宽1～5mm,边缘仅一侧有数枚细齿。花小,单性,直径约为2mm,1～3朵生于节部叶腋;花被片8～12枚,线形,长1.5～2mm,浅绿色,透明,先端有2个短刺尖,花后宿存;雄花有10至多枚雄蕊,花丝极短,药隔附属体上有2个短刺尖;雌花有1枚雌蕊,花柱呈针刺状,宿存,子房卵球形。坚果宽椭圆球形,长4～5mm,宽约2mm,黑色,平滑,具3刺,顶生刺长8～10mm,基部2刺向下斜伸,比果体长,长4～7mm。花期6—7月,果期8—10月。2n=24,38。

区内常见,生于淡水池塘、湖泊、水沟、水库中。世界广布。

可作为鱼类饲料和绿肥。

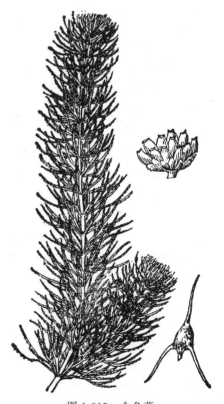

图 1-315　金鱼藻

30. 芍药科 Paeoniaceae

灌木、亚灌木或多年生草本。根圆柱形或具纺锤形的块根。叶互生,通常为 2 回 3 出复叶,小叶全缘或分裂,裂片常全缘。单花顶生,或数朵生于枝顶或茎上部叶腋;花大型,直径为 4cm 以上;苞片 1～6 枚,披针形,叶状,大小不等,宿存;萼片 2～9 枚,宽卵形,大小不等;花瓣 4～13 枚(栽培者多为重瓣),倒卵形;雄蕊多达 230 枚,离心发育,花丝狭线形,花药黄色,纵裂;花盘杯状或盘状,革质或肉质,完全包裹或半包裹心皮,或仅包心皮基部;心皮 1～5(～8) 枚,离生,有毛或无毛,柱头扁平,向外反卷,胚珠多数,沿心皮腹缝线排成 2 列。蓇葖果成熟时沿心皮的腹缝线开裂;种子数颗,种皮厚,黑色或深褐色,光滑无毛。

1 属,约 30 种,分布于欧亚大陆温带地区;我国有 15 种,主要分布于西南、西北地区;浙江有 3 种;杭州有 2 种。

Worsdell(1908)注意到它的雄蕊群离心发育,首先把它从毛茛科中分离出来,提升成为科;Corner(1940)还强调芍药属 *Paeonia* L. 在染色体数目和大小上与毛茛科其他成员差异悬殊,赞同把它提升为科。这些观点得到 Cronquist(1981,1988)的支持。在此将芍药属从毛茛科分离,另成立芍药科。

芍药属 Paeonia L.

属特征同科。

1. 芍药 (图 1-316)

Paeonia lactiflora Pall.

多年生草本,高达 70cm。根粗壮,分枝黑褐色。下部茎生叶为 2 回 3 出复叶,上部为 3 出复叶;小叶狭卵形、椭圆形,长 1.5～16cm,宽 1.5～4.8cm,边缘具白色骨质细齿。花数朵顶生或腋生,有时仅顶端 1 朵开放,直径为 5.5～11.5cm;苞片 4～5 枚,披针形,大小不等;萼片 3～4 枚,宽卵形或近圆形,长 1～1.5cm,宽 1～1.7cm;花瓣 9～13 枚,倒卵形,长 3.5～6cm,宽 1.5～4.5cm,白色或粉红色,有时基部具深紫色斑块;花丝长 0.7～1.2cm,黄色;花盘浅杯状,包裹心皮基部,顶端裂片钝圆;心皮 2～5 枚,无毛。蓇葖果卵圆状圆锥形,长 2.5～3cm,顶端具喙。花期 5—6 月,果期 8 月。$2n=10$。

区内有栽培。分布于甘肃、河北、内蒙古、宁夏、山西、陕西及东北地区;日本、朝鲜半岛、蒙古、俄罗斯也有。

图 1-316 芍药

著名观赏花卉;根供药用,称"白芍"。

2. 牡丹 （图 1-317）

Paeonia suffruticosa Andr.

落叶小灌木,高达 1.5m。叶通常为 3 回 3 出复叶;小叶长卵形,长 4.5～8cm,宽 2.5～7cm,3 裂至中部,裂片不裂或 2～3 浅裂,两面光滑。花单生于枝顶,直径为 10～17cm;花梗长 4～6cm;苞片 5 枚,长椭圆形,大小不等;萼片 5 枚,绿色,宽卵形,大小不等;花瓣5～11枚,或为重瓣,玫瑰色、红紫色、粉红色至白色,通常变异很大,倒卵形,长 5～8cm,宽4.2～6cm,先端呈不规则的波状;花丝紫红色、粉红色,上部白色,长约1.3cm,花药长圆球形,长 4mm;花盘革质,杯状,紫红色,顶端有数个锐齿或裂片,完全包住心皮;心皮 5 枚,密生柔毛。蓇葖果长圆形,密生黄褐色硬毛。花期4—5 月,果期 8 月。$2n=10,15$。

区内有栽培。原产于我国;全国各地广泛栽培。

著名观赏花卉;根皮供药用,称"丹皮"。

与上种的区别在于:本种为灌木;花盘发达,杯状,革质,全包心皮。

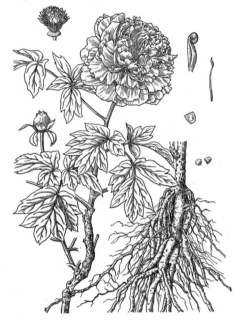

图 1-317   牡丹

31. 毛茛科　Ranunculaceae

多年生或一年生草本,稀灌木或木质藤本。叶通常互生或基生,稀对生,单叶或复叶,通常掌状分裂,无托叶;叶柄基部有时扩大成鞘状。花两性,兼单性,雌雄同株或异株,辐射对称,稀两侧对称,单生或组成各种聚伞花序或总状花序;萼片 3～6 枚或较多,绿色,花瓣状或特化成分泌器官,有时早落;花瓣存在或缺,2～8 枚或较多,常有蜜腺并常特化成分泌器官,这时常比萼片小得多,基部常有囊状或筒状的距;雄蕊多数,稀少数,螺旋状排列,花药 2 室,纵裂,退化雄蕊有时存在;心皮多数、少数或 1 枚,离生,稀合生,在隆起的花托上螺旋状排列或轮生,胚珠多数、少数至 1 枚,倒生,柱头不明显或明显。蓇葖果或瘦果,稀蒴果或浆果,花柱常宿存。

约 60 属,2500 多种;我国有 38 属,921 种;浙江有 17 属,61 种,9 变种;杭州有 5 属,18 种,5 变种。

大多是著名的观赏植物、药用植物或有毒植物。

分 属 检 索 表

1. 子房有数颗胚珠;果为蓇葖果。
　2. 花两侧对称,总状花序 ·· 1. 翠雀属 *Delphinium*

　　2. 花辐射对称,单生或单歧聚伞花序 ┈┈┈┈┈┈┈┈┈┈┈┈┈ 2. **天葵属**　*Semiaquilegia*
1. 子房有 1 枚胚珠;果为瘦果。
　　3. 叶对生;藤本,稀灌木或直立草本;萼片镊合状排列;花柱在果期伸长,呈羽毛状;无花瓣 ┈┈┈┈
　　┈┈┈┈┈┈┈┈┈┈┈┈┈┈┈┈┈┈┈┈┈┈┈┈┈ 3. **铁线莲属**　*Clematis*
　　3. 叶互生或基生;直立草本;萼片覆瓦状排列;有花瓣或无花瓣。
　　　4. 花瓣存在,黄色;萼片通常比花瓣小,多为绿色 ┈┈┈┈┈┈┈┈ 4. **毛茛属**　*Ranunculus*
　　　4. 无花瓣;萼片花瓣状,白色、粉红色、黄色或蓝紫色 ┈┈┈┈┈ 5. **银莲花属**　*Anemone*

1. 翠雀属　Delphinium L.

　　多年生草本,稀为一年生、越年生草本。单叶,互生或均基生,掌状分裂或近羽状分裂。总状花序顶生,有时伞房状,有苞片;两侧对称;花梗有 2 枚小苞片;萼片 5 枚,花瓣状,有各种颜色,上萼片基部延长成囊形至钻形的距;花瓣 2 枚,线形,无爪,有距,内有分泌组织;退化雄蕊 2 枚,花瓣状,分化成瓣片和爪两部分,瓣片不分裂或 2 裂,腹面中央常有 1 簇黄色或白色髯毛,基部常有 2 枚鸡冠状小凸起;雄蕊多数,花丝披针状线形,有 1 脉,花药椭圆球形;心皮 3(4~10)枚离生,胚珠多数,花柱短。蓇葖果,有脉网,宿存花柱短;种子四面体形或扁球形,沿棱有翅,或有横膜翅。

　　约 350 种,广布于北温带地区;我国有 173 种;浙江有 1 种,1 变种;杭州有 1 种。

还亮草　(图 1-318)

Delphinium anthriscifolium Hance

　　一年生草本。茎高 12~80cm。2~3 回近羽状复叶,叶片菱状卵形,长 5~11cm,宽4.5~8cm,羽片 2~4 对,对生,叶柄长 2.5~6cm;末回裂片狭卵形或披针形,通常宽 2~4mm。总状花序有花 2~10 朵,基部苞片叶状;花长 1~1.8cm,萼片堇色或紫色,椭圆形至长圆形,长6~9(~11)mm,萼距圆锥状钻形,长 5~9(~15)mm,稍向上弯曲或近直;花瓣与萼片同色,无毛,上部变宽;退化雄蕊与萼片同色,无毛,瓣片扇形,2 深裂近基部,基部无鸡冠状凸起,雄蕊无毛;心皮 3 枚。蓇葖果长 1.1~1.6cm;种子扁球形,直径为 2~2.5mm,有螺旋状和同心的横膜翅。花期 3—6 月,果期 6—8 月。

　　见于余杭区(百丈、径山、余杭、中泰)、西湖景区(飞来峰、虎跑、九溪、梅家坞、南高峰、玉皇山等),生于林缘、溪边或山坡草丛中。分布于山西、长江流域及其以南各省、区;越南也有。

　　全草供药用。

图 1-318　还亮草

2. 天葵属　Semiaquilegia Makino

多年生小草本。具块根。叶基生和茎生,掌状 3 出复叶。花序为简单的单歧或为蝎尾状的聚伞花序;苞片小,3 深裂或不裂;花小,辐射对称;萼片 5 枚,白色,花瓣状,狭椭圆形;花瓣 5 枚,匙形,基部短囊状;退化雄蕊 2 枚,位于雄蕊内侧,白膜质,线状披针形,与花丝近等长,雄蕊 8～14 枚,花丝丝形,下部微变宽,花药宽椭圆球形,黄色;心皮 3～4(5)枚,离生,胚珠多数,花柱短。蓇葖果微呈星状开展,先端具一小喙,表面有横向脉纹,无毛;种子多数,小,黑褐色,有许多小瘤状凸起。

1 种,分布于我国、日本及朝鲜半岛;浙江及杭州也有。

天葵　千年老鼠屎　(图 1-319)

Semiaquilegia adoxoides(DC.) Makino

多年生草本。块根椭圆形或纺锤形。茎丛生,高 10～32cm,具分枝。基生叶多数,卵圆形至肾形,长 1.2～3cm,小叶扇形或倒卵状菱形,长 0.6～2.5cm,宽 1～2.8cm,3 深裂,边缘疏生粗齿,两面无毛,叶柄长 3～12cm,基部扩大成鞘;茎生叶与基生叶相似,但较小。花直径为 4～6mm;花梗纤细,长 1～2.5cm;萼片白色,常带淡紫色,狭椭圆形,长 4～6mm,宽 1.2～2.5mm,顶端急尖;花瓣匙形,长 2.5～3.5mm,顶端近截形;退化雄蕊线状披针形。蓇葖果卵状长椭圆球形,长 6～7mm,宽约 2mm,表面具凸起的横向脉纹;种子卵状椭圆球形,褐色,表面有许多小瘤状凸起。花期 3—4 月,果期 4—5 月。

区内常见,生于山坡疏林下、山脚路旁、沟边或山谷地的较阴处。分布于长江流域及其以南各省、区;日本、朝鲜半岛也有。

块根可供药用。

图 1-319　天葵

3. 铁线莲属　Clematis L.

多年生木质或草质藤本,稀为直立灌木或草本。叶对生,或与花簇生,偶尔茎下部叶互生,1～2 回 3 出复叶至羽状复叶,稀为单叶;叶片或小叶片全缘、有锯齿或牙齿、分裂;叶柄存在,有时基部扩大而联合。花两性,稀单性,排列成聚伞花序、圆锥花序,或 1 至数朵与叶簇生,少数单生;萼片 4 或 6～8 枚,花瓣状,直立,呈钟状、管状或开展,花蕾时常镊合状排列,外面通常有柔毛,边缘有茸毛;花瓣缺;雄蕊多数,有毛或无毛,药隔不凸出或延伸,退化雄蕊有时存在;心皮多数,有毛或无毛,每一心皮内有 1 枚下垂胚珠。瘦果多数,聚成头状,成熟时宿存花柱伸长而呈羽毛状,或不伸长而呈喙状。

约 300 种,广布于全球;我国有 147 种,西南地区较多;浙江有 27 种,4 变种;杭州有 8 种,4 变种。

分 种 检 索 表

1. 直立草本或亚灌木;花萼下部呈管状 ·················· 1. 大叶铁线莲 *C. heracleifolia*
1. 攀援的草质或木质藤本;花萼下部呈钟状。
　2. 单叶,边缘具刺头状浅齿;雄蕊有毛 ·················· 2. 单叶铁线莲 *C. henryi*
　2. 复叶;雄蕊无毛。
　　3. 小叶边缘有锯齿;花药短,长 1～2.5mm。
　　　4. 叶为 3 出复叶。
　　　　5. 下面疏生短柔毛或仅沿脉较密,边缘具缺刻状粗齿或牙齿 ·········· 3. 女萎 *C. apiifolia*
　　　　5. 下面密生短柔毛,边缘有少数钝牙齿 ·············· 3a. 钝齿铁线莲 var. *argentilucida*
　　　4. 叶为 1 回羽状复叶,或 1～2 回 3 出复叶。
　　　　6. 小叶 5 或 7 枚,1 回羽状复叶 ··········· 4. 毛果铁线莲 *C. peterae* var. *trichocarpa*
　　　　6. 小叶 5～21 枚,1～2 回羽状复叶或 3 回 3 出复叶。
　　　　　7. 边缘疏生粗锯齿或牙齿 ·············· 5. 短尾铁线莲 *C. brevicaudata*
　　　　　7. 边缘具粗锯齿或牙齿、全缘。
　　　　　　8. 子房、瘦果无毛·········· 6. 扬子铁线莲 *C. puberula* var. *ganpiniana*
　　　　　　8. 子房、瘦果有毛 ·············· 6a. 毛果扬子铁线莲 var. *tenuisepala*
　　3. 小叶片全缘;花药长,长 2～6mm。
　　　9. 小叶柄具关节 ·················· 7. 柱果铁线莲 *C. uncinata*
　　　9. 小叶柄不具关节。
　　　　10. 叶为 3 出复叶 ·················· 8. 山木通 *C. finetiana*
　　　　10. 叶为 1 回羽状复叶或 2 回 3 出复叶。
　　　　　11. 叶为 1 回羽状复叶,干后浅褐色·········· 9. 圆锥铁线莲 *C. terniflora*
　　　　　11. 叶为 2 回 3 出复叶或羽状复叶,干后棕红色或紫红色 ··········
　　　　　·················· 10. 毛萼铁线莲 *C. hancockiana*

1. 大叶铁线莲 （图 1-320）

Clematis heracleifolia DC.

直立草本或半灌木,高约 0.3～1m。根粗大,木质化。3 出复叶;小叶片亚革质或厚纸质,宽卵形,长 6～10cm,宽 3～9cm,先端短尖,基部圆形或楔形,边缘有不整齐的粗锯齿,上面近无毛,下面有曲柔毛;叶柄粗壮,长达 15cm,顶生小叶柄长,侧生者短。聚伞花序顶生或腋生,花序梗粗壮;花杂性,雄花与两性花异株,直径为 2～3cm,花萼下半部呈管状,顶端常反卷;萼片 4 枚,蓝紫色,长椭圆形至宽线形,常在反卷部分增宽,长 1.5～2cm,内面无毛,外面有白色短柔毛;雄蕊长约 1cm,花药线形,与花丝等长。瘦果卵球形,长约 4mm,宿存花柱长达 3cm。花期 8—9 月,果期 10 月。$2n=16$。

见于拱墅区(半山),生于山坡沟谷、林边及路旁的灌丛中。分布于华东、华中、华北及东北;朝鲜半岛也有。

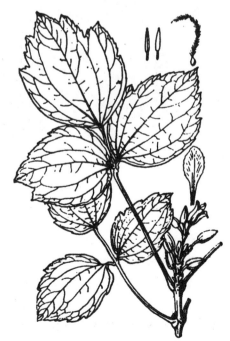

图 1-320 大叶铁线莲

全草及根供药用。

2. 单叶铁线莲　雪里开　(图 1-321)

Clematis henryi Oliv.

常绿攀援木质藤本。主根下部膨大成纺锤形,直径为 1.5～2cm。单叶;叶片卵状披针形,长5.5～16cm,宽 3～7.5cm,先端渐尖,基部浅心形,边缘具刺头状浅齿,两面常无毛,具 3～5 条基出脉,网脉明显;叶柄长 2～6.5cm,常扭曲。聚伞花序腋生,常具 1 朵花,稀 2～5 朵,花序梗细瘦,下部有 2～4 对线状苞片;花钟状,直径为 2～2.5cm;萼片 4 枚,白色或淡黄色,卵形或长卵形,长1.4～2.2cm,宽 4～12mm,先端钝尖,外面疏生茸毛,内面无毛;雄蕊有毛;子房被短柔毛,花柱羽状。瘦果狭卵球形,长 3mm,宿存花柱长达3.5～4.5cm。花期 11 月至翌年 1 月,果期翌年 3—5 月。

见于余杭区(良渚)、西湖景区(六和塔、棋盘山),生于山坡林缘、溪边、路边灌丛、沟谷石缝中,或缠绕于树上。分布于长江流域及其以南各省、区。

膨大的根、茎、叶供药用。

图 1-321　单叶铁线莲

图 1-322　女萎

3. 女萎　(图 1-322)

Clematis apiifolia DC.

木质藤本。茎长 1～6m;茎、小枝、花序梗和花梗密生贴伏短柔毛。3 出复叶,连叶柄长5～17cm,叶柄长 3～7cm;小叶片卵形或宽卵形,长 2～9cm,宽 1.6～7cm,常不明显 3 浅裂,边缘具缺刻状粗齿或牙齿,上面疏生短柔毛或无毛,下面疏生短柔毛或仅沿叶脉较密,网脉下陷。圆锥状聚伞花序多花,花序较叶短,花径约为 1.5cm;萼片 4 枚,开展,白色,狭倒卵形,长约

8mm,两面有短柔毛,外面较密;雄蕊无毛。瘦果纺锤形或狭卵球形,长 3～5mm,不扁,有柔毛,宿存花柱长约 1.5cm。花期 7—9 月,果期 9—10 月。$2n=16$。

　　见于西湖区(留下)、余杭区(良渚、鸪鸟、闲林)、西湖景区(虎跑、九溪、灵峰、龙井、上天竺、云栖等),生于向阳山坡、路旁或林下灌丛中,常攀于它物上。分布于安徽、福建、江苏、江西;日本、朝鲜半岛也有。

　　根、茎或全株入药。

3a. 钝齿铁线莲

var. argentilucida (H. Lév. & Vant.) W. T. Wang

　　与原种的区别在于:本变种小叶片较大,长 5～13cm,宽 3～9cm,通常下面密生短柔毛,边缘有少数钝牙齿。$2n=16$。

　　文献记载区内有分布,生于山坡杂木林中或水沟边、山谷灌丛。分布于安徽、甘肃、广东、广西、贵州、河南、湖北、湖南、江苏、江西、陕西、四川、云南。

4. 毛果铁线莲 (图 1-323)

Clematis peterae Hand.-Mazz. var. trichocarpa W. T. Wang

　　攀援木质藤本。1 回羽状复叶,有(3～)5 枚小叶;小叶片卵形或长卵形,长 2～9.5cm,宽 0.9～4cm,先端锐尖或短渐尖,基部圆形或浅心形,边缘疏生 1 至数枚小牙齿,有时全缘,两面疏生短柔毛至近无毛。圆锥状聚伞花序多花,花序梗、花梗密生短柔毛,花序梗基部常有 1 对叶状苞片;花直径为 1.5～2cm;萼片 4 枚,开展,白色,倒卵形至椭圆形,长 6～8mm,先端钝,两面有短柔毛;雄蕊无毛。瘦果卵球形,稍扁平,有柔毛,长约 4mm,宿存花柱长达 3cm。花期 6—9 月,果期 8—12 月。

　　见于西湖景区(龙井、凤凰山),生于山坡、沟边或灌丛中。分布于安徽、甘肃、贵州、河南、湖北、湖南、江苏、江西、陕西、四川。

　　全株入药。

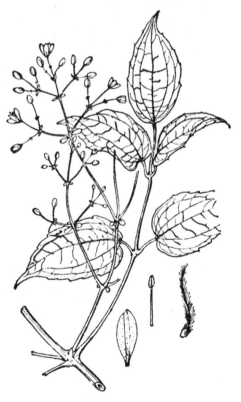

图 1-323　毛果铁线莲

5. 短尾铁线莲 (图 1-324)

Clematis brevicaudata DC.

　　木质藤本。叶常 2 回 3 出复叶,有时 2 回羽状复叶,有(3～)9(～11)枚小叶;小叶片卵形至披针形,长(1～)1.5～6cm,宽 0.7～3.5cm,先端长渐尖,基部圆形、截形至浅心形,边缘疏生粗锯齿或牙齿,有时 3 裂,两面近无毛或疏生短柔毛。圆锥状聚伞花序腋生或顶生,常比叶短;花直径为 1.5～2cm;萼片 4 枚,开展,白色,狭倒卵形,长(6～)9～11mm,两面均有短柔毛,内面较疏或近无毛;雄蕊无毛,花药长2～2.5mm。瘦果卵球形,长约3mm,密生柔毛,宿存花柱长1.5～2(～3)cm。花期7—9月,果期9—10月。2n=16。

见于西湖景区(九曜山),生于山地灌丛、山洞岩石旁或疏林中。分布于东北、华东、华北、西北及西南;朝鲜半岛、蒙古、俄罗斯也有。

藤茎入药。

图1-324　短尾铁线莲

图1-325　扬子铁线莲

6. 扬子铁线莲　(图1-325)

Clematis puberula Hook. f. & Thomson var. ganpiniana (H. Lév. & Vant.) W. T. Wang

木质藤本。2回羽状复叶或2回3出复叶,有5～21枚小叶,基部2对常有3枚小叶或2～3裂,茎上部有时为3出复叶;小叶片卵形至卵状披针形,长1.5～9.8cm,宽0.6～5cm,边缘有粗锯齿、牙齿或全缘,两面近无毛或疏生短柔毛。圆锥状聚伞花序或单聚伞花序,多花或少至3枚花,腋生或顶生,常比叶短;花直径为1.4～2.4(～3.6)cm;萼片4枚,开展,白色,狭倒卵形或长椭圆形,长0.5～1.5(～1.8)cm,外面边缘密生短茸毛,内面无毛;雄蕊无毛,花药长1～2mm。瘦果扁卵球形,长约5mm,无毛,宿存花柱长达3cm。花期7—9月,果期9—10月。2n=16。

见于西湖景区(飞来峰),生于山坡、溪沟边的灌丛中或杂木林中。分布于秦岭以南各省、区。

6a. 毛果扬子铁线莲

var. tenuisepala (Maxim.) W. T. Wang

与上种的区别在于:本变种子房、瘦果有毛。

文献记载区内有分布,生于山坡林下或沟边、路旁草丛中。分布于华东、华南、华中、西南。

7. 柱果铁线莲　（图 1-326）

Clematis uncinata Champ. ex Benth.

常绿木质藤本,干时常带黑色,全体近无毛。1～2 回羽状复叶,有小叶 5～15 枚;小叶片革质或纸质,宽卵形至卵状披针形,长 3～13cm,宽 1.5～5cm,先端渐尖至锐尖,基部圆形或宽楔形,全缘,上面亮绿色,下面灰绿色,两面网脉凸出。圆锥状聚伞花序腋生或顶生,多花;萼片4 枚,开展,白色,干时变褐色至黑色,线状披针形至倒披针形,长 1～1.5cm;雄蕊无毛。瘦果圆柱状钻形,干后变黑,长 5～8mm,宿存花柱长 1～2cm。花期 6—7 月,果期 7—9 月。

见于余杭区(长乐、鸬鸟)、西湖景区(飞来峰、龙井、棋盘山),生于旷野、山坡、山谷、溪边或石灰岩灌丛中。分布于长江流域及其以南各省、区;日本、越南也有。

根入药。

图 1-326　柱果铁线莲

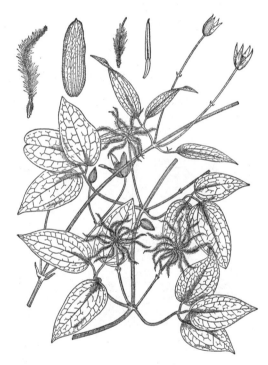

图 1-327　山木通

8. 山木通　（图 1-327）

Clematis finetiana H. Lév. & Vant.

半常绿木质藤本,全体无毛。3 出复叶,茎下部有时为单叶;小叶片薄革质,卵状披针形至卵形,长 3.5～10(～15)cm,宽 1.5～3.5(～6)cm,先端锐尖至渐尖,基部圆形或浅心形,全缘。聚伞花序腋生或顶生,有 1～5(～7)枚花,通常比叶长或近等长;在叶腋分枝处常有多数宿存芽鳞;苞片小,三角形至钻形;花直径为 2～4cm;萼片 4(～6)枚,开展,白色,狭椭圆形或披针形,长1～2cm,外面边缘密生短茸毛;雄蕊无毛,长约 1cm,药隔明显。瘦果镰刀状狭卵球形,长约 5mm,有柔毛,宿存花柱长达 1.5～2.5cm,有黄褐色长柔毛。花期 4—6 月,果期 7—11 月。

区内常见,生于向阳山坡疏林、山脚溪边、路旁灌丛中及山谷石缝中。分布于长江流域及其以南各省、区。2n＝16。

全株供药用。

9. 圆锥铁线莲　黄药子　(图1-328)

Clematis terniflora DC.

木质藤本。茎干后浅褐色。1回羽状复叶,5(～7)枚小叶,有时基部1对2～3裂至2～3枚小叶;小叶片薄纸质,狭卵形至宽卵形,长2.5～8cm,宽1～4.2cm,先端钝或锐尖,基部圆形、浅心形或楔形,全缘,两面疏生短柔毛或近无毛,基出3脉,下面网脉凸出。圆锥状聚伞花序腋生或顶生,多花,通常稍比叶短,长5～15(～19)cm,较开展,花序梗、花梗有短柔毛;花直径为1.5～3cm;萼片通常4枚,开展,白色,狭倒卵形或长圆形,长0.8～1.5(～2)cm,外面有短柔毛,边缘密生茸毛;雄蕊无毛,花药与花丝近等长。瘦果橙黄色,扁平,长4～9mm,有贴伏柔毛,宿存花柱长达4cm。花期6—8月,果期8—11月。2n＝32,48。

区内常见,生于林缘、溪谷岩石旁或旷野路旁,常攀附于它物上。分布于安徽、河南、湖北、江苏、江西、陕西;日本、朝鲜半岛也有。

根入药。

图1-328　圆锥铁线莲

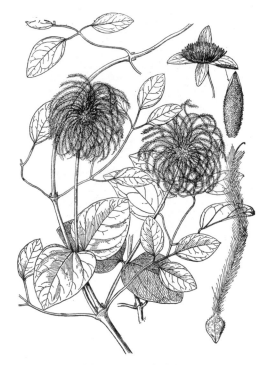

图1-329　毛萼铁线莲

10. 毛萼铁线莲　(图1-329)

Clematis hancockiana Maxim.

木质藤本。茎干后棕红色或紫红色,节部膨大。茎上部叶为3出复叶,茎中下部叶为羽状复叶或2回3出复叶,小叶3～9枚,叶柄长4～11cm,常在侧生小叶柄着生处成"之"字形扭曲;小叶片卵形,长 4～6cm,宽 2～4cm,全缘。聚伞花序腋生,具 1 朵花,花梗长 2～5cm,在中部生 1 对无柄的叶状苞片;萼片 4 枚,紫红色或蓝紫色,长椭圆形,长 1.5～2.5cm,宽 5～7mm,花后常反卷,内面无毛,外面被厚的曲柔毛及茸毛;雄蕊长 1～2cm,花药与花丝近等长。瘦果扁平,宽卵球形或近球形,长约 6mm,被短柔毛,宿存花柱长 3.5～5cm,被灰黄色长柔毛,柱头不膨大。花期 5 月,果期 6 月。

见于西湖区(留下)、余杭区(塘栖)、西湖景区(飞来峰、龙井、南高峰、玉皇山),生于低山坡疏林下、岩石上或灌丛中。分布于安徽、河南、湖北、江苏、江西。

根药用。

4. 毛茛属　Ranunculus L.

多年生或一年生草本,陆生或水生。须根纤维状簇生,或基部增厚呈纺锤形,少数有根状茎。茎直立、斜生或匍匐。叶大多基生兼茎生,单叶或 3 出复叶,3 浅裂至深裂,或全缘及有齿,叶柄基部扩大成鞘状。花单生或成聚伞花序,花整齐;萼片 5 枚,绿色,草质,多早落;花瓣常 5 枚,大多黄色,基部有爪,有点状或袋穴状的蜜槽,或有分离的小鳞片覆盖;雄蕊通常多数,向心发育,花丝线形,花药卵球形或长圆球形;心皮多数,离生,螺旋着生于有毛或无毛的花托上,子房内有 1 枚直生胚珠。聚合果球形或长圆形;瘦果卵球形或两侧压扁,背腹线有纵肋,或边缘有棱至宽翼,果皮平滑或瘤状凸起,少数有刺,喙较短,直伸或外弯。

约 550 种,大多分布于亚洲和欧洲;我国有 125 种,大多分布于西北和西南高山地区;浙江有 9 种;杭州有 7 种。

分 种 检 索 表

1. 植株明显具糙毛或短柔毛。
　2. 基生叶为单叶,掌状 3 深裂至 3 全裂;聚伞花序具多花 ……………………… 1. 毛茛　R. japonicus
　2. 基生叶为 3 出复叶。
　　3. 茎直立;萼片平展;花单生或数个聚生于茎或分枝的顶端 …………… 2. 禺毛茛　R. cantoniensis
　　3. 茎铺散,常匍匐;萼片向下反折;花与叶对生 ……………………… 3. 扬子毛茛　R. sieboldii
1. 植株无毛或几无毛。
　4. 瘦果两面具刺 ………………………………………………………… 4. 刺果毛茛　R. muricatus
　4. 瘦果两面无刺。
　　5. 植株高 15～45cm;须根纤维状;聚合果长圆形 ……………………… 5. 石龙芮　R. sceleratus
　　5. 植株高 5～18cm;须根肉质;聚合果球形。
　　　6. 须根肉质膨大成卵球形或纺锤形;茎直立,节上不生根 …………… 6. 猫爪草　R. ternatus
　　　6. 须根全部肉质增厚成圆柱形;茎匍匐,节上有时生根 …………… 7. 肉根毛茛　R. polii

1. 毛茛　(图 1-330)

Ranunculus japonicus Thunb.

多年生草本,全株被开展或贴伏的柔毛。根状茎短;地上茎高 12～65cm,中空,有槽,具分枝。基生叶肾圆形或五角形,长及宽为 3～10cm,通常 3 深裂不达基部,中裂片菱形,3 浅裂,边缘有粗齿,侧裂片不等的 2 裂,叶柄长达 15cm;茎生叶较小,有短柄或无柄。聚伞花序有多数花,疏散;花直径为 1.4～2.4cm,花梗长 0.8～10cm;萼片 5 枚,椭圆形,长约 5mm;

花瓣 5 枚,黄色,倒卵状圆形,长 7～12mm,基部有爪,蜜槽倒卵状,其上有鳞片。聚合果近球形,直径为 4～6mm;瘦果扁平,长 1.8～2.8mm,边缘有棱,无毛,喙短直或外弯。花期 4—6 月,果期 6—8 月。$2n=14,28$。

　　区内常见,生于郊野、田沟旁、林缘湿草地及向阳山坡草丛中。全国各地有分布;日本、蒙古、俄罗斯也有。

　　全草入药。

图 1-330　毛茛　　　　　　　　　　　　　　　　　　图 1-331　禺毛茛

2. 禺毛茛　(图 1-331)

Ranunculus cantoniensis DC.

　　多年生草本。茎直立,高 20～65cm,上部有分枝,与叶柄均密生开展的黄白色糙毛。3 出复叶;基生叶和下部茎生叶宽卵形至肾圆形,长 3～8cm,宽 3～9cm,叶柄长 4.5～20cm;小叶宽卵形,不分裂,边缘有粗齿,两面贴生糙毛;上部叶渐小,3 全裂,有短柄至无柄。花生于茎顶和分枝顶端,成疏散的聚伞花序,花直径为 0.9～1.3cm;花梗长 1～4cm,与萼片均生糙毛;萼片卵形,长 3mm,开展;花瓣 5 枚,椭圆形,长 5～6mm,基部狭窄成爪,蜜槽上有倒卵形小鳞片。聚合果近球形,直径约为 1cm;瘦果扁平,长约 3mm,无毛,边缘有棱翼,喙基部宽扁,顶端弯钩状。花、果期 4—7 月。$2n=16,32$。

　　见于江干区(彭埠)、余杭区(黄湖、余杭)、西湖景区(黄泥岭、桃源岭),生于山坡疏林下、田边、沟旁水湿地。分布于长江流域及其以南各省、区;不丹、日本、朝鲜半岛、尼泊尔也有。

　　全草含原白头翁素,有毒,供药用。

3. 扬子毛茛 （图 1-332）

Ranunculus sieboldii Miq.

多年生草本。茎铺散,斜生,高 8～30cm,节上生根,多分枝,密生开展的白色或淡黄色柔毛。3 出复叶;基生叶与下部茎生叶圆肾形至宽卵形,长 1.5～5.4cm,宽 2.6～7cm,叶柄长 2.5～14cm;顶生小叶宽卵形,3 浅裂至较深裂,边缘有锯齿,小叶柄长 1～5mm,侧生小叶不等的 2 裂,背面或两面疏生柔毛;茎上部叶较小,叶柄也较短。花与叶对生,直径为0.8～1.8cm;花梗长 3～8cm,密生柔毛;萼片狭卵形,长 4～6mm,花期反折,迟落;花瓣 5 枚,狭椭圆形,长 5～9mm,有长爪,蜜槽小鳞片位于爪的基部。聚合果圆球形,直径约为 1cm;瘦果扁平,长 3～4mm,无毛,边缘有宽棱,喙锥状外弯。花期 4—9 月,果期 5—10 月。$2n=16,32,48,63$。

见于江干区(凯旋)、西湖景区(九溪、桃源岭、云栖),生于郊野路旁、山坡林边、平原湿地及田边潮湿草丛中。分布于长江流域及其以南各省、区;日本也有。

全草入药。

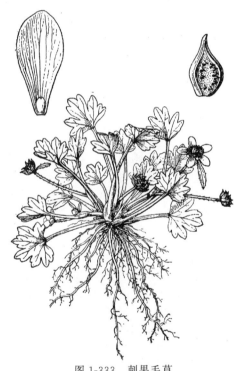

图 1-332　扬子毛茛

图 1-333　刺果毛茛

4. 刺果毛茛 （图 1-333）

Ranunculus muricatus L.

一年生草本,全体近无毛。须根扭转伸长。茎高 5～28cm,自基部多分枝,倾斜上升。叶片近圆形,长及宽为 2～5cm,先端钝,基部截形或稍心形,3 中裂至深裂,边缘有缺刻状浅裂;叶柄长 2～9cm。花直径为 1～2cm;花梗与叶对生,长 1～3cm,散生柔毛;萼片长椭圆形,长 5～6mm,带膜质;花瓣 5 枚,狭倒卵形,长 3～8mm,顶端圆,基部狭窄成爪,蜜槽上有小鳞片。聚合果球形,直径达 1.2cm;瘦果扁平,椭圆形,长 4～5mm,宽约 3mm,边缘有棱翼,两面各有

1圈10多枚具疣基的弯刺,喙基部宽厚,顶端稍弯。花期3—5月,果期5—6月。2n＝32,40,42,48,64。

系归化种,见于余杭区(百丈)、西湖景区(桃源岭、云栖),生于路旁潮湿地或田野的杂草丛中。原产于西亚和欧洲;分布于安徽、江苏。

全草入药。

5. 石龙芮 （图 1-334）

Ranunculus sceleratus L.

一年生草本,全体近无毛。须根簇生,纤维状。茎高 15～45cm,上部多分枝。基生叶肾状圆形,长 1～4cm,宽 1.5～5cm,3 深裂不达基部,裂片 2～3 裂,有粗圆齿,叶柄长 3～15cm;茎生叶的下部叶与基生叶相似,上部叶较小,3 全裂,裂片披针形至线形。聚伞花序有多数花,花小,直径为 4～8mm;花梗长 0.5～1.5cm;萼片船形,淡绿色,长 2～3mm,外面有短柔毛;花瓣5 枚,倒卵形,长 2.2～4.5mm,基部有短爪,具蜜槽,无鳞片。聚合果长圆形,长8～12mm,为宽的 2～3 倍;瘦果极多,近百枚,紧密排列,倒卵球形,稍扁,长 1～1.2mm,两侧有皱纹,无毛,喙短至近无。花期3—5月,果期5—7月。2n＝16,32,56,64。

区内常见,生于郊野沟边、路旁湿地草丛中。分布于全国各地;亚洲、欧洲、北美洲的亚热带至温带地区广布。

全草入药。

图 1-334　石龙芮

图 1-335　猫爪草

6. 猫爪草 （图 1-335）

Ranunculus ternatus Thunb.

一年生草本,全体近无毛。小块根卵球形或纺锤形,直径为 3～5mm。茎铺散,高 5～

17cm，多分枝。基生叶为单叶或 3 出复叶，宽卵形至圆肾形，长 5～35mm，宽 4～25mm；小叶 3 浅裂至深裂，或多次细裂，末回裂片倒卵形至线形，叶柄长 6～10cm；茎生叶较小，全裂或细裂，裂片线形，无柄。花单生于茎顶或分枝顶端，直径为 1～1.6cm；萼片 5～7 枚，绿色，长 3～4mm；花瓣 5～7 枚或更多，黄色或后变白色，倒卵形，长 6～8mm，基部有爪，具蜜槽。聚合果近球形，直径约为 6mm；瘦果卵球形，长约 0.5mm，无毛，边缘有纵肋，喙细短。花期 3—4 月，果期4—7月。$2n=16,32$。

　　见于江干区（凯旋）、西湖景区（宝石山、九溪、龙井、五云山、桃源岭、云栖等），生于郊野、路旁湿地或水田边、潮湿草丛中。分布于安徽、福建、广西、河南、湖北、湖南、江苏、江西、台湾；日本也有。

　　全草入药。

7. 肉根毛茛　上海毛茛　（图 1-336）

Ranunculus polii Franch. ex Forkes & Hemsl.

　　一年生草本，全株无毛。须根伸长，全部肉质增厚成圆柱形，直径为 1.5～3mm。茎匍匐、平卧或斜上升，节上有时生根，高 5～15cm。基生叶为 3 出复叶，小叶卵状菱形，1～2 回 3 深裂达基部，末回裂片披针形至线形，宽 1～2mm，叶柄长 2～6cm；茎生叶下部叶与基生叶相似，上部叶近无柄，叶片 2 回 3 深裂，末回裂片线形。花单生于茎顶和分枝顶端，直径为 1～1.2cm；花梗长 1～4cm；萼片卵圆形，长约 4mm；花瓣 5 枚，黄色或上面白色，倒卵形，长 6～7mm，基部有短爪，蜜槽点状。聚合果球形，直径为 4～6mm；瘦果长圆状球形，长 2～3mm，稍扁，有细毛，有纵肋，喙短。花期 4—5 月，果期5—6 月。$2n=16$。

　　文献记载区内有分布，生于田野、路边杂草丛中。分布于江苏、江西、上海。

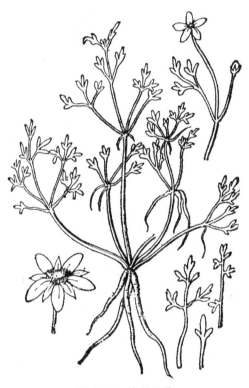

图 1-336　肉根毛茛

5. 银莲花属　Anemone L.

　　多年生草本。根状茎圆柱形。叶基生，少数至多数，有时不存在；单叶、掌状分裂或 3 出复叶，叶脉掌状，叶柄长，基部扩大成近鞘状。花单生或数朵排成聚伞花序；苞片 2 或数枚，对生或轮生，形成总苞，与基生叶相似，掌状分裂或不分裂，有柄或无柄。花整齐，通常中等大；萼片 5 至多枚，花瓣状，白色、蓝紫色或黄色；花瓣缺；雄蕊通常多数，花丝丝形或线形；心皮多数或少数，子房有毛或无毛，有 1 枚下垂的胚珠，花柱存在或缺。瘦果卵球形或近球形，少有两侧扁，具喙。

　　约 150 种，大多分布于亚洲和欧洲；我国有 53 种，大多分布于西南高山地区；浙江有 2 种，2 变种；杭州有 1 种，1 变种。

1. 秋牡丹 （图 1-337）

Anemone hupehensis Lem. var. japonica（Thunb.）Bowles & Stearn

多年生草本。根状茎斜向或垂直,长约 14cm,直径为 5～7mm。基生叶 3～5 枚,为 3 出复叶,叶柄长 5～35cm,疏被柔毛;顶生小叶片卵形,长 4～10cm,宽 3～10cm,不分裂或3～5浅裂,两面有疏糙毛;侧生小叶较小。花葶直立,高 30～120cm,疏被柔毛,聚伞花序 2～3 回分枝,有较多花;苞片 3 枚,轮生,似基生叶,具柄;花重瓣,花梗长 3～10cm,有柔毛;萼片约 20 枚,紫色或紫红色,倒卵形,长 2～3cm,宽 1.3～2cm,外面有短茸毛;雄蕊长 4～6mm,花药黄色,椭圆球形;心皮多于 180 枚,密集排列成球形,长约 1.5mm,子房有长柄,有短茸毛,柱头长方形。聚合果球形,直径约为 1.5cm;瘦果长约 3.5mm,密被绵毛。花期 7—10 月。$2n=16$。

区内有栽培,有时逸生,生于向阴低山坡、林下、山脚荒地及沟边草丛中。分布于安徽、福建、广东、江苏、江西、云南。

花美丽,可供观赏;全草供药用。

图 1-337　秋牡丹

图 1-338　鹅掌草

2. 鹅掌草 （图 1-338）

Anemone flaccida Fr. Schmidt

植株高 15～40cm。根状茎斜生,近圆柱形,节间缩短。基生叶 1～2 枚,有长柄;叶片薄草质,五角形,长 3.5～7.5cm,宽 6.5～14cm,基部深心形,3 全裂,中裂片菱形,3 裂,末回裂片卵形或宽披针形,侧裂片不等 2 深裂;叶柄长 10～28cm。聚伞花序有花 2～3 朵;苞片 3 枚,似基生叶,无柄,不等大,菱状三角形或菱形,长 4.5～6cm,3 深裂;花梗长 4.2～7.5cm;萼片 5 枚,白色,倒卵形或椭圆形,长 7～10mm,宽 4～5.5mm,顶端钝或圆形;雄蕊多数,长为萼片之半,花药椭圆球形,花丝丝状;心皮 8 枚,子房密被短柔毛,无花柱,柱头近三角形。瘦果卵形,被短柔毛。花期4—5月,果期7—8月。$2n=14,21$。

见于余杭区(百丈),生于林缘、沟边草丛中。分布于安徽、贵州、湖北、湖南、江苏、江西、四川、云南;日本、俄罗斯也有。杭州新记录。

根状茎可入药。

与上种的区别在于:本种花中小型,直径不超过2.5cm;瘦果被短柔毛;叶片下面无毛或几无毛。

32. 木通科 Lardizabalaceae

木质匍匐藤本,稀直立灌木。茎缠绕或攀援,木质部有宽大的髓射线。叶互生,掌状或3出复叶,很少为羽状复叶,无托叶;叶柄和小柄两端膨大为节状。总状花序或伞房状的总状花序,稀圆锥花序,花辐射对称,单性,雌雄同株或异株,很少杂性;萼片花瓣状,6枚,排成2轮,覆瓦状或外轮的镊合状排列,很少仅有3枚;花瓣6枚,蜜腺状,远较萼片小,有时无花瓣;在雄花中雄蕊6枚,花丝离生或多少合生成管,花药外向,2室,纵裂,药隔常凸出于药室顶端而成角状或凸头状的附属体,退化心皮3枚;在雌花中有6枚退化雄蕊,心皮3枚,很少6~9枚,轮生在扁平花托上,或心皮多数,螺旋状排列在膨大的花托上,上位,离生,柱头显著,近无花柱,胚珠多数或仅1枚,倒生或直生,纵行排列。果为肉质的骨葖果或浆果,不开裂或沿轴的腹缝开裂;种子多数,或仅1枚,卵球形或肾形。

9属,约50种,大部分产于亚洲东部;我国有7属,37种;浙江有5属,8种,2亚种,2变型;杭州有4属,5种,2亚种。

分 属 检 索 表

1. 掌状复叶,小叶近等形,小叶柄明显。
  2. 落叶或半常绿;小叶全缘或波状,先端微凹;总状花序,萼片3枚,花丝几无,心皮3~9枚 …………
    ……………………………………………………………………… **1. 木通属** *Akebia*
  2. 常绿;小叶全缘,先端尖;伞房花序,萼片6枚,花丝长,分离或靠合,花药通常具尖凸药隔,心皮3枚。
    3. 萼片较厚,先端钝,雄蕊花丝分离 ………………………………… **2. 鹰爪枫属** *Holboellia*
    3. 萼片薄,先端渐尖,雄蕊花丝合成管 ……………………………… **3. 野木瓜属** *Stauntonia*
1. 复叶由3枚小叶组成,中央叶和两侧叶不等形,无小叶柄或仅具短柄 ……… **4. 大血藤属** *Sargentodoxa*

1. 木通属 Akebia Decne.

落叶或半常绿木质缠绕藤本。冬芽具多枚宿存的鳞片。掌状复叶互生或在短枝上簇生,具长柄,通常有小叶3或5枚,小叶全缘或波状。花单性,雌雄同株同序,多朵组成腋生的总状花序;雄花较小而数多,生于花序上部;雌花远较雄花大,1至数朵生于花序总轴基部;萼片3枚,花瓣状,紫红色,有时为绿白色,卵圆形;花瓣缺;雄花雄蕊6枚,离生,退化心皮小;雌花心皮3~12枚,圆柱形,柱头盾状。肉质蓇葖果圆柱形,成熟时沿腹缝开裂;种子多数,卵球形,略扁平,排成多行藏于果肉中。

5种,分布于亚洲东部;我国有4种;浙江有2种,1亚种;杭州有2种,1亚种。

分 种 检 索 表

1. 木通 （图 1-339）

Akebia quinata (Houtt.) Decne.

落叶木质藤本。掌状复叶互生或簇生于短枝,小叶常 5 枚;叶柄纤细,长 4.5～10cm;叶纸质,倒卵形或倒卵状椭圆形,长 2～5cm,宽 1.5～2.5cm,先端圆,基部圆或阔楔形,上面深绿色,下面青白色。伞房式总状花序腋生,长 6～12cm,疏花,基部有雌花 1～2 朵,其上 4～10 朵为雄花;花序梗长2～5cm,着生于短侧枝上,基部为芽鳞片所包托;花略芳香。雄花:花梗长 7～10mm;萼片常 3 枚,淡紫色,偶淡绿色或白色,兜状阔卵形,顶端圆形;雄蕊 6 或 7 枚,离生,初直立,后内弯;退化心皮小,3～6 枚。雌花:花梗长 2～5cm;萼片暗紫色,偶绿色或白色,阔椭圆形至近圆形;心皮 3～9 枚,离生,圆柱形,柱头盾状,顶生;退化雄蕊 6～9 枚。果孪生或单生,长圆球形或椭圆球形,成熟时紫色,腹缝开裂;种子多数,卵状长圆球形,略扁平,不规则多行排列,种皮褐或黑色,有光泽。花期 4—5 月,果期 6—8 月。$2n=16,32$。

区内常见,分布于低山坡疏林中、山脚溪边和路旁溪丛中。我国长江流域各地均有分布,西至四川,南至两广,北至陕西、河南,东至东南沿海各省。

茎、根和果实药用;果味甜,可食;种子榨油,可制肥皂。

图 1-339　木通

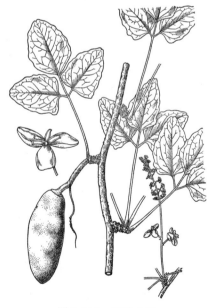

图 1-340　三叶木通

2. 三叶木通 （图 1-340）

Akebia trifoliata (Thunb.) Koidz.

落叶木质藤本。茎皮灰褐色,有稀疏的皮孔及小疣点。掌状复叶互生或在短枝上簇生,叶柄长 7～11cm;小叶 3 枚,纸质或薄革质,卵形至阔卵形,长 4～7.5cm,宽 2～6cm,先端常钝,基部平截或圆形,边缘具波状齿或浅裂,上面深绿色,下面浅绿色。总状花序簇生于短枝,下部有 1～2 朵雌花,其上有 15～30 朵雄花,长 6～16cm;花序梗纤细,长约 5cm。雄花:花梗丝状,长 2～5mm;萼片 3 枚,淡紫色,阔椭圆形或椭圆形,长 2.5～3mm;雄蕊 6 枚,离生,杯状排列,花丝极短,药室在开花时内弯;退化心皮 3 枚,长圆状锥形。雌花:花梗较雄花的稍粗,长 1.5～3cm;萼片 3 枚,紫褐色,近圆形,长 10～12mm,宽约 10mm;退化雄蕊 6 枚或更多,无花丝;心皮 3～9 枚,离生,圆柱形,柱头头状,具乳凸,橙黄色。果长圆形,直径为 2～4cm,直或稍弯,成熟时灰白色,略带淡紫色;种子极多数,扁卵球形,长 5～7mm,种皮红褐色或黑褐色,稍有光泽。花期 4—5 月,果期 7—8 月。

图 1-341　白木通

见于西湖景区(龙井),生于疏林或溪畔丛林。山东、河北、山西和长江流域各省、区均有分布。

根、茎和果均入药;果也可食及酿酒;种子可榨油。

2a. 白木通　(图 1-341)

subsp. **australis** (Diels) T. Shimizu

与原种的区别在于:本亚种小叶全缘,质地较厚;果熟实黄褐色。

见于萧山区(楼塔)、余杭区(中泰)。我国长江流域、山西均有分布。

2. 鹰爪枫属　Holboellia Wall.

常绿藤本,植物体无毛。叶具长柄,掌状复叶;小叶 3～9 枚,全缘。花雌雄同株;伞房花序,稀总状花序,腋生;萼片 6 枚,花瓣状,紫色或绿白色,先端钝,肉质,2 轮排列;花瓣变成蜜腺,圆形,小,6 数;雄花具雄蕊 6 枚,花丝分离,退化雌蕊小;雌花具退化雄蕊 6 枚,心皮 3 枚。肉质浆果,不开裂,内有黑色种子数列。

约 20 种,分布于我国、印度及越南;我国有 9 种;浙江有 1 种;杭州有 1 种。

鹰爪枫　(图 1-342)

Holboellia coriacea Diels

常绿木质藤本。茎棕色。掌状复叶;叶柄长 5～9cm;小叶 3 枚,革质,光滑,椭圆形至椭圆状倒卵形,长(2～)6～10cm,宽(1～)4～5(～8)cm,先端渐尖,基部圆形或宽楔形,全缘,上面深绿色,有光泽,下面浅黄绿色,叶脉不显著。花序伞房状。雄花:花梗长约 2cm;萼片绿白色或紫色,具条纹,外部 3 枚萼片长圆形,长约 10mm,宽约 4mm,内部 3 枚萼片狭窄,先端钝;花瓣近圆形,长不到 1mm;雄蕊长 6～7.5mm,药隔顶端附属物非常短,具细尖,退化雌蕊钻形,长约 1.5mm。雌花:花梗长 3.5～5cm;萼片紫色或绿白色,外部 3 枚萼片卵形,长 12～

14mm,宽9~10mm,内部3枚萼片椭圆形至披针形;花瓣6枚,小;退化雄蕊6枚,小于花瓣,无柄;心皮卵圆形棍棒状,长约9mm。果成熟时紫色,干燥时微黑色,长圆柱状,长5~6cm,宽约3cm,具浓密小疣点;种子椭圆球形,稍压扁,种皮黑色,发亮。花期4—5月,果期6—8月。$2n=32$。

见于萧山区(戴村)、余杭区(黄湖),生于混交林、山坡灌木林中。分布于安徽、贵州、湖北、湖南、江苏、江西、陕西、四川。

果可食用;根和茎可入药。

图1-342　鹰爪枫

3. 野木瓜属　Stauntonia DC.

常绿木质藤本。叶互生,掌状复叶,具长柄,有小叶3~9枚;小叶全缘,具不等长的小叶柄。花单性,同株或异株,通常数朵组成腋生的伞房式总状花序。雄花:萼片6枚,花瓣状,排成2轮,外轮3枚镊合状排列,卵状长圆形或披针形,内轮3枚较狭,线形;花瓣不存在或仅有6枚小而不显著的蜜腺状花瓣;雄蕊6枚,花丝常合生为管,花药2室,纵裂,药隔常凸出于药室顶端而呈尖角状,或较短且为凸头状的附属体;退化心皮3枚,通常钻状,藏于花丝管中。雌花:萼片与雄花的相似,稍较大;退化雄蕊6枚,小,鳞片状,无花丝,与蜜腺状花瓣对生;心皮3枚,直立,无花柱,柱头顶生,胚珠极多数,排成多列着生于具毛状体或纤维状体的侧膜胎座上;成熟心皮浆果状,3个聚生、孪生或单生,卵状球形或长圆形,有时在内侧开裂。种子多数,卵球形、长圆球形或三角形,排成多列藏于果肉中,种皮脆壳质。

20多种,分布于亚洲自印度经中南半岛至日本;我国有20种,产于长江以南各省、区;浙江有4种,1亚种;杭州有1种,1亚种。

多数种类的浆果多汁味甜,可生食、制果酱和酿酒;种子榨油,供食用和工业用。

1. 短药野木瓜　(图1-343)

Stauntonia leucantha Diels ex Y. C. Wu

木质藤本,全体无毛。小枝干时灰褐色,有线纹,直径为3~4mm。掌状复叶有小叶5~7枚,叶柄长4~6cm;小叶近革质,嫩时膜质,长圆状倒卵形至长圆形,长5~9cm,宽2~3cm,顶端急尖或渐尖,基部近圆或钝,上面深绿色,下面粉绿色,基部叶脉近3出,侧脉每边5~7条,与中脉及纤细的网脉均在上面凹陷,下面微凸起。花雌雄同株,白色,总状花序长3.5~7cm,簇生,花序梗纤细。雄花:萼片近肉质,外轮3枚狭披针形或卵状披针形,内轮3枚狭线形;雄蕊长5.5~6mm,花药不等长,分离;退化心皮丝状。雌花:萼片与雄花的相似;心皮3枚,卵状圆柱形,长约4mm,柱头近头状;退化雄蕊鳞片状,直径约为0.2mm。果长圆形,长可达7cm,宽4cm,厚3cm,两端略狭,果皮熟时黄色,干后变黑色,平滑或有不明显的小疣点。花期4—5月,果期8—10月。

见于西湖区(留下)、西湖景区(北高峰、飞来峰、九溪),生于山坡林中。分布于安徽、福建、广东、广西、江苏、江西、四川。

图 1-343　短药野木瓜

图 1-344　尾叶那藤

2. 尾叶那藤　(图 1-344)

Stauntonia obovatifoliola Hayata subsp. urophylla (Hand.-Mazz.) H. N. Qin

常绿木质藤本。分枝和小枝圆柱状,具条纹。掌状复叶,叶柄长 3～4.8cm;小叶倒卵形、长椭圆状倒卵形或长椭圆形,长 4～10cm,宽 2～4.5cm,革质,先端突然收缩或稍弯曲,基部圆或钝。雌雄同株,伞房花序,3～5 朵花;雄花萼片 6 枚,浅黄绿色,外轮 3 枚卵状披针形,先端尖,有明显纵脉 5 条,内轮 3 枚宽线形,花丝合生成筒,药隔钻形,顶端附属物长约 1mm;雌花未见。果长圆球形至椭圆球形,长 4～6cm,宽 3～3.5cm;种子三角形,压扁,种皮暗褐色,发亮。花期 4 月,果期 6—7 月。

见于萧山区(进化)、余杭区(百丈)。分布于福建、广东、广西、江西、湖南。

与上种的区别在于:本亚种花药顶端角状附属物长达 1mm 以上。

4. 大血藤属　Sargentodoxa Rehder & E. H. Wilson

攀援木质藤本,落叶。冬芽卵球形,具多枚鳞片。叶互生,3 出复叶或单叶,具长柄;无托叶。花单性,雌雄同株,排成下垂的总状花序。雄花:萼片 6 枚,2 轮,每轮 3 枚,覆瓦状排列,绿色,花瓣状;花瓣 6 枚,很小,鳞片状,绿色,蜜腺性;雄蕊 6 枚,与花瓣对生,花丝短,花药长圆球形,宽药隔延伸成 1 个短的顶生附属物,花粉囊外向,纵向开裂;退化雌蕊 4～5 枚。雌花:萼片及花瓣与雄花同数,具 6 枚退化雄蕊,花药不开裂;心皮多数,螺旋状排列在膨大的花托上,每一心皮具有 1

枚胚珠，胚珠下垂，近顶生、横生至几乎倒生；花托在果期膨大，肉质。果实为多数小浆果合成的聚合果，每一小浆果具梗，含种子1颗；种子卵球形，种皮光亮，内果皮不坚硬。

1种，分布于我国华中、华东、华南及西南等地；浙江及杭州也有。

大血藤 （图1-345）

Sargentodoxa cuneata （Oliv.）Rehder & E. H. Wilson

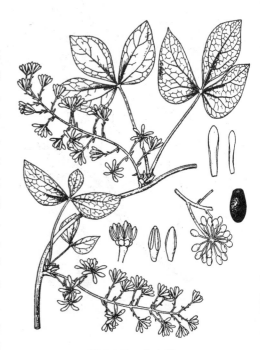

落叶木质藤本，长达10m以上。藤直径粗达9cm，全株无毛；嫩枝暗红色，老树皮有时纵裂。3出复叶，或兼具单叶；叶柄长3～12cm；小叶革质，顶生小叶近菱状倒卵圆形，长4～12.5cm，宽3～9cm，先端急尖，基部渐狭，全缘；侧生小叶斜卵形，先端急尖，上面绿色，下面淡绿色。总状花序长6～12cm，雄花与雌花同序或异序，同序时雄花生于基部；花梗细，长2～5cm；苞片1枚，长卵形，膜质；萼片6枚，花瓣状，长圆形，顶端钝；花瓣6枚，圆形，有蜜腺；雄蕊长3～4mm，花丝长仅为花药一半或更短，退化雄蕊长约2mm，先端较凸出，不开裂；雌蕊多数，螺旋状生于卵状凸起的花托上，子房瓶形，花柱线形，退化雌蕊线形。浆果近球形，直径约为1cm，成熟时蓝黑色；种子卵球形，长约5mm，种皮黑色，光亮，平滑。花期4—5月，果期6—9月。$2n=22$。

图1-345　大血藤

见于余杭区（径山）、西湖景区（云栖），生于较阴湿的山坡疏林中。分布于安徽、广东、广西、湖北、湖南、江苏、江西、四川、云南。

根、茎均可供药用；茎皮含纤维，可制绳索；枝条可为藤条代用品。

33. 小檗科　Berberidaceae

常绿或落叶灌木，或多年生草本，稀小乔木。叶互生，稀对生、基生或簇生，单叶或羽状复叶。花两性，单生，簇生，或组成总状、穗状、伞形、聚伞或圆锥花序，顶生或腋生。花被常3基数，稀2基数或缺少；萼片6～9枚，常花瓣状，2～3轮；花瓣6枚，扁平、盔状或距状，有时变为蜜腺状；雄蕊与花瓣同数对生，花药瓣裂或纵裂；子房上位，1室，花柱短或无。浆果、蒴果、蓇葖果或瘦果，具1至多数种子。

17属，约650种，主要分布于北温带和亚热带高山地区；我国有11属，300多种；浙江省7属，18种，1亚种；杭州有4属，7种，1亚种。

分 属 检 索 表

1. 十大功劳属　Mahonia Nutt.

常绿灌木。1回奇数羽状复叶,互生,小叶对生,叶缘常具齿。总状花序簇生;花黄色;萼片9枚,3轮;花瓣6枚,2轮;雄蕊6枚,花药瓣裂;雌蕊1枚,子房上位,柱头盾状。浆果,深蓝色至黑色,具种子1至数颗。

约100种,亚洲、美洲的中部和北部有分布;我国有35种,多分布于西南各地;浙江有3种,1亚种;杭州有3种,1亚种。

分 种 检 索 表

1. 十大功劳　(图1-346)

Mahonia fortunei (Lindl.) Fedde

常绿灌木,高0.5～2m。1回奇数羽状复叶,倒卵形至倒卵状披针形,长8～28cm,宽8～18cm,叶柄长2～9cm;小叶5～9枚,狭长圆形至披针形,长5～14cm,宽1～2.5cm,两侧边缘具5～14枚刺状锯齿。总状花序4～10个,直立,簇生于枝顶端,长3～7cm;花黄色;花梗和苞片等长;花瓣长圆形,基部腺体明显;雄蕊6枚,无花柱,胚珠常2枚。浆果,长4～6mm,成熟时紫黑色,被白粉。花期7—9月,果期10—11月。$2n=28$。

区内常见栽培。分布于重庆、广西、贵州、湖北、湖南、江西、四川、台湾。

优良园林绿化观赏植物;全株可供药用。

图1-346　十大功劳

2. 小果十大功劳　(图 1-347)

Mahonia bodinieri Gagnep.

常绿灌木,高 0.5～2m。1 回奇数羽状复叶,长达 65cm,宽 10～25cm;叶柄长 0.5～2.5cm;小叶 8～13对,长圆形至阔披针形,长 4～12cm,宽 2.5～5.5cm,每边具 3～10 枚粗大刺锯齿。花序常 10 多个,下垂,簇生于枝顶端,长 10～20cm;花黄色;花梗和苞片近等长;花萼 9 枚;花瓣 6 枚,长圆形,基部具腺体;雄蕊 6 枚;子房长约 2mm,花柱不明显,胚珠数枚。浆果,长约 1cm,成熟时紫黑色,被白粉。花、果期 8—11 月。

区内有栽培。分布于广东、广西、贵州、河南、江西、四川。

优良园林绿化观赏植物;全株可供药用。

3. 安坪十大功劳　(图 1-348)

Mahonia eurybracteata Fedde subsp. ganpinensis (H. Lév.) Ying & Boufford (H. Lév.) Ying & Boufford——*M. ganpinensis* (H. Lév.) Fedde

常绿灌木,高 0.5～2m。1 回奇数羽状复叶,长 20～45cm,宽 8～15cm;小叶常 9～19 枚,顶生小叶较大,小叶卵状披针形至狭卵形,长 6～10cm,宽 1～2.5cm,边缘中部以上疏生2～5枚刺状锯齿。总状花序 4～6 个,簇生于枝顶端,长 6～12cm,总苞卵形,长 1～1.5cm;花黄色;外轮萼片卵形,长约 2.5mm,中内轮萼片椭圆形;花瓣 6 枚,椭圆形,基部具明显或不明显腺体,先端微缺裂;雄蕊 6 枚,长 2～2.6mm;子房长约 2.5mm,胚珠 2 枚。果为浆果,倒卵球形,长约 7mm,成熟时蓝黑色,被白粉。花期 7—9 月,果期 10—11 月。

区内常见栽培。分布于贵州、湖北、四川。

优良园林绿化观赏植物;全株可供药用。

4. 阔叶十大功劳　(图 1-349)

Mahonia bealei (Fort.) Carr.

常绿灌木,高 0.5～2m。1 回奇数羽状复叶,长25～50cm,宽 10～20cm;小叶 7～19 枚,厚革质,卵圆形至长圆形,叶缘具 2～8 枚刺状锯齿。总状花序直立,通常 3～9 个簇生于枝顶端,长 5～

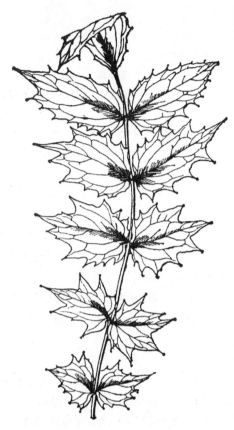

图 1-347　小果十大功劳

图 1-348　安坪十大功劳

12cm;花黄色;花梗长 4～6mm;苞片长 1.5～5mm,宽2～3mm;花瓣 6 枚;雄蕊 6 枚;胚珠3～5枚。浆果,长1～1.2cm,成熟时蓝黑色,被白粉。花期 11 月至翌年 3 月,果期翌年 4—8 月。$2n=28$。

区内常见栽培。分布于安徽、福建、广东、广西、河南、湖北、江苏、江西、陕西、四川。

优良园林绿化观赏植物;全株可供药用。

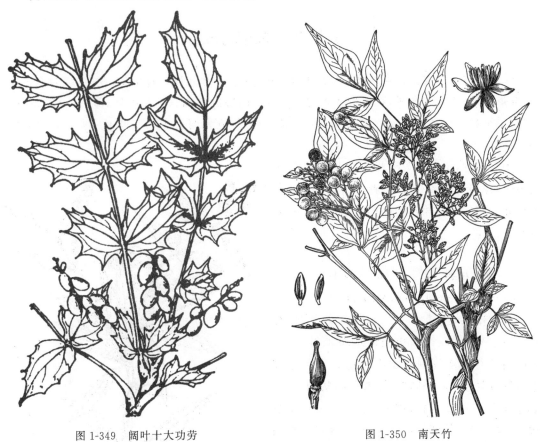

图 1-349　阔叶十大功劳　　　　　　　图 1-350　南天竹

2. 南天竹属　Nandina Thunb.

常绿灌木。2～3 回羽状复叶,互生,叶轴具关节;小叶全缘。圆锥花序,顶生或腋生;花两性,3 基数;萼片多数,螺旋状排列;花瓣 6 枚;雄蕊 6 枚,与花瓣对生,花药纵裂;子房椭圆球形,花柱短。果为浆果,球形,红色或橙红色,顶端具宿存花柱;种子1～3枚,灰色或淡棕褐色,无假种皮。

1 种,分布于东亚;主要分布于我国长江流域及其以南地区;浙江及杭州也有。

南天竹　(图 1-350)

Nandina domestica Thunb.

常绿灌木。茎直立,少分枝,幼枝常红色。2～3 回羽状复叶,互生,常集生于茎的上部,长30～50cm;小叶椭圆形至椭圆状披针形,全缘。圆锥花序直立,长 20cm 以上;花白色,芳香;花瓣长圆形;雄蕊6枚;子房1室,具胚珠1~3枚。浆果,球形,直径为5~8mm,熟时常鲜红色;种子扁圆形。花期5—7月,果期8—11月。2n=20。

区内广泛栽培。分布于安徽、福建、广东、广西、贵州、河南、湖北、湖南、江苏、江西、山东、山西、陕西、四川、云南;印度和日本也有。

优良园林绿化观赏植物;全株可供药用。

3. 小檗属　Berberis L.

常绿或落叶灌木。枝常具刺。单叶互生,短枝上常呈簇生状。花单生,簇生,或为总状、圆锥、伞形花序;花常为黄色;花萼常6枚;花瓣6枚,内侧近基部具2枚腺体;雄蕊6枚,与花瓣对生;子房具1至多枚胚珠。浆果,球形至倒卵球形,成熟时红色或蓝黑色;种子1至多数。2n=14。

约500种,主要分布于北温带、热带非洲和南美洲;我国约有250种,各省、区均有分布,但大部分分布于西部和西南部;浙江有7种;杭州有2种。

1. 天台小檗　长柱小檗　(图 1-351)

Berberis lempergiana Ahrendt

常绿灌木,高1~2m。茎具三分叉刺,长1~3cm。叶革质,长圆状椭圆形至披针形,叶缘两侧具5~12枚刺状锯齿。花3~15朵簇生,黄色;萼片卵状椭圆形;花瓣长圆状倒卵形,基部具腺体;雄蕊6枚;雌蕊长约5mm,柱头盘状,子房具2~3枚胚珠。浆果,长圆球形至椭圆球形,成熟时深紫色,被白粉;种子2~3颗,倒卵状球形或椭圆球形。花期4—5月,果期7—10月。

区内有栽培,生于林下、溪边。分布于浙江。

优良园林绿化观赏植物;全株可供药用。

图 1-351　天台小檗

2. 日本小檗　(图 1-352)

Berberis thunbergii DC.

落叶灌木,高1~3m。幼枝淡红色带绿,老枝常暗红色;具刺,常不分叉,长5~15mm。单叶互生,薄纸质,倒卵形、匙形或菱状卵形,长1~4cm,宽3~15mm,全缘。伞形花序或近簇生;花黄色;小苞片卵状披针形;外轮萼片卵状椭圆形,内轮萼片稍大;花瓣长圆状倒卵形,基部呈爪状,具2枚腺体;雄蕊3~3.5mm,顶端平截;子房无柄,具胚珠1~2枚。浆果椭圆球形,

长约 1cm,直径为4～6mm,成熟时亮鲜红色;种子
1～2 颗,棕褐色。花期 4—6 月,果期 8—11 月。
$2n=28$。

　　区内常见栽培。原产于日本。

　　优良园林绿化观赏植物。

　　与上种的区别在于:本种为落叶灌木;叶片倒
卵形、匙形或菱形,叶全缘。

　　金叶小檗'Aurea'和紫叶小檗'Atropurpurea'为
常见栽培品种。前者叶由嫩黄色变为金黄色,再转
为橙黄色至橙红色,秋末冬初叶绯红色;后者叶紫
红色。

4. 八角莲属　Dysosma Woods.

　　多年生草本。根状茎横走,粗短,多须根;地
上茎直立,光滑。单叶较大,盾形,常掌状裂。花
两性,伞形花序,下垂;花萼 6 枚,膜质,早落;花
瓣 6 枚,暗紫红色;雄蕊 6 枚,花丝扁平,药隔宽
而常延伸;雌蕊单生,花柱显著,柱头膨大,子房 1
室,胚珠多数。浆果,红色;种子多数,无肉质假
种皮。

　　我国特有属,约 7 种,分布于长江流域及
其以南各地,台湾也有;浙江有 2 种;杭州有 1 种。

图 1-352　日本小檗

六角莲　(图 1-353)

Dysosma pleiantha (Hance) Woodson——
Podophyllum pleianthum Hance

　　多年生草本,高 20～80cm。根状茎粗壮;地上
茎直立。单叶,对生于茎顶;叶近圆形,盾状,直径为
16～33cm,5～9 浅裂;裂片三角状卵形。5～8 朵花
排列成伞形花序状,着生于 2 枚茎生叶叶柄交叉处;
花两性,紫红色,辐射对称,下垂;花萼 6 枚;花瓣常
6 枚,紫红色,倒卵状长圆形;雄蕊 6 枚;子房上位。
浆果倒卵状长圆球形或椭圆球形,长约 3cm,成熟时
近黑色;种子多数。花期 4—6 月,果期 7—9 月。
$2n=12$。

　　见于萧山区(楼塔)、余杭区(百丈、径山),生于山
坡、沟谷、竹林或杂木林下湿润处。分布于安徽、福
建、广东、广西、湖北、湖南、江西、四川、台湾。

　　根状茎有毒,但可供药用。

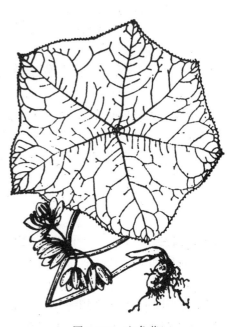

图 1-353　六角莲

34. 防己科 Menispermaceae

攀援或缠绕藤本,稀直立灌木或小乔木。单叶,稀复叶,全缘、微波状或分裂,互生,常具掌状脉,无托叶,叶柄盾状着生或非盾状着生。花小,单性,雌雄异株;聚伞花序或圆锥花序,稀单花。萼片常 6 枚,稀少或多,常分离,2~4 轮;花瓣常 2 轮,稀 1 轮,每轮 3 枚,稀 2 或 4 枚,多分离,稀合生;雄花退化雌蕊小或无,雄蕊 2 至多枚,通常 6 枚,花丝分离或合生,花药 1~2 室或假 4 室,纵裂或横裂;雌花有或无退化雄蕊,心皮常 3~6 枚,子房上位,1 室,胚珠 2 枚,其中 1 枚早期退化,柱头顶生,分裂或全缘。核果,外果皮革质或膜质,中果皮常肉质,内果皮骨质或木质,表面有皱纹或凸起,少平坦。种子常弯曲,马蹄形或肾形,子叶扁平,叶状或半柱状。

约 65 属,350 种,分布于热带、亚热带地区和少数温带地区;我国有 19 属,77 种,主要分布于长江流域及其以南各省、区;浙江有 7 属,12 种,1 变种;杭州有 5 属,7 种。

本科中藤本植物居多,可用于垂直绿化,其中也有药用植物。

分 属 检 索 表

1. 叶片盾状着生。
  2. 叶片常 3~7 浅裂 ································ 1. **蝙蝠葛属** *Menispermum*
  2. 叶片全缘或微波状 ···························· 2. **千金藤属** *Stephania*
1. 叶片非盾状着生或有时稍盾状着生。
  3. 叶柄通常短于 3cm,叶背毛较密 ·················· 3. **木防己属** *Cocculus*
  3. 叶柄通常长于 3cm,叶背无毛或近无毛。
    4. 叶三角状宽卵形或菱状宽卵形,叶缘具波状圆齿;聚伞花序 ········· 4. **秤钩风属** *Diploclisia*
    4. 叶心状圆形至阔卵形,全缘或 3~5 裂;圆锥花序 ·············· 5. **风龙属** *Sinomenium*

1. 蝙蝠葛属 Menispermum L.

落叶藤本。单叶互生,叶缘常浅裂或呈角形;叶脉掌状,叶柄盾状着生。圆锥花序腋生;雄花萼片 4~10 枚,花瓣 6~8 枚,雄蕊 12~18 枚,花药近球形,纵裂;雌花花被与雄花相似,退化雄蕊常 6~12 枚,心皮常 2~4 枚。果为核果,近扁球形,内果皮肾圆形或半月形,背脊隆起,上有小瘤体。

3~4 种,分布于亚洲东部和北美洲;我国有 1 种,分布于华北、东北和华东;浙江及杭州也有。

蝙蝠葛 汉防己 小青藤 (图 1-354)

Menispermum dauricum DC.

多年生落叶藤本,长可达 10m。一年生茎纤细,有条纹,无毛。单叶互生;叶纸质或近膜质,多为卵圆形,长和宽均为 3~12cm,叶有 3~7 个角或浅裂,稀全缘,先端常急尖至渐尖,基部心形至近平截,两面无毛,下面有白粉,掌状脉 5~7 条;叶柄盾状着生,长 3~12cm。圆锥花序腋生,花序梗细长,长 3～6cm;雄花萼片 4～8 枚,长 1.4～3.5mm,自外至内渐大,花瓣 6～8 枚或更多,较萼片小,雄蕊通常 12 枚;雌花萼片和花瓣同雄花,具退化雄蕊,雌蕊约具 3 枚心皮。果为核果,圆肾形,直径为 8～10mm,成熟时紫黑色,内果皮坚硬,半月形。花期 5 月,果期 10 月。$2n=52$。

区内常见,生于山坡沟谷两旁灌丛中,常攀援于岩石上。分布于安徽、甘肃、贵州、河北、黑龙江、湖北、湖南、吉林、江苏、江西、内蒙古、宁夏、山东、山西、陕西;日本、朝鲜半岛和俄罗斯西伯利亚南部也有。

根可供药用。

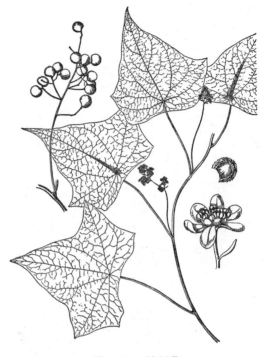

图 1-354 蝙蝠葛

2. 千金藤属 Stephania Lour.

草质或木质藤本。有或无块根。叶三角状卵形至近圆形,全缘或微波状,掌状脉;叶柄盾状着生。伞形或头状聚伞花序,稀总状或圆锥花序;雄花萼片常 2 轮,每轮 3～4 枚,花瓣 1 轮,3～4 枚,稀 2 枚或无,聚药雄蕊,花药 2～6 枚;雌花萼片和花瓣各 1 轮,每轮常 3～4 枚。核果近球形,红色或橙红色,内果皮骨质,常马蹄形,背面有疣状凸起。

约 60 种,分布于亚洲和非洲的热带、亚热带地区,大洋洲也有少数分布;我国有 37 种,分布于长江流域及其以南各地;浙江有 4 种;杭州有 3 种。

分 种 检 索 表

1. 叶背被紧贴柔毛 ·· 1. 粉防己 *S. tetrandra*
1. 叶背无毛。
　2. 有块根;叶扁圆形,全缘或微波状,宽与长近相等,或略宽·················· 2. 金线吊乌龟 *S. cepharantha*
　2. 无块根;叶卵圆形,全缘,通常长大于宽·· 3. 千金藤 *S. japonica*

1. 粉防己 石蟾蜍 (图 1-355)

Stephania tetrandra S. Moore

多年生草质藤本。块根粗壮,圆柱形;小枝纤细。单叶互生,纸质,三角状阔卵形至三角状近圆形,长 4～9cm,宽 5～9cm,先端常急尖,具小突尖,基部微凹或近平截,全缘或微波状,两面或下面被贴伏短柔毛,掌状脉;叶柄盾状着生,长 3～8cm。头状聚伞花序,常排列成总状式,腋生;雄花萼片 3～5 枚,倒卵状椭圆形,长约 0.8mm,花瓣 4 枚,比萼片小,聚药雄蕊;雌花萼片、花瓣与雄花的相似,无退化雄蕊,子房上位,花柱 3 枚。果为核果,近球形,成熟时红色,直径约为 5.5mm,果核马蹄形,扁平,背部鸡冠状隆起,两侧有小横肋状雕纹。花期 5—6 月,果期 7—9 月。

区内常见,生于山坡、丘陵、草丛或灌丛边缘。分布于安徽、福建、广东、广西、海南、湖北、湖南、江西、台湾。

　　根可供药用。

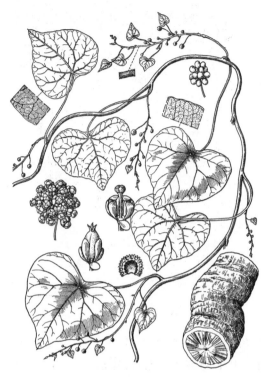

图1-355　粉防己

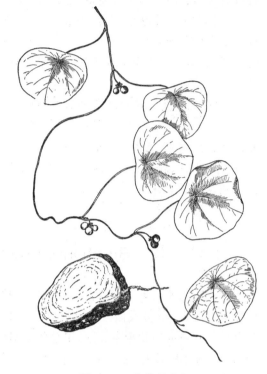

图1-356　金线吊乌龟

2. 金线吊乌龟　头花千金藤　（图1-356）

Stephania cepharantha Hayata

　　多年生草质藤本,植株无毛。具块根,椭圆形,粗壮;小枝纤细,有细条纹。叶纸质,三角状扁圆形至卵圆形,长通常2～9mm,宽与长近相等或稍大,先端钝,具小突尖,基部圆或近平截,全缘或微波状,上面绿色,下面带粉白色,两面无毛,掌状脉5～9条;叶柄盾状着生,长1.5～11cm,纤细。头状聚伞花序,雄花序常排列成总状,雌花序常单个腋生;花小,雄花萼片6～8枚,匙形或近楔形,花瓣3～5枚,近圆形,聚药雄蕊短;雌花萼片3～5枚,花瓣2～5枚,比萼片小,无退化雄蕊,子房上位,柱头3～5裂。果为核果,近球形,直径约为6.5mm,成熟时紫红色,果核扁平,马蹄形,背部有小横肋状雕纹。花期6—7月,果期8—9月。$2n=22$。

　　区内常见,生于阴湿山坡、林缘、路旁或溪边等处。分布于安徽、福建、广东、广西、贵州、湖北、湖南、江苏、江西、上海、山西、四川、台湾。

　　根可供药用。

3. 千金藤　天膏药　（图1-357）

Stephania japonica（Thunb.）Miers——*Menispermum japonicum* Thunb.

　　木质藤本,植株无毛。块根粗长。小枝纤细,有细条纹。单叶互生,纸质,卵形至阔卵形,长 4～15cm,通常不超过 10cm,先端钝,基部常微圆,全缘,掌状脉 7～10 条;叶柄盾状着生,长 3～12cm。复伞形聚伞花序腋生,花序梗长 2.5～4cm,小聚伞花序近无柄,密集排列成头状;花小;雄花萼片 6～8 枚,倒卵状椭圆形至匙形,花瓣 3～5 枚,阔倒卵形,聚药雄蕊;雌花萼片和花瓣各 3～5 枚,子房上位,柱头 3～6 裂。果为核果,倒卵球形至近球形,直径为 6～8mm,成熟时红色,内果皮坚硬,马蹄形,扁平,背部有 2 行小横肋状雕纹。花期 5～6 月,果期 8～9 月。2n=22。

见于滨江区(长河)、萧山区(南阳、新街),生于山坡溪畔、路旁矮林林缘或草丛中。分布于安徽、福建、海南、河南、湖北、湖南、江苏、江西;印度、日本、朝鲜半岛、马来西亚、斯里兰卡、泰国、澳大利亚和太平洋岛屿也有。

根可供药用。

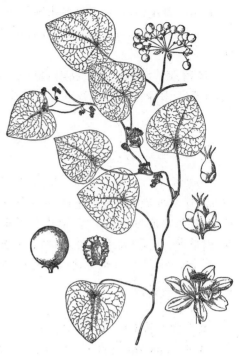

图 1-357 千金藤

3. 木防己属 Cocculus DC.

木质藤本,稀灌木或小乔木。叶全缘或分裂,掌状脉。聚伞花序或聚伞圆锥花序,腋生或顶生;雄花萼片 6(9)枚,2(3)轮,花瓣 6 枚,先端 2 裂,雄蕊 6 或 9 枚,花丝分离;雌花花被与雄花相似,退化雄蕊 6 枚或无,心皮 3 或 6 枚,柱头外弯。果为核果,近圆形,稍扁,内果皮骨质,背肋有小横肋状雕纹;种子马蹄形。

约 8 种,分布于非洲、亚洲东部、东南部和南部,太平洋岛屿、美洲中部及北部;我国有 2 种,分布于黄河流域及其以南各地区;浙江有 2 种,1 变种;杭州有 1 种。

木防己 土木香 白木香 (图 1-358)

Cocculus orbiculatus(L.)DC. ——*Menispermum orbiculatus* L.

木质落叶藤本。根圆柱形;小枝细,有柔毛,具条纹。单叶互生,纸质,叶形变异较大,阔卵状近圆形至狭椭圆形或近圆形,边全缘或 3 裂,长通常 3～14cm,宽 2～9cm,先端急尖或圆钝,基部心形至截形,叶两面被柔毛,老时上面毛脱落,掌状脉常 3 条;叶柄长 1～3cm。聚伞状圆锥花序,顶生或腋生,长可达 10cm 或更长,被柔毛;花小,黄绿色;雄花萼片 6 枚,外轮较小,长 1～1.8mm,内轮较大,花瓣 6 枚,顶端 2 裂,基部对折,雄蕊 6 枚,分离,与花瓣对生;雌花萼

图 1-358 木防己

片、花瓣与雄花相似,具6枚退化雄蕊,心皮6枚,无毛。果为核果,近球形,成熟时蓝黑色,直径为7~8mm,表面常被白粉;果核骨质,呈扁马蹄形,背部有小横肋状雕纹。花期5—6月,果期7—9月。$2n=52$。

区内常见,生于丘陵、路旁,缠绕于灌木上或草丛中。分布于长江中下游及其以南各地;亚洲东南部、东部,以及夏威夷群岛也有。

4. 秤钩风属　Diploclisia Miers

木质藤本。叶革质,单叶,互生,具掌状脉;叶柄非盾状着生,或不明显至明显盾状着生。聚伞花序或再组成圆锥花序;雄花萼片6枚,2轮;花瓣6枚,雄蕊6枚,花丝上部肥厚,花药近球形;雌花花被与雄花相似,退化雄蕊6枚,心皮3枚。核果倒卵球形至长圆状倒卵球形,弯曲,内果皮骨质,背部有棱脊,两侧有小横肋状雕纹;种子马蹄形。

2种,分布于亚洲热带地区;我国2种均有,分布于西南、华南、华中至华东地区;浙江有1种;杭州有1种。

秤钩风　青枫藤　（图 1-359）

Diploclisia affinis（Oliv.）Diels——*Cocculus affinis* Oliv.

木质藤本。长可达10多米;当年生枝黄色,有条纹;老枝紫褐色。单叶互生,叶近革质,叶形变化较大,三角状扁圆形至菱状扁圆形或阔卵形,长3.5~9cm,宽4~9cm,顶端钝,常具小突尖,基部近平截至浅心形,有时近圆形,叶缘具明显或不明显的波状圆齿,掌状脉常5条;叶柄长4~8cm,非盾状着生或多少盾状着生。聚伞花序腋生,长2~4cm,有花3至多朵;雄花萼片6枚,2轮,长2.5~3mm,外轮较内轮小,花瓣6枚,卵形,基部内折呈耳状,抱着花丝;雌花萼片、花瓣与雄花相似,具退化雄蕊。果为核果,卵球形,成熟时红色,长8~10mm。花期4—5月,果期7—9月。

区内常见,生于山坡、林缘或疏林中。分布于安徽、福建、广东、广西、贵州、湖北、湖南、江西、四川、云南。

藤、叶可供药用。

图 1-359　秤钩风

5. 风龙属　Sinomenium Diels

木质藤本。单叶互生,全缘至分裂,掌状脉,叶柄非盾状着生。聚伞圆锥花序,腋生;雄花萼片6枚,2轮,花瓣6枚,基部内折,抱着花丝,雄蕊9枚,稀12枚;雌花花被与雄花相似,退化雄蕊9枚,心皮3枚。核果扁球形,内果皮近革质,扁,两侧凹入部分平坦,背部沿中肋有刺状凸起,两侧有小横肋状雕纹;种子弯曲,呈半月形。

1种,分布于亚洲东部;我国黄河流域及其以南有分布;浙江及杭州也有。

风龙　防己　汉防己　（图 1-360）

Sinomenium acutum（Thunb.）Rehder & E. H. Wilson——*Menispermum acutum* Thunb.——*S. diversifolium* Diels

落叶木质藤本。长可达 20 多米;老茎灰褐色,枝圆柱状,具沟纹。单叶互生,革质至纸质,阔卵形至近圆形,长 6～15cm,宽 4～10cm,顶端渐尖至钝尖,基部心形、截形或近圆,叶全缘或具 3～9 裂（角状）,叶上面深绿色,有光泽,下面苍白,近无毛;掌状脉 5～7 条,下面明显凸起;叶柄长 5～15cm。圆锥花序腋生,长通常不超过 20cm,单性异株,雄花序较雌花序长;雄花萼片 6 枚,2 轮排列,内、外轮近等长,花瓣 6 枚,短于萼片,雄蕊 8～12 枚;雌花萼片和花瓣与雄花相似,具丝状退化雄蕊,心皮 3 枚。果为核果,扁圆形,成熟时蓝黑色,直径为 5～6mm。花期 6—7 月,果期 8—9 月。

区内常见,生于山区路旁及山坡林缘、沟边。分布于安徽、广东、广西、贵州、河南、湖北、江西、山西、四川、云南;印度、日本、尼泊尔和泰国也有。

根、茎可供药用。

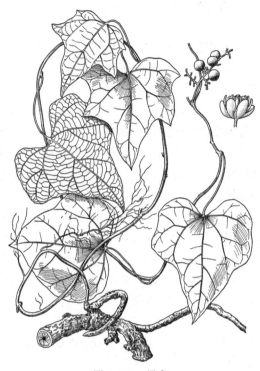

图 1-360　风龙

35．八角科　Illiciaceae

常绿乔木或灌木。全株无毛,极少数幼枝微被柔毛;幼枝具油细胞及黏液细胞,有芳香气味。单叶互生,常在枝顶簇生,有时成假轮生或近对生;具叶柄;无托叶;叶革质或纸质,全缘,边缘稍反卷,中脉在叶面常凹入,在叶背凸起或平坦。花腋生或腋上生,有时近顶生,常单生,有时 2～5 朵簇生,两性;花被片 7～33(～55)枚,黄色或红色,少有白色,覆瓦状排列成数轮,分离,常有腺点;雄蕊一般多数,药室纵裂;心皮通常 5～15(～21)枚,分离,每一心皮具 1 枚胚珠。聚合果由数个蓇葖组成,单轮排列,呈星状,腹缝开裂;种子椭圆球形或卵球形,浅棕色或禾秆色,有光泽。

1 属,约 40 种,主要分布于亚洲东部和东南部,少数种分布在北美洲东南部和美洲热带地区;我国有 27 种;浙江有 3 种;杭州有 1 种。

八角属　Illicium L.

属特征同科。

红毒茴　披针叶茴香　莽草　（图 1-361）

Illicium lanceolatum A. C. Smith

灌木或小乔木,高 3～10m。树皮灰色。单叶互生或稀疏簇生于枝顶,革质,有香气,披针形、倒披针形或倒卵状椭圆形,长 5～15cm,宽 1.5～4.5cm,先端尾尖或渐尖,基部窄楔形,全缘,网脉不明显;叶柄长 5～17mm。花腋生或近顶生,单生或 2～3 朵,红色;花梗长 1.5～5cm;花被片 10～15 枚,倒卵形至椭圆形,肉质,大小不一,较大的花被片长可达 1cm 左右;雄蕊6～11 枚;心皮 10～14 枚,轮状排列。聚合果具蓇葖10～14 枚,蓇葖顶端有长而弯曲的尖头。花期 5—6 月,果期 8—10 月。

见于西湖区（留下）,生于山谷和溪沟沿岸。分布于安徽、福建、贵州、湖北、湖南、江苏、江西。

本种果实有毒。

图 1-361　红毒茴

36. 五味子科　Schisandraceae

木质藤本。单叶对生或有时短枝上密集丛生状,具叶柄,无托叶。雌雄同株或异株,花常单生于叶腋或苞片腋,少有 2～8 朵聚生;花被片分离;雄花具雄蕊 4～80 枚,分离或合生为 1 枚聚药雄蕊,药室纵向裂开;雌花具心皮 12～300 枚,子房单室,每室具胚珠 2～5（～11）板。聚合果,花托椭圆形或伸长,果皮肉质;每一心皮具种子 1～5 枚或更多,侧扁,胚乳丰富,多油。

2 属,39 种,主要分布于亚洲东部和东南部,北美洲也有 1 种分布;我国有 2 属,27 种;浙江有 2 属,5 种,1 亚种;杭州有 2 属,2 种。

1. 南五味子属　Kadsura Juss.

木质藤本,常光滑无毛。叶椭圆形、卵形或倒卵形,纸质至革质,具透明或不透明的腺点,基部楔形、宽楔形、平截或近心形,全缘或具细齿,先端尖至渐尖。雌雄异株或同株,常单生于叶腋处或苞片腋处,偶生于茎上,稀 2～4 朵聚成花序;花被片 7～24 枚;雄花具雄蕊13～80枚,基部合生,有时紧密聚合成近球形;雌花具心皮 17～300 枚,离生,胚珠 2～5 (～11)枚,果时花托不伸长。聚合果球形,小浆果肉质,外果皮革质;种子 2～5 颗,压扁,椭圆球形、肾形或卵球形,种皮常褐色,光滑。

16 种,多分布于亚洲东部和东南部;我国有 8 种;浙江有 1 种;杭州有 1 种。

南五味子　（图 1-362）

Kadsura longipedunculata Finet & Gagnep.

常绿藤本,全株无毛。小枝圆柱形,褐色,皮孔疏生或不显著。叶椭圆状披针形至卵状长圆形,长 3.7～13cm,宽 1.5～6cm,先端渐尖,基部楔形,边缘有疏齿,侧脉每边 4～8 条;叶柄长 0.5～2.6cm。雌雄异株,花单生于叶腋,白色或淡黄色,有芳香;雄花具花被片 8～17 枚,椭圆形,长 8～13mm,宽 4～10mm,花托椭圆形,雄蕊群球形,具雄蕊 26～70 枚,花梗长 0.7～4.5cm;雌花花被片与雄花相似,雌蕊群椭圆球形或球形,直径约为 1cm,具心皮 20～60 枚,花柄长 3～9cm。聚合果球形,直径为 1.5～3.5cm;小浆果倒卵球形,外果皮薄革质,每一心皮具种子 2～3(4～5)枚。花期 6—9月,果期 9—12 月。$2n=28$。

区内常见,生于山坡、溪沟边的杂木林下。分布于安徽、福建、广东、广西、贵州、海南、湖北、湖南、江苏、江西、四川、云南。

根、茎、叶、种子均可入药。

图 1-362　南五味子

2. 五味子属　Schisandra Michx.

木质藤本。小枝具纵条纹或有时具狭翅状。叶纸质或革质,椭圆形、卵形或倒卵形,基部楔形或宽楔形,常在叶柄上下延成狭翅,全缘或有细齿,先端尖至渐尖。雌雄异株,花常单生于叶腋或苞片腋,少有簇生状或 2～8 朵排成聚伞状花序;花被片 5～20 枚,通常中轮较大;雄花具雄蕊 4～60 枚,多少离生或部分完全合生形成一个肉质的聚药雄蕊;雌花具心皮 12～120 枚,离生,螺旋状排列于花托上,子房每室具 2～3 枚胚珠,叠生于腹缝线上。聚合果呈长穗条状;成熟小浆果红色,排列于下垂肉质果托上;种子 1～3 枚,肾形、扁椭圆球形或扁球形。

22 种,分布于亚洲东部和东南部,北美洲有 1 种;我国有 19 种;浙江有 2 种,2 亚种;杭州有 1 种。

本属多数种类供药用;茎皮纤维柔韧,可作绳索;茎、叶、果实可提取芳香油。

与上属的区别在于:本属为落叶藤本,聚合果穗状,芽鳞常宿存。

华中五味子　东亚五味子　（图 1-363）

Schisandra sphenanthera Rehder & E. H. Wilson

落叶藤本,全株无毛。小枝细长,圆柱形,红褐色,密生黄色凸起皮孔。叶纸质,椭圆状卵形、宽倒卵形,长 2.9～11.2cm,宽 2～6.6cm,先端急尖或小短尖,基部楔形,上面绿色,下面苍绿色,叶缘疏生锯齿或呈芒突状;叶柄常带红色,长1～4.3cm,具极窄的翅。雌雄异株,花单生于叶腋,橙黄色,有芳香;花被片 5～9 枚,椭圆形或长圆状倒卵形,中轮较大,长6～12mm,宽 4～8mm,雌、雄花花被片相似;花梗长 2～4.5cm;雄花雄蕊群倒卵球形,花托圆柱形,有雄蕊 10～23 枚;雌花雌蕊群卵球形,心皮有 27 枚以上。聚合果穗状,果托连梗长 6～17cm,成熟小浆果红色;种子长圆球形或肾形,长约 4mm。花期 4—7 月,果期 7～9 月。$2n=28$。

图 1-363　华中五味子

见于萧山区(楼塔)、余杭区(良渚、余杭、中泰)、西湖景区(飞来峰),生于山坡林缘或灌丛中。分布于安徽、甘肃、贵州、河南、湖北、湖南、江苏、山西、陕西、四川;越南也有。

果供药用。

37. 木兰科　Magnoliaceae

乔木或灌木。叶芽常被盔帽状托叶包裹,后者贴生或离生于叶柄,易脱落,在小枝上留下环状托叶痕或在叶柄上留有痕迹;单叶,互生,有时集生于枝顶成假轮生状,羽状脉,全缘,稀浅裂。花大,顶生或顶生于腋生短枝上,单生;花被片 6～9(～45)枚,排成 2 至多轮,每轮 3(～6)枚,常肉质,有时外轮近革质或萼片状;心皮和雄蕊多数,螺旋状排列于 1 个伸长的花托上;雄蕊群常在花托的基部,花丝常粗短,药隔常伸出成长或短尖头,花药线形,内向或侧向,很少外向开裂;雌蕊群在花托的顶端,无柄或具雌蕊群柄;心皮常离生,每一心皮具胚珠 2～14 枚,在腹缝线上排成 2 列,成熟心皮常沿背缝或腹缝开裂,在鹅掌楸属里为不开裂的翅果。每一心皮含种子 1～12 枚,成熟时悬垂于一丝状而有弹性的假珠柄上,伸至蓇葖之外;外种皮肉质,红色,内种皮骨质;胚细小,胚乳丰富,油性。

17 属,约 300 种,主要分布于亚洲东南部,北美洲东部、南部至南美洲北部;我国有 13 属,约 112 种;浙江有 9 属,25 种;杭州有 5 属,16 种。

该科很多种类都用来栽培,收取花苞并干燥后可入药,称为"辛夷"。此外,厚朴因为树皮有药用价值而被广泛栽培。该科的所有种类都具有观赏价值,很多都被栽培在公园或私家花园里。

分 属 检 索 表

1. 叶 4～10 裂,先端平截或有宽阔的缺;药室外向开裂;聚合果纺锤状;成熟心皮翅果状,蓇葖不开裂;种皮与内果皮贴生 ·· **1. 鹅掌楸属** *Liriodendron*
1. 叶全缘,稀先端 2 浅裂;药室内向或侧向开裂;聚合果长圆形、圆柱形或穗状,常因部分心皮不育而扭曲变形;成熟心皮为蓇葖,沿背缝开裂或腹背 2 瓣裂;种皮与内果皮分离。
　　2. 花着生于叶腋的短枝上,雌蕊群具柄 ······························· **2. 含笑属** *Michelia*
　　2. 花着生于小枝顶端,雌蕊群无柄。
　　　　3. 花药内侧向开裂或侧向开裂;花先于叶开放或花、叶近同时开放;外轮与内轮花被片形态近相似,大小近相等,或外轮花被片退化成萼片状;落叶 ············· **3. 玉兰属** *Yulania*
　　　　3. 花药内向开裂,先出叶后开花;花被片近相似,外轮花被片不退化为萼片状;落叶或常绿。
　　　　　　4. 叶螺旋状排列或簇生;聚合果卵球形 ····························· **4. 木兰属** *Magnolia*
　　　　　　4. 叶常集生枝顶成假轮生状(萌蘖枝上多为互生);聚合果圆柱形 ·········· **5. 厚朴属** *Houpoëa*

1. 鹅掌楸属　Liriodendron L.

落叶乔木。树皮纵向开裂,呈小块状脱落;冬芽被 2 片托叶包裹,托叶与叶柄离生。单叶,互生,叶螺旋状排列,具长柄,先端平截或微凹,叶基部有 1～2 对侧裂片;花两性,单生于枝顶,与叶同放。花被片 9 枚,3 轮,近相同;花药外向开裂;雌蕊群无柄,心皮多数,离生,螺旋状排列,每一心皮具 2 枚胚珠,子房顶端向下弯垂。聚合果纺锤形,心皮木质化,外种皮与内果皮愈合,顶端延伸成翅状,花托宿存;每一心皮具种子1～2枚。

2 种,分布于东亚和北美洲东部;我国有 2 种,其中 1 种为引种栽培;浙江及杭州均有。

1. 鹅掌楸　(图 1-364)

Liriodendron chinense(Hemsl.)Sarg.——
L. tulipifera var. *chinense* Hemsl.

乔木,高可达 40m。树皮灰白色,纵裂,小块状脱落;小枝灰褐色。叶纸质,马褂状,长4～18cm,近基部具 1 对侧裂片,上面深绿色,下面苍白色,无毛;叶柄长 4～16cm。花两性,杯状,花被片 9 枚,倒卵状椭圆形至倒卵形,长4～4.7cm,宽 2～2.6cm,外轮 3 枚绿色,倒卵状椭圆形,内 2 轮直立,花瓣状,橙黄色,基部淡绿色;雄蕊多数,着生于花托基部,花药长 10～16mm,花丝长 5～6mm。聚合果纺锤形,长4～9cm,小坚果具翅。花期 5 月,果期 9—10 月。2n＝38。

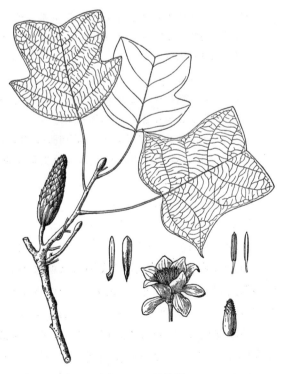

图 1-364　鹅掌楸

区内有栽培,生于山地阔叶林中。分布于安徽、重庆、福建、广西、贵州、湖北、湖南、江西、陕西、四川;越南也有。

国家二级重点保护植物。树干端直,叶形奇特,花大美丽,为珍贵的观赏树种。

2. 北美鹅掌楸

Liriodendron tulipifera L.

与上种的区别在于:本种树体及花均较大;小枝褐色或紫褐色;叶近基部每边具(1)2枚侧裂片,花丝长 1.5～2.5cm。$2n=38$。

区内常见栽培。原产于美国东北部;我国各地常见栽培。

2. 含笑属 Michelia L.

常绿乔木或灌木。叶革质,全缘,小枝或叶柄上有托叶痕。花常假腋生于短枝上,稀1个花芽被2～3个不同节点上的花芽围绕形成1个2～3朵花的聚伞花序,两性,常有香味;花被片6～21枚,每轮3或6枚,等大,稀内轮比外轮小很多;雄蕊多数,花丝短或长,药隔常伸出成长尖或短尖,稀不伸出;雌蕊群有柄,心皮分离,通常部分不发育,每一心皮有胚珠2至数颗。聚合果常因部分蓇葖不发育而呈疏松的穗状;成熟蓇葖革质或木质;种子2至数颗,红色或褐色。

约70种,分布于亚洲热带和亚热带地区;我国有39种;浙江有11种;杭州有5种。

分 种 检 索 表

1. 灌木;托叶与叶柄连生,叶柄上有托叶痕;花被片近同型 ……………………………… 1. **含笑** M. figo
1. 乔木;托叶与叶柄离生,叶柄上无托叶痕;花被片同型或不同型。
  2. 嫩枝和叶背均被白粉 …………………………………………………… 2. **深山含笑** M. maudiae
  2. 嫩枝被毛或无毛;叶背无白粉。
    3. 叶薄革质;花被片通常6枚,排成2轮 ………………………… 3. **乐昌含笑** M. chapensis
    3. 叶革质;花被片通常9枚,排成3轮。
      4. 花冠狭长,花被片扁平,匙状倒卵形、狭倒卵形或匙形 ………… 4. **醉香含笑** M. macclurei
      4. 花冠杯状,花被片内凹,倒卵形、宽倒卵形、倒卵状长圆形 ……… 5. **金叶含笑** M. foveolata

1. 含笑 香蕉花 (图 1-365)

Michelia figo (Lour.) Spreng.

常绿灌木,高 1.5～5m。树皮灰褐色,分枝繁密;芽、小枝、叶柄和花梗均密被黄褐色茸毛。单叶,互生;叶革质,狭椭圆形或倒卵状椭圆形,长 4～10cm,宽 1.8～4.5cm,先端钝短尖,基部楔形或阔楔形,上面有光泽,无毛,下面中脉上留有褐色平伏毛;托叶痕长达叶柄顶端。花具浓香,花被片6枚,长椭圆形,长 1.2～2cm,宽 0.6～1.1cm,肉质,淡黄色,边缘有时红色或紫色;雄蕊药隔伸出成急尖头;雌蕊群无毛,雌蕊群柄被淡黄色茸毛。聚合果长 2～3.5cm;蓇葖卵球形或球形,顶端有短尖的喙。花期3—5月,果期7—8月。$2n=38$。

区内广泛栽培。分布于华南南部各地;全球热带、亚热带和温带地区均有栽培。

花具浓香,可供观赏。

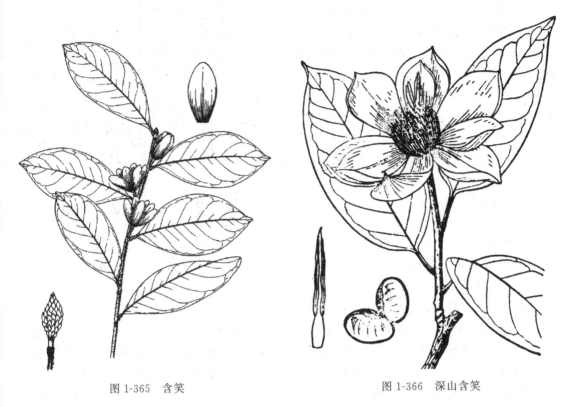

图 1-365　含笑

图 1-366　深山含笑

2. 深山含笑 （图 1-366）

Michelia maudiae Dunn——*M. chingii* W. C. Cheng

乔木,高达 20m。树皮薄,浅灰色或灰褐色;各部无毛,芽、嫩枝、叶下面、苞片均被白粉。叶革质,长圆状椭圆形,稀卵状椭圆形,长 7～18cm,宽 3.5～8.5cm,先端急尖或钝尖,基部楔形至近圆钝,上面深绿色,有光泽,下面灰绿色,常被白粉,叶柄上无托叶痕。花芳香,花被片 9 枚,白色,有时基部稍呈淡红色,外轮 3 枚倒卵形,长 5～7cm,内 2 轮则渐狭小,近匙形;雄蕊长 1.5～2.2cm,药隔伸出长约 2mm 的尖头,花丝淡紫色;雌蕊群长 1.5～1.8cm,雌蕊群柄长 5～8mm,心皮狭卵圆形。聚合果穗状,长 7～15cm;蓇葖长圆体形或卵球形,顶端圆钝或具短突尖,每一蓇葖具种子 2～3 颗;种子斜卵球形,红色。花期 3 月中下旬,果期 9—10 月。$2n=38$。

区内常见栽培。分布于安徽、福建、广东、广西、贵州、江西、湖南。

树形美观,枝繁叶茂,花极芳香,是优良的庭院绿化树种。

3. 乐昌含笑 （图 1-367）

Michelia chapensis Dandy

常绿乔木,高达 30m。树皮灰色至深褐色,小枝无毛或嫩时节上被灰色微柔毛。叶薄革质,倒卵形、狭倒卵形或长圆状倒卵形,长 6.5～15cm,宽 3.5～6.5cm,先端短渐尖,基部楔形或阔楔形,上面深绿色,有光泽;叶柄上面具沟,无托叶痕,嫩时微被柔毛。花单生于叶腋,淡黄绿色,芳香;花梗长4～10mm,被平伏灰色微柔毛;花被片6枚,2轮,外轮倒卵状椭圆形,长约3cm,宽约1.5cm,内轮较狭;雄蕊长1.7～2cm,药隔伸长成1mm的尖头;雌蕊群狭圆柱形,雌蕊群柄密被银灰色平伏微柔毛。聚合果穗状,长约10cm;蓇葖长圆体形或卵球形,顶端具短细弯尖头,基部宽;种子卵球形或长圆状卵球形,红色。花期3—4月,果期8—9月。$2n=38$。

区内常见栽培。分布于广东、广西、贵州、湖南、江西;越南也有。

可供绿化观赏。

图 1-367 乐昌含笑

4. 醉香含笑 火力楠

Michelia macclurei Dandy

乔木,高达30m。树皮灰白色,光滑不开裂;芽、嫩枝、叶柄、托叶及花梗均被紧贴的红褐色短茸毛。叶革质,倒卵形、椭圆状倒卵形、菱形或长圆状椭圆形,长7～14cm,宽5～7cm,先端短急尖或渐尖,基部楔形或宽楔形,上面初被短柔毛,后脱落,下面被灰色毛,杂有褐色平伏短茸毛,侧脉每边10～15条,叶面上不明显;叶柄长2.5～4cm,上面具狭纵沟,上面无托叶痕。花蕾内有时具2～3枚小花蕾,形成聚伞花序;花梗长1～1.3cm;花被片白色,通常9枚,匙状倒卵形或倒披针形,长3～5cm;雄蕊长1～2cm,花药长0.8～1.4cm,药隔伸出成短尖,花丝红色;雌蕊群柄长1～2cm,密被褐色短茸毛,心皮卵圆形或狭卵球形。聚合果长3～7cm,蓇葖长圆体形或倒卵球形,顶端圆,疏生白色皮孔,沿腹背2瓣开裂;种子1～3颗,扁卵球形。花期3—4月,果期9—11月。

区内有栽培。分布于广东、广西、海南、云南;越南也有。

树冠宽广,整齐壮观,可供绿化观赏。

5. 金叶含笑 灰毛含笑 (图 1-368)

Michelia foveolata Merr. ex Dandy——*M. foveolata* var. *cinerascens* Y. W. Law & Y. F. Wu

乔木,高达30m。树干淡灰色至深灰色;芽、幼枝、叶柄、叶背、花梗密被红褐色、褐色或灰白色茸毛。叶厚革质,长圆状椭圆形、椭圆状卵形或阔披针形,长17～23cm,宽6～11cm,先端渐尖或短渐尖,基部宽楔形、圆钝或近心形,通常两侧不对称,叶上面深绿色,有光泽,叶下面被红铜色或灰色短茸毛;叶柄长1.5～3cm,上面无叶痕;花被片9～12枚,淡黄绿色,基部带紫色,外轮3枚阔倒卵

图 1-368 金叶含笑

形,长 6～7cm,中、内轮花被片倒卵状,较狭小;雄蕊长 2.5～3cm,花药长 1.5～2cm,花丝深紫色;雌蕊群柄长 1.7～2cm,被银灰色短茸毛。聚合果长 7～20cm,蓇葖长椭圆球形。花期 3—5月,果期 9—10月。2n＝38。

区内有栽培。分布于福建、广东、广西、贵州、海南、湖北、湖南、江西、云南;越南也有。

叶色奇特,花大芳香,可供绿化观赏。

3. 玉兰属　Yulania Spach

落叶乔木或灌木。托叶膜质,与叶柄贴生,脱落后在叶柄上留有托叶痕;叶螺旋状排列,在芽中折叠,幼时直立;叶膜质或厚纸质,全缘或稀先端 2 浅裂。花单生于短枝顶端,两性,先于叶或与叶同时开放;花大艳丽,常芳香,花被片 9～15(～45)枚,每轮 3 枚,白色、粉红色、紫红色,稀黄色,等大,有时外轮小,绿色或黄褐色,萼片状;雄蕊易脱落,花药内侧向裂开或侧向裂开;雌蕊群无柄,心皮分离。聚合果圆柱状,常因部分心皮不育而弯曲。

约 25 种,分布于东南亚和北美洲的温带和亚热带地区;我国有 18 种;浙江有 7 种;杭州有 7 种。

分 种 检 索 表

1. 外轮花被片与内轮花被片相似。
  2. 小枝灰色,多少被毛;叶倒卵形至倒卵状椭圆形。
    3. 花被片白色,有时基部外面带红色,外轮与内轮近等长;花凋谢后出叶 …… 1. 玉兰　Y. denudata
    3. 花被片浅红色至深红色,外轮花被片稍短或为内轮长的2/3,花期延至出叶 ………………………
    ………………………………………………………………… 2. 二乔玉兰　Y. × soulangeana
  2. 小枝绿色,无毛;叶宽倒披针形、倒披针状椭圆形 ……………………… 3. 天目木兰　Y. amoena
1. 外轮花被片小,萼片状。
  4. 花先叶开放;叶片基部不下延,托叶痕长不及叶柄的1/2。
    5. 聚合果的成熟蓇葖相互分离,通常弯曲,蓇葖两瓣裂,具瘤点凸起。
      6. 叶最宽处在中部以上或以下,椭圆状披针形、卵状披针形、狭倒卵形或卵形;外轮花被片狭倒卵状条形,紫红色或淡紫色 …………………………………………… 4. 望春玉兰　Y. biondii
      6. 叶最宽处在中部以上,椭圆状倒卵形或长圆状倒卵形;外轮花被片三角状条形,绿色或淡褐色 ……
      ………………………………………………………………… 5. 日本辛夷　Y. kobus
    5. 聚合果的成熟蓇葖排列紧贴,不弯曲,具白色皮孔 ……………… 6. 黄山木兰　Y. cylindrica
  4. 花叶同放或花稍后于叶开放;叶片基部下延,托叶痕长达叶柄的1/2 ……… 7. 紫玉兰　Y. liliiflora

1. 玉兰　木兰　白玉兰　迎春花　(图 1-369)

Yulania denudata (Desr.) D. L. Fu——*Magnolia denudata* Desr.

落叶乔木,高达 25m,树冠宽阔。树皮深灰色,老时粗糙开裂;小枝稍粗壮,淡灰褐色;冬芽及花梗密被淡灰色长绢毛。叶纸质,倒卵形、宽倒卵形或倒卵状椭圆形,长 10～15cm,宽 6～10cm,先端宽圆、平截或稍凹,具短突尖,基部楔形,叶上面深绿色,下面淡绿色,沿脉上被柔毛;叶柄长 1～2.5cm,上面具狭纵沟;托叶痕长为叶柄的 1/4～1/3。花先叶开放,直立,芳香,直径为 10～16cm;花梗膨大,密被淡黄色长绢毛;花被片 9 枚,白色,基部常带粉红色,长圆状倒卵形,长 6～10cm,宽 2.5～4.5cm;雄蕊长 7～12mm,药隔顶端伸出成短尖头;雌蕊群圆柱形,长 2～2.5cm。

聚合果圆柱形,常因部分心皮不育而弯曲,长
12～15cm;蓇葖厚木质,褐色,具白色皮孔;种子
心形,侧扁,外种皮红色,内种皮黑色。花期
2—3月,果期8—9月。$2n=76,114$。

区内广泛栽培。分布于安徽、重庆、广东、
贵州、湖北、湖南、江西、陕西和云南。

早春花繁满树,洁白高雅,为优良庭院观
赏树种。

飞黄玉兰'Feihuang'为常见栽培品种,为
玉兰的一个自然芽变品种,花为黄色或金黄
色,生长迅速,为优良的行道树种。浙江地区
广泛引种栽培。该品种可能为一杂交种,有
待进一步考证。

图 1-369 玉兰

2. 二乔玉兰

Yulania × soulangeana(Soul.-Bod.)D. L. Fu——*Magnolia soulangeana* Soul.-Bod.

落叶小乔木,高6～10m。小枝无毛。叶纸质,倒卵形,长6～15cm,宽4～7.5cm,先端宽
圆,具小尖头,基部楔形,上面中脉基部常有毛,下面多少被柔毛;叶柄被柔毛,托叶痕长为叶柄
的1/3。花先叶开放,浅红色至紫红色;花被片
6～9枚,外轮3枚略短;雄蕊花药侧向开裂;雌
蕊群无毛。聚合果长约8cm;蓇葖熟时黑色,具
白色皮孔。花期2—3月,果期9—10月。
$2n=76$。

区内常见栽培。

本种是玉兰和紫玉兰的杂交种,花大繁茂,
为优良的庭院树种,品种较多,其花被片大小、
形状、颜色多变化。全国广泛栽培。

3. 天目木兰 (图 1-370)

Yulania amoena(W. C. Cheng)D. L.
Fu——*Magnolia amoena* W. C. Cheng

落叶乔木,高达12m。树皮灰白色;小枝较
细,绿色无毛。叶纸质,宽倒披针形或倒披针状
椭圆形,长7～18cm,宽3～6.3cm,先端渐尖或
骤尾尖,基部宽楔形或圆形,上面无毛,嫩叶下
面叶脉及脉腋处有白色柔毛;叶柄长约1cm,托
叶痕长为叶柄的1/5～1/2。花蕾卵圆形,密被
长绢毛,花先叶开放,淡红色,有芳香,直径约为
6cm;花被片9枚,倒披针形或匙形,长5～6cm;

图 1-370 天目木兰

雄蕊长约 1cm,药隔伸出成短尖头,花丝紫红色;雌蕊群圆柱形,长约 2cm。聚合果圆柱形,较细,常因部分心皮不育而弯曲;种子外种皮红色,内种皮黑色。花期 3—4 月,果期 9—10 月。$2n=38$。

　　见于余杭区(中泰),生于山林中。分布于安徽、福建、河北、江苏、江西。

　　早春花繁满树,可供观赏。

4. 望春玉兰　华中木兰　(图 1-371)

Yulania biondii (Pamp.) D. L. Fu——*Magnolia biondii* Pamp.

　　落叶乔木,高达 12m。树皮淡灰色,光滑;小枝细长,灰绿色,直径为 3～4mm,无毛;顶芽卵球形,密被柔毛。叶狭椭圆形、狭卵形、狭倒卵形,长 10～18cm,宽 3.5～6.5cm,先端急尖或短渐尖,基部宽楔形或圆钝,上面暗绿色,下面淡绿色,初时有毛,后无毛,侧脉 10～15 条;叶柄长 1～2cm,托叶痕长为叶柄的 1/5～1/3。花先叶开放,芳香,直径为 6～8cm;花梗长约 1cm,具 3 条苞片脱落痕;花被片 9 枚,外轮 3 枚小,萼片状,紫红色或淡紫色,近狭倒卵状条形,长约 1cm,内 2 轮白色,外面基部常带紫红色,长 4～5cm,宽 1.5～2.5cm,内轮较狭;雄蕊长 8～10mm,花丝紫色;雌蕊群长 1.5～2cm。聚合果圆柱形,长 8～14cm,常因部分心皮不育而扭曲;蓇葖浅褐色,近圆形,具凸起的瘤点;种子外种皮鲜红色,内种皮黑色。花期 3 月,果熟期 9 月。$2n=76$。

　　区内有栽培。分布于重庆、甘肃、河南、湖北、湖南、陕西、四川。

　　早春花繁满树,可供观赏;为中药"辛夷"。

图 1-371　望春玉兰

图 1-372　日本辛夷

5. 日本辛夷　皱叶木兰　(图 1-372)

Yulania kobus (DC.) Spach——*Magnolia kobus* DC.——*M. praecocissima* Koidz.

　　落叶乔木,高达 20m。树皮灰色,粗糙开裂;幼枝绿色,后变紫褐色。叶纸质,倒卵状椭圆形,长 8～17cm,宽 3.5～9.5cm,先端突尖或急渐尖,基部楔形,上面深绿色,干时侧脉及网脉明显下陷,起皱,下面灰绿色,沿叶脉及脉腋有白色柔毛,叶缘稍波状;叶柄长1~2.5cm,托叶痕长约为叶柄的1/3。花先叶开放,白色,芳香,直径为9~10cm;花被片9枚,外轮3枚萼片状,绿色或淡褐色,三角状条形,长1.5~4cm,内2轮白色,有时基部带红色,匙形或狭倒卵形,长5~9cm,内轮3枚稍狭;雄蕊长8~10mm,药室内向开裂,花丝短,红色;雌蕊群圆柱形,长1~1.5cm。聚合果圆柱形,常因部分心皮不育而扭曲;蓇葖扁球形,有白色皮孔。花期3—4月,果期9—10月。2n=38。

区内有栽培。原产于日本和朝鲜半岛南部。

6. 黄山木兰　（图 1-373）

Yulania cylindrica（E. H. Wilson）D. L. Fu——*Magnolia cylindrica* E. H. Wilson

落叶乔木,高达10m。树皮灰白色,平滑;嫩枝、叶柄被淡黄色平伏毛,老枝紫褐色。叶纸质,倒卵形、狭倒卵形或倒卵状椭圆形,长6~15cm,宽2~6cm,先端圆或钝尖,叶上面绿色,无毛,下面灰绿色,有贴生短绢毛;叶柄长0.5~2cm,有狭沟,托叶痕长为叶柄的1/6~1/3。花先叶开放,花被片9枚,外轮3枚膜质,萼片状,长1~2cm,宽约4mm,内2轮白色花瓣状,基部常紫红色,倒卵形,长5~10cm,宽2.5~4.5cm;花梗密被黄色绢毛;雄蕊长约1cm,药隔伸出成短尖,花丝淡红色;雌蕊群圆柱状卵球形,长约1.2cm。聚合果圆柱形,长5~7.5cm,直径为1.8~2.5cm,蓇葖相互结合不弯曲;种子内种皮褐色,心形。花期3—4月,果期8—9月。2n=76。

见于余杭区（良渚）,生于山地林间。分布于安徽、福建、河南、湖北、江西。

早春花繁满树,可供观赏。

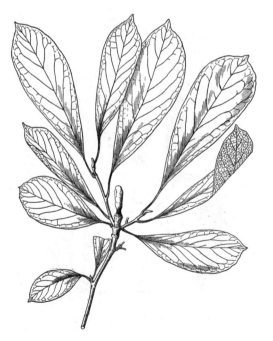

图 1-373　黄山木兰　　　　　　　　　图 1-374　紫玉兰

7. 紫玉兰　辛夷　木笔　（图 1-374）

Yulania liliiflora（Desr.）D. L. Fu——*Magnolia liliflora* Desr.

落叶灌木,高达3m,常丛生。树皮灰褐色;小枝绿紫色或淡紫褐色,具灰白色皮孔。叶椭圆状倒卵形或倒卵形,长 8～18cm,宽 3～10cm,先端急尖或渐尖,基部渐狭,沿叶柄下延至托叶痕,上面深绿色,幼嫩时疏生短柔毛,下面灰绿色,沿脉有短柔毛,侧脉每边 8～10 条;叶柄长8～20mm,托叶痕长约为叶柄的 1/2。花先叶开放或与叶同时开放,紫色或紫红色;花被片 9 枚,外轮 3 枚萼片状,绿色,披针形,长 2～3.5cm,常早落,内 2 轮花瓣状,外面紫色,椭圆状倒卵形,长 8～11cm,宽 3～4.5cm;雄蕊紫红色;雌蕊群长约 1.5cm,淡紫色。聚合果紫褐色,圆柱形,长 7～10cm;蓇葖近圆球形,顶端具短喙。花期 3—4 月,果期 8—9 月。偶见夏秋季二次开花。$2n=76$。

区内常见栽培。分布于重庆、福建、湖南、陕西、四川、云南。

4. 木兰属 Magnolia L.

常绿乔木或灌木。树皮常灰色光滑,有时粗糙深裂;小枝上具环状托叶痕,托叶膜质,与叶柄离生或贴生。叶螺旋状排列,在芽中折叠,幼时直立;叶厚纸质或革质,全缘。花单生于短枝顶端,两性,大,常芳香;花被片 9～12 枚,排成 3～4 轮,近相等;雄蕊早落,花丝扁平;雌蕊群和雄蕊群相连接,无雌蕊群柄;心皮分离,多数或少数,每一心皮有胚珠 2 枚(很少 3～4 枚)。聚合果成熟时通常为卵球形,心皮离生,革质或半木质化;外种皮橙红色或鲜红色,肉质,含油,内种皮坚硬,种脐有丝状假株柄与胎座相连,悬挂种子于外。

约 20 种,分布于北美洲的东部和南部,包括墨西哥和安的列斯群岛;我国有 1 种;浙江及杭州也有。

荷花木兰 荷花玉兰 广玉兰 (图 1-375)
Magnolia grandiflora L.

常绿乔木,高达 30m。树皮灰褐色,老时有薄鳞片状开裂;小枝、芽、叶背及叶柄均密被锈色短茸毛。叶厚革质,椭圆形或倒卵状椭圆形,长 10～20cm,宽 4～10cm,先端钝或短钝尖,基部楔形,边缘微背卷,叶面深绿色,有光泽,下面密被锈色短柔毛;托叶与叶柄分离,叶柄粗壮。花大,白色,有香味,直径为 15～20cm;花被片 9～12 枚,倒卵形,长6～10cm,宽 5～7cm;雄蕊长约 2cm,花丝扁平,紫色;雌蕊群密被茸毛,心皮卵形,花柱呈卷曲状。聚合果圆柱状长圆球形或卵球形,长 7～10cm,密被黄褐色茸毛;蓇葖背裂,顶端外侧具长喙;种子近卵球形或卵球形,外种皮红色。花期 5—7 月,果期 10—11 月。$2n=114$。

区内常见栽培。原产于北美洲东南部;我国长江以南地区均有栽培。

树干挺直,花大芬芳,为著名的庭院绿化观赏树种。

图 1-375 荷花木兰

5. 厚朴属　Houpoëa N. H. Xia & C. Y. Wu

落叶乔木或灌木。树皮灰褐色,光滑;小枝上有环状托叶痕,托叶膜质,与叶柄贴生,脱落后留有托叶痕。叶假轮生于枝顶,厚膜质或纸质,全缘,偶有先端2浅裂。花大,单生于枝顶,芳香,花蕾具1枚佛焰苞状苞片;花被片9~12枚,排成3~4轮,常白色,等大;雄蕊易脱落;雌蕊群无柄,心皮多数,分离。聚合果圆柱形;成熟蓇葖具长喙。

9种,主要分布于北美洲东部和东南亚温带地区;我国有3种;浙江有1种;杭州有1种。

厚朴　凹叶厚朴　（图1-376）

Houpoëa officinalis（Rehder & E. H. Wilson）N. H. Xia & C. Y. Wu—— *Magnolia* officinalis Rehder & E. H. Wilson——*M. officinalis* subsp. *biloba*（Rehder & E. H. Wilson）Y. W. Law

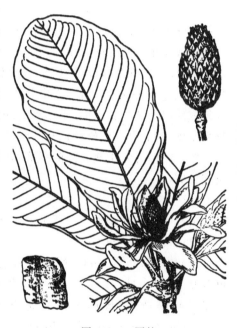

落叶乔木,高达20m。树皮灰褐色,不开裂;小枝粗壮,顶芽大。叶片大,近革质,常7~12枚聚生于枝顶(萌蘖枝叶多为互生),长圆状倒卵形,长20~45cm,宽8~24cm,先端短急尖、圆钝或微凹成2浅裂,基部楔形,边缘微波状,上面绿色,无毛,下面灰绿色,被白粉,有平伏柔毛;托叶痕长为叶柄的2/3;花大,白色,与叶同时开放;花被片9~12枚,肉质,外轮3枚淡绿色,长圆状倒卵形,盛开时常反卷,内2轮白色,倒卵状匙形,盛开时中轮直立;雄蕊多数。聚合果长圆状卵球形;种子三角状倒卵球形。花期4—5月,果期9—10月。2n=38。

图1-376　厚朴

见于余杭区(鸬鸟),生于山林中。分布于安徽、福建、广东、广西、甘肃、贵州、河南、湖北、湖南、江西、陕西、四川。

叶大荫浓,可栽培作庭荫树;树皮为著名的中药材。

38. 蜡梅科　Calycanthaceae

落叶或常绿灌木。单叶对生,全缘或近全缘;有叶柄,无托叶。花两性,辐射对称,单生于侧枝的顶端或腋生,通常芳香,黄色、黄白色、红褐色或粉红白色;花梗短;花被片多数,螺旋状着生,花萼和花瓣分化不明显;雄蕊2轮,外轮可育,内轮不育,可育雄蕊5~30枚,螺旋状着生于杯状的花托顶端,花丝短而离生,药室外向,2室,纵裂,药隔伸长或短尖,退化雄蕊5~25枚,线形至线状披针形,被短柔毛;心皮少数至多数,离生,着生于中空的杯状花托内面,每一心皮有胚珠 2 枚,或 1 枚不发育,花柱丝状,伸长。聚合瘦果着生于坛状的果托之中;种子无胚乳,胚大,子叶席卷状排列。

　　2 属,9 种,分布于亚洲东部和美洲北部;我国有 2 属,7 种;浙江有 2 属,5 种;杭州有 1 属,2 种。本科植物可供观赏及药用。

蜡梅属　Chimonanthus Lindl.

　　落叶、常绿或半常绿灌木。小枝四方柱形至近圆柱形;鳞芽裸露;叶纸质或近革质,叶面粗糙。花腋生,芳香,直径为 0.7～4cm;花被片 10～27 枚,黄色、黄白色,有时有紫红色条纹;雄蕊 5～6 枚,着生于杯状花托边缘,花丝丝状,基部宽而连生,常被毛,花药 2 室,外向,退化雄蕊少数至多数,长圆形,被微毛;心皮 5～15 枚,离生,每一心皮有胚珠 2 枚或 1 枚败育。果托坛状,被毛。花期 10 月至翌年 2 月,果期翌年 5—6 月。

　　6 种,均为我国特有;浙江有 4 种;杭州有 2 种。

图 1-377　蜡梅

1. 蜡梅　(图 1-377)

Chimonanthus praecox (L.) Link

　　落叶灌木,高达 4m。幼枝四方形,老枝近圆柱形,灰褐色,无毛或被疏微毛,有皮孔。叶纸质至近革质,卵圆形、椭圆形、宽椭圆形至卵状椭圆形,有时长圆状披针形,长 5～25cm,宽 2～8cm,顶端急尖至渐尖,有时具尾尖,基部急尖至圆形,上面粗糙。花着生于第二年生枝条叶腋内,先花后叶,芳香,直径为 2～4.5cm;花被片圆形、长圆形、倒卵形、椭圆形或匙形,长 5～20mm,宽 5～15mm,内部花被片比外部花被片短,基部有爪;心皮基部被疏硬毛,花柱基部被毛。果托近木质化,坛状或倒卵状椭圆形,长 2～5cm,先端收缩,并具有钻状披针形的被毛附生物。花期 11 月至翌年 3 月,果期翌年 4—7 月。2n=220。

　　见于西湖区(双浦),生于山地灌丛中,区内常见栽培。分布于安徽、福建、贵州、河南、湖北、湖南、江苏、江西、山西、陕西、四川、云南;我国大部分省、区均有栽培。

　　花芳香美丽,是优良的庭院、公园绿化植物,普遍栽培供观赏。

2. 柳叶蜡梅　(图 1-378)

Chimonanthus salicifolius S. Y. Hu

　　半常绿灌木,高达 3m。幼枝四方形,老枝近圆柱形,

图 1-378　柳叶蜡梅

被微毛。叶近革质,线状披针形或长圆状披针形,长 3～13cm,宽 1～2.5cm,两端钝至渐尖,叶面粗糙,无毛,叶背浅绿色,有白粉,被不明显的短柔毛,叶缘及脉上被短硬毛;叶柄长3～6mm,被微毛。花小,单生于叶腋,有短梗;花被片15～17枚,淡黄白色,外花被片椭圆形,中部花被片线状长披针形,先端长尖,被疏柔毛,内花被片披针形,先端锐尖,基部有爪;雄蕊4～5枚;心皮 6～8 枚。果托坛状、长卵状椭圆形,长 2～4cm,先端收缩。花期 10—12 月,果期翌年 5 月。

区内有栽培。分布于安徽、江西。

可作庭院、公园绿化树种;叶可供药用。

与上种的区别在于:本种为半常绿植物,叶背粉绿色,花被淡黄色,先端尖。

39. 樟科　Lauraceae

常绿或落叶,乔木或灌木,仅有无根藤属为缠绕性寄生草本。树皮通常具芳香,木材十分坚硬;鳞芽或裸芽。单叶,互生、对生、近对生或轮生,具柄,通常革质,有时为膜质或坚纸质,全缘,极少有分裂,与树皮一样常有多数含芳香油或黏液的细胞,羽状脉、3 出脉或离基 3 出脉,叶上面具光泽,下面常为粉绿色;无托叶。圆锥状、总状、聚伞或假伞形花序,近顶生或腋生;总苞片有或无;花小,通常芳香;花两性或单性,雌雄同株或异株,辐射对称,(2)3基数;花被萼片状,裂片 4～6 枚,2 轮排列,早落或宿存,花被筒短;雄蕊 3～4 轮,每轮(2)3枚,花丝基部有 2 枚腺体或无,最内轮雄蕊多退化或无,花药 2～4 室;子房通常上位,稀下位,1 室,胚珠 1 枚,下垂,倒生,花柱 1 枚,明显,稀不明显。浆果状核果,果梗圆柱形,有时肉质;种子无胚乳。

约 45 属,2000～2500 种,广布于热带及亚热带地区;我国有 25 属,445 种,其中 316 特有种,多数种类分布于长江以南各省、区,少数落叶种类分布于长江以北地区;浙江有 11 属,46 种,9 变种;杭州有 7 属,18 种,2 变种。

本科植物可供建筑用、材用、药用、提取樟脑及芳香油等。

分 属 检 索 表

1. 花两性,花序无明显总苞。
　2. 花被片花后脱落 ·· 1. **樟属**　Cinnamomum
　2. 花被片果时宿存。
　　3. 宿存花被片不紧贴果实基部,反卷或开展 ···················· 2. **润楠属**　Machilus
　　3. 宿存花被片紧贴于果实基部,直立或开展 ···················· 3. **楠属**　Phoebe
1. 花单性异株,花序有总苞。
　4. 花药 4 室。
　　5. 叶片较大,宽 6cm 以上,全缘或 3 裂,卵形或倒卵形 ·········· 4. **檫木属**　Sassafras
　　5. 叶片较小,宽 4cm 以下,不裂,非卵形或倒卵形。
　　　6. 叶具离基 3 出脉;花 2 基数,花被裂片 4 枚,每轮 2 枚,能育雄蕊 6 枚 ·············
　　　·· 5. **新木姜子属**　Neolitsea

1. 樟属　Cinnamomum Schaeff.

常绿乔木或灌木。树皮、小枝和叶芳香;芽裸露或具鳞片。叶互生、近对生或对生,有时聚生于枝顶,革质,离基3出脉或3出脉,亦有羽状脉。聚伞状圆锥花序,腋生或近顶生;花小或中等大,黄色或白色,两性,稀为杂性;花被筒短,杯状或钟状,花被裂片6枚,近等大,花后常脱落;能育雄蕊常9枚,排成3轮,第1、2轮雄蕊花丝无腺体,花药4室,排成上、下2列,内向瓣裂,第3轮雄蕊花丝具腺体,花药外向,退化雄蕊3枚,箭头状,位于最内轮;花柱柱头头状或盘状,有时3圆裂。果肉质,有果托,果托杯状、钟状或圆锥状,边缘波状或具不规则小齿。

约250种,产于亚洲东部热带、亚热带、澳大利亚及太平洋岛屿;我国有49种;浙江有11种;杭州有2种。

1. 樟　樟树　香樟　(图1-379)

Cinnamomum camphora (L.) J. Presl

常绿乔木,高可达30m。枝、叶及木材均有樟脑气味;小枝光滑无毛,幼树树皮常绿色,光滑不裂,老时黄褐色至灰黄褐色,不规则纵裂。叶互生,薄革质,叶片卵形或卵状椭圆形,长6～12cm,宽2.5～5.5cm,先端急尖,基部宽楔形至近圆形,边缘呈微波状起伏,上面绿色或黄绿色,下面灰绿色,薄被白粉,两面无毛或下面幼时微被柔毛,具离基3出脉;叶柄长2～3cm,无毛。圆锥花序长3.5～7cm,花序梗长2.5～4.5cm,无毛或被灰白色至黄褐色微柔毛;花通常淡黄绿色,长约3mm;花梗长1～2mm,无毛;能育雄蕊9枚,退化雄蕊3枚;子房球形,无毛。果近球形,直径为6～8mm,成熟时紫黑色,果托杯状,长约5mm。花期4—5月,果期8—11月。$2n=24$。

区内常见野生和栽培,生于山坡、沟边林下、灌丛中或栽植于道旁。分布于华中、华东、华南及西南各省、区;日本、朝鲜半岛、越南也有,其他各国常有引种栽培。

可作行道树;木材可作建筑用材;根、枝、叶可提取樟脑。

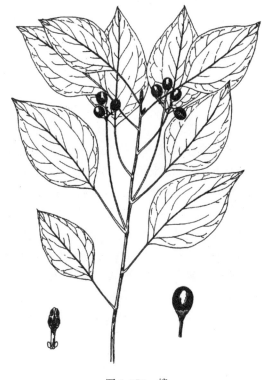

图1-379　樟

2. 浙江樟

Cinnamomum chekiangemse Nakai　(图1-380)

常绿乔木,高10～15m。树皮灰褐色平滑至近圆形块状剥落;枝条圆柱形,几无毛,红色或红褐色,具香气。叶近对生或在枝条上部者互生,卵圆状长圆形至长圆状披针形,长7~10cm,宽3~3.5cm,先端锐尖至渐尖,基部宽楔形或钝形,革质,上面绿色,下面灰绿色,两面无毛,离基3出脉,中脉及侧脉两面隆起;叶柄红褐色,无毛。圆锥花序腋生,长1.5~5cm,花梗被黄白色伏柔毛,聚伞花序有花2~5朵;花黄绿色,长约7mm;花被筒倒圆锥形,短小,花被裂片6枚,卵圆形,外面无毛,内面被柔毛;能育雄蕊9枚,内藏,花药卵圆状椭圆球形;子房卵球形,微被柔毛,花柱稍长于子房,柱头盘状。果长圆形,直径约为7mm,无毛,果托浅杯状,宽达5mm。花期4—5月,果期7—9月。$2n=24$。

见于余杭区(中泰)、西湖景区(宝石山、九曜山、南高峰、玉皇山),生于山坡、沟谷、杂木林中。分布于安徽、福建、江苏、江西、台湾;日本、朝鲜半岛也有。

可作建筑用材。

图1-380　浙江樟

2. 润楠属　Machilus Nees

常绿乔木或灌木。芽大或小,常具覆瓦状排列的鳞片。叶互生,全缘,羽状脉。圆锥花序顶生或近顶生,密花而近无花序梗或疏松而具长花序梗;花两性;花被筒短,花被裂片6枚,排成2轮,近等大或外轮较小,花后稀脱落;能育雄蕊9枚,排成3轮,花药4室,通常外面2轮无腺体,花药内向,第3轮雄蕊具有柄腺体,花药外向,有时下面2室外向,上面2室内向或侧向,第4轮为退化雄蕊,短小,有短柄;子房无柄,柱头小或盘状、头状。果球形,稀椭圆球形,基部宿存反曲的花被裂片,果梗不增粗或略微增粗。

约100种,分布于亚洲东南部和东部的热带、亚热带;我国有82种;浙江有10种;杭州有3种。

本属多为优良的用材树种,可供建筑或作贵重家具、细木工等用。

分 种 检 索 表

1. 叶下面无毛;花序梗无毛 ···································· 1. 红楠　*M. thunbergii*
1. 叶下面被毛,至少幼时被毛;花序梗有毛。
　　2. 叶倒卵状长圆形,长14~24cm,宽3.5~7cm,坚纸质 ············· 2. 薄叶润楠　*M. leptophylla*
　　2. 叶倒披针形,长6.5~13cm,宽2~3.5cm,革质或薄革质 ··········· 3. 浙江润楠　*M. chekiangensis*

1. 红楠　(图1-381)

Machilus thunbergii Siebold & Zucc.

常绿乔木,通常高10~15(~20)m。树皮黄褐色,浅纵裂或不规则鳞片状剥落;枝条紫褐色,小枝绿色;顶芽卵球形或长卵球形,芽鳞边缘具黄褐色睫毛。叶革质,倒卵形或倒卵状披针形,长 4.5~10cm,宽 2~4cm,先端短突尖或短渐尖,尖头钝,基部楔形,上面深绿色,有光泽,下面较淡,微被白粉,中脉在上面稍凹或平,下面明显隆起,侧脉 7~12 对,两面微隆起;叶柄长1~3cm,上面有浅槽,微带红色。聚伞状圆锥花序顶生或在新枝上腋生,无毛,长 5~12cm,在上端分枝;花序梗带紫红色,下部的分枝常有花 3 朵,上部分枝的花较少;苞片卵形,被棕红色贴伏茸毛;花被裂片长圆形;子房球形,柱头头状;花梗长 8~15mm。果扁球形,直径为 8~10mm,熟时紫黑色,果梗鲜红色,长 1.4~2cm。花期 4 月,果期 6—7 月。

　　见于江干区(丁桥)、余杭区(径山、良渚)、西湖景区(百子尖、九曜山、梅家坞、上天竺、云栖、中天竺等),生于山坡、沟谷、林缘。分布于安徽、福建、广东、广西、湖南、江苏、江西、山东、台湾;日本、朝鲜半岛也有。

图 1-381　红楠　　　　　　　　　图 1-382　薄叶润楠

2. 薄叶润楠　华东楠　(图 1-382)

Machilus leptophylla Hand.-Mazz.

　　常绿乔木,高达 8~15m。树皮灰褐色,平滑不裂;枝暗褐色,无毛;顶芽近球形。叶互生或在当年生枝上轮生,坚纸质,叶片倒卵状长圆形,长 14~24cm,宽 3.5~7cm,先端短渐尖,基部楔形,幼时下面被贴伏银色绢毛,老时上面深绿色,无毛,下面带灰白色,疏生绢毛,且脉上较密,后渐脱落,中脉在上面凹下,下面隆起,侧脉 14~24 对,两面均微隆起,略带红色,网脉纤细;叶柄长 1~3cm,上面具浅凹槽,无毛。圆锥花序 6~10 枚,聚生于新枝基部,长 8~12(~15)cm,柔弱,多花;花通常 3 朵生于一起,花序梗、分枝和花梗疏被灰色微柔毛;花白色,长 7mm,有香气,花梗丝状,长约 5mm;花被裂片几等长。果球形,直径约为 1cm,成熟时紫黑色,果梗鲜红色,长 5~10mm。

花期4月,果期7月。

见于西湖区（双浦）、余杭区（良渚、中泰）、西湖景区（九曜山、上天竺、桃源岭、玉皇山、云栖）,生于山坡、沟谷、杂木林中。分布于福建、广东、广西、贵州、湖南、江苏。

3. 浙江润楠　（图 1-383）

Machilus chekiangensis S. K. Lee——*M. longipedunculata* S. Lee & F. N. Wei

乔木,高4~10m。枝褐色无毛;冬芽球形。叶革质,常集生于枝顶,叶片倒披针形、倒卵状披针形、椭圆状倒披针形,长6.5~13cm,宽2~3.5cm,先端尾状渐尖,尖头常呈镰刀状,基部渐狭呈楔形,上面深绿色,有光泽,下面粉绿色,疏被短伏毛,中脉在上面稍凹下,侧脉10~12对,小脉在两面构成细密的蜂巢状浅穴;叶柄长0.8~1.5cm。圆锥花序长7~18cm,花序梗长（3~）5.5~11cm;花黄绿色,长约4mm;花被裂片近等长,长圆形,两面被短柔毛;花丝无毛或基部疏生微柔毛;子房卵球形。果序圆锥状,生于当年生枝基部,被灰白色微柔毛,自中部以上分枝,果常8~9枚;果球形,直径为6~7mm,花被裂片宿存,果梗长约5mm。花期2月,果期6月。

见于西湖景区（飞来峰）,生于山坡林中。分布于福建、香港。

图 1-383　浙江润楠

3. 楠属　Phoebe Nees

常绿乔木或灌木。叶通常聚生于枝顶,互生,羽状脉。聚伞状圆锥花序腋生,稀顶生;花两性;花被裂片6枚,近等大或外轮略小;能育雄蕊9枚,3轮,花药4室,第1、2轮雄蕊花药内向,无腺体,第3轮雄蕊花药外向,花丝基部或近基部具2枚腺体,退化雄蕊3枚,三角形或箭头形;子房多为卵球形或球形,花柱直或弯,柱头钻状或头状。果卵球形、椭圆球形或球形,基部为宿存花被片所包围,宿存花被片紧贴,或松散,或先端外倾,但不反卷或极少略反卷,果梗不增粗或明显增粗。

约100种,分布于亚洲及热带美洲;我国有35种;浙江有3种;杭州有2种。

本属植物可作材用。

1. 紫楠　（图 1-384）

Phoebe sheareri（Hemsl.）Gamble

常绿乔木,高可达20m。树皮灰色或灰褐色;小枝、叶柄及花序密被黄褐色或灰黑色柔毛或茸毛。叶互生,革质,叶片倒卵形、椭圆状倒卵形或倒卵状披针形,长8~18（~27）cm,宽4~9cm,先端突渐尖或突尾状渐尖,基部渐狭,上面无毛或沿脉上有毛,后脱落,下面密被黄褐色长柔毛,少为短柔毛,中脉和侧脉上面凹下,侧脉8~13对;叶柄长1~2.5cm。圆锥花序腋生,长7~15

(～18)cm,在顶端分枝;花黄绿色,直径为5～6mm;花被片卵形;子房球形,无毛,花柱通常直,柱头不明显或盘状。果卵球形,长8～10mm,直径为5～6mm,熟时黑色,果梗被毛,宿存花被片多少松散,两面被毛;种子单胚性,两侧对称。花期4—5月,果期9—10月。

见于西湖区(留下)、余杭区(良渚、塘栖)、西湖景区(飞来峰、桃源岭、中天竺),生于山坡、沟谷、林下。分布于安徽、福建、广东、广西、贵州、湖北、湖南、江苏、江西、四川、云南;越南也有。

为良好绿化树种,亦可作材用。

图 1-384 紫楠

图 1-385 浙江楠

2. 浙江楠 (图 1-385)

Phoebe chekiangensis P. T. Li

大乔木,高达20m。树皮淡黄褐色,不规则薄片状脱落,具褐色皮孔;小枝有棱,密被黄褐色或灰黑色柔毛或茸毛。叶互生,革质,叶片倒卵状椭圆形或倒卵状披针形,稀为披针形,长7～13(～17)cm,宽3.5～5(～7)cm,先端突渐尖或长渐尖,基部楔形或近圆形,上面初时有毛,后脱落,下面被灰褐色柔毛,中、侧脉上面下陷,侧脉8～10对;叶柄长1～1.5cm,密被黄褐色茸毛或柔毛。圆锥花序腋生,长5～10cm,密被黄褐色茸毛;花长约4mm,花梗长2～3mm;花被片卵形;花丝被白色长柔毛;子房卵球形,无毛,柱头盘状。果椭圆状卵球形,长1.2～1.5cm,熟时蓝黑色,外被白粉,宿存花被片革质,紧贴果实基部。花期4—5月,果期9—10月。

见于西湖景区(飞来峰、九溪、云栖),生于杂木林中。分布于福建、江西。

与上种的区别在于:本种叶片长8～13cm,花序长5～10cm,果熟时外面被白粉,宿存花被片紧贴果基部,种子两侧不对称,多胚性。

4. 檫木属 Sassafras J. Presl

落叶乔木。顶芽大,具鳞片。叶互生,聚集于枝顶,坚纸质,具羽状脉或离基3出脉,全缘不裂或 2～3 浅裂。花通常雌雄异株;总状花序(假伞形花序)顶生,少花,疏松,下垂,具梗;苞片线形至丝状;花被黄色,花被筒短,花被裂片 6 枚,排成 2 轮,近相等,脱落;雄花具能育雄蕊 9 枚,排成 3 轮,第 1、2 轮雄蕊花丝无腺体,第 3 轮花丝基部有 1 对具短柄的腺体,花药 2 室;雌花具退化雄蕊 6 或 12 枚,排成 2 或 4 轮;两性花花药 4 室,退化雄蕊 3 枚,子房卵球形,花柱细,柱头盘状。果为核果,卵球形,深蓝色,基部有浅杯状的果托;果梗伸长,上端渐增粗,无毛。种子长圆形,种皮薄;胚近球形,直立。

3 种,亚洲东部和北美洲间断分布;我国有 2 种;浙江有 1 种;杭州有 1 种。

檫木 (图 1-386)

Sassafras tzumu (Hemsl.) Hemsl.

落叶乔木,高可达 35m。树皮幼时黄绿色,老时灰褐色,呈不规则纵裂;顶芽椭圆形;小枝黄绿色,无毛。叶片卵形或倒卵形,长 9～20cm,宽 6～12cm,先端渐尖,基部楔形,全缘或 2～3 裂,裂片先端略钝,上面深绿色,稍具光泽,下面灰绿色,两面无毛或下面沿脉疏生毛,羽状脉或离基出 3 脉;叶柄长 2～7cm,常带红色。总状花序顶生,先叶开放,长 4～5cm,基部具总苞片;花黄色,长约 4mm,雌雄异株,花梗长4.5～6mm;雄花花被裂片 6 枚,披针形,能育雄蕊 9 枚,退化雄蕊 3 枚;雌花具退化雄蕊 12 枚,子房卵球形,柱头盘状。果近球形,直径约为 8mm,成熟时蓝黑色而带有白蜡粉,果托浅杯状,果梗长 1.5～2cm。花期 2—3 月,果期 7—8 月。

区内常见,生于杂木林中。分布于安徽、福建、广东、广西、贵州、湖北、湖南、江苏、四川、云南。

可作材用。

图 1-386 檫木

5. 新木姜子属 Neolitsea (Benth. & Hook. f.) Merr.

常绿乔木或灌木。叶互生或簇生成轮生状,稀对生,离基 3 出脉,稀羽状脉或 3 出脉。花单性,雌雄异株;伞形花序单生或簇生,无花序梗或有短花序梗;苞片大,交互对生,迟落;花被裂片 4 枚,外轮 2 枚,内轮 2 枚;雄花具能育雄蕊 6 枚,排成 3 轮,每轮 2 枚,花药 4 室,均内向瓣裂,第 1、2 轮花丝无腺体,第 3 轮基部有腺体 2 枚,退化雌蕊有或无;雌花具退化雄蕊 6 枚,棍棒状,第 1、2 轮无腺体,第 3 轮基部具 2 枚腺体,子房上位,花柱明显,柱头盾状。浆果状核果,果托盘状或浅杯状,果梗通常略增粗。

约 85 种,分布于印度、马来西亚至日本;我国有 45 种,分布于西南至华东;浙江有 1 种,3 变种;杭州有 1 变种。

本属植物可作材用。

浙江新木姜子　（图 1-387）

Neolitsea aurata var. chekiangensis (Nakai) Yen C. Yang & P. H. Huang

常绿小乔木，高 8～10m。树皮灰色或深灰色，平滑不裂；小枝灰绿色，被易脱落的锈褐色绢毛。叶互生或近枝顶集生，革质或薄革质，叶片披针形或倒披针形，长 6～13cm，宽 1～2.5(～3)cm，先端渐尖或尾尖，基部楔形，上面深绿色，有光泽，下面幼时被黄锈色短绢毛，后脱落近于无毛，具白粉，离基 3 出脉，中脉上部有几对稀疏不明显的羽状侧脉；叶柄长 0.7～1.2cm，通常被黄锈色短柔毛；花芽秋季形成。伞形花序位于二年生小枝叶腋；花黄绿色；雄花发育雌蕊 6 枚，第 3 轮花丝基部腺体有柄；雌花第 3 轮退化雄蕊花丝短小，腺体无柄。果椭圆球形或卵球形，长约 8mm，直径为 5～6mm，熟时紫黑色，有光泽。花期 3—4 月，果期 10—11 月。

见于西湖区（双浦）、余杭区（径山）、西湖景区（韬光、云栖），生于山坡杂木林中。分布于安徽、福建、江苏、江西。

图 1-387　浙江新木姜子

6. 木姜子属　Litsea Lam.

落叶或常绿，乔木或灌木。叶互生，稀对生或轮生，羽状脉。花单性，雌雄异株；伞形花序或为伞形花序式的聚伞花序或圆锥花序，单生或簇生于叶腋；苞片 4～6 枚，交互对生，开花后脱落；花被筒长或短，花被裂片通常 6 枚，排成 2 轮，每轮 3 枚，相等或不等，早落，很少缺或 8 枚；雄花能育雄蕊 9 或 12 枚，稀较多，每轮 3 枚，外 2 轮通常无腺体，第 3 轮和最内轮花丝基部具 2 枚腺体，花药 4 室，内向瓣裂，退化雌蕊有或无；雌花退化雄蕊与雄花中的雄蕊数目同，子房上位，花柱显著。浆果状核果，果托杯状、盘状或扁平。

约 200 种，主要分布于亚洲热带和亚热带、南美洲亚热带、北美洲；我国有 74 种；浙江有 4 种，5 变种；杭州有 1 种，1 变种。

本属植物可作材用。

1. 山鸡椒　（图 1-388）

Litsea cubeba (Lour.) Pers.

落叶灌木或小乔木，高 8～10m。幼树树皮黄绿色，光滑，老树树皮灰褐色；小枝绿色，无毛；枝叶揉碎散发浓郁芳香味，干时呈绿黑色；顶芽圆锥形。叶互生，薄纸质，叶片披针形或长圆状披针形，长 4～11cm，宽 1.5～3cm，先端渐尖，基部楔形，上面绿色，下面粉绿色，两面均无毛,羽状脉,侧脉 6～10 对,中脉、侧脉在两面均隆起;叶柄长 0.5～1.5cm,微带红色。伞形花序单生或簇生,花序梗长 6～10mm;总苞片 4 枚,近膜质;每一花序具花 4～6 朵,先叶开放或与叶同时开放;花黄白色;雌花较小;子房卵球形,花柱短,柱头头状。果近球形,无毛,成熟时紫黑色,果核具 2 条纵脊,果梗先端稍增粗。花期 2—3 月,果期 9—10 月。2n＝24。

　　区内常见,生于山坡灌丛杂木林中。分布于安徽、福建、广东、广西、贵州、海南、湖北、湖南、江苏、江西、四川、台湾、西藏、云南;亚洲南部及东南部也有。

　　可作药用。

图 1-388　山鸡椒

图 1-389　豹皮樟

2. 豹皮樟　(图 1-389)

Litsea coreana var. sinensis (C. K. Allen) Yen C. Yang & P. H. Huang

　　常绿乔木,高可达 16m。树皮灰白色或灰褐色,呈不规则块状剥落;幼枝圆柱形,深褐色至带黑色。叶互生,革质,叶片长圆形或披针形,长 5～10cm,宽 1.5～2.7(～3.5)cm,先端多急尖,基部楔形,上面深绿色,有光泽,幼时基部沿中脉有柔毛,叶柄上面有柔毛,下面无毛;羽状脉,侧脉 9～10 对,中脉在下面隆起,网脉不明显;叶柄长 0.5～1.5cm。伞形花序腋生,无花序梗或具极短花序梗;总苞片 4 枚;每一花序具花 3～4 朵,花梗粗短,密被长柔毛;雄花具能育雄蕊 9 枚,无退化雌蕊;雌花中退化雄蕊具长柔毛,子房近球形。果球形,直径为 6～8mm,熟时紫黑色,顶端有短尖头,果托扁平,具宿存花被裂片,果梗长约 5mm。花期 8—9 月,果期翌年 5 月。2n＝24。

　　见于西湖区(双浦)、萧山区(楼塔)、余杭区(百丈)、西湖景区(飞来峰、黄龙洞、九曜山、龙井、棋盘山、玉皇山等),生于山坡沟谷林中。分布于安徽、福建、河南、湖北、江苏、江西。

　　与上种的区别在于:本变种为常绿植物,叶薄革质。

7. 山胡椒属 Lindera Thunb.

常绿或落叶乔、灌木，具香气。叶互生，全缘，稀3裂，羽状脉、3出脉或离基3出脉。花单性，雌雄异株，黄色或绿黄色；伞形花序在叶腋单生或在腋生缩短短枝上2至多个簇生；花序梗有或无；总苞片4枚，交互对生；花被片6(7～9)枚，近等大或外轮稍大，花后脱落；雄花能育雄蕊9枚，偶有12枚，通常3轮，花药2室全部内向，第3轮的花丝基部着生通常具柄的2枚腺体；退化雌蕊细小；雌花通常具9枚退化雄蕊，常成线形，第3轮花丝基部有具柄腺体，子房上位，花柱明显，柱头近盘状。果圆球形或椭圆球形，浆果状核果，幼果绿色，熟时红色，后变紫黑色，内有种子1枚，果托盘状或浅杯状。

约100种，分布于亚洲、北美洲温带地区；我国有38种；浙江有13种，1变种；杭州有9种。

本属植物可供药用、材用等。

分 种 检 索 表

1. 常绿；叶革质或近革质。
　2. 叶具羽状脉；果熟时红色 ………………………………………… 1. 香叶树　*L. communis*
　2. 叶具3出脉；果熟时黑色 ………………………………………… 2. 乌药　*L. aggregata*
1. 落叶；叶纸质。
　3. 2～3年生小枝通常绿色或黄绿色，无皮孔。
　　4. 羽状脉；花序梗密被毛；果梗长1～1.6cm ……………………… 3. 山橿　*L. reflexa*
　　4. 3出脉或离基3出脉；花序梗无毛；果梗长0.4～0.7cm ………… 4. 绿叶甘橿　*L. neesiana*
　3. 2～3年生小枝通常不为绿色或黄绿色。
　　5. 叶具离基3出脉，中脉与叶柄秋后常变为红色；小枝紫褐色 ……… 5. 红脉钓樟　*L. rubronervia*
　　5. 叶具羽状脉。
　　　6. 叶片倒卵形至倒卵状披针形，最宽处在中部以上；果熟时红色 …………………………
　　　　………………………………………………………… 6. 红果山胡椒　*L. erythrocarpa*
　　　6. 叶片卵形、椭圆形至椭圆状披针形，最宽处在中部以下，基部宽楔形；果熟时黑色或黄褐色。
　　　　7. 叶片椭圆形至椭圆状披针形；小枝皮孔不甚明显；果直径小于1cm，熟时黑色。
　　　　　8. 叶片宽椭圆形至椭圆形，长为宽的2倍或不及；具花序梗；枝灰白色 …………………
　　　　　　…………………………………………………………… 7. 山胡椒　*L. glauca*
　　　　　8. 叶片椭圆状披针形，长逾宽的3倍；无花序梗；枝黄绿色 ……………………………
　　　　　　………………………………………………… 8. 狭叶山胡椒　*L. angustifolia*
　　　　7. 叶片卵形；小枝皮孔显著；果直径达1cm以上，熟时黄褐色 ……… 9. 大果山胡椒　*L. praecox*

1. 香叶树　（图1-390）

Lindera communis Hemsl.

常绿小乔木，高1～5m。树皮淡褐色；当年生枝绿色，基部有密集芽鳞痕；顶芽卵球形。叶革质，叶片通常卵形或宽卵形，稀椭圆形，长3～8cm，宽1.5～3.5cm，先端常突短尖至圆钝，稀渐尖，基部宽楔形或近圆形，上面绿色无毛，有光泽，下面灰绿色，被黄白色柔毛，后渐脱落，羽状脉；叶柄长5～8mm，被黄褐色微柔毛或近无毛。伞形花序单生或成对生于叶腋，具花5～8枚,花序梗极短;雄花黄色,花梗长2～2.5mm,略被金黄色微柔毛,花被片6枚,退化雌蕊的子房卵球形;雌花黄色或黄白色,花被片6枚,子房椭圆球形,花柱柱头盾形。果卵球形或近球形,直径为7～8mm,成熟时红色,果梗长4～7mm,被黄褐色微柔毛。花期3—4月,果期9—10月。$2n=24$。

见于西湖景区(飞来峰),生于山坡、沟边林下或灌丛中。分布于福建、甘肃、广东、广西、贵州、湖北、湖南、江西、陕西、四川、台湾、云南;印度、老挝、缅甸、泰国、越南也有。

可供材用。

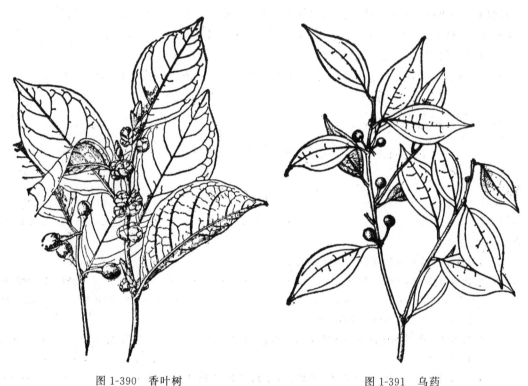

图1-390　香叶树　　　　　　　　　　　　　　　图1-391　乌药

2. 乌药 （图1-391）

Lindera aggregata（Sims）Kosterm

常绿灌木或小乔木,高可达5m。树皮灰褐色;根有纺锤状或结节状膨胀;幼枝青绿色;顶芽长椭圆形。叶革质,叶片卵形,椭圆形至近圆形,通常长3～5(～7)cm,宽1.5～4cm,先端长渐尖或尾尖,基部圆形至宽楔形,上面绿色,有光泽,下面灰白色,幼时密被棕褐色柔毛,后渐脱落,偶见残存斑块状黑褐色毛片,3出脉;叶柄长0.5～1cm,幼时有褐色柔毛,后渐脱落。伞形花序腋生,无花序梗,常6～8个花序集生于1～2mm长的短枝上,每一花序有1枚苞片,一般有花7朵;花被片6枚,黄绿色;雄花较雌花大,子房椭圆球形,长约1.5mm,柱头头状。果卵球形至椭圆球形,长6～10mm,直径为4～7mm,熟时黑色。花期3—4月,果期5—11月。

见于西湖区(留下、龙坞)、萧山区(进化、楼塔)、余杭区(百丈、中泰)、西湖景区(六和塔、棋盘山、小和山),生于山坡、沟边林下或灌丛中。分布于安徽、福建、广东、广西、贵州、海南、湖南、江西、台湾;菲律宾、越南也有。

可供药用。

3. 山橿 （图 1-392）

Lindera reflexa Hemsl.

落叶灌木或小乔木,高 1～6m。树皮棕褐色,有纵裂及斑点;幼枝黄绿色,光滑;冬芽长角锥形,芽鳞红色。叶纸质,通常卵形或倒卵状椭圆形,有时为狭倒卵形或狭椭圆形,长 4～15cm,宽4～10cm,先端渐尖,基部圆形或宽楔形,有时稍心形,上面绿色,下面带绿苍白色,羽状脉,侧脉6～8对;叶柄长 0.6～1.5cm,幼时被柔毛,后脱落。2 个伞形花序分别着生于叶芽两侧,具花序梗,长约 3mm,红色,密被红褐色微柔毛,果时脱落;总苞片 4 枚,内有花约 5 朵,花梗长4～5mm,密被白色柔毛;花被裂片黄色,椭圆形至长圆形;子房椭圆球形。果球形,直径约为 7mm,熟时鲜红色,果核具紫褐色网纹,果梗长 1～1.6cm,被疏柔毛。花期 4 月,果期 8 月。$2n=24$。

见于余杭区(径山、鸬鸟),生于山坡、沟谷林下或灌丛中。分布于安徽、福建、广东、广西、贵州、河南、湖北、湖南、江苏、江西、云南。

可供药用。

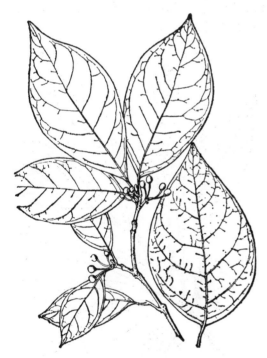

图 1-392 山橿

图 1-393 绿叶甘橿

4. 绿叶甘橿 （图 1-393）

Lindera neesiana (Wall. ex Nees) Kurz——*L. fruticosa* Hemsl.

落叶灌木或小乔木,高可达 6m。树皮绿色或绿褐色;幼枝绿色或黄绿色,光滑无毛;冬芽卵球形。叶纸质,卵形至宽卵形,长 5～14cm,宽 2.5～8cm,先端渐尖,基部圆形,有时宽楔形,上面深绿色无毛,下面灰绿色,初时密被柔毛,后脱落,3 出脉或离基 3 出脉;叶柄长 1～1.2cm,无毛。伞形花序生于顶芽及腋芽两侧,具花序梗,每一花序具花 7～9 朵,花梗长 2mm,被微柔毛;未开放时雄花花被片绿色,花丝无毛;雌花花被片黄色,宽倒卵形,先端圆,无毛,子房椭圆球形。果球形,直径为 6～8mm,熟时红色,果梗长 4～7mm。花期 4—5 月,果期 8—9 月。

见于余杭区(径山),生于山坡、沟谷灌丛中。分布于安徽、贵州、河南、湖北、湖南、江西、陕西、四川、西藏、云南;不丹、印度、缅甸、尼泊尔也有。

5. 红脉钓樟 (图 1-394)

Lindera rubronervia Gamble

落叶灌木或小乔木,高可达 5m。树皮黑灰色;幼枝紫褐色或黑褐色,细瘦平滑;冬芽长角锥形,无毛。叶纸质,叶片卵形、卵状椭圆形至卵状披针形,长 4～8cm,宽 2～5cm,先端渐尖,基部楔形,上面深绿色,沿中脉疏被短柔毛,下面淡绿色,被柔毛,离基 3 出脉,脉和叶柄秋后变红色;叶柄长 0.5～1cm,被短柔毛。伞形花序腋生,通常 2 个花序着生于叶芽两侧,花序梗长约 2mm;总苞片宿存,内有花 5～8 朵,花先叶开放或与叶同放;花黄绿色,花梗长 2～2.5mm,密被白色柔毛;花丝无毛。果近球形,直径为 0.6～1cm,成熟时紫黑色,果核表面褐色具灰白色斑点,果梗长 1～1.5cm,熟后弯曲,果托直径约为 3mm。花期 3—4 月,果期 8—9 月。

见于萧山区(河上、楼塔)、余杭区(径山、良渚、鸬鸟)、西湖景区(九溪、六和塔、龙井、云栖),生于山坡、沟边林下或灌丛中。分布于安徽、河南、江西、江苏。

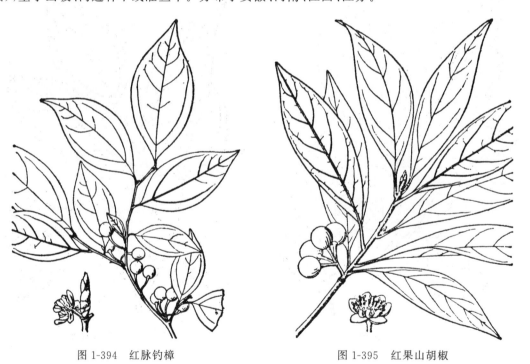

图 1-394　红脉钓樟　　　　　　　图 1-395　红果山胡椒

6. 红果山胡椒　红果钓樟　(图 1-395)

Lindera erythrocarpa Makino

落叶灌木或小乔木,高可达 6.5m。树皮灰褐色或黄白色;幼枝通常灰白色或灰黄色,皮孔多数,显著隆起;冬芽角锥形。叶纸质,通常为倒披针形,偶有倒卵形,长 7～14cm,宽 2～5cm,先端渐尖,基部狭楔形下延,上面绿色,下面灰白色,羽状脉,侧脉 4～5 对;叶柄长 0.5～1cm,常呈暗红色。伞形花序着生于腋芽两侧,花序梗长约 5mm;总苞片 4 枚,具缘毛,内有花 15～

17 朵;花梗长约 1.8mm;雄花较大,直径约为 5mm;雌花较小,直径约为 3mm,花被片 6 枚,椭圆形,子房狭椭圆球形,花柱与子房近等长,柱头盘状。果球形,直径为 7~8mm,成熟时红色,果梗长 1.5~1.8cm,顶端较粗,果托直径为 3~4mm。花期 4 月,果期 9~10 月。

区内常见,生于山坡、沟边林下或灌丛中。分布于安徽、福建、广东、广西、河南、湖北、湖南、江苏、江西、山东、陕西、四川、台湾;日本、朝鲜半岛也有。

7. 山胡椒　(图 1-396)

Lindera glauca (Siebold & Zucc.) Blume

落叶灌木或小乔木,高可达 8m。树皮灰色或灰白色,平滑;冬芽(混合芽)长角锥形,芽鳞裸露部分红色;幼枝灰白色。叶纸质,叶片椭圆形、宽椭圆形至倒卵形,长 4~9cm,宽 2~4cm,先端急尖,基部楔形,上面深绿色,下面粉绿色,被白色柔毛,羽状脉,侧脉 5~6 对;叶柄长 3~6mm;叶枯后不脱落,翌年新叶发出时脱落。伞形花序腋生于新枝下部,花序梗短或不明显,长一般不超过 3mm;生于混合芽中的总苞片绿色膜质,每一总苞有 3~8 朵花;花梗长约 1.2cm;花被片黄色,椭圆形或倒卵形;子房椭圆球形,长约 1.5mm。果球形,直径为6~7mm,熟时紫黑色,有光泽,果梗长 1.2~1.5cm。花期 3—4 月,果期 7—8 月。

区内常见,生于山坡灌丛、杂木林中。分布于安徽、福建、甘肃、广东、广西、贵州、河南、湖北、湖南、江西、山东、山西、陕西、四川、台湾;日本、朝鲜半岛、缅甸、越南也有。

可供材用、药用。

图 1-396　山胡椒　　　　　　　　图 1-397　狭叶山胡椒

8. 狭叶山胡椒　(图 1-397)

Lindera angustifolia W. C. Cheng

落叶灌木或小乔木,高 2~8m。树皮黄灰色,平滑;幼枝黄绿色;冬芽卵球形,紫褐色,芽鳞具脊。叶坚纸质,叶片椭圆状披针形至长椭圆形,长 6～14cm,宽 1.5～3.7cm,先端渐尖,基部楔形,上面绿色无毛,下面粉绿色,沿脉上被疏柔毛,羽状脉,侧脉 8～10 对;叶柄长约 5mm,初被柔毛,后无毛。伞形花序 2～3 个生于冬芽基部,无花序梗;雄花序有花 3～4 朵,花梗长 3～5mm;雌花序有花 2～7 朵,花梗长 3～6mm,子房卵球形,无毛,柱头头状。果球形,直径约为 8mm,成熟时黑色,果托直径约为 2mm,果梗长 0.5～1.5cm,被微柔毛或无毛。花期 3～4月,果期 9—10 月。

见于西湖区(留下)、余杭区(径山、良渚、临平、塘栖)、西湖景区(虎跑、老和山、六和塔、棋盘山、桃源岭),生于山坡、沟边林缘或灌丛中。分布于安徽、福建、广东、广西、河南、湖北、江苏、江西、山东、陕西;朝鲜半岛也有。

9. 大果山胡椒　油乌药　(图 1-398)

Lindera praecox (Siebold & Zucc.) Blume

落叶小乔木,高 3～8m。树皮黑灰色;幼枝纤细,灰绿色至灰黑色,多皮孔,老枝褐色,无毛;冬芽长角锥形。叶纸质,叶片卵形或椭圆形,长 5～8cm,宽 2～4cm,先端渐尖,基部宽楔形,上面深绿色,下面淡绿色,无毛,羽状脉,侧脉 4～7 对;叶柄长 0.5～1cm,无毛;叶冬天枯黄不落,至翌年发叶时落下。伞形花序具花序梗,长 4～4.5mm,无毛,顶端具 5朵花,黄绿色;花梗密被白色柔毛;花被片宽椭圆形,外轮较内轮大,长 1.5～2mm;雄花较雌花略大;雌蕊子房椭圆球形,长约 1mm,无毛,花柱长约为子房之半。果球形,直径为 1.2～1.5cm,熟时黄褐色,果梗长 7～10mm,具皮孔,向上渐增粗,果托直径约为3mm。花期 5 月,果期 9 月。

见于西湖景区(云栖),生于山坡、沟边林缘或灌丛中。分布于安徽、湖北;日本也有。

图 1-398　大果山胡椒

40. 罂粟科　Papaveraceae

一年生或多年生草本,稀为小灌木。植株常含黄色、橙红色、乳白色或无色汁液。叶互生,稀对生或轮生,单叶,全缘或分裂,或为复叶;无托叶。花两性,辐射或两侧对称,单生或排列成各种花序;萼片 2(3)枚,早落,有时大而包被花蕾,有时很小,呈鳞片状;花瓣 4(6)枚,有时无,通常分离,稀部分联合,有时外侧 2 枚较大,其中 1 或 2 枚呈囊状或距,内侧 2 枚较小;雄蕊多数,离生,或 4 枚、6 枚合成 2 束;子房上位,由 2 至多枚心皮合生为 1 室,胚珠多数,稀少数或 1枚,花柱长或甚短,或近无,柱头单一或 2 裂,或盘状具辐射线状分歧。蒴果瓣裂或顶孔开裂;种子小,具油质胚乳,子叶 1～2 枚。

约 47 属,826 种,广泛分布于温带至亚热带地区,热带地区几乎不产;我国有 19 属,443 种,南北均有分布;浙江有 9 属,25 种,1 变种,1 变型;杭州有 5 属,11 种,1 变型。

广义的罂粟科可分为 3 个亚科——紫堇亚科 subfamily Fumarioideae(20 属,476 种)、蕨叶草亚科 subfamily Pteridophylloideae(1 属,1 种,日本特有)和罂粟亚科 subfamily Papaveroideae(26 属,250 种),此 3 个亚科亦可分别独立成科——紫堇科 Fumariaceae、蕨叶草科 Pteridophyllaceae 和狭义的罂粟科。分子系统学研究(APG Ⅲ,2009)表明这 3 个分类群都是单系类群,因而不排除将它们分别独立成科的选项。

分 属 检 索 表

1. 雄蕊 6 枚,联合成 2 束,花冠两侧对称。
  2. 外侧 1 枚花瓣基部成距,稀无距,另 1 枚花瓣平展,不合成心形 …………………… 1. **紫堇属** *Corydalis*
  2. 外侧 2 枚花瓣基部呈囊状,对称的合成心形 …………………… 2. **荷包牡丹属** *Lamprocapnos*
1. 雄蕊多数,离生,花冠辐射对称。
  3. 蒴果细长圆柱形、扁的长椭圆球形或倒披针形;柱头非盘状或辐射状分裂。
    4. 叶 3 出多回羽状细裂;花托凹陷呈杯状;植株有无色汁液;栽培 ……… 3. **花菱草属** *Eschscholzia*
    4. 叶宽卵形或近圆形,7~9 浅裂;花托不凹陷;植株有黄色汁液;野生 …………… 4. **博落回属** *Macleaya*
  3. 蒴果球形、长圆球形或倒卵球形;柱头盘状或辐射状分裂 …………………… 5. **罂粟属** *Papaver*

1. 紫堇属 Corydalis DC.

一年生或多年生草本;无毛。具直根、块根、须根或块茎。茎单生或丛生。叶互生;叶片 1~3 回 3 出羽状全裂或羽状、掌状分裂。总状花序顶生或腋生;花两侧对称,具苞片,花梗细;萼片 2 枚,细小,鳞片状,早落;花瓣紫红色、黄色、蓝色、淡紫色或白色,4 枚,分离或不完全联合,外面 2 枚较大,上面 1 枚基部膨大或延伸成距,下面 1 枚平展,内面 2 枚具瓣柄,先端稍联合,包围雄蕊和雌蕊;雄蕊 6 枚,联合成 2 束,与外轮花瓣对生,上面 1 束雄蕊的花丝具蜜腺,插入距内,花药每束中央的为 2 室,两侧的为 1 室;子房上位,1 室,由 2 枚心皮合生成侧膜胎座,花柱线形,柱头扁,边缘具小瘤状凸起,胚珠 1 至多枚。蒴果卵球形、倒卵球形、椭圆球形或线形,有时念珠状,2 瓣裂,胎座框与花柱宿存;种子细小,扁球形,表面平滑或具各种纹饰,子叶 1 或 2 枚,种阜肉质。$2n=16$,亦有报道为 $2n=8,10,12,14,32,40,48$。

300 多种,主要分布于欧洲和亚洲,北美洲和南非也有;我国有 200 多种;浙江有 15 种,1 变种,1 变型;杭州有 6 种,1 变型。

分 种 检 索 表

1. 植株具块茎或根状茎。
  2. 茎上部叶腋具珠芽;距细长钻形 …………………… 1. **珠芽尖距紫堇** *C. sheareri* f. *bulbillifera*
  2. 叶腋无珠芽;距圆筒形,末端非钻形。
    3. 叶 2 回 3 出全裂,末回裂片狭倒卵形;下花瓣瓣柄狭细;块茎不规则球形或椭圆球形………………
    …………………… 2. **伏生紫堇** *C. decumbens*
    3. 叶 2~3 回羽状全裂,末回裂片先端多细缺刻;下花瓣瓣柄与瓣片近等宽;根状茎肥厚,呈狭椭圆形或倒圆锥形…………………… 3. **刻叶紫堇** *C. incisa*
1. 植株具直根。

   4. 花淡蔷薇色至近白色 ·· 4. **紫堇** *C. edulis*
   4. 花黄色。
      5. 蒴果长 3～4.5cm,种子表面密布小凹点 ·················· 5. **台湾黄堇** *C. balansae*
      5. 蒴果长 2～3.5cm,种子表面密布圆锥状小凸起。
         6. 花长 15～20mm,柱头横直,与花柱成"丁"字形着生 ·············· 6. **黄堇** *C. pallida*
         6. 花长 6～9mm,柱头椭圆形 ································ 7. **小花黄堇** *C. racemosa*

1. 珠芽尖距紫堇 珠芽地锦苗 (图 1-399)

Corydalis sheareri S. Moore f. **bulbillifera** Hand.-Mazz.

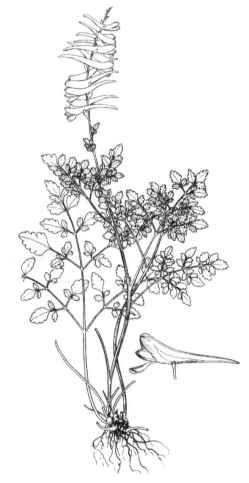

图 1-399 珠芽尖距紫堇

多年生草本,高 15～35cm。块茎椭圆球形或短圆柱形,具多个钝角状凸起,直径为 8～18mm,多须根;地上茎簇生,中上部具分枝。叶片三角形,长 3.5～10cm,2 回羽状全裂,1 回裂片 1～2对,2 回裂片卵形或菱状倒卵形,中部以上不规则羽状浅裂,有时先端外面有暗紫色斑;基生叶与茎中下部叶具长柄,叶柄基部两侧具膜质翅;上部叶腋具珠芽。总状花序长 3.5～9cm,有花 6～18朵;苞片狭倒卵形或楔形,长约 7mm,上部的全缘或具 1～2 齿,下部的 2～5 裂;花梗长 3～11mm;萼片极小,近扇形,边缘撕裂;花瓣蓝紫色,上花瓣连距长 2～2.8cm,先端卵状三角形,距钻形,长 9～15mm,末端尖,平展或稍向下弧曲,蜜腺体长约 5mm,下花瓣具瓣柄,瓣柄略短于瓣片,内花瓣狭小,先端暗紫色,瓣柄与上花瓣边缘联合;子房线形,柱头扁椭圆形,边缘具小瘤状凸起。蒴果线形,长约 2.5cm,宽约 2mm,有 1 行种子;种子黑色,卵球形,长约 1mm,表面散生圆锥状小凸起。花期 3—4 月,果期 4—6 月。$2n=16$。

区内常见,生于沟边林下阴湿处。分布于广东、广西、湖南、江西。

块茎和珠芽可治跌打损伤;在园林上可用作荫蔽或低丘水土保持植物。

与原种地锦苗 *Corydalis sheareri* S. Moore 的主要区别在于:本变型的茎上部叶腋在花期有珠芽,下花瓣基部无明显的囊状凸起。

2. 伏生紫堇 夏天无 (图 1-400)

Corydalis decumbens(Thunb.) Pers.

越年生草本,高 10～30cm。块茎灰褐色,不规则球形或椭圆球形,长 5～15mm,新块茎常叠生于老块茎上,块茎周围着生须根;地上茎细弱,常 2～4 条簇生,有时匍匐,不分枝。基生叶 1～2

枚,叶柄长 6~16cm,叶片近正三角形,长 4~6cm,2
回 3 出全裂,末回裂片狭倒卵形,长10~17mm,有短
柄;茎生叶 2 枚,稀 3 枚,生于茎的近中部或上部,与
基生叶相似,但较小,具稍长柄至无柄,叶片下面苍
白色。总状花序长 3.5~6cm,有花 5~8 朵;苞片卵
形或狭倒卵形,长 5~11mm,全缘,有时最下 1 枚分
裂;花梗长 5~11mm;萼片早落;花瓣红色或红紫
色,上花瓣连距长 1.5~1.8cm,瓣片近圆形,扩展,
边缘全缘或具不明显的小波状齿,先端明显下凹,
无小短尖,背部与下花瓣背部均具鸡冠状凸起,距
圆筒形,长6~8mm,短于瓣片,蜜腺体长约 3mm,下
花瓣瓣片比上花瓣瓣片略大,具细瓣柄,瓣柄与瓣
片近等长,内花瓣狭小,先端内面暗紫色,瓣柄与上
花瓣边缘联合;子房线形,柱头横直,与花柱成"丁"
字形着生,边缘具小瘤状凸起。蒴果线形,长
1.2~2cm,宽 1~1.5mm;种子亮黑色或深褐色,扁
球形,表面具网纹和疏散分布的乳头状附属物。花
期 3—4 月,果期 5 月。$2n=32$。

　　见于西湖区(留下、三墩、双浦)、滨江区(长
河)、西湖景区(宝石山、梅家坞、桃源岭、杨梅岭),
生于低山坡林缘、山谷阴湿处草丛中,以及山脚溪
沟边。分布于安徽、福建、湖北、湖南、江苏、江西、
陕西、台湾;日本也有。

　　块茎入药。

图 1-400　伏生紫堇

3. 刻叶紫堇　(图 1-401)

Corydalis incisa(Thunb.) Pers.

　　一年生或多年生草本,高 15~35cm。根状茎狭椭圆球形或倒圆锥形,长 1~1.5cm,直
径约为 5mm,周围密生须根;地上茎多数簇生,具分枝。叶基生与茎生,具长柄,基生叶叶柄
基部稍膨大,呈鞘状;叶片羽状全裂,1 回裂片 2~3 对,具细柄,2~3 回裂片倒卵状楔形,不
规则羽状分裂,小裂片先端具 2~5 细缺刻。总状花序长 3~12cm,具花 9~26 朵;苞片卵状
菱形或楔形,1~2 回羽状深裂,末回裂片狭披针形或钻形;花梗长 5~13mm;萼片 2 枚,极
小,边缘撕裂;花蓝紫色,上花瓣连距长 17~21mm,瓣片边缘具小波状齿,先端微凹,具小短
尖,与下花瓣瓣片背部均具明显的鸡冠状凸起,距圆筒形,长 7~10mm,略长于瓣片,蜜腺体
长约 2mm,下花瓣瓣片平展,瓣柄与瓣片近等长,基部具囊状凸起,内花瓣狭小,先端内面暗
紫色,瓣柄与上花瓣边缘联合;子房线形,柱头 2 裂,边缘具小瘤状凸起。蒴果线形,长
1.6~2cm,宽 2~2.5mm,成熟后下垂,弹裂;种子黑色,多数,扁圆球形,长约 2mm,宽约
1.8mm,在扫描电镜下观察可看到表面有网纹和密布的小瘤状凸起。花期 3—4 月,果期
4—5 月。$2n=28$。

　　区内常见,生于山坡林下、沟边草丛中或石缝、墙脚边。分布于安徽、福建、甘肃、广西、贵

州、河北、河南、湖北、湖南、江苏、江西、山西、陕西、四川、台湾；日本、朝鲜半岛也有。

　　全草入药，有毒，不宜内服。

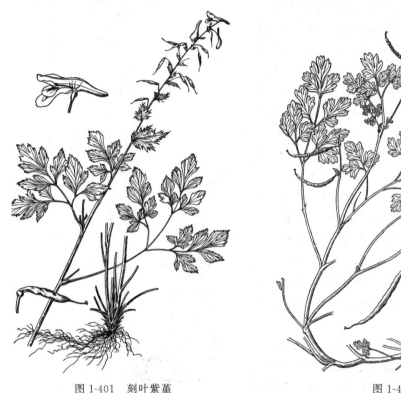

图 1-401　刻叶紫堇　　　　　　　　　　　　　　图 1-402　紫堇

4. 紫堇　（图 1-402）

Corydalis edulis Maxim.

　　一年生、越年生草本，高 10～35cm。具细长的直根。茎稍肉质，呈红紫色，自基部分枝。叶基生与茎生，具柄，叶片三角形，长 5.5～11cm，2～3 回羽状全裂，1 回裂片 3～4 对，2～3 回裂片倒卵形，不等的羽状分裂，末回裂片狭倒卵形，先端钝。总状花序长 4～9.5cm，具花 6～10 朵；苞片卵形或狭卵形，长 5mm，全缘，先端急尖或骤尖；花梗长 2～4mm；萼片 2 枚，膜质，微红色，宽卵形，边缘撕裂状；花瓣淡蔷薇色至近白色，上花瓣连距长 1.4～1.8cm，瓣片先端扩展，微下凹，无小短尖，背面与下花瓣背面均具龙骨状隆起，距圆柱形，蜜腺体长约 3.5mm，下花瓣具瓣柄，瓣柄与瓣片近等长，基部具浅囊状凸起，内花瓣狭小，先端内面深红色，瓣柄与瓣片近等长；子房线形，柱头宽扁，与花柱成"丁"字形着生。蒴果线形，长 2.5～3cm，宽约 2mm；种子黑色，扁球形，长 1.2～1.6mm，宽约 0.8mm，表面密布环状排列的小凹点。花期 3—4 月，果期 4—5 月。$2n=16$。

　　见于江干区(丁桥)、拱墅区(拱宸桥)、西湖区(翠苑、留下、转塘)、余杭区(良渚、塘栖)、西湖景区(六和塔、满觉陇、吴山、玉皇山)，生于荒山坡、宅旁空隙地或墙头屋檐上。分布于安徽、福建、甘肃、贵州、河北、河南、湖北、湖南、江苏、江西、辽宁、山西、陕西、四川、云南；日本也有。

　　全草入药，有毒，不宜内服。

5. 台湾黄堇　北越紫堇　（图 1-403）

Corydalis balansae Prain

越年生草本,高 12～40cm。具圆锥形直根。茎具疏松的分枝。叶具长柄,柄长 4～12cm;叶片宽卵形,长 10～20cm,宽 10～15cm,2～3 回羽状分裂,1 回裂片具柄,柄长 2～12mm,末回裂片卵形或宽卵形,边缘具缺刻,下面苍白色,有柄或无柄。总状花序长 4～11cm,有花 10～30 朵,上部的较小,下部的较大;苞片卵形至披针形;花梗长 1.5～3mm;花瓣亮黄色,上花瓣连距长 1～1.5cm,瓣片先端钝,稍突尖,与下花瓣在背部均具鸡冠状凸起,距圆筒形,长 1～2.5mm,蜜腺体长约 1mm,下花瓣向基部渐狭,内花瓣狭小,瓣柄与瓣片近等长;子房线形,柱头横直,与花柱成“丁”字形着生,边缘具小瘤状凸起。蒴果长 3～4.5cm,宽 3～4mm,果皮内面黄色;种子黑色,扁球形,表面密布环状排列的小凹点。花期 4—6 月,果期 5—7 月。$2n=16$。

图 1-403　台湾黄堇

见于西湖景区(梵村、桃源岭),生于路边或低海拔山坡林下。分布于安徽、福建、广东、广西、贵州、湖北、湖南、江苏、江西、山东、台湾、云南;日本、老挝、越南也有。

本种花序上部的花较小,常被误认为是小花黄堇 *C. racemosa* (Thunb.) Pers.,但后者全部花均较小,长不超过 10mm,叶分裂较细,种子表面密生小圆锥状凸起。

6. 黄堇　（图 1-404）

Corydalis pallida (Thunb.) Pers.

越年生草本,高 15～50cm。具细长直根。茎簇生,1～5 条。叶基生与茎生,具长柄;基生叶多数,花期枯萎,叶片卵形,长 5～20cm,2～3 回羽状全裂,1 回裂片 3～4 对,2～3 回裂片卵形、狭卵形或菱形,末回裂片边缘具锯齿,稀全缘,下面有白霜。总状花序顶生或侧生,长达 15cm,有花约 20 朵;苞片披针形或狭卵形,长 3～10mm,全缘,先端尖,花梗长 3～7mm;萼片小,宽卵形,先端尾尖,边缘撕裂状;花瓣淡黄色,上花瓣连距长 1.5～2cm,瓣片宽卵形,先端钝,与下花瓣背部均稍隆起,距短圆筒形,长 6～8mm,短于瓣片,末端膨大,稍向下弯,蜜腺体长约 5mm,下花瓣具瓣柄,瓣柄与瓣片近等长或略长,内花瓣狭小,瓣柄略长于花瓣;子房线形,花柱细长,柱头横直,与花柱成“丁”字形着生,具 8 粒小瘤状凸起。蒴果念珠状,稍下垂,长 2～3cm,宽约 2mm;种子黑色,扁球形,直径为 1.5～2mm,表面密布长圆锥形小凸起,种阜帽形,紧裹种子的一半。花期 3—4 月,果期 4—6 月。

见于西湖区(双浦)、萧山区(楼塔)、余杭区(中泰)、西湖景区(飞来峰、南高峰、桃源岭),生于林间、林缘、石砾缝间或沟边阴湿处。分布于安徽、福建、河北、河南、黑龙江、湖北、吉林、江苏、江西、辽宁、内蒙古、山东、山西、陕西、台湾;日本、朝鲜半岛、俄罗斯也有。

全草入药。

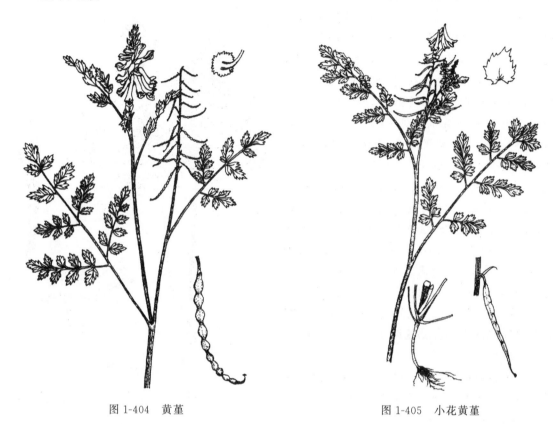

图 1-404　黄堇　　　　　　　　　　　　图 1-405　小花黄堇

7. 小花黄堇 　(图 1-405)

Corydalis racemosa (Thunb.) Pers.

一年生草本,高 9～50cm。具细长的直根。茎有分枝。叶基生与茎生;基生叶具长柄,常枯萎;茎生叶三角形,长 3～12.5cm,2～3 回羽状全裂,1 回裂片 3～4 对,2 回裂片卵形或宽卵形,浅裂或深裂,末回裂片狭卵形至宽卵形或线形,先端钝或圆形。总状花序长(1.5～)3～7cm,具花(3～)12 朵;苞片狭披针形或钻形,长 2～5mm;花梗长 1.5～2.5mm;萼片小,狭卵形,先端尖;花瓣淡黄色,上花瓣连距长 6～9mm,瓣片先端钝,稍突尖,与下花瓣背部均稍隆起,距囊状,长 1～2mm,末端圆形,蜜腺体长约 1mm,下花瓣具瓣柄,瓣柄略长于花瓣,内花瓣狭小,瓣柄短于花瓣;子房线形,柱头椭圆形,2 浅裂,具小瘤状凸起。蒴果线形,长 2～3.5cm,宽约 1.7mm;种子黑色,扁球形,直径约为 1mm,表面密生小圆锥状凸起。花期 3—4 月,果期 4—5 月。$2n=16$。

见于拱墅区(半山)、萧山区(新街)、余杭区(百丈、仓前)、西湖景区(梵村、飞来峰、九溪、灵峰、云栖),生于路边石隙中、墙缝中、沟边或山坡林下。分布于安徽、福建、甘肃、广东、广西、贵州、河南、湖北、湖南、江苏、江西、陕西、四川、台湾、西藏、云南;日本也有。

全草入药。

2. 荷包牡丹属　Lamprocapnos Endl.

多年生草本。有根状茎;地上茎直立或铺散。叶 2 回 3 出羽状全裂。花序总状,花生于一侧,下垂;苞片小,钻形;花两侧对称;萼片 2 枚,早落;花瓣白色或粉红色,4 枚,外面 2 枚基部膨大合成心形,先端成距,反折,内面 2 枚稍小,基部有瓣柄,先端联合,背面龙骨状凸起;雄蕊 6 枚,合生为 2 束,花丝宽扁,每束雄蕊中央 1 枚花药有 2 个药室,两侧的各有 1 个药室;子房 1 室,心皮 2 枚,胚珠多数,生于 2 个侧膜胎座上,花柱线形,柱头扁平,2 裂。蒴果 2 瓣裂;种子具冠状附属物。$2n=16$。

仅 1 种,分布于我国东北、朝鲜半岛和俄罗斯;浙江及杭州也有栽培。

荷包牡丹　鱼儿牡丹　(图 1-406)

Lamprocapnos spectabilis (L.) Fukuhara——*Dicentra spectabilis* (L.) Lem.

多年生草本,高 30～60cm;全体无毛。根肉质。茎带紫红色。叶轮廓三角形,长达 20cm,具长柄;叶片 2 回 3 出羽状全裂,顶裂片柄比侧裂片柄长,侧裂片具短柄或无柄,裂片卵形,长 3～6cm,再全裂或深裂,基部楔形。总状花序长 10～30cm,花生于一侧,下垂;苞片 2 枚,钻形;花两侧对称;花梗长约 8mm;萼片 2 枚,极小,早落;花瓣长约 3cm,宽约 2cm,外面 2 枚粉红色,基部膨大合成心形,先端变狭成距,向外反折,内面 2 枚白色,上部内面紫红色,长圆形,背面有龙骨状凸起,中部以上缢缩,先端联合;雄蕊 6 枚,合生成 2 束;子房线状披针形,花柱细长,柱头顶端 2 裂。蒴果细长;种子细小,黑色,具光泽。花期 4—5 月。

区内有栽培。原产于我国东北、朝鲜半岛和俄罗斯;世界各地常见栽培。

花形奇特有趣,我国长期以来广泛栽培供观赏。

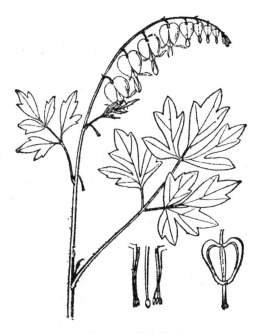

图 1-406　荷包牡丹

3. 花菱草属　Eschscholzia Cham.

一年生或多年生草本;含无色汁液。茎无毛,具白粉。叶互生,多回羽状细裂。花单生,具长梗;花托凹陷,围于子房基部;萼片 2 枚,花蕾时联合成杯状,后分离;花瓣黄色,4 枚;雄蕊多数,通常着生于花瓣的基部,花药线形,较花丝长;子房 1 室,心皮 2 枚,胚珠多数,着生于侧膜胎座上,花柱短,柱头 2 至多裂,钻形。蒴果,成熟后从基部向顶端 2 瓣裂;种子多数。

12 种,分布于北美洲;我国引种栽培 1 种;浙江及杭州也有栽培。

花菱草 （图 1-407）

Eschscholzia californica Cham.

多年生草本,高 20～70cm;全体有白粉,无毛。基生叶长 10～30cm,多回 3 出羽状细裂,小裂片线形,长 3～6mm;茎生叶与基生叶相似,但较短,柄长约 2cm。花单生于茎或分枝顶端,花梗长 5～15cm,花托凹陷,边缘扩展;萼片 2 枚,联合成杯状;花瓣橘黄色或黄色,4 枚,扇形,长约 3cm;雄蕊多数,长约 1.5cm,花药线形,较花丝长;雌蕊细长,花柱短,柱头 4 裂,钻形,不等长。蒴果细长,长达 7cm,从基部向顶端 2 瓣裂。种子多数,球形,具网纹。花期 5—6 月,果期 6—8 月。$2n=12$。

区内常见栽培。原产于北美洲西部;我国各地常见栽培,供观赏。

4. 博落回属　Macleaya R. Br.

多年生草本;含橙红色汁液。茎直立,被白粉。单叶,互生,掌状分裂,基部心形,灰绿色,下面具白粉。圆锥花序顶生;萼片黄白色,2 枚,早落;无花瓣;雄蕊少至多数,花丝丝状,花药线形;花柱短,柱头肥厚,2 裂。蒴果扁平,有短梗,由顶端向基部 2 瓣裂;种子 1～6 枚。$2n=10,20$。

2 种,分布于我国和日本;我国均产;浙江有 1 种;杭州有 1 种。

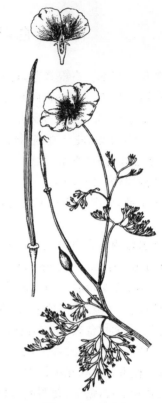

图 1-407　花菱草

博落回 （图 1-408）

Macleaya cordata（Willd.）R. Br.

多年生大型草本,有时呈灌木状,高达 2.5m;含橙红色汁液。茎直立,光滑,被白粉。单叶互生;叶片宽卵形或近圆形,长 5～30cm,宽5～25cm,7～9 浅裂,边缘波状或具波状牙齿,下面被白粉和灰白色细毛;叶柄长 2～15cm。圆锥花序,长 14～30cm,具多数小花;花两性,萼片 2 枚,黄白色,有时稍带红色,有膜质边缘,开花时脱落;无花瓣;雄蕊 20～36 枚,花丝丝状,花药线形,黄色,长 3～4mm,与花丝近等长;子房狭长椭圆球形或狭倒卵球形,花柱短,柱头 2 裂,肥厚。蒴果倒披针形或倒卵球形,长 8～19mm,宽 4～6mm,外被白粉;种子褐色,长圆球形,长约 1.8mm,表面具网纹。花期 6—8 月,果期 10 月。

图 1-408　博落回

区内常见,生于低海拔山坡、沟边林下或灌丛中。分布于安徽、甘肃、广东、贵州、河南、湖北、湖南、江西、山西、陕西、四川、台湾;日本也有。

根、茎、叶均可入药,有毒,不宜内服。

5. 罂粟属　Papaver L.

一年生、越年生或多年生草本;含白色乳汁。茎光滑或具糙毛,绿色或苍白色。叶互生,或在基部丛生,呈莲座状,通常羽状分裂。花鲜艳,单生于一长梗上,花蕾时弯曲;萼片 2 枚,早落;花瓣 4 枚,花蕾时褶皱,红色、黄色或白色;雄蕊多数,短于花冠,花丝分离;子房具 4～18 个侧膜胎座,花柱短或无,柱头盘状,具辐射线。蒴果球形或倒卵球形,在顶端辐射线下方圆孔裂;种子多数,压扁,表面具网纹。$2n=14,28,42$,亦有报道为 $2n=12,22,40,44,56,70$。

约 50 种,主要分布于欧洲,少数在北美洲;我国有 5 种;浙江有 3 种;杭州有 2 种。

1. 野罂粟　冰岛罂粟

Papaver nudicaule L.

多年生草本,高 20～60cm。主根圆柱形,延长,上部粗 2～5mm,向下渐狭,或为纺锤状。根状茎短,增粗,通常不分枝,密盖麦秆色、覆瓦状排列的残枯叶鞘;地上茎极缩短。叶全部基生,叶片轮廓卵形至披针形,长 3～8cm,羽状浅裂、深裂或全裂,裂片 2～4 对,全缘或再次羽状浅裂或深裂,小裂片狭卵形、狭披针形或长圆形,先端急尖、钝或圆,两面稍具白粉,密被或疏被刚毛,极稀近无毛;叶柄长(1～)5～12cm,基部扩大成鞘,被斜展的刚毛。花葶 1 至数枚,圆柱形,直立,密被或疏被斜展的刚毛;花单生于花葶先端;花蕾宽卵形至近球形,长 1.5～2cm,密被褐色刚毛,通常下垂;萼片 2 枚,舟状椭圆形,早落;花瓣 4 枚,宽楔形或倒卵形,长(1.5～)2～3cm,边缘具浅波状圆齿,基部具短爪,淡黄色、黄色或橙黄色,稀红色;雄蕊多数,花丝钻形,长 0.6～1cm,黄色或黄绿色,花药长圆球形,长 1～2mm,黄白色、黄色或稀带红色;子房倒卵球形至狭倒卵球形,长 0.5～1cm,密被紧贴的刚毛,柱头 4～8 枚,辐射状。蒴果扁平,狭倒卵球形、倒卵球形或倒卵状长圆球形,长1～1.7cm,密被紧贴的刚毛,具4～8条淡色的宽肋。种子多数,近肾形,小,褐色,表面具条纹和蜂窝小孔穴。花、果期 5—9 月。$2n=14,28,42$。

区内有栽培。原产于北半球寒温带地区;我国许多省、区有栽培。

花色丰富艳丽,供观赏;也适合作切花。

2. 虞美人　(图 1-409)

Papaver rhoeas L.

一年生草本,高达 75cm。茎直立,具分枝,有伸展的糙毛。单叶互生;叶片宽卵形或长圆形,长 4～15cm,羽状深裂,裂片披针形或线状披针形,先端急尖,边缘有粗锯齿,稀近全缘。花蕾卵圆形,有长梗,未开放时下垂;萼片绿色,2 枚,椭圆形,长约 2cm,花开后即脱落;花瓣紫红色或朱红色,有时边缘白色或深红色,4 枚,近圆形或宽卵形,

图 1-409　虞美人

基部常有深紫色斑,长约 3.5cm;有极短瓣柄;雄蕊多数,花丝深红紫色,花药黄色;子房宽卵球形或近球形,长约 1cm,柱头盘状,具 8～16 条辐射线。蒴果近球形,直径约为 1.3cm,光滑,孔裂;种子细小,灰褐色。花期 4—5 月,果期 5—7 月。$2n＝14$。

区内常见栽培。原产于欧洲、北非和西亚;我国各地常见栽培供观赏。

花供观赏;全草入药,有毒。

与上种的区别在于:本种有明显茎生叶。

41. 白花菜科　Cleomaceae

草本,极少为灌木,有时基部木质化。茎直立,稀疏或大量分枝,光滑或被短腺毛。托叶鳞片状或无,早落;叶互生,掌状复叶,具叶枕;小叶(1～)3～7(～11)枚,具羽状脉。花序为总状或伞形,或单花生于叶腋,具花序梗和花梗;两性花,辐射对称或稍微两侧对称,辐射状、漏斗状或钟状;萼片 4 枚,离生或基部合生,宿存;花瓣 4 枚,离生,覆瓦状;雄蕊 6(～32)枚;雌蕊 1 枚,子房 2 室,胚珠 1 至多枚。蒴果;种子 1～10(～40)枚,黄褐色或褐色。

约 17 属,150 种,世界广布,主产于热带和暖温带地区;我国有 5 属,5 种,其中 3 种为引进种;浙江有 3 属,3 种,1 变种;杭州栽培 1 属,1 种。

本科过去常被放在山柑科 Capparaceae 内,但近来的分子系统学研究表明,本科与十字花科更为近缘(APG Ⅲ,2009)。

醉蝶花属　Tarenaya Raf.

一年生或多年生草本。茎稀疏分枝,无毛或具腺毛。托叶具刺或无;叶互生,螺旋状排列,掌状复叶有 3～7 枚小叶;叶柄具刺,基部具叶枕;小叶披针形至倒披针形,全缘或有细锯齿。圆锥花序顶生或腋生,10～80 个;苞片在花梗基部有或无;花稍微两侧对称;萼片 4 枚,等长,每片常对着基底蜜腺;花瓣 4 枚,等长,层次分明;雄蕊 6 枚;雌蕊柄细长,子房无柄,心皮 1 枚,花柱短,厚。果实长椭圆球形,成熟时 2 瓣裂;种子 10～40 颗。

约 33 种,分布于热带西非和南美洲;我国引种栽培 1 种;浙江及杭州也有栽培。

醉蝶花　(图 1-410)

Tarenaya hassleriana（Chodat）Iltis——*Cleome hassleriana* Chodat

一年生草本,高 1～1.5m。茎分枝,被腺毛。托叶刺长 1～3mm;叶柄长 2.5～7.5cm,被腺毛,稀疏具长

图 1-410　醉蝶花

1～3mm的刺;小叶 5 或 7 枚,椭圆形至倒披针形,长 2～6(～12)cm,宽 1～3cm,背面被腺毛,边缘有细锯齿,先端锐尖。花序长 5～30cm,果期时长 10～80cm,有花序梗;苞片卵形,长 1～2.5cm;花梗长 2～4.5cm,被腺毛;萼片绿色,等长,层次分明,线状披针形,被腺毛,长 5～7mm,宽 0.8～1.3mm,花时反卷,宿存;花粉红色至紫色,很少为白色,或第二天褪色变白;花瓣长椭圆形至卵形,长 2～3(～4.5)cm,宽 0.8～1.2cm,具瓣柄;雄蕊紫色,长 3～5cm,花药绿色,长 9～10mm;雌蕊长 6～10mm,花柱长约 0.1mm,雌蕊柄长 4.5～8cm。蒴果长(2.5～)4～8cm,宽 2.5～4mm,光滑;种子 10～20 颗,深褐色至黑色,三角形或近球形,长1.9～2.1mm,宽 1.9～2.1mm,有瘤。花期 5—12 月,果期 6—12 月。$2n=20$。

区内常见栽培。原产于南美洲;世界热带至暖温带地区广泛栽培或逸生。

本种过去常被错误鉴定为 *Cleome spinosa* Jacq.,如《中国植物志》和《浙江植物志》,但 *Cleome spinosa* Jacq. 其实另有所指,不应与本种混淆。

42. 十字花科 Brassicaceae

一年生、越年生或多年生草本,稀半灌木或灌木。根有时膨大成块根,偶有块茎。单叶全缘、大头状羽裂或羽状复叶,互生,具单毛、分叉毛或星状毛,有时具腺毛或无毛;无托叶。总状或伞房花序;花两性,常无苞片;萼片 4 枚,成 2 对,交互对生,有时内轮 2 枚基部囊状;花瓣 4 枚,呈"十"字形开展,与萼片互生,白色、黄色、粉红色或淡紫色,基部有时渐狭成爪,稀无花瓣;雄蕊 6 枚,稀 2 或 4 枚,四强,蜜腺位于花丝基部;雌蕊 1 枚,心皮 2 枚,子房上位,常具一次生假隔膜,把子房分为 2 室,假隔膜有时没有完全形成而呈穿孔状,或未形成假隔膜而仍为 1 室,胚珠 1 至多枚,花柱明显或缺,柱头不裂或 2 裂。果实为长角果或短角果,开裂或不开裂,或成节状断裂。种子无胚乳,子叶与胚根因位置不同,排列方式可分为子叶缘倚、子叶背倚、子叶对折、子叶卷折或子叶回折等。

约 330 属,3500 种,分布于南极洲以外的全球,主产于北温带,特别是地中海地区;我国有 102 属,412 种;浙江有 26 属,56 种,16 变种,1 变型;杭州有 12 属,21 种,7 变种。

本科拥有许多重要的经济植物,如芸苔属、萝卜属是我国主要的蔬菜、油料作物;有的种类是重要的药用植物。

分属检索表

1. 果实成熟时不开裂。
　2. 匍匐矮小草本;叶片羽状分裂;果实为短角果,侧扁,表面皱缩 ………………… 1. **臭荠属** *Coronopus*
　2. 直立草本,较高大;叶片大头状羽裂;果实为长角果,稍呈念珠状,具长喙,不皱缩 …………………………
　………………………………………………………………………… 2. **萝卜属** *Raphanus*
1. 果实成熟时开裂。
　3. 果实为短角果。
　　4. 果实多少有翅,每室具 1 颗种子 …………………………………… 3. **独行菜属** *Lepidium*
　　4. 果实不具翅或其他附属物,每室种子 2 列。

　　5. 果实倒三角形或倒心状三角形;基生叶大头状羽裂 ……………………………… 4. 荠属　*Capsella*

　　5. 果实椭圆球形或球形;基生叶为单叶 ………………………………………… 5. 葶苈属　*Draba*

　3. 果实为长角果(在风花菜 *Rorippa globosa* 中为球形短角果)。

　　6. 果顶端具喙。

　　　7. 花黄色;果圆柱形而稍扁,果瓣凸出,种子球形 ……………………… 6. 芸苔属　*Brassica*

　　　7. 花淡紫色或紫堇色;果近四棱形,果瓣扁平,种子椭圆状卵球形 ………………………………

　　　　………………………………………………………… 7. 诸葛菜属　*Orychophragmus*

　　6. 果顶端无喙。

　　　8. 植株无毛或被单毛;叶大头状羽裂或为羽状复叶,或为单叶。

　　　　9. 花黄色或花瓣缺;果棍棒状,或稀为球形 ……………………………… 8. 蔊菜属　*Rorippa*

　　　　9. 花白色或紫堇色;长角果线状圆柱形。

　　　　　10. 子叶缘倚;基生叶与茎生叶常为羽状或大头状羽裂 ……… 9. 碎米荠属　*Cardamine*

　　　　　10. 子叶对折;基生叶与茎生叶常为单叶,下部叶片偶有 1 对小裂片 ……………………

　　　　　　………………………………………………………… 10. 华葱芥属　*Sinalliaria*

　　　8. 植株被分叉毛或星状毛,有时杂有单毛;叶不分裂。

　　　　11. 茎生叶倒卵形至长椭圆形;具匍匐茎 ……………………………… 11. 南芥属　*Arabis*

　　　　11. 茎生叶少,线形或线状披针形;无匍匐茎 ……………………… 12. 鼠耳芥属　*Arabidopsis*

1. 臭荠属　Coronopus J. G. Zinn.

　　一年生或越年生草本;无毛或有细柔毛,或具乳头状毛。茎匍匐或上升,少有直立,多分枝。基生叶有长柄,1～2 回羽状分裂;茎生叶有短柄,有锯齿或全缘。花排成腋生或顶生的短总状花序;萼片卵形、长圆形或椭圆形;花瓣 4 枚,小,白色或紫色,倒卵形或匙形,有时退化消失;雄蕊 6 枚,常退化到仅有 2 或 4 枚,侧蜜腺钻形或半月形,中蜜腺点状或锥形;花柱极短,柱头凹陷,稍 2 裂。短角果近肾球形,侧扁,顶端下凹,果熟时分离为 2 室,但不开裂,果瓣厚,表面皱缩成网状,很少平滑,每室有种子 1 颗;种子无翅,卵球形或球形,子叶背倚。

　　约 10 种,分布于非洲、欧洲西南部和南美洲;我国有 2 种,均为归化种,分布于华东、华南、华中至西南;浙江有 1 种;杭州有 1 种。

臭荠　(图 1-411)

Coronopus didymus (L.) J. E. Smith

　　一年生草本,高 10～45(～70)cm,通常匍匐;全体有臭味。根直长。主茎短而不明显,基部多分枝,无毛或有长单毛。叶片 1～2 回羽状分裂,裂片 3～7 对,线形或窄长圆形,长2.5～10mm,宽约 1mm,先端急尖,基部渐狭,全缘,两面无毛;叶柄长 5～8mm。总状花序腋生,长 1～

图 1-411　臭荠

4cm;花小;萼片卵形,比花瓣略短,具白色膜质边缘;花瓣线形,白色,有时黄绿色或青蓝色,长约 0.5mm;雄蕊 2 枚;花柱极短。短角果扁肾球形,长约 1.5mm,宽约 2mm,顶端微凹,果瓣表面具凸起,皱缩而具网纹,果熟时从中央分离但不分裂,每室有种子 1 颗;种子红褐色,细小,长圆形,长约 1mm。花期 4 期,果期 5 月。$2n=32$。

区内常见,生于路边或荒地中。原产于南美洲;分布于安徽、福建、广东、湖北、江苏、江西、山东、四川、台湾、新疆、云南,为归化植物;世界其他地方也有归化。

民间草药,有清热利湿之功效。

2. 萝卜属　Raphanus L.

一年生至多年生草本;无毛或被单毛。根粗壮,肉质,形状、大小及颜色多变化。茎直立,多分枝。叶片大头状羽裂。总状花序伞房状,花较大;萼片直立,内面 2 枚基部膨大,呈囊状;花瓣白色、紫色或淡红色,倒卵形,有长瓣柄,先端钝或微凹;短雄蕊基部内面各有 1 个较大蜜腺,每对长雄蕊基部外面各有 1 个较小蜜腺,有时退化;花柱不明显,柱头头状,微 2 裂。长角果圆柱状,不开裂,种子间果瓣缢缩成串珠状,顶端成一长喙;种子卵球形,无翅,子叶对折。

3 种,分布于地中海地区;我国有 2 种,2 变种;浙江有 1 种,1 变种;杭州有 1 种。

萝卜 （图 1-412）

Raphanus sativus L.

越年生草本,高可达 1m。根粗壮,肉质,长圆形、球形或圆锥形,大小和颜色多变化。茎直立,粗壮,圆柱形,中空,稍有白粉。基生叶及下部茎生叶通常大头状羽裂,长 20～25cm,宽 8～10cm,侧生裂片 4～6 对,向基部渐缩小,边缘有不整齐大牙齿或缺刻,疏生粗毛,有叶柄;上部茎生叶长圆形至披针形,不裂或稍分裂,边缘具锯齿或缺刻,稀全缘。总状花序顶生和腋生;萼片直立,披针形,长约 7mm,外轮萼片较狭;花瓣淡紫红色或白色,倒卵形或宽倒卵形,长 1～1.8cm,有长瓣柄。长角果肉质,圆柱形,长 3.5～6.5cm,宽约 1cm,种子之间缢缩,果瓣内壁海绵质,不开裂,顶端喙长 1～1.5cm;种子红褐色,卵球形,微扁,长约 4mm,表面有细网纹。花期 4—5 月,果期 5—6 月。$2n=18$。

区内常见栽培。全国各省、区普遍栽培。

根为蔬菜,品种众多,其形状、颜色、大小和食味各异;种子名"莱菔子",能消食导滞、降气化痰;叶能消食理气,清肺利咽,散瘀消肿;干燥老根名"地骷髅",具行气消积、利水消肿、化痰、解渴之功效。

图 1-412　萝卜

3. 独行菜属 Lepidium L.

一年生、越年生或多年生草本,无毛或被短柔毛、腺毛。茎直立或基部具多数分枝而呈铺散状。叶常为单叶,全缘、羽状分裂或有小齿。总状花序顶生,花小;萼片短,宽卵形,有或无毛;花瓣2～4枚,白色、绿白色或淡黄色,有时退化或不存在;雄蕊2～4枚,稀6枚或无,长雄蕊基部具小蜜腺4～6枚。短角果卵球形、球形、椭圆球形或倒卵球形,顶端微凹或全缘,两侧压扁,2室,果瓣舟形,有龙骨状凸起或上部有狭翅,成熟时开裂;每室有种子1颗,下垂,子叶背倚,稀缘倚。

约180种,世界广布;我国有16种,分布于全国;浙江有2种,为归化种;杭州有1种。

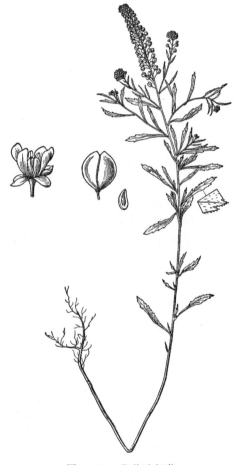

图 1-413 北美独行菜

北美独行菜 大叶香荠菜 (图 1-413)

Lepidium virginicum L.

一年生或越年生草本,高 15～55cm。茎直立,上部多分枝,具紧贴的弯曲柔毛。基生叶叶柄长0.5～3.5cm,叶片倒卵形、匙形或倒披针形,长2.5～10cm,宽0.5～3cm,羽裂或大头状羽裂,裂片长圆形,边缘有锯齿或钝齿,先端急尖;茎生叶有短柄,叶片倒披针形或线形,长 1.5～6cm,宽 5～10mm,先端急尖,基部渐狭,边缘有锯齿或近全缘。总状花序顶生,具紧贴的弯曲柔毛;萼片长圆形,长0.7～1mm,边缘和先端白色,外面被柔毛;花瓣白色,匙形,长 1～1.5mm;雄蕊 2～4 枚;子房宽卵球形。短角果扁球形,直径为 2.5～3.5mm,顶端微凹,仅顶端两侧有狭翅,果梗线形,长 4～5mm;种子赤褐色,卵状长圆球形,长约 1.5mm,边缘有白色狭翅。花期 4—6 月,果期 5—9 月。$2n=16,32$。

区内常见,多生于路边或荒地。原产于北美洲;我国华东、华中、华南地区广布;日本、俄罗斯、不丹、印度、巴基斯坦也有。

种子作"葶苈子"入药,具泻肺降气、祛痰平喘、利水消肿之功效。

4. 荠属 Capsella Medic.

一年生或越年生草本,被单毛、2～3 分叉毛、分枝毛、星状毛或无毛。茎直立,纤细,分枝或不分枝。基生叶莲座状,叶片大头状羽裂、羽状分裂或全缘;茎生叶长圆形或披针形,基部抱茎,无柄。总状花序顶生和腋生,花后显著伸长;花小;萼片开展,同型;花瓣白色,倒卵形,有短瓣柄;短雄蕊基部两侧具半月形蜜腺;花柱短。短角果倒三角形或倒心状三角形,顶端微凹,两侧压扁,假隔膜狭椭圆形,熟时开裂,果瓣舟形,具网纹,有多数种子,每室 2 行排列;种子细小,子叶背倚。

1种,分布于亚洲和欧洲;我国各地均有分布;浙江及杭州也有。

荠 荠菜 (图 1-414)

Capsella bursa-pastoris (L.) Medikus

一年生或越年生草本,高 10～52cm,稍被单毛、分叉毛、星状毛或无毛。茎直立,不分枝或分枝。基生叶长圆形,大头状羽裂、深裂或不整齐羽裂,有时不分裂,长 2～8cm,宽 0.5～2.5cm,顶裂片显著较大,侧裂片 3～8 对,三角状长圆形或卵形,叶柄有狭翅;茎生叶互生,长圆形或披针形,长 1～3.5cm,宽 2～7mm,先端钝尖,基部箭形,抱茎,边缘具疏锯齿或近全缘。总状花序初时呈伞房状,花后伸长达 20cm;花小;萼片长卵形,膜质,长 1～2mm;花瓣白色,倒卵形,较萼片稍长,有短瓣柄。短角果倒三角形或倒三角状心形,长 5～8mm,宽4～6mm,果瓣无毛,具明显网纹,熟时开裂。种子棕色,椭圆球形,长约 1mm,表面具细小凹点。花期 3—4 月,果期 6—7 月(有时延续至秋季)。2n=16,32。

区内常见,生于路旁、宅旁、田野、园地、山坡和荒地中。我国南北各地均有分布;世界各温暖地区也有。

图 1-414 荠

嫩株为传统野菜,现已有栽培;全株药用,具疏肝和中、清热解毒、凉血止血之功效。

5. 葶苈属 Draba L.

一年生、越年生或多年生草本,通常簇状丛生,被单毛、分叉毛、分枝毛或星状毛。茎直立。单叶互生,基生叶莲座状,茎生叶少数,稀无,有柄或无柄。总状花序;花小;萼片直立或稍开展,宽卵形至长圆形,外轮萼片较狭,内轮萼片较宽;花瓣白色或黄色,倒卵形,全缘或先端微凹,有短瓣柄;短雄蕊基部两侧各有一卵状三角形蜜腺。短角果卵球形、椭圆球形、长圆球形或线状圆柱形,2 室,熟后开裂,果瓣扁平或微隆起,假隔膜宽;有多数种子,2 列排列,种子有翅或无翅,子叶缘倚。

约 350 种,主要分布于北半球,以北极、近北极、高山、亚高山地区最多;我国有 48 种,主要分布于西南和西北地区;浙江有 1 种;杭州有 1 种。

葶苈 (图 1-415)

Draba nemorosa L.

一年生或越年生草本,高 10～25cm,常簇生。茎直立,下部有单毛、分叉毛、分枝毛和星状毛,上部无毛。基生叶莲座状,叶片长圆状椭圆形,长 1～1.5cm,宽约 0.5cm,先端钝尖,边缘有疏齿或全缘,两面密被灰白色分叉毛和星状毛;茎生叶互生,向上渐小,叶片卵状披针形或椭圆形,两面毛较基生叶稀疏。总状花序顶生和腋生,花后伸长;花小;萼片卵形,长约 1.5mm,宽约 1mm,背面被长柔毛,有时无毛;花瓣黄白色,倒卵状长圆形,长约 2.5mm,先端微凹,基部狭长;子房被单毛。短角果椭圆球形至倒卵状长圆球形,长 5～8mm,宽约 2mm,密被单毛,熟时开裂;种子淡褐色,细小,卵球形。花期 3—4 月,果期 5—6 月。$2n＝16$。

文献记载区内有分布,生于溪畔、山坡草地。分布于湖北、江苏、山东、四川、西藏及西北、华北、东北地区;日本、朝鲜半岛、蒙古及欧美一些国家也有。

种子可供药用,具祛痰平喘、清热利尿之功效。

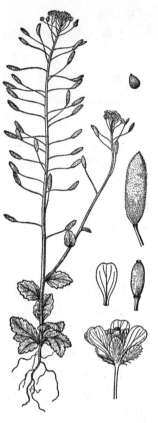

图 1-415　葶苈

6. 芸苔属　Brassica L.

一年生、越年生或多年生草本,全株被单毛或无毛。根细或为肉质块根。茎直立,分枝,有时具白粉。基生叶与茎下部叶通常有柄,多为大头状羽裂或不分裂,上部叶全缘,无柄或有短柄。总状花序;萼片直立或开展,内轮 2 枚基部有时呈囊状;花瓣鲜黄色或淡黄色,稀白色,倒卵状椭圆形或近圆形,有长或短瓣柄;短雄蕊基部内侧各有 1 枚较大的肾形蜜腺,长雄蕊基部外侧各有 1 枚小型棒状或头状蜜腺;花柱明显,柱头扁平,头状,稍 2 浅裂。长角果圆柱形,稍扁,开裂,顶端通常有长喙,果瓣隆起,具 1 条明显中脉,每室有种子 1 列;种子黄色或红褐色,近球形或稍扁,子叶对折。

约 40 种,主要分布于地中海地区,欧洲西南部和非洲西北部尤多;我国栽培 14 种,11 变种;浙江常见栽培 8 种,9 变种,1 变型;杭州常见栽培 2 种,6 变种。

分 种 检 索 表

1. 叶片薄或稍厚,绿色或深绿色,无或稍有白粉;花直径为 0.4～2cm,黄色,花瓣爪常不明显。
 2. 植株无辛辣味;叶片近全缘,花茎上的叶基部抱茎。
  3. 基生叶边缘波状,叶柄扁平,有翅;心叶包叠成头状或圆筒状 …… 1. **白菜**　*B. rapa* var. *glabra*
  3. 基生叶边缘不呈波状,叶柄无翅;心叶不包叠。
   4. 叶片大头状羽裂 ………………………………………… 1a. **芸苔**　var. *oleifera*
   4. 叶片全缘,叶柄扁平而肥厚 ……………………………… 1b. **青菜**　var. *chinensis*
 2. 植株有辛辣味;叶缘有锯齿,花茎上的叶基部不抱茎。
  5. 基生叶及茎下部叶不分裂或具 2～3 对小裂片,边缘不皱卷 …………………… 2. **芥菜**　*B. juncea*
  5. 基生叶及茎下部叶多裂,边缘皱卷 ……………………………… 2a. **雪里蕻**　var. *multiceps*
1. 叶片厚,蓝绿色或粉绿色,被白粉;花直径为 1.5～2.5cm,乳黄色,花瓣具明显的爪。
 6. 叶片长圆状倒卵形或近圆形,基生叶不分裂,稀在叶片基部有小裂片。
  7. 叶片包叠成球形、扁球形或牛心形 ………………………… 3. **甘蓝**　*B. oleracea* var. *capitata*
  7. 叶片不包叠成球形,花序轴、花梗和不育花变成肉质的头状体 …………… 3a. **花椰菜**　var. *botrytis*
 6. 叶片大头状羽裂 ……………………………………………………………… 4. **欧洲油菜**　*B. napus*

1. 白菜　大白菜　黄芽菜　（图 1-416）

Brassica rapa L. var. **glabra** Regel——*B. pekinensis*（Lour.）Rupr.

越年生草本。头年生茎短缩,肉质,白色,幼叶下面中脉有少数刺毛;基生叶及近基部的茎生叶多数,外层绿色,内层白色,叶片倒卵状长圆形至宽倒卵形,长 30~60cm,宽不及长的一半,先端圆钝,基部沿叶柄下延成翼,边缘有整齐的牙齿或缺刻,并显著皱缩,叶柄及中脉宽扁,白色,层层包叠,心叶紧卷成长椭圆形、圆筒形或长倒卵形等。翌年春抽茎,茎高 40~60cm,茎下部及中部叶与基生叶相似,叶片长 15~22cm,宽 13cm,略有粉霜,抱茎,茎上部叶向上渐小而狭,披针形,先端钝尖,基部耳状抱茎。总状花序在茎上部顶生和腋生,圆锥状;萼片黄绿色,长圆形或狭卵形,长约 5mm;花瓣鲜黄色,近圆形或倒卵形,长 8~10mm,全缘,基部渐狭成瓣柄。长角果圆柱形,长 3~6cm,两侧压扁,喙圆锥状,稍扁,长 1.3~2cm,果瓣有明显的中脉;种子黑褐色,近球形,直径约为 2mm。花期 4—5 月,果期 5—6 月。

区内常见栽培。原产于我国北部;全国各地均有栽培。

秋、冬季重要蔬菜;鲜叶入药具通利肠胃、消食下气及利尿之功效;根配其他药可治漆疮;种子含油。

图 1-416　白菜

图 1-417　芸苔

1a. 芸苔　油菜　（图 1-417）

var. **oleifera** DC. —— *B. campestris* L.

一年生或越年生草本,高 35~80cm,无毛或近无毛,有白粉。茎直立,自基部分枝,具纵棱。基生叶大头状羽裂,长达 20cm,宽达 10cm,边缘有不整齐的大牙齿或缺刻,有柄;茎下部叶羽状中裂,长达 10cm,宽 3~4cm,基部扩大,抱茎;茎上部叶长圆形、长圆状倒卵形或披针形,长 3～10cm,宽 3～4cm,基部心形,两侧有垂耳,全缘或具波状齿。总状花序顶生和腋生;萼片黄绿色至黄色,边缘透明,直立至开展,披针形,长 3～5mm,宽 1.5～2mm;花瓣鲜黄色,倒卵形至长圆形,长 7～10mm,宽 3.5～5mm,基部具短瓣柄。长角果圆柱形,长 3～8cm,直径为 3～5mm,顶端收缩成长 1～2cm 的喙,中脉明显,熟时开裂;种子红褐色或黑褐色,球形,直径约为 1.5mm,表面具细网纹。花期 3～5 月,果期 4～6 月。$2n=20$。

　　区内常见栽培。原产于我国;我国南北大量栽培;世界许多国家有引种。

　　重要的油料作物,油可供食用;嫩茎、叶作蔬菜;茎、叶、种子入药,具散血消肿的功效;也是优良的蜜源植物。

1b. 青菜　（图 1-418）

var. chinensis（L.）Kitamura——B. chinensis L.

　　一年生或越年生草本,高 30～40cm,无毛。茎直立,下部或基部分枝。基生叶丛生,开展或直立,叶片倒卵形至宽椭圆形,长 20～30cm,全缘或有不明显的锯齿或波状齿,基部渐狭成扁平的宽柄,或稍呈圆柱形,肉质,肥厚,白色或淡绿色,叶柄的形状和颜色因品种不同而异;茎生叶长椭圆形或宽披针形,长 8～15cm,基部圆耳状抱茎。总状花序顶生,花后伸长;萼片长圆形或长圆状披针形,长 3～6mm,花期稍开展;花瓣黄色,倒卵形,长 8～10mm,基部具短瓣柄。长角果圆柱形,长 2～6cm,直径为 4～6mm,喙细,长 8～10mm,果瓣中脉明显;种子紫褐色,近球形,直径为 1～1.5mm。花期 4～5 月,果期 5—6 月。

　　区内常见栽培。原产于我国;全国各地均有栽培,尤以长江流域栽培更广。

　　夏、秋季常见蔬菜,品种众多;种子含油,油可食用;叶、种子药用,具清热解烦、通利肠胃、祛痰消食及解酒之功效;蜜源植物。

图 1-418　青菜

2. 芥菜　（图 1-419）

Brassica juncea（L.）Czern. & Coss.

　　一年生或越年生草本,高 30～90cm,通常下部被糙硬毛,稀无毛,常有白粉。茎粗壮,直立,有分枝。基生叶长椭圆形或倒卵形,长 30～50cm,宽 10～15cm,不分裂或基有 1～3 枚小裂片,边缘具不规则缺刻或重锯齿,有长柄;茎下部叶长 6～12cm,宽 1.5～5cm,通常大头状羽裂,顶裂片较大,下部有 2～3 对小裂片,裂片长椭圆形或倒卵形,边缘有疏齿或重锯齿,叶柄近圆形,疏被糙毛;茎上部叶宽披针形,长 4～7cm,全缘。总状花序顶生和侧生;萼片披针形,长 7～9mm,外轮萼片较狭;花瓣鲜黄色,倒卵形,长 1～1.4cm,基部具瓣柄。长角果圆柱形,长 3～5cm,喙长约 1cm;种子黄色或暗红棕色,近球形,直径约为 1mm,表面具细网纹。花期

4—5月,果期5—6月。$2n=36$。

　　区内有栽培。原产于亚洲;我国各地均有栽培;俄罗斯、蒙古及世界其他一些地区也有栽种。

　　叶盐腌供食用;种子含油;优良蜜源植物;种子名"黄芥子",有利气豁痰、温中散寒、活血消肿之功效,根、叶在民间也供药用。

图 1-419　芥菜

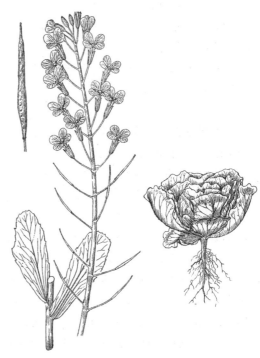

图 1-420　甘蓝

2a. 雪里蕻

var. multiceps Tsen & Lee

基生叶及茎下部叶多裂,边缘皱卷,茎上部叶有齿或稍分裂,最上部的全缘。$2n=36$。

区内常见栽培,系冬、春季主要腌制用蔬菜之一。我国南北各地也有栽培。

3. 甘蓝　卷心菜　包心菜　圆白菜　(图 1-420)

Brassica oleracea L. var. capitata L.

　　越年生草本,被粉霜。一年生茎肉质,矮且粗壮,不分枝,绿色或灰绿色;基生叶多数,质厚,层层包裹成球状体、扁球形,直径为 10～30cm 或更大,乳白色或淡绿色。二年生茎有分枝;基生叶及下部茎生叶长圆状倒卵形至圆形,长和宽达 30cm,顶端圆形,基部骤窄成极短有宽翅的叶柄,边缘有波状不明显锯齿;上部茎生叶卵形或长圆状卵形,长 8～13.5cm,宽 3.5～7cm,基部抱茎;最上部茎生叶长圆形,长约 4.5cm,宽约 1cm,抱茎。总状花序顶生及腋生;花淡黄色,直径为 2～2.5cm,花梗长 7～15mm;萼片直立,线状长圆形,长 5～7mm;花瓣宽椭圆状倒卵形或近圆形,长 13～15mm,脉纹明显,顶端微缺,基部骤变窄成爪,爪长 5～7mm。长角果圆柱形,长 6～9cm,宽 4～5mm,两侧稍压扁,中脉凸出,喙圆锥形,长 6～10mm,果梗粗,直立开展,长 2.5～3.5cm;种子球形,直径为 1.5～2mm,棕色。花期 4 月,果期 5 月。$2n=18$。

区内常见栽培。全国广泛栽培。

作蔬菜及饲料;叶的浓汁用于治疗胃及十二指肠溃疡。

3a. 花椰菜　花菜

var. botrytis L.

叶较甘蓝狭长,全缘或有细齿,不卷心,叶柄长,多有翅;茎不伸长,顶端的花序梗、花梗和不育花变成肉质、肥厚、乳白色的头状体。$2n=18,20,36$。

区内常见栽培。原产于欧洲;全国各地广泛栽培。

头状体作蔬菜。

4. 欧洲油菜　胜利油菜　(图1-421)

Brassica napus L.

一年生或越年生草本,高30～50cm。茎直立,具分枝。幼叶被少数疏散刚毛,具粉霜;基生叶及茎下部叶大头状羽裂,长达25cm,宽2～6cm,顶裂片卵形,长7～9cm,先端圆形,基部近平截,边缘具钝齿,侧裂片约2对,卵形,长1.5～2.5cm,叶柄长2.5～6.5cm,基部具裂片;茎中、上部叶长圆状椭圆形至披针形,基部心形,抱茎。总状花序顶生;萼片卵形,长5.5～8mm;花瓣黄色,倒卵形,长10～15mm,瓣柄长4～6mm。长角果圆柱形,长4～8cm,喙细,长1～2cm,果瓣具1条中脉,果梗长约2cm;种子黄棕色,球形,直径约为1.5mm。花期3—4月,果期4—5月。

区内常见栽培。原产于欧洲;我国各地普遍栽培。

种子含油量为34.5%～45%,抗病力强,产量高,系我省目前最主要的食用油料作物;种子有行气、消肿、催生之功效;优良蜜源植物。

图1-421　欧洲油菜

7. 诸葛菜属　Orychophragmus Bunge

一年生或越年生草本,无毛或稍被细柔毛。茎单一或分枝,基部常木质化。基生叶及茎下部叶大头状羽裂,有长柄;茎上部叶有短柄或无柄,基部耳状抱茎。花大,排列成疏松总状花序;萼片直立,内轮2枚基部呈囊状;花瓣宽卵形,基部具长瓣柄。短雄蕊基部内侧有一近三角形的蜜腺,长雄蕊无蜜腺。长角果线状圆柱形,稍压扁,具4棱,果瓣开裂,通常有1条中脉,每室有1列种子;种子椭圆状卵球形,子叶对折。

约5种,我国特产,分布于华东、华中、华北、西北;浙江有2种;杭州有2种。

1. 诸葛菜 （图 1-422）

Orychophragmus violaceus（L.）O. E. Schulz

一年生或越年生草本,高 20～65cm,有白粉。茎直立,单一或从基部分枝。基生叶和茎下部叶大头状羽裂,长 5～11cm,宽 2.5～5cm,顶生裂片大,倒卵状长圆形或三角状卵形,边缘有波状钝齿,侧裂片小,1～4 对,长圆形或歪卵形,全缘或有齿状缺刻,有叶柄;茎中、上部叶卵形、狭卵形或长圆形,长 4～12cm,宽 2～6.5cm,先端短尖,基本两侧耳状抱茎,边缘有不整齐锯齿,无叶柄。总状花序顶生;萼片淡绿色,长 1～1.3cm,先端线状披针形,外面常具长柔毛;花瓣淡紫色或有时白色,倒卵形或近圆形,长 2～3cm,有细密脉纹,基部变狭成丝状瓣柄。长角果线状圆柱形,有时具毛,长 5～13cm,宽 2～3mm,有 4 棱,喙长 1～4cm,果瓣有 1 条明显的中脉,每室有 1 行种子;种子黑褐色,卵球形或卵状椭圆球形,长 1.5～2mm,稍扁平,无翅。花期 3—5 月,果期 4—6 月。$2n=24$。

区内常见栽培,供观赏。分布于安徽、甘肃、河北、河南、湖北、江苏、江西、辽宁、山东、山西、陕西、四川,我国其他省、区也有栽培。

嫩茎、叶可食用;可用于观赏。

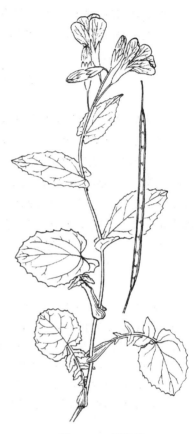

图 1-422 诸葛菜

2. 铺散诸葛菜 （图 1-423）

Orychophragmus diffusus Z. M. Tan & J. M. Xu——O. violaceus var. homaeophyllus（Hance）O. E. Schulz.

越年生草本。茎从基部多分枝,铺散,长 20～40cm,近圆柱形,几无毛或疏生微柔毛。全部叶大头状羽裂,顶裂片心形或肾形,长 1.5～3.5cm,宽 2.2～5.5cm,顶端钝,基部心形,边缘具齿,齿大,不整齐,侧裂片 2～6 枚,斜椭圆形或卵形,边缘近全缘或具齿,基部裂片大,抱茎,上面疏生柔毛,下面几无毛。总状花序在花期具 6～15 朵花;花梗长 10～15mm,疏生微柔毛;萼片淡绿色或淡紫色,长圆形,长 10～12mm,顶端急尖,外轮萼片宽约 1.5mm,内轮萼片宽约 2.5mm,基部具囊;花瓣紫色,宽倒卵形,长 1.8～2.2cm,宽 8～10mm,具长爪;雄蕊离生,四强,2 枚短雄蕊长11～12mm,4 枚长雄蕊长 12～13mm,无毛,花药黄色;雌蕊线形,无毛。长角果线形,稍弯,近四棱形,长 5～7cm,宽约 1.5mm,黄绿

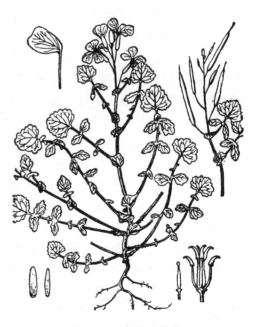

图 1-423 铺散诸葛菜

色,无毛,喙长 8~10mm;种子长圆形,长约 1.8mm,宽约 1mm,黄色。

　　见于余杭区(塘栖),生于路边或岩石上。分布于江苏、上海。

　　与上种的区别在于:本种茎生叶大头状羽裂。

8. 蔊菜属　Rorippa Scop.

　　一年生、越年生或多年生草本;无毛或被单毛。茎直立、匍匐或铺散,不分枝或多分枝。叶片全缘或羽状深裂至全裂,具不整齐锯齿或波状牙齿。总状花序;苞片有或无;花小;萼片开展,长圆形,基部相等;花瓣黄色,狭长圆形、宽倒披针形或楔形,与萼片等长、略长或稍短,先端钝圆或微凹,基部渐狭,稀具瓣柄;短雄蕊基部有一环状蜜腺,长雄蕊基部外侧有一小蜜腺;柱头全缘或 2 浅裂。长角果长圆状棒形或线形,或短角果球形、椭圆球形、圆柱形,熟后开裂,果瓣无脉或于基部附近可见,有多数种子,每室 1 或 2 列;子叶缘倚。

　　约 75 种,全球广布;我国有 9 种,分布于全国;浙江有 4 种;杭州有 4 种。

分 种 检 索 表

1. 花具叶状苞片,几无花梗;角果圆柱形至长圆柱形 ·························· 1. **广州蔊菜**　*R. cantoniensis*
1. 花无苞片,花梗明显;角果球形或长圆柱形。
　2. 角果球形;叶片基部下延 ······························· 2. **风花菜**　*R. globosa*
　2. 角果长圆柱形;基生叶大头状羽裂。
　　3. 角果稍内弯,种子每室 2 行;花瓣长于萼片 ······························· 3. **蔊菜**　*R. indica*
　　3. 角果直,种子每室 1 行;花瓣常缺如 ······························· 4. **无瓣蔊菜**　*R. dubia*

1. 广州蔊菜　(图 1-424)

Rorippa cantoniensis(Lour.)Ohwi

　　一年生或越年生草本,高约 20cm;无毛。茎分枝或不分枝,直立或铺散状。基生叶羽状深裂,长 2~5cm,宽 0.5~1.5cm,裂片 4~6 对,顶裂片较大,边缘具缺刻状齿,有柄;茎生叶羽状深裂,裂片 2~5 对,卵状披针形,顶裂片较大,边缘具不整齐的缺刻或疏锯齿,基部具耳状小裂片,略抱茎,无柄。花序总状;苞片叶状,宽披针形;花小,近无柄,单生于苞片腋内;萼片长圆形;花瓣黄色,宽倒披针形,长约 3mm;花药长圆球形。角果圆柱形至长圆柱形,长 6~8mm,宽 1~2mm,有多数种子,果梗长 1~3mm;种子淡褐色,细小,宽卵球形。花期 4 月,果期 5 月。$2n=16$。

　　西湖景区(梵村、云栖),生于路旁或沟边。分布于安徽、福建、广东、贵州、河北、河南、湖北、湖南、江苏、江西、辽宁、山东、山西、四川、台湾、云南;日本、朝鲜半岛、俄罗斯、越南也有。

　　嫩茎、叶可供食用。

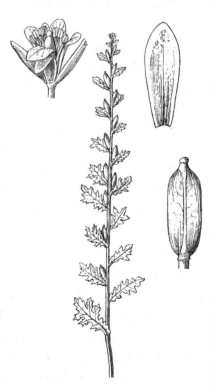

图 1-424　广州蔊菜

2. 风花菜 球果蔊菜 （图 1-425）

Rorippa globosa（Turcz.）Hayek

一年生或越年生草本,高 30～80cm。茎直立,有分枝,基部木质化,下部被毛或无毛。叶片长圆形至倒卵状披针形,长 3～12cm,宽 1～2.5cm,先端渐尖至圆钝,基部渐狭,两侧下延成短叶耳而半抱茎,边缘有不整齐粗齿,两面无毛或疏被毛。总状花序顶生;花小,直径为 1～2mm;萼片椭圆形,长约 1.5mm;花瓣淡黄色,倒卵形,与萼片近等长;花药长圆球形。短角果球形,直径约为 2mm,具短喙,果梗丝状,长 5～7mm;有多数种子,种子棕褐色,卵球形,表面有纵沟。花期 5—6 月,果期 7—8 月。

见于余杭区(良渚)、西湖景区(九曜山),生于路边或沟边。分布于华东、华南、华北及东北;朝鲜半岛、俄罗斯、越南也有。

种子可榨油;幼嫩植株可作饲料。

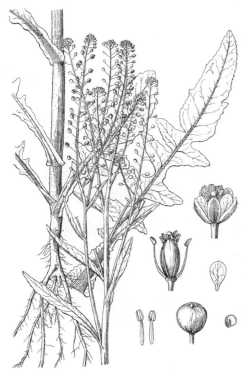

图 1-425 风花菜

图 1-426 蔊菜

3. 蔊菜 印度蔊菜 大叶香荠菜 （图 1-426）

Rorippa indica（L.）Hiern

一年生或越年生草本,高 15～50cm,较粗壮;被毛或无毛。茎直立或斜生,有分枝,具纵棱槽,有时带紫色。叶形多变化;基生叶和茎下部叶大头状羽裂,长 7～12cm,宽 1～3cm,顶生裂片较大,卵形或长圆形,先端圆钝,边缘有牙齿,侧生裂片 2～5 对,向下渐小,两面无毛,有叶柄;茎上部叶向上渐小,叶片长圆形或匙形,多不分裂,边缘具疏齿,基部有短叶柄或稍耳状抱茎。总状花序顶生和腋生;花小;萼片卵状长圆形,长约 2.5mm;花瓣黄色,匙形,与萼片近等长;花药长戟形。长角果线状圆柱形或长圆状棒形,长1～2cm,宽1～1.5cm,常稍内弯;有多数种子,每室2行,果梗纤细,长5～9mm,斜上或近水平开展;种子淡褐色,宽卵球形。花期4—5月,花后果实渐次成熟。2n=24,32,48。

区内常见,生于路边、宅旁、山坡、荒地或草丛中。分布于福建、甘肃、广东、河南、湖南、江苏、江西、山东、陕西、四川、台湾、云南;日本、朝鲜半岛、印度、菲律宾、印度尼西亚也有。

全草入药,具止咳化痰、平喘、清热解毒、解表健胃、散寒消肿之功效;种子入药具解表止咳、健胃利水之效;嫩茎、叶可作野菜食用。

4. 无瓣薄菜　(图 1-427)

Rorippa dubia(Pers.)Hara

一年生草本,高10～35cm,植株较柔弱;无毛。茎直立或铺散,多分枝。基生叶及茎下部叶通常大头状羽裂,长4～10cm,宽1.5～4cm,顶裂片大,宽卵形或长椭圆形,边缘具不整齐钝锯齿,侧裂片1～3对,宽披针形,向下渐小,叶柄长3～5cm,两侧具翅;茎上部叶宽披针形或长卵圆形,长3～6cm,宽1.5～2.5cm,边缘具不整齐锯齿或近全缘,基部具短柄或近无柄。总状花序顶生和腋生;萼片淡黄绿色,长圆形或长圆状披针形,长约2.5mm;无花瓣或有退化花瓣。长角果线形,细直,长2～4cm,宽约1mm,有多数种子,每室1行,果梗长3～6mm,斜上开展;种子淡褐色,不规则圆形,子叶缘倚。花期4—6月,果期5—7月。2n=32,48。

见于西湖景区(桃源岭),生于水塘边。分布于安徽、福建、甘肃、广东、广西、贵州、海南、河北、河南、湖北、湖南、江苏、江西、辽宁、山东、陕西、四川、西藏、云南;东亚、东南亚也有,美洲有栽培。

全草入药,含薄菜素,功效与薄菜同,治疗慢性支气管炎。

图 1-427　无瓣薄菜

9. 碎米荠属　Cardamine L.

一年生、越年生或多年生草本,被单毛或无毛。根状茎不明显,密生纤维状须根,或根状茎明显,直立或匍匐延伸,稀具小球状块茎;地上茎分枝或否,直立或铺散,有时匍匐生根。单叶有锯齿,或羽裂,或为羽状复叶;具柄,稀无柄。萼片直立或稍开展,内轮萼片基部多呈囊状;花瓣白色、淡紫红色或紫色,倒卵形,具瓣柄;雄蕊6枚,稀4枚,花药卵球形或长圆球形,短雄蕊基部通常有一半环形蜜腺,长雄蕊的外侧通常有乳头状蜜腺,但蜜腺的形状常不规则;雌蕊柱头单一或2深裂。长角果线状圆柱形,略扁平,两端渐尖,2室,成熟后果瓣由基部向上开裂或弹裂,或不开裂,无脉或基部有不明显中脉,有多数种子,每室排成1列;种子略扁,椭圆球形或长圆球形,无翅或有狭膜质翅,子叶缘倚。

约 200 种,全球分布,主要分布于温带地区;我国有 39 种,29 变种,广泛分布;浙江有 10 种,4 变种;杭州有 5 种,1 变种。

分 种 检 索 表

1. 茎生叶为 3 出复叶,叶片边缘具不整齐钝圆齿 ………… 1. **异堇叶碎米荠** C. violifolia var. diversifolia
1. 茎生叶羽状分裂或为复叶。
  2. 匍匐茎显著;茎中上部的叶片最下 1 对裂片下倾抱茎,无柄 ……………… 2. **水田碎米荠** C. lyrata
  2. 植株无匍匐茎;叶片有或长或短的叶柄。
    3. 茎生叶叶柄基部两侧有抱茎的叶耳;长角果成熟时自下而上弹卷开裂……………………
    ………………………………………………………………… 3. **弹裂碎米荠** C. impatiens
    3. 茎生叶叶柄基部绝不延伸成耳状;长角果成熟时自下而上开裂。
      4. 多年生草本;大型羽状复叶,小叶片边缘具不整齐的锯齿 …… 4. **白花碎米荠** C. leucantha
      4. 一年生或越年生草本;小型羽状复叶,小叶片边缘具波状锯齿。
        5. 茎自基部多分枝,呈铺散状;小叶近无毛或疏被毛;果序轴常左右弯曲 ……………
        ………………………………………………………………… 5. **弯曲碎米荠** C. flexuosa
        5. 茎单一或分枝,直立或斜生;小叶两面被柔毛;果序轴通常直伸…… 6. **碎米荠** C. hirsuta

1. 异堇叶碎米荠 （图 1-428）

Cardamine violifolia O. E. Schulz var. diversifolia O. E. Schulz

多年生草本,高 10～24cm。根状茎短;地上茎自下至上分枝,被柔毛,下部尤密。3 出复叶;基生叶有小叶 1 对或为单叶,顶生小叶近圆形或圆肾形,长 1.4～2.2cm,宽 1.6～2.8cm,基部心形,边缘具不整齐钝圆齿,叶柄长 2.5～7cm,侧生小叶小,基部近截形,小叶柄长 2～6mm;茎生叶较小,长 1～3cm,有小叶 1 对,叶片形状与基生叶相同;所有小叶片上面被贴伏短毛,下面通常无毛或有稀疏的毛。总状花序顶生和腋生;萼片卵状椭圆形,长 2～2.8mm,外面被毛,边缘膜质;花瓣白色,长圆状倒卵形,长 5～5.5mm,先端圆形,向下稍狭;子房圆柱形。长角果线状圆柱形,稍扁,长 2～3cm,宽约 1mm,无毛;种子浅褐色,长椭圆球形,长 1～1.8mm。花期 3—4 月,果期 4—5 月。

见于余杭区(中泰)、西湖景区(飞来峰、九溪、虎跑、龙井、满觉陇),生于林下、路边或草丛中。分布于安徽、湖北。

2. 水田碎米荠 （图 1-429）

Cardamine lyrata Bunge

多年生草本,高 30～60cm,无毛。根状茎较短,生多数须根;地上茎直立,稀分枝,有纵棱

图 1-428 异堇叶碎米荠

槽;匍匐茎细长。生于匍匐茎中部以上的叶为单叶,叶片宽卵形或圆肾形,长 1～3cm,宽 5～20mm,边缘浅波状,叶柄长 3～12mm;茎生叶大头状羽裂,裂片 2～9 对,长 1～7cm,无柄,顶生裂片宽卵形,长 15～25mm,侧生裂片卵形或菱状卵形,边缘具浅波状齿或全缘,最下 1 对裂片向下抱茎。总状花序顶生;萼片长卵形或椭圆形,长约 3～4mm,边缘膜质;花瓣白色,倒卵形,长 8～9mm。长角果线状圆柱形,长 2～3cm,宽约 2mm,果瓣压扁,中脉不明显,宿存花柱长约 4mm,有种子 1 行,果梗近水平开展,长 1.5～2cm;种子褐色,椭圆球形,长约 1.6mm,有宽翅。花期 4—6 月,果期 5—7 月。

　　见于余杭区(良渚)、西湖景区(黄龙洞、灵峰、茅家埠),生于溪沟边、路边或湿地浅水处。分布于安徽、福建、广西、贵州、河北、河南、黑龙江、湖南、吉林、江苏、江西、辽宁、内蒙古、山东、四川;日本、朝鲜半岛、俄罗斯也有。

　　全草药用,有清热解毒之功效;嫩茎、叶可作野菜。

图 1-429　水田碎米荠

图 1-430　弹裂碎米荠

3. 弹裂碎米荠　水菜花　(图 1-430)

Cardamine impatiens L. ——*C. impatiens* L. var. *dasycarpa*(M. Bieb.)T. Y. Cheo & R. C. Fang

　　一年生或越年生草本,高 20～40cm。茎直立,不分枝或上部分枝,有纵棱槽,无毛或疏被短柔毛。奇数羽状复叶;基生叶有小叶 2～8 对,顶生小叶倒卵形或长圆形,长 8～13mm,宽 3～8mm,先端锐尖具小刺尖,基部楔形,边缘具 3～5 钝齿状浅裂,小叶柄显著,侧生小叶与顶生小叶相似,向下渐狭,最下 1 对为狭卵形,柄长 1～4.5cm,基部稍扩大,两侧有狭披针形的叶耳,叶耳抱茎;茎生叶有小叶 3～8 对,顶生小叶卵形或卵状披针形,侧生小叶与之相似但较小,基部两侧具叶耳,柄长 3～8cm;全部小叶两面疏被短柔毛或近无毛,叶柄、叶轴及叶耳边缘被缘毛。总状花序顶生或腋生;花梗短,纤细;花小;萼片长圆形,长约 1.5mm,通常被疏毛;花瓣白色,长圆形,先端圆,基部稍狭,较萼片长;子房圆柱状。长角果线状圆柱形,稍扁,长 2～3cm,宽约 1mm,果梗长 1～1.5cm,果瓣无毛,成熟后自下而上弹卷开裂;种子棕黄色,椭圆球形,长约 1.5mm,边缘有极狭的翅。花期 4—6 月,果期 5—7 月。$2n=16$。

　　见于西湖区(留下)、西湖景区(黄龙洞、黄泥岭、云栖),生于林下、路边、荒地或草丛中。分布于安徽、福建、甘肃、广西、贵州、河南、湖北、湖南、吉林、江苏、江西、辽宁、青海、山东、山西、陕西、四川、台湾、西藏、新疆、云南;日本、俄罗斯也有。

　　全草药用,具清热利湿、解毒利尿之功效;种子含油率约为 36%。

4. 白花碎米荠　(图 1-431)

Cardamine leucantha (Tausch) O. E. Schulz

　　多年生草本,高 30～60cm,被疏柔毛。根状茎短而匍匐;地上茎直立,不分枝或上部分枝。基生叶有小叶 2～3 对,有长柄;茎中部叶有柄,通常有小叶 2 对,顶生小叶披针形或宽披针形,长 4～6.5cm,宽 1.5～2.5cm,先端长渐尖,基部楔形或宽楔形,边缘具不整齐的锯齿,有小叶柄,侧生小叶与顶生小叶相似,基部偏斜或近圆楔形,无柄;茎上部叶有小叶 1～2 对,小叶宽披针形,较小;全部小叶两面均被短柔毛,下面尤密。总状花序顶生,分枝或不分枝;花较大;萼片长卵形,长约 2.5mm,宽约 1mm,边缘膜质,外面被毛;花瓣白色,长圆状楔形,先端圆,基部渐狭成瓣柄,长 5～6.5mm;子房被长柔毛,柱头扁球形。长角果线状圆柱形,稍扁,长达 2.5cm,不开裂,喙长约 5mm,果瓣疏被易脱落的柔毛,果梗直立开展,长 1～1.3cm;种子黑褐色,长圆球形,长约 2mm,边缘具狭翅或无翅。花期 4—6 月,果期 6—7 月。$2n=16,18,24$。

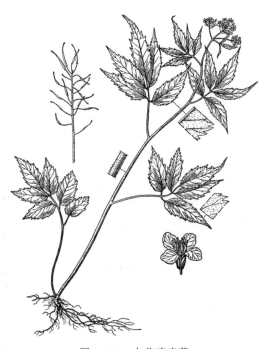

图 1-431　白花碎米荠

　　见于西湖区(双浦)、余杭区(百丈)、西湖景区(飞来峰),生于溪边。分布于安徽、甘肃、贵州、河北、河南、黑龙江、湖北、吉林、江苏、江西、辽宁、内蒙古、宁夏、山西、陕西、四川;日本、朝鲜半岛、蒙古、俄罗斯也有。

　　全草药用,具清热利湿之功效;嫩茎、叶可作野菜;全草可代茶。

5. 弯曲碎米荠　米花香荠菜　(图 1-432)

Cardamine flexuosa With. ——*C. flexuosa* With. var. *ovatifolia* T. Y. Cheo & R. C. Fang

　　一年生或越年生草本,高 10～30mm。茎自基部多分枝,斜上呈铺散状,疏被柔毛。羽状复叶;基生叶有柄,有小叶 3～7 对,顶生小叶卵形、倒卵形或长圆形,长、宽均为 2～5mm,先端3齿裂,基部宽楔形,有小叶柄,侧生小叶卵形或倒卵形,较顶生小叶略小,边缘1～3齿裂,有小叶柄;

茎生叶有小叶 3～6 对,小叶多为长卵形或线形,1～3 波状浅裂或全缘,小叶柄有或无;全部小叶近无毛或有时疏被柔毛。总状花序顶生,花多数;萼片长椭圆形,长约 2mm,边缘膜质;花瓣白色,倒卵状楔形,长 3.5～4mm;子房圆柱形,花柱极短,柱头扁球状。长角果线状圆柱形,压扁,长 1～2.5cm,宽约 1mm,无毛,果序轴通常左右弯曲,果梗短,长 3～9mm;种子黄褐色,长圆球形,长约 1mm,边缘或顶端有极狭的翅。花期 3—5 月,果期 4—6 月。2n=32。

区内常见,生于路边、田边、草丛中。我国南北各省、区普遍分布;日本、朝鲜半岛、欧洲、北美洲也有。

全草可供药用,具有清热利湿、安心养神、收敛止血之功效。

本种的变异极大,茎和小叶片无毛至疏被明显的柔毛,茎生叶小叶片具明显的波状齿或全缘,果序轴通常左右弯曲,但有时为直伸,因此将卵叶弯曲碎米荠 C. *flexuosa* var. *ovatifolia* T. Y. Cheo & R. C. Fang 归入本种。

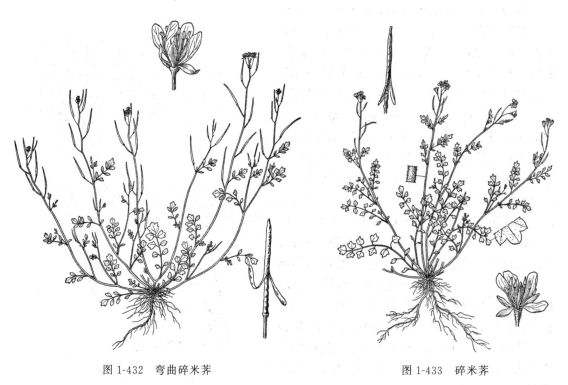

图 1-432　弯曲碎米荠　　　　　　　　　　图 1-433　碎米荠

6. 碎米荠　硬毛碎米荠　(图 1-433)

Cardamine hirsuta L.

一年生或越年生草本,高 15～35cm。茎直立或斜生,分枝或不分枝,被硬毛,下部有时带淡紫色和密被白色粗毛。羽状复叶;基生叶与茎下部叶具柄,有小叶 2～5 对,顶生小叶宽卵形至肾圆形,长 5～14mm,宽 4～14mm,边缘有 3～7 波状齿,小叶柄长 0.6～2cm,侧生小叶卵形或近圆形,较小,基部稍歪斜,边缘有 2～3 圆齿,有或无小叶柄;茎上部叶具短柄,有小叶 3～6 对,顶生小叶菱状长卵形,长 5～20mm,先端 3 齿裂,基部楔形,无小叶柄,侧生小叶卵形至线形,全缘或具 1～2 齿,无小叶柄;全部小叶两面及边缘均被疏柔毛。总状花序顶生,花序轴直伸,有时稍曲折;萼片长椭圆形,长约 2mm,边缘膜质,外面被疏毛;花瓣白色,倒卵形,长 3～

5mm,先端钝,向基部渐狭;子房圆柱状,柱头扁球形。长角果线状圆柱形,稍扁,长达 3cm,无毛,果瓣开裂,果序轴通常直伸;种子褐色,椭圆球形,长约 1.2mm。花期 2—4 月,果期 3—5 月。2n=32,偶为 2n=64。

区内常见,生于林下、路边、草丛或石缝中。分布于我国南北各省、区;广布于全球温带地区。

全草可供药用,具有清热利湿、利尿解毒之功效;嫩茎、叶可作野菜。

与上种的区别在于:本种茎及小叶片被明显的、开展的毛(一般描述为粗毛或硬毛),果序轴通常直伸。我们认为后者未达到种的等级,因为此两者间往往存在一些过渡的个体,本志仍将两者分开。

10. 华葱芥属　Sinalliaria X. F. Jin et al.

多年生草本。根状茎横走;地上茎直立或斜生,具柔毛或无毛。基生叶狭卵形,三角状卵形或宽卵形,单叶或每边有 1～3 枚小裂片,基部心形,边缘具锯齿或不规则的重锯齿,有长叶柄;茎生叶与基生叶相似,具长叶柄。总状花序,密生多数花;花瓣白色或淡粉色,倒卵形或狭卵形,有不明显的爪。长角果线状圆柱形,熟时开裂,顶端先裂,果瓣具 3 脉,中脉凸出,隔膜白色,膜质;种子 1 列,不规则排列在子房室中,无翅,密被疣状凸起,子叶对折。

1 种,1 变种,我国特有,分布于华东;浙江有 1 种;杭州有 1 种。

心叶华葱芥　(图 1-434)

Sinalliaria limprichtiana (Pax) X. F. Jin et al.——*Cardamine limprichtiana* Pax——*C. hicknii* O. E. Shulz——*Orychophragmus limprichtianus* (Pax) Al-Shehbaz & G. Yang

多年生草本,高 15～50cm。根状茎短,长 1～2cm;地上茎直立或斜生,疏生或密被柔毛。基生叶常为单叶,或每边有 1～3 枚小裂片,叶片狭卵形、三角状卵形、卵形或宽卵形,长 2.5～7.5cm,宽 2.5～5cm,基部心形,先端渐尖或呈尾状,边缘具锯齿或不规则的重锯齿,两面疏生或密被柔毛,叶柄长 3～9cm,侧生裂片无柄或具短叶柄;茎生叶与基生叶相似,长 4～16cm,宽 2.5～7cm,具长柄。总状花序,密生多数花;萼片长圆形或卵状椭圆形,绿色,长约 3mm;花瓣倒卵形至狭倒卵形,白色,长 6～10mm,先端横截或微凹,基部渐狭,具不明显的爪;花丝直立,花药黄色,长圆球形。长角果线状圆柱形,长 2～6mm,疏生柔毛至无毛,先端截形,瓣膜白色,膜质;种子长圆状卵球形,长 2～2.5mm,具密生的疣状凸起。花、果期 3月下旬至 6 月。

见于西湖区(留下)、余杭区(塘栖)、西湖景区(飞来峰、九溪、桃源岭),生于林下草丛中或岩石上。分布于安徽。

图 1-434　心叶华葱芥

11. 南芥属　Arabis L.

　　一年生、越年生或多年生草本,通常被单毛、2～3分叉毛、分枝毛或星状毛。茎不分枝或上部分枝,直立或铺散。基生叶莲座状,叶片全缘、有齿或羽状分裂,有柄;茎生叶基部有时具叶耳,抱茎或不抱茎,全缘或有浅锯齿,有柄或无柄。总状花序顶生和腋生;萼片直立或斜展,卵形至线形,内轮2枚基部略呈囊状,外面无毛或有毛;花瓣白色或紫红色,倒卵形至长圆形,基部渐狭成瓣柄;短雄蕊基部蜜腺呈环状,通常内侧开口,外侧有微缺,或仅外侧开口,与长雄蕊蜜腺分离或会合;花柱短,柱头扁头形,不分裂或稍2裂。长角果线状圆柱形,稍扁,直立或下垂,中脉明显或不明显,每室有种子1～2列;种子有翅或无翅,子叶缘倚。

　　约70种,分布于亚洲温带地区、欧洲、北美洲;我国有14种,分布于华东、华中、华南、西南地区及陕西、甘肃、新疆;浙江有1种;杭州有1种。

匍匐南芥　筷子芥　雪里开　(图1-435)

Arabis flagellosa Miq.

　　多年生草本,高10～15cm。茎自基部丛生,具横走的鞭状匍匐茎,茎与叶均密被单毛、2～3分叉毛。基生叶倒长卵形至匙形,长3～9.5cm,宽1.5～2.5cm,边缘具浅齿,基部下延成有翅的狭叶柄;茎生叶疏生,向下渐小,叶片倒卵形至长椭圆形,先端圆钝,边缘具疏齿或近全缘。总状花序顶生;萼片斜向开展,卵形至长圆形,长4～6mm,宽约2mm,外面有毛或无毛;花瓣白色,匙形,长10～12mm,宽约3mm,先端截形或微凹,基部渐狭成瓣柄。长角果线状圆柱形,扁平,长约4cm,宽约1.2mm,果瓣光滑,无中脉,熟时开裂,每室有种子1行;种子褐色,卵球形,直径约为1mm,有极狭的翅。花期3—4月,果期4—5月。

　　见于西湖景区(飞来峰),生于路边、岩缝或岩石上。分布于安徽、江苏、江西;日本也有。

　　全草可供药用,具有清热解毒之功效。

图1-435　匍匐南芥

12. 鼠耳芥属　Arabidopsis (DC.) Heynh.

　　一年生、越年生或多年生草本,无毛或被分叉毛和单毛。基生叶莲座状,叶片倒卵状长圆形,多裂或近全缘,基部有柄;茎生叶具柄或无柄。总状花序;花小;萼片等大,倒长圆形,斜向开展;花瓣白色、淡紫色或淡黄色,倒卵状楔形或匙形;雄蕊(4～5)6枚,基部具环形、半环形或球形腺体;雌蕊圆柱形,柱头扁头状,稀2裂。长角果线状圆柱形,开裂,果瓣有1条中脉及网状侧脉,每室有种子1～2列;种子卵球形,子叶背倚。

9 种,分布于亚洲东部和北部、欧洲、北美洲;我国有 3 种,分布于华东、华中、华南、西南、西北;浙江有 1 种;杭州有 1 种。

鼠耳芥　拟南芥　（图 1-436）

Arabidopsis thaliana（L.）Heynh.

一年生或越年生草本,高 5～45cm。茎直立,分枝或不分枝,圆柱形,下部有时紫色,被粗硬毛,上部绿色,近无毛。基生叶长圆形、倒卵形或匙形,长 1～4.5cm,宽 3～15mm,先端钝,基部渐狭,边缘有数个不明显细齿,两面被2～3分叉毛,有短柄;茎生叶线状披针形、线形或长圆形,长 5～20mm,宽 1～3mm,全缘,近无柄。总状花序顶生或腋生,花后伸长;花小;萼片长圆形,长约 1.5mm,先端钝,外轮的基部呈囊状,外面无毛,有时疏被长硬毛;花瓣白色,匙形,长3～3.5mm。长角果橘黄色或略带紫色,线状圆柱形,长10～17mm,宽约 1mm,果瓣有 1 条中脉,每室有 1 行种子;种子细小,红褐色,卵球形。花期 3—4 月,果期 4—5 月。$2n=10$。

见于西湖景区(九溪),生于山坡路旁或草地。分布于安徽、甘肃、贵州、河南、湖北、湖南、江苏、江西、内蒙古、山东、陕西、四川、西藏、新疆、云南;日本、朝鲜半岛、哈萨克斯坦、蒙古、塔吉克斯坦、乌兹别克斯坦、印度及西亚、非洲、欧洲、北美洲也有。

图 1-436　鼠耳芥

43. 茅膏菜科　Droseraceae

多年生或一年生食虫草本,陆生或水生。茎的地下部分具不定根,末端具或不具球茎,常有退化叶;地上部分短或伸长。叶互生,稀轮生,常莲座状密集;叶片被头状黏腺毛,幼叶常拳卷;托叶干膜质或无。聚伞花序顶生或腋生,花通常多朵,稀单生于叶腋;花两性,辐射对称;花萼 5 裂,稀 4,6,7 裂,裂片覆瓦状排列,宿存;花瓣 5 枚,分离,具脉纹,宿存;雄蕊 5 枚,与花瓣互生,稀 4 或 5 基数排成 2～4 轮,花丝分离,稀基部合生,花药 2 室,外向,纵裂;子房上位,有时半下位,1 室,心皮 2～5 枚,侧膜胎座或基生胎座,胚珠多数;花柱 2～6 枚,多分离,很少下部联合。蒴果,室背开裂,3～5 枚果瓣;种子多数,稀少数,胚乳丰富,胚小,直立,基生。

4 属,100 多种,主要分布于热带、亚热带和温带地区,少数分布于寒带;我国有 2 属,7 种;浙江有 1 属,3 种;杭州有 1 属,1 种。

本科和狸藻科、猪笼草科是我国原生的 3 个食虫植物科。

茅膏菜属 Drosera L.

多年生食虫草本。根状茎短,具不定根,末端具或不具球茎,常有退化叶;茎的地上部分短或伸长。叶互生或基生,莲座状密集,被头状黏腺毛;幼叶常卷曲;叶柄短或无,或具长柄,或盾状着生;托叶膜质,常条裂。聚伞花序,顶生或腋生,幼时弯曲;花萼 5 裂,稀 4、6、7 裂,基部常合生,宿存;花瓣 5 枚,分离,花时开展,花后扭转,宿存于顶部;雄蕊与花瓣同数;子房上位,1 室,侧膜胎座 2~5 个,胚珠多数。外种皮具网状脉纹。

约 100 种,分布于热带至寒带,尤以澳大利亚种类最为丰富;我国有 6 种;浙江有 3 种;杭州有 1 种。

盾叶茅膏菜 光萼茅膏菜 （图 1-437）

Drosera peltata Thunb. ——*D. peltata* Smith var. *glabrata* Y. Z. Ruan

多年生柔弱草本,直立,有时匍匐状,高8~25 cm。球茎鳞茎状,紫褐色,球形,直径为0.5~9mm;茎的地上部分淡绿色,无毛,具紫红色汁液,顶部 2 至多分枝,地下部分长 1~3.5cm。叶互生;叶片半月形或半圆形,长 2~3mm,边缘密生紫红色头状黏腺毛,能分泌黏液,捕捉小虫,基部近平截,下面无毛;叶柄盾状着生,长 6~13mm,无毛;基生叶退化成鳞片状,圆形或扁圆形,花时脱落。聚伞花序生于枝顶或茎顶,不分枝或分枝;花轴下部的苞片楔形或倒披针形,先端常具齿,花轴上部的苞片钻形;花梗长 6~15mm;花萼 5(6)裂,裂片卵形或披针形,常不对称,外面无毛,稀基部具短腺毛;花瓣白色,5 枚,倒卵形;雄蕊 5 枚;子房 1 室,无毛,侧膜胎座 3 个,胚珠多数,花柱 2~4(5)枚。蒴果长约 2mm,开裂为 2~4(5)瓣。花期 4—7 月。$2n=32$。

见于拱墅区（半山）、西湖区（留下）、西湖景区（宝石山、五云山）,生于向阳山坡草丛中或林边向阳土坡上。分布于安徽、甘肃、广东、广西、贵州、湖北、湖南、江西、四川、台湾、西藏、云南;东亚和东南亚、澳大利亚也有。

块茎及全草入药。

图 1-437 盾叶茅膏菜

44. 景天科 Crassulaceae

一年生或多年生草本,亚灌木或灌木。茎多肉质。叶互生,对生或轮生,常为单叶,无托叶,叶片全缘或稍浅裂或为奇数羽状复叶。聚伞花序或为伞房状、穗状、总状、圆锥状,有时单生;花通常两性,有时单性,辐射对称;萼片几乎与基部合生,宿存;花瓣离生或合生;雄蕊与花瓣同数或为花瓣的 2 倍,2 倍时排成 2 轮,通常外轮与萼片对生,内轮与花瓣对生;花药基生,内向开裂;雌蕊心皮与花瓣同数,离生或基部合生,子房上位,胚珠少数至多数,着生于侧膜胎座上。果实为蓇葖果,稀蒴果;种子细小,胚乳不发达或缺。

约 35 属,1500 种,产于非洲、美洲、亚洲、欧洲;我国有 13 属,233 种,分布于全国各省、区;浙江有 5 属,31 种,1 变种;杭州有 4 属,13 种。

分属检索表

1. 心皮有柄或基部渐狭,分离或基部稍合生。
  2. 茎基生叶常呈莲座状排列;花瓣基部稍合生 ·············· 1. **瓦松属** Orostachys
  2. 茎基生叶不呈莲座状排列;花瓣分离 ·············· 2. **八宝属** Hylotelephium
1. 心皮无柄,基部不收缩,通常基部合生。
  3. 叶扁平,边缘有锯齿或圆齿;种子具条纹 ·············· 3. **费菜属** Phedimus
  3. 叶横截面圆柱状或半圆柱状,全缘;种子平滑,或具网状或乳凸状网纹 ·········· 4. **景天属** Sedum

1. 瓦松属 Orostachys Fischer

越年生草本。茎直立,基生叶莲座状。叶互生,线形至卵形,常具暗紫色小点,先端骤尖,常有软骨质刺。聚伞圆锥花序或伞房状聚伞花序顶生,密集;花两性,近无柄或有花梗,5 基数;萼片通常短于花瓣;花瓣基部稍合生,披针形,白色、粉红色或红色;雄蕊 10 枚,2 轮,外轮与萼片对生,内轮着生于花瓣上,花药基生;子房上位,心皮 5 枚,离生,具柄,花柱细长,胚珠多数,侧膜胎座。蓇葖果,先端有喙;种子多数。

13 种;我国有 8 种;浙江有 2 种;杭州有 2 种。

1. 瓦松 (图 1-438)

Orostachys fimbriata (Turcz.) A. Berger——*Cotyledon fimbriata* Turcz.——*C. fimbriata* var. *ramosissima* (Maxim.) Maxim.

多年生肉质草本,高 15~30cm。茎直立,生有红色小圆斑点。莲座状叶片肉质,线状匙形,长 3~4cm,宽 0.3~0.5cm,先端有一半月形软骨质的薄片,中央有一狭长的刺,叶缘呈流苏状;茎生叶散生,线形,长 2~5cm,先端具突尖。总状或者圆锥花序圆柱形,长 12~25cm,着生多数花而使花序呈塔形;苞片线形,叶状;萼片卵形,长 0.2~0.3cm,先端尖;花瓣淡红色,5 枚,披针形至长圆形,长 0.5~0.6cm,宽 1.2~1.5mm,先端渐尖,基部稍合生;雄蕊 10 枚,与花瓣近等长或稍短,花药紫色;鳞片 5 枚,近四方形,长 0.3～0.4mm;心皮 5 枚,稍开展。

　　见于西湖景区(飞来峰、虎跑),生于林中岩缝、山坡、路旁。分布于安徽、甘肃、河北、河南、黑龙江、湖北、江苏、辽宁、内蒙古、宁夏、青海、山东、山西、陕西;朝鲜半岛、蒙古和俄罗斯也有。

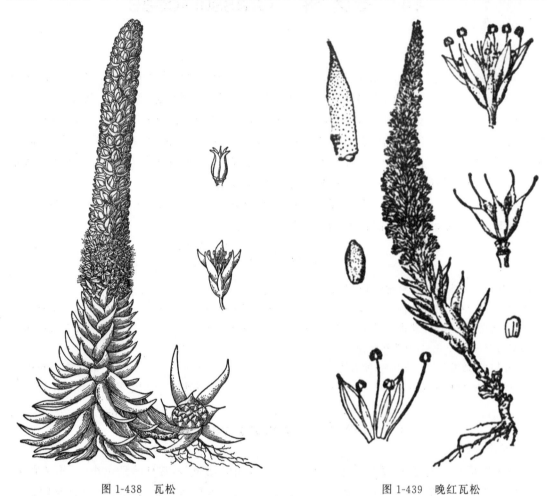

图 1-438　瓦松　　　　　　　　　　　图 1-439　晚红瓦松

2. 晚红瓦松　(图 1-439)

Orostachys japonica A. Berger

　　多年生肉质草本,高 15～25cm。茎直立,生有红色小圆斑点。莲座状叶片肉质,狭匙形,长 1.5～3cm,宽 0.4～0.7cm,先端长渐尖,有软骨质刺;花茎上叶散生,线形至线状披针形。花序总状,长 8～20cm,着生多数花较稠密地排成狭长圆筒形;苞片叶状,较小;萼片 5 枚,卵形,长约 0.2cm,先端钝;花瓣白色或淡紫色,5 枚,披针形,长约 0.6cm,宽约 0.2cm;雄蕊 10 枚,较花瓣稍长或稍短,花药暗紫色;鳞片小,5 枚,近四方形;心皮 5 枚,离生,花柱细,长约 0.2cm。花期 9—10 月。$2n=24$。

　　见于余杭区(余杭)、西湖景区(飞来峰),生于石隙或旧屋顶瓦缝中。分布于华东、华北、东北;俄罗斯、日本、朝鲜半岛也有。

　　与上种的区别在于:上种的莲座状叶的软骨质附属物中央有一狭长的刺,边缘有流苏状齿。

2. 八宝属　Hylotelephium H. Ohba

多年生草本。根状茎短,肉质;地上茎直立,基部木质化。叶互生、对生或3~5枚叶轮生,具叶柄或无柄;叶片扁平,边缘有锯齿或具圆齿。花序顶生,复伞房状;小花序聚伞状,有较密生的花;花无梗或近无梗,两性,多为5基数;萼片基部合生,肉质,无距,基部多少合生;花瓣通常离生,白色、粉红色或黄绿色;雄蕊10枚,对瓣的雄蕊着生在花瓣近基部;鳞片5枚,全缘或稍有缺;心皮近直立,基部分离,近有柄。果实为蓇葖果;有多数种子,种子具条纹。

约33种,分布于亚洲、欧洲、北美洲;我国有16种;浙江有3种;杭州有1种。

1. 长药八宝

Hylotelephium spectabile（Boreau）H. Ohba

多年生肉质草本,高30~80cm。茎直立,少分枝。叶对生或3枚轮生;叶片狭椭圆形、长圆形、卵形,长2.5~10cm,宽0.8~5cm,先端钝急尖,基部渐狭,全缘或具有波状锯齿。聚伞状伞房花序顶生,大型,具有多数密集的花,直径为7~11cm;萼片5枚,线状披针形至宽披针形,先端渐尖;花瓣紫红色至紫色,5枚,披针形或宽披针形,长4~6mm;雄蕊10枚,比花冠长6~8mm,花药紫色;鳞片长方形,长1~1.2mm,先端微缺;心皮5枚,狭椭圆形,长约3mm;花柱长约1.2mm。蓇葖果直立。花期8—10月。

区内常见栽培,供观赏。分布于安徽、河北、河南、黑龙江、吉林、辽宁、山东、陕西;朝鲜半岛也有。

2. 八宝　（图1-440）

Hylotelephium erythrostictum（Miq.）H. Ohba

多年生肉质草本,高30~80cm,全株常有红褐色斑点。块根胡萝卜状。茎直立,少分枝。叶对生,少有互生或3枚轮生;叶片长圆形或卵状长圆形,长3.5~8cm,宽2~5cm,先端钝,基部渐狭成短柄或近无柄,边缘具疏生钝圆锯齿。聚伞状伞房花序顶生,具多数密集的花;萼片5枚,三角状卵形,长约1.5mm;花瓣白色或粉红色,5枚,宽披针形,长4~6mm,先端渐尖;雄蕊10枚,与花瓣等长或稍短;鳞片5枚,长圆状楔形,长约1mm;心皮5枚,直立,狭卵形,比花瓣稍长,基部分离。种子褐色,线形,长1~2mm。花期8—10月。

区内常见栽培,供观赏。分布于安徽、河南、黑龙江、吉林、辽宁、山东、山西、陕西、云南;日本、朝鲜半岛及俄罗斯也有。

全草药用,有清热解毒、散瘀消肿之效。

与上种的区别在于:本种叶缘具疏齿,花白色或粉色,花药不长于花瓣。

图1-440　八宝

3．费菜属　Phedimus H. Ohba

多年生草本。根状茎粗壮,近木质化,无毛或具很少短柔毛。叶互生或对生,具叶柄或无柄,叶片扁平,叶缘有锯齿或圆齿。聚伞状花序顶生,花多数,密集;花无梗或近无梗,两性,多为 5 基数;萼片基部合生,肉质,无距;花瓣黄色,雄蕊 10 枚,2 轮;鳞片全缘或先端微凹。蓇葖果,种子多数,具条纹。

约 20 种,分布于亚洲、欧洲;我国有 8 种;浙江有 1 种;杭州有 1 种。

费菜 （图 1-441）

Phedimus aizoon L.

多年生草本,高 20～50cm。根状茎粗,块状,近木质化,通常抽出数条茎;地上茎直立,不分枝。叶互生,叶片宽卵形、披针形或倒卵状披针形,长 2.5～5cm,宽 1～2cm,先端钝尖,基部楔形,边缘有不整齐的锯齿或者近全缘。聚伞花序顶生,水平分枝,平展;花多数,密集;萼片肉质,5 枚,线形,不等长,长 3～3.5mm;花瓣黄色,5 枚,长圆形或卵状披针形,长约 6mm,先端有短渐尖;雄蕊 10 枚,较花瓣短;鳞片 5 枚,近正方形,长约 0.3mm;心皮 5 枚,长 0.6～0.7cm,基部合生,腹面有囊状凸起。蓇葖果呈星芒状;种子长圆形,长约 0.8mm,平滑,边缘具狭齿。花、果期 6—9 月。

区内常见栽培。分布于长江流域及其北部各省、区;日本、朝鲜半岛、俄罗斯、蒙古也有。

根或全草药用,有止血散瘀、安神镇痛之效。

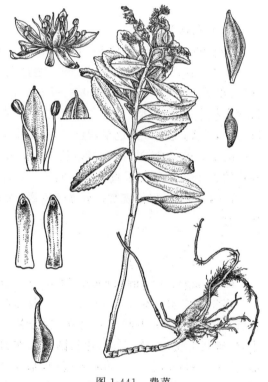

图 1-441　费菜

4．景天属　Sedum L.

一年生或多年生草本,多无毛,较少有毛。茎直立或外倾,有时丛生或呈藓状。叶互生、对生或轮生,肉质,线形,叶片全缘,通常无柄。聚伞状或伞房花序顶生或腋生,1 至多对花;花通常两性,稀退化为单性;萼片通常 5 枚,花瓣与萼片同数,分离或基部联合;雄蕊 5 或 10 枚,对瓣的雄蕊着生在花瓣上;鳞片 5 枚,全缘或微凹;心皮通常 5 枚,分离或基部联合,有 1 至多枚胚珠。果实为蓇葖果;有 1 至多颗种子,种子细小,平滑或具网纹或乳凸状网纹。

约 470 种,主要分布于北半球,但延伸到非洲和南美洲,产于南半球;我国有 121 种;浙江有 21 种,1 变种;杭州有 8 种。

分种检索表

1. 植株体被腺毛；花通常具有明显花梗 ……………………………………… 1. 大叶火焰草　*S. drymarioides*
1. 植株体无毛；花无梗或近无梗。
　2. 花茎上叶常轮生。
　　3. 花茎上叶常 3～4 枚轮生，稀 2 枚对生；叶片线形至披针形，长 5～15mm。
　　　4. 叶片长 10～15mm，聚伞花序中央 1 朵花常有短花梗 ………………… 2. 佛甲草　*S. lineare*
　　　4. 叶片长 5～10mm，花均不具梗 ……………………………………… 3. 爪瓣景天　*S. onychopetalum*
　　3. 花茎上叶全为 3 枚轮生；叶片倒披针形、长圆形或线形，长 15～25mm …… 4. 垂盆草　*S. sarmentosum*
　2. 花茎上叶互生或对生。
　　5. 茎上部的叶腋常有珠芽 ……………………………………………… 5. 珠芽景天　*S. bulbiferum*
　　5. 茎上部的叶腋不具珠芽。
　　　6. 花茎上叶互生，叶片先端钝。
　　　　7. 叶片长 10～20mm，花药紫褐色 ……………………………… 6. 东南景天　*S. alfredii*
　　　　7. 叶片长 20～30mm，花药橙黄色 ……………………………… 7. 杭州景天　*S. hangzhouense*
　　　6. 花茎上叶对生，叶片先端微凹 ……………………………………… 8. 凹叶景天　*S. emarginatum*

1. 大叶火焰草　（图 1-442）

Sedum drymarioides Hance ——*S. uraiense* Hayata

一年生草本，高 7～20cm，全体被腺毛。茎斜生，多分枝，细弱。下部的叶对生或 4 枚轮生，上部的叶互生；叶片卵形至宽卵形，长 1.5～3.5cm，先端圆钝，基部宽楔形并下延成柄；叶柄长 0.5～1.5cm。圆锥花序疏散；具少数花；花梗纤细，长 3～15mm；萼片 5 枚，长圆形至披针形，长约 2mm；花瓣白色，5 枚，长卵形，比萼片稍长，先端渐尖；雄蕊 10 枚，与花瓣近等长或略短，花药深紫褐色；鳞片 5 枚，宽匙形，先端微凹至浅裂；心皮 5 枚，长 2～3mm，略叉开，有胚珠 6～8 枚。蓇葖果成熟时叉开；种子暗褐色，长圆状卵球形，长约 0.5mm，有纵纹。

　　见于西湖区（留下）、西湖景区（九溪、六和塔、杨梅岭、玉皇山、云栖），生于低山阴湿岩石上。分布于安徽、福建、河南、湖北、湖南、广东、广西、江西。

2. 佛甲草　（图 1-443）

Sedum lineare Thumb. ——*S. anhuiense* S. H. Fu & X. W. Wang.

　　多年生草本，高 10～20cm。茎细弱，直立或斜生，基部节上生不定根。叶常 3 枚轮生，稀 4 枚轮生或对生；叶片线形，长 1～1.5cm，宽 0.1～0.2cm，先端钝，基部有短距，无柄。聚伞花序顶生，常 2～3 分枝；花疏生，中央 1 朵花常有短

图 1-442　大叶火焰草

梗,其余的花近无梗;苞片叶状,较小;萼片 5 枚,线状披针形,长 2～5mm,不等长;花瓣黄色,5 枚,宽披针形,长 4～5mm,宽 1.5～2mm;雄蕊 10 枚,较花瓣短;鳞片 5 枚,宽楔形至近四方形,长约 0.5mm;心皮 5 枚,略叉开,长 3～5mm。种子卵球形,表面具乳头状凸起。花期 4—5 月,果期 5—6 月。

区内常见栽培。分布于安徽、河南、江西、陕西及东北地区;日本、朝鲜半岛也有。

图 1-443　佛甲草　　　　　　　　　　图 1-444　爪瓣景天

3. 爪瓣景天 （图 1-444）

Sedum onychopetalum Fröd.

多年生草本,高 2～15cm。根状茎长,横生;不育茎细弱,近直立,密生叶,高 2～4cm;花茎由根状茎抽出,高 5～15cm。叶 3～4 枚轮生;叶片宽线形至披针形,长 0.5～1cm,宽 0.1～0.15cm,先端钝,基部有短距。聚伞花序顶生,常 2～3 分枝;花无梗;苞片叶状,较小;萼片 5 枚,宽线形至长圆形,长 2～3mm,宽 0.8～1mm,不等长,先端钝,基部无距;花瓣黄色,5 枚,披针形,长 4～5mm,先端具短尖头;雄蕊 10 枚,比花瓣短;鳞片 5 枚,近四方形,长约 0.5mm;心皮 5 枚,狭卵形,长 4～5mm,基部 1mm 以下合生,稍叉开,腹面浅囊状。蓇葖果有多颗种子;种子细小,近卵球形,长约 0.5mm,表面具微乳头状凸起。花期 5 月,果期 5—6 月。

见于西湖景区(飞来峰),生于阴湿的岩石上。分布于安徽、江苏。

4. 垂盆草 （图 1-445）

Sedum sarmentosum Bunge——*S. angustifolium* Z. B. Hu & X. L. Huang——*S. kouyangense* H. Lév. & Vant.

多年生草本。不育茎匍匐,节上生不定根,长 10～25cm;花茎直立。叶 3 枚轮生,倒披针形至长圆形,长1.5～2.5cm,宽0.3～0.5cm,先端尖,基部渐狭,有短距。聚伞花序顶生,常有3～5分枝;花无梗;苞片叶状,较小;萼片5枚,宽披针形,不等长,长3～5mm,先端钝;花瓣黄色,5枚,披针形至长圆形,长5～8mm;雄蕊10枚,较花瓣短;鳞片5枚,近四方形,长约0.5mm;心皮5枚,长圆形,稍开展,顶端有长花柱,基部1.5mm以下合生,每一心皮有10枚以上胚珠。种子细小,卵球形,表面有乳头状凸起。花期5—6月,果期7—8月。

区内常见,生于山坡岩石上。分布于长江中下游流域及东北;日本、朝鲜半岛也有。

全草药用,清热解毒,亦治肝炎。

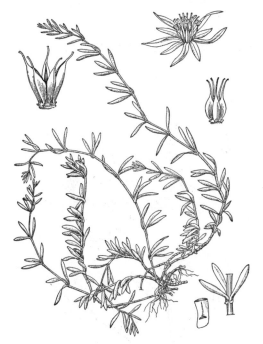

图1-445 垂盆草

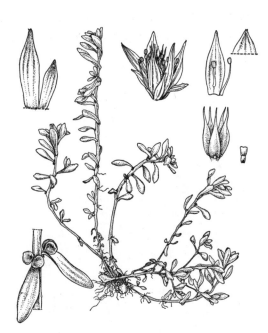

图1-446 珠芽景天

5. 珠芽景天 (图1-446)

Sedum bulbiferum Makino

一年生草本,高10～15cm。根须状。茎细弱,直立或斜生,着地部分节上常生不定根。叶腋常生球形、肉质的小型珠芽,叶互生或在基部有时对生;叶片卵状匙形或倒披针形,长0.7～1.5cm,宽0.2～0.4cm,先端钝,基部渐狭,有短距。聚伞花序顶生,常有2～3分枝;花无梗;萼片5枚,宽披针形或倒披针形,常不等长,顶端钝,基部具短距;花瓣黄色,5枚,披针形至长圆形,长4.5～5mm,宽1.5～2mm;雄蕊10枚,较花瓣短,花药黄色;鳞片长圆柱状匙形;心皮5枚,披针形,长约4mm,基部约1mm以下合生。蓇葖果略叉开;种子长圆形,表面有乳头状凸起。花期4—5月。

区内常见,生于山坡和沟边阴湿处。分布于长江流域及其以南地区;日本也有。

全草药用。

6. 东南景天 （图 1-447）

Sedum alfredii Hance

多年生草本,高 3～20cm。根状茎横走;不育茎高 3～5cm;花茎单一或分枝,常带暗红色,高 10～20cm。叶互生,下部叶常脱落;叶片匙形至匙状倒卵形,长 1～2cm,宽 0.3～0.8cm,先端钝,基部狭楔形;无柄,有短距。聚伞花序顶生,常有 2～3 分枝,具多数花;花无梗;苞片叶状,较小;萼片 5 枚,匙状倒卵形,长 3～5mm,常不等大,基部有距;花瓣黄色,5 枚,披针形至长圆状披针形,长 5～6mm,宽 1.5～1.8mm;雄蕊 10 枚,比花瓣略短,花药紫褐色;鳞片 5 枚,匙状方形,长约 1mm;心皮 5 枚,卵状披针形,长约 4mm,基部稍合生。蓇葖果斜叉开;种子多数,栗褐色,长卵球形,长约 0.6mm。花期 4—5 月,果期 6—7 月。

区内常见,生于山地林下湿处或岩石上。分布于安徽、福建、广东、广西、贵州、湖北、湖南、江苏、江西、四川、台湾。

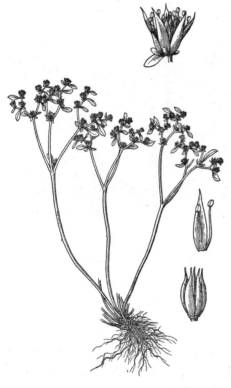

图 1-447　东南景天

图 1-448　杭州景天

7. 杭州景天 （图 1-448）

Sedum hangzhouense K. T. Fu & G. Y. Rao

一年生草本,高 8～20cm。根须状。花茎近基部分枝,直立或斜生。叶互生;叶片狭倒卵形或匙状长圆形,长 2～3cm,宽 0.3～0.7cm,先端钝圆,基部狭楔形,具距。伞形花序顶生,较大,多花;花无梗;苞片叶状,较花长;萼片 5 枚,近等长,宽线形或三角形,长 1.5～2.5mm;花瓣黄色,5 枚,线状披针形,长 4～4.5mm,基部约 0.5mm 以下合生;雄蕊 10 枚,较花瓣稍短,花药橙黄色；鳞片 5 枚，近匙形，长约 0.4mm；心皮 5 枚，卵状披针形，全长 4～4.5mm，基部 1.5mm 以下合生，具有 10～20 枚胚珠。蓇葖果星状叉开，内侧具囊状隆起；种子长圆形，长约 0.5mm，种脊明显，具微乳头状凸起。花期 5—6 月。

见于西湖景区（飞来峰），生于阴湿石缝中、路旁岩石上或山坡林下。分布于浙江。

8. 凹叶景天 （图 1-449）

Sedum emarginatum Migo——S. *makinoi* Maxim. var. *emarginatum* (Migo) S. H. Fu

多年生草本，高 10～15cm。茎细弱，斜生，着地部分常生不定根。叶对生；叶片匙状倒卵形至宽卵形，长 1～2.5cm，宽 0.5～1.2cm，先端微凹，基部渐狭，有短距；无柄。聚伞花序顶生，常有 3 个分枝；花无梗；萼片 5 枚，披针形至长圆形，长 2～5mm，先端钝，基部有短距；花瓣黄色，5 枚，线状披针形至披针形，长 6～7mm，宽 1.5～2mm；雄蕊 10 枚，比花瓣短，花药紫褐色；鳞片 5 枚，长圆形，长约 0.6mm；心皮 5 枚，长圆形，长 4～5mm，基部合生。蓇葖果斜叉开，腹面有浅囊状凸起；种子褐色，细小。花期 5—6 月，果期 6—7 月。

区内常见，生于山坡林下阴湿处或石隙中。分布于安徽、甘肃、湖北、湖南、江苏、江西、陕西、四川、云南。

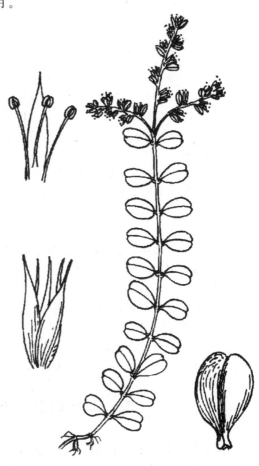

图 1-449　凹叶景天

45. 虎耳草科　Saxifragaceae

草本、灌木、小乔木或藤本。单叶或复叶，互生或对生，常无托叶。花序聚伞状、圆锥状或总状，稀单生；花两性，稀单性，辐射对称，稀两侧对生；花被片 4～5 基数，稀 6～10 基数，萼片有时花瓣状，花瓣有时无；雄蕊常 5～10 枚或多数，花丝离生，有时具退化雄蕊；心皮 2 枚，稀 3～10 枚，多少合生。果为蒴果、浆果、蓇葖果或核果；种子常多数，细小。

约 80 属，1200 种，世界广布，以北温带较多；我国有 29 属，545 种，广布；浙江有 18 属，44 种，4 变种；杭州有 11 属，16 种，2 变种。

本科有许多观赏价值较高的物种，也有不少药用植物。

分 属 检 索 表

1. 落新妇属　Astilbe Buch.-Ham.

多年生草本。根状茎粗壮;地上茎基部具褐色膜质鳞片状毛或长柔毛。叶互生,2~4回3出复叶,稀单叶;小叶披针形至阔椭圆形,叶缘有锯齿。圆锥花序顶生,花小,白色、淡紫色或紫红色,两性或单性,稀杂性或雌雄异株;萼片通常4(5)枚;花瓣1~5枚,有时更多或无;雄蕊8~10枚,稀5枚;心皮2(3)枚,子房1~2(3)室,胚珠多数。蒴果或蓇葖果。

约18种,分布于亚洲和北美洲;我国有7种,分布于西南、西北、东北、东南和华南;浙江有3种;杭州有1种。

大果落新妇　(图1-450)

Astilbe macrocarpa Knoll

多年生草本,高1~1.3m。茎被褐色长柔毛和腺毛。叶1~2回3出复叶或羽状复叶;叶轴与小叶柄均被褐色长柔毛和腺毛;小叶片菱状椭圆形或阔卵形至狭

图1-450　大果落新妇

卵形,稀长圆形,长(2.8～)6～17.5cm,宽(1.6～)2.8～10.6cm,先端渐尖,基部偏心形至偏圆形,叶缘具重锯齿,有时2浅裂,叶两面均具腺毛。圆锥花序长(13～)25～40cm,宽(2.5～)12～27cm,花序轴与花梗被褐色腺毛;小苞片钻形,背面和边缘具腺毛;萼片5枚,卵形,长1.5～2.2mm,宽1～1.5mm;花瓣无或退化为2～5枚,白色,线形、匙状线形至钻形,长1～1.5mm,宽0.1～0.2mm;雄蕊8～10枚,不等长;心皮2枚,基部合生,子房近上位,花柱2枚,分叉。花、果期6—9月。

见于余杭区(百丈、良渚),生于灌丛和草丛中。分布于安徽、福建、湖南。

2. 扯根菜属　Penthorum L.

多年生草木。根纤维状。茎直立。单叶,互生,披针形至长圆状披针形,叶缘具细锯齿。聚伞花序顶生,3～10分枝;花两性,小型;萼片5(～8)枚宿存;花瓣5(～8)枚或缺;雄蕊2轮,10(～16)枚,着生于萼筒上;心皮5(～8)枚,中部以下合生,花柱短,胚珠多数。果为蒴果,5(～8)浅裂,裂瓣先端喙形;种子多数,细小。$2n=16,18$。

约2种,分布于东亚和北美洲;我国有1种,各地均有分布;浙江及杭州也有。

扯根菜　(图1-451)

Penthorum chinense Pursh

多年生草本,高30～90cm。茎紫红色,不分枝或少分枝,无毛。单叶互生,披针形至狭披针形,长4～10cm,宽0.4～1.5cm,先端渐尖,基部楔形,边缘具细重锯齿,两面无毛,叶脉不明显;无柄或几无柄。聚伞花序顶生,具多花,花序分枝与花梗均被褐色腺毛;苞片小,卵形至狭卵形;花小,黄白色,直径约为4mm;萼片5枚,三角形,无毛;无花瓣;雄蕊10枚;心皮5(6)枚,下部合生,子房5(6)室,胚珠多数,花柱5枚,较粗。果为蒴果,成熟时红紫色,直径为4～6mm;种子多数,卵状长圆形,表面具小丘状凸起。花期7～8月,果期9—10月。$2n=16$。

见于西湖景区(虎跑),生于山坡下溪沟边或水田旁草丛中。分布于安徽、甘肃、广东、广西、贵州、河北、河南、黑龙江、湖北、湖南、吉林、江苏、江西、辽宁、陕西、四川、云南;日本、朝鲜半岛、老挝、蒙古、越南、泰国和俄罗斯也有。

嫩苗可食用;全草可供药用。

图1-451　扯根菜

3. 金腰属　Chrysosplenium L.

多年生草本。常具匍匐茎或鳞茎。叶单生、对生或复生,无托叶。聚伞花序,稀单生;具苞片;花较小;花萼常4枚,绿色、黄色或白色,花瓣无;雄蕊4或8枚,花丝钻形;子房近上位至下位,1室,心皮2枚。果为蒴果,2瓣裂;种子多数,小,近球形,光滑,有时有微毛、凸起或纵肋。

约65种,亚洲、欧洲、非洲和美洲均有分布;我国有35种,南北均有分布;浙江有4种,1变种;杭州有2种。

1. 日本金腰 （图 1-452）

Chrysosplenium japonicum Makino

多年生草本,高8.5~20cm。茎丛生,稀疏。基生叶3~4枚,圆肾形,长5~16mm,宽9~25mm,边缘具浅齿,基部浅心形,腹面疏生柔毛,背面近无毛,叶柄长1.5~8cm,疏生柔毛;茎生叶互生,边缘具浅齿,上面有柔毛,叶柄长约2cm,疏生柔毛。聚伞花序顶生,呈簇生状,苞片阔卵形至近扇形,长5~12mm,宽5~14mm,边缘具浅齿,基部宽楔形,无毛;花绿色,直径约为3mm;萼片4枚,绿色,阔卵形,微开展;雄蕊通常4枚,花丝短;子房半下位,花柱2枚。果为蒴果,长4~5mm,先端近平截而微凹,2枚果瓣近等大;种子小,棕褐色,椭圆球形。花、果期3~4月。$2n=24$。

见于西湖景区(云栖),生于山谷、溪沟边潮湿处。分布于安徽、吉林、江西、辽宁;日本、朝鲜半岛也有。

图 1-452　日本金腰

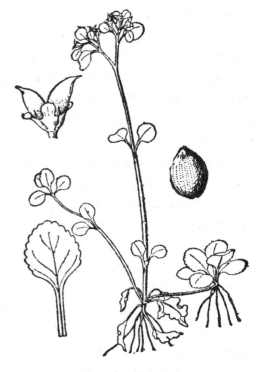

图 1-453　中华金腰

2. 中华金腰 （图 1-453）

Chrysosplenium sinicum Maxim.

多年生草本,高3~33cm。植株无毛,有不育茎。基生叶花期常枯萎,茎生叶对生,叶片近圆形至阔卵形,长5～12mm,宽5～10mm,先端圆钝,基部楔形,无毛,叶缘具4～6对钝齿;叶柄长5～10mm;不育茎顶部的叶近簇生,较大,近圆形,长10～35mm,宽可达37mm,边缘具钝齿。聚伞花序,花较密集,具花4～10朵;苞片阔卵形至近狭卵形,长4～18mm,边缘具钝齿,基部宽楔形至偏斜形,无毛;花较小,黄绿色;萼片直立,阔卵形至阔椭圆形,长0.8～2.1mm,先端钝;雄蕊8枚,长约1mm;子房半下位,花柱2枚。果为蒴果,长7～10mm,2裂,果瓣不等大,叉开,喙长0.3～1.2mm;种子红褐色,椭圆球形至阔卵球形,长0.6～0.9mm,有光泽,具微乳头状凸起。花期3—4月,果期4—6月。2n=22,24。

　　见于余杭区(鸬鸟、闲林),生于山谷溪沟边草丛中、林下阴湿处及石缝中。分布于安徽、甘肃、河北、河南、黑龙江、湖北、吉林、江西、辽宁、青海、山西、陕西、四川;朝鲜半岛、蒙古和俄罗斯也有。

　　与上种的区别在于:本种茎生叶对生,叶上面与叶柄均无毛。

4. 虎耳草属　Saxifraga L.

　　多年生,稀一年生、越年生草本。茎单一或丛生,有时具匍匐茎。单叶,基生叶簇生,茎生叶互生,全缘、具齿或分裂。聚伞花序,有时单生;花两性,稀单性;萼片5枚,花瓣5枚,黄色、白色、红色或紫红色,同型或异型;雄蕊常10枚;心皮2枚,常下部合生,稀分离,子房近上位至下位,花柱分离。蒴果,稀蓇葖果;种子多数。

　　约450种,分布于亚洲、欧洲、北美洲和南美洲,主要生于高山地区;我国有216种,各地均有分布;浙江有1种,1变种;杭州有1种。

虎耳草　猫耳草　耳朵草　(图1-454)

Saxifraga stolonifera Curtis——*S. stolonifera* var. *immaculata* (Diels) Hand.-Mazz.

　　多年生草本,高8～45cm。匍匐枝细长,红色,密被长腺毛。叶常茎生,具长柄,肾形至扁圆形,长1.5～7.5cm,宽2～8.5cm,基部近截形至心形,叶缘浅裂或具不规则浅齿,上面绿色,常具白色、绿色斑纹或无,背面通常红紫色,两面被毛;叶柄长1.5～14cm,被长腺毛。聚伞花序圆锥状,长7.3～26cm,被腺毛;花两侧对称;萼片5枚,卵形,花时反折,长约3mm,先端急尖;花瓣白色,中上部具紫红色斑点,基部具黄色斑点,5枚,上方3枚较短,卵形,长约3mm,先端急尖,下方2枚较长,披针形至长圆形,长6～15mm,先端急尖;雄蕊10枚,花丝棒状;花盘半环状,围绕于子房一侧;子房卵球形,心皮2枚,花柱2枚。果为蒴果,宽卵球形,长约5mm,顶端2深裂;种子卵球形,表面具瘤状凸起。花期4—8月,果期6—10月。2n=36。

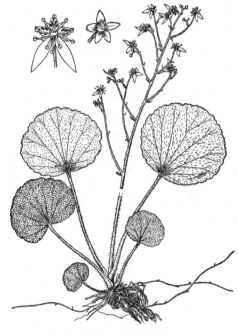

图1-454　虎耳草

区内常见,多生于山地阴湿处、溪边石缝及林下。分布于安徽、福建、甘肃、广东、广西、贵州、河北、河南、湖北、湖南、江苏、江西、山西、陕西、四川、台湾、云南;日本和朝鲜半岛也有。

可供观赏,也可供药用。

5. 钻地风属 Schizophragma Siebold & Zucc.

落叶木质藤本。茎平卧或以气生根攀援。叶对生,叶片全缘或稍有小齿。伞房状或圆锥状聚伞花序顶生,花一型或二型;不育花具1枚大型花瓣状萼片,白色,稀2枚;能育花小,4～5基数;花瓣镊合状排列,早落;雄蕊10枚;子房4～5室,胚珠多数,花柱短,柱头4～5裂。蒴果,倒圆锥状或陀螺状,具棱;种子细小,纺锤状,两端具狭长翅。

约10种,分布于我国、日本、朝鲜半岛;我国有9种,分布于长江以南地区;浙江有3种,1变种;杭州有1种。

钻地风 (图1-455)

Schizophragma integrifolium Oliv.——*S. integrifolium* Oliv. f. *denticutatum* (Rehder) Chun

落叶木质藤本。小枝褐色,无毛,具细条纹。单叶对生;叶纸质,椭圆形、长椭圆形或阔卵形,长6～20cm,宽3.5～12.5cm,先端渐尖或急尖,具短尖头,基部阔楔形至浅心形,叶全缘或中上部稀生小齿,下面有时沿脉被疏短柔毛,后渐变近无毛,脉腋间常具髯毛;叶柄长2～12cm,近无毛。伞房状聚伞花序顶生,直径可达23cm,密被褐色、紧贴短柔毛;花二型;不育花具1枚大型花瓣状萼片,黄白色,卵形至长圆状披针形,长2～5cm,宽1～3cm;能育花小,萼筒陀螺状,萼齿三角形;花瓣绿色,长卵形,长2～3mm;雄蕊10枚,花药近球形;子房近下位,花柱和柱头长约1mm。果为蒴果,钟状或陀螺状,成熟时裸色,长5～8mm,宽3～4.5mm,具10条细纵棱;种子褐色,纺锤形,具翅,长3～4mm。花期6—7月,果期10—11月。

见于余杭区(径山),生于山坡林中或溪流旁岩石上,常攀援于石壁和树上。分布于安徽、福建、广东、广西、贵州、海南、湖北、湖南、江苏、江西、四川、云南。

根、藤可供药用。

图1-455 钻地风

6. 冠盖藤属　Pileostegia Hook. f. & Thomson

常绿藤本。具气生根，起攀附作用。叶对生，革质，全缘或具微波状疏齿。伞房状圆锥花序顶生。花两性；花萼裂片 4～5 枚，花瓣 4～5 枚，白色或绿白色，上部联合，呈冠盖状，早落；雄蕊 8～10 枚，花丝细长，花药近球形；子房下位，4～6 室，花柱 1 枚，柱头 4～6 裂。果为蒴果，陀螺状，具纵棱；种子多数，纺锤形，一侧或两侧有狭翅。

3 种，分布于我国、印度和日本；我国有 2 种，分布于西南部至东部和台湾；浙江有 2 种；杭州有 1 种。

冠盖藤　青棉藤　（图 1-456）

Pileostegia viburnoides Hook. f. & Thomson

常绿木质藤本，长可达 15m。常具气生根。小枝灰色或灰褐色，无毛。单叶对生，薄革质，长椭圆形至椭圆状倒披针形，长 10～21cm，宽 2.5～7cm，先端渐尖或急尖，基部楔形，全缘或具微波状疏齿，叶缘常背卷，上面暗绿色，具光泽，无毛，下面无毛或具稀疏星状柔毛，侧脉上面凹入或平坦，下面明显隆起；叶柄长 1～3cm。圆锥花序顶生，长 7～20cm，宽可达 15cm，无毛或稍被长柔毛；苞片和小苞片线状披针形；花白色，萼筒圆锥状，萼片 4～5 裂，裂片三角形；花瓣卵形，早落，长 3～4mm，上部联合，呈冠盖状；雄蕊 8～10 枚，花丝纤细，长 4～6mm；子房下位，花柱长约 1mm，柱头头状。果为蒴果，圆锥形，长约 3mm，具棱；种子连翅长约 2mm。花期 7—8 月，果期 9—11 月。

见于萧山区（河上）、余杭区（鸬鸟）和西湖景区（九溪、杨梅岭），生于山谷溪边灌丛中或林下，常攀附于树上及峭壁上，或匍匐于岩石旁。分布于安徽、福建、广东、广西、贵州、海南、湖北、湖南、江西、四川、台湾、云南；日本也有。

根、老茎、花、叶等可供药用。

图 1-456　冠盖藤

7. 鼠刺属　Itea L.

常绿或落叶，灌木或小乔木。单叶互生，叶缘常具刺状齿或腺齿，稀全缘，羽状脉。总状花序或总状圆锥花序，顶生或腋生；花小，白色，两性或杂性；萼筒杯状，萼片 5 枚，宿存；花瓣 5 枚；雄蕊 5 枚，花丝钻形；子房上位或半下位，心皮 2～3 枚，花柱单一。果为蒴果，先端 2 裂；种子多数，纺锤形。

约27种,分布于东南亚至我国和日本,北美洲有1种;我国有15种,分布于长江以南各省、区;浙江有1种;杭州有1种。

娥眉鼠刺　（图1-457）

Itea omeiensis C. K. Schneid. ——I. *chinensis* Hook. & Arn. var. *oblonga* (Hand.-Mazz.) Y. C. Wu

常绿灌木或小乔木,1.5~3m,稀更高。幼枝,无毛或近无毛。单叶互生,薄革质,长圆形,稀椭圆形,长6~13cm,宽2.5~6cm,先端急尖或渐尖,基部楔形至圆钝,边缘具密集细锯齿,基部近全缘,上面深绿色,下面淡绿色,两面无毛,中脉和侧脉在下面凸起,网脉明显;叶柄长1~1.7cm,上面有浅槽沟。总状花序腋生,长7~13cm或更长,单生或2~3枚簇生,被微毛;花两性,白色;萼片三角状披针形,长约1.5mm,宽约1mm;花瓣披针形,长3~3.5mm;雄蕊与花瓣等长或稍长于花瓣;子房上位,2室,被柔毛。果为蒴果,长6~9mm,狭圆锥形,被柔毛,成熟时2裂。花期4—6月,果期6—11月。

区内常见,生于山谷、疏林、灌丛中或山坡、路旁。分布于安徽、福建、广西、贵州、湖南、江西、四川、台湾、云南。

根和花可供药用。

图1-457　娥眉鼠刺

8. 茶藨子属　Ribes L.

落叶灌木,稀常绿。枝条有刺或无刺。单叶互生,常3~5掌状分裂,总状花序,稀簇生或单生;花两性或雌雄异株;萼筒杯状、钟状、碟形或管状,下部与子房合生,上部4~5裂,萼片花瓣状;花瓣4~5枚,小而不显著,稀缺;雄蕊4~5枚,子房下位,花柱2枚。果为浆果,顶端萼片宿存;种子多数。

约160种,主要分布于北半球温带和较寒冷的地区;我国有59种,各地均有分布;浙江有2种,1变种;杭州有1变种。

华蔓茶藨子　（图1-458）

Ribes fasciculatum Siebold & Zucc. var. chinense Maxim.

落叶灌木,高1~2m。小枝灰褐色,幼时被密柔毛。单叶互生,宽卵形,长2~5cm,宽3.5~5cm,基部截形至浅心形,边缘具粗钝锯齿,3~5浅裂,上面近无毛,下面被柔毛,沿叶脉较密;叶柄长1~3cm,被疏柔毛。雌雄异株,花常组成几无花序梗的伞形花序,雄花序具花

4～5朵,雌花序常2～4朵簇生,稀单生;雄花花梗具关节,有香味,萼筒浅碟形,花萼黄绿色,萼片卵圆形,长约1.5mm,花期反折,花瓣5枚,极小,半圆形,先端圆或平截,雄蕊10枚,花丝极短,子房退化;雌花的雄蕊不发育,子房梨形,光滑无毛,柱头盾状。果为浆果,近球形,直径为6～8mm,红褐色。花期4—5月,果期5—9月。

见于余杭区(闲林),生于山坡疏林或溪沟边灌丛中。分布于安徽、甘肃、河南、湖北、江苏、江西、山东、陕西;日本和朝鲜半岛也有。

可用于绿化供观赏;果实可酿酒或作果酱。

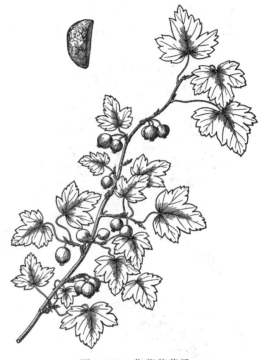

图1-458 华蔓茶藨子

9. 绣球属 Hydrangea L.

落叶或常绿亚灌木、灌木、小乔木,稀藤本。单叶对生,稀轮生,叶缘具齿,稀全缘。伞状、伞房状或圆锥状聚伞花序,顶生;花常二型;不孕花生于花序外围,花瓣和雄蕊缺或退化,萼片大,花瓣状,3～4枚;可孕花为两性花,较小,花瓣4～5枚,雄蕊常10枚,稀8、9、11～25枚;子房下位或半下位,花柱2～5枚。蒴果,具纵棱;种子细小。

约73种,分布于亚洲东部至东南部、北美洲东南部至南美洲西部;我国有33种,分布于西部;浙江有5种;杭州有3种。

分 种 检 索 表

1. 叶近革质,倒卵形或阔椭圆形,叶两面无毛或仅下面中脉两侧疏被毛 ·········· 1. **绣球** *H. macrophylla*
1. 叶纸质,叶两面被毛,或仅脉上有毛。
  2. 叶柄较长,大于或远大于3cm;可孕花花瓣紫色;种子两端各具短翅 ········· 2. **粗枝绣球** *H. robusta*
  2. 叶柄常不超过2cm;可孕花花瓣黄色;种子无翅 ······················ 3. **中国绣球** *H. chinensis*

1. 绣球　八仙花　(图1-459)

Hydrangea macrophylla (Thunb.) Ser. ——*Viburum macrophyllum* Thunb.

落叶灌木,高1～2m。枝圆柱形,粗壮,无毛,具明显皮孔和大型叶迹。单叶对生,近革质,倒卵形或阔椭圆形,长6～20cm,宽4～11cm,先端骤尖,基部钝圆或阔楔形,叶缘基部以上具粗齿,上面绿色,有光泽,下面淡绿色,无毛或稍被短柔毛,脉腋间常具少许髯毛;侧脉6～8对,上面平坦,下面微凸,小脉网状,明显;叶柄粗壮,长1～4cm。伞房状聚伞花序顶生,近球形,直径为8～20cm,具花序梗,分枝粗壮,密被紧贴短柔毛;花密集,多为放射花(不孕花);不孕花花萼片4枚,阔卵形至近圆形,直径为1.4～2.4cm,粉红色、淡蓝色或白色;可孕花极少数,萼筒倒圆锥状,萼齿卵状三角形,长约1mm,花瓣长圆形,长3～3.5mm,雄蕊10枚,花药长圆球形,长约1mm,子房半下位,花柱3枚,柱头稍扩大。花期6—7月。$2n=20$。

区内常见栽培。原产于日本。

花极美丽,为著名观赏植物;也可供药用。

图 1-459　绣球

图 1-460　粗枝绣球

2．粗枝绣球　（图 1-460）

Hydrangea robusta Hook. f. & Thomson——*H. rosthornii* Diels

落叶灌木,高 1～2.5m。小枝褐色,通常具 4 棱或不明显,密被黄褐色粗毛至扩展性粗毛,或后渐无毛。单叶对生,叶纸质,椭圆形、长圆状卵形至宽卵形,长 9～35cm,宽 5～22cm,先端急尖或渐尖,基部平截、微心形至圆钝,边缘具不规则锯齿,或重锯齿,叶上面疏生糙伏毛,叶背密被灰白色柔毛至疏生黄褐色粗毛,有时叶脉上,尤其是中脉,被黄褐色扩展性粗毛,下面叶脉微凸,小脉网状;叶柄长 3～15cm。伞房状聚伞花序顶生,直径可达 30cm,花序轴粗壮,密被灰黄色或褐色粗毛;不孕花常淡紫色或白色,萼片 4～5 枚,阔卵形至扁圆形,果时长 1.2～2.8cm,宽 1.5～3.3cm,近全缘或具齿;可孕花萼筒杯状,长 1～1.5mm,萼齿卵状三角形,长 0.5～1mm,花瓣紫色,卵状披针形,长 2～3mm,雄蕊 10～14 枚,不等长,子房下位,花柱 2 枚,果时长 1～2mm,扩展或向外反卷。蒴果杯状,长 3～3.5mm,宽 3.5～4.5mm,顶端平;种子红褐色,椭圆形至近圆形,长 0.4～0.6mm,具纵脉纹,两端各具短翅,先端的翅稍长且宽。花期7—8 月,果期 9—11 月。

见于余杭区(鸬鸟、闲林),生于山谷密林,山坡、山脊疏林或灌丛中。分布于安徽、福建、广东、广西、贵州、湖北、湖南、江西、四川、西藏、云南;孟加拉、不丹、印度、缅甸也有。

可供药用,有清热解毒之效;也可栽培供观赏。

3. 中国绣球 （图 1-461）

Hydrangea chinensis Maxim.

灌木,高 0.5～2m。小枝红褐色至褐色,初时被短柔毛,后无毛;树皮呈薄片状剥落。单叶对生,长圆形至狭椭圆形,有时近倒披针形,薄纸质至纸质,长 4.5～12cm,宽 1.8～4cm,先端渐尖,基部楔形,叶缘中部以上具疏齿或近全缘,两面近无毛或仅脉上被毛,下面脉腋间常有髯毛;侧脉 6～7 对,弯拱,下面稍凸起;叶柄长 0.4～2cm,被短柔毛。伞状或伞房状聚伞花序顶生,顶端平截或微拱;常具不孕花和可孕花;不孕花萼片 3～4 枚,白色,椭圆形至扁圆形,长可达 2.5cm,全缘或具数小齿;可孕花萼筒杯状,萼齿披针形或三角状卵形,花瓣黄色,椭圆形或倒披针形,雄蕊 10～11 枚,子房近半下位,花柱 3～4 枚,柱头通常增大成半环状。果为蒴果,卵球形,长 3～5mm,宽 3～3.5mm,顶端凸出,孔裂;种子淡褐色,卵球形或近球形,略扁,无翅,具细条纹。花期 5—7 月,果期 8—10 月。$2n=36$。

图 1-461 中国绣球

见于西湖区(双浦)、萧山区(楼塔)、余杭区(径山),生于溪边、路旁灌丛中或疏林下。分布于安徽、福建、广西、湖南、江西、台湾;日本也有。

可供观赏。

10. 溲疏属 Deutzia Thunb.

落叶灌木,稀常绿。小枝中空或具白色髓心。叶对生,边缘具齿,叶常被星状毛。聚伞花序、圆锥花序、伞房花序或总状花序,稀单生;花两性;萼筒钟状,与子房壁合生,萼片 5 枚;花瓣 5 枚,白色、粉红色或紫色;雄蕊 10 枚,稀 12～15 枚,常排成 2 轮,形状和大小常不同,花丝常具翅,顶端 2 齿;子房 3～5 室,花柱 3～5 枚。蒴果;种子细小。

约 60 种,分布于北温带;我国有 50 种,全国各地均有分布;浙江有 6 种,1 变种;杭州有 3 种。

分 种 检 索 表

1. 叶下面和花枝均无毛或被极稀疏的毛 ·· 1. 黄山溲疏 *D. glauca*
1. 叶下面和花枝均被毛。
  2. 叶背绿色,疏被星状毛,毛被不连续覆盖;花瓣长 8～15mm ·············· 2. 齿叶溲疏 *D. crenata*
  2. 叶背灰白色,密被星状毛,毛被连续覆盖;花瓣长 5～8mm ·············· 3. 宁波溲疏 *D. ningpoensis*

1. 黄山溲疏 (图 1-462)

Deutzia glauca W. C. Cheng

落叶灌木,高 1.5～2m。小枝灰褐色,无毛。单叶对生,纸质,卵状长圆形或卵状椭圆形,长 3.5～13cm,宽 1.8～6cm,先端急尖或渐尖,基部楔形或圆形,边缘具细锯齿,上面绿色,疏被辐射星状毛,下面灰绿色,无毛或被极稀疏辐射星状毛,侧脉每边 4～8 条;叶柄长 4～11mm,无毛。圆锥花序,长 5～11cm,直径约为 4cm,具多花,无毛;花白色,直径可达 2.8cm;萼筒杯状,高约 3mm,裂片阔三角形,先端急尖,与萼筒均疏被辐射星状毛;花瓣近长圆形,长 10～18mm,宽 5～6mm,外面被星状毛,花蕾时内向镊合状排列;雄蕊 10 枚,2 轮,外轮雄蕊稍长,花丝先端具 2 枚钝齿,花药长圆球形,从花丝裂齿间伸出;子房下位,花柱 3 枚。果为蒴果,半球形,直径为 6～9mm。花期 5—6 月,果期 6—10 月。

见于余杭区(鸬鸟),生于山坡阔叶林或竹林下、山谷溪边。分布于安徽、福建、河南、湖北、江西。

可供观赏。

图 1-462　黄山溲疏

图 1-463　齿叶溲疏

2. 齿叶溲疏　溲疏 (图 1-463)

Deutzia crenata Thunb.

落叶灌木,高 1～3m。树皮片状脱落;小枝红褐色,疏被星状毛。单叶对生,纸质,卵形至卵状披针形,长 2.5～8cm,宽 1～3cm,先端渐尖或急渐尖,基部阔楔形或圆钝,叶缘具细圆齿,上面疏被星状毛,常具 5 条辐射枝,下面星状毛稍密,但不连续覆盖;叶柄长 3～8mm,疏被星状毛。圆锥花序长 5～12cm,多花,疏被星状毛;花白色,花冠直径为 1.5～2.5cm;萼筒杯状,密被星状毛,裂片卵形,花瓣狭椭圆形,长 8～15mm,宽约 6mm,外面被星状毛;雄蕊 2 轮,外轮长 8～10mm,内轮稍短,花丝先端具 2 枚短齿,平展;花药具短柄,从花丝裂齿间伸出;花柱 3(4)枚,较雄蕊长。蒴果半球形,直径约为 4mm,疏被星状毛。花期 4—5 月,果期 8—10 月。2n＝78,130。

区内常见栽培。原产于日本。

可供观赏。

3. 宁波溲疏 （图 1-464）

Deutzia ningpoensis Rehder

灌木,高 1～2.5m。树皮薄片状剥落;小枝红褐色,疏被星状毛,老枝灰褐色,无毛。单叶对生,厚纸质,卵状长圆形至卵状披针形,长 2.5～10cm,宽 1.5～3.5cm,先端常渐尖,基部圆形或阔楔形,上面绿色,疏被星状毛,下面灰白色或灰绿色,密被辐射星状毛,毛被连续覆盖;叶缘近全缘或疏生不明显细齿;叶柄长 1～2mm,被星状毛。聚伞状圆锥花序,长 5～13cm,直径为 4～6cm,多花,疏被星状毛;花冠直径为 1～1.8cm;萼筒杯状,花萼裂片卵形或三角形,与萼筒均密被辐射星状毛;花瓣白色,长圆形,长 5～8mm,宽约 3mm;雄蕊通常 10 枚,2 轮,外轮雄蕊较长,花丝先端具 2 枚短齿;子房下位,花柱 3～4 枚。果为蒴果,半球形,直径为 4～5mm,密被星状毛。花期 5—7 月,果期 6—10 月。

见于萧山区(楼塔)、余杭区(鸬鸟),生于山谷或山坡林中。分布于安徽、福建、湖北、江西、陕西。

具较高的观赏价值;根、叶可供药用。

图 1-464 宁波溲疏

11. 山梅花属 Philadelphus L.

落叶灌木。小枝具白色髓心。单叶对生,全缘或有锯齿,3 或 5 出脉。总状花序、聚伞花序或单生,稀圆锥花序;花两性,白色,芳香;萼筒钟状或陀螺状,萼片 4 枚;花瓣 4 枚;雄蕊多数,花丝常分离;子房下位或半下位,通常 4 室,花柱 4 枚。蒴果,木栓质,瓣裂;种子极多,细小。

约 70 种,主要分布于北温带;我国有 22 种,全国各地均有分布;浙江有 4 种,1 变种;杭州有 2 种,1 变种。

分 种 检 索 表

1. 牯岭山梅花

Philadelphus sericanthus Koehne var. **kulingensis** (Koehne) Hand.-Mazz.

落叶灌木,高 1～3m。当年生小枝褐色,无毛或疏被毛。单叶对生,叶纸质,椭圆形至椭圆状披针形,长 3～11cm,宽 1.5～5cm,先端渐尖,基部楔形至宽楔形,边缘具 9～12 齿,上面无毛或近无毛,下面无毛或沿主脉和脉腋被长硬毛;叶脉 3～5 出,稍离基;叶柄长 8～12cm。总状花序,有花 7～15 朵;花序轴长 5～15cm;花白色,花冠直径为 2～2.5cm;花梗长 1～2cm,无毛;花萼及萼筒外面疏被糙伏毛,花萼裂片卵形,长 6～7mm,先端渐尖;花瓣 4 枚,倒卵形或长圆形;雄蕊 30～35 枚;花柱长约 6mm,上部稍分裂。蒴果倒卵球形,直径约为 5mm;种子小,长 3～3.5mm。花期 5～6 月,果期 8～9 月。

见于余杭区(径山)、西湖景区(宝石山、飞来峰),生于山坡林中。分布于江西。

可栽培供观赏。

2. 短序山梅花　(图 1-465)

Philadelphus brachybotrys (Koehne) Koehne——*Ph. pekinensis* Rupr. var. *brachybotrys* Koehne

落叶灌木,高 2～3m。当年生小枝黄褐色,被长柔毛,后脱落无毛;二年生小枝无毛,表皮灰褐色,开裂,不易脱落。单叶对生,叶卵形或卵状长圆形,长 2～6cm,宽 1～3cm,先端急尖至渐尖,基部阔楔形或圆钝,叶缘近全缘或具疏锯齿,上面疏被糙伏毛,下面沿叶脉有白色长柔毛;叶脉 3～5 出,稍离基;叶柄长 5～8mm。总状花序具 3～5 朵花,花序轴长 2～2.5(～4)cm,疏被长柔毛;花白色,花冠盘状,直径为 2.5～3.5cm;花梗长 3～8mm,无毛,花瓣 4 枚,阔椭圆形或阔倒卵形,长 1～1.5cm,宽 1～1.4cm;花萼黄绿色,外面无毛,裂片卵形,长 4～6mm,宽 3～4mm,急尖;雄蕊 32～42 枚,花柱先端稍分裂。蒴果椭圆球形,直径为 5～7mm;种子长 3～4mm。花期 4—7 月,果期 8～9 月。

见于西湖景区(飞来峰),生于山坡灌丛中。分布于福建、江苏、江西。

可栽培供观赏。

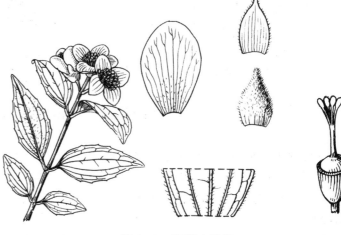

图 1-465　短序山梅花

3. 浙江山梅花 （图 1-466）

Philadelphus zhejiangensis S. M. Hwang——
Ph. pekinensis Rupr. var. *laxiflorus* W. C. Cheng

落叶灌木,高1～3m。当年生小枝暗褐色,无毛。叶薄革质,椭圆形至椭圆状披针形,长5～10cm,宽2～6cm,先端渐尖,基部楔形至近圆形,边缘有锯齿,上面疏被糙伏毛,下面沿叶脉被长硬毛,3～5出脉;叶柄长5～10mm。总状花序具花5～9(～13)朵;花序轴长5～13cm,无毛;花白色,直径为2～3.5cm;花瓣4枚,椭圆形至宽倒卵形;花萼4裂,裂片卵形,长约4mm,萼筒与花萼外面无毛,花萼内面密被白色茸毛;花梗长5～12mm,果时更长;雄蕊多数;花柱无毛,花柱先端分裂,柱头线形。蒴果椭圆球形或陀螺形,长6～9mm,直径为4～6mm;种子多数,细小。花期5—6月,果期6—11月。

见于西湖景区(飞来峰),生于山地溪沟边和杂木林中。分布于安徽、福建、江苏、江西。

可栽培供观赏。

图 1-466 浙江山梅花

46. 海桐花科 Pittosporaceae

常绿乔木或灌木,有时具刺。叶互生或对生,在小枝上近轮生;叶片多革质,全缘、少齿状或浅裂,无托叶。花单生或排列成伞形、伞房或圆锥花序,稀簇生;有苞片或小苞片。花通常两性,有时杂性,辐射对称;萼片5枚,分离或基部联合;花瓣5枚,离生或合生,白色、黄色、蓝色或红色;雄蕊5枚,与萼片对生,花药2室,纵裂或孔裂;子房上位,通常1室或不完全2～5室,心皮2～3枚,稀5枚,倒生胚珠通常多数,侧膜胎座、中轴胎座或基生胎座,花柱短,柱头单一或2～5裂。蒴果或浆果;种子多数,种皮薄,胚乳发达,胚小。

约9属,250种,产于非洲、亚洲、澳大利亚和太平洋岛屿;我国有1属,46种,分布于长江流域及其以南地区;浙江有1属,3种;杭州有1属,2种。

海桐花属 Pittosporum Banks ex Gaertner

常绿乔木或灌木。叶互生,常簇生于枝顶呈对生或假轮生状;叶片革质或有时为膜质,全缘或有波状浅齿、皱褶。聚伞花序,有时单生或排列成伞形、伞房或圆锥花序,生于枝顶或枝顶叶腋;萼片5枚,通常短小而离生;花瓣5枚,分离或基部联合,常向外反卷;雄蕊5枚,直立,花丝无毛,花药背部着生,内向纵裂;子房上位,被毛或秃净,1室或不完全2～5室,常有子房柄,心皮2～3枚,稀4～5枚,胚珠多数,花柱单一,短小,或2～5裂,常宿存。蒴果圆球形、椭圆球形、倒卵球形或卵球形,成熟时 2～5 裂,果瓣木质或革质,内面常有横条;种子 2 至多颗。

约 150 种;我国有 46 种;浙江有 3 种,1 变种;杭州有 2 种。

1. 崖花海桐 （图 1-467）

Pittosporum illicioides Makino——*P. illicioides* var. *angustifolium* Huang ex S. Y. Lu——*P. illicioides* var. *oligocarpum* (Hayata) Kitamura

常绿灌木或小乔木,高 1～4m。枝和嫩枝光滑无毛,有皮孔。叶互生,常簇生于枝顶呈假轮生状;叶片薄革质,倒卵状披针形或倒披针形,长 5～10cm,宽 2.5～4.5cm,先端渐尖,基部狭楔形,常下延,边缘平展或略呈微波状,上面深绿色,干后仍有光泽,下面浅绿色,无毛,侧脉下面微隆起;叶柄长 5～10mm。伞形花序顶生,有花 1～12 朵;花梗长 1～3cm,纤细,无毛,常向下弯;萼片卵形,基部联合,长 2～2.5mm;花瓣淡黄色,基部联合,长匙形,长 8～9mm;雄蕊长约 6mm;雌蕊由 3 枚心皮组成,子房长卵球形,密被短毛,子房柄短。蒴果近圆球形,直径为9～12mm,有纵沟 3 条,果瓣薄革质,3 瓣裂开;种子红色,长约 3mm。花期 4～5 月,果期 6—10 月。

见于拱墅区(半山)、余杭区(良渚)、西湖景区(九溪、飞来峰、六和塔、黄龙洞、玉皇山、云栖),生于山沟溪坑边、林下岩石旁和山坡杂木林中。分布于江苏、安徽、江西、福建、台湾、湖北、湖南、四川、贵州、云南;日本也有。

根、叶及种子可供药用;茎皮纤维可造纸。

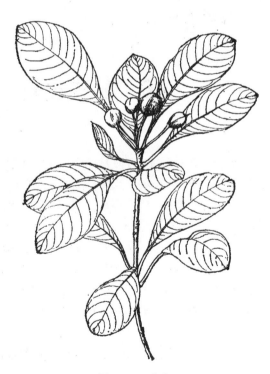

图 1-467　崖花海桐

图 1-468　海桐

2. 海桐 （图 1-468）

Pittosporum tobira (Thunb.) W. T. Aiton

常绿灌木或小乔木,高 1.5～6m。嫩枝被褐色柔毛,有皮孔。叶互生,常聚生于枝顶,呈假轮生状；叶片革质，倒卵形或倒卵状披针形，长 4～9cm，宽 1.5～4cm，先端圆钝，常微凹，基部狭楔形，下延，全缘，干后反卷，上面亮绿色，干后无光泽，下面浅绿色，中脉下面微隆起；叶柄长 0.5～2cm。伞形花序或伞房状伞形花序顶生或近顶生；花梗长 0.8～2cm；萼片卵球形，长 3～5mm；花瓣 5 枚，白色或黄绿色，芳香，倒披针形，长 1～1.2cm；花丝长 5～6mm，花药黄色；退化雄蕊 5 枚，花丝长 2～3mm，花药不育；子房长卵球形，密被短柔毛，心皮 2～3 枚，侧膜胎座。蒴果圆球形，有 3 棱，直径约为 12mm，3 瓣裂开，果瓣木质；具多数种子；种子红色，多角形，长 3～7mm。花期 4—6 月，果期 9—12 月。$2n=24, 28$。

区内常见栽培。分布于江苏、福建、广东；日本和朝鲜半岛也有。

常见的园林绿化树种，可抗二氧化硫等有毒气体；根、叶、种子入药。

与上种的主要区别在于：本种嫩枝被褐色柔毛，叶片先端圆钝，常微凹。

47. 金缕梅科　Hamamelidaceae

常绿或落叶、灌木或乔木。常有星状毛，冬芽具鳞片或裸露。单叶互生，叶片全缘、有锯齿或掌状分裂，叶脉羽状或掌状，常有托叶。头状、穗状或总状花序；花较小，两性或单性，雌雄同株，稀雌雄异株，有时杂性；萼筒多少与子房合生，缘部截形或 4～5 裂，有时 6～7 裂；花瓣与花萼裂片同数或无花瓣；雄蕊 4～5 枚或更多，花药通常 2 室，直裂或瓣裂，药隔凸出；子房半下位或下位，少上位，由 2 枚心皮组成，2 室，每室具 1 或数枚垂生胚珠，花柱 2 枚，分离。果为蒴果，常 4 瓣裂，外果皮木质或革质，内果皮角质或骨质；种子常为多角形，扁平或有窄翅，具明显的种脐，胚乳肉质，胚直生。

约 30 属，140 种，主要分布于亚洲东部；我国有 18 属，74 种，4 变种；浙江有 11 属，15 种，1 变种；杭州有 4 属，4 种，1 变种。

分 属 检 索 表

1. 叶掌状 3～5 裂；头状花序 ··· 1. **枫香树属** *Liquidambar*
1. 叶不分裂；总状或穗状花序。
　2. 花两性、单性或杂性，无花瓣 ································· 2. **蚊母树属** *Distylium*
　2. 花两性，有花瓣。
　　3. 常绿或半常绿；花瓣 4 枚，带状，花序短穗状 ············· 3. **檵木属** *Loropetalum*
　　3. 落叶；花瓣退化成鳞片状，花序总状 ················· 4. **牛鼻栓属** *Fortunearia*

1. 枫香树属　Liquidambar L.

落叶乔木。芽卵球形，有芽鳞。单叶互生，叶片掌状 3～7 裂，边缘有锯齿，叶柄细长；托叶线形，早落。花单性，雌雄同株，无花萼及花瓣，雄花多数，排成头状或短穗状花序，再成总状花序；雄蕊多而密集，花药卵球形，2 室，纵裂；雌花多数，聚生成球形头状花序；有苞片 1 枚，萼齿有或无，退化雄蕊有或无；子房 2 室，藏于头状花序轴内，花柱 2 枚，柱头线形，胚珠多数，着生于中轴胎座上。蒴果木质,集生成球形果序,成熟时顶端开裂,有宿存的花柱和针刺状萼齿;种子多数,种子有狭翅。

5种,分布于美洲及亚洲;我国有2种,广布于黄河以南地区;浙江有1种;杭州有1种。

枫香树　枫树　(图1-469)

Liquidambar formosana Hance

落叶大乔木,高可达40m。树皮灰褐色;芽卵球形,干后棕黑色,有光泽,略被柔毛。叶片纸质,宽卵形,掌状3裂,先端尾状渐尖,基部心形或平截,边缘有腺齿,中央裂片较长,两侧裂片平展,上面深绿色,无毛,下面淡绿色,有短柔毛或仅在脉腋有毛;叶柄长3～10cm;托叶线形,长1～2cm,早落。雄花短穗状花序,常多个排成总状,雄蕊多数,花丝不等长;雌花序头状,有花24～43朵,花序梗长3～6cm,萼齿4～7枚,针形,长4～8mm,子房半下位,藏在头状花序轴内,花柱2枚。头状果序球形,直径为3～4cm;蒴果木质,有宿存花柱及刺状萼齿;种子褐色,有光泽,多角形或有狭翅。花期4—5月,果期7—10月。$2n=32$。

区内常见野生和栽培,生于山地林中。分布于我国黄河以南各省、区;日本、朝鲜半岛、老挝、越南也有。

树脂、根、叶及果均可供药用;可作为行道树。

图1-469　枫香树

2. 蚊母树属　Distylium Siebold & Zucc.

常绿灌木或小乔木。幼枝有星状茸毛及鳞毛;芽裸露,无鳞苞片。叶互生,革质,全缘或偶有小齿,叶脉羽状,托叶披针形,早落。短穗状花序腋生,花单性或杂性;萼筒极短,萼齿2～6枚或缺失,不等长;花瓣缺;雄蕊4～8枚,花丝线形,不等长,花药椭圆球形,药隔凸出;雄花无退化雌蕊;子房上位,外面被星状茸毛,2室,每室有1枚胚珠,花柱2枚,锥形。蒴果木质,卵球形,上半部2瓣开裂,每瓣再2浅裂,基部无宿存的萼筒;种子亮褐色,长卵球形。

18种,分布于东亚和印度、马来西亚;我国有12种,分布于西南至东南地区;浙江有3种;杭州有1种。

蚊母树　(图1-470)

Distylium racemosum Siebold & Zucc.

常绿灌木或小乔木。树皮暗褐色;嫩枝有褐色鳞垢,老时秃净;芽裸露,外面有褐色鳞垢。叶片革质,椭圆形或倒卵状椭圆形,长3～6cm,宽2.5～3.5cm,先端钝或略尖,基部宽楔形,全

缘,上面绿色,下面淡绿色,两面无毛,侧脉 5～6
对,上面不明显,下面稍隆起;叶柄长 5～10mm,略
有鳞垢。总状花序腋生,长约 2cm,雄花和两性花
同在 1 个花序上,两性花常位于花序顶端;萼筒短,
萼齿大小不等;雄蕊 5～6 枚,花药红色,卵球形;子
房有褐色星状茸毛,花柱 2 枚。蒴果卵球形,顶端
尖,长 1～1.2cm,外被褐色星状茸毛,成熟时 2 瓣
裂,每瓣再 2 浅裂;种子亮褐色,卵球形,长约
5mm。花期 3—4 月,果期 7—9 月。$2n=24$。

　　区内常见栽培,生于林下灌丛中。分布于福
建、海南、台湾;日本、朝鲜半岛也有。

图 1-470　蚊母树

3. 檵木属　Loropetalum R. Br.

　　常绿或半落叶灌木至小乔木。小枝被星状
毛;芽裸露,无鳞片。叶互生,革质,卵形,全缘,
基部稍偏斜,有短柄,托叶膜质。花 4～8 朵簇生成头状或短穗状花序,两性;萼筒倒圆锥
形,外面被星状毛,萼齿 4 枚,卵形,脱落;花瓣 4 枚,带状;雄蕊 4 枚,花丝极短,花药有 4 个
花粉囊,2 瓣开裂;退化雌蕊鳞片状,与雄蕊互生;子房 2 室,被星状毛,每室具 1 枚胚珠。蒴
果木质,成熟时上半部 2 瓣裂,每瓣再 2 浅裂,下半部被萼筒所包;有 2 粒种子,种子亮黑色,
长卵球形。

　　3 种,1 变种,分布于亚洲东部的亚热带地区;我国有 3 种,1 变种,分布于东部及西南部;
浙江有 1 种,1 变种;杭州有 1 种,1 变种。

1. 檵木　(图 1-471)

Loropetalum chinense（R. Br.）Oliv.

　　灌木,有时为小乔木。多分枝,小枝有星状毛。
叶革质,卵形,长 2～5cm,宽 1.5～2.5cm,先端尖
锐,基部钝,上面略有粗毛或秃净,下面被星状毛,
侧脉在上面明显,在下面凸起,全缘;叶柄长
2～5mm,有星状毛;托叶膜质,三角状披针形,早
落。花 3～8 朵簇生,白色,花序柄被毛;苞片线形,
长 3mm;萼筒杯状,被星状毛,萼齿卵形,长约
2mm,花后脱落;花瓣 4 枚,带状,长 1～2cm,先端
圆或钝;雄蕊 4 枚,花丝极短,药隔凸出呈角状;退
化雌蕊 4 枚,鳞片状,与雄蕊互生;子房被星状毛,
花柱极短,胚珠 1 枚,垂生于心皮内上角。蒴果卵
球形,长 7～8mm,被褐色星状茸毛,萼筒长为蒴果
的 2/3;种子卵球形,长 4～5mm,黑色,发亮。花期
3—4 月,果期 6—8 月。$2n=24$。

图 1-471　檵木

区内常见,生于向阳的山坡灌丛中。分布于我国华东、华中、华南及西南部各省、区;印度、日本也有。

叶和根可供药用;可用于绿化或盆景栽培。

1a. 红花檵木

var. rubrum Yieh

与原种的主要区别在于:本变种花紫红色。$2n=24$。

城市广泛栽培用于绿化。

4. 牛鼻栓属　Fortunearia Rehder & E. H. Wilson

落叶灌木或小乔木。小枝及叶柄有星状毛;芽裸露,无鳞片,被星状毛。叶互生,脉羽状,托叶细小,早落。花两性或单性;苞片细小,早落;萼筒倒圆锥状,被星状毛,萼齿5枚,脱落;花瓣5枚,钻形;雄蕊5枚,花丝极短;子房2室,每室有1枚胚珠,花柱2枚,线形,反卷;雄花序为柔荑状花序;花秋季形成,翌年早春先叶开放,具不育雌蕊;两性花为顶生的总状花序,花叶同放。蒴果木质,室背及室间裂开;宿存萼筒与蒴果合生;种子亮褐色,长卵球形。

我国特有属,1种,分布于我国中部和东部;浙江及杭州也有。

牛鼻栓　(图 1-472)

Fortunearia sinensis Rehder & E. H. Wilson

落叶灌木或小乔木,高 3～7m。嫩枝被灰褐色星状柔毛,老时秃净;芽细小,裸露,外面被星状柔毛。叶片膜质,倒卵形或倒卵状椭圆形,长7～15cm,宽 4～7cm,先端锐尖,基部圆形至宽楔形,边缘有波状齿,齿端有突尖,上面深绿色;叶柄长 4～10mm,有星状柔毛。两性花的总状花序长 3～6cm;萼筒倒圆锥形,长约 1mm,萼齿长卵形,长约 1.5mm,先端有毛;花瓣狭披针形,比萼齿稍短;雄蕊近无花丝或很短,花药卵球形;子房略有毛,花柱2枚。蒴果木质,成熟时褐色,卵球形,长 1～1.5cm,密布白色皮孔,2瓣裂,每瓣再2浅裂;种子2颗,亮褐色,卵球形,长约1cm,种脐马鞍形,稍带白色。花期4月,果期7—9月。$2n=24$。

图 1-472　牛鼻栓

见于西湖区(留下)、萧山区(河上、楼塔)、余杭区(良渚、鸬鸟、闲林)、西湖景区(北高峰),生于山坡、溪边灌丛中。分布于安徽、河南、湖北、江西、陕西、四川。

48. 杜仲科 Eucommiaceae

　　落叶乔木。单叶互生,具羽状脉,叶缘有锯齿,具柄,无托叶。雌雄异株,无花被,先叶开放,或花叶同放。雄花簇生,有短柄,具小苞片;雄蕊 5～10 枚,花丝极短,花药 4 室,纵裂;雌花单生于小枝下部,具短梗,子房 1 室,扁平,顶端 2 裂,柱头位于裂口内侧,胚珠 2 枚。果为翅果,扁平,长椭圆球形,先端 2 裂,果皮薄革质,果梗极短;种子 1 颗,胚直立,子叶肉质,扁平,外种皮膜质。

　　1 属,1 种,我国特有种,现广泛栽培;浙江及杭州也有栽培。

　　树皮为贵重药材;木材供制家具。

杜仲属 Eucommia Oliv.

　　属特征同科。

杜仲 (图 1-473)

Eucommia ulmoides Oliv.

　　落叶乔木,高可达 20m。树皮灰褐色,粗糙,内含橡胶,折断拉开有多数细丝;嫩枝初时有黄褐色毛,老枝具明显的皮孔。叶椭圆形、卵形或矩圆形,薄革质,长 6～15cm,宽 3.5～6.5cm,上面暗绿色,初时有褐色柔毛,后秃净,老叶略有皱纹,下面淡绿,初时有褐色毛,后仅脉上有毛,侧脉 6～9 对;叶柄长 1～2cm,上面有槽,被散生长毛。花生于当年生枝基部,雄花无花被,花梗短,无毛,雄蕊长约 1cm,药隔凸出,无退化雌蕊;雌花单生,苞片倒卵形,花梗长约 8mm,子房无毛,1 室,扁而长,先端 2 裂。翅果扁平,长椭圆形,先端 2 裂,周围具薄翅,坚果位于中央,稍凸起;种子扁平,线形,两端圆形。早春开花,秋后果实成熟。$2n=34$。

　　区内常见栽培,生于山谷、疏林里。分布于甘肃、贵州、河南、湖北、湖南、陕西、四川、云南;现各地广泛栽培。

　　树皮可供药用,也可用于提炼硬橡胶。

图 1-473 杜仲

49. 蔷薇科 Rosaceae

草本、灌木或乔木;不少种类具刺。叶互生,稀对生,单叶或复叶;托叶明显,稀缺。花两性,稀单性,通常整齐,周位花或上位花;花托盘状、杯状、壶状或圆锥状,其周缘着生萼片、花瓣及雄蕊;萼片和花瓣同数,通常 4～5 枚,稀无花瓣,花萼外侧有时具副萼;雄蕊 5 至多枚,稀 1 或 2 枚,花丝离生,稀合生;心皮 1 至多枚,离生或合生,有时与花托联合,子房上位、半下位或下位,每一心皮有 1 至数枚直立或悬垂的胚珠,花柱与心皮同数,有时联合,顶生、侧生或基生。果实为蓇葖果、瘦果、梨果或核果,稀蒴果。

约 126 属,3300 多种,世界广布,以北温带较多;我国约有 53 属,1000 多种,广布;浙江有 33 属,159 种,38 变种,若干变型;杭州有 26 属,67 种,10 变种,2 变型。

本科中果树与观赏植物十分丰富,不少种类可药用,少数为优良用材树种。

分 属 检 索 表

1. 果实为开裂的蓇葖果,稀蒴果;通常无托叶。
　2. 蓇葖果,种子无翅;花直径小于 2cm。
　　3. 心皮 5 枚,离生;无托叶;圆锥、伞形或伞房花序 ················· 1. 绣线菊属 *Spiraea*
　　3. 心皮 1～2 枚;托叶早落;圆锥花序 ················· 2. 小米空木属 *Stephanandra*
　2. 蒴果,种子有翅;花直径大于 2cm ················· 3. 白鹃梅属 *Exochorda*
1. 果实不开裂;全有托叶。
　4. 子房下位或半下位,多与杯状花托内壁联合;梨果或浆果状。
　　5. 心皮在成熟时变为坚硬骨质,果实内含 1～5 粒小核。
　　　6. 常绿;叶缘无缺裂;心皮 5 枚,各有胚珠 2 枚 ················· 4. 火棘属 *Pyracantha*
　　　6. 落叶;叶缘缺刻状;心皮 1～5 枚,各有胚珠 1 枚 ················· 5. 山楂属 *Crataegus*
　　5. 心皮在成熟时变为革质或纸质;果实 1～5 室,每室各有 1 至多粒种子。
　　　7. 常绿,稀落叶;复伞房花序或圆锥花序,稀伞形或伞房花序。
　　　　8. 心皮部分离生,子房半下位 ················· 6. 石楠属 *Photinia*
　　　　8. 心皮全部合生,子房下位。
　　　　　9. 果期萼片宿存;圆锥花序,心皮 3～5 枚;叶片侧脉直伸 ·········· 7. 枇杷属 *Eriobotrya*
　　　　　9. 果期萼片脱落;总状花序,心皮 2 枚;叶片侧脉弯曲 ········ 8. 石斑木属 *Rhaphiolepis*
　　　7. 落叶;伞形或伞房式总状花序,有时单生或簇生。
　　　　10. 花单生或簇生;每一心皮含种子 3 至多枚 ·········· 9. 木瓜属 *Chaenomeles*
　　　　10. 伞形或伞房式总状花序;每一心皮含种子 2 枚。
　　　　　11. 花柱离生;花药红色;果实多数含石细胞 ················· 10. 梨属 *Pyrus*
　　　　　11. 花柱基部合生;花药黄色;果实无石细胞 ················· 11. 苹果属 *Malus*
　4. 子房上位,稀下位,与花托分离;瘦果或核果。
　　12. 常为复叶,稀单叶;心皮多数;瘦果或小核果;萼片宿存,稀脱落。
　　　13. 瘦果或小核果,着生在扁平或隆起的花托上。
　　　　14. 托叶不与叶柄联合;果着生在扁平或微凹的花托基部 ·········· 12. 棣棠花属 *Kerria*

14. 托叶与叶柄联合;果着生在球形或圆锥形花托上。

  15. 木质藤本;小核果相互愈合成聚合果;每一心皮含胚珠 2 枚;茎常有刺 ……………… …………………………………………………………………… 13. **悬钩子属** *Rubus*

  15. 草本;瘦果,相互分离;每一心皮含胚珠 1 枚。

    16. 花柱顶生,果期延长;果实顶端具钩刺状喙 …………… 14. **路边青属** *Geum*

    16. 花柱侧生或顶生,果期不延长或微延长;果实顶端无钩刺状喙。

      17. 花托在成熟时干燥;羽状复叶或掌状复叶,稀 3 出复叶 ……………… ……………………………………………………… 15. **委陵菜属** *Potentilla*

      17. 花托在成熟时膨大或变为肉质;3 出复叶。

        18. 花瓣黄色,副萼片比萼片大 ……………… 16. **蛇莓属** *Duchesnea*

        18. 花瓣白色,副萼片比萼片小 ……………… 17. **草莓属** *Fragaria*

13. 瘦果,着生在杯状或坛状花托内。

  19. 灌木,枝常有刺;雄蕊多数;花托成熟时肉质而有光泽 ………… 18. **蔷薇属** *Rosa*

  19. 多年生草本,茎无刺;雄蕊 1～4 枚;花托成熟时干燥坚硬。

    20. 花瓣黄色;花萼下有钩刺;雄蕊 5～15 枚 ……… 19. **龙芽草属** *Agrimonia*

    20. 无花瓣;花萼无钩刺;雄蕊 4 至多枚 ……………… 20. **地榆属** *Sanguisorba*

12. 单叶;心皮 1 枚;核果;萼片常脱落。

  21. 果实通常大型,有纵沟,外被短柔毛或蜡粉;枝有顶芽或缺。

    22. 具顶芽腋芽 3 枚,两侧为花芽,中间为叶芽;子房及果实被短柔毛;核常有孔穴 ………… ………………………………………………………………… 21. **桃属** *Amygdalus*

    22. 顶芽缺,腋芽单生;核常光滑或有不明显孔穴。

      23. 花先叶开放,常无梗或有短梗;子房及果实常被短柔毛 ……… 22. **杏属** *Armeniaca*

      23. 花叶同放,常有梗;子房及果实均光滑无毛,常被蜡粉 ………… 23. **李属** *Prunus*

  21. 果实较小,无纵沟,不被蜡粉;枝有顶芽。

    24. 花单生或数朵着生于伞形或伞房短总状花序上,花通常少于 8 朵,苞片明显 ………… ……………………………………………………………………… 24. **樱属** *Cerasus*

    24. 总状花序,花通常多于 10 朵,苞片小型。

      25. 落叶;花序顶生,基部常有叶片,稀无叶片 ……………… 25. **稠李属** *Padus*

      25. 常绿;花序腋生,花序梗上无叶片 ……………… 26. **桂樱属** *Laurocerasus*

1. 绣线菊属 Spiraea L.

    落叶灌木。单叶,互生;叶缘有锯齿或缺刻状,有时分裂,稀全缘;羽状脉,无托叶。伞房花序、伞形花序、伞形总状花序或圆锥花序;花两性,稀杂性;萼筒钟状,萼片 5 枚,花瓣 5 枚,近圆形;雄蕊多数;心皮通常 5 枚,分离。果为蓇葖果,内具数颗细小种子;种子线形至长圆球形。

    80～100 种,分布于北半球温带至亚热带地区;我国有 70 种,全国各地均有分布;浙江有 10 种,7 变种;杭州有 2 种,2 变种。

分种检索表

1. 复伞房花序,花红色…………………………………………… 1. **光叶粉花绣线菊** *S. japonica* var. *fortunei*

1. 伞形花序,花白色。

  2. 叶菱状卵形至倒卵形,宽超过 1.5cm,叶柄长 4～10mm ………… 2. **中华绣线菊** *S. chinensis*

  2. 叶卵形至线状披针形,宽不超过 1.4cm,叶柄短于 4mm。

3. 叶卵形至卵状披针形,宽 7～14mm,叶柄短,长 2～4mm ················
·············· **3. 单瓣李叶绣线菊** *S. prunifolia* var. *simpliciflora*

3. 叶线状披针形,宽常短于 7mm,叶柄几无,或长 1～2mm ·········· **4. 珍珠绣线菊** *S. thunbergii*

1. 光叶粉花绣线菊 （图 1-474）

Spiraea japonica var. **fortunei**（Planch.）Rehder

落叶灌木,茎直立,高可达 1.5m。小枝无毛或幼时被短柔毛。叶片长卵形至长圆状披针形,长 5～10cm,宽 1～3cm,先端急尖至短渐尖,基部楔形至宽楔形,叶缘具缺刻状重锯齿或尖锐重锯齿,两面无毛,上面暗绿色,下面色浅或有白霜。复伞房花序生于当年生枝端,直径为 4～8cm,花朵密集,被短柔毛,花粉红色;萼筒钟状,萼片三角形,先端急尖;花瓣卵形至圆形,先端通常圆钝,长 2.5～3.5mm,宽 2～3mm;雄蕊 25～30枚,较花瓣长;花盘不发达。果为蓇葖果。花期6—7月,果期 8～9月。$2n=36$。

区内常见栽培。分布于安徽、福建、甘肃、广东、广西、贵州、河南、湖北、湖南、江苏、江西、山东、四川、云南。

可供观赏。

图 1-474　光叶粉花绣线菊

2. 中华绣线菊　铁黑汉条　（图 1-475）

Spiraea chinensis Maxim.

落叶灌木,高 1.5～3m。小枝红褐色,呈拱形弯曲。叶片菱状卵形至倒卵形,长 2.5～6cm,宽 1.5～3cm,先端急尖或圆钝,基部宽楔形至圆形,上面暗绿色,被短柔毛,脉纹深陷,下面密被黄色茸毛,叶缘有缺刻状粗锯齿,或具不明显 3 裂;叶柄长 4～10mm。伞形花序具花 16～25 朵;花梗长 5～10mm,被短茸毛;苞片线形;花白色,直径为 3～4mm;萼筒钟状,外面被稀疏柔毛,内面密被柔毛;萼片 5枚,卵状披针形;花瓣 5 枚,近圆形,先端微凹或圆钝,长与宽为 2～3mm;雄蕊 20 多枚;花盘波状圆环形或不整齐分裂;子房被短柔毛。果为蓇葖果,全体被短柔毛。花期 4—6 月,果期 6—10 月。$2n=36$。

见于余杭区(径山),生于山坡灌丛中或山

图 1-475　中华绣线菊

谷、溪边、荒野路旁等处。分布于安徽、福建、甘肃、广东、广西、贵州、河北、湖北、湖南、江苏、江西、内蒙古、山西、陕西、四川、云南。

可供观赏。

3. 单瓣李叶绣线菊　单瓣笑靥花　（图 1-476）

Spiraea prunifolia Siebold & Zucc. var. simpliciflora (Nakai) Nakai

落叶灌木,高可达 3m。小枝细长,稍具棱,幼时被短柔毛,后渐脱落。单叶互生,卵形至长圆披针形,长 1.5～3cm,宽 0.7～1.4cm,先端急尖,基部楔形,上面幼时微被短柔毛,老时仅下面有短柔毛,边缘有细锯齿,羽状脉;叶柄长 2～4mm,被短柔毛。伞形花序具花 3～6 朵,无花序梗,基部着生数枚小叶片,花梗长 6～10mm,有短柔毛。花白色,直径约为 6mm;萼筒钟状,内、外两面均被短柔毛;萼片 5 枚,卵状三角形,外面微被短柔毛,内面毛较密;花瓣 5 枚,单瓣,宽倒卵形,先端圆钝,长 2～4mm;雄蕊 20 枚;花盘圆环形,10 裂;子房具短柔毛。果为蓇葖果,开张,具宿存直立萼片。花期 3—4 月,果期 4—7 月。$2n=18$。

区内常见栽培。分布于安徽、福建、河南、湖北、湖南、江苏、江西。

可供观赏。

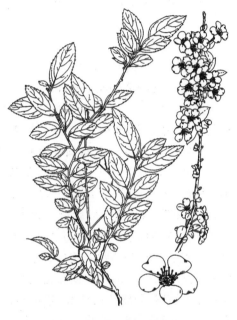

图 1-476　单瓣李叶绣线菊

4. 珍珠绣线菊　喷雪花　珍珠花　（图 1-477）

Spiraea thunbergii Siebold ex Bl.

落叶灌木,高达 1.5m。枝条细长,呈弧形弯曲;小枝幼时褐色,被短柔毛,后脱落,老时转红褐色。单叶互生,线状披针形,长 2.5～4cm,宽 3～7mm,先端长渐尖,基部狭楔形,两面无毛,羽状脉,叶缘中部以上有尖锐锯齿;叶柄短或近无柄。伞形花序具花 3～7 朵,无花序梗,基部簇生数枚小叶片,花梗细,长 6～10mm,无毛。花白色,直径为 6～8mm,萼筒钟状,外面无毛,萼片 5 枚,卵状三角形;花瓣 5 枚,倒卵形或近圆形,先端微凹至圆钝,长 2～4mm;雄蕊近 20 枚;花盘圆环形,10 裂;子房无毛或微被短柔毛。果为蓇葖果,无毛,宿存萼片直立或反折。花期 4—5 月,果期 7 月。$2n=18$。

区内常见栽培。分布于我国东部地区;日本也有。

可供观赏。

图 1-477　珍珠绣线菊

2. 小米空木属　Stephanandra Siebold & Zucc.

落叶灌木。冬芽小,常2~3枚迭生。单叶互生,叶缘具齿和浅裂,具叶柄与托叶。圆锥花序,稀伞房花序,顶生;花小,两性;萼筒杯状,萼片5枚;花瓣5枚;雄蕊10~20枚,花丝短;心皮1枚,具2枚倒生胚珠。蓇葖果近球形,熟时自基部开裂,具种子1~2颗;种子近球形。

约5种,分布于东亚;我国有2种,除西北部外,各地均有分布;浙江有1种;杭州有1种。

华空木　野珠兰　(图1-478)

Stephanandra chinensis Hance

灌木,高达1.5m。小枝细弱,红褐色,微具柔毛;冬芽小,卵球形,鳞片边缘微被柔毛。单叶互生,卵形至长椭圆状卵形,长5~7cm,宽2~3cm,先端渐尖至尾尖,基部近心形至圆形,稀宽楔形,叶缘常浅裂并有重锯齿,两面无毛,或下面沿叶脉微具柔毛,侧脉7~10对;叶柄长6~8mm,近无毛;托叶全缘或有锯齿。疏松的圆锥花序顶生,长5~8cm,直径为2~3cm;花序梗和花梗均无毛;苞片小,披针形至线状披针形;萼筒杯状,无毛,萼片三角状卵形,长约2mm,全缘;花瓣倒卵形,稀长圆形,长约2mm,白色;雄蕊10枚,着生在萼筒边缘;心皮1枚,子房外被柔毛。果为蓇葖果,近球形,直径约为2mm,被稀疏柔毛,具宿存直立的萼片;种子1枚,卵球形。花期5月,果期7—8月。

图1-478　华空木

见于余杭区(径山、鸬鸟),生于沟谷、山坡、溪边、阔叶林缘或灌丛中。分布于安徽、福建、广东、河南、湖北、湖南、江西、四川。

可供观赏;茎皮纤维可作造纸原料。

3. 白鹃梅属　Exochorda Lindl.

落叶灌木。单叶,互生,全缘或具齿,有时仅叶顶端具齿,具叶柄,托叶无或早落。总状花序顶生。花两性,白色;萼筒钟状,萼片5枚;花瓣5枚,宽倒卵形,具爪;雄蕊15~30枚,着生于花盘边缘;心皮5枚,合生,子房上位。果为蒴果,具5棱,5室,每室具种子1~2颗;种子扁平,具翅。

约4种,分布于亚洲中部至东部;我国有3种,分布于东北、西北、长江中下游地区;浙江有2种,1变种;杭州有1种。

白鹃梅 （图 1-479）

Exochorda racemosa（Lindl.）Rehder

落叶灌木,高 1.5～4m。小枝圆柱形,具微棱角,无毛,幼时红褐色,老时褐色。叶片椭圆形至长圆状倒卵形,长 3.5～6.5cm,宽 1.5～3.5cm,先端圆钝或急尖,稀突尖,基部楔形或宽楔形,两面无毛,全缘至中部以上有钝锯齿;叶柄短,长 5～15mm,或近无柄,无托叶。总状花序,有花 6～10 朵,无毛,苞片小,宽披针形;花白色,直径为 2.5～3.5cm;萼筒浅钟状,无毛;萼片黄绿色,阔三角状,长约 2mm,边缘有尖锐细锯齿;花瓣倒卵形,长约 1.5cm,宽约 1cm,先端钝,基部有短爪;雄蕊 15～20 枚,3～4 枚 1 束着生在花盘边缘;心皮 5 枚,花柱分离。果为蒴果,倒圆锥形,具 5 脊,果梗长 3～8mm。花期 4—5 月,果期 6—8 月。$2n=16$。

区内常见,生于山坡、灌丛中。分布于河南、江苏、江西。

可作观赏树木。

图 1-479 白鹃梅

4. 火棘属 Pyracantha Roem.

常绿灌木或小乔木。常具枝刺。单叶,互生或呈簇生状,叶柄短或近无柄,叶缘具圆钝锯齿、细锯齿或全缘;托叶早落。花白色,复伞房花序;萼筒短,萼片 5 枚;花瓣 5 枚;雄蕊 15～20 枚;心皮 5 枚,腹面离生,背面约 1/2 与萼筒相连,每一心皮具 2 枚胚珠,子房半下位。梨果球形,内含小核 5 粒,萼片宿存。

约 10 种,分布于亚洲东部至欧洲南部;我国有 7 种,全国各地均有分布;浙江有 2 种;杭州有 1 种。

火棘 （图 1-480）

Pyracantha fortuneana（Maxim.）H. L. Li

常绿灌木,高可达 3m。侧枝短,先端成刺状,嫩枝被锈色短柔毛,老枝无毛。单叶互生,叶片倒卵形至倒卵状长圆形,长 1.5～6cm,宽 0.5～2cm,先端圆钝或微凹,有时具短尖头,基部楔形,下延至叶柄,两面皆无毛,叶缘有钝锯齿,近基部全缘;叶柄短。复伞房花序,直径为 3～4mm,花梗和花序梗近无毛;花白色,直径约

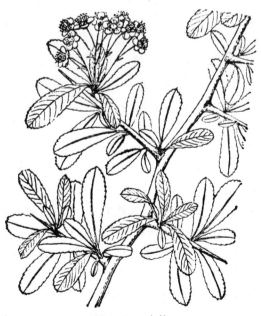

图 1-480 火棘

为 1cm;萼筒钟状,无毛,萼片 5 枚,三角卵形;花瓣近圆形,长约 4mm;雄蕊 20 枚,花药黄色;花柱 5 枚,离生,子房上部密生白色柔毛。果为梨果,近球形,直径约为 5mm,成熟时橘红色或深红色。花期 3—5 月,果期 8—11 月。$2n=34$。

区内常见栽培。分布于福建、广西、贵州、江苏、河南、湖北、湖南、陕西、四川、云南。

可用于园林绿化,常作绿篱。

5. 山楂属　Crataegus L.

落叶,稀半常绿灌木或小乔木。常具刺,稀无刺。单叶,互生,叶缘有齿,深裂或浅裂,稀不裂,具叶柄和托叶。伞房花序或伞形花序,稀单生;花两性,白色,稀粉红色;萼筒钟状,萼片 5 枚;花瓣 5 枚;雄蕊 5~25 枚;心皮 1~5 枚,大部分与花托合生,子房下位或半下位,每室 2 枚胚珠,常 1 枚发育。梨果,常具宿存萼片。

至少 1000 种,广泛分布于北半球;我国有 18 种,全国各地均有分布;浙江有 4 种,1 变种;杭州有 3 种。

分 种 检 索 表

1. 叶基楔形,下延,叶柄较短,不超过 2cm ･･････････････････････････････ 1. 野山楂　C. cuneata
1. 叶基平截,宽楔形或圆钝,不下延,叶柄长超过 2cm。
　　2. 叶片中部以上有浅裂,花梗无毛･････････････････････････ 2. 湖北山楂　C. hupehensis
　　2. 叶片羽状深裂至中裂,花梗被柔毛,花后脱落 ･･････････ 3. 山楂　C. pinnatifida

1. 野山楂　(图 1-481)

Crataegus cuneata Siebold & Zucc.

落叶灌木,高达 1.5m。通常具枝刺,刺长 5~8mm,小枝细弱,有棱,幼时被柔毛,老枝灰褐色,散生长圆形皮孔。叶片宽倒卵形至倒卵状长圆形,长 2~6cm,宽 1~4.5cm,先端急尖,基部楔形,下延,边缘有不规则重锯齿,顶端常有 3~7 浅裂片,上面无毛,光泽,下面具稀疏柔毛,沿叶脉较密,后脱落,叶脉显著;叶柄长 4~15mm;托叶大型,草质,镰刀状,边缘有齿。伞房花序,具花 5~7 朵,花序梗和花梗均被柔毛,苞片披针形,条裂或有锯齿,长 8~12mm;花白色,直径约为 1.5cm;萼筒钟状,萼片三角状卵形,长约 4mm,两面均具柔毛;花瓣近圆形或倒卵形,长 6~7mm;雄蕊 20 枚,花药红色;花柱 4~5枚,基部被茸毛。果为梨果,近球形或扁球形,直径约为 1cm,红色或黄色;种子 4~5 枚,两侧平滑。花期 5—6 月,果期 9—11 月。$2n=34$。

图 1-481　野山楂

区内常见,生于山谷、多石湿地或山地灌丛中。分布于安徽、福建、广东、广西、贵州、河南、湖北、湖南、江苏、江西、陕西、云南；日本也有。

果实可供鲜食、酿酒或制果酱；嫩叶可代茶。

2. 湖北山楂 （图 1-482）

Crataegus hupehensis Sarg.

落叶乔木或灌木，高 3～5m。枝刺较少，长约
1.5cm，或无刺，小枝圆柱形，无毛，疏生浅褐色皮
孔。单叶互生，叶片卵形至卵状长圆形，长 4～
9cm，宽 4～7cm，先端短渐尖，基部宽楔形或近圆
形，边缘具圆钝锯齿，中上部常具 2～4 对浅裂片，
无毛或仅下部脉腋具毛；叶柄长3.5～5cm，无毛；托
叶草质，披针形或镰刀形，早落，边缘具腺齿。伞房
花序，具多花，花序梗和花梗均无毛，苞片膜质，线
状披针形，边缘有齿，早落；花白色，直径约为 1cm，
花梗长 4～5mm；萼筒钟状，外面无毛；萼片三角卵
形，全缘，长3～4mm，两面皆无毛；花瓣卵形，长约
8mm，宽约 6mm；雄蕊 20 枚，花药紫色；花柱 5 枚，
基部被白色茸毛，柱头头状。果为梨果，近球形，直
径约为 2.5cm，深红色，有斑点；种子 5 枚，两侧平
滑。花期 5—6 月，果期 8～9 月。$2n=34$。

图 1-482 湖北山楂

见于余杭区（闲林、径山），生于山坡灌丛中。分布于河南、湖北、湖南、江苏、江西、山西、陕
西、四川。

果实可食；可供入药。

3. 山楂 （图 1-483）

Crataegus pinnatifida Bunge

落叶乔木，高可达 5m。树皮粗糙，暗灰色或灰褐
色；具枝刺，长 1～2cm，有时无；当年生枝紫褐色，无毛
或近无毛，疏生皮孔。单叶互生，三角状卵形或宽卵
形，稀菱状卵形，长 5～10cm，宽 4～7.5cm，先端短渐
尖，基部截形至宽楔形，叶两侧常具 3～5 羽状深至中
裂，裂片卵状披针形或带形，边缘具稀疏不规则重锯
齿，上面暗绿色有光泽，下面沿叶脉有短柔毛或脉腋
有髯毛，侧脉 6～10 对；叶柄长 2～6cm，无毛；托叶草
质，镰刀形，边缘有锯齿。伞房花序，直径为 4～6cm，
具多花，花序梗和花梗均被柔毛，后脱落，苞片膜质，
线状披针形，早落；花白色，直径约为 1.5cm；萼筒钟
状，长约 5mm，外被灰白色柔毛；萼片三角状卵形至披
针形，先端渐尖，两面无毛或内面顶端有髯毛；花瓣倒

图 1-483 山楂

卵形或近圆形,长 7～8mm,宽 5～6mm;雄蕊 20 枚,花药粉红色;花柱3～5枚,基部被柔毛,柱头头状。果实为梨果,近球形,直径为 1～1.5cm,成熟时深红色,有浅色斑点;具小核 3～5 枚,外面稍具棱。花期 5—6 月,果期 9—10 月。$2n=34$。

区内有栽培。分布于河北、河南、黑龙江、吉林、江苏、辽宁、内蒙古、山西、陕西。

可作观赏树木;果可食用,也可供药用。

6. 石楠属 Photinia Lindl.

落叶或常绿乔木或灌木。叶互生,常具齿,稀全缘,具托叶。伞房、伞形或复伞房花序,稀聚伞花序,顶生;花两性;萼筒钟状、管状或杯状,萼片 5 枚,花瓣 5 枚;雄蕊常 20 枚;心皮 2～5 枚,花柱离生或基部合生,子房半下位,2～5 室,每室具 2 枚胚珠。果为梨果,较小,具宿存萼片。

约 60 种,分布于亚洲东部及南部;我国有 40 多种,分布于华中、华南、华东和西南;浙江有17 种,5 变种;杭州有 6 种。

分 种 检 索 表

1. 落叶灌木或小乔木;叶纸质。
  2. 花常少于 10 朵,无或近无花序梗,花梗无毛 ················ 1. 小叶石楠 *P. parvifolia*
  2. 花常多于 10 朵,具花序梗,花梗具白色毛 ················ 2. 毛叶石楠 *P. villosa*
1. 常绿灌木或小乔木;叶革质。
  3. 叶片较大,长 8～22cm,宽 3～6.5cm,叶柄长 2～4cm。
    4. 幼枝和花梗均密被灰白色绵毛 ················ 3. 绵毛石楠 *P. lanuginosa*
    4. 幼枝和花梗均无毛 ················ 4. 石楠 *P. serratifolia*
  3. 叶片较小,长不超过 10cm。
    5. 枝顶冬芽小,通常长不超过 0.5cm ················ 5. 光叶石楠 *P. glabra*
    5. 枝顶冬芽大,长可超过 1.5cm ················ 6. 红叶石楠 *P. × fraseri*

1. 小叶石楠 伞花石楠 （图 1-484）

Photinia parvifolia (E. Pritz.) C. K. Schneid. —— *P. subumbellata* Rehder & E. H. Wilson

落叶灌木或小乔木,高 1～3m。小枝纤细,黄褐色至红褐色,无毛,散生皮孔。单叶互生,厚纸质,卵状椭圆形或菱状卵形,长 2～8cm,宽 1～3.5cm,先端渐尖至长渐尖,基部楔形至近圆形,上面光亮,初疏生柔毛,后无毛,下面无毛,侧脉 4～6 对,叶缘有具腺锐锯齿;叶柄长1～2mm,无毛。伞形花序,有花 2～9 朵,生于侧枝顶端,无花序梗,苞片及小苞片钻形,早落;花白色,直径为0.5～1.5cm,花梗细长,长 1～4.4cm,无毛;萼筒杯状,直径约为 3mm,无毛;萼片 5 枚,卵形,长约 1mm;花瓣圆形,直径为 4～5mm,先端钝;雄蕊 20 枚,较花瓣短;花柱2～3枚,中部以下合生,子房顶端密生长柔毛。果为梨果,椭圆球形或卵球形,长 9～12mm,成熟时橘红色或紫色,无

图 1-484 小叶石楠

毛,有瘤点,具宿存萼片。花期 4—5 月,果期 7—10 月。2n＝34。

　　区内常见,生于山坡、林下和林缘。分布于安徽、福建、广东、广西、贵州、河南、湖北、湖南、江苏、江西、四川。

2. 毛叶石楠　（图 1-485）

Photinia villosa (Thunb.) DC.

　　落叶灌木或小乔木,高 2～5m。小枝暗褐色至红褐色,被白色长柔毛,老时灰褐色,近无毛,散生皮孔。单叶互生,草质,叶片倒卵形、长圆状倒卵形或椭圆形,长 3～8cm,宽 2～4cm,叶缘具锐锯齿,先端尾尖,基部楔形;叶两面初时密被白色长柔毛,后叶上面无毛或近无毛,叶背沿脉有长柔毛,侧脉 5～7 对;叶柄长 2～6mm,被长柔毛。伞房花序顶生,具花 10～20 朵,花梗和花序梗密被长柔毛,果时具瘤点,苞片和小苞片钻形,早落,花梗长 1.5～2.5cm;花两性,白色,直径为 7～12mm;萼筒杯状,外面有白色长柔毛或无毛,萼片三角状卵形,长 2～3mm,先端钝;花瓣近圆形,直径为 4～5mm,内面基部有柔毛,具短爪;雄蕊 20 枚;子房上部密被柔毛,花柱 3 枚,离生,无毛。果红色或橙红色,椭圆球形或倒卵球形,长 8～10mm,直径为 6～8mm,微具毛,宿萼直立。花期 4—5 月,果期 7—9 月。2n＝34。

图 1-485　毛叶石楠

　　见于余杭区（径山）,生于山坡灌丛中。分布于安徽、福建、甘肃、广东、广西、贵州、湖北、湖南、江苏、江西、山东、陕西、四川、云南;日本、朝鲜半岛也有。

　　叶可入药;果可供观赏。

3. 绵毛石楠　（图 1-486）

Photinia lanuginosa T. T. Yu

　　常绿乔木。幼枝密生灰白色绵毛,后脱落,老枝黑褐色。单叶互生,革质,长椭圆形或长圆状倒卵形,长 8～15cm,宽 4～5cm,先端圆钝至短渐尖,基部宽楔形至截形,上面深绿色,无毛,下面色较淡,中脉有柔毛,其余无毛,侧脉通常 18～20 对;叶缘具锐锯齿,基部近全缘;叶柄长 2.5～4cm,初密生灰白色绵毛,后大部分脱落。复伞房花序顶生,直径为 9～12cm,花序梗及分枝密生灰白色绵毛;花小,多而密集,白色;萼筒杯状,外面无毛或微有柔毛;萼片 5 枚,卵形,长 1mm;花瓣近圆形,直径约为 2mm;雄蕊 20 枚;花柱 2 枚,离生,子房顶端密生柔毛。花期 4 月。

　　见于西湖景区（九溪）。分布于湖南。

　　可用于绿化观赏。

图 1-486　绵毛石楠

4. 石楠　(图 1-487)

Photinia serratifolia (Desf.) Kalkman——*P. serrulata* Lindl.

常绿灌木或小乔木,高通常 4～6m,稀更高。枝常灰褐色,无毛。单叶互生,革质,长椭圆形至长倒卵形或倒卵状椭圆形,长 9～22cm,宽 3～6.5cm,先端尖至尾尖,基部圆形或宽楔形,上面光亮,幼时中脉有茸毛,后两面无毛,侧脉 25～30 对,叶缘有疏生具腺细锯齿,近基部全缘;叶柄长 2～4cm,幼时有毛,后无毛。复伞房花序顶生,直径为 10～16cm;花序梗和花梗无毛;花小而密集,白色,直径为 6～8mm;萼筒杯状,无毛,萼片 5 枚,阔三角形,长约 1mm,先端急尖;花瓣 5 枚,近圆形,直径为 3～4mm;雄蕊 20 枚,外轮较内轮长,花药带紫色;花柱 2～3 枚,基部合生,柱头头状,子房顶端有柔毛。果为梨果,球形,直径为 5～6mm,后成紫褐色;种子卵球形,长约 2mm,棕色,平滑。花期 4—5 月,果期 10 月。

区内常见栽培和野生,生于山坡杂木林中及山谷、溪边林缘等处。分布于安徽、福建、甘肃、广东、广西、贵州、河北、河南、湖北、湖南、江苏、江西、陕西、四川、台湾、云南;印度、印度尼西亚、日本和菲律宾也有。

可供观赏;木材可作车轮及器具柄;叶和根可供药用;种子可榨油,供工业用。

图 1-487　石楠

5. 光叶石楠　(图 1-488)

Photinia glabra (Thunb.) Maxim.

常绿乔木,高 3～5m。老枝灰黑色,无毛,散生皮孔,皮孔近圆形。单叶互生,革质,幼叶和老叶常呈红色,椭圆形、长圆形至长圆状倒卵形,长 5～9cm,宽 2～4cm,先端渐尖,基部楔形,两面无毛,侧脉 10～18 对,边缘有疏生浅钝细锯齿;叶柄长 1～1.5cm,无毛。复伞房花序顶生,直径为 5～10cm,花序梗和花梗均无毛;花白色,多而密集,直径为 7～8mm;萼筒杯状,无毛;萼片 5 枚,三角形,长 1mm,花瓣 5 枚,倒卵形,长约 3mm,先端圆钝;雄蕊 20 枚;子房顶端有柔毛,花柱 2 枚,稀 3 枚,离生或下部合生,柱头头状。果为梨果,卵球形,长约 5mm,红色,无毛。花期 4—5 月,果期 9—10 月。$2n=34$。

见于西湖区(留下、龙坞)、西湖景区(飞来峰、

图 1-488　光叶石楠

龙井、九溪、云栖),生于山坡杂木林中。分布于安徽、福建、广东、广西、贵州、湖北、湖南、江苏、江西、四川、云南;日本、缅甸和泰国也有。

可用于园林绿化;叶可供药用;种子能榨油,供工业用;木材可作器具。

6. 红叶石楠

Photinia × fraseri Dress

为石楠与光叶石楠的杂交种,常绿小乔木,与光叶石楠较为相似,其冬芽大,常红色或暗红色,可区别于光叶石楠,新梢和嫩叶红艳夺目,极具观赏价值。

区内常见栽培。

较具观赏价值,广泛应用于园林绿化。

7. 枇杷属　Eriobotrya Lindl.

常绿乔木或灌木。单叶,互生,具锯齿或近全缘,托叶早落。圆锥花序顶生,常被茸毛;花两性;萼筒杯状或倒圆锥状,萼片 5 枚;花瓣 5 枚;雄蕊多数;花柱 2～5 枚,常基部合生,子房下位,每室有胚珠 2 枚。果为梨果,肉质,内果皮膜质;种子较大,1 或数颗。

约 30 种,分布于亚洲东部;我国有 14 种,分布于华东、华中、华南和西南;浙江有 1 种;杭州有 1 种。

枇杷　(图 1-489)

Eriobotrya japonica(Thunb.) Lindl.

常绿小乔木,高达 10m。小枝黄褐色,密生锈色或灰棕色茸毛。单叶互生,革质,披针形至倒卵形或长椭圆形,长 12～30cm,宽 3～9cm,先端急尖或渐尖,基部楔形或下延成叶柄,中上部叶缘有疏锯齿,基部全缘,上面光亮,多皱,下面密生灰棕色茸毛,侧脉 11～21 对;叶柄短或几无,长 6～10mm,有灰棕色茸毛;托叶钻形,长 1～1.5cm。圆锥花序顶生,长 10～19cm,具多花,花序梗和花梗密生锈色茸毛;苞片钻形,长 2～5mm,密生锈色茸毛;花白色,直径为 1.2～2cm;萼筒浅杯状,萼片 5 枚,三角卵形,长 2～3mm,先端急尖,萼筒及萼片外面均被锈色茸毛;花瓣 5 枚,长圆形或卵形,长 5～9mm,具瓣柄,有锈色茸毛;雄蕊 20 枚,花丝基部扩展;花柱 5 枚,柱头头状,子房顶端有锈色柔毛,5 室,每室有 2 枚胚珠。果为梨果,球形或长圆形,直径为 2～5cm,黄色或橘黄色,被锈色柔

图 1-489　枇杷

毛,不久脱落;种子 1～5 颗,球形或扁球形,直径为 1～1.5cm,褐色,光亮。花期 10—12 月,果期翌年 5—6 月。$2n=34$。

区内常见栽培。分布于重庆、湖北;亚洲东南部广泛栽培。

可作观赏树木和果树;叶可供药用。

8. 石斑木属　Rhaphiolepis Lindl.

常绿灌木或小乔木。单叶,互生,边缘有锯齿或全缘,托叶早落。圆锥花序、总状花序或伞房花序,顶生。花两性;萼筒管状至钟状,萼片5枚;花瓣5枚,具爪;雄蕊多数;花柱2或3枚,子房下位,每室2枚胚珠。果为核果状梨果,肉质,近球形;种子1～2颗,近球形,种皮薄。

约15种,分布于亚洲东部;我国有7种,分布于华东、华中、华南和西南;浙江有4种;杭州有1种。

石斑木　（图 1-490）

Rhaphiolepis indica（L.）Lindl.

常绿灌木,稀小乔木,高可达4m。幼枝初被褐色茸毛,后渐脱落。单叶互生,卵形至长圆形,稀倒卵形或长圆披针形,长2～8cm,宽1.5～4cm,先端通常圆钝、急尖或渐尖,基部楔形,下延至叶柄,上面光亮,无毛,网脉不明显或下陷,下面色淡,网脉明显,边缘具钝锯齿;叶柄长5～18mm;托叶钻形,脱落。圆锥花序或总状花序顶生,花序梗和花梗被锈色茸毛,苞片及小苞片狭披针形,长2～7mm,近无毛;花直径为1～1.3cm;萼筒筒状,长4～5mm;萼片5枚,三角披针形至线形,长4.5～6mm,两面被疏茸毛或无毛;花瓣5枚,白色或淡粉色,倒卵形或披针形,长5～7mm,宽4～5mm,先端圆钝;雄蕊15枚;花柱2～3枚,基部合生,近无毛。果为梨果,球形,紫黑色,直径约为5mm。花期4—5月,果期7—8月。$2n=34$。

区内常见,生于山坡、路旁或溪边灌木林中。分布于安徽、福建、广东、广西、贵州、海南、湖南、江西、台湾、云南;柬埔寨、日本、老挝、泰国和越南也有。

根、叶可供入药。

图 1-490　石斑木

9. 木瓜属　Chaenomeles Lindl.

落叶或半常绿灌木或小乔木。有刺或无刺;冬芽小,具2枚外露鳞。单叶,互生,具齿或全缘,有短柄与托叶。花单生或簇生,先于叶开放或迟于叶开放;萼片5枚,全缘或有齿;花瓣5枚,大型;雄蕊20或多枚排成2轮;花柱5枚,基部合生,子房5室,每室具有多枚胚珠,排成2

行。梨果大型,萼片脱落,花柱常宿存,内含多数褐色种子;种皮革质,无胚乳。

约 5 种,产于亚洲东部;我国全有,浙江有 4 种;杭州有 3 种。

重要观赏植物和果品,世界各地均有栽培。

分 种 检 索 表

1. 枝无刺;花单生,后叶开放,萼片反折,有齿;叶缘有刺芒状腺齿,叶柄有腺,托叶膜质,卵状披针形,边缘有腺齿 ･･･ 1. 木瓜 *C. sinensis*
1. 枝有刺;花簇生,先叶或与叶同时开放,萼片直立,全缘或有不明显锯齿;叶缘有钝或锐尖或带芒状锯齿,托叶草质,肾形或耳形,边缘有锯齿。
　　2. 小枝平滑,二年生枝无瘤状凸起;叶片长 3～11cm,边缘锯齿锐尖或芒状;果直径为 5～8cm ･･･････ ･･ 2. **皱皮木瓜** *C. speciosa*
　　2. 小枝粗糙,二年生枝有瘤状凸起;叶片长 3～5cm,边缘锯齿圆钝;果直径为 3～4cm ･･･････････ ･･ 3. **日本木瓜** *C. japonica*

1. 木瓜　榠楂木李　(图 1-491)

Chaenomeles sinensis(Thouin)Koehne——*Cydonia sinensis* Thouin——*Pseudocydonia sinensis*(Thouin)C. K. Schneid.

灌木或小乔木,高达 5～10m,树皮成片状脱落。小枝无刺,紫红色;二年生枝紫褐色。叶片卵圆形或长椭圆形,长 3～10cm,宽 1.5～8cm,先端急尖,基部宽楔形或圆形,边缘有刺芒状尖锐锯齿,齿尖有腺,幼时下面密被黄白色茸毛,不久即脱落;叶柄长 5～10mm,有腺齿。花淡粉红色,单生于叶腋,花梗短粗,长 5～10mm,无毛;花直径为 2.5～3cm;萼筒钟状,外面无毛;萼片三角披针形,长 6～10mm,先端渐尖,边缘有腺齿,外面无毛,内面密被浅褐色茸毛,反折;花瓣倒卵形;雄蕊多数,长不及花瓣之半;花柱3～5枚,基部合生,被柔毛。果实长椭圆形,长 10～15cm,暗黄色,木质,味芳香,果梗短。花期 4 月,果期 9—10 月。$2n=34$。

见于西湖景区(栖霞岭),城区公园也有栽培。分布于安徽、广东、广西、湖北、江苏、江西、山东、陕西。

果实味涩,水煮或浸渍糖液中供食用,入药有解酒、去痰、顺气、止痢之效。

图 1-491　木瓜

2. 皱皮木瓜　贴梗海棠　(图 1-492)

Chaenomeles speciosa(Sweet)Nakai——*C. lagenaria*(Loisel.)Koidz.

落叶灌木,高达 2m,枝条直立开展,有刺;小枝圆柱形,疏生浅褐色皮孔。叶片卵形至椭圆形,稀长椭圆形,长 3～11cm,宽 1.5～5cm,先端急尖,基部楔形至宽楔形,边缘具有尖锐锯齿;

叶柄长约 1cm;托叶大型,草质,肾形或半圆形,长 5～10mm,边缘有尖锐重锯齿。花猩红色,稀淡红色或白色,先叶开放,3～5 朵簇生于二年生老枝上;花梗短粗,长约 3mm,或近于无柄;花直径为 3～5cm;萼筒钟状,外面无毛,萼片直立,半圆形,长约为萼筒之半;花瓣倒卵形或近圆形,基部延伸成短爪,长 10～15mm,宽 8～13mm;雄蕊 45～50 枚;花柱 5 枚。果实球形或卵球形,直径为 4～6cm,黄色或带黄绿色,有稀疏不明显斑点,味芳香;萼片脱落,果梗短或近于无梗。花期 3—5 月,果期 9—10 月。2n＝34。

区内常见栽培。分布于广东、甘肃、贵州、四川、陕西、云南;缅甸也有。

全国各地常见栽培,花色大红、粉红、乳白,且有重瓣及半重瓣品种,早春先花后叶,很美丽。枝密多刺可作绿篱。果实干后可入药。

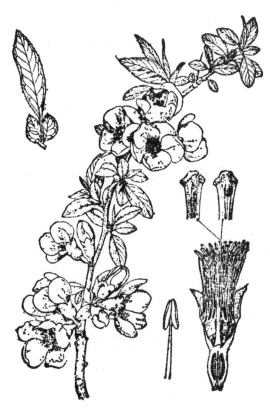

图 1-492　皱皮木瓜

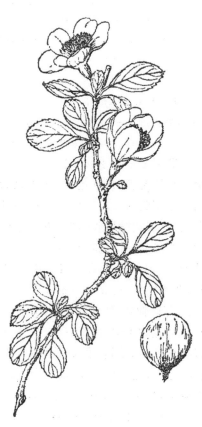

图 1-493　日本木瓜

3. 日本木瓜　倭海棠　（图 1-493）

Chaenomeles japonica（Thunb.）Lindl. ex Spach——*Pyrus japonica* Thunb. ——*C. maulei*（Masters）C. K. Schneid.

落叶矮灌木,高约 1m。枝开展,有细刺;小枝粗糙,幼时具茸毛,紫红色,二年生枝条有疣状凸起,黑褐色,无毛。叶片倒卵形,匙形至宽卵形,长 3～5cm,宽 2～3cm,先端圆钝,基部楔形或宽楔形,边缘有圆钝锯齿,齿尖向内合拢;叶柄长约 5mm;托叶肾形有圆齿,长 1cm,宽 1.5～2cm。花砖红色,先叶开放,2～5 朵簇生,花梗短或近于无梗,无毛;花直径为2.5～4cm;萼筒钟状,外面无毛,萼片卵形,稀半圆形,长 4～5mm,比萼筒约短一半,边缘有不明显锯齿,外面无毛,内面基部有褐色短柔毛和睫毛;花瓣倒卵形或近圆形,基部延伸成短爪,长约2cm,宽约1.5cm;雄蕊40～60枚,长约为花瓣之半;花柱5枚。果实近球形,直径为3～4mm,黄色,萼片脱落。花期3—6月,果期8—10月。

区内常见栽培。原产于日本。

10. 梨属　Pyrus L.

落叶乔木或灌木,稀半常绿。有时具刺。单叶互生,幼叶在芽中席卷状,叶全缘或具齿,稀分裂。伞形总状花序,先叶开放或花叶同放;萼片和花瓣均5数,花瓣常白色,稀粉红色,具爪;雄蕊15～30枚,花药通常深红色或紫色;子房下位,2～5室,每室有2枚胚珠。果为梨果,果肉多汁,富含石细胞,子房壁软骨质;萼片宿存或早落;种子黑色或黑褐色。

约25种,分布于北非、亚洲和欧洲;我国有14种,全国各地均有分布或栽培;浙江有5种,3变种,栽培品种较多;杭州有2种及多数栽培品种。

1. 豆梨　(图1-494)

Pyrus calleryana Decne.

落叶乔木,高5～8m。小枝红褐色,幼时有茸毛,后脱落;冬芽三角状卵球形,微具茸毛。叶片宽卵形至卵形,稀长椭圆形,长4～8cm,宽3.5～6cm,先端渐尖,稀短尖,基部圆形至宽楔形,叶缘有钝锯齿,两面无毛;叶柄长2～4cm,无毛;托叶线状披针形,长4～7mm,无毛。伞形总状花序,具花6～12朵,花序梗和花梗均无毛,苞片膜质,线状披针形;花直径为2～2.5cm;萼筒无毛,萼片披针形,全缘,先端渐尖;花瓣白色,卵形,长约1.3cm,宽约1cm,基部具短爪;雄蕊20枚;花柱2或3枚。果为梨果,球形,直径约为1cm,深褐色,具斑点,果梗细长。花期4月,果期8—9月。$2n=34$。

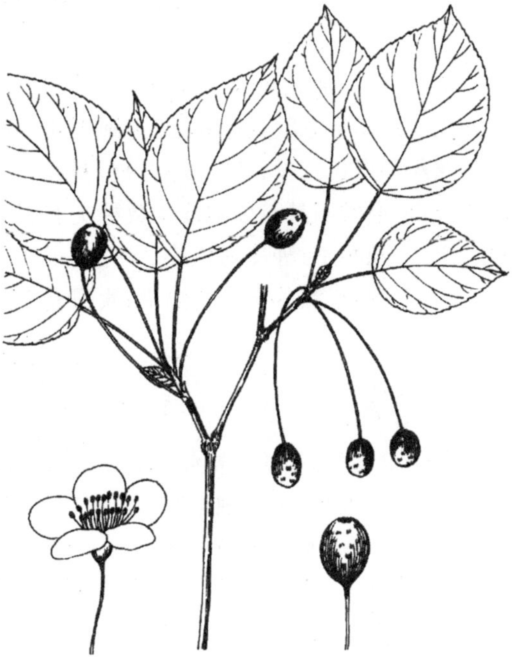

见于萧山区(闻堰)、余杭区(良渚)、西湖景区(九溪、六和塔、飞来峰、龙井、五云山、云栖等),生于山坡杂木林中,区内也常见栽培。分布于安徽、福建、广东、广西、河南、湖北、湖南、江苏、江西、山东、陕西、台湾;日本、越南也有。

可供观赏,也可作沙梨的砧木。

图1-494　豆梨

2. 沙梨　(图1-495)

Pyrus pyrifolia (Burm. f.) Nakai

落叶乔木,高达7～15m。小枝紫褐色或暗褐色,初时具毛,后脱落。叶片卵状椭圆形或卵形,长7～12cm,宽4～6.5cm,先端长尖,基部圆形或近心形,稀宽楔形,叶缘具刺芒状锯齿,叶两面无毛或嫩时有褐色绵毛;叶柄长3～4.5cm;托叶膜质,早落,线状披针形,全缘,边缘具有长柔毛。伞形总状花序,具花6～9朵;花序梗和花梗幼时微具柔毛;苞片膜质,线形;萼片三角状卵形,长约5mm,边缘有腺齿;花瓣白色,卵形,长1.5～1.7cm,基部具短爪;雄蕊20枚;子房5室,稀4室,每室2枚胚珠,花柱5枚,稀4枚,与雄蕊近等长。果为梨果,直径为2～2.5cm,栽培品种更大,近球形,浅褐色,具浅色斑点,萼片脱落;果梗长3.5～5.5cm。花期4月,果期8月。$2n=34$。

区内常见栽培,品种较多。分布于安徽、福建、广东、广西、贵州、湖北、湖南、江苏、江西、四川、云南;老挝、越南也有。

果实供鲜食。

与上种的区别在于:本种叶缘具刺芒状锯齿,果大。

图 1-495　沙梨

11. 苹果属　Malus Miller

落叶,稀半常绿乔木或灌木。单叶互生,叶片有齿或分裂,在芽中呈席卷状或对折状,有叶柄和托叶。伞形总状花序;花瓣近圆形或倒卵形,白色、浅红色至艳红色;雄蕊15～50枚,具有黄色花药和白色花丝;花柱3～5枚,基部合生,无毛或有毛,子房下位,3～5室,每室有2枚胚珠。梨果,通常不具石细胞或少数种类有石细胞,萼片宿存或脱落,子房壁软骨质,3～5室,每室有1～2颗种子;种皮褐色或近黑色,子叶平凸。

约35种,广泛分布于北温带;我国有20多种;浙江有9种,1变种;杭州有4种。

分 种 检 索 表

1. 叶片不分裂。
  2. 萼片脱落或多数脱落,稀宿存,花柱3～5枚;果实很小,直径小于1.5cm。
    3. 叶缘锯齿细锐;花梗绿色,向阳面带紫红色,萼片绿色带紫色,分端渐尖至急尖,花柱3枚,稀4枚;果实椭圆形或近球形 ······················ 1. 湖北海棠　M. hupehensis
    3. 叶缘锯齿细钝;花梗、萼片均紫色,先端圆钝,花柱4～5枚;果实梨形或倒卵球形 ······················· 2. 垂丝海棠　M. halliana
  2. 萼片永存或部分脱落,花柱4(5)枚;果实较大,直径常大于2cm ·········· 3. 海棠花　M. spectabilis
1. 叶片在新枝上的常3(～5)浅裂,边缘锯齿不规则尖锐 ······················ 4. 三叶海棠　M. sieboldii

1. 湖北海棠　野花红　(图 1-496)

Malus hupehensis (Pamp.) Rehder——*Pyrus hupehensis* (C. K. Schneid.) Bean——*M. domestica* Borkh. var. *hupehensis* (Pam.) Likhonos

乔木,高达8m。老枝紫色至紫褐色。叶片卵形至卵状椭圆形,长5～10cm,宽1.8～4cm,先端渐尖,基部宽楔形,稀近圆形,边缘有细锐锯齿,常呈紫红色;叶柄长1～3cm,嫩时有稀疏短柔毛,逐渐脱落。花粉白色或近白色;伞房花序,具花 4～6 朵,花梗长 3～6cm,无毛或稍有长柔毛;花直径为 3.5～4cm;萼筒外面无毛或稍有长柔毛;萼片三角卵形,先端渐尖或急尖,长 4～5mm,外面无毛,内面有柔毛,略带紫色,与萼筒等长或稍短;花瓣倒卵形,长约 1.5cm,基部有短爪;雄蕊 20 枚,花丝长短不齐,约等于花瓣之半;花柱 3 枚,稀 4 枚,基部有长茸毛,较雄蕊稍长。果实椭圆球形或近球形,直径约为 1cm,黄绿色稍带红晕,萼片脱落;果梗长 2～4cm。花期 4—5 月,果期 8—9 月。$2n=51,68$。

见于西湖区(留下)、西湖景区(北高峰、虎跑、九溪、云栖),生于山坡或山谷林中。分布于安徽、福建、广东、甘肃、贵州、湖北、湖南、河南、江苏、江西、四川、山东、山西、陕西、云南。

图 1-496 湖北海棠

2. 垂丝海棠 (图 1-497)

Malus halliana Koehne——*M. domestica* Borkhausen var. *halliana* (Koehne) Likhonos——*Pyrus halliana* (Koehne) Voss

乔木,高达 5m,树冠开展。小枝细弱,微弯曲,最初有毛,不久脱落,紫色或紫褐色。叶片卵形或椭圆形至长椭卵形,长 3.5～8cm,宽 2.5～4.5cm,先端长渐尖,基部楔形至近圆形,边缘有圆钝细锯齿,上面深绿色,有光泽并常带紫晕;叶柄长 0.5～2.5cm。伞房花序,具花 4～6 朵,花梗细弱,长 2～4cm,下垂,有稀疏柔毛,紫色;花粉红色,直径为 3～3.5cm;萼筒外面无毛,萼片三角卵形,长 3～5mm,先端钝,全缘,外面无毛,内面密被茸毛,与萼筒等长或稍短;花瓣倒卵形,长约 1.5cm,基部有短爪,常在 5 数以上;雄蕊 20～25 枚,花丝长短不齐,约等于花瓣之半;花柱 4 或 5 枚,较雄蕊长,基部有长茸毛。果实梨形或倒卵球形,直径为 6～8mm,略带紫色,成熟很迟,萼片脱落;果梗长 2～5cm。花期 3—4 月,果期 9—10 月。$2n=34,51$。

区内常见栽培。分布于安徽、江苏、四川、陕西、云南。

图 1-497 垂丝海棠

3. 海棠花 （图 1-498）

Malus spectabilis（W. T. Aiton）Borkh.——
Pyrus spectabilis W. T. Aiton——*M. domestica*
Borkh. var. *spectabilis*（W. T. Aiton）Likhonos

乔木，高可达 8m。小枝粗壮，幼时具短柔毛，逐渐脱落，老时红褐色或紫褐色，无毛。叶片椭圆形至长椭圆形，长 5～8cm，宽 2～3cm，先端短渐尖或圆钝，基部宽楔形或近圆形，边缘有紧贴细锯齿，幼嫩时上、下两面具稀疏短柔毛，以后脱落；叶柄长 1.5～2cm，具短柔毛。花白色，在芽中呈粉红色；花序近伞形，有花 4～6 朵，花梗长 2～3cm，具柔毛；苞片膜质，披针形，早落；花直径为 4～5cm；萼片三角状卵形，先端急尖，全缘，内面密被白色茸毛，萼片比萼筒稍短；花瓣卵形，长 2～2.5cm，宽 1.5～2cm，基部有短爪，白色；雄蕊 20～25 枚，花丝长短不等，长约为花瓣之半；花柱 5 枚，稀 4 枚，基部有白色茸毛，比雄蕊稍长。果实近球

图 1-498 海棠花

形，直径为 2cm，黄色，萼片宿存；果梗细长，先端肥厚，长 3～4cm。花期 4—5 月，果期 8—9 月。$2n=34,51$。

区内常见栽培。分布于江苏、河北、山东、陕西、云南。

4. 三叶海棠 （图 1-499）

Malus sieboldii（Regel）Rehder——*Pyrus sieboldii* Regel——*Crataegus cavaleriei* H. Lév. &
Vant.

灌木，高约 2～6m，枝条开展。小枝圆柱形，稍有棱角，嫩时被短柔毛，老时脱落，暗紫色或紫褐色。叶片卵形、椭圆形或长椭圆形，长 3～7.5cm，宽 2～4cm，先端急尖，基部圆形或宽楔形，边缘有尖锐锯齿，在新枝上的叶片锯齿粗锐，常 3 裂，稀 5 浅裂，幼叶两面均被短柔毛；叶柄长 1～2.5cm，有短柔毛。花粉红色，在花蕾时颜色较深，4～8 朵集生于小枝顶端，花梗长 2～2.5cm，有柔毛或近无毛；花直径为 2～3cm；萼筒外面近无毛或有柔毛；萼片状三角状卵形，先端尾状渐尖，全缘，长 5～6mm，外面无毛，内面密被茸毛，约与萼筒等长或稍长；花瓣长椭圆状倒卵形，长 1.5～1.8cm，基部有短爪；雄蕊 20 枚，花丝长短不

图 1-499 三叶海棠

齐,约等于花瓣之半;花柱3～5枚。果实近球形,直径为6～8mm,红色或褐黄色;萼片脱落;果梗长2～3cm。花期4—5月,果期8—9月。$2n=34,51$。

见于西湖景区(虎跑、梅家坞、五云山、云栖),生于山坡杂木林或灌丛中。分布于福建、广东、广西、甘肃、贵州、湖北、湖南、江西、辽宁、山东、陕西、四川。

12. 棣棠花属　Kerria DC.

灌木,小枝细长,冬芽具数枚鳞片。单叶,互生,具重锯齿;托叶钻形,早落。花两性,大而单生;萼筒短,碟形,萼片5枚,覆瓦状排列;花瓣黄色,长圆形或近圆形,具短瓣爪;雄蕊多数,排列成数组,花盘环状,被疏柔毛;心皮5～8枚,分离,生于萼筒内;花柱顶生,直立,细长,顶端截形;每一心皮有1枚胚珠,侧生于缝合线中部。瘦果侧扁,无毛。

仅1种,产于我国和日本,欧美各地引种栽培;浙江及杭州也有。

美丽的观赏植物,供庭院绿化和药用。

棣棠花 (图1-500)

Kerria japonica (L.) DC.

落叶灌木,高1～2m,稀达3m。小枝绿色,圆柱形,无毛,常拱垂,嫩枝有棱角。叶互生,三角状卵形或卵圆形,先端长渐尖,基部圆形、截形或微心形,边缘有尖锐重锯齿,两面绿色,上面无毛或有疏柔毛,下面沿脉或脉腋有柔毛;叶柄长5～10mm;托叶膜质,带状披针形,有缘毛,早落。花单生于当年生侧枝顶端,花梗无毛;花直径为2.5～6cm;萼片卵状椭圆形,顶端急尖,有小尖头,全缘,无毛,果时宿存;花瓣黄色,宽椭圆形,先端下凹,比萼片长1～4倍。瘦果倒卵球形至半球形,褐色或黑褐色,表面无毛,有皱褶。花期4—6月,果期6—8月。$2n=18$。

见于余杭区(百丈)、西湖景区(韬光、桃源岭),生于山坡疏林下的阴湿处。分布于安徽、福建、甘肃、贵州、河南、湖北、湖南、江苏、江西、山东、陕西、四川、云南;日本也有。

常栽培作园林观赏植物;茎髓可作通草代用品入药。

本种有一重瓣栽培品种:重瓣棣棠花‘Pleniflora’,花重瓣,我国各地普遍栽培,供观赏用。

图1-500　棣棠花

13．悬钩子属　Rubus L.

落叶或常绿灌木、半灌木或半灌木状草本;具直立或攀援茎,通常有刺。叶互生,单叶、三小叶、羽状或掌状复叶;有托叶。花单生或排成聚伞花序、总状花序或圆锥花序;花两性,稀单性;花萼 5 深裂,宿存;花瓣通常白色,有时粉红色,5 枚,稀无花瓣;雄蕊多数,分离;心皮多数,离生,着生在凸起的花托上,有胚珠 1 颗,花柱近顶生,成熟时聚集在花托上而成一浆果状聚合果。

约 700 种,分布于全世界,主要分布于北半球温带,少数分布于热带及南半球;我国有 208 种(139 特有种);浙江有 32 种,10 变种;杭州有 14 种。

分 种 检 索 表

1. 托叶下部与叶柄合生,较狭窄,全缘,宿存;单叶或复叶;落叶,稀半常绿。
   2. 单叶。
      3. 叶片不分裂或 3 浅裂,具掌状 3 出脉或羽状脉。
         4. 植株无腺毛;果实被柔毛 ……………………………………… 1. 山莓　R. corchorifolius
         4. 植株有腺毛;果实无毛 ……………………………………… 2. 光果悬钩子　R. glabricarpus
      3. 叶片近圆形,常掌状 5 深裂,具掌状 5 出脉 ……………………… 3. 掌叶复盆子　R. chingii
   2. 复叶。
      5. 枝有白粉,无毛;多朵组成伞房状圆锥花序 …………………… 4. 插田泡　R. coreanus
      5. 枝无白粉,有柔毛或腺毛;花 1～2 朵或由数朵组成伞房、短总状花序。
         6. 小叶常 3 枚,下面密被灰白色茸毛;花粉红色或紫红色 ………… 5. 茅莓　R. parvifolius
         6. 小叶常 3～5 或 5～7 枚,两面疏生柔毛或两面无毛;花白色。
            7. 小枝、叶片及萼片均有腺毛。
               8. 半常绿灌木;腺毛短而稀疏;小叶通常 3～5 枚;花单生;聚合果近球形 ……………
                  ………………………………………………………………… 6. 蓬藟　R. hirsutus
               8. 落叶灌木;腺毛长而密集;小叶通常 5～7 枚;花单生或数朵组成伞房花序;聚合果长圆形 ……
                  ………………………………………………………… 7. 红腺悬钩子　R. sumatranus
            7. 小枝、叶片及萼片无腺毛,但具淡黄色发亮腺点 ………… 8. 空心泡　R. rosifolius
1. 托叶与叶柄离生,较宽大,常分裂,宿存或脱落;单叶;常绿或半常绿。
   9. 植株不具皮刺 …………………………………………………… 9. 周毛悬钩子　R. amphidasys
   9. 植株具明显皮刺。
      10. 总状花序 ……………………………………………………… 10. 木莓　R. swinhoei
      10. 圆锥花序。
         11. 托叶与苞片短于 2cm。
            12. 叶片下面疏生柔毛或近无毛 ……………………………… 11. 高粱泡　R. lambertianus
            12. 叶片下面密被茸毛。
               13. 枝被黄灰色至锈色茸毛;聚合果红色 …………… 12. 粗叶悬钩子　R. alceifolius
               13. 枝密生褐色或灰白色柔毛;聚合果紫黑色 ………… 13. 寒莓　R. buergeri
         11. 托叶与苞片长于 2cm …………………………………………… 14. 太平莓　R. pacificus

1. 山莓 （图 1-501）

Rubus corchorifolius L. f.

落叶直立小灌木。茎具皮刺,小枝幼时稍被毡状短柔毛,后脱落无毛。单叶,叶片卵形、卵状披针形,长 4～10cm,宽 2～5.5cm,先端渐尖,基部心形至圆形,不裂或 3 浅裂,边缘有不整齐重锯齿,上面近无毛或脉上被短毛,下面幼时密被灰褐色的细柔毛,逐渐脱落至近无毛,基部有 3 脉;叶柄长 1～3cm;托叶线形,基部与叶柄合生,早落。花单生,稀数朵簇生于短枝顶端;花梗长 0.6～1.2cm,密被细柔毛;花直径达 3cm;萼筒杯状,外被细柔毛,无刺,萼片卵形或三角状卵形,长 5～8mm,两面均被短柔毛;花瓣白色,长圆形,长 9～12mm;花丝扁平;子房无毛。聚合果球形,直径为 1～1.2cm,密被细柔毛。花期 2—3 月,果期 4—6 月。$2n=14$。

区内常见,生于向阳山坡、路边、溪边或灌丛中。分布于华东、华中、华南、西南及华北;日本、朝鲜半岛、马来西亚、越南也有。

果可酿酒;根可提栲胶,又可供药用。

图 1-501　山莓

2. 光果悬钩子 （图 1-502）

Rubus glabricarpus W. C. Cheng

落叶灌木。枝细,皮刺基部扁平,嫩枝具柔毛和腺毛,老枝无毛。单叶,叶片卵形或卵状披针形,长 4～7cm,宽 2.5～4cm,先端尾状渐尖,基部微心形或近截形,边缘 3 浅裂或缺刻状浅裂,有不规则重锯齿或缺刻状锯齿,两面被柔毛,沿叶脉毛较密或有腺毛,老时毛较稀疏;叶柄长 1～1.5cm,具柔毛、腺毛和小皮刺;托叶线形。花单生于枝顶或叶腋;花梗长 5～20mm;花直径约为 1.5cm;花萼外被柔毛和腺毛,萼片披针形,先端尾尖;花瓣白色,卵状长圆形或长圆形,先端圆钝或近急尖;子房无毛。聚合果红色,卵球形,直径约为 1cm,无毛。花期 3—4 月,果期 5—6 月。

见于西湖区(留下),生于山坡、山脚、沟边及杂木林下。分布于福建、江苏。

图 1-502　光果悬钩子

3. 掌叶复盆子 （图 1-503）

Rubus chingii Hu

落叶灌木,高 1～3m。幼枝绿色,无毛,有白
粉,具少数皮刺。单叶,叶片近圆形,直径为
5～9cm,掌状 5 深裂,稀 3 或 7 裂,中裂片菱状卵
形,基部近心形,边缘重锯齿或缺刻,两面脉上有
白色短柔毛,基部有 5 脉;叶柄长 3～5cm,微具柔
毛或无毛,疏生小皮刺;托叶线状披针形。花单
生于短枝顶端或叶腋;花梗长 2～4cm,无毛;花直
径为 2.5～4.5cm;萼筒近无毛,萼片卵形或卵状
长圆形,长达 1cm,外面密被短柔毛;花瓣白色,椭
圆形或卵状长圆形,先端圆钝,长 1～2cm;花丝扁
宽;雌蕊具柔毛。聚合果红色,球形,直径为
1.5～2cm,密被白色柔毛,下垂。花期 3—4 月,
果期 5—6 月。2n=14。

区内常见,生于山坡常绿阔叶林或针叶林
下、灌丛或林缘。分布于安徽、福建、广西、江
苏、江西;日本也有。

果和根可入药。

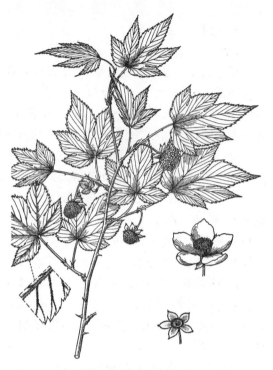

图 1-503　掌叶复盆子

4. 插田泡 （图 1-504）

Rubus coreanus Miq.

落叶灌木。枝粗壮,红褐色,被白粉,具坚
硬皮刺。奇数羽状复叶,小叶通常 5～7 枚;叶
柄长 2～6cm,小叶柄、叶轴均被短柔毛和疏生
钩状小皮刺;托叶线状披针形;小叶片卵形、菱
状卵形或宽卵形,长 3～7cm,宽 2～4.5cm,先
端急尖,基部楔形或近圆形,边缘有粗锯齿,顶
生小叶片有时 3 浅裂。伞房状圆锥花序顶生,
花序梗和花梗均被灰白色短柔毛,花梗长 5～
10mm;苞片线形,有短柔毛;花直径为 7～
10mm,花萼外面被短柔毛,萼片卵状披针形,
长 4～7mm,先端渐尖,边缘具茸毛;花瓣淡红
色至深红色,倒卵形,长 4～6mm,较萼片短;
雄蕊比花瓣短或近等长;雌蕊多数,子房被稀
疏短柔毛,花柱无毛。聚合果深红色或紫黑
色,近球形,直径为 5～8mm。花期 4—6 月,
果期 6—8 月。2n=14。

区内常见,生于路边、山谷、溪沟边或山坡

图 1-504　插田泡

灌丛中。分布于安徽、福建、甘肃、贵州、河南、湖北、湖南、江苏、江西、陕西、四川、新疆、云南；日本和朝鲜半岛也有。

果实味酸，可食，又可酿酒，也可入药。

5. 茅莓 （图 1-505）

Rubus parvifolius L.

落叶小灌木。枝呈拱形弯曲，被柔毛和稀疏钩状皮刺。小叶 3 枚，在新枝上偶有 5 枚；叶柄长 2.5～5cm；托叶线形，长 5～7mm，具柔毛；顶生小叶片菱状圆形至宽倒卵形，长 3～6cm，宽 2.5～5.5cm，先端圆钝，基部圆形或宽楔形，边缘有重粗锯齿；侧生小叶片稍小，宽倒卵形至楔状圆形，先端急尖至钝圆，基部宽楔形或近圆形，边缘浅裂，或具不规则粗锯齿，下面密被灰白色茸毛。伞房花序顶生或腋生，花少数，密被柔毛和细刺；花梗长 0.5～1.5cm；花萼外面密被柔毛和针刺，萼片卵状披针形或披针形，先端渐尖；花瓣粉红色至紫红色，宽卵形或长圆形，长 5～7mm；子房具柔毛。聚合果红色，卵球形，直径为 1～1.5cm，无毛或具疏柔毛。花期 5—7 月，果期 7—8 月。$2n=14,21,28$。

图 1-505　茅莓

区内常见，生于向阳山坡、路边、废弃地或林下。全国各地均有分布；日本、朝鲜半岛、越南也有。

果可酿酒；叶及根皮可提栲胶，还可入药。

6. 蓬蘽 （图 1-506）

Rubus hirsutus Thunb.

半常绿小灌木。枝被腺毛、柔毛及散生稍直的皮刺。奇数羽状复叶，小叶 3～5 枚；叶柄长 2～5cm，顶生小叶片叶柄长 1.5cm，具柔毛和腺毛，并疏生皮刺；托叶披针形；小叶片卵形或宽卵形，长 3～7cm，宽 2～3.5cm，先端急尖或渐尖，基部圆形、心形或宽楔形，边缘有不整齐的重锯齿，两面散生白色柔毛。花单生于侧枝顶端，直径为 3～4cm；花梗长 3～6cm，具柔毛和腺毛；花萼外面密被柔毛和腺毛，萼片三角状披针形，先端尾状；花瓣白色，倒卵形或近圆形，长 1.5cm；花柱和子房均无毛。聚合果红色，近球形，直径为 1.5～2cm，无毛。花期 4—6 月，果期 5—7 月。$2n=14$。

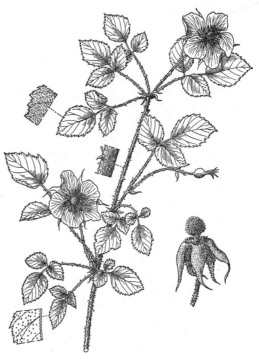

图 1-506　蓬蘽

区内常见,生于山坡、路旁、灌丛或废弃地中。分布于安徽、福建、广东、河南、湖北、江苏、江西、台湾、云南;日本和朝鲜半岛也有。

果可食;全株及根可入药。

7. 红腺悬钩子 （图 1-507）

Rubus sumatranus Miq.

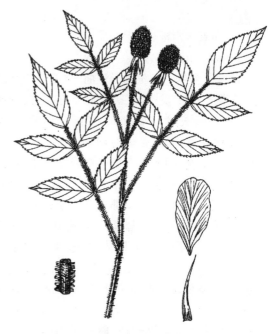

直立或攀援灌木。小枝、叶轴、叶柄、花序轴和花梗均被紫红色刚毛状腺毛、柔毛及皮刺。奇数羽状复叶,小叶 5～7 枚,稀 3 或 9 枚;叶柄长 3～5cm;托叶披针形或线状披针形,有柔毛和腺毛;小叶片纸质,卵状披针形至披针形,长 2.5～9cm,宽 1.5～3.5cm,先端渐尖,基部圆形,偏斜,边缘有不整齐的尖锐锯齿,两面疏生柔毛,沿叶脉较密,下面沿脉有小皮刺。花单生或数朵成伞房花序;花梗长 2～3cm;苞片披针形;花直径为 1～2cm;花萼被腺毛和柔毛,萼片披针形,长 0.7～1cm,先端长尾尖;花瓣白色,长倒卵形或匙形;雌蕊无毛。聚合果橘红色,长圆形,长 1～1.8cm,无毛。花期 4—6 月,果期 5—8 月。$2n=14$。

图 1-507　红腺悬钩子

区内常见,生于山坡阔叶林下与林缘、竹林下或灌丛中。分布于安徽、福建、广东、广西、贵州、海南、湖北、湖南、江西、四川、台湾、西藏、云南;日本、朝鲜半岛及东南亚也有。

根药用,有清热、解毒、利尿之效。

8. 空心泡 （图 1-508）

Rubus rosifolius Smith

直立或攀援灌木。小枝圆柱形,常有浅黄色腺点,疏生扁平皮刺。奇数羽状复叶,小叶 5～7 枚,稀 9 枚;叶柄长 2～4cm,和叶轴均有柔毛和小皮刺;托叶卵状披针形或披针形;小叶片长 3～7cm,宽 1.5～2cm,卵状披针形或披针形,先端渐尖至尾状,基部宽楔形或圆形,两面疏生柔毛,有浅黄色发亮的腺点,边缘有尖锐缺刻状重锯齿;顶生小叶片柄长 0.8～1.5cm,有柔毛和小皮刺。花常 1～2 朵顶生或腋生;花梗长 2～3.5cm;花直径为 2～3cm;花萼外面被柔毛和腺点,萼片披针形或卵状披针形,先端长尾尖;花瓣白色,长圆形、长倒卵形或近圆形,长 1～1.5cm,宽 0.8～1cm,长于萼片;雌蕊无毛。聚合果红色,卵球形或长圆状宽卵球形,长 1～

图 1-508　空心泡

1.5cm,有光泽。花期4—5月,果期4—7月。

见于西湖区(留下),生于山坡阔叶林缘、路边或沟边。分布于安徽、福建、广东、广西、贵州、湖北、湖南、江西、陕西、四川、台湾、云南;日本、东南亚、澳大利亚及非洲也有。

根、嫩枝及叶药用,有清凉止咳、祛风湿之效。

9. 周毛悬钩子　(图 1-509)

Rubus amphidasys Focke

常绿蔓性小灌木。枝密被红褐色长腺毛、软刺毛和淡黄色长柔毛。单叶;叶片卵形或宽卵形,长 4.5～11cm,宽 3.5～10cm,先端短渐尖或急尖,茎部心形,边缘 3～5 浅裂,裂片圆钝,边缘有不规则尖锐锯齿,上面无毛,下面有疏柔毛;叶柄长 2～6cm;托叶离生,羽状深裂,裂片线形或披针形。短总状花序顶生或腋生,稀3～5 个簇生;花序梗、花梗和花萼均密被红褐色长腺毛、软刺毛和淡黄色长柔毛,花梗长 5～14mm;花直径为 1～1.5cm;萼片狭披针形,长 1～1.7cm,先端尾尖,外萼片常 2～3 条裂;花瓣白色,宽卵形至长圆形,长 4～6mm,宽 3～4mm,比萼片短;花丝宽扁,短于花柱;子房无毛。聚合果暗红色,半球形,直径约为 1cm,无毛,包藏在花萼内。花期 5—7 月,果期 7—9 月。2n＝14。

见于萧山区(楼塔)、余杭区(中泰),生于山坡路旁灌丛或林下。分布于安徽、福建、广东、广西、贵州、湖北、湖南、江西、四川。

全株供药用,有祛风活血之效。

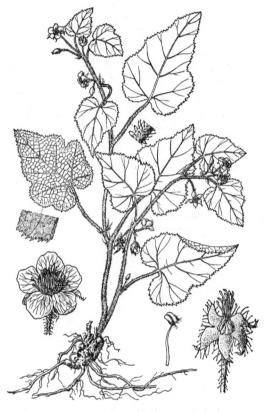

图 1-509　周毛悬钩子

10. 木莓　(图 1-510)

Rubus swinhoei Hance —— *R. hupehensis* Oliv.

落叶或半常绿灌木。茎圆柱形,幼时具灰白色短茸毛,疏生小皮刺。单叶;叶片形状变化大,宽卵形至长圆状披针形,长 7.5～13cm,宽 3～7cm,先端渐尖,基部截形至浅心形,边缘具不整齐锯齿及细锯齿;不育枝和老枝上的叶片下面密被灰色平贴茸毛,不脱落,而果枝上的叶片下面仅沿叶脉有少许茸毛或完全无毛,中脉上疏生钩状小皮刺;叶柄长 5～10mm;托叶膜质,卵状披针形,长 5～8mm,全缘或顶端有齿,早落。总状花序顶生;花序梗、花梗和花萼均被紫褐色腺毛和稀疏针刺;花梗长 1～3cm;花直径为 1～1.5cm;花萼被灰色茸毛,萼片卵形或三角状卵形,长 5～8mm,全缘;花瓣白色,宽卵形或近圆形;子房无毛。聚合果成熟时黑紫色,球形,直径为 1～1.5cm,无毛。花期 5—6 月,果期 7—8 月。

见于西湖区（留下）、萧山区（河上）、余杭区（径山、闲林），生于山坡、山谷或沟边林下。分布于安徽、福建、广东、广西、贵州、湖北、湖南、江苏、江西、陕西、四川、台湾；日本也有。

树皮可提取栲胶。

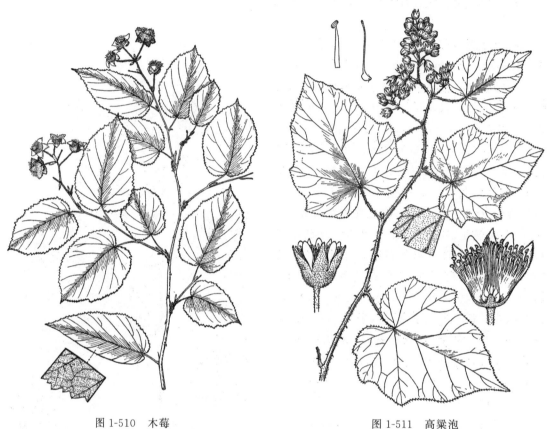

图 1-510　木莓　　　　　　　　　　图 1-511　高粱泡

11. 高粱泡　（图 1-511）

Rubus lambertianus Ser.

半常绿蔓性灌木。茎有棱，散生钩状小皮刺，幼时疏生细柔毛或无毛。单叶；叶片宽卵形，稀长圆状卵形，长 7～10cm，宽 4～9cm，先端渐尖，基部心形，边缘明显 3～5 裂或呈波状，有微锯齿，上面疏生柔毛，下面脉上初被长硬毛，后渐脱落，中脉常疏生小皮刺；叶柄长 2～5cm，散生皮刺；托叶离生，线状深裂，早落。圆锥花序顶生；花序梗、花梗和花萼均被柔毛；花梗长 0.5～1cm；苞片小，钻形；花直径约为 8mm；萼片三角状卵形，长 6～7mm，先端渐尖，两面均被白色短柔毛；花瓣白色，卵形，无毛，先端钝，基部楔形，稍短于萼片；雌蕊 15～20 枚，通常无毛。聚合果红色，球形，直径为 6～8mm，无毛。花期 7—8 月，果期 9—11 月。$2n=28$。

区内常见，生于山谷、林缘、路边或沟边。分布于安徽、福建、广东、广西、贵州、海南、河南、湖北、湖南、江苏、江西、台湾；日本也有。

果可食及酿酒；根药用，有清热、散瘀、止血之效。

12. 粗叶悬钩子 （图 1-512）

Rubus alceifolius Poir.

攀援灌木。枝被黄灰色至锈色茸毛,有稀疏皮刺。单叶;叶片近圆形或宽卵形,长5～16cm,宽5～14cm,先端圆钝,基部心形,边缘不规则3～7浅裂,裂片圆钝或急尖,有不规则粗锯齿,基部5出脉,上面疏生长柔毛,并有泡状小凸起,下面密被黄灰色至锈色茸毛,沿叶脉具长柔毛;叶柄长 3～4.5cm;托叶长 1～1.5cm,羽状深裂或不规则撕裂。狭圆锥花序或近总状花序,顶生,或头状花序腋生;花序梗、花梗和花萼被浅黄色至锈色茸毛状长柔毛;花梗短,最长者不到 1cm;苞片大,羽状至掌状或梳齿状深裂;花直径为1～1.6cm;萼片宽卵形,外萼片先端及边缘条裂,内萼片常全缘而具短尖头;花瓣白色,宽倒卵形或近圆形;花丝宽扁,花药有长柔毛;子房无毛。聚合果红色,近球形,直径达 1.8cm。花期 7—8 月,果期 10—11 月。$2n=28,42$。

图 1-512　粗叶悬钩子

见于西湖景区(九溪),生于溪边、林下。分布于福建、广东、广西、贵州、海南、湖南、江苏、江西、台湾;日本及东南亚也有。

根和叶可入药。

13. 寒莓 （图 1-513）

Rubus buergeri Miq.

直立或蔓性常绿小灌木。茎常伏地生根,长出新株,密生褐色或灰白色长柔毛,有稀疏小皮刺。单叶;叶片纸质,卵形至近圆形,直径为4～8cm,先端圆钝或稍急尖,基部心形,边缘有不整齐锐锯齿,有不明显的3～5裂,裂片圆,上面脉上被毛,下面密被茸毛,后逐渐脱落;叶柄长4～7cm,无刺或疏生针刺;托叶离生,掌状或羽状深裂。短总状花序,腋生或顶生;花序梗和花梗密被灰白色茸毛状长柔毛和散生针刺,花梗长0.5～0.9cm;花直径为0.6～1cm;花萼外面密被长柔毛和茸毛,萼片披针形或三角状披针形,长6～8mm,外萼片先端常浅裂,内萼片全缘;花瓣白色,倒卵形,比萼片短;雌蕊无毛。聚合果紫黑色,近球形,直径为 6～10mm,无毛。花期 8—9月,果期 10 月。$2n=42,56$。

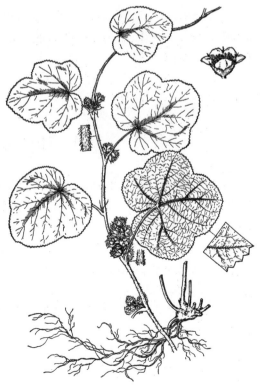

图 1-513　寒莓

区内常见,生于低海拔山坡灌丛及阔叶林下。分布于安徽、福建、广东、广西、贵州、湖北、湖南、江苏、江西、四川、台湾、云南;日本、朝鲜半岛也有。

果可食或酿酒;根可提制栲胶;根及全株药用,祛风活血,清热解毒。

14. 太平莓 （图 1-514）

Rubus pacificus Hance

常绿灌木。茎微拱形弯曲,无毛,无刺或疏生小皮刺。单叶;叶片革质,宽卵形或长卵形,长 8～16cm,宽 5～15cm,先端渐尖或短尖,基部心形或截形,边缘不明显浅裂,有不整齐具突尖头的锐锯齿,下面密被灰白色茸毛,基部具掌状 5 出脉,侧脉 2～3 对;叶柄长 4～9cm,疏生小皮刺;托叶大,叶状,长圆形,长达 2.5cm,近顶端较宽并缺刻状条裂。花 3～8 朵成顶生短总状或伞房花序,或单生于叶腋;花序梗、花梗和花均密被柔毛;花梗长 1～3cm;苞片与托叶相似,但较小;花大,直径为 1.5～2cm;萼片卵形至卵状披针形,先端渐尖;花瓣白色,近圆形,先端微缺刻状;花药具长柔毛;雌蕊无毛。聚合果红色,球形,直径为 1.2～1.6cm,无毛。花期 5—7 月,果期 8—9 月。

见于余杭区(鸬鸟、中泰),生于林下和山坡灌丛中。分布于安徽、福建、湖北、湖南、江苏、江西。杭州新记录。

本种耐旱,有固沙作用;全株供药用,有清热活血之效。

图 1-514　太平莓

14. 路边青属　Geum L.

多年生草本。基生叶为奇数羽状复叶,顶生小叶特大,或为假羽状复叶,茎生叶数较少,常 3 出或单出如苞片状;托叶常与叶柄合生。花单生或成伞房花序;萼筒陀螺形或半球形,萼片 5 枚,镊合状排列,副萼片 5 枚,较小,与萼片互生;花瓣 5 枚,黄色、白色或红色;雄蕊多数,花盘在萼筒上部,平滑或有凸起;心皮多数,着生在凸出的花托上,彼此分离,每一心皮含有 1 枚胚珠,花柱丝状,柱头细小,上部扭曲,成熟后自弯曲处脱落。瘦果小,有柄或无柄,果喙顶端具钩。

70 余种,广泛分布于南、北两半球温带;我国有 3 种,分布于南北各省、区;浙江有 1 变种;杭州有 1 变种。

柔毛路边青　（图 1-515）

Geum japonicum Thunb. var. chinense F. Bolle

多年生草本。须根，簇生。茎直立，高 25～60cm，被黄色短柔毛及粗硬毛。基生叶为大头羽状复叶，通常有小叶 3～5 枚，其余侧生小叶呈附片状，连叶柄长 5～20cm，顶生小叶卵形或广卵形，浅裂或不裂，长 3～8cm，宽 5～9cm，顶端圆钝，基部阔心形或宽楔形，边缘有粗大锯齿，两面被稀疏糙伏毛；下部茎生叶为 3 小叶，上部茎生叶为单叶，3 浅裂，托叶草质，边缘有不规则粗大锯齿。花序疏散，花梗密被粗硬毛及短柔毛；花直立，直径为 1.5～1.8cm；萼片三角状卵形，副萼片椭圆状披针形，比萼片短 1/2；花瓣黄色，几圆形；花柱顶生。聚合果卵球形，瘦果被长硬毛，果托被长硬毛，长 2～3mm。花、果期 5—10 月。$2n=42$。

文献记载区内有分布，生于山坡草地、田边、河边、灌丛中及疏林下。分布于华东、华南、华中、西北、西南。

全草入药，全株含鞣质，可提制栲胶。

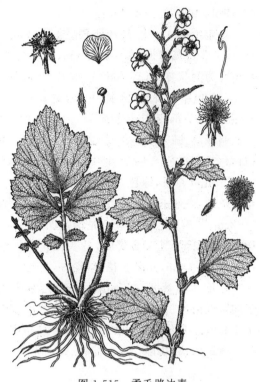

图 1-515　柔毛路边青

15．委陵菜属　Potentilla L.

多年生草本，稀为一年生草本或灌木。茎直立、上升或匍匐。叶为奇数羽状复叶或掌状复叶，托叶与叶柄不同程度合生。花通常两性，单生、聚伞花序或聚伞圆锥花序；萼筒下凹，多呈半球形，萼片 5 枚，镊合状排列，副萼片 5 枚，与萼片互生；花瓣 5 枚，黄色，稀白色或瘦果多数，着生在干燥的花托上；萼片宿存；有 1 粒种子，种皮膜质。

500 多种；我国有 86 种；浙江有 7 种，2 变种；杭州有 4 种，1 变种。

分 种 检 索 表

1. 基生叶为羽状复叶。
　　2. 叶片下面密被白色或灰白色绵毛 ·················· 1. 翻白草　P. discolor
　　2. 叶片下面绿色，疏生柔毛或脱落无毛 ·············· 2. 朝天委陵菜　P. supina
1. 基生叶为 3～5 掌状复叶。
　　3. 基生叶为 5 小叶 ···································· 3. 蛇含委陵菜　P. kleiniana
　　3. 基生叶为 3 小叶。
　　　　4. 小叶片长圆形或椭圆形，边缘为急尖锯齿，托叶呈缺刻状锐裂 ······ 4. 三叶委陵菜　P. freyniana
　　　　4. 小叶片菱状卵形或宽卵形，边缘为圆钝锯齿，托叶宽卵形，全缘 ··· 4a. 中华三叶委陵菜　var. sinica

1. 翻白草 （图 1-516）

Potentilla discolor Bunge

多年生草本。根粗壮肥厚,呈纺锤形。花茎直立,上升或微铺散,高 10～45cm,密被白色绵毛。基生叶为羽状复叶,有小叶 5～9 枚,连叶柄长 4～20cm,小叶片长圆形,长 1～5cm,宽 0.5～0.8cm,先端圆钝,基部楔形或宽楔形,边缘具圆钝锯齿,上面暗绿色,疏被白色绵毛或脱落几无毛,下面密被白色或灰白色绵毛;茎生叶 1～2 枚,有掌状 3～5 小叶,托叶草质,绿色,边缘有缺刻状牙齿。聚伞花序疏散,花梗长 1～2.5cm,外被绵毛;花直径为 1～2cm;花瓣黄色,倒卵形,先端微凹或圆钝;花柱近顶生,基部具乳头状膨大,柱头微扩大。瘦果近肾形,宽约 1mm,光滑。花、果期 5—9 月。

见于西湖景区(将台山、六和塔、秦望山),生于向阳低山坡、丘陵及郊野路旁,田埂草丛中。分布于我国南北各省、区;日本、朝鲜半岛也有。

全草入药;块根含丰富淀粉;嫩苗可食。

图 1-516　翻白草

2. 朝天委陵菜 （图 1-517）

Potentilla supina L.

一年生、越年生草本。主根细长。花茎较粗壮,平卧、上升或直立,高 20～50cm。基生叶为羽状复叶,有小叶 5～11 枚,连叶柄长 4～15cm,小叶片长圆形,长 1～2.5cm,宽 0.5～1.5cm,先端圆钝或急尖,基部楔形或宽楔形,边缘有圆钝或缺刻状锯齿,两面绿色,疏被柔毛或近无毛;茎生叶与基生叶相似,向上小叶对数逐渐减少,托叶草质,绿色,全缘,有齿或分裂。花茎上多叶,下部单花腋生,顶端呈伞房状聚伞花序,花梗长 0.8～1.5cm,密被短柔毛;花直径为 6～8mm;花瓣黄色,倒卵形,先端微凹;花柱近顶生,基部乳头状膨大,花柱扩大。瘦果长圆形,先端尖。花、果期 3—10 月。$2n=28,42$。

见于江干区(凯旋、彭埠)、萧山区(党湾),生于平原的田边、荒野、湖边、草甸或山坡湿地。分布于全国各地;广布于北半球温带及部分亚热带地区。

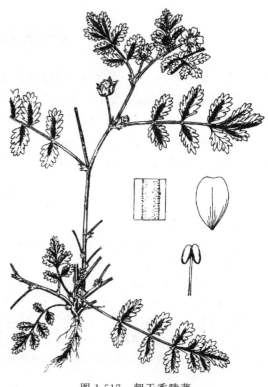

图 1-517　朝天委陵菜

3. 蛇含委陵菜 （图 1-518）

Potentilla kleiniana Wight & Arn.

一年生、越年生或多年生草本。多须根。花茎上升或匍匐，长 10～50cm，常于节处生根并发育出新植株。基生叶为掌状 5 小叶，连叶柄长 3～20cm，小叶片长圆倒卵形，长 0.5～4cm，宽 0.4～2cm，先端圆钝，基部楔形，边缘有锯齿，几无柄，两面绿色，被疏柔毛；茎生叶下部有 5 小叶，上部有 3 小叶，托叶草质，绿色，卵状披针形，常全缘。聚伞花序密集枝顶如假伞形，或呈疏松的聚伞状，花梗长 1～1.5cm，下有茎生叶如苞片状；花直径为 0.8～1cm；花瓣黄色，倒卵形，顶端微凹；花柱近顶生，圆锥形，基部膨大，柱头扩大。瘦果近圆形，直径约为 0.5mm，具皱纹。花、果期 4—9 月。$2n=14,28$。

区内常见，生于山坡、山脚、郊野路旁、田边、沟边、空旷地的较潮湿草丛中。我国除台湾、新疆外，辽宁以南均有分布；东南亚、日本、朝鲜半岛也有。

全草供药用。

图 1-518 蛇含委陵菜

4. 三叶委陵菜 （图 1-519）

Potentilla freyniana Bornm.

多年生草本。根状茎粗壮，呈串珠状；花茎纤细，直立或上升，高 8～25cm，被平铺或开展疏柔毛，花后生匍匐枝。基生叶掌状 3 出复叶，连叶柄长 4～30cm，宽 1～4cm，小叶片长圆形或椭圆形，先端急尖或圆钝，基部楔形或宽楔形，边缘有多数急尖锯齿，两面绿色，疏生平铺柔毛，下面沿脉较密；茎生叶 1～2 枚，小叶与基生叶相似，托叶草质，绿色，呈缺刻状锐裂。伞房状聚伞花序顶生，多花，松散，花梗长 1～1.5cm，被疏柔毛；花直径为 0.8～1cm；花瓣淡黄色，长圆状倒卵形，先端微凹或圆钝；花柱近顶生，上部粗，基部细。瘦果卵球形，直径为 0.5～1mm，表面有显著脉纹。花、果期 3—6 月。$2n=14$。

见于余杭区（百丈）、西湖景区（宝石山、棋盘山、桃源岭、翁家山），生于山坡、山脚、溪边及疏林下阴湿处。分布于全国各地；日本、朝鲜半岛、俄罗斯也有。

根或全草入药。

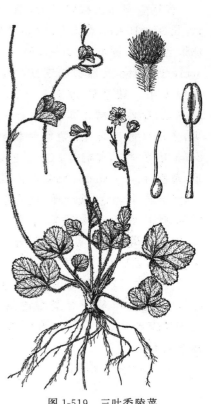

图 1-519 三叶委陵菜

4a. 中华三叶委陵菜

var. sinica Migo

与原种的区别在于：本变种茎和叶柄上被较密的开展柔毛，叶片菱状卵形或宽卵形，边缘具圆钝锯齿，两面被开展或微开展柔毛，沿脉较密；花茎或匍匐枝上托叶宽卵形，全缘，极稀先端2裂。花、果期4—5月。

见于西湖区(留下)、西湖景区(凤凰山、虎跑、飞来峰、龙井)，生于林下阴湿处或草丛中。分布于安徽、湖北、湖南、江苏、江西。

16. 蛇莓属　Duchesnea J. E. Smith

多年生草本。具短根状茎；匍匐茎细长，节处生不定根。基生叶数枚，茎生叶互生，皆为3出复叶，有长柄，托叶贴生于叶柄，宿存；小叶片边缘有锯齿。花多单生于叶腋，无苞片；萼片5枚，宿存；副萼片5枚，大型，与萼片互生，先端有3～5牙齿或缺刻，宿存；花瓣黄色，5枚；雄蕊20～30枚；心皮多数，离生，花柱侧生或近顶生；花托半球形或陀螺形，果期增大，海绵质，红色。瘦果微小，扁卵球形；种子1颗，肾形，光滑。

2种，分布于亚洲南部、欧洲及北美洲；我国有2种，1变种；浙江有2种；杭州有2种。

1. 蛇莓　(图 1-520)

Duchesnea indica (Andr.) Focke

多年生草本。根状茎短，粗壮；匍匐茎多数，长30～100cm，有柔毛。3出复叶；小叶片倒卵形至菱状长圆形，长2～3.5(～5)cm，宽1～3cm，先端圆钝，边缘有钝锯齿，两面有柔毛，或上面无毛。花直径为1.5～2.5cm；花梗长3～6cm，有柔毛；萼片卵形，长4～6mm，先端锐尖，外面有散生柔毛；副萼片倒卵形，长5～8mm，比萼片长，先端常3(～5)齿裂；花瓣倒卵形，黄色，长5～10mm，先端圆钝；花托在果期膨大，海绵质，鲜红色，有光泽，直径为10～20mm，外面有长柔毛。瘦果卵球形，红色，长约1.5mm，光滑或具不明显凸起，鲜时有光泽。花期4—5月，果期5—6月。

区内常见，生于低山坡、山脚林缘、郊野路旁、沟边矮草丛中等潮湿的地方。分布于辽宁以南各省、区；日本、朝鲜半岛、东南亚、欧洲也有。

全草入药；果实可食。

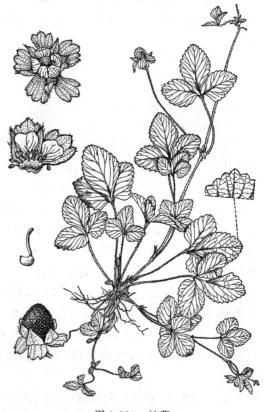

图 1-520　蛇莓

2. 皱果蛇莓 （图 1-521）

Duchesnea chrysantha（Zoll. & Mor.）Miq.

多年生草本。匍匐茎长 30～50cm,有柔毛。3
出复叶,中间小叶有时 2～3 深裂,侧生小叶有时又
2 裂;小叶片菱形、倒卵形或卵形,长 1.5～2.5cm,
宽 1～2cm,先端圆钝,有时具突尖,边缘有钝或锐
锯齿,近基部全缘,上面近无毛,下面疏生长柔毛。
花直径为 5～15mm;花梗长 2～3cm,疏生长柔毛;
萼片卵形或卵状披针形,长 3～5mm,先端渐尖,外
面有长柔毛,具缘毛;副萼片三角状倒卵形,长 3～
7mm,先端常 5 齿裂;花瓣倒卵形,黄色,长 2.5～
5mm,先端微凹或圆钝;花托在果期粉红色,无光
泽,直径为 8～12mm。瘦果卵球形,红色,长
4～6mm,具多数明显皱纹,无光泽。花、果期 4—7
月。$2n=14$。

见于余杭区（百丈）、西湖景区（云栖、桃源
岭）,生于山坡、路旁及田边阴湿处。分布于福
建、广东、广西、陕西、四川、台湾、云南;印度、印
度尼西亚、日本、朝鲜半岛、马来西亚也有。

全草入药;果实可食。

与上种的区别在于:本种叶片、花和果实较

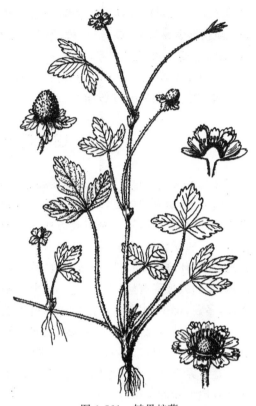

图 1-521　皱果蛇莓

小;副萼片先端通常 5 齿裂;花托在果期粉红色,直径为 8～12mm,无光泽;瘦果表面具多数明
显皱纹,干时略成小瘤状凸起。

17. 草莓属　Fragaria L.

多年生草本。常具根状茎,匍匐茎细弱,节上常生不定根。叶为 3 出或羽状 5 小叶;托叶
膜质,褐色,基部与叶柄合生,鞘状。花两性或单性,数朵成聚伞花序,稀单生;萼筒倒卵圆锥形
或陀螺形,裂片 5 枚,宿存,副萼片 5 枚,与萼片互生;花瓣白色,稀淡黄色,倒卵形或近圆形;雄
蕊 18～24 枚,花药 2 室;雌蕊多数,着生在凸出的花托上,彼此分离;花柱自心皮腹面侧生,宿
存;每一心皮有 1 枚胚珠。瘦果小,硬壳质,成熟时着生在球形或椭圆形肥厚肉质花托凹陷内;
种子 1 颗,种皮膜质。

约 20 种,分布于北半球温带至亚热带,欧、亚两洲常见;我国有 9 种;浙江有 1 种;杭州有 1 种。
果供鲜食或作果酱、罐头,味道鲜美。

草莓　凤梨草莓

Fragaria × ananassa（Weston）Duchesne

多年生草本,高 10～30cm。花茎低于叶或近相等,密被开展黄色柔毛;匍匐茎花后抽出。3
出复叶,叶柄长 10～30cm,密被开展黄色柔毛;小叶片质地较厚,倒卵形或菱形,长 3～7cm,宽

2～6cm,先端圆钝,基部阔楔形,侧生小叶基部偏斜,边缘具缺刻状锯齿,上面深绿色,几无毛,下面苍绿色,疏生毛;小叶具短柄。聚伞花序有花5～15朵,花序下面具一短柄的小叶;花两性,直径为1.5～2cm;萼片卵形,比副萼片稍长,副萼片椭圆状披针形,常全缘,果时扩大;花瓣白色,近圆形或倒卵状椭圆形;雄蕊20枚,不等长;雌蕊极多。聚合果直径达3cm,鲜红色,宿存萼片直立,紧贴果实;瘦果尖卵球形,光滑。花期3—5月,果期5—7月。$2n=42,56$。

区内常见栽培。原产于南美洲;我国各地均有栽培。

果实味美,供鲜食或作果酱。

18. 蔷薇属 Rosa L.

常绿或落叶,直立、蔓延或攀援灌木。多数被皮刺、针刺或刺毛,稀无刺,有毛、无毛或有腺毛。叶互生,奇数羽状复叶,稀单叶;托叶贴生或着生于叶柄上,稀无托叶;小叶边缘有锯齿。花单生或成伞房状,稀复伞房或圆锥花序;萼筒(花托)球状、壶状,稀杯状,颈部缢缩;萼片(4)5枚,开展,覆瓦状排列,有时呈羽状分裂;花瓣(4)5枚,开展,覆瓦状排列,白色、黄色、粉红色至红色;花盘环绕萼筒口部;雄蕊多数,分为数轮,着生在花盘周围;心皮多数,稀少数,着生在萼筒内,无柄或极稀有柄,离生;花柱顶生至侧生,外伸,离生或上部合生;胚珠单生,下垂。瘦果木质,多数,稀少数,着生在肉质萼筒内形成蔷薇果。

约200种,广泛分布于亚、欧、北非、北美寒温带至亚热带地区;我国有95种;浙江有16种,6变种,1变型;杭州有7种,3变种,1变型。

是世界著名的观赏植物,庭院普遍栽培;许多种可供提炼芳香油;果实成熟后可食;部分种类为各地常用的中草药。

杭州城区广泛栽培的月季花都是杂交种及培育的品种,由于品系、品种繁多,变异大,描述困难,且与野生种月季花 *Rosa chinensis* Jacq. 的形态特征相差甚远,暂不具体展开。

分 种 检 索 表

1. 花托外面有明显针刺或刺毛 ……………………………………………… 1. **金樱子** *R. laevigata*
1. 花托外面光滑或有柔毛,无针刺或刺毛。
  2. 托叶离生或仅基部与叶柄贴生,早落。
    3. 小枝有刺毛;花单生,苞片宽大,条裂,密被柔毛;果实直径为2～3.5cm。
      4. 小枝混生针刺和腺毛 ……………………………… 2. **硕苞蔷薇** *R. bracteata*
      4. 小枝密被针刺和腺毛 ………………… 2a. **密刺硕苞蔷薇** var. *scabriacaulis*
    3. 小枝无刺毛;花排成花序,苞片狭小,有疏柔毛;果实直径为4～8mm。
      5. 复伞房花序,萼片有羽状裂片,花单瓣 …………………… 3. **小果蔷薇** *R. cymosa*
      5. 近伞形花序,萼片全缘,花重瓣。
        6. 花白色,芳香 …………………………………… 4. **木香花** *R. banksiae*
        6. 花黄色,无香气 …………………………………… 4a. **黄木香花** f. *lutea*
  2. 托叶与叶柄贴生,宿存。
    7. 托叶全缘 ……………………………………………… 5. **软条七蔷薇** *R. henryi*
    7. 托叶篦齿状或有不规则锯齿。
      8. 托叶有不规则锯齿;花柱有毛 ……………… 6. **广东蔷薇** *R. kwangtungensis*
      8. 托叶篦齿状;花柱无毛。

9. 花单瓣。

  10. 花白色 ·· **7**. **野蔷薇** *R*. *multiflora*

  10. 花粉红色 ······························· **7a**. **粉团蔷薇** var. *cathayensis*

9. 花重瓣 ·· **7b**. **七姐妹** var. *carnea*

1. 金樱子 （图 1-522）

Rosa laevigata Michx.

常绿攀援灌木,高可达 5m。小枝粗壮,散生皮刺。小叶通常 3 枚,连叶柄长 5～10cm;托叶离生,边缘有细齿,早落;小叶片革质,椭圆状卵形、倒卵形或披针状卵形,长 2～6cm,宽 1.2～3.5cm,先端急尖或圆钝,边缘有锐锯齿,两面近无毛。花单生于叶腋,直径为 5～7cm,花梗长 1.8～3cm;萼筒密被腺毛,随果实成长变为针刺,萼片卵状披针形,先端呈叶状,边缘羽状浅裂或全缘,常有刺毛和腺毛;花瓣白色,宽倒卵形,先端微凹;花柱离生,有毛,远比雄蕊短。果梨形、倒卵球形,紫褐色,外面密被刺毛,果梗长约 3cm,萼片宿存。花期 4—6 月,果期 7—11 月。$2n=14$。

区内常见,生于向阳的山坡、山脚溪边、溪畔灌丛中。分布于秦岭以南各省、区;越南也有。

根皮含单宁,可制栲胶;果实可熬糖及酿酒;根、叶、果均入药。

图 1-522　金樱子

图 1-523　硕苞蔷薇

2. 硕苞蔷薇 （图 1-523）

Rosa bracteata Wendl.

常绿匍匐灌木,高 1～5m。小枝粗壮,密被柔毛,混生针刺和腺毛;皮刺扁弯,常成对着生于托叶下方。小叶 5～9 枚,连叶柄长 4～9cm;托叶大部分离生,呈篦齿状深裂;小叶片革质,倒卵形,长 1～2.5cm,宽 8～15mm,先端截形或圆钝,基部宽楔形或近圆形,边缘有圆钝锯齿。

花单生或 2～3 朵集生,直径为 4.5～7cm,花梗长不到 1cm,密被柔毛;苞片数枚,大型,宽卵形,边缘有不规则缺刻状锯齿;萼片宽卵形,先端尾状渐尖,和萼筒外面均密被柔毛和腺毛,花后反折;花瓣白色,倒卵形,先端微凹;花柱密被柔毛,比雄蕊稍短。果球形,密被黄褐色柔毛,直径为 2～3.5cm,萼片宿存。花期 4—5 月,果期 9—11 月。$2n=14$。

见于西湖区(双浦)、萧山区(新塘)、西湖景区(梵村、凤凰山、虎跑、六和塔、玉皇山),生于溪边、路旁和灌丛中。分布于福建、贵州、湖南、江苏、江西、台湾、云南;日本也有。

根、叶、花及果实可入药;花大而美丽,可作园林植物或栽培作绿篱。

2a. 密刺硕苞蔷薇

var. scabriacaulis Lindl. ex Koidz.

与原种的区别在于:本变种小枝密被针刺和腺毛。

见于萧山区(南阳),生于溪边或山坡灌丛中。分布于福建、台湾。

3. 小果蔷薇 　(图 1-524)

Rosa cymosa Tratt.

常绿攀援灌木,高 2～5m。小枝近无毛,有钩状皮刺。小叶常 3～5 枚,连叶柄长 5～10cm;托叶膜质,离生,线形,早落;小叶片卵状披针形或椭圆形,长 2.5～6cm,宽 0.8～2.5cm,先端渐尖,基部近圆形,边缘有紧贴尖锐细锯齿,两面均无毛。复伞房状花序有花多朵;花直径为 2～2.5cm,花梗长约 1.5cm;苞片线状披针形;萼片卵形,常羽状分裂,外面近无毛,内面被稀疏白色茸毛;花瓣白色,倒卵形,先端凹,基部楔形;花柱离生,稍伸出花托口外,与雄蕊近等长,密被白色柔毛。果球形,直径为 4～8mm,红色至黑褐色,萼片脱落。花期 5—6 月,果期 7—11 月。

区内常见,多生于向阳山坡、路旁、溪边或林缘灌丛中。分布于长江流域及其以南各省、区;老挝、越南也有。

图 1-524　小果蔷薇

4. 木香花

Rosa banksiae W. T. Aiton

落叶或半常绿攀援小灌木,长可达 6m。小枝无毛,有短小皮刺;老枝上的皮刺较大,坚硬,经栽培后有时枝条无刺。小叶常 3～5 枚,连叶柄长 4～6cm;托叶线状披针形,膜质,离生,早落;小叶片椭圆状卵形或长圆披针形,长 2～5cm,宽 8～18mm,先端急尖或稍钝,基部近圆形或宽楔形,边缘有紧贴细锯齿,两面仅下面沿脉有柔毛。伞形花序有花数朵,花直径为 1.5～2.5cm,花梗长 2～3cm,无毛;萼片卵形,先端长渐尖,全缘,和萼筒外面均无毛,内面被白色柔毛;花重瓣至半重瓣,花瓣白色,倒卵形,先端圆,基部楔形,芳香;花柱离生,密被柔毛,远较雄蕊短。花期 4—5 月。$2n=14,28$。

区内栽培。分布于四川、云南,全国各地均有栽培。

著名观赏植物,常供攀援棚架之用;花含芳香油,可供配制香精、化妆品用。

4a. 黄木香花

f. lutea（Lindl.）Rehder

花黄色,重瓣,无香气,花朵较多,花期较长。

区内有栽培。

5. 软条七蔷薇　（图 1-525）

Rosa henryi Boulenger

落叶灌木,高 3～5m。小枝有皮刺或无刺。小叶通常 3～5 枚,连叶柄长 9～14cm;托叶大部分贴生于叶柄,全缘;小叶片长圆形、卵形或椭圆形,长 3.5～9cm,宽 1.5～5cm,先端长渐尖或尾尖,基部近圆形或宽楔形,边缘有锐锯齿,两面均无毛。伞房状花序有花 5～17 朵;花梗无毛,有时具腺毛;花直径为3～4cm;萼片披针形,全缘,有少数裂片,外面近无毛而有稀疏腺点,内面有长柔毛;花瓣白色,宽倒卵形,先端微凹,基部宽楔形;花柱结合成柱,被柔毛,比雄蕊稍长。果近球形,直径为 8～10mm,成熟后红褐色,有光泽;萼片脱落。花期 4—5 月,果期 8—10 月。

见于西湖区（留下）、余杭区（闲林）、西湖景区（飞来峰、里鸡笼、龙井、翁家山）,生于山坡林缘、山谷、路边岩石旁或灌丛中。分布于秦岭以南各省、区。

图 1-525　软条七蔷薇

6. 广东蔷薇　（图 1-526）

Rosa kwangtungensis T. T. Yu & Tsai

攀援灌木,高约 2.5m。小枝无毛,有皮刺。小叶 5～7 枚,连叶柄长 8～15cm;托叶大部贴生于叶柄,边缘有不规则细锯齿,被柔毛;小叶片椭圆形或椭圆状卵形,长 1.5～6.5cm,宽 0.8～3.5cm,先端急尖或渐尖,基部宽楔形或近圆形,边缘有细锐锯齿,上面沿中脉有柔毛,下面被柔毛。伞房状花序顶生,有花 4～15 朵;花梗长 1～1.5cm,密被柔毛和腺毛;花直径为 1.5～2cm;萼筒卵球形,外被短柔毛和腺毛,逐渐脱落,萼片卵状披针形,全缘,两面有毛;花瓣白色,倒卵形;花柱结合成柱,伸出,有白色柔毛,比雄蕊稍长。果实球形,直径为7～10mm,紫褐色,有光泽,萼片脱落。花期 3—5月,果期 6—7 月。

见于西湖景区（三台山）,生于山坡、河边或灌

图 1-526　广东蔷薇

丛中。分布于福建、广东、广西。

7. 野蔷薇 （图 1-527）

Rosa multiflora Thunb.

落叶攀援灌木,高 1～2m。小枝通常无毛,有皮刺。小叶通常 5～9 枚,连叶柄长 5～10cm;托叶篦齿状,大部贴生于叶柄,边缘有或无腺毛;小叶片倒卵形、长圆形或卵形,长 1.5～5cm,宽 0.8～2.8cm,先端急尖或圆钝,基部近圆形或楔形,边缘有尖锐单锯齿,上面无毛,下面被柔毛。花多朵排成圆锥花序,花梗长 1.5～2.5cm,无毛或有柔毛、腺毛;花直径为 1.5～2cm,单瓣;萼片披针形,有时中部具 2 枚线形裂片;花瓣白色,宽倒卵形,先端微凹;花柱结合成束,无毛,比雄蕊稍长。果近球形,直径为 6～8mm,红褐色或紫褐色,有光泽,无毛,萼片脱落。花期 5—7 月,果期 10 月。$2n=14,21$。

区内常见,生于向阳山坡、溪边、路旁或灌丛中。分布于黄河流域及其以南各省、区;日本、朝鲜半岛也有。

花可提制香精;根、叶、花和种子均可入药;也可栽培作园林绿化材料。

图 1-527 野蔷薇

7a. 粉团蔷薇

var. cathayensis Rehder & E. H. Wilson

花单瓣,粉红色。

区内常见栽培,多生于山坡、灌丛或河边。分布于华东、华南及甘肃、贵州、河北、陕西。

7b. 七姐妹

var. carnea Thory.

花重瓣,粉红色至深红色。

区内常见栽培。

栽培供观赏,可作护坡及棚架用。

19. 龙芽草属 Agrimonia L.

多年生草本。根状茎倾斜,常有地下芽。奇数羽状复叶,有托叶。花小,两性,成顶生总状花序;萼筒陀螺状,有棱,顶端有数层钩刺,花后靠合、开展或反折;萼片 5 枚,覆瓦状排列;花瓣 5 枚,黄色;花盘边缘增厚,环绕萼筒口部;雄蕊 5～15 枚或更多,排成 1 列着生在花盘外面;雌蕊通常 2 枚,包藏在萼筒内,花柱顶生,丝状,伸出萼筒外,柱头微扩大;每一心皮有 1 枚胚珠,下垂。瘦果 1～2 枚,包藏在具钩刺的萼筒内,种子 1 颗。

10 多种,分布于北温带和热带高山地区、拉丁美洲;我国有 4 种,1 变种;浙江省有 3 种,1 变种;杭州有 1 种,1 变种。

1. 龙芽草　（图 1-528）

Agrimonia pilosa Ledeb.

多年生草本。根多呈块茎状。茎高 30～120cm,常被疏柔毛及短柔毛。叶为间断奇数羽状复叶,通常有小叶 5～9 枚,常杂有小型小叶;托叶草质,镰刀形,边缘有尖锐锯齿或裂片,或全缘;小叶片倒卵形,长 1.5～5cm,宽 1～2.5cm,边缘有粗锯齿,上面被疏柔毛,下面脉上伏生疏柔毛,有显著腺点,无柄或有短柄。穗状总状花序分枝或不分枝,花序轴被柔毛,花梗长 1～5mm,被柔毛;花直径为 6～9mm;萼片 5 枚,三角状卵形;花瓣黄色,长圆形;雄蕊常 8～15 枚;花柱 2 枚,柱头头状。果实倒卵状圆锥形,外面有 10 条肋,被疏柔毛,顶端有数层钩刺,幼时直立,成熟时靠合,连钩刺长 7～8mm。花、果期 5—10 月。

见于西湖区(双浦)、萧山区(进化)、余杭区(良渚)、西湖景区(虎跑、飞来峰、龙井、九溪、万松岭等),生于溪边、路旁、草地、灌丛中、林缘及疏林下。分布于全国各省、区;日本、朝鲜半岛、蒙古、越南和欧洲也有。

全草入药。

图 1-528　龙芽草

1a. 黄龙尾

var. **nepalensis** (D. Don) Nakai

与原种的区别在于:本变种茎下部密被粗硬毛,叶上面脉上被长硬毛或微硬毛,脉间密被柔毛或茸毛状柔毛。

见于西湖景区(赤山埠、虎跑、满觉陇),生于溪边、山坡林下、疏林中及路边草丛中。分布于河北、山西,以及黄河以南各省、区;不丹、尼泊尔及东南亚各国也有。

20. 地榆属　Sanguisorba L.

多年生草本。根粗壮,下部长出若干纺锤形、圆柱形或细长条形支根。奇数羽状复叶互生,具托叶。花两性,稀单性,密集排列成穗状或头状花序,具 2 枚苞片;萼筒喉部缢缩,外面常有 4 棱,萼片 4 枚,覆瓦状排列,紫色、红色或白色,稀带绿色,如花瓣状;花瓣缺;雄蕊 4 枚,稀更多,花丝分离,稀下部联合,插生于花盘外面,花盘贴生于萼筒喉部;心皮 1 枚,稀2枚,包藏在萼筒内,花柱顶生,柱头扩大成画笔状;胚珠1枚,下垂。瘦果小,包藏在宿存的萼筒内;有1颗种子。

30多种,分布于欧洲、亚洲及北美洲;我国有7种,6变种,南北各地均有分布,但大多集中于东北各省;浙江有1种,1变种;杭州有1变种。

长叶地榆 (图 1-529)

Sanguisorba officinalis L. var. longifolia (Bertol.) T. T. Yu & C. L. Li

图 1-529　长叶地榆

多年生草本,高30～120cm。根多呈纺锤形。基生叶为羽状复叶,有小叶9～13枚,小叶线状长圆形至线状披针形,基部微心形、圆形至宽楔形,长1～8cm,宽0.4～1cm,先端圆钝稀急尖,基部心形至浅心形,边缘有粗大圆钝的锯齿,两面无毛;茎生叶与基生叶相似,但更长,更狭窄,托叶大,草质,半卵形,外侧边缘有尖锐锯齿。穗状花序长圆柱形,长2～6cm,直径通常为0.5～1cm;萼片4枚,紫红色,椭圆形至宽卵形,中央微有纵棱脊,顶端常具短尖头;雄蕊4枚,花丝丝状,不扩大,与萼片近等长;柱头顶端扩大,盘形。果实外面有4棱。花、果期8—11月。

见于西湖景区(桃源岭),生于山坡草地、溪边、灌丛中及潮湿草丛中。我国南北各地均有分布;印度、朝鲜半岛、蒙古、俄罗斯也有。

据《本草纲目》记载,为中药正品,已广泛应用。

21. 桃属　Amygdalus L.

落叶乔木或灌木;腋芽常(2)3个并生,两侧为花芽,中间是叶芽。单叶互生,有时短枝上簇生状,幼叶在芽中呈对折状,叶缘常具齿;叶柄常具2枚腺体,有时生于叶缘基部。花单生,稀2朵生于一芽内,先叶开放,稀花叶同放;花瓣5枚,花萼5枚;雄蕊多数;雌蕊1枚,1室,2枚胚珠。果为核果,腹部具纵沟;中果皮肉质,内果皮硬;核表面具沟纹和孔穴,稀平滑。

约40种,分布于亚洲中部、东部和西南部,欧洲西部;我国有11种,分布于西部和西北部,栽培品种全国各地均有;浙江有1种,有较多的栽培品种;杭州有1种。

桃 (图 1-530)

Amygdalus persica L. —— *Prunus persica* (L.) Batsch

落叶乔木,高3～8m。树皮老时粗糙呈鳞片状;小枝无毛。冬芽2～3个并生,中间

为叶芽,两侧为花芽。叶长圆状披针形至倒卵
状披针形,长7～15cm,宽2～3.5cm,先端渐尖,
基部宽楔形,叶上面无毛,下面脉腋具短柔毛或
无毛,叶缘具锯齿;叶柄长1～2cm,有或无腺体。
花单生,先叶开放,直径为2.5～3.5cm;花梗极
短或无;萼筒钟形,常被短柔毛;萼片卵形至长
圆形;花瓣长圆状椭圆形至宽倒卵形,粉红色或
白色;雄蕊20～30枚。果为核果,卵球形、宽椭
圆球形或扁球形,直径为3～7cm,绿白色至橙黄
色,常具红晕,常被短柔毛;果梗短而深入果洼;
果核椭圆球形或近球形,两侧扁平,表面具纵、
横沟纹和孔穴。花期3—4月,果8—9月成熟。
$2n=16$。

　　区内常见栽培。我国各地均有栽培。

　　可用于绿化观赏,也可作果树栽培。

图 1-530　桃

22. 杏属　Armeniaca Scop.

　　落叶乔木,稀灌木。冬芽常单一。单叶,幼叶在芽中席卷状;叶具柄,叶柄常具2枚腺体,
叶缘为单锯齿或重锯齿。花序常具花1～3朵,
簇生状,先叶开放;花两性,近无柄或具短梗,稀
具长梗;花萼5裂;花瓣5枚;雄蕊15～45枚;心
皮1(2)枚,子房上位,1室,2枚胚珠。果为核
果,两侧多少扁平,具明显纵沟;中果皮肉质多
汁;内果皮坚硬,两侧扁平,表面光滑、粗糙或呈
网状,稀具蜂窝状。

　　约11种,分布于亚洲东部至西南部;我国
有10种,全国各地均有分布或栽培;浙江栽培
2种,品种繁多;杭州2种均有栽培,品种较多。

1. 梅　(图 1-531)

Armeniaca mume Siebold —— *Prunus mume*
(Siebold) Siebold & Zucc.

　　落叶小乔木,稀灌木,高4～10m。当年生
小枝绿色,无毛;冬芽紫褐色,卵球形,无毛。叶
片卵形至椭圆形,长4～8cm,宽2.5～5cm,先端
尾尖,基部宽楔形至圆形,叶缘具锯齿,幼叶两
面被短柔毛,后脱落,或仅下面脉腋具短柔毛;
叶柄长1～2cm,常具腺体。花单生或2朵生于

图 1-531　梅

1枚芽内,先叶开放,浓香;花直径为2～2.5cm,花梗短,长1～3mm,常无毛;花萼常红褐色,有些品种为绿色或绿紫色;萼筒宽钟形,萼片卵形或近圆形;花瓣倒卵形,白色至粉红色;雄蕊多数;子房密被柔毛,花柱短或稍长于雄蕊。果为核果,近球形,两侧稍扁,直径为2～3cm,被柔毛;果核椭圆球形,两侧微扁,腹面和背棱上均有明显纵沟,表面具蜂窝状孔穴。花期冬、春季,果期5—6月。2n＝16。

区内常见栽培。我国广泛栽培,野生分布于四川西部和云南西部;日本、朝鲜半岛、老挝北部和越南北部也有。

可供观赏;果实可食;花、叶、根和种仁均可入药。

2. 杏 （图 1-532）

Armeniaca vulgaris Lam. ── *Prunus armeniaca* L.

落叶乔木,高5～12m。树皮灰褐色,纵裂;一年生枝浅红褐色,光滑无毛,具小皮孔。叶片宽卵形至卵圆形,长5～9cm,宽4～8cm,先端急尖至短渐尖,基部圆形至近心形,叶缘有圆钝锯齿,两面无毛或下面脉腋具柔毛;叶柄长2～3.5cm,无毛,常具腺体。花常单生,偶有2朵,先叶开放;花直径为2～3cm,花梗短,长1～3mm,被短柔毛;花萼通常紫红色,萼片卵形至卵状长圆形,花后反折;花瓣圆形至倒卵形,白色或略带粉色;雄蕊20～45枚;子房被短柔毛,花柱下部具柔毛。果为核果,卵球形,稀倒卵球形,直径为1.5～2.5cm或更大,白色至黄色,常具红晕,微被短柔毛;果肉多汁;核卵球形或椭圆球形,两侧扁平,表面稍粗糙或平滑。花期3—4月,果期6—7月。2n＝16。

图 1-532 杏

区内有栽培。分布于甘肃、河北、河南、江苏、辽宁、内蒙古、宁夏、青海、山东、山西、陕西、四川、新疆;日本、朝鲜半岛和亚洲中部也有。

可供观赏;果可食用;种仁可入药。

与上种的区别在于:本种小枝红褐色,果核表面无沟纹和孔穴。

23. 李属 Prunus L.

落叶小乔木或灌木。腋芽单生,卵球形,顶芽常缺。单叶互生,叶缘具齿,叶基或叶柄顶端常有腺体或无;托叶早落。花单生或2～3朵簇生,小苞片早落;萼片和花瓣均为5数,覆瓦状排列;雄蕊20～30枚;雌蕊1枚,子房上位,1室,具2枚胚珠。果为核果,常无毛,被蜡粉,表面具一纵沟;中果皮肉质;内果皮坚硬,两侧扁平,平滑,稀有沟或皱纹。

约30种,分布于亚洲、欧洲、北美洲;我国有7种,全国各地均有分布;浙江有1种,1变型;杭州有栽培。

1. 红叶李 （图 1-533）

Prunus cerasifera Ehrh. f. atropurpurea （Jacq.） Rehder

落叶灌木或小乔木，高 4～8m。多分枝，小枝暗紫红色，光滑无毛。叶椭圆形、卵形至倒卵形，长 2～6cm，宽 2～4cm，先端急尖，基部楔形至圆钝，叶缘具腺齿，叶红紫色，上面无毛，下面脉腋有髯毛；叶柄长 6～12mm，无毛；托叶早落。花单生，花叶同放；花直径约为 2.5cm，花梗长约 1cm，无毛；萼筒钟状，萼片长卵形，先端钝；花瓣淡粉色，长圆形；雄蕊 25～30 枚；雌蕊 1 枚，花柱比雄蕊稍长。果为核果，近球形，成熟时暗紫红色。花期 3—5 月，果期 7—8 月。

区内常见栽培。我国各地广泛栽培。

叶红紫色，较具观赏价值，为常见的园林绿化树种。

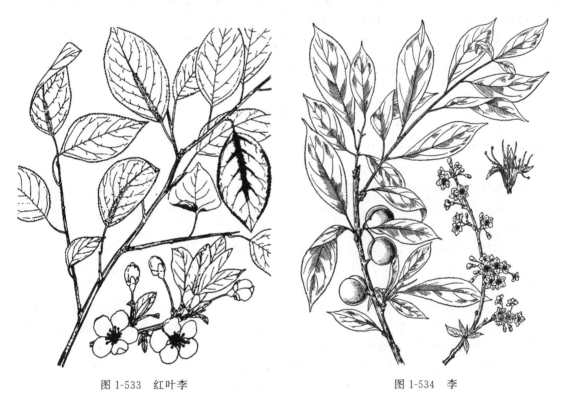

图 1-533　红叶李　　　　　　　　　　图 1-534　李

2. 李 （图 1-534）

Prunus salicina Lindl.

落叶乔木，高 9～12m。树皮灰褐色，小枝无毛。叶片长圆状倒卵形、长圆形，稀长圆状卵形，长 6～8（～12）cm，宽 3～5cm，先端急尖至短尾尖，基部楔形，叶缘具圆钝重锯齿和单齿，两面无毛，有时下面沿主脉有柔毛或脉腋有髯毛；叶柄长 1～2cm，顶端或叶缘基部有腺体；托叶膜质，线形，早落。花常 3 朵簇生；花梗长 1～2cm；花直径为 1.5～2.2cm；萼筒钟状，萼片长圆状卵形，长约 5mm，先端急尖或圆钝；花瓣白色，长圆状倒卵形；雄蕊多数；雌蕊 1 枚，子房无毛。果为核果，近球形，直径为 3.5～5cm，栽培品种可达 7cm；核卵球形或长圆球形，有皱纹。花期 4 月，果期 7—8 月。$2n＝16,24$。

区内常见栽培。分布于安徽、福建、甘肃、广东、广西、贵州、河北、河南、黑龙江、湖北、湖南、吉林、江苏、江西、辽宁、宁夏、山东、山西、陕西、四川、台湾、云南。

果可食用;根皮、叶和果仁均可药用。

与上种的区别在于:本种叶绿色,先花后叶,花 2～3 朵簇生状,花白色。

24. 樱属 Cerasus Miller

落叶乔木或灌木。腋芽单生或 3 个并生。幼叶在芽中为对折状;叶缘有锯齿或缺刻状锯齿,叶柄、托叶和锯齿常有腺体。花常数朵着生在伞形、伞房状或短总状花序上,或 1～2 朵花生于叶腋内,花序基部有芽鳞宿存或有明显苞片;萼筒钟状或管状,萼片反折或直立开张;花瓣白色或粉红色,先端圆钝、微缺或深裂;雄蕊 15～50 枚;雌蕊 1 枚,花柱和子房有毛或无毛。核果成熟时肉质多汁,不开裂;核球形或卵球形,核面平滑或稍有皱纹。

百余种,分布于北半球温暖地带,主要种类分布于我国西部和西南部,以及日本、朝鲜半岛,由于分类学者意见不一,因此种的总数颇有出入,有待深入调查研究;我国约有 45 种;浙江有 15 种,2 变种;杭州有 6 种,1 变种。

分 种 检 索 表

1. 腋芽单生;叶柄长 5～15mm;有腺体。
  2. 萼片反折。
    3. 花序上有大型绿色苞片,果期宿存 ……………………………………… 1. 迎春樱桃 C. discoidea
    3. 花序上苞片褐色,果期脱落 ……………………………………………… 2. 樱桃 C. pseudocerasus
  2. 萼片直立或开展。
    4. 花梗及萼筒被柔毛,萼筒管状,萼片边缘有齿,花柱有毛;先花后叶 ………………………
    ………………………………………………………………………………… 3. 东京樱花 C. yedoensis
    4. 花梗及萼筒无毛,萼筒钟状萼片全缘,花柱无毛;花叶同放。
      5. 叶缘具尖锐单锯齿,偶有重锯齿 ……………………………………… 4. 山樱花 C. serrulata
      5. 叶缘具渐尖重锯齿,齿端具长芒 ……………………………………… 4a. 日本晚樱 var. lannesiana
1. 腋芽 3 个并生,中间为叶芽,两侧为花芽;叶柄长 1～5mm;无腺体。
  6. 叶片卵形、卵状椭圆形至卵状披针形,基部圆形,中部以下最宽 …………… 5. 郁李 C. japonica
  6. 叶片卵状长圆形或长圆状披针形,基部楔形或宽楔形,中部最宽 …………… 6. 麦李 C. glandulosa

1. 迎春樱桃 (图 1-535)

Cerasus discoidea T. T. Yu & C. L. Li

落叶小乔木,高 2～3.5m。树皮灰白色。叶片倒卵状长圆形或长椭圆形,长 4～8cm,宽 1.5～3.5cm,先端骤尾尖或尾尖,基部楔形,边有缺刻状急尖锯齿,齿端有小盘状腺体;叶柄长 5～7mm,顶端有 1～3 枚腺体。花粉红色,先叶开放或近同开,伞形花序有花 2 朵,稀 1 或 3 朵,基部常有褐色革质鳞片;总苞片褐色,倒卵状椭圆形,长 3～4mm,宽 2～3mm,外面无毛,内面伏生疏柔毛,先端齿裂,边缘有小头状腺体;花序梗长 3～10mm,被稀疏柔毛或无毛,内藏于鳞片内或微伸出;苞片革质,绿色,近圆形,直径为 2～4mm,边有小盘状腺体,几无毛;花梗长 1～1.5cm,被稀疏柔毛;萼筒管形钟状,长 4～5mm,宽 2～3mm,外面被稀疏柔毛,萼片长圆形,长 2～3mm,先端圆钝或有小尖头;花瓣长椭圆形,先端 2 裂;雄蕊 32～40 枚;花柱无毛。核果红色,成熟后直径约为 1cm;核表面略有棱纹。花期 3—4 月,果期 5 月。

区内常见,生于山谷、溪边疏林或灌丛中。分布于安徽、江西。

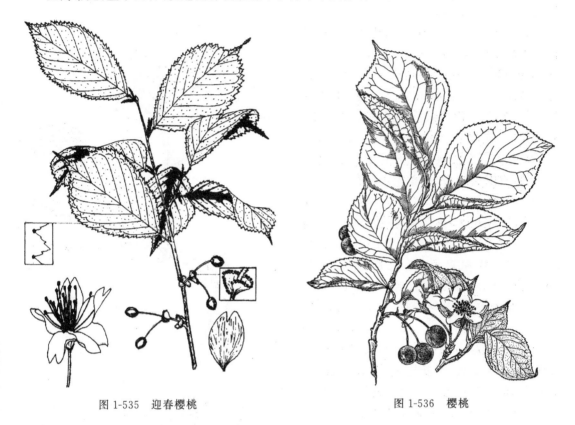

图 1-535　迎春樱桃　　　　　　　图 1-536　樱桃

2. 樱桃 （图 1-536）

Cerasus pseudocerasus （Lindl.） Loudon——*Prunus pseudocerasus* Lindl. ——*P. involucrata* Koehne

乔木,高 2～6m。树皮灰白色。叶片卵形或长圆状卵形,长 5～12cm,宽 3～5cm,先端渐尖或尾状渐尖,基部圆形,边缘有尖锐重锯齿,齿端有小腺体,上面暗绿色,近无毛,下面淡绿色,沿脉或脉间有稀疏柔毛,侧脉 9～11 对;叶柄长 0.7～1.5cm,被疏柔毛,先端有 1 或 2 枚大腺体;托叶早落,披针形,有羽裂腺齿。花白色,伞房状或近伞形花序有花 3～6 朵,先叶开放;总苞倒卵状椭圆形,褐色,长约 5mm,宽约 3mm,边有腺齿;花梗长 0.8～1.9cm,被疏柔毛;萼筒钟状,长 3～6mm,宽 2～3mm,外面被疏柔毛,萼片三角状卵形或卵状长圆形,先端急尖或钝,全缘,长为萼筒的一半或过半;花瓣卵圆形,先端下凹或 2 裂;雄蕊 30～35 枚,栽培者可达 50 枚;花柱与雄蕊近等长,无毛。核果近球形,红色,直径为 0.9～1.3cm。花期 3—4 月,果期 5—6 月。$2n=16,32$。

区内有栽培。分布于甘肃、河北、河南、江苏、江西、辽宁、四川、山东、陕西。

果可食用,也可酿樱桃酒;枝、叶、根、花也可供药用。

3. 东京樱花　日本樱花　（图 1-537）

Cerasus yedoensis（Matsum.）A. V. Vassiljeva——*Prunus yedoensis Matsumura*——
P. paracerasus Koehne

落叶乔木,高 4～16m。树皮灰色。叶片
椭圆状卵形或倒卵形,长 5～12cm,宽 2.5～
7cm,先端渐尖或骤尾尖,基部圆形,稀楔形,
边有尖锐重锯齿,齿端渐尖,有小腺体,上面
深绿色,无毛,下面淡绿色,沿脉被稀疏柔毛,
有侧脉 7～10 对;叶柄长1.3～1.5cm,密被柔
毛,顶端有 1～2 枚腺体或有时无腺体;托叶
披针形,有羽裂腺齿,被柔毛,早落。花白色
或粉红色;花序伞形总状,花序梗极短,有花
3～4朵,先叶开放,花直径为3～3.5cm;总苞
片褐色,椭圆形,长6～7mm,宽4～5mm,两面
被疏柔毛;苞片褐色,匙状长圆形,长约
5mm,宽 2～3mm,边缘有腺体;花梗长 2～
2.5cm,被短柔毛;萼筒管状,长 7～8mm,宽
约 3mm,被疏柔毛;萼片三角状长卵形,长约
5mm,先端渐尖,边有腺齿;花瓣长卵圆形,先
端下凹,全缘 2 裂;雄蕊约 32 枚,短于花瓣;
花柱基部有疏柔毛。核果近球形,直径为
0.7～1cm,黑色,核表面略具棱纹。花期 4
月,果期 5 月。2n=16。

区内常见栽培。原产于日本。

园艺品种很多,供观赏。

图 1-537　东京樱花

4. 山樱花　（图 1-538）

Cerasus serrulata（Lindl.）Loudon

乔木,高 3～8m。树皮灰褐色或灰黑
色。叶片卵状椭圆形或倒卵状椭圆形,长
5～9cm,宽 2.5～5cm,先端渐尖,基部圆形,
边缘有渐尖单锯齿及重锯齿,齿尖有小腺
体,上面深绿色,无毛,下面淡绿色,无毛,有
侧脉6～8对;叶柄长 1～1.5cm,无毛,先端
有 1～3 枚圆形腺体。花序伞房总状或近伞
形,有花 2～3 朵,花序梗长 5～10mm,无毛;
总苞片红褐色,倒卵长圆形,长约 8mm,宽约
4mm,外面无毛,内面被长柔毛;苞片褐色或
淡绿褐色,长 5～8mm,宽 2.5～4mm,边缘

图 1-538　山樱花

有腺齿；花梗长1.5～2.5cm，无毛或被极稀疏柔毛；萼筒管状，长5～6mm，宽2～3mm，先端扩大，萼片三角披针形，长约5mm，先端渐尖或急尖；边全缘；花瓣白色，稀粉红色，倒卵形，先端下凹；雄蕊约38枚；花柱无毛。核果球形或卵球形，紫黑色，直径为8～10mm。花期4—5月，果期6—7月。$2n=16$。

区内常见栽培。分布于安徽、贵州、河北、黑龙江、湖南、江苏、江西、山东；日本、朝鲜半岛也有。

4a. 日本晚樱 （图 1-539）

var. lannesiana (Carrière) T. T. Yü & C. L. Li——*C. lannesiana* Carrière——*Prunus lannesiana* (Carrière) E. H. Wilson

本变种叶片嫩时淡紫褐色，边缘有带长刺芒状的重锯齿。花叶同时开放，重瓣，粉红色，花常有香气；萼筒钟状。花期4月。

区内常见栽培。原产于日本。

图 1-539　日本晚樱

图 1-540　郁李

5. 郁李 （图 1-540）

Cerasus japonica (Thunb.) Loisel.

落叶灌木，高1～1.5m。叶片卵形或卵状披针形，长2.5～7cm，宽1.2～2.5cm，先端渐尖，基部圆形，边缘有缺刻状尖锐重锯齿，上面深绿色，无毛，下面淡绿色，无毛或脉上有稀疏柔毛，侧脉5～8对；叶柄长2～5mm，无毛或被稀疏柔毛；托叶线形，长4～6mm，边缘有腺齿。花白色或粉红色,1~3朵簇生,花叶同放或先叶开放;花梗长5~12mm,无毛或被疏柔毛;萼筒陀螺形,长、宽近相等,为2.5~3mm,无毛,萼片椭圆形,比萼筒略长,先端圆钝,边缘有细齿;花瓣倒卵状椭圆形;雄蕊约32枚,花丝初时白色,后变为淡紫红色;花柱与雄蕊近等长,无毛。核果近球形,深红色,直径约为1cm;核表面光滑。花期4月,果期5—6月。

见于余杭区(塘栖),生于山坡、山谷或溪边的灌丛中。分布于河北、黑龙江、吉林、辽宁、山东;日本和朝鲜半岛也有。

种仁入药,名"郁李仁",郁李、郁李仁配剂有显著降压作用。

6. 麦李 (图1-541)

Cerasus glandulosa (Thunberg) Sokolov——*Prunus glandulosa* Thunb.——*C. japonica* (Thunb.) Loisel. var. *glandulosa* Komarov & Alissova

灌木,高0.5~1.5m,稀达2m。叶片长圆状披针形或椭圆状披针形,长2.5~6cm,宽1~2cm,先端渐尖,基部楔形,最宽处在中部,边缘有细钝重锯齿,上面绿色,下面淡绿色,两面均无毛或在中脉上有疏柔毛,侧脉4~5对;叶柄长1.5~3mm,无毛或上面被疏柔毛;托叶线形,长约5mm。花白色或粉红色,单生或2朵簇生,花叶同开或近同开;花梗长6~8mm,几无毛;萼筒钟状,长、宽近相等,无毛,萼片三角状椭圆形,先端急尖,边有锯齿;花瓣倒卵形;雄蕊30枚;花柱稍比雄蕊长,无毛或基部有疏柔毛。核果红色或紫红色,近球形,直径为1~1.3cm。花期3—4月,果期5—8月。2n=16。

见于西湖景区(玉皇山),生于山坡、山谷、沟边的灌丛中或竹林下。分布于安徽、福建、广东、广西、贵州、湖北、湖南、河南、江苏、四川、山东、陕西、云南;日本也有。

图1-541 麦李

25. 稠李属 Padus Mill.

落叶乔木或灌木。多分枝;冬芽卵球形。单叶互生,幼叶在芽中对折状,叶缘有齿,稀全缘;叶柄顶端或叶缘基部常具2枚腺体;托叶膜质,早落。总状花序,花多数,具早落性苞片。花常白色,花萼和花瓣均5数;雄蕊10至多数;子房上位,1心皮,1室,具2枚胚珠。果为核果,光滑无毛,外表无纵沟;中果皮多汁,成熟时不开裂;内果皮骨质。

约20种,分布于北温带;我国有15种,全国各地均有分布;浙江有6种;杭州有1种。

橉木　华东稠李　（图 1-542）

Padus buergeriana（Miq.）T. T. Yu &
T. C. Ku —— *Prunus buergeriana* Miq.

落叶乔木，高 6～12（～25）m。老枝黑褐
色，小枝红褐色，具灰白色皮孔；冬芽卵球形。
叶片椭圆形至长圆状椭圆形，稀倒卵状椭圆形，
长 4～10cm，宽 2.5～5cm，先端尾状渐尖或短
渐尖，基部圆形至宽楔形，稀楔形，叶缘具贴生
锐锯齿，叶两面无毛，上面深绿色，下面淡绿色；
叶柄长 1～1.5cm，常无毛；托叶线形，具腺齿，
早落。总状花序长 6～9cm，常具花 20～30 朵；
花序梗和花梗近无毛；花直径为 5～7mm；花梗
长约 2mm；萼筒钟状，萼片三角状卵形，具细锯
齿；花瓣白色，宽倒卵形，具短爪，先端啮蚀状；
雄蕊 10 枚；子房无毛，花柱短于雄蕊。果为核
果，卵球形至近球形，黑褐色，直径约为 5mm，
无毛。花期 4—5 月，果期 5—10 月。

见于西湖区（双浦）、萧山区（戴村），生于山
林中。分布于安徽、福建、甘肃、广东、广西、贵
州、河南、湖北、湖南、江苏、江西、山西、陕西、四
川、台湾、西藏、云南；不丹、印度、日本、朝鲜半
岛也有。

图 1-542　橉木

26. 桂樱属　Laurocerasus Duhamel

常绿乔木或灌木，极稀落叶。叶互生，全缘或具锯齿，下面近基部或在叶缘或在叶柄上
常有 2 枚腺体；托叶小，早落。花常两性，有时雌蕊退化而形成雄花，排成总状花序，常单生
或簇生于叶腋或去年生小枝叶痕的腋间；苞片小，早落；萼片 5 裂，裂片内折；花瓣白色，通
常比萼片长 2 倍以上；雄蕊 10～50 枚，排成 2 轮，内轮稍短；心皮 1 枚，花柱顶生，柱头盘
状。核果，干燥；核骨质，核壁较薄或稍厚而坚硬，外面平滑或具皱纹，常不开裂，内含 1 颗
下垂种子。

约 80 种，主要产于热带；我国约有 13 种；浙江有 3 种；杭州有 1 种。

刺叶桂樱　橉木　刺叶稠李　（图 1-543）

Laurocerasus spinulosa（Siebold & Zucc.）C. K. Schneid. ——*Prunus spinulosa* Siebold
& Zucc.

常绿乔木，高可达 20m，稀为灌木。小枝紫褐色或黑褐色，具明显皮孔。叶片薄革质，
长圆形或倒卵状长圆形，长 5～10cm，宽 2～4.5cm，先端渐尖至尾尖，基部宽楔形至近圆形，

一侧常偏斜,边缘不平而常呈波状,中部以上或近顶端常具少数针状锐锯齿,近基部沿叶缘或在叶边常具 1 或 2 对基腺;叶柄长 5～10(～15)mm,无毛;托叶早落。花白色;总状花序单生于叶腋,具花 10～20 朵,长 5～10cm,被细短柔毛;花梗长 1～4mm;苞片长 2～3mm,早落,花序下部的苞片常无花;花直径为 3～5mm;萼片卵状三角形,先端圆钝,长 1～2mm;花瓣圆形,直径为 2～3mm,无毛;雄蕊约 25～35 枚,长 4～5mm。果实椭圆球形,长 8～11mm,直径为 6～8mm,褐色至黑褐色,无毛;核壁较薄,表面光滑。花期 9—10 月,果期 11 月至翌年 4 月。

区内常见,生于山坡阳处疏密杂木林中或山谷、沟边阴暗阔叶林下及林缘。分布于安徽、福建、广东、广西、贵州、湖北、湖南、江苏、江西、四川;日本、菲律宾也有。

图 1-543　刺叶桂樱

中名索引

拉丁名索引

T

紫萁

倒挂铁角蕨

食用双盖蕨

银粉背蕨

延羽卵果蕨

杯盖阴石蕨

江南星蕨

矩圆线蕨

金钱松

三尖杉

丝穗金粟兰

杨梅

钩栲

亮叶桦　　　　　　　　　　　青檀　　　　　　　　　　　苎麻

青皮木　　　　　　　　　　　　　　　　　杜衡

孩儿参　　　　　　　　　　　　　　长萼瞿麦

猫爪草

鹅掌草

柱果铁线莲

还亮草

大血藤

六角莲　　　　　　　　　　　　　　　　　蝙蝠葛

华中五味子　　　　　　　　　　　　　　　薄叶润楠

黄山玉兰　　　　　　　　　　　　　　　　浙江楠

檫木　　　　　　　　　　　　　　　　山鸡椒

紫堇　　　　　　　　　　　　　　　　风花菜

白花碎米荠　　　　　　　　　　　　　心叶华葱芥

大叶火焰草　　　　　　　　　　　　　　　　杭州景天

华蔓茶藨子　　　　　　　　　　　　　　　　日本金腰

牛鼻栓　　　　　　　　　　　　　　　　中华绣线菊

野山楂　　　　　　　　　红腺悬钩子　　　　　　　　三叶委陵菜

白鹃梅　　　　　　　　　　　　　　　　　　小叶石楠

石斑木　　　　　　　　　　　　　　　　　　刺叶桂樱